奥赛化学教程

主　编　廖显威　徐成刚　毛　双

科学出版社

北京

内 容 简 介

《奥赛化学教程》一书，在博采众家之长的基础上，有其两大鲜明特点而与众不同。

第一，本书注重综合性、针对性和实用性。编委会成员从事化学奥赛培训工作有十几年，甚至几十年的时间，他们非常熟悉化学竞赛的竞赛大纲、授课内容和解题技巧。

第二，本书遵循的理念是：学术探讨无止境。因此，本书对某些培训教材的学术观点，对全国化学奥赛试题的某些答案，给出了不同的意见。

本书对广大中学化学爱好者，对高等院校化学专业本科教学均有一定的参考价值。

图书在版编目（CIP）数据

奥赛化学教程 / 廖显威，徐成刚，毛双主编. —北京：科学出版社，2023.6

ISBN 978-7-03-075659-6

Ⅰ. ①奥⋯ Ⅱ. ①廖⋯ ②徐⋯ ③毛⋯ Ⅲ. ①化学－高等学校－教材 Ⅳ. ①O6

中国国家版本馆 CIP 数据核字（2023）第 098911 号

责任编辑：郑述方 / 责任校对：杜子昂
责任印制：罗　科 / 封面设计：墨创文化

科 学 出 版 社 出版
北京东黄城根北街 16 号
邮政编码：100717
http://www.sciencep.com
成都锦瑞印刷有限责任公司印刷
科学出版社发行　各地新华书店经销

*

2023 年 6 月第 一 版　开本：787×1092　1/16
2023 年 6 月第一次印刷　印张：23
字数：546 000

定价：89.00 元
（如有印装质量问题，我社负责调换）

《奥赛化学教程》编委会

主　编　廖显威　徐成刚　毛　双

编　委　郑　妍　梁晓琴　刘柳斜　熊小莉
　　　　孙定光　杨　华　李树伟　张　姝

前　言

　　国际化学奥林匹克竞赛自 1986 年在中国开展以来，引起了广大高中学生、教师的关注，激发了他们的兴趣，促进了他们的积极参与。三十多年来，该赛事长盛不衰，不但提高了广大青少年学生学习化学的积极性，也为国家培养和造就一批高水平的化学专业人才奠定了良好的基础。

　　多年来，五大学科竞赛的成绩，是重点高等院校招收新生的重点参考条件。尤其在 2020 年 1 月，教育部印发《教育部关于在部分高校开展基础学科招生改革试点工作的意见》，公布了在部分高校开展基础学科招生改革试点，也称强基计划，并明确提出了理工类的四大基础学科——数学、物理、化学、生物，是招生改革的试点学科。因此，学科竞赛的成绩也应该成为一流大学招生改革中所涉及的内容之一。

　　强基计划主要选拔培养有志于服务国家重大战略需求且综合素质优秀或基础学科拔尖的学生，聚焦高端芯片与软件、智能科技、新材料、先进制造和国家安全等关键领域以及国家人才紧缺的人文社会科学领域。由有关高校结合自身办学特色，合理安排招生专业。要突出基础学科的支撑引领作用，重点在数学、物理、化学、生物及历史、哲学、古文字学等相关专业招生。

　　化学是研究物质的性质、组成、结构、变化和应用的学科，是建立在实验基础上的重要基础学科，化学研究中实验和理论这两方面一直是不可或缺、相互依赖、彼此促进的。化学在强基计划所涉及的航空航天、国防安全、生物医药和新材料等方面有重要的作用。其中无机化学研究无机化合物，分析化学研究物质组成、结构和性能的分析方法，有机化学研究有机化合物，物理化学、结构化学寻求化学现象内部的规律性。目前北京大学、清华大学、南开大学、南京大学、复旦大学、清华大学、中国科学技术大学等高校的强基计划招生中均包含化学。

　　在五大学科竞赛中，化学奥赛有其独自的特点，竞赛所涵盖的知识绝大部分都是大学化学本科专业甚至更高层次的内容，因此深度和广度都大大超过了普通高中化学教学的范围。四川师范大学化学与材料科学学院有一支优秀的专业教师队伍，长期以来，他们一直从事化学奥赛的钻研、讲授、培训及选拔工作，具有丰富的教学经验，特为广大中学读者编写了《奥赛化学教程》一书，可作为参与该项赛事活动的有益参考书。

　　本书有以下几个显著特点：①综合性强，集无机化学、有机化学、分析化学、物理化学、结构化学于一体，互有渗透，融会贯通；②针对性强，准确把握中国化学会提出的初赛基本要求，以初赛为主，兼顾决赛，提纲挈领地编写了化学五大二级学科的基本内容；③实用性强，每章除有竞赛大纲要求的基本内容外，均配有精选例题、课后习题（附答案）。很多例题、习题来自历届奥赛试题、模拟试题及自编题，有利于提高读者分析问题、解决问题的能力。

　　本书的编写分工如下：梁晓琴教授编写第 1 章；熊小莉教授编写第 2 章；郑妍副教授编写第 3 章；毛双教授编写第 4 章；孙定光教授编写第 5 章；廖显威教授除参与第 1、3、4 章的编写外，还和徐成刚教授、刘柳斜副教授一起负责全书的统编、修改、补充和完稿工作；杨华教授承担了第 5 章的审定工作；李树伟教授、张姝教授对本书的部分内容提出了很多有益的建议。

　　限于编者的水平及编写的时间，书中难免有不足之处，或存在一些有争议的学术观点，殷切希望广大读者及同仁提出宝贵意见。

编　者

2023 年 1 月

目　　录

第1章 元素化学基础知识

1.1 氧族元素

1.1.1 氧族元素概述

周期系VIA族元素包括氧、硫、硒、碲和钋五种元素，总称为氧族元素。氧和硫是典型的非金属元素，硒和碲也是非金属元素，而钋则是放射性金属元素。

氧族元素原子的价电子层结构为 ns^2np^4，有获得2个电子达到稀有气体的稳定电子层结构的趋势，表现出较强的非金属性。随着原子序数的增加，氧族元素的非金属性依次减弱，而逐渐显示出金属性。从电负性的数值可以看出，氧族元素的非金属性不如相应的卤族元素强。

氧是本族元素中电负性最大、原子半径最小、电离能最大的元素。氧化值为–2 的化合物的稳定性从氧到碲依次降低，其还原性依次增强。例如，H_2O 在通常情况下是很稳定的，而且没有还原性；碲化氢 H_2Te 则在常温下很不稳定，它在酸性介质中是强还原剂。氧族元素氢化物的酸性从 H_2O 到 H_2Te 依次增强。从硫到碲，其氧化物的酸性依次减弱。较重元素的氧化物表现出一定的碱性，例如，TeO_2 与盐酸反应生成 $TeCl_4$。

由于氧的电负性很大，仅次于氟，只有当它与氟化合时，其氧化值为正值，在一般化合物中氧的氧化值为负值。其他氧族元素在与电负性大的元素结合时，可以形成氧化值为 + 2、 + 4、 + 6 的化合物。

氧原子在成键时遵循八隅体规则。本族其他元素，由于原子最外层具有空的 d 轨道可参与成键，因此可形成配位数大于 4 的配离子，如 $SeBr_6^{2-}$、$TeBr_6^{2-}$ 等。这种倾向从硫到碲依次增大，较重元素能形成配位数更大的配离子，如 TeF_8^{2-}。

氧族元素单质的非金属化学活泼性按 O＞S＞Se＞Te 的顺序降低。氧和硫是比较活泼的。氧几乎与所有元素（除大多数稀有气体外）化合而生成相应的氧化物。单质硫与许多金属接触时都能发生反应。室温时汞也能与硫化合；高温下硫能与氢、氧、碳等非金属作用。只有稀有气体以及单质碘、氮、碲、金、铂和钯不能直接同硫化合。硒和碲也能与大多数元素反应而生成相应的硒化物和碲化物。除钋外，氧族元素单质不与水和稀酸反应。浓硝酸可以将硫、硒和碲分别氧化成 H_2SO_4、H_2SeO_3 和 H_2TeO_3。

在氧族元素中，氧和硫能以单质和化合态存在于自然界，硒和碲属于分散稀有元素，它们以极微量存在于各种硫化物矿中。从这些硫化物矿焙烧的烟道气中除尘时可以回收硒和碲，也可以从电解精炼铜的阳极泥中回收得到硒和碲。

硒有几种同素异形体。其中灰硒为链状晶体，它的导电性在暗处很低，当受到光照时可升高近千倍，可用作光电池和整流器的结构材料。红硒是分子晶体，常用于制造红玻璃。

硒还用于生产不锈钢和合金。硒是人体必需的微量元素之一。

碲是银白色链状晶体，很脆，易成粉末。碲主要用来制造合金，以增加其坚硬性和耐磨性。

1.1.2 氧及其化合物

1. 氧

氧是地壳中分布最广的元素，其丰度居各种元素之首，其质量约占地壳的一半。氧广泛分布在大气和海洋中，在大气层中，氧以单质状态存在，氧的体积分数约为 21%，质量分数约为 23%。在海洋中主要以水的形式存在，氧的质量分数约为 89%。此外，氧还以硅酸盐、氧化物及其他含氧阴离子的形式存在于岩石和土壤中，其质量约为岩石层的47%。

自然界的氧有三种同位素，即 ^{16}O、^{17}O、^{18}O，其中 ^{16}O 的含量最高，占氧原子数的99.76%。^{18}O 是一种稳定的同位素，可以通过水的分馏以重氧水的形式富集之。^{18}O 常作为示踪原子用于化学反应机理的研究。

工业上通过液态空气的分馏制取氧气。用电解的方法也可以制得氧气。实验室利用氯酸钾的热分解制备氧气。

氧分子具有顺磁性，在液态氧中有缔合分子 O_4 存在，在室温和加压下，分子光谱实验证明它具有反磁性。

氧气是无色、无臭的气体，在–183℃时凝聚为淡蓝色液体，冷却到–218℃时，凝结为蓝色的固体。氧气常以 15MPa 压入钢瓶内储存。氧分子是非极性分子，氧在水中的溶解度很小，在–80℃时，1L 水中只能溶解 30mL 氧气。尽管如此，氧气却是各种水生动物、植物赖以生存的重要条件。

氧分子的键解离能较大，$D(O—O) = 498kJ·mol^{-1}$，常温下空气中的氧气只能将某些强还原性的物质（如 NO、$SnCl_2$、H_2SO_3 等）氧化。在加热条件下，除卤素、少数贵金属（如 Au、Pt 等）以及稀有气体外，氧气几乎能与所有元素直接化合成相应的氧化物。

氧气的用途很广泛。富氧空气或纯氧用于医疗和高空飞行。大量的纯氧用于炼钢。氢氧焰和氧炔焰用于切割和焊接金属。液氧常用作火箭发动机的助燃剂。

2. 臭氧

臭氧（O_3）是氧气（O_2）的同素异形体。臭氧在地面附近的大气层中含量极少，仅为 $1.0×10^{-3}mL·m^{-3}$，而在大气层的最上层，由于太阳对大气中氧气的强烈辐射作用，形成了一层臭氧层。臭氧层能吸收太阳光的紫外辐射，成为保护地球上的生命免受太阳强辐射的天然屏障。对臭氧层的保护已成为全球性的任务。在强雷雨的天气，空气中的氧气在电火花作用下也部分地转化为臭氧。复印机工作时有臭氧产生。在实验室里可借助无声放电的方法制备浓度达百分之几的臭氧。

在臭氧分子中，中心氧原子以 2 个 sp^2 杂化轨道与另外 2 个氧原子形成σ键，第三个 sp^2 杂化轨道为孤对电子所占有。此外，中心氧原子的未参与杂化的 p 轨道上有一对电子，两端氧原子与其平行的 p 轨道上各有 1 个电子,它们之间形成垂直于分子平面的三中心四电子大 π 键,用 π_3^4 表示。臭氧分子是反磁性的,表明其分子中没有成单电子。

臭氧是淡蓝色的气体,有一种鱼腥味。臭氧在 $-112℃$ 时凝聚为深蓝色液体,在 $-193℃$ 时凝结为黑紫色固体。臭氧分子为极性分子,其偶极矩 $\mu = 1.8 \times 10^{-30}$ C·m。臭氧比氧气易溶于水（$0℃$ 时 1L 水中可溶解 0.49L 臭氧）。液态臭氧与液氧不能互溶。臭氧可以通过分级液化的方法提纯。

与氧气相反,臭氧是非常不稳定的,在常温下缓慢分解,在 $200℃$ 以上分解较快:

$$2O_3(g) \rightleftharpoons 3O_2(g) \qquad \Delta_r H_m^\ominus = -285.4 \text{kJ·mol}^{-1}$$

二氧化锰的存在可加速臭氧的分解,而水蒸气则可减缓臭氧的分解。纯的臭氧容易爆炸。

臭氧的氧化性比氧气强。臭氧能将 I^- 氧化而析出单质碘:

$$O_3 + 2I^- + 2H^+ \rightleftharpoons I_2\downarrow + O_2 + H_2O$$

这一反应用于测定臭氧的含量。臭氧还能氧化有机物,例如,臭氧氧化烯烃的反应可以用来确定不饱和烃中双键的位置。

利用臭氧的氧化性以及不容易导致二次污染的优点,可用臭氧来净化废气和废水。臭氧可用作杀菌剂,用臭氧代替氯气作为饮用水消毒剂,其优点是杀菌快而且消毒后无味。臭氧又是一种高能燃料的氧化剂。

尽管空气中含微量的臭氧有益于人体的健康,但当臭氧含量高于 1mL·m^{-3} 时,会引起头疼等症状,对人体是有害的。臭氧具有强氧化性,对橡胶和某些塑料有特殊的破坏作用。

3. 过氧化氢

过氧化氢（H_2O_2）的水溶液一般称为双氧水。纯 H_2O_2 的熔点为 $-100℃$,沸点为 $150℃$。$-4℃$ 时固体 H_2O_2 的密度为 1.643g·cm^{-3}。H_2O_2 分子间通过氢键发生缔合,其缔合程度比水大。H_2O_2 能与水以任何比例混溶。

结构研究表明,H_2O_2 分子不是线形的。在 H_2O_2 分子中有 1 个过氧链（—O—O—）,2 个氧原子都以 sp^3 杂化轨道成键,除相互连接形成 O—O 键外,还各与 1 个氢原子相连。

高纯度的 H_2O_2 在低温下是比较稳定的,其分解作用比较平稳。当加热到 426K 以上,便发生强烈的爆炸性分解:

$$2H_2O_2(l) \rightleftharpoons 2H_2O(l) + O_2(g) \qquad \Delta_r H_m^\ominus = -196\text{kJ·mol}^{-1}$$

浓度高于 65% 的 H_2O_2 和某些有机物接触时,容易发生爆炸。H_2O_2 在碱性介质中的分解速率远比在酸性介质中大。少量 Fe^{2+}、Mn^{2+}、Cu^{2+}、Cr^{3+} 等金属离子的存在能大大加速 H_2O_2 的分解。光照也可使 H_2O_2 的分解速率增大。因此,H_2O_2 应储存在棕色瓶中,置于阴凉处。

H_2O_2 是一种极弱的酸,298K 时,其 $K_{a_1}^\ominus = 2.0 \times 10^{-12}$,$K_{a_2}^\ominus$ 约为 10^{-25}。H_2O_2 能与某些金属氢氧化物反应,生成过氧化物和水。例如:

$$H_2O_2 + Ba(OH)_2 \rightleftharpoons BaO_2 + 2H_2O$$

在 H_2O_2 中,氧的氧化值为 -1,H_2O_2 既有氧化性,又有还原性。H_2O_2 无论在酸性溶液中还是在碱性溶液中都是强氧化剂。例如：

$$2I^- + 2H^+ + H_2O_2 = I_2 + 2H_2O$$

$$2[Cr(OH)_4]^- + 3H_2O_2 + 2OH^- = 2CrO_4^{2-} + 8H_2O$$

H_2O_2 的还原性较弱，只有当 H_2O_2 与强氧化剂作用时，才能被氧化而放出 O_2。例如：

$$2KMnO_4 + 5H_2O_2 + 3H_2SO_4 = 2MnSO_4 + 5O_2\uparrow + K_2SO_4 + 8H_2O$$

$$H_2O_2 + Cl_2 = 2HCl + O_2$$

H_2O_2 可将黑色的 PbS 氧化为白色的 $PbSO_4$：

$$PbS + 4H_2O_2 = PbSO_4 + 4H_2O$$

在酸性溶液中，H_2O_2 能与重铬酸盐反应生成蓝色的过氧化铬（CrO_5）。CrO_5 在乙醚或戊醇中比较稳定。

$$4H_2O_2 + Cr_2O_7^{2-} + 2H^+ = 2CrO_5 + 5H_2O$$

这个反应可用于检验 H_2O_2 的存在，也可以用于检验 $Cr_2O_7^{2-}$ 的存在。

　　H_2O_2 的主要用途是作为氧化剂使用，其优点是产物为 H_2O，不会给反应系统引入其他杂质。工业上用作漂白剂，医药上用稀 H_2O_2 作为消毒杀菌剂。纯 H_2O_2 可作为火箭燃料的氧化剂。实验室常用 30% H_2O_2 和 3% H_2O_2 作氧化剂。应该注意，浓度稍大的 H_2O_2 水溶液会灼伤皮肤，使用时应格外小心！

1.1.3　硫及其化合物

　　硫在自然界以单质和化合状态存在。单质硫矿床主要分布在火山附近。以化合物形式存在的硫分布较广，主要有硫化物（如 FeS_2、PbS、$CuFeS_2$、ZnS 等）和硫酸盐（如 $CaSO_4$、$BaSO_4$、$Na_2SO_4\cdot10H_2O$ 等）。其中黄铁矿（FeS_2）是最重要的硫化物矿，它大量用于制造硫酸，是一种基本的化工原料。煤和石油中也含有硫。此外，硫是细胞的组成元素之一，它以化合物形式存在于动物、植物有机体内。例如，各种蛋白质中化合态硫的含量为 0.8%～2.4%。

1. 单质硫

　　单质硫俗称硫磺，是分子晶体，很松脆，不溶于水。硫的导电性、导热性很差。

　　硫有几种同素异形体。天然硫是黄色固体，称为正交硫（菱形硫），密度为 $2.06g\cdot cm^{-3}$，在 94.5℃以下是稳定的。将正交硫加热到 94.5℃时，正交硫转变为单斜硫。单斜硫呈浅黄色，密度为 $1.99g\cdot cm^{-3}$，在 94.5～115℃（熔点）范围内稳定。当温度低于 94.5℃时，单斜硫又慢慢转变为正交硫。因此，94.5℃是正交硫和单斜硫这两种同素异形体的转变温度：

$$S(正交) \underset{94.5℃}{\rightleftharpoons} S(单斜) \qquad \Delta_r H_m^{\ominus} = 0.33kJ\cdot mol^{-1}$$

　　正交硫和单斜硫的分子都是由 8 个硫原子组成的。在 S_8 分子中，每个硫原子各以 sp^3 杂化轨道中的两个轨道与相邻的两个硫原子形成 σ 键，而 sp^3 杂化轨道中的另两个则各有一对孤对电子。S_8 分子之间靠弱的分子间作用力结合，熔点较低。它们都不溶于水而溶于

CS_2 和 CCl_4 等非极性溶剂或 CH_3Cl 和 C_2H_5OH 等弱极性溶剂。单斜硫与正交硫相比,只是晶体中的分子排列不同而已。

当单质硫加热熔化后,得到浅黄色、透明、易流动的由 S_8 环状分子组成的液体。继续加热至 160℃左右,S_8 开始断开,形成开链的线形分子,并且聚合成中长链的大分子,因而液体颜色变暗,黏度显著增大。当温度达 190℃左右,黏度变得最大,以致不能将熔融硫从容器中倒出。这是因为环不断地破裂并聚合成长链的大分子,链与链又相互纠缠使之不易流动。进一步加热至 200℃,液体变黑,长链破裂成较短的链状分子(如 S_8、S_6 等),黏度又逐渐降低。温度达 444.6℃时液体沸腾,蒸气中有 S_8、S_6、S_4、S_2 等分子。温度越高,分子中硫原子数目越少。当温度高达 2000℃左右时,开始有单原子硫解离出来。S_2 蒸气急剧冷却至-196℃,得到 S_2 紫色固体,其结构和 O_2 相似,也具有顺磁性。

将加热到 190℃的熔融硫倒入冷水中迅速冷却,可以得到弹性硫。由于骤冷,长链状硫分子来不及成环,仍以长链存在于固体中,因而固体具有弹性。弹性硫不溶于任何溶剂,静置后缓慢地转变为稳定的晶状硫。

硫的化学性质比较活泼,能与许多金属直接化合生成相应的硫化物,也能与氢、氧、卤素(碘除外)、碳、磷等直接作用生成相应的共价化合物。硫能与具有氧化性的酸(如硝酸、浓硫酸等)反应,也能溶于热的碱液生成硫化物和亚硫酸盐:

$$3S + 6NaOH \xrightarrow{\triangle} 2Na_2S + Na_2SO_3 + 3H_2O$$

当硫过量时则可生成硫代硫酸盐:

$$4S + 6NaOH \xrightarrow{\triangle} 2Na_2S + Na_2S_2O_3 + 3H_2O$$

硫的最大用途是制造硫酸。硫在橡胶工业、造纸工业、火柴和焰火制造等方面也是不可缺少的。此外,硫还用于制造黑火药、合成药剂以及农药杀虫剂等。

2. 硫化氢和硫化物

1)硫化氢

硫化氢(H_2S)是无色、剧毒的气体。空气中 H_2S 的含量达到 0.05%时,即可闻到腐蛋臭味。工业上允许空气中 H_2S 的含量不超过 $0.01mg \cdot L^{-1}$。H_2S 中毒是由于它能与血红素中的 Fe^{2+} 作用生成 FeS 沉淀,因而使 Fe^{2+} 失去原来正常的生理作用。

硫化氢的沸点为-60℃,熔点为-86℃,比同族的 H_2O、H_2Se、H_2Te 都低。硫化氢稍溶于水,在 20℃时 1 体积的水能溶解 2.5 体积的硫化氢。

硫化氢分子的构型与水分子相似,也呈 V 形,但 H—S 键(136pm)比 H—O 键略长,而键角∠HSH(92°)比∠HOH 小。H_2S 分子的极性比 H_2O 弱。

氢气和硫蒸气可直接化合生成硫化氢。通常用金属硫化物和非氧化性酸作用制取硫化氢:

$$FeS + 2HCl = H_2S + FeCl_2$$

产物气体中常含有少量 HCl 气体,可以用水吸收以除去 HCl。在实验室中可利用硫代乙酰胺水溶液加热水解的方法制取硫化氢:

$$CH_3CSNH_2 + 2H_2O = CH_3COONH_4 + H_2S$$

逸出的 H_2S 气体可用 P_4O_{10} 干燥。

硫化氢中硫的氧化值为–2，是硫的最低氧化值。硫化氢具有较强的还原性。硫化氢在充足的空气中燃烧生成二氧化硫和水，当空气不足或温度较低时，生成游离的硫和水。硫化氢能被卤素氧化成游离的硫。例如：

$$H_2S + Br_2 == 2HBr + S$$

氯气还能把硫化氢氧化成硫酸：

$$H_2S + 4Cl_2 + 4H_2O == H_2SO_4 + 8HCl$$

硫化氢在水溶液中更容易被氧化。有关的标准电极电势如下：

酸性溶液中　　　$S + 2H^+ + 2e^- \rightleftharpoons H_2S$　$E^\ominus = 0.144V$

碱性溶液中　　　$S + 2e^- \rightleftharpoons S^{2-}$　$E^\ominus = -0.445V$

由此可见，碱性溶液中 S^{2-} 的还原性比酸性溶液中的 H_2S 稍强些，硫化氢水溶液在空气中放置后，由于空气中的氧把硫化氢氧化成游离的硫而渐渐变混浊。

硫化氢的水溶液称为氢硫酸，它是一种很弱的二元酸，$K_{a_1}^\ominus = 5.7 \times 10^{-8}$，$K_{a_2}^\ominus = 1.2 \times 10^{-15}$。氢硫酸能与金属离子形成正盐，即硫化物，也能形成酸式盐即硫氢化物（如 NaHS）。

2）金属硫化物

金属硫化物大多数是有颜色的。碱金属和碱土金属（Be 除外）的硫化物易溶于水，除此以外，大多数金属硫化物难溶于水，有些还难溶于酸。个别硫化物由于完全水解，在水溶液中不能生成，如 Al_2S_3 和 Cr_2S_3 必须采用干法制备。可以利用硫化物的上述性质来分离和鉴别各种金属离子。根据金属硫化物在水中和稀酸中的溶解性差别，可以把它们分成三类。

硫化钠（Na_2S）是白色晶状固体，在空气中易潮解。硫化钠水溶液由于 S^{2-} 水解而呈碱性，故硫化钠俗称硫化碱。常用的是其水合晶体 $Na_2S \cdot 9H_2O$。将天然芒硝（$Na_2SO_4 \cdot 10H_2O$）在高温下用煤粉还原是工业上大量生产硫化钠的方法之一：

$$Na_2SO_4 + 4C \xrightarrow[\text{高温转炉}]{1373K} Na_2S + 4CO$$

硫化钠广泛用于染料、印染、涂料、制革、食品等工业，还用于制造荧光材料。

硫化铵[$(NH_4)_2S$]是一种常用的可溶性硫化物试剂。在氨水中通入硫化氢可制得硫氢化铵和硫化铵，它们的溶液呈碱性。

硫化钠和硫化铵都具有还原性，容易被空气中的 O_2 氧化而形成多硫化物。

金属硫化物无论是易溶的还是微溶的，都会发生水解反应，即使是难溶金属硫化物，其溶解的部分也发生水解。

各种难溶金属硫化物在酸中的溶解情况差异很大，这与它们的溶度积常数 K_{sp} 有关。K_{sp} 大于 10^{-24} 的硫化物一般可溶于稀酸。例如，ZnS 可溶于 $0.30 \text{mol} \cdot \text{L}^{-1}$ 的盐酸，而溶度积更大的 MnS 在乙酸溶液中即可溶解。溶度积介于 $10^{-25} \sim 10^{-30}$ 的硫化物一般不溶于稀酸而溶于浓盐酸，如 CdS 可溶于 $6.0 \text{mol} \cdot \text{L}^{-1}$ 的盐酸：

$$CdS + 4HCl == H_2[CdCl_4] + H_2S$$

溶度积更小的硫化物（如 CuS）在浓盐酸中也不溶解，但可溶于硝酸。对于在硝酸中也不溶解的 HgS 来说，则需要用王水才能将其溶解。

3. 多硫化物

在可溶性硫化物的浓溶液中加入硫粉时，硫溶解而生成相应的多硫化物，例如：

$$(NH_4)_2S + (x-1)S \Longrightarrow (NH_4)_2S_x$$

通常生成的产物是含有不同数目硫原子的各种多硫化物的混合物。随着硫原子数目 x 的增加，多硫化物的颜色从黄色经过橙黄色而变为红色。$x = 2$ 的多硫化物也可称为过硫化物。

在多硫化物中，硫原子之间通过共用电子对相互连接形成多硫离子。多硫离子具有链式结构：

$$\left[\begin{array}{c} S \diagup S \diagup S \diagup \\ \diagdown S \diagdown S \diagdown S \end{array} \right]_x^{2-}$$

过硫化氢（H_2S_2）与过氧化氢的结构相似。

多硫化物具有氧化性，这一点与过氧化物相似，但多硫化物的氧化性比过氧化物弱。

多硫离子可以与 Sn(II)、As(III)、Sb(III)等的硫化物作用生成相应元素高氧化值的硫代酸盐。例如：

$$Sb_2S_3 + 2S_2^{2-} \Longrightarrow Sb_2S_5 + 2S^{2-}$$

多硫化物与酸反应生成多硫化氢（H_2S_x），它不稳定，能分解成硫化氢和单质硫：

$$S_x^{2-} + 2H^+ \Longrightarrow H_2S_x \Longrightarrow H_2S + (x-1)S$$

随 x 的增大，多硫化氢的稳定性逐渐减弱。

多硫化物在皮革工业中用作原皮的除毛剂。在农业上用多硫化物作为杀虫剂来防治棉花红蜘蛛及果木的病虫害。

4. 二氧化硫、亚硫酸及其盐

硫在空气中燃烧生成二氧化硫（SO_2）。工业上利用焙烧硫化物矿制取 SO_2：

$$3FeS_2 + 8O_2 \Longrightarrow Fe_3O_4 + 6SO_2$$

实验室中用亚硫酸盐与酸反应制取少量的 SO_2，也可用铜和浓硫酸共同加热制取 SO_2。

气态 SO_2 的分子构型为 V 形。在 SO_2 分子中，硫原子以 2 个 sp^2 杂化轨道分别与 2 个氧原子形成 σ 键，而另 1 个 sp^2 杂化轨道上则保留 1 对孤对电子。硫原子的未参与杂化的 p 轨道上的 2 个电子与 2 个氧原子的未成对 p 电子形成三中心四电子大 π 键（π_3^4）。键角∠OSO 为 119.5°，S—O 键长为 143pm。

SO_2 是无色、具有强烈刺激性气味的气体。其沸点为-10℃，熔点为-75.5℃，较易液化。液态 SO_2 能够解离，是一种良好的非水溶剂：

$$2SO_2 \Longrightarrow SO^{2+} + SO_3^{2-}$$

SO_2 的汽化焓大，可用作制冷剂。SO_2 分子的极性较强，SO_2 易溶于水，生成很不稳定的亚硫酸（H_2SO_3）。

H_2SO_3 是二元中强酸，$K_{a_1}^{\ominus} = 1.7 \times 10^{-2}$，$K_{a_2}^{\ominus} = 6.0 \times 10^{-8}$。$H_2SO_3$ 只存在于水溶液中，游离状态的纯 H_2SO_3 尚未制得。光谱实验证明，SO_2 在水中主要是物理溶解，SO_2 分子与 H_2O 分子之间存在着较弱的作用。因此，有人认为 SO_2 在水溶液中的状态基本上是 $SO_2 \cdot H_2O$。SO_2 溶于水中，其解离反应按下式进行：

$$SO_2 + H_2O \rightleftharpoons H^+ + HSO_3^-$$

前述 $K_{a_1}^{\ominus}$ 为此反应的标准平衡常数。

在 SO_2 和 H_2SO_3 中，硫的氧化值是+4，它们既有氧化性，也有还原性。例如：

$$SO_2 + 2CO \xrightarrow[\text{铝矾土}]{500℃} 2CO_2 + S$$

此反应说明 SO_2 具有氧化性，这是从烟道气分离回收硫的一种方法。

亚硫酸是较强的还原剂，可以将 Cl_2 和 MnO_4^- 分别还原为 Cl^- 和 Mn^{2+}，甚至可以将 I_2 还原为 I^-：

$$Cl_2 + H_2SO_3 + H_2O = H_2SO_4 + 2HCl$$

$$2MnO_4^- + 5SO_3^{2-} + 6H^+ = 2Mn^{2+} + 5SO_4^{2-} + 3H_2O$$

$$H_2SO_3 + I_2 + H_2O = H_2SO_4 + 2HI$$

当与强还原剂反应时，H_2SO_3 才表现出氧化性。例如：

$$H_2SO_3 + 2H_2S = 3S + 3H_2O$$

SO_2 和 H_2SO_3 主要作为还原剂用于化工生产。SO_2 主要用于生产硫酸和亚硫酸盐，还大量用于生产合成洗涤剂、食品防腐剂、住所和用具消毒剂。某些有机物质可以与 SO_2 或 H_2SO_3 发生加成反应，生成无色的加成物而使有机物褪色，所以 SO_2 可用作漂白剂。

亚硫酸可形成正盐（如 Na_2SO_3）和酸式盐（如 $NaHSO_3$）。碱金属和铵的亚硫酸盐易溶于水，并发生水解；亚硫酸氢盐的溶解度大于相应的正盐，也易溶于水。在含有不溶性亚硫酸钙的溶液中通入 SO_2，可使其转化为可溶性的亚硫酸氢钙：

$$CaSO_3 + SO_2 + H_2O = Ca(HSO_3)_2$$

通常在金属氢氧化物的水溶液中通入 SO_2 得到相应的亚硫酸盐。

亚硫酸盐的还原性比亚硫酸还要强，在空气中易被氧化成硫酸盐而失去还原性。亚硫酸钠和亚硫酸氢钠大量用于染料工业中作为还原剂。在纺织、印染工业上，亚硫酸盐用作织物的去氯剂：

$$SO_3^{2-} + Cl_2 + H_2O = SO_4^{2-} + 2Cl^- + 2H^+$$

亚硫酸氢钙能溶解木质素，大量用于造纸工业。

5. 三氧化硫、硫酸及其盐

1）三氧化硫

虽然 S(IV)的化合物都具有还原性，但是要把 SO_2 氧化成 SO_3 则比氧化 H_2SO_3 或 Na_2SO_3 慢得多。当有催化剂存在时，能加速 SO_2 的氧化：

$$2SO_2 + O_2 \xrightarrow[>450℃]{V_2O_5} 2SO_3 \qquad \Delta_r H_m^{\ominus} = -198 kJ \cdot mol^{-1}$$

在实验室中可以用发烟硫酸或焦硫酸加热而得到 SO_3。

纯 SO_3 是一种无色、易挥发的固体，其熔点为 16.8℃，沸点为 44.8℃。

气态 SO_3 为单分子，其分子构型为平面三角形。在 SO_3 分子中，硫原子以 sp^2 杂化轨道与 3 个氧原子形成 3 个 σ 键，此外，还以未杂化的 p_z 轨道与 3 个氧原子形成垂直于分子平面的大 π 键，称为四中心六电子大 π 键（π_4^6）。在大 π 键中，有 3 个电子原来属于硫原子，而另外 3 个电子原来分别属于 3 个氧原子。在 SO_3 分子中，∠OSO 为 120°，S—O 键长为 143pm，比 S—O 单键（155pm）短，故具有双键特征。

SO_3 固体有几种聚合晶型。在不同类型 SO_3 固体中，SO_3 分子的排列方式不同。γ 型晶体为三聚分子，具有与冰相似的结构。β 型晶体与石棉的结构相似，SO_3 原子团互相连接成螺旋式长链。α 型晶体也具有类似石棉的结构。在固态 SO_3 中，硫原子都是采取 sp^2 杂化轨道成键的。α 型、β 型、γ 型 SO_3 的稳定性依次降低。液态 SO_3 主要以三聚分子形式存在。

SO_3 具有很强的氧化性。例如，当磷和它接触时会燃烧。高温时 SO_3 的氧化性更为显著，它能氧化 KI、HBr 和 Fe、Zn 等金属。

SO_3 极易与水化合生成硫酸，同时放出大量的热：

$$SO_3(g) + H_2O(l) == H_2SO_4(aq) \qquad \Delta_r H_m^{\ominus} = -132.448 kJ \cdot mol^{-1}$$

因此，SO_3 在潮湿的空气中挥发呈雾状。

2）硫酸

纯硫酸是无色的油状液体，在 10.38℃ 时凝固成晶体，市售的浓硫酸密度为 1.84～1.86$g \cdot cm^{-3}$，浓度约为 18$mol \cdot L^{-1}$。98%硫酸沸点为 330℃，是常用的高沸点酸，这是硫酸分子间形成氢键的缘故。

硫酸是 SO_3 的水合物，除了硫酸[H_2SO_4（$SO_3 \cdot H_2O$）]和焦硫酸[$H_2S_2O_7$（$2SO_3 \cdot H_2O$）]外，SO_3 还和水生成一系列其他的水合物：$H_2SO_4 \cdot H_2O$（$SO_3 \cdot 2H_2O$）、$H_2SO_4 \cdot 2H_2O$（$SO_3 \cdot 3H_2O$）、$H_2SO_4 \cdot 4H_2O$（$SO_3 \cdot 5H_2O$）。这些水合物很稳定，因此浓硫酸有很强的吸水性。硫酸与水混合时放出大量的热，在稀释硫酸时必须非常小心，应将浓硫酸在搅拌下慢慢倒入水中，不可将水倒入浓硫酸中。

由于浓硫酸具有强吸水性，可以用浓硫酸干燥不与硫酸发生反应的各种气体，如氯气、氢气和二氧化碳等。浓硫酸也是实验室常用的干燥剂之一（放在干燥器中）。浓硫酸不仅可以吸收气体中的水分，还能与纤维、糖等有机物作用，夺取这些物质中的氢原子和氧原子（其比例相当于 H_2O 的组成）而留下游离的碳。鉴于浓硫酸的强腐蚀作用，在使用时必须注意安全！

硫酸分子的结构式为

$$
\begin{array}{c}
O \\
\uparrow \\
H-O-S-O-H \\
\downarrow \\
O
\end{array}
$$

在硫酸分子中，各键角和 4 个 S—O 键长是全不相等的。硫原子采取 sp^3 杂化轨道与 4 个氧原子中的 2 个氧原子形成 2 个 σ 键，另 2 个氧原子则接受硫的电子对分别形成 σ 配键；与此同时，硫原子的空的 3d 轨道与 2 个不在 OH 基中的氧原子的 2p 轨道对称性匹配，相互重叠，反过来接受来自 2 个氧原子的孤对电子，从而形成了附加的（p-d）π 反馈配键。

硫酸晶体呈现波纹形层状结构。每个硫氧四面体（SO_4 原子团）通过氢键与其他 4 个 SO_4 原子团连接。

浓硫酸是一种氧化剂，在加热的情况下，能氧化许多金属和某些非金属。通常浓硫酸被还原为二氧化硫。例如：

$$Zn + 2H_2SO_4(浓) \xrightarrow{\triangle} ZnSO_4 + SO_2\uparrow + 2H_2O$$

$$S + 2H_2SO_4(浓) \xrightarrow{\triangle} 3SO_2\uparrow + 2H_2O$$

比较活泼的金属也可以将浓硫酸还原为硫或硫化氢，例如：

$$3Zn + 4H_2SO_4 =\!=\!= 3ZnSO_4 + S + 4H_2O$$

$$4Zn + 5H_2SO_4 =\!=\!= 4ZnSO_4 + H_2S + 4H_2O$$

浓硫酸氧化金属并不放出氢气。稀硫酸与比氢活泼的金属（如 Mg、Zn、Fe 等）作用时，能放出氢气。

冷的浓硫酸（70%以上）能使铁的表面钝化，生成一层致密的保护膜，阻止硫酸与铁表面继续作用，因此可以用钢罐储装和运输浓硫酸（80%～90%）。

硫酸是二元强酸。在一般温度下，硫酸并不分解，是比较稳定的酸。

近代工业中主要采取接触法制造硫酸。由黄铁矿（或硫磺）在空气中焙烧得到 SO_2 和空气的混合物，在 450℃左右的温度下通过催化剂 V_2O_5，SO_2 即被氧化成 SO_3。生成的 SO_3 用浓硫酸吸收。如果直接用水吸收 SO_3，由于 SO_3 遇水生成 H_2SO_4 雾滴，弥漫在吸收器内的空间，而不能被完全收集。用黄铁矿生产硫酸的方法由于污染严重将被淘汰。

将 SO_3 溶解在 100% H_2SO_4 中得到发烟硫酸。发烟硫酸暴露在空气中时，挥发出来的 SO_3 和空气中的水蒸气形成 H_2SO_4 细小雾滴而发烟。市售发烟硫酸的浓度以游离 SO_3 的含量来标明，如 20%或 40%等分别表示溶液中含有 20%或 40%游离的 SO_3。

硫酸是一种重要的基本化工原料。化肥工业中使用大量的硫酸以制造过磷酸钙和硫酸铵。在有机化学工业中，用硫酸作磺化剂制取磺酸化合物。在磺化反应中，磺酸基（—SO_3H）取代有机化合物中的氢原子。此外，硫酸还与硝酸一起大量用于炸药的生产、石油和煤焦油产品的精炼以及各种矾和颜料等的制造。硫酸的沸点高，挥发性很小，还可以用来生产其他较易挥发的酸，如盐酸和硝酸。

3）硫酸盐

硫酸能形成两种类型的盐，即正盐和酸式盐（硫酸氢盐）。

经 X 射线结构研究已经表明，在硫酸盐中，SO_4^{2-} 的构型为正四面体。SO_4^{2-} 中 4 个 S—O 键键长均为 144pm，具有很大程度的双键性质。

大多数硫酸盐易溶于水，但硫酸铅（$PbSO_4$）、硫酸钙（$CaSO_4$）和硫酸锶（$SrSO_4$）溶解度很小。硫酸钡（$BaSO_4$）几乎不溶于水，而且也不溶于酸。根据 $BaSO_4$ 的这一特性，可以用 $BaCl_2$ 等可溶性钡盐鉴定 SO_4^{2-}。虽然 SO_3^{2-} 和 Ba^{2+} 也生成白色 $BaSO_3$ 沉淀，但它能溶于盐酸而放出 SO_2。

钠、钾的固态酸式硫酸盐是稳定的。酸式硫酸盐都易溶于水，其溶解度稍大于相应的正盐，其水溶液呈酸性。

活泼金属的硫酸盐热稳定性高，如 Na_2SO_4、K_2SO_4、$BaSO_4$ 等在 1000℃时仍不分解。不活泼金属的硫酸盐（如 $CuSO_4$、Ag_2SO_4 等）在高温下分解为 SO_3 和相应的氧化物或金属单质和氧气。

大多数硫酸盐结晶时带有结晶水，如 $Na_2SO_4 \cdot 10H_2O$、$CaSO_4 \cdot 2H_2O$、$CuSO_4 \cdot 5H_2O$、$FeSO_4 \cdot 7H_2O$ 等。一般认为，水分子与 SO_4^{2-} 之间以氢键相连，形成水合阴离子 $SO_4(H_2O)^{2-}$。另外，容易形成复盐是硫酸盐的又一个特征。例如，$K_2SO_4 \cdot Al_2(SO_4)_3 \cdot 24H_2O$(明矾)、$K_2SO_4 \cdot Cr_2(SO_4)_3 \cdot 24H_2O$(铬钾矾)和$(NH_4)_2SO_4 \cdot FeSO_4 \cdot 6H_2O$(莫尔盐)等是较常见的重要硫酸复盐。

许多硫酸盐在净化水、造纸、印染、颜料、医药和化工等方面有着重要的用途。

6. 硫的其他含氧酸及其盐

1）焦硫酸及其盐

冷却发烟硫酸时，可以析出焦硫酸（$H_2S_2O_7$），为无色晶体，其熔点为 35℃。焦硫酸的结构式如下：

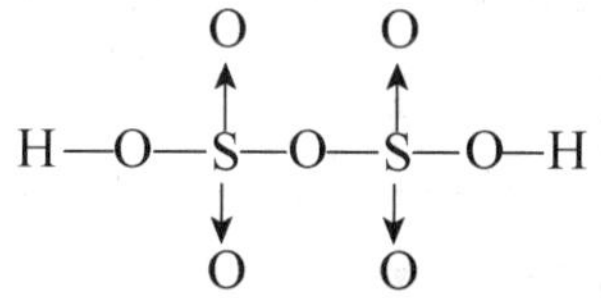

它可以看作是两分子硫酸间脱去一分子水所得的产物。焦硫酸的吸水性、腐蚀性比硫酸更强。焦硫酸和水作用生成硫酸。焦硫酸是一种强氧化剂，又是良好的磺化剂，工业上用于制造染料、炸药和其他有机化合物。

把碱金属的酸式硫酸盐加热到熔点以上，可得到焦硫酸盐，例如：

$$2KHSO_4 \xrightarrow{\triangle} K_2S_2O_7 + H_2O$$

为了使某些既不溶于水又不溶于酸的金属氧化物（如 Al_2O_3、Fe_3O_4、TiO_2 等）溶解，常用 $K_2S_2O_7$（或 $KHSO_4$）与这些难溶氧化物共熔，生成可溶于水的硫酸盐。例如：

$$Al_2O_3 + 3K_2S_2O_7 \xrightarrow{\triangle} Al_2(SO_4)_3 + 3K_2SO_4$$

这是分析化学中处理某些固体试样的一种重要方法。

2）硫代硫酸及其盐

硫代硫酸（$H_2S_2O_3$）可以看作是硫酸分子中的一个氧原子被硫原子所取代的产物。硫代硫酸极不稳定。

亚硫酸盐与硫作用生成硫代硫酸盐。例如，将硫粉和亚硫酸钠一同煮沸可制得硫代硫酸钠（$Na_2S_2O_3$）：

$$Na_2SO_3 + S \xrightarrow{\triangle} Na_2S_2O_3$$

另外，在 Na_2S 和 Na_2CO_3 混合溶液（物质的量之比为 2∶1）中通入 SO_2 也可以制得 $Na_2S_2O_3$：

$$2Na_2S + Na_2CO_3 + 4SO_2 === 3Na_2S_2O_3 + CO_2$$

$Na_2S_2O_3 \cdot 5H_2O$ 是最重要的硫代硫酸盐，俗称海波或大苏打，是无色透明的晶体，易溶于水，其水溶液呈弱碱性。

$Na_2S_2O_3$ 在中性或碱性溶液中很稳定，当与酸作用时，形成的硫代硫酸立即分解为硫和亚硫酸，后者又分解为二氧化硫和水。反应方程式如下：

$$S_2O_3^{2-} + 2H^+ === S + SO_2 + H_2O$$

$S_2O_3^{2-}$ 具有与硫酸根离子相似的四面体构型。在 $S_2O_3^{2-}$ 中，2 个硫原子在结构上所处的位置是不同的，这已被"标记原子"实验所证明。按照计算氧化值的习惯，$S_2O_3^{2-}$ 中硫的氧化值的平均值为 +2。$Na_2S_2O_3$ 具有还原性。例如，$Na_2S_2O_3$ 可以被较强的氧化剂 Cl_2 氧化为硫酸钠：

$$S_2O_3^{2-} + 4Cl_2 + 5H_2O \xrightarrow{\triangle} 2SO_4^{2-} + 8Cl^- + 10H^+$$

在纺织工业上用 $Na_2S_2O_3$ 作脱氯剂。$Na_2S_2O_3$ 与碘的反应是定量的，在分析化学上用于碘量法的滴定。其反应方程式为

$$2S_2O_3^{2-} + I_2 === S_4O_6^{2-} + 2I^-$$

反应产物中的 $S_4O_6^{2-}$ 称为连四硫酸根离子，其结构式如下：

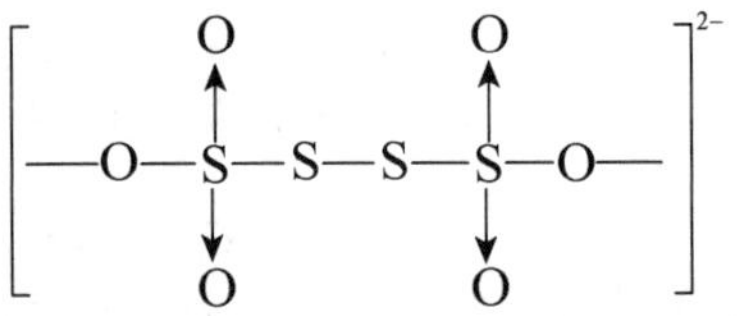

$Na_2S_2O_3$ 具有配位能力，可与 Ag^+ 和 Cd^{2+} 等形成稳定的配离子。$Na_2S_2O_3$ 大量用作照相业的定影剂。照相底片上未感光的溴化银在定影液中形成 $[Ag(S_2O_3)_2]^{3-}$ 而溶解：

$$AgBr + 2S_2O_3^{2-} === [Ag(S_2O_3)_2]^{3-} + Br^-$$

此外，$Na_2S_2O_3$ 还用作化工生产的还原剂以及用于电镀、鞣革等。

3）过硫酸及其盐

过硫酸可以看作是过氧化氢的衍生物。若 H_2O_2 分子中的一个氢原子被 —SO_3H 基团取代，形成过一硫酸（H_2SO_5），若两个氢原子都被 —SO_3H 基团取代则形成过二硫酸（$H_2S_2O_8$）。过一硫酸和过二硫酸的结构式如下：

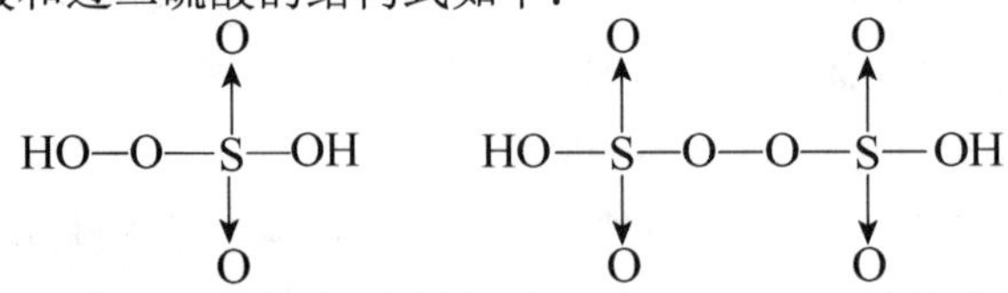

工业上用电解冷的硫酸溶液的方法制备过二硫酸。HSO_4^- 在阳极失去电子而生成过二硫酸：

$$2HSO_4^- - 2e^- === H_2S_2O_8$$

纯净的过二硫酸和过一硫酸都是无色晶体，同浓硫酸一样，过硫酸也都有强的吸水性，并可以使纤维和糖碳化。过一硫酸和过二硫酸的分子中都含有过氧键（—O—O—），因此它们与 H_2O_2 相似，也具有强氧化性。它们作为氧化剂参与反应时，过氧键断裂，这两个

氧原子的氧化值由原来的 –1 变为 –2，而硫的氧化值仍为 + 6。

重要的过二硫酸盐有 $K_2S_2O_8$ 和 $(NH_4)_2S_2O_8$，它们也是强氧化剂。过二硫酸盐能将 I^- 和 Fe^{2+} 分别氧化成 I_2 和 Fe^{3+}，甚至能将 Cr^{3+} 和 Mn^{2+} 等氧化成相应的高氧化值的 $Cr_2O_7^{2-}$ 和 MnO_4^-。但其中有些反应的速率较小，在催化剂作用下，反应进行得较快。例如：

$$S_2O_8^{2-} + 2I^- \xrightarrow{Cu^{2+}} 2SO_4^{2-} + I_2$$

$$2Mn^{2+} + 5S_2O_8^{2-} + 8H_2O \xrightarrow{Ag^+} 2MnO_4^- + 10SO_4^{2-} + 16H^+$$

过硫酸及其盐的热稳定性较差，受热时容易分解。例如，$K_2S_2O_8$ 受热时会放出 SO_3 和 O_2。

$$2K_2S_2O_8 \xrightarrow{\triangle} 2K_2SO_4 + 2SO_3 + O_2$$

100μm

例 1-1　[第 14 届全国高中学生化学竞赛（初赛）试题第 7 题]

最近，我国某高校一研究小组将 0.383g AgCl，0.160g Se 和 0.21g NaOH 装入充满蒸馏水的反应釜中加热到 115℃，10 小时后冷至室温，用水洗净可溶物后，得到难溶于水的金属色晶体 **A**。在显微镜下观察，发现 **A** 的单晶竟是六角微型管（如左图所示），有望开发为特殊材料。现代物理方法证实 **A** 由银和硒两种元素组成，Se 的质量几近原料的 2/3；**A** 的理论产量约 0.39g。

7-1　写出合成 **A** 的化学方程式，标明 **A** 是什么。

7-2　溶于水的物质有：_____　_____。

解析与答案：

7-1　$4AgCl + 3Se + 6NaOH == 2Ag_2Se + Na_2SeO_3 + 4NaCl + 3H_2O$

A 是 Ag_2Se

7-2　NaCl、NaOH、Na_2SeO_3、Na_2Se

注：Na_2Se 是由于原料中过量的 Se 歧化产生的。

例 1-2　[第 14 届全国高中学生化学竞赛（初赛）试题第 8 题]

某中学生取纯净的 $Na_2SO_3 \cdot 7H_2O$ 50.00 g，经 600℃以上的强热至恒重，分析及计算表明，恒重后的样品质量相当于无水亚硫酸钠的计算值，而且各元素的组成也符合计算值，但将它溶于水，却发现溶液的碱性大大高于期望值。经过仔细思考，这位同学解释了这种反常现象，并设计了一组实验，验证了自己的解释是正确的。

8-1　他对反常现象的解释是：（请用化学方程式表达）

8-2　他设计的验证实验是：（请用化学方程式表达）

解析与答案：

8-1　$4Na_2SO_3 == 3Na_2SO_4 + Na_2S$

8-2　说明：此题给出的信息未明确第 1 题所示的歧化是否 100%将 Na_2SO_3 完全转化为 Na_2SO_4 和 Na_2S，因此，只有全面考虑存在完全转化和不完全转化两种情形，并分别对两种情形的实验进行设计才是完整的答案：

（1）设 Na_2SO_3 完全转化为 Na_2SO_4 和 Na_2S，需分别检出 SO_4^{2-} 和 S^{2-}。

SO_4^{2-} 离子的检出：$SO_4^{2-} + Ba^{2+} = BaSO_4\downarrow$（不溶于盐酸）。

S^{2-} 离子的检出有两种方法。

方法 1：加沉淀剂，如 $S^{2-} + Pb^{2+} = PbS\downarrow$（黑）（或醋酸铅试纸变黑），其他沉淀剂也可得分。

方法 2：加盐酸，$S^{2-} + 2H^+ = H_2S\uparrow$（可闻到硫化氢特殊气味）。

以上两种方法取任何一种方法均可。

（2）设 Na_2SO_3 未完全转化为 Na_2SO_4 和 Na_2S，检出 SO_4^{2-} 加盐酸时以及检出 S^{2-} 采用方法 2 时，除发生已述反应外，均会发生如下反应：

$SO_3^{2-} + 2S^{2-} + 6H^+ = 3S\downarrow + 3H_2O$（注：写成 H_2S 和 H_2SO_3 反应也得分）。

例 1-3　[第 14 届全国高中学生化学竞赛（初赛）试题第 12 题]

氯化亚砜（$SOCl_2$），一种无色液体，沸点 79℃，重要有机试剂，用于将 ROH 转化为 RCl。氯化亚砜遇水分解，需在无水条件下使用。

12-1　试写出它与水完全反应的化学方程式：＿＿＿＿＿＿＿＿＿＿＿＿＿＿；

12-2　设计一些简单的实验来验证你写的化学方程式是正确的。（只需给出实验原理，无须描述实验仪器和操作。评分标准：设计的合理性——简捷、可靠、可操作及表述。）

解析与答案：

12-1　$SOCl_2 + H_2O = SO_2 + 2HCl$（说明：写成 H_2SO_3 也按正确答案论）

说明：水多时 SO_2 溶于水得到亚硫酸和盐酸的混合溶液，但因盐酸对亚硫酸电离的抑制，水溶液中仍大量存在 SO_2，故写 SO_2 是正确的答案。

12-2　向水解产物的水溶液加入硫化氢应得到硫磺沉淀。向另一份水解产物的水溶液加入硝酸银应得到白色沉淀。检出 1 种水解产物得 1 分。

1.2　氮　族　元　素

1.2.1　氮族元素概述

周期系ⅤA族元素包括氮、磷、砷、锑、铋 5 种元素，又称氮族元素。氮和磷是非金属元素。砷和锑为准金属，铋是金属元素。与硼族、碳族元素相似，ⅤA族元素也是由典型的非金属元素过渡到典型的金属元素。

氮族元素性质的变化也是不规则的。氮的原子半径最小，熔点最低，电负性最大。第四周期元素砷表现出异样性，砷的熔点比预期的高。

氮族元素的价层电子构型为 ns^2np^3，电负性不是很大，所以本族元素形成氧化值为正的化合物的趋势比较明显。它们与电负性较大的元素结合时，主要形成氧化值为 +3 和 +5 的化合物。由于惰性电子对效应，氮族元素自上而下氧化值为 +3 的化合物稳定性增强，而氧化值为 +5（除氮外）的化合物稳定性减弱。随着元素金属性的增强，E^{3+}（E 为 N、

P、As、Sb、Bi）的稳定性增强，氮、磷不形成 N^{3+} 和 P^{3+}，而锑、铋都能以 Sb^{3+} 和 Bi^{3+} 的盐存在，如 BiF_3、$Bi(NO_3)_3$、$Sb_2(SO_4)_3$ 等。氧化值为+ 5 的含氧阴离子稳定性从磷到铋依次减弱，氮、磷以含氧酸根 NO_3^-、PO_4^{3-} 的形式存在。砷和锑能形成配离子，如 $[Sb(OH)_6]^-$、$[Sb(OH)_4]^-$、$[As(OH)_4]^-$。铋不存在 Bi^{5+}，$Bi(V)$ 的化合物是强氧化剂。

氮族元素所形成的化合物主要是共价型的，而且原子越小，形成共价键的趋势也越大。较重元素除与氟化合形成离子键外，与其他元素多以共价键结合。在氧化值为–3 的化合物中，只有活泼金属的氮化物是离子型的，含有 N^{3-}。

氮族元素氢化物的稳定性从 NH_3 到 BiH_3 依次减弱，碱性依次减弱，酸性依次增强。

氮族元素氧化物的酸性也随原子序数的递增而递减。氧化值为 + 3 的氧化物中，只有 N_2O_3 和 P_2O_3 是酸性的，As_2O_3 是两性偏酸的，Sb_2O_3 是两性氧化物，Bi_2O_3 则是碱性氧化物。

氮族元素在形成化合物时，除了 N 原子最大配位数一般为 4 外，其他元素的原子的配位数可以到 6。

1.2.2　氮族元素的单质

氮族元素中，除磷在地壳中含量较多外，其他各元素含量均较少，但它们都是比较熟悉的元素。

氮主要以单质存在于大气中，约占空气体积的 78%。天然存在的氮的无机化合物较少，只有硝酸钠大量分布于智利沿海。氮和磷是构成动植物组织的基本的和必要的元素。

磷很容易被氧化，磷主要以磷酸盐形式分布在地壳中，如磷酸钙$[Ca_3(PO_4)_2]$、氟磷灰石$[Ca_5(PO_4)_3F]$。

砷、锑和铋主要以硫化物矿存在，如雄黄（As_4S_4）、辉锑矿（Sb_2S_3）、辉铋矿（Bi_2S_3）等。

工业上以空气为原料大量生产氮气。首先将空气液化，然后分馏，得到的氮气中含有少量的氩和氧。

实验室需要的少量氮气可以用下述方法制得

$$NH_4NO_2 \xrightarrow{\triangle} N_2 + 2H_2O$$

实际制备时可用 NH_4Cl 与浓 $NaNO_2$ 的混合溶液加热。

将磷酸钙、沙子和焦炭混合在电炉中加热到约 1500℃，可以得到白磷。反应分两步进行：

$$2Ca_3(PO_4)_2 + 6SiO_2 == 6CaSiO_3 + P_4O_{10}$$

$$P_4O_{10} + 10C == P_4 + 10CO$$

总反应为

$$2Ca_3(PO_4)_2 + 6SiO_2 + 10C == 6CaSiO_3 + P_4 + 10CO$$

砷、锑、铋的制备是将硫化物矿焙烧得到相应的氧化物，然后用碳还原。例如：

$$2Sb_2S_3 + 9O_2 == 2Sb_2O_3 + 6SO_2$$

$$Sb_2O_3 + 3C \stackrel{\text{高温}}{=\!=\!=} 2Sb + 3CO$$

氮族元素中，除氮气外，其他元素的单质都比较活泼。

氮气是无色、无臭、无味的气体，微溶于水，0℃时 1mL 水仅能溶解 0.023mL 的氮气。

氮气在常温下化学性质极不活泼，不与任何元素化合。升高温度能提高氮气的化学活性。当与锂、钙、镁等活泼金属一起加热时，能生成离子型氮化物。在高温高压并有催化剂存在时，氮与氢化合生成氨。在很高的温度下氮才与氧化合生成一氧化氮。

氮分子是双原子分子，两个氮原子以三键结合。由于 N≡N 键键能（946kJ·mol^{-1}）非常大，所以氮分子是最稳定的双原子分子。在化学反应中破坏 N≡N 键是十分困难的，反应活化能很高，在通常情况下反应很难进行，致使氮气表现出高的化学惰性，常被用作保护气体。

N_2 和 CO 都含有 14 个电子，它们是等电子体，具有相似的结构和相近的性质。N_2 和 CO 的分子结构分别为:N≡N:和:C⇌O:。

N_2 和 CO 除了与分子极性有关的在水中的溶解度有明显差异外，其他主要由分子间色散作用决定的性质非常相近。

气态氮在室温下是相当不活泼的，不但是因为 N≡N 键非常强，而且在最高占据分子轨道（highest occupied molecular orbital，HOMO）和最低未占分子轨道（lowest unoccupied molecular orbital，LUMO）二者之间的能级间距大。此外，分子中非常对称的电子分布以及键没有极性也是影响因素之一。在 CO、CN^- 和 NO^+ 等 N_2 的等电子体中，由于电子分布的对称性与键的极性改变，反应性显著增强。

常见的磷的同素异形体有白磷、红磷和黑磷三种。

白磷是透明的、软的蜡状固体，由 P_4 分子通过分子间作用力堆积起来。P_4 分子为四面体构型。在 P_4 分子中，磷原子均位于四面体顶点，磷原子间以共价单键结合。每个磷原子通过其 p_x、p_y 和 p_z 轨道分别与另外 3 个磷原子形成 3 个 σ 键，键角∠PPP 为 60°。这样的分子内部具有张力，其结构是不稳定的。P—P 键的键能小，易被破坏，所以白磷的化学性质很活泼，容易被氧化，在空气中能自燃。因此必须将其保存在水中。

P_4 分子是非极性分子，所以白磷能溶于非极性溶剂。白磷是剧毒物质，约 0.15g 的剂量可使人致死。将白磷在隔绝空气的条件下加热至 400℃，可以得到红磷：

$$P_4(白磷) \longrightarrow 4P(红磷) \qquad \Delta_r H_m^{\ominus} = -17.6kJ·mol^{-1}$$

红磷的结构比较复杂，曾被介绍过的结构是 P_4 分子中的一个 P—P 键断裂后相互连接起来的长链结构。另外，还有含横截面为五角形管道的层、网状复杂结构。

红磷比白磷稳定，其化学性质不如白磷活泼，室温下不与 O_2 反应，400℃以上才能燃烧。红磷不溶于有机溶剂。

白磷在高压和较高温度下可以转变为黑磷。黑磷具有与石墨类似的层状结构，但与石墨不同的是，黑磷每一层内的磷原子并不都在同一平面上，而是相互以共价键连接成网状结构。黑磷具有导电性。黑磷也不溶于有机溶剂。

氮主要用于制取硝酸、氨以及各种铵盐。多种铵盐可用作化肥。磷可用于制造磷酸、火柴、农药等。锑、铋在凝固时具有膨胀的特性，因此在印刷工业上有着重要的用途，用含锑、铋的合金铸字可以得到清晰的字迹。

1.2.3　氮的化合物

1. 氮的氢化物

1）氨

氨分子的构型为三角锥形，氮原子除以 sp^3 不等性杂化轨道与氢原子成键外，还有一对孤对电子。氨分子是极性分子。氨在水中溶解度极大。

氨是具有特殊刺激气味的无色气体。由于氨分子间形成氢键，所以氨的熔点、沸点高于同族元素磷的氢化物 PH_3。氨容易被液化，液态氨的汽化焓较大，所以液氨可用作制冷剂。

实验室一般用铵盐与强碱共热来制取氨。工业上目前主要是采用合成的方法制氨。

氨的化学性质较活泼，能与许多物质发生反应。这些反应基本上可分为三种类型，即加合反应、取代反应和氧化还原反应。

氨作为路易斯碱能与一些物质发生加合反应。例如，NH_3 与 Ag^+ 和 Cu^{2+} 分别形成 $[Ag(NH_3)_2]^+$ 和 $[Cu(NH_3)_4]^{2+}$。氨与某些盐的晶体也有类似的反应，例如，氨与无水 $CaCl_2$ 可生成 $CaCl_2 \cdot 8NH_3$，得到的氨合物与结晶水合物相似。NH_4^+ 可以看成是 H^+ 与 NH_3 加合的产物。

氨分子中的氢原子可以被活泼金属取代形成氨基化物。例如，当氨通入熔融的金属钠可以得到氨基化钠（$NaNH_2$）：

$$2Na + 2NH_3 \xrightarrow{350℃} 2NaNH_2 + H_2$$

$NaNH_2$ 是有机合成中重要的缩合剂。此外，金属氮化物[如氮化镁（Mg_3N_2）]可以看成是氨分子中 3 个氢原子全部被金属原子取代而形成的化合物。

氨分子中氮的氧化值是-3，是氮的最低氧化值，所以氨具有还原性。例如，氨在纯氧中可以燃烧生成水和氮气：

$$4NH_3 + 3O_2 =\!=\!= 6H_2O + 2N_2$$

氨在一定条件下进行催化氧化可以制得 NO（见硝酸的制备），这是目前工业制造硝酸的重要步骤之一。

2）联氨

联氨（N_2H_4）也称肼，相当于 2 个 NH_3 各脱去 1 个氢原子而结合起来的产物 $H_2N—NH_2$。纯净的联氨是无色液体，凝固点为 1.4℃，沸点为 113.5℃。

联氨的水溶液呈弱碱性（$K_{b1}^{\ominus} = 9.8 \times 10^{-7}$），在 N_2H_4 中，氮的氧化值为-2。联氨是一种强还原剂，在碱性溶液中有关电对的标准电极电势为

$$N_2 + 4H_2O + 4e^- \rightleftharpoons N_2H_4 + 4OH^- \qquad E_B^{\ominus} = -1.16V$$

联氨在空气中可燃烧，放出大量的热：

$$N_2H_4(l) + O_2(g) =\!=\!= N_2(g) + 2H_2O(l) \qquad \Delta_r H_m^{\ominus} = -622kJ \cdot mol^{-1}$$

联氨及其衍生物用作火箭燃料。由于 N—N 键键能较小，因此联氨的热稳定性差，在 2500℃时分解为 NH_3、N_2 和 H_2。

3）羟胺

羟胺（NH_2OH）可以看作氨分子中的 1 个氢原子被羟基取代的衍生物。羟胺是白色晶体，熔点为 330℃。羟胺易溶于水，其水溶液呈弱碱性（$K_b^{\ominus} = 9.1 \times 10^{-9}$），比氨的碱性还弱。

由于 N—O 键键能较小，因此羟胺固体不稳定，在 15℃以上发生分解，生成 NH_3、N_2、N_2O、NO 和 H_2O 等的混合物。羟胺高温分解时会发生爆炸，但羟胺的水溶液比较稳定。

羟胺中氮的氧化值为–1，因此它既有氧化性又有还原性。在酸性溶液中，有关电对的标准电极电势为

$$N_2 + 4H^+ + 2H_2O + 2e^- \rightleftharpoons 2NH_3OH^+ \qquad E^{\ominus} = -1.87V$$

通常，羟胺主要用作还原剂，其氧化产物是无污染的 N_2 和 H_2O。羟胺与酸形成盐，如盐酸羟胺[$(NH_3OH)Cl$]、硫酸羟胺[$(NH_3OH)_2SO_4$]等。羟胺是有机化学中的重要试剂。

4）铵盐

氨与酸作用可以得到各种相应的铵盐。铵盐与碱金属的盐非常相似，特别是与钾盐相似，这是由于 NH_4^+ 的半径（143pm）和 K^+ 的半径（133pm）相近。

铵盐一般为无色晶体，均溶于水，但酒石酸氢铵与高氯酸铵等少数铵盐的溶解度较小（相应的钾盐溶解度也很小）。硝酸铵的溶解度为 192g·$(100g\ H_2O)^{-1}$（20℃），高氯酸铵的溶解度为 20g·$(100g\ H_2O)^{-1}$，高氯酸钾的溶解度为 1.80g·$(100g\ H_2O)^{-1}$。铵盐在水中都有一定程度的水解。

用奈斯勒（Nessler）试剂[$K_2(HgI_4)$的 KOH 溶液]可以鉴定试液中的 NH_4^+：

$$NH_4^+ + 2[HgI_4]^{2-} + 4OH^- \longrightarrow \left[O \begin{matrix} Hg \\ Hg \end{matrix} NH_2 \right] I(s) + 7I^- + 3H_2O$$

因 NH_4^+ 的含量和奈斯勒试剂的量不同，生成沉淀的颜色从红棕色到深褐色有所不同。但如果试液中含有 Fe^{3+}、Co^{2+}、Ni^{2+}、Cr^{3+}、Ag^+ 和 S^{2-} 等，将会干扰 NH_4^+ 的鉴定。可在试液中加碱，使逸出的氨与滴在滤纸条上的奈斯勒试剂反应，以防止其他离子的干扰。

固体铵盐受热易分解，分解的情况因组成铵盐的酸的性质不同而异。如果酸是易挥发的且无氧化性，则酸和氨一起挥发。例如：

$$(NH_4)_2CO_3 \xrightarrow{\triangle} 2NH_3 + H_2O + CO_2$$

如果酸是不挥发的且无氧化性，则只有氨挥发掉，而酸或酸式盐则留在容器中。例如：

$$(NH_4)_3PO_4 \xrightarrow{\triangle} 3NH_3 + H_3PO_4$$

$$(NH_4)_2SO_4 \xrightarrow{\triangle} NH_3 + NH_4HSO_4$$

如果酸有氧化性，则分解出的氨被酸氧化生成 N_2 或 N_2O。例如：

$$(NH_4)_2Cr_2O_7 \xrightarrow{\triangle} N_2 + Cr_2O_3 + 4H_2O$$

$$NH_4NO_3 \xrightarrow{\triangle} N_2O + 2H_2O$$

或 $\qquad 5NH_4NO_3 \xrightarrow[\text{有机杂质催化}]{>240℃} 4N_2 + 2HNO_3 + 9H_2O$

有人认为后一反应中生成的 HNO_3 对 NH_4NO_3 的分解有催化作用，因此加热大量无水 NH_4NO_3 会引起爆炸。在制备、储存、运输、使用 NH_4NO_3、NH_4NO_2、NH_4ClO_3、NH_4ClO_4、

NH_4MnO_4 等时，应格外小心，防止受热或撞击，以避免发生安全事故。

铵盐中最重要的是硝酸铵（NH_3NO_3）和硫酸铵[$(NH_4)_2SO_4$]。这两种铵盐大量地用作肥料。硝酸铵还用来制造炸药。在焊接金属时，常用氯化铵除去待焊金属物件表面的氧化物，使焊料更好地与焊件结合。当氯化铵接触到红热的金属表面时，就分解为氨和氯化氢，氯化氢立即与金属氧化物发生反应生成易溶的或挥发性的氯化物，这样金属表面就被清洗干净。

5）叠氮酸和叠氮化物

用联氨还原亚硝酸时，生成叠氮酸（HN_3）溶液：

$$N_2H_4 + HNO_2 = HN_3 + 2H_2O$$

叠氮酸中的 3 个氮原子在一直线上。

无水叠氮酸是无色、有刺鼻臭味的液体，沸点为 308.8K，凝固点为 193K。叠氮酸很不稳定，常因震动而引起强烈爆炸：

$$2HN_3 = 3N_2 + H_2 \qquad \Delta_r H_m^{\ominus} = -593.6 kJ \cdot mol^{-1}$$

叠氮酸的水溶液较稳定，它是一元弱酸，$K_a^{\ominus} = 1.9 \times 10^{-5}$。叠氮酸易挥发，因此用不挥发酸与叠氮化物反应也可以得到叠氮酸。

叠氮酸的盐称为叠氮化物，大多数叠氮化物溶于水，叠氮化物也很不稳定，叠氮化铅[$Pb(N_3)_2$]在 600K 或受撞击时爆炸，在军事上常用作引爆剂。叠氮化钠（NaN_3）用于汽车安全气袋中氮气的发生剂。

叠氮酸根离子（N_3^-）是线形离子，它与 CO_2 分子是等电子体，N_3^- 的结构与 CO_2 分子的结构也是类似的，除形成 2 个 σ 键外，还形成 2 个三中心四电子大 π 键。

N_3^- 是一个类卤离子，其反应性与卤离子相似。例如，它与 Ag^+ 形成的 AgN_3 也难溶于水。

2. 氮的氧化物

氮的氧化物常见的有 5 种：一氧化二氮（N_2O）、一氧化氮（NO）、三氧化二氮（N_2O_3）、二氧化氮（NO_2）、五氧化二氮（N_2O_5）。其中氮的氧化值从 +1 到 +5。

氮的氧化物分子中因所含的 N—O 键较弱，这些氧化物的热稳定性都比较差，它们受热易分解或易被氧化。

1）一氧化氮

NO 分子中，氧原子和氮原子的价电子数之和为 11，即含有未成对电子，具有顺磁性，这种价电子数为奇数的分子称为奇电子分子。NO 的分子轨道电子排布式为

$$(1\sigma_{1s})^2(1\sigma_{1s}^*)^2(2\sigma_{2s})^2(2\sigma_{2s}^*)^2(2\sigma_{2p})^2(\pi_{2p})^4(\pi_{2p}^*)^1$$

NO 参与反应时，容易失去 2π 轨道上的 1 个电子形成亚硝酰离子（NO^+）。例如，NO 与 $FeSO_4$ 溶液反应生成深棕色的硫酸亚硝酰铁（Ⅰ）（$[Fe(NO)]SO_4$），有人认为配体是 NO^+ 而不是 NO，NO^+ 与 N_2、CO、CN^- 互为等电子体。NO 与卤素化合生成卤化亚硝酰（NOX）。

通常奇电子分子是有颜色的，但 NO 却不同，气态 NO 是无色的。液态和固态 NO 中有双聚分子 N_2O_2，其结构如下：

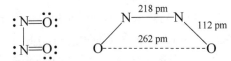

液态和固态 NO 有时呈蓝色是由于含有微量的 N_2O_3。

NO 是生产硝酸的中间产物,工业上是用铂催化氧化氨的方法制备的。实验室用金属铜与稀硝酸反应制取 NO。

2)二氧化氮和四氧化二氮

NO_2 是红棕色气体,具有特殊的臭味并有毒。NO_2 在 21.2℃时凝聚成红棕色液体。冷却时液体 NO_2 的颜色逐渐变淡,最后变为无色,在 -9.3℃凝结为无色晶体。经蒸气密度的测定证明,颜色的改变是由于 NO_2 在冷凝时聚合成无色的 N_2O_4。

$$2NO_2(g) \rightleftharpoons N_2O_4(g) \qquad \Delta_r H_m^\ominus = -57.2 kJ \cdot mol^{-1}$$

温度升高到 140℃时,N_2O_4 几乎全部变成 NO_2,呈深棕色。温度超过 150℃,NO_2 开始分解为 NO 和 O_2。

NO_2 与水反应生成硝酸和 NO。NO_2 和 NaOH 溶液反应生成硝酸盐和亚硝酸盐的混合物:

$$2NO_2 + 2NaOH == NaNO_3 + NaNO_2 + H_2O$$

NO_2 是强氧化剂,从有关的标准电极电势可以看出其氧化能力比硝酸强:

$$NO_2 + H^+ + e^- \rightleftharpoons HNO_2 \qquad E^\ominus = 1.07V$$

$$NO_3^- + 3H^+ + 2e^- \rightleftharpoons HNO_2 + H_2O \qquad E^\ominus = 0.94V$$

N_2O_4 已广泛用作火箭燃料 N_2H_4 的氧化剂。

NO_2 也是奇电子分子,空间构型为 V 形,氮原子以 sp^2 杂化轨道与氧原子成键,此外还形成一个三中心四电子大 π 键。N_2O_4 分子具有对称的结构,2 个氮原子和 4 个氧原子在同一平面上。

3. 氮的含氧酸及其盐

1)亚硝酸及其盐

将等物质的量的 NO_2 和 NO 的混合物溶解在冰冷的水中,可得到亚硝酸的水溶液:

$$NO_2 + NO + H_2O == 2HNO_2$$

在亚硝酸盐的冷溶液中加入强酸时,也可以生成亚硝酸溶液,例如:

$$NaNO_2 + H_2SO_4 == NaHSO_4 + HNO_2$$

亚硝酸极不稳定,只能存在于很稀的冷溶液中,溶液浓缩或加热时,就分解为 H_2O 和 N_2O_3,后者又分解为 NO_2 和 NO,因而气相出现棕色。

$$2HNO_2 \rightleftharpoons H_2O + \underset{(淡蓝色)}{N_2O_3} \rightleftharpoons H_2O + NO + \underset{(棕色)}{NO_2}$$

亚硝酸是一种弱酸,$K_a^\ominus = 6.0 \times 10^{-4}$,酸性稍强于乙酸。

亚硝酸盐大多是无色的,除淡黄色的 $AgNO_2$,一般都易溶于水。碱金属、碱土金属的亚硝酸盐有很高的热稳定性。在水溶液中这些亚硝酸盐尚稳定。亚硝酸盐均有毒,易转化成致癌物质亚硝胺。

通常用碱吸收等物质的量的 NO_2 和 NO 可以制得亚硝酸盐：

$$NO + NO_2 + 2NaOH == 2NaNO_2 + H_2O$$

硝酸工厂的尾气中含有 NO，可用空气部分氧化成 NO_2，再用 Na_2CO_3 溶液来吸收这种混合气体而得到 $NaNO_2$（有时混有 $NaNO_3$）。工业上用碳或铁在高温下还原硝酸盐来制备亚硝酸盐。

亚硝酸根离子的构型为 V 形，氮原子采取 sp^2 杂化与氧原子形成 σ 键，此外还形成一个三中心四电子大 π 键。

亚硝酸盐在酸性介质中具有氧化性，其还原产物一般为 NO。例如：

$$2NaNO_2 + 2KI + 2H_2SO_4 == 2NO\uparrow + I_2 + Na_2SO_4 + K_2SO_4 + 2H_2O$$

这一反应在分析化学中用于测定 NO_2^- 的含量。与强氧化剂作用时，NO_2^- 又表现出其还原性。例如：

$$2KMnO_4 + 5KNO_2 + 3H_2SO_4 == 2MnSO_4 + 5KNO_3 + K_2SO_4 + 3H_2O$$

在实际应用中，亚硝酸盐多在酸性介质中作氧化剂。

NO_2^- 还具有一定的配位能力，可与许多金属离子形成配合物。例如，NO_2^- 与 Co^{3+} 生成六亚硝酸根合钴（III）配离子 $[Co(NO_2)_6]^{3-}$，可用来鉴定 K^+。

大量的亚硝酸钠用于生产各种有机染料。

2）硝酸及其盐

硝酸是工业上重要的无机酸之一。目前普遍采用氨催化氧化法制取硝酸。将氨和空气的混合物通过灼热（800℃）的铂铑丝网（催化剂），氨可以相当完全地被氧化为 NO：

$$4NH_3(g) + 5O_2(g) \xrightarrow{Pt,Rh} 4NO(g) + 6H_2O(g)$$

$$\Delta_r H_m^{\ominus}(298K) = -958\ kJ\cdot mol^{-1}$$

生成的 NO 被 O_2 氧化为 NO_2，后者再与水发生歧化反应生成硝酸和 NO：

$$3NO_2 + H_2O == 2HNO_3 + NO$$

生成的 NO 再经氧化、吸收，这样得到的是质量分数为 47%～50% 左右的稀硝酸，加入硝酸镁作脱水剂进行蒸馏可制得浓硝酸。

用硫酸与硝石（$NaNO_3$）共热也可制得硝酸：

$$NaNO_3 + H_2SO_4 == NaHSO_4 + HNO_3$$

在硝酸分子中，氮原子采用 sp^2 杂化轨道与 3 个氧原子形成 3 个 σ 键，呈平面三角形分布。此外，氮原子上余下的一个未参与杂化的 p 轨道则与 2 个非羟基氧原子的 p 轨道重叠，在 O—N—O 间形成三中心四电子键，表示为 π_3^4。HNO_3 分子内还可以形成氢键。

纯硝酸是无色液体。实验室中用的浓硝酸含 HNO_3 约为 69%，密度为 $1.4g\cdot cm^{-3}$，相当于 $15mol\cdot L^{-1}$。浓度为 86% 以上的浓硝酸，由于硝酸的挥发而产生白烟，故通常称为发烟硝酸。溶有过量 NO_2 的浓硝酸产生红烟。发烟硝酸可用作火箭燃料的氧化剂。

浓硝酸很不稳定，受热或光照时，部分按下式分解：

$$4HNO_3 == 4NO_2\uparrow + O_2\uparrow + 2H_2O$$

因此，硝酸中由于溶有分解出来的 NO_2 而常带有黄色或红棕色。浓硝酸应置于阴凉不见光处存放。

硝酸是一种强酸，在水溶液中完全解离。但由于硝酸具有强氧化性，不能利用它来制取氢气。酯化反应是利用硝酸的酸性。例如，无烟火药——硝化棉$[C_6H_7(ONO_2)_3]$，实际上是纤维素的硝酸酯。

在硝酸中，氮的氧化值为 $+5$。硝酸是氮的最高氧化值的化合物之一，具有强氧化性。硝酸可以把许多非金属单质氧化为相应的氧化物或含氧酸。例如，碳、磷、硫、碘等和硝酸共煮时，分别被氧化成二氧化碳、磷酸、硫酸、碘酸，硝酸则被还原为 NO。

$$3C + 4HNO_3 == 3CO_2\uparrow + 4NO\uparrow + 2H_2O$$

$$3P + 5HNO_3 + 2H_2O == 3H_3PO_4 + 5NO\uparrow$$

$$S + 2HNO_3 == H_2SO_4 + 2NO\uparrow$$

$$3I_2 + 10HNO_3 == 6HIO_3 + 10NO\uparrow + 2H_2O$$

某些还原性较强的物质（如 H_2、S、HI 等）更易被硝酸所氧化。某些金属硫化物可以被浓硝酸氧化为单质硫而溶解。有些有机物质（如松节油等）与浓硝酸接触时可以燃烧起来。因此，储存浓硝酸时，应与还原性物质隔开。

除了不活泼的金属如金、铂等和某些稀有金属外，硝酸与其他金属几乎都能反应生成相应的硝酸盐。但是硝酸与金属反应的情况比较复杂，这与硝酸的浓度和金属的活泼性有关。

有些金属（如铁、铝、铬等）可溶于稀硝酸而不溶于冷的浓硝酸。这是由于浓硝酸将其金属表面氧化成一层薄而致密的氧化物保护膜（有时称为钝化膜），致使金属不能再与硝酸继续作用。

有些金属（如锡、钼、钨等）与硝酸作用生成不溶于酸的氧化物。

有些金属和硝酸作用后生成可溶性的硝酸盐。硝酸作为氧化剂与这些金属反应时，主要被还原为下列物质：

$$\overset{+4}{NO_2} — \overset{+3}{HNO_2} — \overset{+2}{NO} — \overset{+1}{N_2O} — \overset{0}{N_2} — \overset{-3}{NH_3}$$

通常得到的产物是上述某些物质的混合物，只是以其中某种还原产物为主而已。至于究竟哪种产物较多，则取决于硝酸的浓度和金属的活泼性。浓硝酸主要被还原为 NO_2，稀硝酸通常被还原为 NO。当较稀的硝酸与较活泼的金属作用时，可得到 N_2O；若硝酸很稀时，则可被还原为 NH_4^+。例如：

$$Cu + 4HNO_3(浓) == Cu(NO_3)_2 + 2NO_2\uparrow + 2H_2O$$

$$3Cu + 8HNO_3(稀) == 3Cu(NO_3)_2 + 2NO\uparrow + 4H_2O$$

$$4Zn + 10HNO_3(稀) == 4Zn(NO_3)_2 + N_2O\uparrow + 5H_2O$$

$$4Zn + 10HNO_3(很稀) == 4Zn(NO_3)_2 + NH_4NO_3 + 3H_2O$$

在上述反应中，氮的氧化值由+ 5 分别改变到+ 4、+ 2、+ 1 和–3，但不能认为稀硝酸的氧化性比浓硝酸强。相反，硝酸越稀，氧化性越弱。

浓硝酸和浓盐酸的混合物（体积比为 1∶3）称为王水。在王水中发生下列反应：

$$HNO_3 + 3HCl == Cl_2\uparrow + NOCl\uparrow + 2H_2O$$

因此实际上王水中存在着 HNO_3、Cl_2 和氯化亚硝酰（NOCl）等几种氧化剂。王水的氧化性比硝酸更强，可以将金、铂等不活泼金属溶解。例如：

$$Au + HNO_3 + 4HCl == HAuCl_4 + NO\uparrow + 2H_2O$$

另外，王水中有大量的 Cl^-，能与 Au^{3+} 形成 $[AuCl_4]^-$ 从而降低了金属电对的电极电势，增强了金属的还原性。浓硝酸和氢氟酸的混合液也具有强氧化性和配位作用，能溶解铌和钽。

硝酸还有硝化性，能与有机化合物发生硝化反应，以硝基（—NO_2）取代有机化合物分子中的氢原子，生成硝基化合物。实际应用上，硝化反应常常是以浓硝酸和浓硫酸的混酸作硝化剂。例如：

$$C_6H_6 + HNO_3 \xrightarrow{H_2SO_4} C_6H_5NO_2 + H_2O$$

硝基化合物大多数为黄色。皮肤与浓硝酸接触后变为黄色，也是硝化作用的结果。

综上所述，硝酸具有强酸性、氧化性和硝化性，因而用于制造染料、炸药、硝酸盐以及其他化学药品，是化学工业和国防工业的重要原料。

硝酸盐通常是用硝酸作用于相应的金属或金属氧化物而制得。几乎所有的硝酸盐都易溶于水。绝大多数硝酸盐是离子型化合物。

在硝酸盐中，NO_3^- 的构型为平面三角形。NO_3^- 与 CO_3^{2-} 互为等电子体，它们的结构相似。NO_3^- 中的氮原子除了以 sp^2 杂化轨道与 3 个氧原子形成 σ 键外，还与这些氧原子形成一个四中心六电子大 π 键 π_4^6。

硝酸盐固体或水溶液在常温下比较稳定。硝酸盐固体受热时能分解，分解的产物因金属离子的性质不同而分为三类：最活泼的金属（在金属活动顺序中比 Mg 活泼的金属）的硝酸盐受热分解时产生亚硝酸盐和氧气。例如：

$$2NaNO_3 \xrightarrow{\triangle} 2NaNO_2 + O_2$$

活泼性较差的金属（活泼性位于 Mg 和 Cu 之间的金属）的硝酸盐受热分解为氧气、二氧化氮和相应的金属氧化物。例如：

$$2Pb(NO_3)_2 \xrightarrow{\triangle} 2PbO + 4NO_2 + O_2$$

不活泼金属（比 Cu 更不活泼的金属）的硝酸盐受热时则分解为氧气、二氧化氮和金属单质。例如：

$$2AgNO_3 \xrightarrow{\triangle} 2Ag + 2NO_2 + O_2$$

通常，硝酸盐的热分解反应的产物与相应的亚硝酸盐和氧化物的稳定性有关。活泼金属的亚硝酸盐较稳定；活泼性较差金属的亚硝酸盐不稳定，而其氧化物则较稳定；不活泼金属的亚硝酸盐和氧化物都不稳定。因此，活泼性不同的金属的硝酸盐受热分解的最后产物是不同的。

硝酸盐的水溶液几乎没有氧化性，只有在酸性介质中才有氧化性。硝酸盐固体在高温时是强氧化剂。

硝酸盐中最重要的是硝酸钾、硝酸钠、硝酸铵和硝酸钙等。硝酸铵大量用作肥料。由于硝酸盐固体在高温时分解出氧气，具有氧化性，所以硝酸铵与可燃物混合在一起可作炸药，硝酸钾可用来制造黑火药。有些硝酸盐还用来制造焰火。

4. 氮化物

氮与电负性比它小的元素生成的二元化合物称为氮化物。氮化物分为离子型、共价型和间充型三类。

金属锂和碱土金属的氮化物如 Li_3N、Mg_3N_2、Ca_3N_2 等为离子型氮化物，这类氮化物中含有 N^{3-}。离子型氮化物尚稳定，但在水溶液中迅速水解，生成氨和金属氢氧化物。

氮化硼（BN）和氮化铝（AlN）等是不挥发的共价型氮化物，其中 AlN 具有金刚石型的结构。P_3N_5 是易挥发的共价型氮化物。

过渡元素氮化物属于间充型氮化物，如 ScN、LaN、VN、W_2N 和 Mn_4N 等。氮原子位于金属密堆积的间隙中。这类氮化物具有熔点高、硬度大、化学惰性以及导电性良好等特点。

例1-4 ［第16届全国高中学生化学竞赛（省级赛区）试题第5题］

六配位（八面体）单核配合物 $MA_2(NO_2)_2$ 呈电中性；组成分析结果：M 31.68%，N 31.04%，C 17.74%；配体 A 不含氧；配体$(NO_2)^x$ 的氮氧键不等长。

5-1 该配合物中心原子 M 是什么元素？氧化态多少？给出推理过程。

5-2 画出该配合物的结构示意图，给出推理过程。

5-3 指出配体$(NO_2)^x$ 在"自由"状态下的几何构型和氮原子的杂化轨道。

5-4 除本例外，上述无机配体还可能以什么方式和中心原子配位？用图形画出三种。

解析与答案：

5-1 $n_M : n_N = (31.68/M_M) : (31.04/14) = 1 : (2y+2)$

$M_A = 19.56 \times (y+1)$

$y = 2$（设 y 为其他自然数均不合题意），得 $M_M = 58.7$（$g \cdot mol^{-1}$）

查周期表，M = Ni

由配体$(NO_2)^x$ 的两个氮氧键不等长，推断配体为单齿配体，配位原子为 O，故配体为 NO_2^-，因此，Ni 的氧化数为 +2。

注：推理过程若合理则都给分，若不合理，则即使结果正确也扣2分。

5-2 设配合物中碳原子数为 n_C，则 $n_C : n_N = (17.74/12) : (31.04/14) = 0.667$

已知 $n_N = 2 \times 2 + 2 = 6$，所以，$n_C = 0.677 \times 6 = 4$

求出摩尔质量，由于剩余量过小，只能设 A 是氮氢化合物，由此得氢数，可推得配体 A 为 $H_2NCH_2CH_2NH_2$，配合物的结构示意图为

$$
\begin{array}{c}
\text{O} \\
\diagdown \\
\text{N} \\
\diagup \diagup \\
\text{O}
\end{array}
$$

H_2C—$N\,H_2$　O　$H_2$$N$—$CH_2$

Ni

H_2C—N　O　N—CH_2
　　H_2　　　H_2

N
O

注：合理推理过程 2 分，结构图 2 分。

5-3 （根据 VSEPR 理论，可预言）NO_2^- 为角型，夹角略小于 120°，N 取 sp^2 杂化轨道。

5-4　M—N$\begin{smallmatrix}O\\O\end{smallmatrix}$　　M$\begin{smallmatrix}O\\O\end{smallmatrix}$N:　　M—O—N$\begin{smallmatrix}\\O\end{smallmatrix}$M

注：只要图形中原子的相对位置关系正确即可得分；画出其他合理配位结构也得分，如氧桥结构、NO_2^- 桥结构等。

1.3　铜分族和锌分族

1.3.1　铜分族元素

1. 概述

铜族元素：Cu、Ag、Au，在 ds 区，价电子层结构为 $(n-1)d^{10}ns^1$。

从最外层来看，它们和碱金属一样，都只有一个 s 电子。但次外层电子数目不一样，铜族元素次外层有 18 个电子，碱金属次外层为 8 个电子（或 2 个电子）。由于 18 电子结构对核的屏蔽效应比 8 电子结构小得多，即铜族元素的原子的有效核电荷较多，故本族原子最外层的一个 s 电子受核的吸引比碱金属要强得多，因而相应的电离势高得多，原子半径小得多，密度大得多等。

氧化态有 + 1、+ 2、+ 3 三种，而碱金属只有 + 1。这是由于铜族元素最外层的 ns 电子和次外层的 $(n-1)$d 电子的能量相差不大。

	Cu	Ag	Au
$I_1/(\text{kJ·mol}^{-1})$	750	735	895
$I_2/(\text{kJ·mol}^{-1})$	1970	2083	1987

$\Delta I = 1100 \sim 1300\,\text{kJ·mol}^{-1}$

	Li	Na	K
$I_1/(\text{kJ·mol}^{-1})$	521	499	421
$I_2/(\text{kJ·mol}^{-1})$	7295	4591	3088

$\Delta I = 3600 \sim 6700\,\text{kJ·mol}^{-1}$

标准电势图

$$\varphi_A^{\ominus}: \quad CuO^+ \xrightarrow{\text{(1.8V)}} Cu^{2+} \xrightarrow{\text{+0.158V}} Cu^+ \xrightarrow{\text{+0.522V}} Cu$$

$$AgO^+ \xrightarrow[\text{(4mol·L}^{-1}\ HNO_3)]{\text{+2.1V}} Ag^{2+} \xrightarrow[\text{(4mol·L}^{-1}\ HClO_4)]{\text{+1.987V}} Ag^+ \xrightarrow{\text{+0.7996V}} Ag$$

$$Au^{3+} \xrightarrow{\text{+1.29V}} Au^+ \xrightarrow{\text{+1.68V}} Au$$
$$\xrightarrow{\text{+1.42V}}$$

$$\varphi_B^{\ominus}: \quad Cu(OH)_2 \xrightarrow{\text{−0.09V}} Cu_2O \xrightarrow{\text{−0.361V}} Cu$$

$$Ag_2O_3 \xrightarrow{\text{+0.74V}} AgO \xrightarrow{\text{+0.599V}} Ag_2O \xrightarrow{\text{+0.342V}} Ag$$

$$Au(OH)_3 \xrightarrow{\text{+1.45V}} Au$$

本族元素性质变化的规律和所有副族元素一样，从上到下，金属活泼性减弱，与碱金属的变化规律恰好相反。这是什么原因呢？因为从 Cu 到 Au，原子半径增加不大，而核电荷却有明显增加，次外层 18 电子构型的屏蔽效应又较小，即有效核电荷对价电子的吸引力增大，因而金属活泼性依次减弱。

从第一电离势 I_1 来看，Ag 比 Cu 稍活泼；如果在溶液中反应，就应该用 $\varphi^{\ominus}$ 的数据来比较，$M(s) \longrightarrow M^+(aq)$，Cu、Ag、Au 分别为 +0.522V、+0.7996V、+1.68V，活泼性依次减弱。

由于 18 电子构型的离子有很强的极化能力和明显的变形性，所以本族元素容易形成共价化合物。

2. 金属单质

Cu、Ag、Au 因其化学性质不活泼，所以它们在自然界中有游离的单质存在。主要铜矿有辉铜矿（Cu_2S）、黄铜矿（$CuFeS_2$）、斑铜矿（Cu_3FeS_4）、赤铜矿（Cu_2O）、蓝铜矿 [$2CuCO_3·Cu(OH)_2$]、孔雀石 [$CuCO_3·Cu(OH)_2$]。银主要以硫化物形式存在，如闪银矿（Ag_2S）。金矿主要是自然金、岩脉金（散布在岩石中）、冲击金（存在于沙砾中）。

1）铜的冶炼

焙烧：$2CuFeS_2 + O_2 = Cu_2S + 2FeS + SO_2$

　　　$2FeS + 3O_2 = 2FeO + 2SO_2$

制冰铜：$FeO + SiO_2 = FeSiO_3$（熔渣）

　　　　Cu_2S 和 FeS 熔融在一起生成冰铜

制粗铜：$2Cu_2S + 3O_2 = 2Cu_2O + 2SO_2$

　　　　$2Cu_2O + Cu_2S = 6Cu + SO_2\uparrow$

精铜：10%～16% $CuSO_4$ 溶液和 10%～17% H_2SO_4 在 0.5V 下电解。

阳极：$Cu（粗铜）-2e^- \Longrightarrow Cu^{2+}$

阴极：$Cu^{2+} + 2e^- \Longrightarrow Cu（精铜）$

2）Ag、Au 的制备

先用 KCN 或 NaCN 络合，再用 Zn 置换：

$$4Ag + 8NaCN + 2H_2O + O_2 \Longrightarrow 4Na[Ag(CN)_2] + 4NaOH$$

$$Ag_2S + 4NaCN \Longrightarrow 2Na[Ag(CN)_2] + Na_2S$$

$$4Au + 8NaCN + 2H_2O + O_2 \Longrightarrow 4Na[Au(CN)_2] + 4NaOH$$

$$2Na[Ag(CN)_2] + Zn \Longrightarrow 2Ag + Na_2[Zn(CN)_4]$$

$$2Na[Au(CN)_2] + Zn \Longrightarrow 2Au + Na_2[Zn(CN)_4]$$

3）性质和用途

铜绿：$2Cu + O_2 + H_2O + CO_2 \Longrightarrow Cu_2(OH)_2CO_3$

（Ag、Au 不发生上述反应）

铜族元素都能和卤素反应，但反应程度按 Cu—Ag—Au 顺序下降。

当有空气存在时，铜可以缓慢溶解于稀酸中：

$$2Cu + 4HCl + O_2 \Longrightarrow 2CuCl_2 + 2H_2O$$

$$2Cu + 2H_2SO_4 + O_2 \Longrightarrow 2CuSO_4 + 2H_2O$$

浓盐酸在加热时也能与铜反应，生成稳定的配离子$[CuCl_4]^{3-}$：

$$2Cu + 8HCl(浓) \Longrightarrow 2H_3[CuCl_4] + H_2\uparrow$$

铜易被 HNO_3、浓 H_2SO_4 等氧化而溶解：

$$Cu + 4HNO_3(浓) \Longrightarrow Cu(NO_3)_2 + 2NO_2\uparrow + 2H_2O$$

$$3Cu + 8HNO_3(稀) \Longrightarrow 3Cu(NO_3)_2 + 2NO\uparrow + 4H_2O$$

$$Cu + 2H_2SO_4(浓) \Longrightarrow CuSO_4 + SO_2\uparrow + 2H_2O$$

银与酸的反应与铜相似，但更困难一些：

$$2Ag + 2H_2SO_4(浓) \Longrightarrow Ag_2SO_4 + SO_2\uparrow + 2H_2O$$

而金只能溶解在王水中：

$$Au + 4HCl + HNO_3 \Longrightarrow H[AuCl_4] + NO\uparrow + 2H_2O$$

$CuCl_2$ 易溶于水，在很浓的 $CuCl_2$ 溶液中，可以形成黄色的$[CuCl_4]^{2-}$：

$$Cu^{2+} + 4Cl^- \Longrightarrow [CuCl_4]^{2-}(黄)$$

而 $CuCl_2$ 的稀溶液为浅蓝色，因为此时存在$[Cu(H_2O)_4]^{2+}$：

$$CuCl_4^{2-} + 4H_2O \Longrightarrow [Cu(H_2O)_4]^{2+}(浅蓝) + 4Cl^-$$

$CuCl_2$ 浓溶液由于同时含有$[CuCl_4]^{2-}$、$[Cu(H_2O)_4]^{2+}$配离子，通常为黄绿色或绿色。

Cu^+可与单齿配体形成配位数为 2、3、4 的配合物，由于 Cu^+为 $3d^{10}$，无 d-d 跃迁，无色。Cu^{2+}为 $3d^9$，有一个单电子，其化合物具有顺磁性；由于可发生 d-d 跃迁，铜（II）化合物都有颜色；Cu^{2+}与单齿配体一般能形成配位数为 4 的正方形配位单元，如$[CuCl_4]^{2-}$、$[Cu(H_2O)_4]^{2+}$、$[Cu(NH_3)_4]^{2+}$等。

3. 铜族元素的主要化合物

1) 铜的化合物

铜的特征氧化态为 + 2，也有氧化态为 + 1、 + 3 的化合物，氧化态为 + 3 的化合物如 Cu_2O_3、$KCuO_2$、$K_3[CuF_6]$ 等。

（1）氧化物。含有酒石酸钾钠的 $CuSO_4$ 碱性溶液或碱性铜酸盐 $Na_2Cu(OH)_4$ 溶液用葡萄糖还原，可制得 Cu_2O（铜镜反应：测定醛、查糖尿病）。

$$2[Cu(OH)_4]^{2-} + CH_2OH(CHOH)_4CHO == Cu_2O\downarrow + 4OH^- + CH_2OH(CHOH)_4COOH + 2H_2O$$

Cu_2O 晶粒大小各异，可呈黄、橘黄、鲜红、深棕等颜色。

Cu_2O 溶于稀 H_2SO_4，立即发生歧化反应：

$$Cu_2O + H_2SO_4 == Cu_2SO_4 + H_2O$$

$$Cu_2SO_4 == CuSO_4 + Cu$$

Cu_2O 溶于氨水和氢卤酸中，分别形成无色配离子 $[Cu(NH_3)_2]^+$ 和 $[CuX_2]^-$，$[Cu(NH_3)_2]^+$ 很快被空气中的 O_2 氧化成蓝色 $[Cu(NH_3)_4]^{2+}$，利用该性质可除去气体中的氧：

$$Cu_2O + 4NH_3 \cdot H_2O \rightleftharpoons 2[Cu(NH_3)_2]^+ + 2OH^- + 3H_2O$$

$$2[Cu(NH_3)_2]^+ + 4NH_3 \cdot H_2O + 1/2O_2 == 2[Cu(NH_3)_4]^{2+} + 2OH^- + 3H_2O$$

合成氨工业中铜洗塔反应（除去 CO）：

$$[Cu(NH_3)_2]Ac + CO + NH_3 \rightleftharpoons [Cu(NH_3)_3]Ac \cdot CO$$

（2）卤化物。往 $CuSO_4$ 溶液中滴加 KI 溶液，生成白色的 CuI 沉淀和棕色的 I_2：

$$2Cu^{2+} + 4I^- == 2CuI(白)\downarrow + I_2$$

$CuCl_2$ 与碱金属氯化物反应，生成 $M[CuCl_3]$ 和 $M_2[CuCl_4]$ 型配盐，与盐酸反应生成 $H_2[CuCl_4]$ 配酸，由于 Cu^{2+} 卤配离子不够稳定，只能在有过量卤离子时形成。

$$2CuCl_2 \cdot 2H_2O \overset{\triangle}{==} Cu(OH)_2 \cdot CuCl_2 + 2HCl$$

（3）硫化物。

$$CuSO_4 + H_2S == CuS\downarrow(黑) + H_2SO_4$$

$$3CuS + 8HNO_3(稀) \overset{\triangle}{==} 3Cu(NO_3)_2 + 2NO\uparrow + 3S\downarrow + 4H_2O$$

CuS 也溶于 KCN 溶液中，生成 $[Cu(CN)_4]^{3-}$：

$$2CuS + 10CN^- \overset{\triangle}{==} 2[Cu(CN)_4]^{3-} + (CN)_2\uparrow + 2S^{2-}$$

（4）配合物。Cu^{2+} 与卤素离子都能形成 $[MX_4]^{2-}$ 型配离子。Cu^+ 也能形成配位数为 2、3、4 的配离子，如 $[CuCl_2]^-$、$[CuCl_3]^{2-}$ 和 $[Cu(CN)_4]^{3-}$（四面体）；Cu^{2+} 与 CN 形成的配合物在常温下不稳定，室温时，在铜盐溶液中加入 CN^-，得到棕黄色沉淀氰化铜，此物分解生成白色 CuCN 并放出 $(CN)_2$：

$$2Cu^{2+} + 4CN^- == (CN)_2\uparrow + 2CuCN\downarrow(白)$$

若 CN^- 过量：

$$CuCN + 3CN^- == [Cu(CN)_4]^{3-}(无色)$$

拟卤素是指由两个或两个以上电负性较大的元素的原子组成的原子团，在自由状态时，其性质与卤素单质相似，而成为阴离子时与卤素阴离子的性质相似。重要的拟卤素有氰[$(CN)_2$]、硫氰[$(SCN)_2$]、硒氰[$(SeCN)_2$]、氧氰[$(OCN)_2$]和叠氮酸根（N_3^-）。I^- 和 CN^- 络合相似。

（5）Cu^{2+} 和 Cu^+ 的相互转化。从离子结构来说，Cu^{2+}（$3d^9$）不如 Cu^+（$3d^{10}$）稳定。铜的第二电离势（$1970kJ\cdot mol^{-1}$）较高，所以在气态时 Cu^+ 的化合物是稳定的。从反应 $2Cu^+(g) \Longrightarrow Cu^{2+}(g) + Cu(s)$ 的 $\Delta H^{\ominus} = 866.5kJ\cdot mol^{-1}$ 来看，$Cu^+(g)$ 的化合物较稳定。但在水溶液中，$Cu^{2+}(g)$（电荷高，半径小）的水和热（$2121kJ\cdot mol^{-1}$）比 Cu^+ 的（$582kJ\cdot mol^{-1}$）大得多，据此可以说明 Cu^+ 在溶液中是不稳定的，它会歧化为 Cu^{2+} 和 Cu：

$$2Cu^+ \Longrightarrow Cu^{2+} + Cu \qquad\qquad Cu^{2+} \xrightarrow{+0.158V} Cu^+ \xrightarrow{+0.522V} Cu$$

$\varphi_{右}^{\ominus} > \varphi_{左}^{\ominus}$，$Cu^+$ 歧化为 Cu^{2+} 和 Cu 的趋势大，在 293K 时，此歧化反应的平衡常数 $K = [Cu^{2+}]/[Cu^+] = 1.4\times10^6$。由于 K 很大，溶液中只要有微量的 Cu^+ 就几乎全部转变为 Cu^{2+} 和 Cu。所以在水溶液中，Cu^{2+} 化合物是稳定的。例如，将 Cu_2O 溶于稀 H_2SO_4 中，得到的不是 Cu_2SO_4，而是 Cu 和 $CuSO_4$：

$$Cu_2O + H_2SO_4 = Cu + CuSO_4 + H_2O$$

Cu^+ 只有形成沉淀或配合物时，逆歧化反应才有可能进行，如铜与氯化铜在热浓盐酸中反应形成一价铜的化合物：

$$Cu + CuCl_2 = 2CuCl$$

$$CuCl + HCl = HCuCl_2$$

又如：$2Cu^{2+} + 4I^- = 2CuI\downarrow(白) + I_2$

由于 Cu^{2+} 的极化作用比 Cu^+ 强，在高温下，Cu^{2+} 的化合物变得不稳定，受热变成稳定的 Cu^+ 化合物。例如：

$$4CuO \xrightarrow{>1273K} 2Cu_2O + O_2$$

甚至 CuI_2、$Cu(CN)_2$ 等在常温下就不能存在，分解为 Cu^+ 化合物。

（6）氧化态为 + 3 的化合物。Cu(III) 的化合物很少，氯化铜、钾和氟共热可得

$$5K+CuCl_2+3F_2\longrightarrow K_3CuF_6+2KCl$$

此外，还有 $2CuO + 2KO_2 = 2KCuO_2 + O_2$。

$[Cu(CN)_4]^{3-}$：Cu^+，$3d^{10}$，sp^3 杂化，无色（无 d-d 跃迁），稳定。

$[Cu(CN)_4]^{2-}$：Cu^{2+}，$3d^9$，dsp^2 杂化（1 个 d 电子跃迁到 4p 轨道），正方形。

CuCl、CuBr、CuI、CuCN 均为白色沉淀（无 d-d 跃迁）。

2）银的化合物

银的化合物主要是氧化态为 + 1 的化合物，氧化态为 + 2 的化合物很少，如 AgO、AgF_2，一般不稳定，是极强的氧化剂：

$$Ag^{2+} \xrightarrow{+1.987V} Ag^+ \xrightarrow{+0.7996V} Ag \qquad \varphi_{右}^{\ominus} < \varphi_{左}^{\ominus} \quad （反歧化）$$

所以 Ag^{2+} 与 Ag 反应生成 Ag^+。

氧化态为 + 3 的化合物极少，如 Ag_2O_3。

可溶性银盐很少，有 $AgNO_3$、Ag_2SO_4、AgF、$AgClO_4$。

（1）氧化银。

$$AgNO_3(aq) + NaOH \longrightarrow AgOH \downarrow (白) \xrightarrow{-H_2O} Ag_2O \downarrow (暗棕)$$

氧化银生成热很小（$31kJ \cdot mol^{-1}$），因此不稳定，加热到573K时完全分解。

$$Ag_2O + CO = 2Ag + CO_2$$

$$Ag_2O + H_2O_2 = 2Ag + H_2O + O_2\uparrow$$

（2）硝酸根。

$$Ag + 2HNO_3(浓) = AgNO_3 + NO_2 \uparrow + H_2O$$

$$3Ag + 4HNO_3(稀) = 3AgNO_3 + NO \uparrow + 2H_2O$$

$$2NaNO_3 \xrightarrow{\triangle} 2NaNO_2 + O_2 \uparrow (碱金属、碱土金属)$$

$$2Cu(NO_3)_2 = 2CuO + 4NO_2 \uparrow + O_2 \uparrow (金属活动顺序Mg \to Cu)$$

$$2AgNO_3 = 2Ag + 2NO_2 \uparrow + O_2 \uparrow (金属活动顺序Cu以后金属)$$

（3）卤化银。

AgF为离子型化合物，溶解度$182g \cdot (100g\ H_2O)^{-1}$（288.5K）。

$$Ag_2O + 2HF = 2AgF + H_2O$$

卤化银AgX的络合平衡与沉淀溶解平衡：

$$Ag^+ + 2Cl^- \rightleftharpoons [AgCl_2]^- \qquad K_稳 = 4.5 \times 10^5$$

$$Ag^+ + 2NH_3 \rightleftharpoons [Ag(NH_3)_2]^+ \qquad K_稳 = 1.7 \times 10^7$$

$$Ag^+ + 2S_2O_3^{2-} \rightleftharpoons [Ag(S_2O_3)_2]^{3-} \qquad K_稳 = 1.6 \times 10^{13}$$

$$Ag^+ + 2CN^- \rightleftharpoons [Ag(CN)_2]^- \qquad K_稳 = 1.0 \times 10^{21}$$

$$K_{sp}: AgCl = 1.56 \times 10^{-10}, \quad AgBr = 7.7 \times 10^{-13}, \quad AgI = 1.5 \times 10^{-16}$$

对于下列反应：

$$AgCl(s) \rightleftharpoons Ag^+ + Cl^- \qquad K_{sp} = \frac{[Ag]^+[Cl^-]}{[AgCl]} = 1.56 \times 10^{-10}$$

$$Ag^+ + 2Cl^- \rightleftharpoons [AgCl_2]^- \qquad K_稳 = \frac{[AgCl_2^-]}{[Ag]^+[Cl^-]^2} = 4.5 \times 10^5$$

$$K_{sp} \cdot K_稳 = K = \frac{[AgCl_2^-]}{[AgCl][Cl^-]} = 7.02 \times 10^{-5}$$

即 $AgCl(s) + Cl^- \rightleftharpoons [AgCl_2]^- \qquad K = 7.02 \times 10^{-5}$

类似有

$$AgCl(s) \rightleftharpoons Ag^+ + Cl^- \qquad K_{sp}$$

$$Ag^+ + 2NH_3 \rightleftharpoons Ag[(NH_3)_2]^+ \qquad K_稳$$

相加得 $AgCl(s) + 2NH_3 \rightleftharpoons [Ag(NH_3)_2]^+ + Cl^- \qquad K = K_{sp} \cdot K_稳 = 2.65 \times 10^{-3}$

同理：$AgBr(s) + 2NH_3 \rightleftharpoons [Ag(NH_3)_2]^+ + Br^- \qquad K = K_{sp} \cdot K_稳 = 1.31 \times 10^{-5}$

$$AgI(s) + 2NH_3 \rightleftharpoons [Ag(NH_3)_2]^+ + I^- \qquad K = K_{sp} \cdot K_稳 = 2.55 \times 10^{-9}$$

（4）配合物。

银镜反应：

$$2[Ag(NH_3)_2]^+ + RCHO + 2OH^- \Longrightarrow RCOONH_4 + 2Ag\downarrow + 3NH_3 + H_2O$$

3）金的化合物

$AuCl_3$：金在 473K 下与氯气作用，可得褐红色晶体 $AuCl_3$。在金的化合物中，氧化态 + 3 是最稳定的。Au（Ⅰ）很容易转化成 Au(Ⅲ)：

$$3Au^+ \Longrightarrow Au^{3+} + 2Au \qquad K = [Au^{3+}]/[Au^+]^3 = 10^{13}$$

例 1-5　[第 13 届全国高中学生化学竞赛（初赛）试题第四题]

市场上出现过一种一氧化碳检测器，其外观像一张塑料信用卡，正中有一个直径不到 2cm 的小窗口，露出橙红色固态物质。若发现橙红色转为黑色而在短时间内不复原，表明室内一氧化碳浓度超标，有中毒危险。一氧化碳不超标时，橙红色虽也会变黑却能很快复原。已知检测器的化学成分：亲水性的硅胶、氯化钙、固体酸 $H_8[Si(Mo_2O_7)_6]\cdot 28H_2O$、$CuCl_2\cdot 2H_2O$ 和 $PdCl_2\cdot 2H_2O$（注：橙红色为复合色，不必细究）。

4-1　CO 与 $PdCl_2\cdot 2H_2O$ 的反应方程式为：_____。

4-2　4-1 的产物之一与 $CuCl_2\cdot 2H_2O$ 反应而复原，化学方程式为：_____。

4-3　4-2 的产物之一复原的反应方程式为：_____。

解析与答案：

题 4-1 的关键是：CO 和 $PdCl_2\cdot 2H_2O$ 谁是氧化剂？当然有两种正好相反的假设：假设 1，得到 C 和某种高价钯化合物；假设 2，得到 CO_2 和金属钯。题 4-2 得出的结论首先是 $CuCl_2\cdot 2H_2O$ 不可能是还原剂，只可能是氧化剂，因为在水体系中铜的价态不能再升高。将"题 4-1 的产物之一"对准 C 和 Pd。问：其中哪一个可以与 $CuCl_2\cdot 2H_2O$ 反应？中学课本上讨论过碳的氧化，使用的都是强氧化剂，如空气中的氧气、浓硫酸、浓硝酸等，而且都需加热，可见碳不是强还原剂，把它氧化不那么容易，应当排除，于是"定音"，假设 2 是正确的。铜被还原得铜（Ⅰ）呢？还是得铜（0）？4-3 要求写出 4-2 产物之一被复原，自然是指铜（Ⅰ）或铜（0）的复原。铜（Ⅰ）比铜（0）易复原，即容易被氧化。使铜（Ⅰ）复原为铜（Ⅱ）使用了什么试剂？首先要明确，它一定是氧化剂，然后从器件的整个化学组成中去找，只能选择空气中的氧气，全题得解。

4-1　$CO + PdCl_2\cdot 2H_2O \Longrightarrow CO_2 + Pd + 2HCl + H_2O$

（写 $PdCl_2$ 不写 $PdCl_2\cdot 2H_2O$ 同时也配平，给一半的分）

4-2　$Pd + 2CuCl_2\cdot 2H_2O \Longrightarrow PdCl_2\cdot 2H_2O + 2CuCl + 2H_2O$

（写 $Pd + CuCl_2\cdot 2H_2O \Longrightarrow PdCl_2\cdot 2H_2O + Cu$，给一半的分）

4-3　$4CuCl + 4HCl + 6H_2O + O_2 \Longrightarrow 4CuCl_2\cdot 2H_2O$

例 1-6　[第 19 届全国高中学生化学竞赛（省级赛区）试题第 10 题]

据世界卫生组织统计，全球约有 8000 万妇女使用避孕环。常用避孕环都是含金属铜的。据认为，金属铜的避孕机理之一是，铜与子宫分泌物中的盐酸以及子宫内的空气反应，生成两种产物，一种是白色难溶物 **S**，另一种是酸 **A**。酸 **A** 含未成对电子，是一种自由基，具有极高的活性，能杀死精子。

10-1　写出铜环产生 **A** 的化学方程式。

10-2　画出 **A** 分子的立体结构。

10-3　给出难溶物 **S** 和酸 **A** 的化学名称。

10-4　**A** 是一种弱酸，pK = 4.8。问：在 pH = 6.8 时，**A** 主要以什么形态存在？

解析与答案：

10-1　$Cu + HCl + O_2 === CuCl + HO_2$

10-2　　H—Ö
　　　　　　‖
　　　　　　Ö:

10-3　**S**：氯化亚铜　　　**A**：超氧酸

10-4　几乎完全电离为超氧离子。

例 1-7　[第 27 届中国化学奥林匹克（初赛）试题第 6 题]

某同学从书上得知，一定浓度的 Fe^{2+}、$[Cr(OH)_4]^-$、Ni^{2+}、MnO_4^{2-} 和 $[CuCl_3]^-$ 的水溶液都呈绿色。于是，请老师配制了这些离子的溶液。老师要求该同学用蒸馏水、稀硫酸以及试管、胶头滴管、白色点滴板等物品和尽可能少的步骤鉴别它们，从而了解这些离子溶液的颜色。请为该同学设计一个鉴别方案，用离子方程式表述反应并说明发生的现象（若 **A** 与 **B** 混合，必须写清楚是将 **A** 滴加到 **B** 中还是将 **B** 滴加到 **A** 中）。

解析与答案：

分析：这是一道以实验为背景的元素化学题，遵循"从易到难，逐一排除"的原则。

提供的试剂只有稀硫酸、蒸馏水，考虑它们与 5 种离子 Fe^{2+}、$[Cr(OH)_4]^-$、Ni^{2+}、MnO_4^{2-} 和 $[CuCl_3]^-$ 之间的作用。

因此第 1 步将 5 种溶液滴到点滴板上，分别滴加稀硫酸，能够检出 3 种离子 $[Cr(OH)_4]^-$、MnO_4^{2-} 和 $[CuCl_3]^-$，反应方程式为

$$[CuCl_3]^- + 4H_2O === [Cu(H_2O)_4]^{2+} + 3Cl^-$$

$$[Cr(OH)_4]^- + H^+ === Cr(OH)_3\downarrow + H_2O$$

$$3MnO_4^{2-} + 4H^+ === 2MnO_4^- + MnO_2\downarrow + 2H_2O$$

考虑到操作的现象的显著性因素，第 2 步使用 $[Cr(OH)_4]^-$ 鉴别：将 $[Cr(OH)_4]^-$ 分别滴加到 Fe^{2+} 和 Ni^{2+} 的试液中，都得到氢氧化物沉淀。颜色发生变化的是 Fe^{2+}，不发生变化的是 Ni^{2+}。

解答：第 1 步：在点滴板上分别滴几滴试样，分别滴加蒸馏水，颜色变蓝者为 $[CuCl_3]^-$。

$$[CuCl_3]^- + 4H_2O === [Cu(H_2O)_4]^{2+} + 3Cl^-$$

第 2 步：另取其他 4 种溶液，滴加到点滴板上，分别滴加稀硫酸。生成绿色沉淀的是

$[Cr(OH)_4]^-$（随酸量增加又溶解）；溶液变紫红且生成棕色沉淀的是 MnO_4^{2-}。

$$[Cr(OH)_4]^- + H^+ == Cr(OH)_3 + H_2O$$

$$Cr(OH)_3 + 3H^+ == Cr^{3+} + 3H_2O$$

$$3MnO_4^{2-} + 4H^+ == 2MnO_4^- + MnO_2 + 2H_2O$$

若第 1 步用稀 H_2SO_4，评分标准同上。

第 3 步：将 $[Cr(OH)_4]^-$ 分别滴加到 Fe^{2+} 和 Ni^{2+} 的试液中，都得到氢氧化物沉淀。颜色发生变化的是 Fe^{2+}，不发生变化的是 Ni^{2+}。

$$Fe^{2+} + 2[Cr(OH)_4]^- == Fe(OH)_2 + 2Cr(OH)_3$$

$$4Fe(OH)_2 + O_2 + 2H_2O == 4Fe(OH)_3$$

$$Ni^{2+} + 2[Cr(OH)_4]^- == Ni(OH)_2 + 2Cr(OH)_3$$

例 1-8　[第 32 届中国化学奥林匹克（初赛）试题第 1 题]

1-2　将擦亮的 Cu 片投入装有足量的浓 H_2SO_4 的大试管中，微热片刻，有固体析出但无气体产生，固体为 Cu_2S 和另一种白色物质的混合物。

解析与答案：

注意题目中无气体产生，而这个题中由于产生了 Cu_2S，Cu 显 +1 价，失电子数为 $1 \times 2 = 2$；S 显 –2 价，得电子数为 8，说明该反应是氧化还原反应且还有 3mol Cu 变成了 Cu^{2+}。产物中除了 Cu_2S 外还有另一种白色固体析出，注意这里是析出不是沉淀，所以该白色固体是 $CuSO_4$，我们常说的 $CuSO_4$ 显蓝色指的是它的溶液和 $CuSO_4 \cdot 5H_2O$，而在浓硫酸中，浓硫酸具有脱水性，所以析出的是无水 $CuSO_4$，显白色。再进行配平。

$$5Cu + 4H_2SO_4 == Cu_2S\downarrow + 3CuSO_4\downarrow + 4H_2O$$

例 1-9　[第 25 届全国高中学生化学竞赛决赛试题第 1 题]

同族金属 A、B、C 具有优良的导热、导电性能，若以 I 表示电离能，I_1 最低的是 B，（$I_1 + I_2$）最低的是 A，（$I_1 + I_2 + I_3$）最低的是 C。

1-3　用 B^+ 的标准溶液滴定 KCl 和 KSCN 的中性溶液，得到电位滴定曲线，其拐点依次位于 M、N、P 处。

（1）请分别写出在 M、N、P 处达到滴定终点的离子方程式。

解析与答案：

同学们需要掌握 Ag 的各种沉淀在沉淀时的先后顺序以及可能的配合物。在本题中，首先形成配合物：

$$Ag^+ + 2SCN^- == [Ag(SCN)_2]^-$$

过量后再生成 AgSCN 沉淀：

$$Ag^+ + [Ag(SCN)_2]^- == 2AgSCN\downarrow$$

最后生成 AgCl 沉淀：

$$Ag^+ + Cl^- \rightleftharpoons AgCl\downarrow$$

例 1-10 ［第 15 届全国高中学生化学竞赛（省级赛区）试题第 7 题］

某不活泼金属 X 在氯气中燃烧的产物 Y 溶于盐酸得黄色溶液，蒸发结晶，得到黄色晶体 Z，其中 X 的质量分数为 50%。在 500mL 浓度为 0.10mol·L^{-1} 的 Y 水溶液中投入锌片，反应结束时固体的质量比反应前增加 4.95g。

X 是_____；Y 是_____；Z 是_____。推理过程如下：

解析与答案：

要点 1：X 为不活泼金属，设为一种重金属，但熟悉的金属或者其氯化物与锌的置换反应得到的产物的质量太小，或者其水溶液颜色不合题意，均不合适，经诸如此类的排他法假设 X 为金，由此 Y 为 AuCl$_3$，则置换反应的计算结果为

$$2AuCl_3 + 3Zn \rightleftharpoons 3ZnCl_2 + 2Au$$

反应得到 Au 的质量 = 0.100mol·L^{-1}×0.500L×197g·mol^{-1} = 9.85g

反应消耗 Zn 的质量 = 0.100mol·L^{-1}×0.500L×65.39g·mol^{-1}×3/2 = 4.90g

反应后得到的固体质量增重：9.85g–4.90g = 4.95g。

要点 2：由 AuCl$_3$ 溶于盐酸得到的黄色晶体中 Au 的含量占 50%，而 AuCl$_3$ 中 Au 的含量达 65%，可见 Z 不是 AuCl$_3$，假设为配合物 HAuCl$_4$，含 Au 58%，仍大于 50%，故假设它是水合物，则可求得：HAuCl$_4$·3H$_2$O 的摩尔质量为 393.8，其中 Au 的含量为 197/394 = 50%。

X 是 Au；Y 是 AuCl$_3$；Z 是 HAuCl$_4$·3H$_2$O。

例 1-11 ［第 23 届全国高中学生化学竞赛（省级赛区）试题第 2 题］

下列各实验中需用浓 HCl 而不能用稀 HCl 溶液，写出反应方程式并阐明理由。需用浓 HCl 溶液配制王水才能溶解金。

解析与答案：

$$Au + HNO_3 + 4HCl \rightleftharpoons HAuCl_4 + NO\uparrow + 2H_2O$$

加浓 HCl 利于形成[AuCl$_4$]$^-$，降低 Au 的还原电位，提高硝酸的氧化电位，使反应正向进行。

1.3.2　锌分族元素

1. 概述

Zn、Cd、Hg 属 ⅡB 族，位于元素周期表的 ds 区，价电子层构型是$(n-1)d^{10}ns^2$。

由于 18 电子层结构对原子核的屏蔽作用较小，故它们的有效核电荷较大，因此与同周期碱土金属相比，它们的原子半径、离子半径都较小，而电负性和电离势都较大。

标准电势图

$$\varphi_A^{\ominus}/\mathrm{V} \qquad\qquad \varphi_B^{\ominus}/\mathrm{V}$$

$$Zn^{2+} \xrightarrow{-0.7628} Zn \qquad\qquad ZnO_2^{2-} \xrightarrow{-1.216} Zn$$

$$Cd^{2+} \xrightarrow{>-0.6} Cd_2^{2+} \xrightarrow{<-0.2} Cd \qquad Cd(OH)_2 \xrightarrow{-0.761} Cd$$
$$\underset{-0.4026}{\rule{4cm}{0.4pt}}$$

$$Hg^{2+} \xrightarrow{+0.905} Hg_2^{2+} \xrightarrow{+0.799} Hg \qquad HgO \xrightarrow{+0.0984} Hg$$
$$\underset{+0.851}{\rule{4cm}{0.4pt}}$$

$$HgCl_2 \xrightarrow{+0.63} Hg_2Cl_2 \xrightarrow{+0.26} Hg$$
（饱和溶液）

从 $\varphi^{\ominus}$ 看，ⅡB 族金属性强于ⅠB 族，这与ⅡA 金属性弱于ⅠA 族正好相反。

就ⅡB 族三元素而言，从上往下，金属性减弱，与周期表中主族元素变化规律相反。

综合标准电极电势、电负性、升华热、离子水和热等因素，ⅠB、ⅡB 族元素金属活泼次序如下：

$$Zn>Cd>H>Cu>Hg>Ag>Au$$

2. 金属单质

锌、镉、汞在自然界中，主要以硫化物的形式存在，如闪锌矿（ZnS）、菱锌矿（$ZnCO_3$）、辰砂（朱砂，HgS）、CdS 矿等。

1）冶炼——锌、汞单质的制备

火法炼锌（蒸馏法）

$$2ZnS + 3O_2 \longrightarrow 2ZnO + 2SO_2\uparrow$$
$$2C + O_2 \longrightarrow 2CO$$
$$ZnO + CO \longrightarrow Zn(g) + CO_2\uparrow$$

辰砂制汞（两种方法：直接焙烧，与石灰共热）

$$HgS + O_2 \longrightarrow Hg + SO_2\uparrow$$
$$4HgS + 4CaO \longrightarrow 4Hg + 3CaS + CaSO_4$$

2）性质和用途

银-锌电池：Ag_2O_2 为正极（阴极），Zn 为负极（阳极），KOH 为电解质。

负（阳）：$Zn - 2e^- + 2OH^- =\!=\!= Zn(OH)_2$

正（阴）：$Ag_2O_2 + 4e^- + 2H_2O =\!=\!= 2Ag + 4OH^-$

电池反应：$2Zn + Ag_2O_2 + 2H_2O =\!=\!= 2Ag + 2Zn(OH)_2$

$$4Zn + 2O_2 + 3H_2O + CO_2 =\!=\!= ZnCO_3 \cdot 3Zn(OH)_2 \quad (碱式碳酸锌)$$
$$3Hg + 8HNO_3 =\!=\!= 3Hg(NO_3)_2 + 2NO\uparrow + 4H_2O$$
$$6Hg(过量) + 8HNO_3(冷、稀) =\!=\!= 3Hg_2(NO_3)_2 + 2NO\uparrow + 4H_2O$$
$$Zn + 2NaOH + 2H_2O =\!=\!= Na_2[Zn(OH)_4] + H_2\uparrow \quad (Cd、Hg 不行!)$$

$$Zn + 4NH_3 + 2H_2O \Longrightarrow [Zn(NH_3)_4]^{2+} + H_2\uparrow + 2OH^-$$

3. 锌族化合物

Zn 和 Cd 主要表现为 +2（氧化态），Hg 有 +1 和 +2 两种氧化态的化合物。与 Hg_2^{2+} 相应的 Cd_2^{2+}、Zn_2^{2+} 极不稳定，仅在熔融的氯化物中溶解金属时生成，Zn_2^{2+} 和 Cd_2^{2+} 在水中立即歧化：

$$Cd_2^{2+} \longrightarrow Cd^{2+} + Cd\downarrow$$

它们的稳定性顺序为：$Zn_2^{2+} < Cd_2^{2+} \ll Hg_2^{2+}$。汞可以形成 Hg_3^{2+} 到 Hg_6^{2+} 一类多聚金属阳离子，Cd 也能形成 Cd_n^{2+} 离子。

1）氧化物和氢氧化物

$$ZnCO_3 \xrightarrow{568K} ZnO + CO_2\uparrow$$

$$CdCO_3 \xrightarrow{600K} CdO + CO_2\uparrow$$

$$2HgO \xrightarrow{573K} 2Hg + O_2\uparrow \quad (ZnO、CdO加热升华而不分解）$$

$$Hg^{2+} + 2OH^- \longrightarrow HgO\downarrow + H_2O \quad [Hg(OH)_2不稳定，立即分解]$$

$Zn(OH)_2$ 呈两性，溶于强酸成锌盐，溶于强碱而成为四羟基络合物，有的称为锌酸盐。

$$Zn(OH)_2 + 2OH^- \longrightarrow [Zn(OH)_4]^{2-}$$

$$Zn^{2+} + 2OH^- \Longrightarrow Zn(OH)_2 \xrightarrow{+2H_2O} 2H^+ + [Zn(OH)_4]^{2-}$$

$Cd(OH)_2$ 的酸性特别弱，不易溶于强碱中，只缓慢溶于热、浓的强碱中。

$Zn(OH)_2$ 和 $Cd(OH)_2$ 还可溶于氨水中，这一点与 $Al(OH)_3$ 不同，生成氨配离子：

$$Zn(OH)_2 + 4NH_3 \Longrightarrow [Zn(NH_3)_4]^{2+} + 2OH^-$$

$$Cd(OH)_2 + 4NH_3 \Longrightarrow [Cd(NH_3)_4]^{2+} + 2OH^-$$

锌、镉、汞的氧化物和氢氧化物都是共价型化合物。

硫化物	ZnS	CdS	HgS
K_{sp}	1.2×10^{-23}	3.6×10^{-29}	3.5×10^{-52}
颜色	白	黄	黑

HgS 在浓硝酸中也难溶解，但可溶于过量的浓 Na_2S 溶液，生成二硫合汞酸钠；也可用王水溶解 HgS：

$$HgS(s) + Na_2S(浓) \Longrightarrow Na_2[HgS_2]$$

$$3HgS + 12HCl + 2HNO_3 \Longrightarrow 3H_2[HgCl_4] + 3S\downarrow + 2NO\uparrow + 4H_2O$$

2）氯化物

（1）氯化锌。用 Zn、ZnO 或 $ZnCO_3$ 与盐酸反应，经浓缩冷却，就有 $ZnCl_2 \cdot H_2O$ 晶体析出。若将 $ZnCl_2$ 溶液蒸干，只能得到碱式氯化锌而得不到无水 $ZnCl_2$，因 $ZnCl_2$ 要水解：

$$ZnCl_2 + H_2O \xrightarrow{\triangle} Zn(OH)Cl + HCl\uparrow$$

要制无水 $ZnCl_2$，一般要在干燥 HCl 气氛中加热脱水。

氯化锌的浓溶液中，由于生成羟基二氯合锌酸而具有显著酸性，它能溶解金属氧化物：

$$ZnCl_2 + H_2O \Longrightarrow H[ZnCl_2(OH)] \quad (配位数为3，少见!)$$

$$FeO + 2H[ZnCl_2(OH)] = Fe[ZnCl_2(OH)]_2 + H_2O$$

（焊接金属时用 $ZnCl_2$ 清除金属表面上的氧化物即为实例）

（2）氯化汞（$HgCl_2$）。

$$HgO + 2HCl = HgCl_2 + H_2O$$

$$HgSO_4(s) + 2NaCl(s) \xrightarrow{\triangle} HgCl_2 + Na_2SO_4$$

$HgCl_2$ 为白色针状晶体，微溶于水，有剧毒；共价型分子，熔点较低（549K），易升华，因此俗称升汞。

$HgCl_2$ 遇氨水即析出白色氯化氨基汞沉淀（属于氨解反应）：

$$HgCl_2 + 2NH_3 = Hg(NH_2)Cl\downarrow + NH_4Cl$$

在水中稍有水解：$HgCl_2 + H_2O = Hg(OH)Cl + HCl$

（3）氯化亚汞（Hg_2Cl_2）。亚汞化合物中，汞总是以双聚体 Hg_2^{2+} 的形式出现，结构为 $^+Hg:Hg^+$，即两个 Hg^+ 以共价键结合，Hg_2^{2+} 中 Hg 的共价数是 2，有很多实验为这种结构提供证据。Hg^+ 有一个成单电子应是顺磁性的，但所有的亚汞化合物都是反磁性的，这表明不存在 Hg^+。X 射线衍射测定 Hg_2Cl_2 是线形分子 Cl-Hg-Hg-Cl，而没有单个离子。

亚汞盐多数是无色的，大多数溶于水，只有极少数盐如硝酸亚汞是易溶的。和 Hg^{2+} 不同，Hg_2^{2+} 一般不形成配离子。

$$Hg_2(NO_3)_2 + 2HCl = Hg_2Cl_2\downarrow + 2HNO_3$$

$$Hg_2Cl_2(白色粉末) \xrightarrow{光} HgCl_2 + Hg$$

Hg_2^{2+} 与 Hg^{2+} 的相互转化：

$$Hg + Hg^{2+} \rightleftharpoons Hg_2^{2+}$$

$$Hg^{2+} \xrightarrow{0.905V} Hg_2^{2+} \xrightarrow{0.7986V} Hg$$

当存在 Hg^{2+} 的配位剂时，Hg_2^{2+} 也易于发生歧化反应：

$$Hg_2^{2+} + 2CN^- = Hg(CN)_2 + Hg$$

由于 $\varphi_{右}^{\ominus} < \varphi_{左}^{\ominus}$，$Hg_2^{2+}$ 不像 Cu^+ 那样容易歧化。上述反应的平衡常数 $K = [Hg_2^{2+}]/[Hg^{2+}] = 69.4$，反歧化趋势大。此反应常用于制备亚汞盐：

$$Hg(NO_3)_2(aq) + Hg = Hg_2(NO_3)_2$$

$$Hg_2(NO_3)_2 + H_2O = Hg_2(OH)NO_3\downarrow(白) + HNO_3$$

生成的 $Hg_2(NO_3)_2$ 易水解，故需加稀 HNO_3 以抑制其水解。

又 Hg_2^{2+} 与 Hg^{2+} 的相互转化，如：

$$HgCl_2 + Hg \underset{光}{\overset{研磨}{\rightleftharpoons}} Hg_2Cl_2$$

如果加入一种试剂同 Hg^{2+} 形成沉淀或配合物从而大大降低 Hg^{2+} 的浓度，就会显著加速 Hg_2^{2+} 歧化反应的进行。例如，在 Hg_2^{2+} 溶液中加入了强碱或硫化氢：

$$Hg_2^{2+} + 2OH^- = Hg_2(OH)_2 \qquad Hg_2(OH)_2 = Hg\downarrow + HgO\downarrow + H_2O$$

$$Hg_2^{2+} + H_2S = Hg_2S + 2H^+ \qquad Hg_2S \longrightarrow HgS\downarrow + Hg\downarrow$$

所以不存在亚汞的氧化物和硫化物。

3）配合物

向 Hg^{2+} 中滴加 KI 溶液，首先生成红色 HgI_2 沉淀，然后沉淀溶于过量的 KI 中，生成无色的 $[HgI_4]^{2-}$ 配离子：

$$Hg^{2+} + 2I^- \Longrightarrow HgI_2(红色) \quad （共价化合物）$$
$$HgI_2 + 2I^- \Longrightarrow [HgI_4]^{2-}(无色) \quad （d^{10}，无 d\text{-}d 跃迁）$$

$[HgI_4]^{2-}$ 的碱性溶液称为奈斯勒（Nessler）试剂，遇微量的 NH_4^+ 即可生成特殊的红色沉淀，故常用来鉴定 NH_4^+。

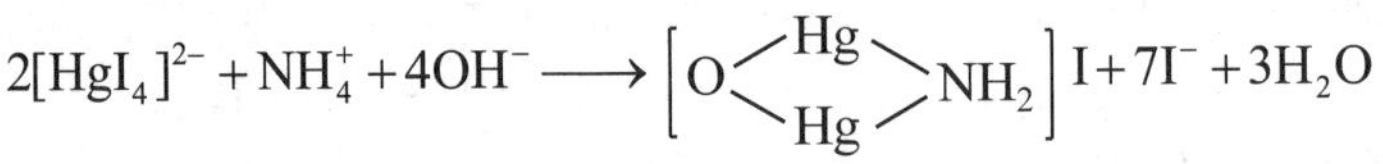

$$2[HgI_4]^{2-} + NH_4^+ + 4OH^- \longrightarrow \left[O\begin{array}{c}Hg\\ Hg\end{array}\hspace{-3pt}\diagdown NH_2\right]I + 7I^- + 3H_2O$$

共价化合物易发生电荷跃迁，而配合物的中心与配体间不易发生电荷跃迁，如 PbI_2 为黄色，HgI_2 为红色，而 $[PbI_4]^{2-}$ 和 $[HgI_4]^{2-}$ 为无色的。

例 1-12　［第 27 届中国化学奥林匹克（初赛）试题第 1 题］

1-4　在碱性条件下，$[Zn(CN)_4]^{2-}$ 和甲醛反应。

解析与答案：

题目中的反应源自分析化学课程中"掩蔽剂的解蔽"，在用 EDTA 滴定 Mg^{2+}、Zn^{2+} 混合溶液时，先加入 CN^- 配位 Zn^{2+}，此时 Mg^{2+} 可被 EDTA 单独滴定，然后加入甲醛解蔽。反应的方程式为

$$[Zn(CN)_4]^{2-} + 4HCHO + 4H_2O \Longrightarrow 4HOCH_2CN + [Zn(OH)_4]^{2-}$$

如何理解这个反应？在溶液中，$[Zn(CN)_4]^{2-}$ 存在着解离平衡：

$$[Zn(CN)_4]^{2-} \Longrightarrow Zn^{2+} + 4CN^-$$

作为配体 CN^- 自然也是优良的亲核试剂，能够亲核进攻甲醛，形成稳定常数更大的氰醇：

$$HCHO + CN^- + H_2O \Longrightarrow HOCH_2CN + OH^-$$

水解出的 OH^- 正好可以与 Zn^{2+} 配位。若从软硬酸碱的角度来看，反应的本质即为酸碱对的交换——软碱 CN^- 与软酸 H_2CO 选择性结合，硬碱 OH^- 与交界酸 Zn^{2+} 选择性结合。

$$[Zn(CN)_4]^{2-} + 4HCHO + 4H_2O \Longrightarrow 4HOCH_2CN + [Zn(OH)_4]^{2-}$$

1.4　过　渡　元　素

1.4.1　过渡元素通性

周期表中的ⅢB～Ⅷ称为过渡元素。过渡元素即 d 区元素除 46 号元素钯（Pd）外，它们的（$n-1$）d 轨道均未填满。

也有人主张将ⅠB族、ⅡB族包括在过渡元素的范围内。

第一过渡系元素：Sc～Ni

第二过渡系元素：Y～Pd

第三过渡系元素：La～Pt

它们都是金属。硬度较大，熔沸点较高，导热、导电性能好，延展性好，易生成合金。

大部分过渡金属的电极电势为负值，即还原能力较强。如第一过渡系元素一般都能从非氧化性酸中置换出氢。

它们多数都存在多种氧化态，其水合离子和酸根离子常呈现一定的颜色。

它们由于具有部分未填满的电子层，能形成一些顺磁性化合物。

它们的原子或离子形成配合物的倾向都较大。

1.4.2　钛分族

1. 概述

1）存在

钛在地壳中的质量百分含量为0.45%，主要的矿物有金红石（TiO_2）和钛铁矿（$FeTiO_3$）。锆在地壳中含量占 0.017%，它比铜、锌和铅的总量还多，主要有锆英石（$ZrSO_4$），也存在于独居石矿中。铪的化学性质与锆极相似，它没有独立的矿物而常与锆共生。铪在地壳中的含量为1×10^{-4}%。

2）结构、性质通性

Ti、Zr、Hf 属ⅣB族，价电子层构型是$(n-1)d^2ns^2$。

由于在 d 轨道全空（d^0）的情况下，原子的结构比较稳定，因此它们都以失去 4 个电子为特征。

这些元素除主要生成氧化态为 + 4 的化合物外，Ti 还能生成氧化态为 + 3 的化合物，但生成氧化态为 + 2 的化合物就很少见。Zr 和 Hf 生成低氧化态化合物的趋势更小，这一点和锗分族相反。由于钛族元素的原子失去四个电子需要较高的能量，所以它们的 M(Ⅳ)化合物主要以共价键结合。在水溶液中主要以 MO^{2+} 形式存在，并且容易水解。

$$\varphi_A^\ominus / V \qquad\qquad\qquad\qquad \varphi_B^\ominus / V$$

$$TiO^{2+} \xrightarrow{0.1} Ti^{3+} \xrightarrow{-0.37} Ti^{2+} \xrightarrow{-1.63} Ti \qquad\qquad TiO_2 \xrightarrow{-1.69} Ti$$
$$\underset{-0.86}{\underline{\qquad\qquad\qquad\qquad}}$$

$$Zr^{4+} \xrightarrow{-1.54} Zr \qquad\qquad H_2ZrO_3 \xrightarrow{-2.36} Zr$$

$$Hf^{4+} \xrightarrow{-1.70} Hf \qquad\qquad HfO(OH)_2 \xrightarrow{-2.50} Hf$$

这些金属具有很好的抗腐蚀性，因为它们的表面容易形成致密的氧化物薄膜。但在加热时，它们能与 O_2、N_2、H_2、S 和卤素等作用。在室温时，它们与水、稀盐酸、稀硫酸和硝酸都不作用，但能被氢氟酸、磷酸、熔融碱侵蚀。

2. 单质的性质和用途

（1）钛能溶于热浓盐酸。

$$2Ti + 6HCl = 2TiCl_3 + 3H_2\uparrow$$

（2）钛易溶于氢氟酸（HF）中，这时除浓硫酸与金属反应外，还利用 F^- 和 Ti^{4+} 的配位反应，促进钛的溶解：

$$Ti + 6HF = [TiF_6]^{2-} + 2H^+ + 2H_2\uparrow$$

（3）工业上常用硫酸分解钛铁矿 $FeTiO_3$ 来制取 TiO_2，再由 TiO_2 制金属钛。

$$FeTiO_3 + 3H_2SO_4 = Ti(SO_4)_2 + FeSO_4 + 3H_2O$$

$$FeTiO_3 + 2H_2SO_4 = TiOSO_4 + FeSO_4 + 2H_2O$$

$Ti(SO_4)_2$ 和 $TiOSO_4$（硫酸氧钛或硫酸钛酰）容易水解而析出偏钛酸白色沉淀：

$$Ti(SO_4)_2 + H_2O = TiOSO_4 + H_2SO_4$$

$$TiOSO_4 + 2H_2O = H_2TiO_3\downarrow(白) + H_2SO_4$$

煅烧偏钛酸：

$$H_2TiO_3 \xrightarrow{\triangle} TiO_2 + H_2O$$

$$TiO_2 + 2C + 2Cl_2 \xrightarrow{1000K} TiCl_4\uparrow + 2CO\uparrow \quad （氯化处理）$$

$$TiCl_4 + 2Mg \xrightarrow[Ar]{1070K} 2MgCl_2 + Ti \quad （钛还原）$$

若要用碳与 TiO_2 反应制金属钛，温度要达到 3000℃以上才行（理论计算），显然不可以。以熔融的 $CaCl_2$ 为熔剂，在惰性气氛中直接电解 TiO_2，即可获得金属钛，此法的发现，有望大大降低 Ti 的生产成本。

3. 钛的化合物

在钛的化合物中，以 +4 氧化态最稳定，在强还原剂作用下，也可以呈现 +3 和 +2 氧化态，但不稳定。

1）Ti(Ⅳ)化合物

TiO_2 为白色粉末，不溶于水，也不溶于稀酸，但能溶于氢氟酸和热的浓硫酸中：（TiO_2 是两性氧化物）

$$TiO_2 + 6HF = H_2[TiF_6] + 2H_2O$$

$$TiO_2 + 2H_2SO_4 = Ti(SO_4)_2 + 2H_2O$$

$$TiO_2 + H_2SO_4 = TiOSO_4 + H_2O$$

实际上不能从溶液中析出 $Ti(SO_4)_2$，而是析出 $TiOSO_4 \cdot H_2O$ 白色粉末。这是因为 Ti^{4+} 离子的电荷半径比值（即 z/r）大，容易与水反应，经水解而得到钛酰离子（TiO^{2+}）。钛酰离子常为链状聚合（物）形式的离子，如固态的 $TiOSO_4 \cdot H_2O$ 中的钛酰离子就是如此：

TiO_2 的水合物——$TiO_2 \cdot xH_2O$ 或 H_4TiO_4 或 $Ti(OH)_4$ 为钛酸,具有两性(实际上 TiO_2 就具有两性)

$$TiO_2 + BaCO_3 \xrightarrow{\quad\quad} BaTiO_3 + CO_2 \uparrow$$

$$TiO_2 + 2NaOH \xrightarrow{\quad\quad} Na_2TiO_3 + H_2O \uparrow$$

$$TiO_2 + 2H_2SO_4(浓) \xrightarrow{\quad\quad} Ti(SO_4)_2 + 2H_2O$$

$TiCl_4$ 是无色液体,熔点 250K,沸点 409K,有刺激性气味,在水中或潮湿空气中都极易水解。因此,$TiCl_4$ 暴露在空气中会发烟。

$$TiCl_4 + 3H_2O \xrightarrow{\quad\quad} H_2TiO_3 + 4HCl$$

$$TiCl_4 + 2HCl(浓) \xrightarrow{\quad\quad} H_2[TiCl_6]$$

2)Ti(III)化合物

用 Zn 处理 Ti(IV)盐的盐酸溶液,或将 Ti 溶于热浓盐酸中得到 $TiCl_3$ 水溶液,浓缩后,可析出紫色的 $TiCl_3 \cdot 6H_2O$,其化学式应为 $[Ti(H_2O)_6]Cl_3$。

绿色的 $TiCl_3 \cdot 6H_2O$ 可能为 $[TiCl(H_2O)_5]Cl_2 \cdot H_2O$

$$2TiCl_4 + Zn \xrightarrow{\quad\quad} 2TiCl_3 + ZnCl_2 \qquad 2Ti + 6HCl(浓热) \xrightarrow{\quad\quad} 2TiCl_3 + 3H_2 \uparrow$$

$$2TiCl_4 + H_2 \xrightarrow{\triangle} 2TiCl_3 (紫色粉末) + 2HCl \qquad 2TiCl_3(s) \xrightarrow{723K} TiCl_4(g) + TiCl_2(s)$$

$$2TiCl_2(s) \xrightarrow{973K} Ti(s) + TiCl_4(g)$$

从元素的标准电势图看,+3、+2 的 Ti 都不容易歧化,但因产物有气体,所以能歧化。

1.4.3 钒分族

1. 概述

1)结构、性质通性

V、Nb、Ta 属 VB 族,价电子层构型是 $(n-1)d^3ns^2$ 或 $4d^45s^1$。

因为 5 个电子都可以参与成键,所以稳定氧化态为 +5,此外还能形成 +4、+3、+2 低氧化态的化合物。它们的最高价氧化物 M_2O_5 主要呈酸性,所以也称"酸土金属"元素。和钛族一样,都是稳定而难熔的稀有金属。

2)标准电势图

$$\varphi_A^\ominus / V \qquad\qquad\qquad\qquad\qquad \varphi_B^\ominus / V$$

$$V(OH)^+ \xrightarrow{1.0} VO^{2+} \xrightarrow{0.34} VO^{3+} \xrightarrow{-0.26} V^{2+} \xrightarrow{-1.18} V \qquad HV_6O_{17}^{3-} \xrightarrow{-1.15} V$$

$$Nb_2O_5 \xrightarrow{0.05} Nb^{3+} \xrightarrow{-1.1} Nb$$

$$\underline{\qquad\qquad} -0.64 \underline{\qquad\qquad}$$

$$Ta_2O_5 \xrightarrow{-0.75} Ta$$

钒族在常温下活泼性较低。钒在常温下不与空气、水、苛性碱作用,也不与非氧化性的酸作用，但溶于氢氟酸。它也溶于强的氧化性酸中，如 HNO_3 和王水。在高温下，钒与大多数非金属反应，并可与熔融苛性碱反应。

$$V + 2Cl_2 \xrightarrow{\triangle} VCl_4$$

$$4V + 5O_2 == 2V_2O_5 \quad (VO、VO_2、V_2O_3)$$

$$3V + 10HNO_3(冷) == 3VO(NO_3)_2 + 4NO\uparrow + 5H_2O$$

铌和钽的化学性质稳定性特别高，尤其是钽。它们不但与空气和水没有作用，甚至不溶于王水，但能缓慢地溶入氢氟酸中。熔融的碱可与铌、钽反应，在高温下也可与大多数非金属反应。钒、铌、钽都溶于硝酸和氢氟酸的混合酸中。

2. 钒的化合物

钒在化合物中主要为 + 5 氧化态，但也可还原成 + 4、+ 3、+ 2 等低氧化态。由于氧化态为 + 5 的钒具有较大的电荷半径比，所以在水溶液中不存在简单的 V^{5+} 离子，而是以钒氧基（$VO_2^+ \cdot VO^{3+}$）或含氧酸根（VO_3^-，VO_4^{3-}）等形式存在。同样，氧化态为 + 4 的钒在水溶液中以 VO^{2+} 离子形式存在。钒的氧化物中以钒（Ⅴ）最稳定，其次是钒（Ⅳ）化合物，其他的都不稳定。

1）钒的氧化物（V_2O_5）

V_2O_5 呈橙黄色至深红色，无臭，无味，有毒。微溶于水，溶液呈黄色（冷却时呈橙色针状晶体）。V_2O_5 为两性偏酸的氧化物，在强碱溶液中生成正钒酸盐 M_3VO_4：

$$V_2O_5 + 6NaOH == 2Na_3VO_4 + 3H_2O \quad （酸性）$$

V_2O_5 也能溶解在强酸中。在 pH = 1 的酸性溶液中，能生成 VO_2^+ 离子。在酸性介质中，VO_2^+ 是一种较强的氧化剂：

$$VO_2^+ + 2H^+ + e^- == VO^{2+} + H_2O \qquad \varphi^\ominus = 1.0V$$

$$V_2O_5 + 6HCl == 2VOCl_2 + Cl_2\uparrow + 3H_2O \quad （碱性、氧化性）$$

$$V_2O_5 + H_2SO_4 == (VO_2)_2SO_4 + H_2O \quad （碱性）$$

VO_2^+ 离子也可被 Fe^{2+}、草酸、乙醇等还原为 VO^{2+}：

$$VO_2^+(黄) + Fe^{2+} + 2H^+ == VO^{2+}(蓝) + Fe^{3+} + H_2O$$

2）钒酸盐和多钒酸盐

钒酸盐可分为偏钒酸盐 M^IVO_3、正钒酸盐 $M_3^IVO_4$、焦钒酸盐 $M_4^IV_2O_7$ 和多钒酸盐如 $M_3^IV_3O_9$（三钒酸盐）等。

向钒酸盐溶液中加酸，使 pH 逐渐下降，则生成不同缩合度的多钒酸盐：

$$2VO_4^{3-} + 2H^+ \rightleftharpoons 2HVO_4^{2-} \rightleftharpoons V_2O_7^{4-} + H_2O \quad （pH \geqslant 13）$$

$$3V_2O_7^{4-} + 6H^+ \rightleftharpoons 2V_3O_9^{3-} + 3H_2O \qquad （pH \geqslant 8.4）$$

$$10V_3O_9^{3-} + 12H^+ \rightleftharpoons 3V_{10}O_{28}^{6-} + 6H_2O \qquad （8 > pH > 13）$$

（缩合前后，钒的氧化态均为 + 5）

缩合度增大，溶液的颜色逐渐加深，即由淡黄色变为深黄色。溶液转为酸性后，缩合度不再改变，而是获得质子的反应：

$$[V_{10}O_{28}]^{6-} + H^+ \rightleftharpoons [HV_{10}O_{28}]^{5-}$$

$$[HV_{10}O_{28}]^{5-} + H^+ \rightleftharpoons [H_2V_{10}O_{28}]^{4-}$$

在 pH≈2 时，则有红棕色沉淀 V_2O_5 水合物析出。加入足量酸（pH≈1），溶液中存在稳定的黄色 VO_2^+ 离子：

$$[H_2V_{10}O_{28}]^{4-} + 14H^+ \rightleftharpoons 10VO_2^+ + 8H_2O \qquad (pH = 1)$$

在钒酸盐的溶液中加入 H_2O_2，若溶液是弱碱性、中性或弱酸性时，得到黄色的二过氧钒酸离子$[VO_2(O_2)_2]^{3-}$（也有认为是$[VO_2(H_2O_2)_2]^+$离子），若溶液是强碱性时，得到红棕色的过氧钒阳离子$[V(O_2)]^{3+}$（也有认为是$[VO_2(H_2O_2)]^+$离子），两者之间存在下列平衡：

$$[VO_2(O_2)_2]^{3-} + 6H^+ \rightleftharpoons [V(O_2)]^{3+} + H_2O_2 + 2H_2O$$

3）铌、钽的化合物

Nb_2O_5 和 Ta_2O_5 都是白色固体，熔点高，较为惰性，它们很难与酸作用，但和 HF 反应能生成氟的配合物：

$$Nb_2O_5 + 12HF \xrightarrow{} 2HNbF_6 + 5H_2O$$

当 Nb_2O_5 或 Ta_2O_5 与 NaOH 共熔，则生成铌酸盐和钽酸盐

$$Nb_2O_5 + 10NaOH \xrightarrow{} 2Na_5NbO_5 + 5H_2O$$

$$Nb_2O_5 + Na_2CO_3 \longrightarrow 2NaNbO_3 + CO_2\uparrow$$

$$Ta_2O_5 + 3Na_2CO_3 \longrightarrow 2Na_3TaO_4 + 3CO_2\uparrow$$

$$Nb + 2S \longrightarrow NbS_2 \qquad\qquad Ta + 2S \longrightarrow TaS_2$$

$$2Nb + 5Cl_2 \longrightarrow 2NbCl_5 \qquad\qquad 2Ta + 5F_2 \longrightarrow 2TaF_5$$

例 1-13　[第 18 届全国高中学生化学竞赛（初赛）试题第 9 题]

下图摘自一篇新近发表的钒生物化学的论文。回答如下问题：

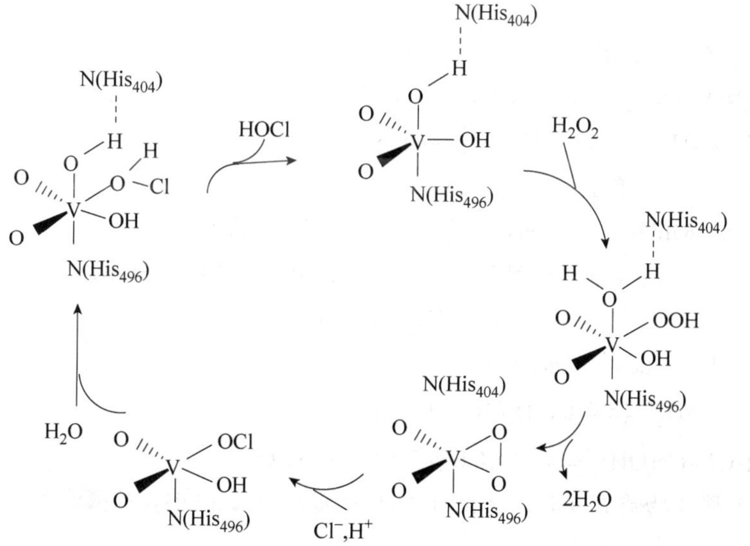

9-1　此图钒化合物的每一次循环使无机物发生的净反应（的化学方程式）是_____。

9-2　在上面的无机反应中，被氧化的元素是_____；被还原的元素是_____。

9-3　次氯酸的生成被认为是自然界的海藻制造 C—Cl 键的原料。请举一有机反应来说明。

9-4　试分析图中钒的氧化态有没有发生变化，简述理由。

解析与答案：

9-1　$H_2O_2 + Cl^- + H^+ \Longrightarrow H_2O + HOCl$

9-2　氯　氧

9-3　$H_2C = CH_2 + HOCl \Longrightarrow HOH_2C-CH_2Cl$（举其他含 C = C 双键的有机物也可）

9-4　没有变化。理由：①过氧化氢把过氧团转移到钒原子上形成钒与过氧团配合的配合物并没有改变钒的氧化态，所以从三角双锥到四方锥钒的氧化态并没有发生变化；②其后添加的水和氢离子都不是氧化剂或还原剂，因此过氧团变成次氯酸的反应也没有涉及钒的氧化态的变化，结论：在整个循环过程中钒的氧化态不变。

例 1-14（自选题）

有一种固体混合物，可能含有 $FeCl_3$、$NaNO_2$、$Ca(OH)_2$、$AgNO_3$、$CuCl_2$、NaF、NH_4Cl 等七种物质中的若干种。若将此混合物加水后，可得白色沉淀和无色溶液；在此无色溶液中加入 KSCN，没有变化；无色溶液酸化后，可使 $KMnO_4$ 溶液褪色；将无色溶液加热有气体放出；白色沉淀可溶于氨水中。根据上述现象指出：（说明理由）

（1）哪些物质肯定存在_____；

（2）哪些物质肯定不存在_____；

（3）哪些物质可能存在_____。

解析与答案：

（1）肯定有：$AgNO_3$、NH_4Cl、$NaNO_2$。

因为 $AgNO_3 + NH_4Cl \Longrightarrow NH_4NO_3 + AgCl\downarrow$（白）

且 $AgCl + 2NH_3 \Longrightarrow [Ag(NH_3)_2]^+ + Cl^-$

AgCl 白色沉淀能溶于氨水（络合效应）。

NO_2^- 能使 $KMnO_4$ 溶液褪色，且与 NH_4^+ 反应有 N_2 放出：

$$2MnO_4^- + 5NO_2^- + 6H^+ \Longrightarrow 2Mn^{2+} + 5NO_3^- + 3H_2O$$

$$NH_4^+ + NO_2^- \Longrightarrow N_2\uparrow + 2H_2O$$

（2）肯定无：$CuCl_2$、$Ca(OH)_2$。

因为 $Cu^{2+} + 4H_2O \Longrightarrow [Cu(H_2O)_4]^{2+}$（天蓝色）

又 $2NH_4Cl + Ca(OH)_2 \Longrightarrow CaCl_2 + 2NH_3\uparrow + 2H_2O$

即一开始固体物质混合时，就会有 NH_3 生成；且 $Ca(OH)_2$ 属微溶物，若过量会产生白色沉淀，但该白色沉淀不会溶于氨水。

（3）可能有 NaF 和 $FeCl_3$。

这是本题的难点，因有如下反应：

$$Fe^{3+}+6F^- \Longrightarrow [FeF_6]^{3-} \text{（无色）} \quad \text{（络合效应）}$$

由于配离子 $[FeF_6]^{3-}$ 溶液为无色，故 $FeCl_3$ 的棕黄色显示不出来，且由于 Fe^{3+} 被络合，下面反应也不容易发生：

$$Fe^{3+}+nSCN^- \Longrightarrow [Fe(SCN)_n]^{3-n} \text{（血红色）}$$

例 1-15　[第 18 届全国高中学生化学竞赛（初赛）试题第 1 题]

2004 年 2 月 2 日，俄国杜布纳实验室宣布用核反应得到了两种新元素 X 和 Y。X 是用高能 ^{48}Ca 撞击 $^{243}_{95}$Am 靶得到的。经过 100 微秒，X 发生 α-衰变，得到 Y。然后 Y 连续发生 4 次 α-衰变，转变为质量数为 268 的第 105 号元素 Db 的同位素。以 X 和 Y 的原子序数为新元素的代号（左上角标注该核素的质量数），写出上述合成新元素 X 和 Y 的核反应方程式。

解析与答案：此题属核化学反应的试题，首先应熟悉一些相关概念：元素、核素、质量数、质子数、原子序数、同位素、α 粒子（$^4_2\alpha$）、α-衰变等。然后，可采用逆向思维的方法，从最终产物 Db 出发，倒回去推得所求的 X 和 Y：

$$^{268}_{105}Db+4\alpha \longrightarrow {}^{284}_{113}Y, \quad {}^{284}_{113}Y+\alpha \longrightarrow {}^{288}_{115}X$$

故答案为

$$^{48}_{20}Ca+{}^{243}_{95}Am \longrightarrow {}^{288}115+3{}^1_0n$$

$$\text{(X)}$$

$$^{288}115\text{-}\alpha \longrightarrow {}^{284}113$$

$$\text{(Y)}$$

例 1-16　[第 4 届全国高中学生化学竞赛（初赛）试题第 1 题]

单质和硝酸混合。

（1）反应生成最高价氧化物或含氧酸的单质是_____、_____；

（2）反应生成相应硝酸盐的单质是_____、_____、_____；

（3）呈钝态的单质是_____、_____；

（4）不发生反应的单质是_____、_____。

解析与答案：此题是典型的有关元素及其化合物知识的试题，且每小题都可能有多个答案。另外，已知条件并没有明确指出反应物是浓硝酸或稀硝酸，故这两种情况（浓、稀硝酸）都可考虑。

（1）C、P、S、I_2 等均可。

$$C+4HNO_3\text{（浓）}=\!=\!= CO_2\uparrow+4NO_2\uparrow+2H_2O$$

$$P+5HNO_3\text{（浓）}=\!=\!= H_3PO_4+5NO_2\uparrow+H_2O$$

$$S+6HNO_3\text{（浓）}=\!=\!= H_2SO_4+6NO_2\uparrow+2H_2O$$

$$3I_2 + 10HNO_3(稀) == 6HIO_3 + 10NO\uparrow + 2H_2O$$

（2）Cu、Ag、Hg、Zn 等均可。

$$Cu + 4HNO_3(浓) == Cu(NO_3)_2 + 2NO_2\uparrow + 2H_2O$$
$$3Cu + 8HNO_3(稀) == 3Cu(NO_3)_2 + 2NO\uparrow + 4H_2O$$
$$3Ag + 4HNO_3(稀) == 3AgNO_3 + NO\uparrow + 2H_2O$$
$$4Zn + 10HNO_3(极稀) == 4Zn(NO_3)_2 + NH_4NO_3 + 3H_2O$$

（3）Fe、Al、Cr 与冷的浓硝酸作用时会有钝化现象发生。

（4）不发生反应的单质有 Au、Pt、Ir、Rh 等。其中，Au、Pt 可与王水（浓 HNO_3+浓 HCl）反应：

$$Au + HNO_3 + 4HCl == HAuCl_4 + NO\uparrow + 2H_2O$$
$$3Pt + 4HNO_3 + 18HCl == 3H_2PtCl_6 + 4NO\uparrow + 8H_2O$$

例 1-17 **[第 13 届全国高中学生化学竞赛（初赛）试题]**

铬的化学性质丰富多彩，实验结果常出人意料。将过量30% H_2O_2 加入$(NH_4)_2CrO_4$ 的氨水溶液，热至50℃后冷至0℃，析出暗棕褐色晶体 **A**。元素分析报告：**A** 含 Cr 31.1%，N 25.1%，H 5.4%。在极性溶剂中 **A** 不导电。红外图谱证实，**A** 有 N—H 键，且与游离氨分子键能相差不太大，还证实 **A** 中的铬原子周围有 7 个配位原子提供孤对电子与铬原子形成配位键，呈五角双锥构型。

（1）以上信息表明 **A** 的化学式为 _____，**A** 的可能结构式为 _____；

（2）**A** 中铬的氧化数为 _____；

（3）预期 **A** 特征的化学性质为 _____；

（4）写出生成晶体 **A** 的化学反应方程式 _____。

解析与答案：

（1）**A** 中 Cr、N、H 的质量分数之和小于100%，故 **A** 中应还有氧元素，因已知条件是：

$$(NH_4)_2CrO_4 + H_2O_2 + NH_3\cdot H_2O \longrightarrow A + \cdots\cdots$$

且氧元素的质量分数为：O% = 1−31.1%−25.1%−5.4% = 38.4%。

A 中各原子个数比为：

$$Cr:N:H:O = \frac{0.311}{52}:\frac{0.251}{14}:\frac{0.054}{1}:\frac{0.384}{16} = 1:3:9:4$$

故化学式为 $CrN_3H_9O_4$。

A 中有 7 个配位原子，说明 3 个 N 原子，4 个 O 原子都与 Cr 形成配位键。但孤立的 O^{2-} 与 Cr 形成配位键极少见，且 Cr 不可能有+8 价，故推测为过氧离子 O_2^{2-} 作为双齿配体与 Cr 形成配位键生成螯合物。另外，N 和 H 的比例及 N—H 键的键长、键能信息说明还有一类配体是 NH_3 分子。而且，**A** 在极性溶剂中不导电，说明 **A** 是不电离的配合物——无内外界之分的特殊螯合物（内配盐），所以 **A** 的可能结构式为[Cr(NH₃)₃(O₂)₂]。

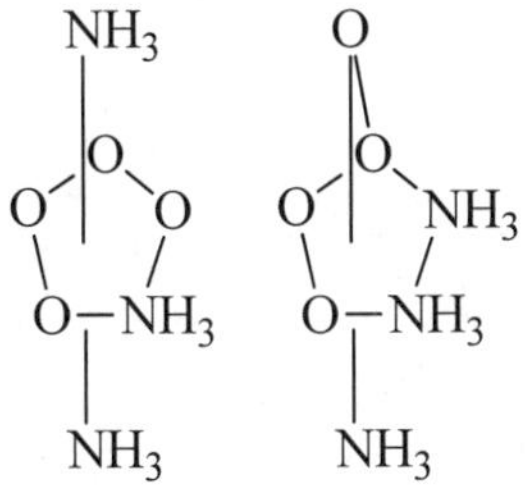

（这是中国化学会给出的两个几何异构体）

a　　　　b

（2）Cr 的氧化数为+4。

（3）由于过氧键（过氧离子 O_2^{2-}）具有氧化还原性，推测 **A** 应表现出氧化还原性。又因在 **A** 中存在两个三元螯环，三元螯环稳定性很差，故推测 **A** 不太稳定，或易分解。

（4）$(NH_4)_2CrO_4 + 3H_2O_2 + NH_3 \Longrightarrow [Cr(NH_3)_3(O_2)_2] + O_2 + 4H_2O$

▲编者按：本题第 1 小题，中国化学会给出的答案有两点值得商榷。

第一点：**A** 的可能结构式为[Cr(NH₃)₃(O₂)₂]。这个答案当然没有问题，但是若不考虑 **A** 的颜色（因绝大多数考生都不熟悉该化合物），考生给出以下可能的结构式：

（1）[Cr(OH)₂(NH₃)(H₂O)₂(N₂)]　　　(Cr，+2)

（2）[Cr(N₂H₄)(NH₃)(OH)₂(O₂)]　　　(Cr，+4)

（3）[Cr(NH₃)₂(OH)₃(NO)]　　　(Cr，+3)

这三种结构式均满足已知条件：有 7 个配位原子（3 个 N 原子，4 个 O 原子），配体中有 NH₃ 分子，都是无内外界之分的特殊配合物，都有三元螯环，所以从纯理论的角度来讨论，这三种结构式也是合理的，可适当给分。当然，如果结合生成 **A** 的化学方程式来看，其中有的结构式就不一定合理了。但第（3）个结构式[Cr(NH₃)₂(OH)₃(NO)]仍有对应的合理的生成 **A** 的方程式。

第二点：即使只考虑中国化学会给出的可能结构式：[Cr(NH₃)₃(O₂)₂]，它的几何异构体也应该有 5 种，而不仅是答案给出的 2 种（见下图）：（注：还不要求考虑对映异构体的情况）

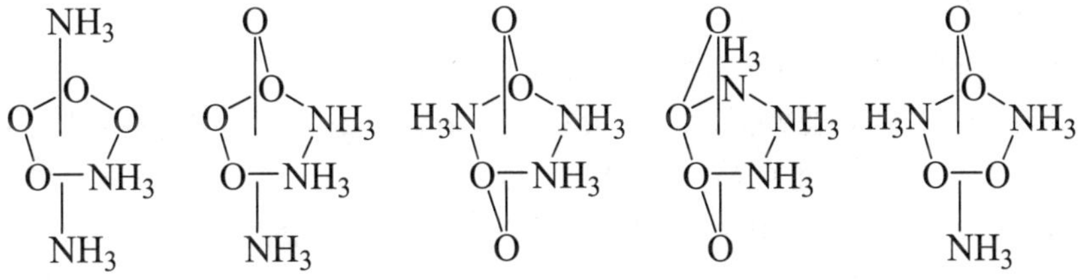

a　　　　b　　　　c　　　　d　　　　e

参 考 文 献

北京师范大学，华中师范大学，南京师范大学，等.2020.无机化学[M].5 版.北京：高等教育出版社.

裴坚，卞江，柳晗宇.2020.中国化学奥林匹克竞赛试题解析[M].5 版.北京：北京大学出版社.

宋天佑，徐家宁.2019.无机化学[M].4 版.北京：高等教育出版社.

习　题

1. 根据元素硼在周期表中的位置，填写以下空白：

（1）BF_3 分子的偶极矩为零，这是由于＿＿＿＿＿＿＿＿＿＿＿＿＿＿＿＿＿＿；

（2）根据路易斯酸碱理论，氟化硼是＿＿＿＿＿＿＿＿＿，这是因为＿＿＿＿＿＿＿＿；

（3）正硼酸在水中有如下反应：＿＿＿＿＿＿＿，所以正硼酸为＿＿＿＿＿元酸。

2. H_2O_2 是一种绿色氧化剂，应用十分广泛。1979 年化学家将 H_2O_2 滴入 SbF_5 的 HF 溶液中，获得了一种白色固体 A。经分析，A 的阴离子呈八面体结构，阳离子与羟胺（NH_2OH）是等电子体。

（1）确定 A 的结构简式。写出生成 A 的化学反应方程式。

（2）在室温或高于室温的条件下，A 能定量地分解，产生 B 和 C。已知 B 的阳离子的价电子总数比 C 的价电子总数少 4。试确定 B 的结构简式，写出 B 中阴、阳离子各中心原子的杂化形态。

（3）若将 H_2O_2 投入液氨中，可得到白色固体 D。红外光谱显示，固态 D 存在阴、阳两种离子，其中一种离子呈现正四面体。试确定 D 的结构简式。

（4）上述实验事实说明 H_2O_2 的什么性质。

3. 某元素 A 能直接与ⅦA 族某一元素 B 反应生成 A 的最高价化合物 C，C 为一无色而有刺鼻臭味的气体，对空气相对密度约为 3.61 倍，在 C 中 B 的含量占 73.00%，在 A 的最高价氧化物 D 中，氧的质量占 53.24%。

（1）列出算式，写出 A、B、C、D 所代表的元素符号或分子式。

（2）C 为某工厂排放的废气，污染环境，提出一种最有效的清除 C 的化学方法，写出其化学方程式。

（3）A 的最简单氢化物可与 $AgNO_3$ 反应，写出化学方程式。

4. 现有无色透明的晶体 A（金属 Sn 的化合物），某学生做了以下一组实验：

（1）将晶体溶于水，立即生成白色沉淀，若先用盐酸酸化后再稀释，得 A 的澄清透明溶液。

（2）将 A 溶液滴入氯化汞溶液，析出白色沉淀 B，令 A 过量时，沉淀由灰色转化为黑色的 C。

（3）将氢硫酸滴入 A 溶液，产生棕黑色沉淀 D，D 能溶于过硫化铵溶液得到 E。

（4）取少量晶体 A，用硝酸酸化后再稀释，所得的澄清液与硝酸银反应产生白色沉淀 F。

（5）F 溶于硫代硫酸钠溶液，得无色透明溶液 G，稀释 G 产生白色沉淀 H，放置后，沉淀颜色由白色变棕色，最后变为黑色的 I。

请指出 A 为何物？并写出以上实验各步反应的方程式。

5. 氮有多种氧化物，其中亚硝酐（N_2O_3）很不稳定，在液体或蒸气中大部分解离成 NO 和 NO_2，因而在 NO 转化成 NO_2 的过程中几乎没有 N_2O_3 生成。亚硝酸也不稳定，在微热甚至常温下也会分解。亚硝酸钠是一种致癌物质，它在中性或碱性条件下是稳定的，酸化后能氧化碘化钾生成碘和 NO 气体。

（1）写出亚硝酸分解的化学方程式＿＿＿＿＿＿＿＿＿。

（2）写出酸性溶液中亚硝酸钠和碘化钾反应制取一氧化氮的离子方程式＿＿＿＿＿＿＿＿＿＿＿＿。

（3）在隔绝空气的条件下按以下操作：先向亚硝酸钠中加入稀盐酸，片刻后再加入碘化钾溶液，这样制得的气体的平均分子量＿＿＿＿＿30（填"大于、小于或等于"）。

6. 磷的氯化物有 PCl_3 和 PCl_5，氮的氯化物只有 NCl_3，为什么没有 NCl_5？

7. 有一种稀有气体化合物六铂氟酸氙（$XePtF_6$），研究报告指出："关于 $XePtF_6$ 的电价有 $Xe^{2+}[PtF_6]^{2-}$、$Xe^+[PtF_6]^-$ 两种可能，巴特列用不可能参加氧化还原反应的五氟化碘作溶剂，将 $XePtF_6$ 溶解，然后在此溶液中加入 RbF 可得到 $RbPtF_6$；加入 CsF 可得到 $CsPtF_6$，这些化合物都不溶于 CCl_4 等非极性溶剂。"
试回答：

（1）$XePtF_6$ 中各元素的化合价分别是_____、_____、_____。

（2）$XePtF_6$ 是_____（离子、共价）化合物。

（3）写出 Xe 与 PtF_6 反应生成 $XePtF_6$ 的反应式_____。而且 O_2 与 PtF_6 可发生类似反应，其反应式是_____，上述两反应属（　）。

A. 均为氧化还原反应

B. 均为非氧化还原反应

C. 前者是氧化还原反应，后者是非氧化还原反应

8. 1.0L H_2S 气体和 a L 空气混合后点燃，若反应前后气体的温度和压强都相同（$20℃$，$1.013×10^5 Pa$），试讨论当 a 的取值范围不同时，燃烧后气体的总体积 V（用含 a 的表达式表示。假定空气中氮气和氧气的体积比为 $4:1$，其他成分可以忽略不计）。

9. 有一白色固体，可能是 KI、CaI_2、KIO_3、$BaCl_2$ 中的一种或两种物质的混合物，试根据下述实验判断此白色固体是什么物质并写出化学方程式。实验现象：

（1）将白色固体溶于水得无色溶液。

（2）向此溶液中加入少量稀 H_2SO_4 后，溶液变黄并有白色沉淀，遇淀粉立即变蓝。

（3）向蓝色溶液中加入少量的 NaOH 溶液至碱性后蓝色消失，而白色沉淀并未消失。

10. 6.5g 某金属与过量稀硝酸反应（无气体放出），反应后所得溶液加入过量热碱溶液可放出一种气体，其体积为 560mL（标准状况）。溶于稀硝酸的是什么金属？

11. 有白色固体 **A** 与水作用生成沉淀 **B**，**B** 溶于浓盐酸，可得无色溶液 **C**，若将固体 **A** 溶于稀硝酸后，加入 $AgNO_3$ 溶液，有白色沉淀 **D** 析出，**D** 溶于氨水得溶液 **E**，酸化溶液 **E**，又析出白色沉淀 **D**。将 H_2S 通入溶液 **C**，有棕色沉淀 **F** 析出，**F** 溶于 $(NH_4)_2S$ 得溶液 **G**，酸化溶液 **G**，有气体产生和黄色沉淀 **H**，若取少量溶液 **C** 加入 $HgCl_2$ 的溶液中有白色 **I** 析出。**A**、**B**、**C**、**D**、**E**、**F**、**G**、**H**、**I** 是什么物质？写出有关推理的反应过程（不必配平，只要写出反应物及重要产物）。

12. 市场上出现过一种一氧化碳检测器，其外观像一张塑料信用卡，正中由一个直径不到 2cm 的小窗口，露出橙红色固态物质。若发现橙红色转为黑色而在短时间内不复原，表明室内一氧化碳浓度超标，有中毒危险。一氧化碳不超标时，橙红色虽也会变黑却能很快复原。已知检测器的化学成分：亲水性硅胶、氯化钙、固体酸 $H_8[Si(Mo_2O_7)_6]·28H_2O$、$CuCl_2·2H_2O$ 和 $PdCl_2·2H_2O$（注：橙红色为复合色，不必细究）。

（1）CO 与 $PdCl_2·2H_2O$ 的反应方程式为_____。

（2）（1）的产物之一与 $CuCl_2·2H_2O$ 反应而复原，化学方程式为_____。

（3）（2）的产物之一复原的反应方程式为_____。

13. 铬的化学性质丰富多彩实验结果常出人意料。将过量 30% 的 H_2O_2 加入 $(NH_4)_2CrO_4$ 的氨水溶液，加热至 50℃ 后冷却至 0℃，析出暗棕红色晶体 **A**。元素分析报告：**A** 含 Cr 31.1%，N 25.1%，H 5.4%。在极性溶剂中 **A** 不导电。红外谱图证实 **A** 有 N—H 键，且与游离氨分子键能相差不太大，还证实 **A** 中的铬原子周围有 7 个配位原子提供孤对电子与铬原子形成配位键，呈五角双锥构型。

（1）以上信息表明 **A** 的化学式为_____，请画出 **A** 的可能结构式。

（2）**A** 中铬的氧化数是多少？

（3）预期 **A** 最特征的化学性质是什么？

（4）写出生成晶体 **A** 的化学方程式_____。

14. 次磷酸（H_3PO_2）是一种强还原剂，将它加入 $CuSO_4$ 水溶液，加热到 $40 \sim 50℃$，析出一种红棕色难溶物 **A**。经鉴定：反应后的溶液是磷酸和硫酸的混合物；X 射线衍射证实 **A** 是一种六方晶体，结构类同于纤维锌矿（ZnS），组成稳定；**A** 的主要化学性质如下：①温度超过 $60℃$，分解成金属铜和一种气体；②在氯气中着火；③遇盐酸放出气体。

（1）写出 **A** 的化学式。

（2）写出 **A** 的生成反应方程式。

（3）写出 **A** 与氯气反应的化学方程式。

（4）写出 **A** 与盐酸反应的化学方程式。

15. 在 $MnCl_2$ 溶液中加入适量的 HNO_3，再加入 $NaBiO_3$，溶液中出现紫色后又消失。试说明其原因，并写出有关反应的化学方程式。

16. 金属 M 溶于稀盐酸时生成 MCl_2，其磁极化强度为 $5.0 Wb·m$。在无氧操作条件下，MCl_2 溶液遇 NaOH 溶液，生成一白色沉淀 **A**。**A** 接触空气就逐渐变成绿色，最后变成棕色沉淀 **B**。灼烧时，**B** 生成了红棕色粉末 **C**，**C** 经不彻底还原而生成了铁磁性的黑色物质 **D**。

B 溶于稀盐酸生成溶液 **E**，它使 KI 溶液氧化成 I_2，但在加入 KI 前先加入 NaF，则 KI 将不被 **E** 所氧化。

若向 **B** 的浓 NaOH 悬浮液中通入 Cl_2 可得紫红色溶液 **F**，加入 $BaCl_2$ 时就会沉淀出红棕色固体 **G**，**G** 是一种强氧化剂。

试确认各字母所代表的化合物。

17. 写出下列实验的现象和反应的化学方程式。

（1）向黄血盐溶液中滴加碘水。

（2）将 $3 mol·L^{-1}$ $CoCl_2$ 溶液加热，再滴入 $AgNO_3$ 溶液。

（3）将 $[Ni(NH_3)_6]SO_4$ 溶液水浴加热一段时间后再加入氨水。

18. 铂的配合物是一类新抗癌药，如顺式-二氯二氨合铂对一些癌症有较高治愈率。铂元素化学性质不活泼，几乎完全以单质形式分散于各种矿石中，铂的制备一般是先用王水溶解经处理后的铂精矿，滤去不溶渣，在滤液中加入氯化铵，使铂沉淀出来，该沉淀经 $1000℃$ 缓慢灼烧分解，即得海绵铂。回答下列问题：

（1）写出上述制备过程有关的化学方程式。

（2）氯铂酸与硝酸钠在 $500℃$ 熔融可制得二氧化铂，写出化学方程式。PtO_2 在有机合成中广泛用作氢化反应的催化剂，试问此反应中实际起催化作用的物种是什么。

（3）X 射线分析测得 $K_2[PtCl_6]$ 晶胞为面心立方，$[PtCl_6]^{2-}$ 中 Pt^{4+} 位于立方体的八个顶角和六个面心。Pt^{4+} 采用何种类型杂化？$[PtCl_6]^{2-}$ 空间构型是什么？K^+ 占据何种类型空隙？该类型空隙被占百分率是多少？标出 K^+ 在晶胞中的位置。

19. 根据《本草纲目》有关记载："水银乃至阴之毒物，因火煅丹砂而出，加以盐、（明）矾而为轻粉（Hg_2Cl_2），加以硫磺升而为银朱。"写出主要化学反应方程式。

20. 地球化学家用实验证实，金矿常与磁铁矿共生的原因是：在高温高压的水溶液（即所谓"热液"）中，金的存在形式是 AuS^- 络离子，在溶液接近中性时，它遇到 Fe^{2+} 离子会发生反应，同时沉积出磁铁矿和金矿，试写出配平的化学方程式。

21. 化合物 **A** 为无色液体，**A** 在潮湿的空气中冒白烟。取 **A** 的水溶液加入 $AgNO_3$ 溶液则有不溶于硝酸的白色沉淀 **B** 生成，**B** 易溶于氨水。取锌粒投入 **A** 的盐酸溶液中，最终得到紫色溶液 **C**。向 **C** 中加入 NaOH 溶液至碱性则有紫色沉淀 **D** 生成。将 **D** 洗净后置于稀硝酸中得到无色溶液 **E**。将溶液 **E** 加热得到白色沉淀 **F**。请确定各字母所代表的物质。

22. 白钨矿 $CaWO_4$ 是一种重要的含钨矿物。在 80～90℃时，浓盐酸和白钨矿作用生成黄钨酸。黄钨酸在盐酸中溶解度很小，过滤可除去可溶性杂质。黄钨酸易溶于氨水，生成钨酸铵溶液，而与不溶性杂质分开。浓缩钨酸铵溶液，溶解度较小的五水仲钨酸铵从溶液中结晶出来。仲钨酸铵是一种同多酸盐，仲钨酸根含 12 个 W 原子，带 10 个负电荷。仲钨酸铵晶体灼烧分解可得 WO_3。

（1）写出上述化学反应方程式：

A: _____ ;

B: _____ ;

C: _____ ;

D: _____ 。

（2）已知（298K 下）：

$WO_3(s)$	$\Delta_f H^{\ominus} = -842.9 \text{kJ} \cdot \text{mol}^{-1}$	$\Delta_f G^{\ominus} = -764.1 \text{kJ} \cdot \text{mol}^{-1}$
$H_2O(g)$	$\Delta_f H^{\ominus} = -242 \text{kJ} \cdot \text{mol}^{-1}$	$\Delta_f G^{\ominus} = -228 \text{kJ} \cdot \text{mol}^{-1}$

在什么温度条件下，可用 H_2 还原 WO_3 制备 W？

（3）钨丝常用作灯丝，在灯泡中加入少量碘，可延长灯泡使用寿命，为什么？

（4）三氯化钨实际上是一种原子簇化合物 W_6Cl_{18}，其中存在 $[W_6Cl_{18-n}]^{n+}$ 离子结构单元，该离子中含有 W 原子组成的八面体，且知每个 Cl 原子与两个 W 原子形成桥键，而每个 W 原子与四个 Cl 原子相连。试推断 $[W_6Cl_{18-n}]^{n+}$ 的 n 值。

第2章 分析化学基础知识

分析化学是研究获取物质化学组成与结构信息的分析方法及相关理论的一门科学，是化学学科的一个重要分支。分析化学的主要任务：鉴定物质的化学组成（元素、离子、官能团或化合物）、确定物质的结构（化学结构、晶体结构、空间分布）、测定物质的有关组分的含量和存在形态（价态、配位态、结晶态）及其与物质性质之间的关系等，简要地称为定性分析、定量分析和结构分析。分析化学包括化学分析和仪器分析两部分，前者是基于化学反应和它的计量关系来确定被测物质的组成和含量，后者是基于物质的物理或物理化学性质而建立起来的分析方法。这类方法通常是测量光、电、声、磁、热等物理量而得到分析结果，一般要使用比较复杂或特殊的仪器设备，所以称为"仪器分析"。仪器分析方法所包括的分析方法很多，每一种分析方法所依据的原理不同，所测量的物理量不同，操作过程及应用情况也不同。其典型特点就是快速、灵敏度高，特别适用于微量、痕量分析，是分析化学的发展方向。

分析化学是一门实践性很强的学科。实验是化学的灵魂，是化学的魅力和激发学生学习兴趣的主要源泉，更是培养和发展学生思维能力和创新能力的方法和手段。因此，在学习各种分析化学方法时一定要注重理论联系实际，注重动手操作能力的锻炼，培养学生观察问题、提出问题和解决问题的能力。

2.1 有效数字及其运算规则

2.1.1 有效数字概述

在科学实验和日常分析工作中，对于任一量值的测定，其准确程度都是有一定限度的。为了得到准确的测量结果，不仅要准确地测定各种数据，还要正确地记录和计算，因为分析结果的数值不仅表示试样中被测成分含量的多少，还反映了测定的精密度，所以记录实验数据和计算结果数字的保留位数是十分重要的，不能随便增加和减少位数。

（1）有效数字是指实际中能测量到的有实际意义的数字。一个数据中的有效数字包括所有确定的数字和最后一位估计的、不确定的数字。也就是说，在一个数据中，除最后一位是不确定的或可疑的外，其他各位都是确定的可靠数字，我们把测量结果中能够反映被测量大小的带有一位可疑数字的全部数字称为有效数字。例如，记录滴定管所得体积读数 25.85mL，那么这四位数字都是有效数字，又如用台秤称得质量为 30.5g，仅有三位有效数字。因此，有效数字是随实际情况而定的，不是由计算结果决定的。

（2）从一个数的左边第一个非 0 数字起，到末位数字止，所有的数字都是这个数的有效数字。如果数字中有"0"时，则要具体分析。例如，0.0036g 中的"0"位于左边第一个位置，只表示位数，不是有效数字，它的有效数字仅有两位，即"36"；在 0.00100 中，

"1"左边的 3 个"0"不是有效数字,仅表示位数,只起定位作用,"1"右边的 2 个"0"是有效数字,这个数的有效数字是三位。而在 30.5119g 及 5.3200g 中的"0"都是表示有效数字。例如,0.4300、25.25%、3.735×10^{21} 都是四位有效数字,而 0.0560、4.75×10^{-5}、2.57%都是三位有效数字。

（3）单位换算中不能改变有效数字的位数,如 22.41mL 改成以 L 为单位时表示成 0.02241L,有效数字均是四位。

（4）在化学计算中,有些数字如 3600、1000 以"0"结尾的正整数,它们的有效数字位数比较含糊,需按照实际测量的准确度确定,一般写成指数形式:如果是两位有效数字,则写成 3.6×10^3、1.0×10^3;如果是三位有效数字,则写成 3.60×10^3、1.00×10^3。

（5）对于倍数或分数的情况,如 2mol 铜的质量 $= 2 \times 63.54$g,式中的 2 是个自然数,不是测量所得,不应看作一位有效数字,而应认为是无限多位的有效数字。常数如 π、e 也如此处理。

（6）对数如 pH、pM、pK、lg$c$、lg$K$ 的有效数字的位数仅取决于小数部分（尾数）数字的位数,其整数部分（首数）只说明了该数据的方次,不是有效数字。例如 pH = 11.20,其有效数字为两位,所以 $c(H^+) = 6.3 \times 10^{-12} \text{mol} \cdot L^{-1}$。

（7）若有效数字的首位是 8 或 9,则该有效数字的位数可增加一位。

2.1.2　有效数字的修约规则

在处理数据过程中,可能涉及各测量值由于测量使用仪器或量器准确度不同而导致有效数字位数不同,因此需按照一定的规则确定各有效数字的位数,再将各后面的数字舍弃,这个过程称为"数字修约",修约的原则就是"四舍六入五成双",即规定:被修约数字等于或小于 4,就舍去;被修约数字等于或大于 6,就进位。当被修约数字等于"5"时,应看被修约数字"5"的前一位,若前一位数字为奇数,就进位;若前一位数字为偶数,则舍去。如果"5"后面还有不是"0"的任何数字,那么无论"5"前面的数字是奇数还是偶数,均应进位。

例如,将下列数字全部修约到两位小数,结果为:0.5367→0.54,21.0191→21.02,12.7350→12.74,18.27509→18.28,3.7650→3.76。

注意:数字修约时,只允许对测量值一次修约到所要求的位数,不能分几次修约。例如,13.4748 修约成两位有效数字,13.4748→13,而不能按照 13.4748→13.475→13.48→13.5→14 方式进行修约。

2.1.3　有效数字的运算规则

1. 加减法

几个数据相加减时,有效数字位数的保留,应以小数点后位数最少（即绝对误差最大）的数据为准,其他数据均修约到这一位后再进行加减计算。例如:

$$23.57 + 1.0342 - 0.1008 + 12.4 = 23.6 + 1.0 - 0.1 + 12.4 = 36.9$$

2. 乘除法

几个数据相乘除时，有效数字位数的保留，应以几个数中有效数字位数最少（即相对误差最大）的数进行修约，其他数据均修约到这一位后再进行乘除计算，其结果所保留位数与该有效数字的位数相同。例如：

$$0.118 \times 23.27 \times 1.05472 = 0.118 \times 23.3 \times 1.05 = 2.89$$

使用计算器进行连续运算时，运算过程中不必对每一步的运算结果进行修约，但最后结果的有效数字位数必须与修约规则结果保持一致。

2.2 滴定分析法概述

将一种已知准确浓度的试剂溶液（标准溶液），滴加到一定量的待测物质溶液中，直到所加标准溶液与待测物质按化学计量关系恰好完全定量反应为止，然后根据所加标准溶液的浓度和消耗的体积，通过定量关系计算出待测物质在溶液中的含量，这一类分析方法称为滴定分析法（容量分析法）。

2.2.1 滴定方式

滴定分析是以化学反应为基础的分析方法，根据化学反应类别的不同，又分为酸碱滴定法、络合滴定法、氧化还原滴定法和沉淀滴定法四类。络合滴定法一般是以 EDTA 为滴定剂，氧化还原滴定法根据滴定剂的不同又可分为多种滴定方法，如高锰酸钾滴定法、重铬酸钾滴定法、碘量法等，沉淀滴定法一般指银量法。

并不是所有的化学反应都可以用来进行滴定分析，用于滴定的化学反应必须满足一定的条件：①反应必须完全；②反应必须能定量完成；③反应速率要快；④要有合适的指示剂或方法来确定滴定终点。

1. 直接滴定法

凡能满足上述条件的反应，都可采用直接滴定法。直接滴定法是滴定分析中最常用和最基本的滴定方法。

但是，有一些反应不能完全符合上述要求，因而不能采用直接滴定法，可采用下述几种方法进行滴定。

2. 返滴定法

当试液中待测物质与滴定剂反应很慢（如 Al^{3+} 与 EDTA 的反应）或者用滴定剂直接滴定固体试样（如用 HCl 溶液滴定固体 $CaCO_3$）时，反应不能立即完成，所以不能用直接滴定法进行反应。此时可先准确地加入过量标准溶液，使其与试液中的待测物质或固体试样进行反应，待反应完成后，再用另一种标准溶液滴定剩余的标准溶液，这种滴定方法称为返滴定法。例如，用上述 EDTA 标准溶液滴定 Al^{3+} 时，可于 Al^{3+} 的溶液中先加入一定量过量的 EDTA 标准溶液，将溶液加热煮沸待 Al^{3+} 与 EDTA 完全反应后，再用 Zn^{2+} 或 Cu^{2+} 的标准溶液返滴定过量的 EDTA。对于固体 $CaCO_3$ 的滴定，可先加入一定量过量的 HCl 标准溶液后，剩余的 HCl 再用 NaOH 标准溶液返滴定。

3. 置换滴定法

当待测组分所参与的反应不按照一定反应式进行或伴有副反应时，不能采用直接滴定法。可以先用适当试剂与待测组分反应，使其定量地置换为另一种物质，再用来直接滴定这种物质，这种滴定方法称为置换滴定法。例如，用 $K_2Cr_2O_7$ 标定 $Na_2S_2O_3$ 溶液的浓度时，就是以一定量的 $K_2Cr_2O_7$ 在酸性溶液中与过量的 KI 作用，析出相当量的 I_2，以淀粉为指示剂，用 $Na_2S_2O_3$ 溶液滴定析出的 I_2，进而求得 $Na_2S_2O_3$ 溶液的浓度。

4. 间接滴定法

不能与滴定剂直接发生反应的物质，有时可以通过另外的化学反应，以间接滴定法进行测定。例如，有些金属离子（如碱金属等）与 EDTA 形成的络合物不稳定，而非金属离子则不与 EDTA 络合，这些情况有时可以采用间接滴定法测定。例如，$KMnO_4$ 标准溶液不能直接滴定 Ca^{2+}，但若将 Ca^{2+} 与 $C_2O_4^{2-}$ 作用形成 CaC_2O_4 沉淀，过滤洗净后，加入 H_2SO_4 使其溶解，用 $KMnO_4$ 标准溶液滴定 $C_2O_4^{2-}$，就可间接测定 Ca^{2+} 含量。

2.2.2　基准物质和标准溶液

1. 基准物质

用于直接配制标准溶液或标定溶液浓度的物质称为基准物质。作为基准物质，必须满足下列条件。

（1）组成恒定：组成与它的化学式完全相符，如含有结晶水，其结晶水的含量均应符合化学式。

（2）纯度高：质量分数应≥99.9%。

（3）稳定性高：一般情况下不易失水、吸水或变质，不与空气中的 O_2 及 CO_2 反应。

（4）定量反应：参与反应时，应按反应式定量地进行，没有副反应。

（5）摩尔质量较大：以减小称量时的相对误差。

2. 标准溶液

标准溶液是指已知准确浓度的溶液。标准溶液的配制方法有两种，一种是直接法，另一种是标定法。

（1）直接法：准确地称取一定量的试剂（符合基准物质的条件）或量取一定体积的液体，溶解或稀释后转入一定体积的容量瓶中进行定容，可根据物质的量或量取的体积直接计算出溶液的浓度。例如，称取 1.4801g 基准物质 $K_2Cr_2O_7$，在 250mL 容量瓶内配成溶液，

$K_2Cr_2O_7$ 溶液的物质的量浓度为 $0.02013mol\cdot L^{-1}$。

（2）间接法（标定法）：许多试剂由于不易提纯和保存，或其组成不恒定，不能用直接法进行配制，可先将试剂配制成与要求浓度近似的溶液，再用基准物质或已知浓度的标准溶液进行标定，通过计算确定其准确浓度。例如，NaOH 容易吸收二氧化碳和水，难以提纯，为了配制 NaOH 标准溶液，只需粗略称出 NaOH 的质量，把它溶解在蒸馏水中，稀释至所需体积，然后以邻苯二甲酸氢钾为基准物质标定 NaOH 溶液。例如称出 0.4985g 邻苯二甲酸氢钾，标定时消耗 24.02mL NaOH 溶液。已知邻苯二甲酸氢钾的摩尔质量为 204.2，则 NaOH 溶液的物质的量浓度为 $0.1016mol\cdot L^{-1}$。

2.2.3　提高分析结果准确度的方法

准确度是指分析和测量结果与"真值"之间的接近程度。准确度是以误差大小表示的。精密度是指多次测定结果互相接近的程度，通常用偏差（算术平均偏差或标准偏差）表示。准确度是由系统误差与偶然误差决定的，而精密度是由偶然误差决定的。在分析过程中，准确度高，一定需要精密度高，但精密度高，却不一定准确度高，因此精密度是保证准确度的先决条件。

定量分析的目的是通过一系列的分析步骤，获得被测组分的准确含量。但是，在实际测量过程中，即使采用最可靠的分析方法，使用最精密的仪器，由技术最熟练的分析人员测定也不可能得到绝对准确的结果。由同一个人，在同样条件下，对同一个试样进行多次测定，所得结果也不尽相同。这说明，在分析测定中误差是客观存在的。在实验过程中，我们如何提高分析测定结果的准确度呢？

1. 选择合适的分析方法

（1）根据试样的中待测组分的含量选择分析方法。高含量组分用滴定分析或重量分析法；低含量用仪器分析法。

（2）充分考虑试样共存组分对测定的干扰，采用适当的掩蔽或分离方法。

（3）对于痕量组分，分析方法的灵敏度不能满足分析的要求，可先定量富集后再进行测定。

2. 减小测量误差

测量时不可避免地有误差，为了提高分析结果的准确度，必须尽量减小各测量步骤的误差。例如，一般分析天平的称量误差一次为 $\pm0.0001g$，无论直接称量还是间接称量，每称量一个样品必须读取两次，那么可能造成最大的误差就是 $\pm0.0002g$，为了使称量时的相对误差在 0.1% 以下，称取试样的质量必须在 0.2g 以上。在滴定分析中，滴定管每次读数常有 $\pm0.01mL$ 的误差，在一次滴定中，要读数两次，所以可能造成的最大读数误差是 $\pm0.02mL$。为使滴定时的相对误差小于 0.1%，消耗滴定剂的体积必须在 20mL 以上，最好使体积在 25mL 左右，一般在 20～30mL。

3. 消除系统误差

系统误差是由某种固定的原因造成的，因而找出这一原因，就可以消除系统误差的来源。消除系统误差有下列几种方法。

（1）对照实验。对照实验的目的主要是检查所采用的分析方法是否存在系统误差。

标准样对照：用含量已知的标准试样或纯物质，以同一方法按完全相同的条件平行测定，其分析结果与标准试样的已知含量相比较。用所得误差对结果进行校正，可减免系统误差。

标准方法对照：对于新建立的分析方法，也可以与经典方法同时对同一样品进行平行测定，比较测量结果的精密度与准确度，以判断所建方法的可行性。

（2）空白实验。空白实验是指除了不加试样外，其他实验步骤与试样实验步骤完全一样的实验，所得结果为空白值。

4. 减小随机误差

在消除系统误差的前提下，平行测定次数越多，平均值越接近真实值。因此，增加测定次数，可以提高平均值的精密度。在化学分析中，对于同一试样，通常要求平行测定 2～4 次。

2.2.4　滴定分析中的计算

滴定分析中涉及一系列计算问题，如标准溶液的配制和标定，滴定剂和待测物质之间的计量关系，以及分析结果的计算等，计算依据是滴定剂与被滴物质之间的计量关系。对于滴定分析，一般解题思路是：先认真阅读题目，弄懂其分析过程；然后写出从第一步到最后一步的所有反应方程式（注意配平）；再由方程式的关系找到待测物质与已知量物质（一般为滴定剂）之间的关系；最后列出计算式，计算出待测物质的量。

2.3　酸碱平衡与酸碱滴定

2.3.1　酸碱平衡

1. 酸碱质子理论

酸碱质子理论认为：凡是能给出质子（H^+）的物质是酸，如 HCl、HAc、NH_4^+、HPO_4^{2-} 等；凡是能接受质子的物质是碱，如 Cl^-、Ac^-、NH_3、PO_4^{3-} 等。既能给出质子又能接受质子的物质称为两性物质，如 HCO_3^-、$H_2PO_4^-$、HS^- 等。质子理论中不存在盐的概念。

酸失去质子后变成相应的共轭碱；而碱接受质子后变成相应的共轭酸。这种互相依存又互相转化的性质称为共轭性，两者之间相差一个质子，它们共同构成了一个共轭酸碱对。

$$HA \rightleftharpoons A^- + H^+$$

　　　　　共轭酸　　　共轭碱　　　质子

一个共轭酸碱对组成一个酸碱半反应,酸给出质子必须有另一种能接受质子的碱存在才能实现,酸碱半反应是不能单独发生的。酸碱反应实际上是两个共轭酸碱对共同作用的结果,其实质是质子的转移,所以酸碱反应又称质子传递反应。

例如,HAc 在水中的解离反应:

半反应1　　HAc(酸1)══ Ac⁻(碱1)+ H⁺

半反应2　　H₂O(碱2)+ H⁺ ══ H₃O⁺(酸2)

总的反应　　HAc + H₂O ══ H₃O⁺ + Ac⁻

其结果是质子从 HAc 转移到 H₂O,此处溶剂 H₂O 起着碱的作用,这样 HAc 解离才得以实现。为书写方便,通常 H₃O⁺ 写作 H⁺,以上这一完整的酸碱反应简化成 HAc ══ Ac⁻ + H⁺。平时要注意它与酸碱半反应的区别,即不可忘记 H₂O 起到的作用。

对于 HAc 和 NaOH 发生的中和反应:

电离理论:　酸　　碱　　盐　　水

　　　　　　HAc + OH⁻ ══ Ac⁻ + H₂O

质子理论:　酸1　碱2　碱1　酸2

对于 NaAc 的水解反应:

电离理论:　盐　　水　　酸　　碱

　　　　　　Ac⁻ + H₂O ══ HAc + OH⁻

质子理论:　碱1　酸2　酸1　碱2

可见,中和反应、水解反应和酸的解离反应一样,都是由两个共轭酸碱对共同作用形成的质子传递反应。酸碱质子理论对酸碱作了严格定义,扩大了原电离理论的酸碱范围,使酸碱概念扩展到了非水溶液领域,是对酸碱理论的一个重大发展。

2. 酸碱反应的平衡常数

酸碱反应进行的程度可以用反应的平衡常数来衡量。例如,弱酸在水溶液中的解离反应及平衡常数是(以 HA 为例)

$$HA + H_2O \Longrightarrow H_3O^+ + A^-$$

$$K_a = \frac{[H_3O^+][A^-]}{[HA]}$$

简化为
$$K_a = \frac{[H^+][A^-]}{[HA]}$$

K_a 称为酸的解离常数,此值越大,表示该酸在水中的解离程度越大。

对弱碱 A⁻ 来讲

$$A^- + H_2O \Longrightarrow HA + OH^-$$

$$K_b = \frac{[HA][OH^-]}{[A^-]}$$

K_b 称为碱的解离常数,此值越大,表示该碱在水中的解离程度越大。

同样的化学物质，当溶剂改变之后其酸碱性会发生很大的变化，在不同的溶剂中，K_a、K_b 有不同的数值，比较酸碱的强弱只能在同一溶剂中才能进行。

在纯溶剂中，溶剂分子之间往往会发生质子传递反应，称为质子自递反应。例如：

$$H_2O + H_2O \Longrightarrow H_3O^+ + OH^-$$
$$C_2H_5OH + C_2H_5OH \Longrightarrow C_2H_5OH_2^+ + C_2H_5O^-$$

其平衡常数称为溶剂的质子自递常数。上面两种溶剂：

$$K_w = [H_3O^+][OH^-] = 1.0 \times 10^{-14} \qquad (25℃)$$
$$K_s = [C_2H_5OH_2^+][C_2H_5O^-] = 7.9 \times 10^{-20} \qquad (25℃)$$

对共轭酸碱对 HA-A$^-$ 来说，若酸 HA 的酸性很强，其共轭碱 A 的碱性必弱。在水溶液中，共轭酸碱对的 K_a 和 K_b 之间的关系可由下式给出：

$$K_a K_b = \frac{[H^+][A^-]}{[HA]} \times \frac{[HA][OH^-]}{[A^-]} = [H^+][OH^-] = K_w$$

或写成

$$pK_a + pK_b = pK_w$$

其他溶剂中情况类似，共轭酸碱对的解离常数与溶剂的质子自递常数有着必然的联系，即

$$K_a K_b = K_w$$

多元酸存在着逐级解离，溶液中存在多个共轭酸碱对，每对的 $K_a K_b = K_w$ 在实际应用时一定要注意其对应关系。例如：

$$H_3PO_4 \underset{K_{b_3}}{\overset{K_{a_1}}{\rightleftharpoons}} H_2PO_4^- \underset{K_{b_2}}{\overset{K_{a_2}}{\rightleftharpoons}} HPO_4^{2-} \underset{K_{b_3}}{\overset{K_{a_3}}{\rightleftharpoons}} PO_4^{3-}$$

一共有三个共轭酸碱对，则 $K_{a_1} K_{b_3} = K_w$，$K_{a_2} K_{b_2} = K_w$，$K_{a_3} K_{b_1} = K_w$。

以上主要研究水溶液中酸碱平衡的定量处理，必须十分注意的是，在其他溶剂中，只要具有相应的平衡常数（K_a、K_b、K_s），处理方法是完全相同的。

3. 物料平衡与质子平衡

1）物料平衡

物料平衡简称 MBE，根据物质守恒原理，溶液中某一给定组分的总浓度等于各有关组分（称为型体）平衡浓度之和，根据这一原则列出有关组分浓度之间的数学方程式称为物料等衡式。

例如，$c \ \text{mol·L}^{-1}$ H_3PO_4 水溶液的 MBE：

$$[H_3PO_4] + [H_2PO_4^-] + [HPO_4^{2-}] + [PO_4^{3-}] = c$$

又如，$c \ \text{mol·L}^{-1}$ Na_2SO_3 水溶液的 MBE。针对 Na^+ 和 SO_3^{2-} 可分别建立两个 MBE

$$[Na^+] = 2c$$
$$[SO_3^{2-}] + [HSO_3^-] + [H_2SO_3] = c$$

有些时候，MBE 涉及的物种较多，找出这种数学关系是比较困难的。

2）质子平衡

质子平衡简称 PBE，在质子转移反应中，得质子的各组分所得质子总数应等于失质

子的各组分失去质子的总数. 根据这一原则得到的参与质子转移有关组分平衡浓度间数量关系的数学方程式称为质子等衡式, 或称质子条件.

质子等衡式可由简便的方式直接列出, 首先选取原始酸碱组分作为质子参考水准 (或称零水准), 根据其在质子转移反应中得失质子组分的得失质子数, 即可列出相应的数学方程式. 以 Na_2S 为例, 选取 S^{2-}、H_2O 作为质子参考水准, 则

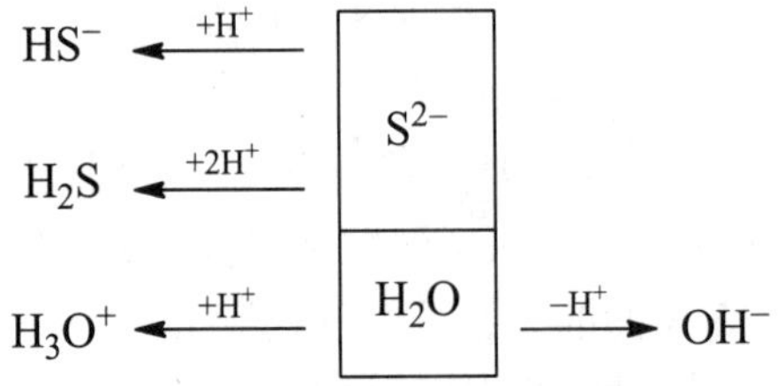

$$
\begin{array}{l}
HS^- \xleftarrow{+H^+} \\
H_2S \xleftarrow{+2H^+} \quad \boxed{\begin{array}{c} S^{2-} \\ \hline H_2O \end{array}} \\
H_3O^+ \xleftarrow{+H^+} \qquad \xrightarrow{-H^+} OH^-
\end{array}
$$

将所有得质子后的产物写在等式的一端, 所有失质子后的产物写在另一端, 就得到质子等衡式. 显然, 质子等衡式中不出现质子参考水准组分, 即 $[H_3O^+] + [HS^-] + 2[H_2S] = [OH^-]$.

4. 分布系数

在弱电解质的平衡体系中, 常常有多种存在形式, 它们的浓度随溶液 H^+ 浓度的变化而变化. 溶液中各种存在形式的平衡浓度之和称为总浓度或分析浓度. 某一存在形式的平衡浓度占总浓度的分数, 称为该形式的分布系数, 用 δ 表示. 分布系数 δ 与溶液的 pH 之间的关系曲线称为分布曲线. 讨论分布曲线将有助于深入理解酸碱平衡和酸碱滴定的过程.

1) 一元弱酸

设一元弱酸 HA 的总浓度 (又称分析浓度) 为 c, 溶液中只存在 HA 和 A^- 两种型体, 其平衡浓度分别为 [HA] 和 $[A^-]$, 即 $c = [HA] + [A^-]$, 对应的分布系数分别为 δ_{HA} 和 δ_{A^-}, 则

$$
\delta_{HA} = \frac{[HA]}{c} = \frac{[HA]}{[HA] + [A^-]} = \frac{1}{1 + \dfrac{[A^-]}{[HA]}} = \frac{1}{1 + \dfrac{K_a}{[H^+]}} = \frac{[H^+]}{[H^+] + K_a}
$$

$$
\delta_{A^-} = \frac{[A^-]}{c} = \frac{[A^-]}{[HA] + [A^-]} = \frac{1}{\dfrac{[HA]}{[A^-]} + 1} = \frac{1}{\dfrac{[H^+]}{K_a} + 1} = \frac{K_a}{[H^+] + K_a}
$$

$$
\delta_{HA} + \delta_{A^-} = 1
$$

显然, 分布系数只与解离常数 K_a 及 pH 有关, 与分析浓度无关. 以 pH 为横坐标, 以各存在型体的分布系数 δ 为纵坐标, 可得各型体的分布曲线.

图 2-1 是 HAc 的 δ-pH 曲线, 从图中可知, δ_{Ac^-} 随 pH 增加而增大, δ_{HAc} 随 pH 增加而减小, 当 $pH = pK_a = 4.75$ 时, $\delta_{HAc} = \delta_{Ac^-} = 0.50$, 即溶液中 HAc 和 Ac^- 两种形式各占一半; 当 $pH > pK_a$ 时, $\delta_{Ac^-} > \delta_{HAc}$, 溶液中以 Ac^- 为主要存在形式; 而当 $pH < pK_a$ 时, $\delta_{HAc} > \delta_{Ac^-}$, 溶液中以 HAc 为主要存在形式.

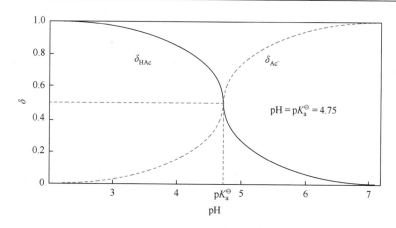

图 2-1　HAc-Ac⁻ 分布系数与溶液 pH 的关系曲线

2）多元弱酸

以 H_2A 为例，它在溶液中有 H_2A、HA^-、A^{2-} 三种存在型体，可按一元酸类似的方法进行推导，其分布系数分别为

$$\delta_2 = \frac{[H_2A]}{c} = \frac{[H_2A]}{[H_2A]+[HA^-]+[A^{2-}]} = \frac{[H^+]^2}{[H^+]^2+[H^+]K_{a_1}+K_{a_1}K_{a_2}}$$

$$\delta_1 = \frac{[HA^-]}{c} = \frac{[H^+]K_{a_1}}{[H^+]^2+[H^+]K_{a_1}+K_{a_1}K_{a_2}}$$

$$\delta_0 = \frac{[A^{2-}]}{c} = \frac{K_{a_1}K_{a_2}}{[H^+]^2+[H^+]K_{a_1}+K_{a_1}K_{a_2}}$$

图 2-2 为草酸三种型体的分布曲线。其分布规律可直接地看出：

当 $pH = pK_{a_1} = 1.22$ 时，$\delta_{H_2C_2O_4} = \delta_{HC_2O_4^-} = 0.50$；当 $pH = pK_{a_2} = 4.19$ 时，$\delta_{HC_2O_4^-} = \delta_{C_2O_4^{2-}} = 0.50$。

将分布系数推广于其他多元酸，如 H_nA，溶液中存在 $n+1$ 个型体，按同样方法推出：

$$\delta_{H_nA} = \frac{[H^+]^n}{[H^+]^n+[H^+]^{n-1}K_{a_1}+\cdots+K_{a_1}K_{a_2}\cdots K_{a_n}}$$

$$\delta_{H_{n-1}A} = \frac{[H^+]^{n-1}K_{a_1}}{[H^+]^n+[H^+]^{n-1}K_{a_1}+\cdots+K_{a_1}K_{a_2}\cdots K_{a_n}}$$

$$\vdots$$

$$\delta_{A^{n-}} = \frac{K_{a_1}K_{a_2}\cdots K_{a_n}}{[H^+]^n+[H^+]^{n-1}K_{a_1}+\cdots+K_{a_1}K_{a_2}\cdots K_{a_n}}$$

熟悉了规律之后，很容易掌握分布系数的表示形式，即各分布系数分母均相同，共有 $n+1$ 项，每个分布系数取分母中相应的一项作为分子式即可，δ_{H_nA}、$\delta_{H_{n-1}A}$、$\delta_{A^{n-}}$ 也可写成 δ_n、δ_{n-1}、δ_0。

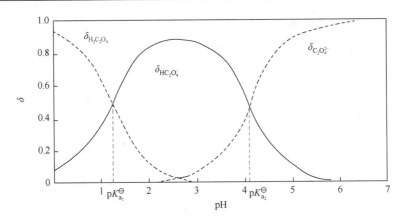

图 2-2　草酸三种型体的分布系数与溶液 pH 的关系曲线

同理，碱的分布系数可按照类似方法处理。

由上可知，分布系数取决于酸碱物质的解离常数和溶液中 H^+ 的浓度，而与其总浓度无关，同一物质不同型体的分布系数之和恒为 1。

2.3.2　溶液酸度的计算

对于酸碱平衡体系，只要初始酸碱组分的浓度确定，都可以列出它们的质子等衡式。质子等衡式中出现的有关组分都可以表达成分布系数与原始酸碱浓度乘积的形式，这样将得到一个含有[H^+]的方程式，对该方程式求解即可求得溶液的酸度，并随之确定各有关组分的平衡浓度。下面主要对计算中的简化处理问题进行讨论。

1. 一元弱酸酸度的计算

以浓度为 c mol·L^{-1} 的一元弱酸 HA 的水溶液为例：
反应式为

$$HA + H_2O \Longrightarrow H_3O^+ + A^-$$

PBE 为

$$[H^+] = [A^-] + [OH^-]$$

可表达成

$$[H^+] = \frac{K_a}{[H^+] + K_a}c + \frac{K_w}{[H^+]}$$

整理得

$$[H^+]^3 + K_a[H^+]^2 - (K_a c + K_w)[H^+] - K_a K_w = 0$$

这个一元三次方程是酸度的精确解。实际计算时，由于采用的常数往往都有百分之几的测量误差，故精确求解在实际计算时往往是不必要的，可按下面几种情况予以简化：

由 PBE：$[H^+]^2 = K_a[HA] + K_w$

如果酸不是太弱，$K_a[HA] \approx K_a c \geqslant 20K_w$，则可以略去 K_w，即忽略由水解离而产生的 H_3O^+，这样处理引起的误差不会超过 5%。即

$$[H^+]^2 = K_a[HA] = K_a \times \frac{[H^+]}{[H^+] + K_a} c$$

$$[H^+] = \frac{-K_a + \sqrt{K_a{}^2 + 4K_a c}}{2} \quad （条件：\ K_a c \geqslant 20K_w）$$

如果 HA 的浓度较高，而酸的强度较低，定量地要求 $c / K_a \geqslant 500$，则可以忽略 HA 的解离，认为 $[HA] = c$，则

$$[H^+] = \sqrt{K_a c} \quad (K_a c \geqslant 20K_w，\ c / K_a \geqslant 500)$$

所以弱的稀酸可由下式求解

$$[H^+] = \sqrt{K_a c + K_w} \quad (c / K_a \geqslant 500)$$

只要将以上推导的计算式中的 $[H^+]$ 换成 $[OH^-]$，K_a 换成 K_b，即可对一元弱碱的酸度进行计算了。

多元弱酸的酸度计算也常常简化成一元弱酸，可应用上面推导出的公式。

2. 强酸和弱酸混合水溶液 pH 的计算

设溶液中含有强酸 HCl 和弱酸 HA，其浓度分别为 c_{HCl} 和 c_{HA}，其质子等衡式可列出：

$$HCl \xrightarrow{-H^+} Cl^-$$
$$HA \xrightarrow{-H^+} A^-$$
$$H_3O^+ \xleftarrow{+H^+} H_2O \xrightarrow{-H^+} OH^-$$

PBE 为 $[H^+] = [Cl^-] + [A^-] + [OH^-] = c_{HCl} + [A^-] + [OH^-]$

溶液为酸性，一般 $[OH^-]$ 可忽略不计，故

$$[H^+] = c_{HCl} + [A^-] = c_{HCl} + \frac{K_a}{[H^+] + K_a} \cdot c_{HA}$$

整理后求解：

$$[H^+] = \frac{(c_{HCl} - K_a) + \sqrt{(c_{HCl} - K_a)^2 + 4K_a(c_{HCl} + c_{HA})}}{2}$$

当然，如果 $c_{HCl} > 20[A^-]$，则由弱酸解离而产生的 H^+ 可以忽略不计，计算简化成

$$[H^+] = c_{HCl}$$

即酸度完全由强酸决定。一般情况下常按此式计算混合酸的酸度。

3. 两性物质水溶液酸度的计算

假如二元弱酸 H_2A 的酸式盐 NaHA 水溶液，其浓度为 $c\ mol \cdot L^{-1}$

$$PBE \quad [H^+] + [H_2A] = [A^{2-}] + [OH^-]$$

根据二元弱酸的解离平衡关系式:

$$K_{a_1} = \frac{[H^+][HA^-]}{[H_2A]} \qquad K_{a_2} = \frac{[H^+][A^{2-}]}{[HA^-]}$$

代入 PBE,得

$$[H^+] + \frac{[H^+][HA^-]}{K_{a_1}} = \frac{K_w}{[H^+]} + \frac{K_{a_2}}{[H^+]}[HA^-]$$

整理得

$$[H^+] = \sqrt{\frac{K_{a_1}(K_{a_2}[HA^-] + K_w)}{K_{a_1} + [HA^-]}}$$

一般情况下,HA^- 的酸式解离和碱式解离的倾向很小(K_{a_2}、K_{b_2} 数值均较小),可近似认为 HA^- 的平衡浓度近似等于原始浓度 c,即 $[HA^-] \approx c$,代入上式

$$[H^+] = \sqrt{\frac{K_{a_1}(K_{a_2}c + k_w)}{K_{a_1} + c}}$$

当 $K_{a_2}c > 20K_w$ 时,得到

$$[H^+] = \sqrt{\frac{K_{a_1}K_{a_2}c}{K_{a_1} + c}}$$

当 $K_{a_2}c > 20K_w$,$c > 20K_{a_1}$ 时,得到

$$[H^+] = \sqrt{K_{a_1}K_{a_2}}$$

这一计算方法同样可用于计算二元弱酸以上的多元弱酸酸式盐的酸度。但要特别注意式中 $K_{a_1}K_{a_2}$ 的具体意义。

4. 缓冲溶液酸度的计算

缓冲溶液是一种对溶液的酸度起稳定作用的溶液,即能缓解外加少量强酸、强碱或稀释作用的影响,保持溶液的 pH 不发生显著变化的溶液。缓冲溶液一般都是由弱酸及共轭碱组成的。

设弱酸 HA 及其共轭碱 NaA 组成的缓冲溶液,其浓度分别为 c_{HA} 和 c_{A^-}。其电荷平衡 CBE 为

$$[Na^+] + [H^+] = [A^-] + [OH^-]$$

MBE 可表达为

$$\begin{cases} [Na^+] = c_{A^-} \\ [HA] + [A^-] = c_{HA} + c_{A^-} \end{cases}$$

合并 MBE 和 CBE 之后,可得下列两式:

$$[A^-] = c_A^- + [H^+] - [OH^-] \qquad [HA] = c_{HA^-} [H^+] + [OH^-]$$

代入解离常数方程式中，得到

$$[H^+] = K_a \frac{[HA]}{[A^-]} = K_a \frac{c_{HA} - [H^+] + [OH^-]}{c_{A^-} + [H^+] - [OH^-]}$$

这是精确计算缓冲溶液 pH 的公式，实际计算数学处理十分复杂，通常可根据具体情况进行近似处理。当 pH<6 时，可略去[OH⁻]；当 pH>8 时，可略去[H⁺]。一般缓冲溶液 c_{HA} 和 c_{A^-} 都比较大，故经常使用如下的简化公式：

$$[H^+] = K_a \frac{c_{HA}}{c_{A^-}} \text{ 或者写成 pH} = pK_a + \lg \frac{c_{A^-}}{c_{HA}}$$

弱碱及其共轭酸以此类推。

2.3.3　酸碱滴定原理

在酸碱滴定的过程中，随着标准溶液的加入，被测溶液的 pH 不断发生变化。如果用酸标准溶液滴定碱，被测溶液的 pH 逐渐降低；相反，如果用碱滴定酸，被测溶液的 pH 逐渐升高。在酸碱滴定中，被测溶液的 pH 变化规律用图像表示，就可以得到一曲线，这条曲线就称为酸碱滴定曲线。酸碱滴定曲线在酸碱滴定中很有用，它可以帮助我们选择酸碱指示剂。

1. 一元酸碱的滴定

1）强酸与强碱的滴定曲线和滴定突跃

在强酸与强碱的滴定过程中，溶液 pH 的变化规律可以用酸度计测定，也可以通过理论计算求出。下面以 0.1000mol·L^{-1} NaOH 标准溶液滴定 20.00mL 0.1000mol·L^{-1} HCl 溶液为例，为了便于讨论，我们把滴定过程分为以下四个阶段。

滴定前：因为 HCl 是强酸，在溶液中完全解离，所以 $c_{H^+} = 0.1000\text{mol·L}^{-1}$，pH = 1.00。

滴定开始到计量点前：从滴定开始到计量点前的任一时刻，溶液中的 c_{H^+} 取决于溶液中剩余 HCl 的浓度。设 c_1、V_1 分别表示 HCl 的浓度和体积，c_2、V_2 分别表示 NaOH 的浓度和加入的 NaOH 的体积，则

$$c_{H^+} = \frac{c_1 \cdot V_1 - c_2 \cdot V_2}{V_1 + V_2} = \frac{20.00 - V_2}{20.00 + V_2} \times 0.1000$$

当加入 18.00mL NaOH 溶液（即 90%的 HCl 被中和）时，

$$c_{H^+} = \frac{20.00 - 18.00}{20.00 + 18.00} \times 0.1000 = 5.26 \times 10^{-3}(\text{mol·L}^{-1})，\text{ pH} = 2.28$$

当加入 19.98mL NaOH 溶液（即 99.9%的 HCl 被中和）时，

$$c_{H^+} = \frac{20.00 - 19.98}{20.00 + 19.98} \times 0.1000 = 5.00 \times 10^{-5}(\text{mol·L}^{-1})，\text{ pH} = 4.30$$

计量点时：NaOH 与 HCl 已完全中和，生成的 NaCl 不水解，溶液呈中性，pH = 7.00。

计量点后：NaOH 过量，所以溶液的 pH 取决于过量的 NaOH 的浓度。

$$c_{\text{OH}^-} = \frac{c_2 \cdot V_2 - c_1 \cdot V_1}{V_1 + V_2} = \frac{V_2 - 20.00}{20.00 + V_2} \times 0.1000$$

当加入 20.02mL NaOH 溶液（即过量 0.1%）时，

$$c_{\text{OH}^-} = \frac{20.02 - 20.00}{20.00 + 20.02} \times 0.1000 = 5.00 \times 10^{-5}(\text{mol} \cdot \text{L}^{-1})$$

pOH = 4.30，pH = 14.00−4.30 = 9.70

当加入 22.00mL NaOH 溶液（即过量 10%）时，

$$c_{\text{OH}^-} = \frac{22.00 - 20.00}{20.00 + 22.00} \times 0.1000 = 4.76 \times 10^{-3}(\text{mol} \cdot \text{L}^{-1})$$

pOH = 2.32，pH = 14.00−2.32 = 11.68

用上述方法计算出滴定过程中溶液的 pH，结果列于表 2-1。如果以加入 NaOH 标准溶液的体积为横坐标，以溶液的 pH 为纵坐标作图，就可以得到一条曲线，这就是强碱滴定强酸的滴定曲线，如图 2-3 所示。

表 2-1　0.1000mol·L⁻¹ NaOH 溶液滴定 20.00mL 0.1000mol·L⁻¹ HCl 溶液的 pH 变化

NaOH 加入量		剩余 HCl/mL	过量 NaOH/mL	pH
mL	%			
0.00	0.00	20.00		1.00
18.00	90.00	2.00		2.28
19.80	99.00	0.20		3.30
19.98	99.90	0.02		4.30
20.00	100.0	0.00		7.00
20.02	100.1		0.02	9.70
20.20	101.0		0.20	10.70
22.00	110.0		2.00	11.68
30.00	150.0		10.00	12.30
40.00	200.0		20.00	12.52

（表中 pH 列 4.30、7.00、9.70 标注为"突跃范围"）

从上述计算和图 2-3 中可以看出：从滴定开始到加入 19.98mL 时，溶液的 pH 从 1.00 增加到 4.30，pH 只改变了 3.3 个单位，pH 的变化比较缓慢，曲线平坦。但在计量点附近，从加入 19.98mL 到 20.02mL NaOH，只加了 0.04mL（相当于 1 滴）NaOH，溶液的 pH 却从 4.30 增加到 9.70，pH 增加了 5.4 个单位，这一段滴定曲线几乎与 pH 轴平行。从这以后，过量的 NaOH 对溶液 pH 的影响越来越小，曲线又变得平坦。

这种在化学计量点前后±0.1%范围内溶液 pH 的急剧变化，称为滴定突跃。滴定突跃所在的 pH 范围，称为滴定突跃范围。

2）选择酸碱指示剂的原则

在酸碱滴定中，最理想的指示剂应该是恰好在计量点时变色，但这种指示剂实际上很难找到，而且也没有必要。因为在计量点附近，溶液的 pH 有一个突跃，只要指示剂在突跃范围内变色，其终点误差都不会大于 0.1%。因此，酸碱指示剂的选择原则是：凡是变色范围全部或部分落在滴定的突跃范围内的指示剂都可以选用。

　　由于强酸与强碱的滴定,其突跃范围较大,所以甲基红和酚酞都是合适的指示剂。甲基橙的变色范围几乎在突跃范围外,此时一般不选用它作为指示剂。

　　3)浓度对突跃范围的影响

　　酸碱滴定突跃范围的大小与滴定剂和被测物质的浓度有关,浓度越大,突跃范围就越大,见图 2-4。例如,用 0.1mol·L^{-1} NaOH 滴定 0.1mol·L^{-1} HCl,突跃范围是 $4.3 \sim 9.7$;用 0.01mol·L^{-1} NaOH 滴定 0.01mol·L^{-1} HCl,突跃范围是 $5.3 \sim 8.7$。可见,当酸碱浓度降到原来的 1/10,突跃范围就减少了 2 个 pH 单位。浓度太小,突跃不明显,不容易找到合适的指示剂。浓度越大,突跃范围就越大,可供选择的指示剂多;但浓度太大,样品和试剂的消耗量大,造成浪费,并且滴定误差也大。因此,在酸碱滴定中,标准溶液的浓度一般都是选择在 $0.01 \sim 1 \text{mol·L}^{-1}$。

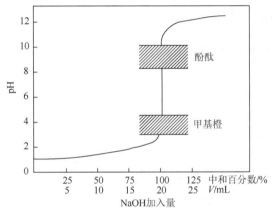

图 2-3　0.1000mol·L^{-1} NaOH 滴定　　　　　图 2-4　不同浓度 NaOH 滴定不同浓度 HCl 的滴定
　　　　　0.1000mol·L^{-1} HCl 的滴定曲线　　　　　　　　　　　曲线

2. 强碱滴定一元弱酸

强碱滴定一元弱酸的基本反应为

$$OH^- + HA \Longrightarrow H_2O + A^-$$

以 0.1000mol·L^{-1} NaOH 滴定 20.00mL 0.1000mol·L^{-1} HAc 为例,滴定过程同样分四个阶段。

　　滴定前:溶液组成为 0.1000mol·L^{-1} HAc 溶液

$$c_{H^+} = \sqrt{c \cdot K_a} = \sqrt{0.1000 \times 1.76 \times 10^{-5}} = 1.33 \times 10^{-3} (\text{mol·L}^{-1}),\ pH = 2.88$$

　　滴定开始到计量点前:HAc 过量,溶液的 pH 由剩余的 HAc 和生成的 NaAc 组成的缓冲溶液决定。

$$pH = pK_a - \lg \frac{c_a}{c_b} = pK_a - \lg \frac{(0.1000 \times 20.00 - 0.1000 \times V_{NaOH})/V}{0.1000 \times V_{NaOH}/V}$$

$$= 4.75 - \lg \frac{20.00 - V_{NaOH}}{V_{NaOH}}$$

当加入 19.98mL NaOH 溶液（即 99.9%的 HCl 被中和）时，

$$pH = 4.75 - \lg \frac{20.00 - 19.98}{19.98} = 7.75$$

计量点时：NaOH 与 HAc 已完全中和，生成共轭碱的 Ac^-

$$c_{OH^-} = \sqrt{c \cdot K_b} = \sqrt{c \cdot \frac{K_w}{K_a}} = \sqrt{\frac{0.1000}{2} \times \frac{10^{-14}}{1.76 \times 10^{-5}}} = 5.33 \times 10^{-6} (mol \cdot L^{-1})$$

$$pOH = 5.27, \quad pH = 8.73$$

计量点后：溶液的组成为 Ac^- 和过量的 NaOH。因 NaOH 抑制了 Ac^- 在水中的解离，所以溶液的 pH 取决于过量的 NaOH，与强碱滴定强酸的情况相同。

当加入 20.02mL NaOH 溶液（即过量 0.1%）时，

$$c_{OH^-} = \frac{20.02 - 20.00}{20.00 + 20.02} \times 0.1000 = 5.00 \times 10^{-5} (mol \cdot L^{-1})$$

$$pOH = 4.30, \quad pH = 9.70$$

滴定过程的 pH 变化列于表 2-2，并绘制成曲线，如图 2-5 所示。

表 2-2　0.1000mol·L⁻¹ NaOH 溶液滴定 20.00mL 0.1000mol·L⁻¹ HAc 溶液的 pH 变化

NaOH 加入量		剩余 HAc/mL	过量 NaOH/mL	pH
mL	%			
0.00	0.00	20.00		2.88
18.00	90.00	2.00		5.70
19.80	99.00	0.20		6.74
19.98	99.90	0.02		7.75
20.00	100.0	0.00		8.73
20.02	100.1		0.02	9.70
20.20	101.0		0.20	10.70
22.00	110.0		2.00	11.68
40.00	200.0		20.00	12.52

（7.75、8.73、9.70 为突跃范围）

从表 2-2 和图 2-5 可看出，滴定前 0.1000mol·L⁻¹ HAc 溶液 pH 为 2.88，比 0.1000mol·L⁻¹ HCl 溶液 pH（1.00）高 1.88 个 pH 单位。开始滴定后到计量点前，因溶液为缓冲体系，缓冲容量由小到大，然后又变小，所以这段曲线坡度由大变小再变大。由于产物 Ac^- 是弱碱，计量点时溶液 pH 在碱性范围内。计量点后溶液 pH 变化同强碱滴定强酸相似。

这一滴定曲线的突跃范围是 pH = 7.75~9.70，突跃范围比较小。因此，可供选择的指示剂较少。显然，酚酞是合适的指示剂。

此外，从图 2-6 中可看出，强碱滴定弱酸突跃范围的大小还与被滴定的弱酸强弱程度有关。当浓度一定时，K_a 越大，突跃范围越大。一般地，当溶液浓度为 0.10mol·L⁻¹ 时，若 $K_a < 10^{-7}$，即 $c \cdot K_a < 10^{-8}$，便无明显的突跃，不能利用指示剂在水溶液中进行准确滴定。所以，通常把 $c \cdot K_a \geq 10^{-8}$ 作为弱酸能被强碱准确滴定的判据。例如，HCN 的

$K_a = 4.9 \times 10^{-10}$，即使其浓度为 $1.0\text{mol}\cdot\text{L}^{-1}$，也不能按通常的办法准确滴定，而必须采用间接滴定法。

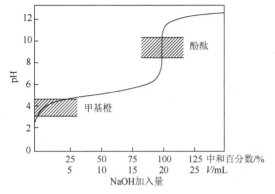 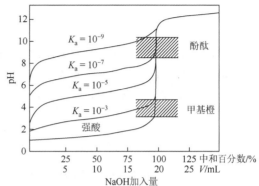

图 2-5　$0.1000\text{mol}\cdot\text{L}^{-1}$ NaOH 滴定 $0.1000\text{mol}\cdot\text{L}^{-1}$ HAc 的滴定曲线　　　图 2-6　$0.1000\text{mol}\cdot\text{L}^{-1}$ NaOH 滴定 $0.1000\text{mol}\cdot\text{L}^{-1}$ 各种强度酸的滴定曲线

2.3.4　酸碱滴定法的应用

1. 食醋中总酸度的测定

食醋的主要成分是乙酸（HAc），此外，还含有少量其他有机酸（如乳酸等）。用 NaOH 标准溶液滴定时，凡是 $K_a > 10^{-7}$ 的弱酸均可被滴定，因此测出的是总酸量，全部以含量最多的 HAc 表示。由于这是强碱滴定弱酸，突跃范围偏碱性，计量点 pH≈8.7，可用酚酞作指示剂。

食醋中含 HAc 3%～5%，浓度较大，必须稀释后再滴定。由于 CO_2 可被 NaOH 滴定成 $NaHCO_3$，多消耗 NaOH，使测定结果偏高。因此，要获得准确的分析结果，必须用不含 CO_2 的蒸馏水稀释食醋原液，并用不含 Na_2CO_3 的 NaOH 标准溶液滴定。有的食醋颜色较深，经稀释甚至用活性炭脱色后，颜色仍然比较明显，则终点无法判断，可采用电位滴定法测定。

2. 极弱酸的测定

对于一些极弱的酸碱，有时可利用非水滴定、强化滴定或离子交换滴定。通过化学反应（络合反应、沉淀反应、氧化还原反应）使其转变为较强的酸碱再进行滴定，这种方法称为强化滴定。例如，硼酸为极弱酸，在水溶液中按下式电离

$$H_3BO_3 + 2H_2O \Longrightarrow H_3O^+ + [B(OH)_4]^- \qquad K_a = 5.7 \times 10^{-10}$$

因为酸性极弱，不满足直接滴定的条件，所以不能用 NaOH 直接准确滴定，但如果向溶液中加入大量甘油或甘露醇，由于它们与硼酸根形成稳定的络合物，硼酸在水溶液中的解离大大增强，可用 NaOH 准确滴定。

$$H_3BO_3 + 多元醇 \Longrightarrow B\ 的络合物 + H_2O + H^+$$

通过沉淀反应也可以使弱酸强化。例如，NaHPO$_4$ 由于酸性极弱，不能用 NaOH 直接准确滴定，如果向其中加入 Ca^{2+}，由于生成 Ca$_3$(PO$_4$)$_2$ 沉淀，所以可进行准确滴定。

$$HPO_4^{2-} + H_2O \rightleftharpoons H_3O^+ + PO_4^{3-} \qquad K_{a_3} = 4.4 \times 10^{-13}$$

$$2HPO_4^{2-} + 3Ca^{2+} \rightleftharpoons Ca_3(PO_4)_2 + 2H^+$$

通过氧化还原反应也可使弱酸强化。例如，可用碘、过氧化氢或溴水将 H$_2$SO$_3$ 氧化为 H$_2$SO$_4$，再用标准 NaOH 溶液滴定。

$$H_2SO_3 \rightleftharpoons HSO_3^- + H^+ \qquad K_{a_1} = 1.3 \times 10^{-2}$$

$$HSO_3^- \rightleftharpoons H^+ + SO_3^{2-} \qquad K_{a_2} = 6.3 \times 10^{-8}$$

$$H_2SO_3 + I_2(Br_2) + H_2O \rightleftharpoons 2H$$

$$H_2SO_3 + I_2(Br_2) + H_2O \rightleftharpoons 2HI(2HBr) + H_2SO_4$$

$$H_2O_2 + H_2SO_3 \rightleftharpoons H_2SO_4 + H_2O$$

3. 铵盐中含氮量的测定

1）甲醛法

甲醛与铵盐作用时，可生成等物质的量的酸，其反应式如下：

$$4NH_4^+ + 6HCHO \rightleftharpoons (CH_2)_6N_4 + 4H^+ + 6H_2O$$

上述反应生成的酸，可用 NaOH 标准溶液滴定。由于生成的六亚甲基四胺是一种弱碱（$K_b = 1.4 \times 10^{-9}$），计量点时溶液的 pH≈8.9，可选用酚酞作指示剂，终点溶液由无色到微红色。

甲醛中常含有少量因空气氧化而生成的甲酸，在使用前必须以酚酞作指示剂用 NaOH 中和，否则将产生正误差。铵盐试样中如果有游离酸存在，也要事先以甲基红作指示剂中和并扣除。甲醛法操作简便、快速，但一般只适用于单纯含 NH$_4^+$ 的样品（如 NH$_4$Cl 等）的测定。

2）蒸馏法

在含铵盐的试样中加入浓 NaOH，经蒸馏装置把生成的 NH$_3$ 蒸馏出来。

$$NH_4^+ + OH^- \xrightarrow{\triangle} NH_3\uparrow + H_2O$$

再用已知过量的 HCl 标准溶液吸收所放出的 NH$_3$，然后用 NaOH 标准溶液回滴剩余的 HCl。也可以用硼酸溶液吸收蒸馏出来的 NH$_3$，其反应式为

$$NH_3 + H_3BO_3 \rightleftharpoons NH_4H_2BO_3$$

生成的 NH$_4$H$_2$BO$_3$ 可用 HCl 标准溶液滴定，其反应式为

$$NH_4H_2BO_3 + HCl \rightleftharpoons NH_4Cl + H_3BO_3$$

在计量点时，溶液中有 NH$_4$Cl 和 H$_3$BO$_3$，pH≈5，可选用甲基红或甲基红-溴甲酚绿混合指示剂指示终点。

用硼酸吸收 NH$_3$ 的主要优点是：仅需一种标准溶液，而且硼酸的浓度不必准确（常用 2%的溶液），只要硼酸足够过量即可。但要注意，用硼酸吸收时，温度不能超过 40℃，

否则 NH$_3$ 易逸失，导致 NH$_3$ 的吸收不完全，造成负误差。

蒸馏法不受样品中一般杂质的干扰，比较准确，但操作比较麻烦。

4. 混合碱的测定——双指示剂法

混合碱通常是指 NaOH 与 Na$_2$CO$_3$ 或 Na$_2$CO$_3$ 与 NaHCO$_3$ 的混合物。所谓双指示剂法，就是在同一溶液中先后用两种不同的指示剂指示两个不同的终点。NaOH 和 Na$_2$CO$_3$ 混合物的测定可用双指示剂法，即先用酚酞指示第一计量点，再用甲基橙指示第二计量点。当用 HCl 标准溶液滴定到第一计量点时，NaOH 已全部中和生成了 NaCl 和 H$_2$O，而 Na$_2$CO$_3$ 只被滴定成 NaHCO$_3$，设这一过程所消耗 HCl 的总体积为 V_1mL。继续用 HCl 标准溶液滴定时，第一计量点所生成的 NaHCO$_3$ 与 HCl 反应，生成 CO$_2$ 和 H$_2$O，设此过程所消耗 HCl 标准溶液的体积为 V_2mL。则 NaOH 所消耗的 HCl 体积为 (V_1–V_2) mL，Na$_2$CO$_3$ 消耗的 HCl 总体积为 $2V_2$mL，如图 2-7 所示。

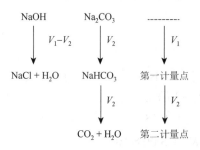

图 2-7　HCl 滴定 NaOH 和 Na$_2$CO$_3$ 示意图

NaOH 和 Na$_2$CO$_3$ 的质量分数可按下列公式计算：

$$w(\text{NaOH}) = \frac{c_{\text{HCl}} \cdot \dfrac{V_1 - V_2}{1000} \cdot M_{\text{NaOH}}}{W_{样}} \times 100\%$$

$$w(\text{Na}_2\text{CO}_3) = \frac{c_{\text{HCl}} \cdot \dfrac{2V_2}{1000} \cdot M_{1/2\text{Na}_2\text{CO}_3}}{W_{样}} \times 100\%$$

Na$_2$CO$_3$ 与 NaHCO$_3$ 混合物的测定与上述方法类似。用双指示剂法不仅可以测定混合碱各成分的含量，还可以根据 V_1 和 V_2 的大小判断样品的组成，即

$V_1 \neq 0$，$V_2 = 0$	NaOH
$V_1 = 0$，$V_2 \neq 0$	NaHCO$_3$
$V_1 = V_2 \neq 0$	Na$_2$CO$_3$
$V_1 > V_2 > 0$	NaOH + Na$_2$CO$_3$
$V_2 > V_1 > 0$	Na$_2$CO$_3$ + NaHCO$_3$

双指示剂法虽然操作简便，但误差较大。

2.4　络合平衡与络合滴定法

络合滴定法，又称配位滴定，是以络合反应为基础的滴定分析方法。它是用络合剂作为标准溶液直接或间接滴定被测物质。在滴定过程中，通常需要选用适当的指示剂指示滴定终点。

络合剂分为无机和有机两类，但由于许多无机络合剂与金属离子形成的络合物稳定性不高，反应过程比较复杂或找不到适当的指示剂，所以一般不能用于络合滴定。20 世纪

40 年代以来，很多有机络合剂，特别是氨羧络合剂用于络合滴定后，络合滴定得到了迅速的发展，已成为应用最广的滴定分析方法之一。

在这些氨羧络合剂中，乙二胺四乙酸最常用。乙二胺四乙酸简称 EDTA，分子中含有 2 个氨基氮和 4 个羧基氧共 6 个配位原子，可以和很多金属离子形成十分稳定的螯合物。用它作标准溶液，可以滴定几十种金属离子，所以现在所说的络合滴定一般就是指 EDTA 滴定。

$$^-OOCH_2C \diagdown \quad H^+ \qquad\qquad H^+ \quad \diagup CH_2COO^-$$
$$\qquad\qquad N—CH_2—CH_2—N$$
$$^-OOCH_2C \diagup \qquad\qquad\qquad \diagdown CH_2COO^-$$

2.4.1　EDTA

从结构式可以看出，EDTA 是一个四元酸，通常用符号 H_4Y 表示。它可以接受 2 个质子，相当于六元酸，用 H_6Y^{2+} 表示。它在水中有六级解离平衡：

$$H_6Y^{2+} \rightleftharpoons H^+ + H_5Y^+ \qquad K_{a1} = 0.13$$
$$H_5Y^+ \rightleftharpoons H^+ + H_4Y \qquad K_{a2} = 3.00\times10^{-2}$$
$$H_4Y \rightleftharpoons H^+ + H_3Y^- \qquad K_{a3} = 1.00\times10^{-2}$$
$$H_3Y^- \rightleftharpoons H^+ + H_2Y^{2-} \qquad K_{a4} = 2.1\times10^{-3}$$
$$H_2Y^{2-} \rightleftharpoons H^+ + HY^{3-} \qquad K_{a5} = 6.9\times10^{-7}$$
$$HY^{3-} \rightleftharpoons H^+ + Y^{4-} \qquad K_{a6} = 5.5\times10^{-11}$$

由于分 6 步解离，EDTA 在溶液中存在 H_6Y^{2+}、H_5Y^+、H_4Y、H_3Y^-、H_2Y^{2-}、HY^{3-} 和 Y^{4-} 七种型体。很明显，加碱可以促进它的解离，所以溶液的 pH 越高，其解离度就越大，当 pH>10.3 时，EDTA 几乎完全解离，以 Y^{4-} 形式存在（表 2-3）。

表 2-3　不同 pH 下 EDTA 的主要存在型体

pH	<0.9	0.9~1.6	1.6~2.0	2.0~2.7	2.7~6.2	6.2~10.3	>10.3
EDTA 的主要存在型体	H_6Y^{2+}	H_5Y^+	H_4Y	H_3Y^-	H_2Y^{2-}	HY^{3-}	Y^{4-}

2.4.2　络合平衡中各型体的分布系数

1. 络合物的稳定常数

在溶液中，金属离子可以和适当的络合剂反应形成多级络合物，存在着多级络合平衡，一般用稳定常数来定量描述络合物的稳定性。影响络合物稳定性的因素主要是中心原子的电荷、半径以及电子层构型，另外还有配体的碱性、配位原子的电负性和螯合效应等。

常用的稳定常数有逐级稳定常数和逐级累积稳定常数。以 ML_n 络合物为例，中心离子可形成 M、ML、ML_2、…、ML_n 共 $n+1$ 种型体。（简化书写，忽略离子电荷）

$$M + L \rightleftharpoons ML \qquad K_1 = \dfrac{[ML]}{[M][L]}$$

$$ML + L \Longrightarrow ML_2 \qquad K_2 = \frac{[ML_2]}{[ML][L]}$$

$$\vdots$$

$$ML_{n-1} + L \Longrightarrow ML_n \qquad K_n = \frac{[ML_n]}{[ML_{n-1}][L]}$$

以上是逐级稳定常数，若将它们渐次相乘，就得到逐级累积稳定常数。

$$\beta_1 = K_1 = \frac{[ML]}{[M][L]}$$

$$\beta_2 = K_1 \cdot K_2 = \frac{[ML_2]}{[M][L]^2}$$

$$\vdots$$

$$\beta_n = K_1 K_2 \cdots K_n = \frac{[ML_n]}{[M][L]^n}$$

最后一级累积稳定常数也称络合物的总稳定常数。累积稳定常数对于处理络合平衡是非常重要的，还有其他描述络合平衡的常数，此处不再赘述。

2. 各级络合物的分布

以 ML_n 络合物为例，设 ML_n 总浓度为 c，在溶液中形成 $n+1$ 种型体，其分布系数推导如下：

$$\delta_0 = \frac{[M]}{c} = \frac{[M]}{[M] + [ML] + [ML_2] + \cdots + [ML_n]}$$

$$= \frac{[M]}{[M] + \beta_1[M][L] + \beta_2[M][L]^2 + \cdots + \beta_n[L]^n}$$

$$= \frac{1}{1 + \beta_1[L] + \beta_2[L]^2 + \cdots + \beta_n[L]^n}$$

同理：

$$\delta_1 = \frac{[ML]}{c} = \frac{\beta_1[L]}{1 + \beta_1[L] + \beta_2[L]^2 + \cdots + \beta_n[L]^n}$$

$$\delta_n = \frac{[ML_n]}{c} = \frac{\beta_n[L]^n}{1 + \beta_1[L] + \beta_2[L]^2 + \cdots + \beta_n[L]^n}$$

可见各级络合物的分布系数 $\delta_0 \sim \delta_n$ 仅是游离络合剂平衡浓度[L]的函数，且

$$\delta_0 + \delta_1 + \cdots + \delta_n = 1$$

值得一提的是，在处理多元酸碱平衡时，可以将多元弱酸逐级解离的化学反应改写成酸根逐级接受质子的化学反应，将酸的解离常数表达成逐级累积质子化常数，对于弱酸 H_nA，其反应式及换算关系如下：

$$A + H^+ \Longrightarrow HA \qquad \beta_1^H = \frac{1}{K_{a_n}}$$

$$HA + H^+ \rightleftharpoons H_2A \qquad \beta_2^H = \frac{1}{K_{a_n} K_{a_{n-1}}}$$

$$\vdots$$

$$H_{n-1}A + H^+ \rightleftharpoons H_nA \qquad \beta_n^H = \frac{1}{K_{a_n} K_{a_{n-1}} \cdots K_{a_1}}$$

这样，多元弱酸各型体的分布系数可表达成下面与络合物分布系数统一的形式：

$$\delta_0 = \frac{[A]}{c} = \frac{1}{1 + \beta_1^H[H^+] + \beta_2^H[H^+]^2 + \cdots + \beta_n^H[H^+]^n}$$

$$\delta_1 = \frac{[HA]}{c} = \frac{\beta_1^H[H^+]}{1 + \beta_1^H[H^+] + \beta_2^H[H^+]^2 + \cdots + \beta_n^H[H^+]^n}$$

$$\vdots$$

$$\delta_n = \frac{[H_nA]}{c} = \frac{\beta_n^H[H^+]^n}{1 + \beta_1^H[H^+] + \beta_2^H[H^+]^2 + \cdots + \beta_n^H[H^+]^n}$$

这种表达形式在处理酸碱平衡时也是常常用到的,因为有的多元弱酸的平衡常数是以 β^H 的形式给出的,称之为逐级累积质子化常数。

2.4.3　络合滴定准确滴定判别式

在络合滴定中，随着滴定剂 EDTA 的不断加入，由于金属离子络合物的生成，溶液中金属离子 M 的浓度逐渐减小，在化学计量点附近，pM 发生急剧变化。如果以 pM 为纵坐标，以加入标准溶液的体积或滴定分数为横坐标作图，则可得到与酸碱滴定曲线相类似的络合滴定曲线，由此可以推断出金属离子能被准确滴定的条件是 $c_M = 0.01 \text{mol·L}^{-1}$ 时，$K'_{MY} \geqslant 10^8$，或者 $c_M \cdot K'_{MY} \geqslant 10^6$。

2.4.4　提高络合滴定选择性的方法

由于 EDTA 能与多数金属离子形成较稳定的配合物，所以用 EDTA 进行络合滴定时受到其他离子干扰的机会就比较多。在多种金属离子共存时，如何减免其他离子对被测离子的干扰，以提高络合滴定的选择性便成为络合滴定中要解决的一个重要问题。常用的方法有以下几种。

1. 控制溶液的酸度

通过调节溶液的 pH,可以改变被测离子和干扰离子与 EDTA 所形成配合物的稳定性，从而消除干扰,利用酸效应曲线可方便地解决这些问题。例如，测定样品中 $ZnSO_4$ 的含量时，既可在 pH = 5～6 时以二甲酚橙作指示剂，又可在 pH = 10 时以铬黑 T 作指示剂；若样品中有 $MgSO_4$ 存在，则应在 pH = 5～6 时测定 Zn^{2+}，因 pH = 10 时 Mg^{2+} 对 Zn^{2+} 的测定有干扰。

2. 加入掩蔽剂

1）络合掩蔽

当有几种金属离子共存时，加入一种能与干扰离子形成稳定配合物的试剂（称为掩蔽剂），往往可以较好地消除干扰。例如，测定水中 Ca^{2+}、Mg^{2+}含量时，存在 Fe^{3+} 和 Al^{3+} 的干扰，可加入三乙醇胺，使 Fe^{3+} 和 Al^{3+} 形成稳定配合物而被掩蔽，使之不发生干扰。

络合掩蔽法不仅应用于络合滴定，也广泛应用于提高其他滴定反应的选择性。常用的掩蔽剂有 NH_4F、KCN、三乙醇胺和酒石酸等。

在掩蔽的基础上，加入一种适当的试剂，将已掩蔽的离子重新释放出来，再对它进行测定，称为解蔽作用。例如，当 Zn^{2+} 和 Mg^{2+}共存时，可先在 pH = 10 的缓冲溶液中加入 KCN，使 Zn^{2+} 形成配离子$[Zn(CN)_4]^{2-}$而掩蔽起来，用 EDTA 滴定 Mg^{2+}后，再加入甲醛破坏$[Zn(CN)_4]^{2-}$，然后用 EDTA 继续滴定释放出来的 Zn^{2+}。

$$[Zn(CN)_4]^{2-} + 4HCHO + 4H_2O \rightleftharpoons Zn^{2+} + 4HOCH_2CN + 4OH^-$$

2）沉淀掩蔽

沉淀掩蔽法是加入选择性沉淀剂作掩蔽剂，使干扰离子形成沉淀以降低其浓度。在不分离沉淀的情况下直接进行滴定，以消除干扰离子的方法。例如，在 Ca^{2+}、Mg^{2+}共存的溶液中，加入 NaOH 使溶液的 pH>12，Mg^{2+}形成 $Mg(OH)_2$沉淀，不干扰 EDTA 对 Ca^{2+} 的滴定，此时，NaOH 就是 Mg^{2+}的沉淀掩蔽剂。

应该指出，沉淀掩蔽法不是理想的掩蔽方法，因为它存在如下缺点。

（1）一些沉淀反应进行得不完全，掩蔽效率不高。

（2）由于生成沉淀时，常有共沉淀现象，因而影响滴定的准确度，有时由于对指示剂有吸附作用，而影响滴定终点的观察。

（3）沉淀有颜色或体积很大，都会妨碍终点的观察。

因此，沉淀掩蔽法的应用不很广泛。

3）氧化还原掩蔽

氧化还原掩蔽法是指在 EDTA 滴定过程中加入氧化剂或还原剂，改变干扰离子价态以消除干扰的方法。例如，Bi^{3+}和 Fe^{3+}共存时，测定 Bi^{3+}时 Fe^{3+}有干扰，可加抗坏血酸（维生素 C）将 Fe^{3+}还原为 Fe^{2+}，大大降低了 Fe^{3+}和 EDTA 配合物的稳定性，从而消除 Fe^{3+} 对 Bi^{3+}测定的干扰。

2.4.5　络合滴定方式

在络合滴定中，采用不同的滴定方式，不仅可以扩大络合滴定的应用范围，也可以提高络合滴定的选择性。

1. 直接滴定法

直接滴定法是络合滴定中的基本方法，即将试样处理成溶液后，调节至所需要的酸度，加入一定的金属指示剂，直接用 EDTA 进行滴定的方法。凡是符合滴定反应的要求，并满足金属离子能被准确滴定的条件 $c_M = 0.01 mol \cdot L^{-1}$ 时，$K'_{MY} \geqslant 10^8$，或者 $c_M \cdot K'_{MY} \geqslant 10^6$，都可以采用直接滴定法进行滴定。若不符合上述条件，则可采用其他滴定方式。

2. 返滴定法

返滴定法是在试液中先加入已知过量的 EDTA 标准溶液，与被测组分络合完全，剩余的 EDTA 用另一种金属盐类的标准溶液滴定，根据两种标准溶液的浓度和用量，即可求得被测物质的含量。因此，返滴定法又称回滴法或剩余量法。

络合滴定中的返滴定法主要用于下列情况：

（1）采用直接滴定法时，缺乏符合要求的指示剂，或者被测离子对指示剂有封闭作用。

（2）被测离子与 EDTA 络合的络合速率很慢。

（3）被测离子发生水解等副反应，影响测定。

如前面提到的铝盐与 EDTA 配位反应较慢，不能采用直接滴定法，常加入过量的 EDTA，然后用 Zn^{2+} 标准溶液返滴定过量的 EDTA。Ba^{2+} 的测定也常采用此法。具体操作是：先加入一定量过量的 EDTA 标准溶液，在 pH$\approx$3.5 时，煮沸溶液（由于此时酸度较大，pH<4，所以不致形成多核氢氧基络合物；又因 EDTA 过量较多，能使 Al^{3+} 与 EDTA 络合完全）。络合完全后，调节溶液 pH 至 5～6（此时 AlY 稳定，也不会重新水解析出多核络合物），加入二甲酚橙，即可顺利地用 Zn^{2+} 标准溶液进行返滴定。

3. 置换滴定法

如 Ag^+ 的测定，Ag^+ 与 EDTA 配合物稳定性不高，常加入过量的 $[Ni(CN)_4]^{2-}$ 于其中，定量置换出 Ni^{2+}，然后用 EDTA 标准溶液滴定。

$$2Ag^+ + [Ni(CN)_4]^{2-} \Longrightarrow 2[Ag(CN)_2]^- + Ni^{2+}$$

又如，测定锡合金中的 Sn 时，可于试液中加入过量的 EDTA，将可能存在的 Pb^{2+}、Zn^{2+}、Cd^{2+}、Bi^{3+} 等与 Sn(Ⅳ) 一起络合。用 Zn^{2+} 标准溶液滴定，络合过量的 EDTA。加 NH_4F，选择性地将 SnY 中的 EDTA 释放出来，再用 Zn^{2+} 的标准溶液滴定释放出来的 EDTA，即可求得 Sn(Ⅳ) 的含量。

4. 间接滴定法

SO_4^{2-} 是非金属离子，不能和 EDTA 直接配位，因此不能用直接滴定法滴定。但可采用加入过量的已知准确浓度的 $BaCl_2$ 溶液，使 SO_4^{2-} 与 Ba^{2+} 生成 $BaSO_4$ 沉淀，再用 EDTA 标准溶液滴定剩余的 Ba^{2+}，从而间接测定试样中 SO_4^{2-} 的含量。

2.5　沉淀溶解平衡与沉淀滴定法

影响沉淀溶解平衡的因素很多，从化学角度来看，主要有同离子效应、盐效应、酸效应和络合效应。本书着重介绍酸效应和络合效应对沉淀溶解平衡的影响，从而学习处理沉淀溶解平衡的一些技巧。

2.5.1　酸效应对沉淀溶解平衡的影响

以 M_mA_n 难溶盐为例,

$$M_mA_n \Longrightarrow mM + nA$$

上式省略了构晶离子的电荷,达到平衡时,在难溶盐饱和水溶液中,构晶离子的浓度(严格讲应为活度)系数次方幂的乘积是个常数,称之为溶度积常数。

$$K_{sp} = [M]^m[A]^n$$

酸效应,通常是指难溶盐的阴离子 A 是某弱酸的共轭碱,则 A 存在着结合质子生成弱酸的趋势。酸度增大,将使沉淀溶解平衡向溶解方向移动。如果 A 是 i 元弱酸的酸根,将结合质子的酸碱反应看成是沉淀反应的副反应,可以将这一复杂的平衡体系按照下面的反应方程式表达:

$$M_mA_n \Longrightarrow mM + nA$$
$$\Updownarrow H^+$$
$$HA$$
$$\Updownarrow H^+$$
$$H_2A$$
$$\vdots \Updownarrow H^+$$
$$H_iA$$

根据分布系数的定义:

$$\delta_A = \frac{[A]}{c_A} = \frac{1}{1 + \beta_1^H + \beta_2^H[H^+]^2 + \cdots + \beta_i^H[H^+]^i}$$

式中,$c_A = [A] + [HA] + [H_2A] + \cdots + [H_iA]$

$$s = \frac{[M]}{m} = \frac{c_A}{n}$$

$$s^{m+n} = \frac{[M]^m}{m^m} \frac{[A^n]}{n^n \delta_A^n} = \frac{K_{sp}}{m^m n^n \delta_A^n}$$

即在酸效应存在的情况下,难溶盐溶解度为

$$s = \sqrt[m+n]{\frac{K_{sp}}{m^m n^n \delta_A^n}}$$

2.5.2　络合效应对沉淀溶解平衡的影响

络合效应通常是指难溶化合物 M_mA_n 中的 M 离子可以和某些配体作用形成可溶性络合物,使得沉淀溶解平衡向溶解方向移动。类似于处理酸效应,也可将络合反应看成是沉淀反应的副反应,按下列方式处理:

$$\text{M}_m\text{A}_n \Longrightarrow m\text{M} + n\text{A}$$

$$\parallel \text{L}$$

$$\text{ML}$$

$$\parallel \text{L}$$

$$\text{ML}_2$$

$$\vdots \parallel \text{L}$$

$$\text{ML}_n$$

$$\delta_{\text{M}} = \frac{[M]}{c_{\text{M}}} = \frac{1}{1+\beta_1[L]+\beta_2[L]^2+\cdots+\beta_i[L]^i}$$

式中

$$c_{\text{M}} = [\text{M}]+[\text{ML}]+[\text{ML}_2]+\cdots+[\text{ML}_i]$$

得到

$$s = \sqrt[m+n]{\frac{K_{\text{sp}}}{m^m n^n \delta_{\text{M}}^m}}$$

如果酸效应和络合效应同时存在，则计算式为

$$s = \sqrt[m+n]{\frac{K_{\text{sp}}}{m^m n^n \delta_{\text{M}}^m \delta_{\text{A}}^n}}$$

以上这种将复杂的多重平衡体系分成主反应和副反应，然后利用分布系数予以定量处理的方法，在处理复杂的化学平衡时是十分有价值的。

2.5.3　沉淀滴定法

沉淀滴定法是以沉淀反应为基础的一种滴定分析方法。产生沉淀的反应虽然很多，但大多数沉淀反应不能满足定量分析的要求，而不能用于沉淀滴定。目前，应用于沉淀滴定法最广的是生成难溶性银盐的反应：

$$\text{Ag}^+ + \text{X} \Longrightarrow \text{AgX}\downarrow \text{（X 代表 Cl}^-\text{、Br}^-\text{、I}^-\text{、CN}^-\text{、SCN}^-\text{等）}$$

这种以生成难溶性银盐为基础的沉淀滴定法称为银量法。

用硝酸汞作滴定剂，二苯氨基脲作指示剂，与稍过量的二价汞离子生成蓝紫色络合物来判断终点从而测定 Cl^- 的含量，这种方法称为汞量法。

$$\text{Hg}^{2+} + 2\text{Cl}^- \Longrightarrow \text{HgCl}_2$$

1. 莫尔法

1）基本原理

莫尔（Mohr）法是以铬酸钾作指示剂的银量法。在中性或弱碱性溶液中，以铬酸钾作指示剂，用 AgNO_3 标准溶液直接滴定 Cl^- 时，由于 AgCl 的溶解度小于 Ag_2CrO_4 的溶解度，首先析出 AgCl 白色沉淀，当 Cl^- 被 Ag^+ 定量沉淀完全后，稍过量的 Ag^+ 与 CrO_4^{2-} 形成砖红色沉淀，从而指示滴定终点。滴定反应如下：

计量点前：$Ag^+ + Cl^- \rightleftharpoons AgCl\downarrow$（白）　　　　　　$K_{sp,AgCl} = 1.8 \times 10^{-10}$

计量点时：$2Ag^+ + CrO_4^{2-} \rightleftharpoons Ag_2CrO_4\downarrow$（砖红）　　$K_{sp,Ag_2CrO_4} = 1.1 \times 10^{-12}$

2）滴定条件

（1）指示剂的用量。莫尔法是以 Ag_2CrO_4 砖红色沉淀的出现来判断滴定终点的，若 K_2CrO_4 的浓度过大，终点将提前出现；浓度过小，滴定终点将拖后，均影响滴定的准确度。经计算，AgCl 沉淀生成的同时也形成 Ag_2CrO_4 砖红色沉淀，所需 CrO_4^{2-} 浓度为 $6.1 \times 10^{-3}\,mol\cdot L^{-1}$，但此浓度时溶液黄色较深，妨碍终点的观察。实验证明，K_2CrO_4 的浓度以 $0.005\,mol\cdot L^{-1}$ 为宜。

（2）溶液的 pH。莫尔法只适合在中性或弱碱性（pH = 6.5～10.5）条件下进行，因为在酸性溶液中 Ag_2CrO_4 要溶解。

$$Ag_2CrO_4 + H^+ \rightleftharpoons 2Ag^+ + HCrO_4^-$$

$$2HCrO_4^- \rightleftharpoons Cr_2O_7^{2-} + H_2O$$

而在强碱性的溶液中，Ag^+ 会生成 Ag_2O 沉淀：

$$Ag^+ + OH^- \rightleftharpoons AgOH\downarrow$$

$$2AgOH \longrightarrow Ag_2O\downarrow + H_2O$$

如果待测液碱性太强，可加入 HNO_3 中和，酸性太强可加入硼砂或碳酸氢钠中和。

（3）应用范围。莫尔法只适用于测定 Cl^- 和 Br^-。测定时溶液中不能有 Pb^{2+}、Ba^{2+}、Hg^{2+} 等与 CrO_4^{2-} 生成沉淀的阳离子，以及 PO_4^{3-}、AsO_4^{3-}、S^{2-} 等与 Ag^+ 生成沉淀的阴离子存在，否则干扰测定。由于 AgCl 和 AgBr 分别对 Cl^- 和 Br^- 有显著的吸附作用，因此在滴定过程中要充分振荡溶液，才不致影响测定的准确性。莫尔法不能测定 I^- 和 SCN^-，由于 AgI 或 AgSCN 沉淀对 I^- 或 SCN^- 的吸附太强，终点提前。

需要注意的是，不能用含 Cl^- 的溶液滴定 Ag^+，因为加入 K_2CrO_4 指示剂后会析出 Ag_2CrO_4 沉淀，在滴定过程中 Ag_2CrO_4 转化为 AgCl 较慢，滴定误差较大。

2. 佛尔哈德法

1）基本原理

佛尔哈德（Volhard）法是用铁铵矾 $(NH_4)Fe(SO_4)_2$ 作指示剂，以 NH_4SCN 或 KSCN 标准溶液滴定含有 Ag^+ 的试液，反应如下：

$$Ag^+ + SCN^- \rightleftharpoons AgSCN\downarrow（白）　　　K_{sp,AgSCN} = 1.0 \times 10^{-12}$$

$$Fe^{3+} + SCN^- \rightleftharpoons [Fe(SCN)]^{2+}（红）　　　K_{稳} = 2 \times 10^2$$

在滴定过程中，首先析出白色的 AgSCN 沉淀，到达计量点时，再滴入稍过量的 SCN^-，立即与溶液中的 Fe^{3+} 作用，生成红色的配离子 $[Fe(SCN)]^{2+}$，指示滴定终点的到达。此法测定 Cl^-、Br^-、I^- 和 SCN^- 时，先在被测溶液中加入过量的 $AgNO_3$ 标准溶液，然后加入铁铵矾指示剂，以 NH_4SCN 标准溶液滴定剩余的 Ag^+。

在测定 I^- 时，必须先加入过量的 Ag^+，使 I^- 沉淀完全，然后再加入指示剂，否则 Fe^{3+} 与 I^- 发生氧化还原反应，影响测定结果。

$$2Fe^{3+} + 2I^- \rightleftharpoons 2Fe^{2+} + I_2$$

在测定 Cl⁻时，加入 AgNO₃ 标准溶液后，应将 AgCl 沉淀滤出，然后再滴定滤液，或者加入硝基苯掩蔽，否则得不到准确结果。因 AgCl 溶解度比 AgSCN 大，将会出现下列反应：

$$AgCl(s) + SCN^- \rightleftharpoons AgSCN\downarrow + Cl^-$$

使 AgCl 沉淀转化为 AgSCN 沉淀，引起很大的滴定误差。

2）测定条件

（1）指示剂的用量。实验证明，要能观察到红色，$[Fe(SCN)]^{2+}$ 的最低浓度为 $6.0\times10^{-6}mol\cdot L^{-1}$，根据溶度积公式计算，此时 Fe^{3+} 的浓度约为 $0.03mol\cdot L^{-1}$。实际上，Fe^{3+} 的浓度太大，溶液呈较深的黄色，影响终点的观察，通常 Fe^{3+} 的浓度为 $0.015mol\cdot L^{-1}$。

（2）溶液酸度。溶液要求酸性，H^+ 浓度应控制在 $0.1\sim1mol\cdot L^{-1}$。否则 Fe^{3+} 发生水解，影响测定。

3）应用范围

采用佛尔哈德法在酸性溶液中滴定,免除了许多离子的干扰,所以它的适用范围广泛,不仅可以用来测定 Ag^+、Cl^-、Br^-、I^-、SCN^-，还可以用来测定 PO_4^{3-} 和 AsO_4^{3-}，在农业上也常用此法测定有机氯农药如六六六和滴滴涕等。凡是能与 SCN^- 作用的铜盐、汞盐以及对 Cl^-、Br^-、I^- 等测定有干扰的离子应预先除去。能与 Fe^{3+} 发生氧化还原作用的还原剂也应除去。

2.6 氧化还原滴定法

氧化还原滴定法是以氧化还原反应为基础的滴定分析方法。利用氧化还原滴定法可以直接或间接测定许多具有氧化性或还原性的物质，某些非变价元素（如 Ca^{2+}、Sr^{2+}、Ba^{2+} 等）也可以用氧化还原滴定法间接测定。因此，它的应用非常广泛。

氧化还原反应是电子转移的反应，比较复杂，电子转移往往分步进行，反应速率比较慢，也可能因不同的反应条件而产生副反应或生成不同的产物。因此，在氧化还原滴定中，必须创造和控制适当的反应条件，加快反应速率，防止副反应发生，以利于分析反应的定量进行。

在氧化还原滴定中，要使分析反应定量地进行完全，常常用强氧化剂和较强的还原剂作为标准溶液。根据所用标准溶液的不同，氧化还原滴定法可分为高锰酸钾法、重铬酸钾法、碘量法等。

2.6.1 高锰酸钾法

1. 概述

高锰酸钾法是以高锰酸钾标准溶液为滴定剂的氧化还原滴定法。高锰酸钾是一种强氧化剂，它的氧化能力和溶液的酸度有关。在强酸性溶液中，可定量氧化一些还原性物质，MnO_4^- 被还原为 Mn^{2+}：

$$MnO_4^- + 8H^+ + 5e^- \rightleftharpoons Mn^{2+} + 4H_2O \qquad E^\ominus_{MnO_4^-/Mn^{2+}} = 1.51V$$

在中性、弱酸性、弱碱性溶液中，MnO_4^- 与还原剂作用，则会生成褐色的二氧化锰（MnO_2）沉淀：

$$MnO_4^- + 2H_2O + 3e^- \rightleftharpoons MnO_2 + 4OH^- \qquad E^\ominus_{MnO_4^-/MnO_2} = 0.59V$$

由于高锰酸钾在强酸性溶液中的氧化能力强，且生成的 Mn^{2+} 接近无色，便于终点的观察，所以高锰酸钾滴定多在强酸性溶液中进行，所用的强酸是 H_2SO_4，酸度不足时容易生成 MnO_2 沉淀。若用 HCl，Cl^- 有干扰，而 HNO_3 溶液具有强氧化性，乙酸又太弱，都不适合高锰酸钾滴定。

高锰酸钾法的优点是：氧化能力强，不需另加指示剂，应用范围广。高锰酸钾法可直接测定许多还原性物质如 Fe^{2+}、$C_2O_4^{2-}$、H_2O_2、NO_2^-、$Sn(Ⅱ)$ 等，也可以用间接法测定非变价离子如 Ca^{2+}、Sr^{2+}、Ba^{2+} 等，用返滴定法测定 PbO_2、MnO_2 等。但高锰酸钾法的选择性较差，不能用直接法配制高锰酸钾标准溶液，且标准溶液不够稳定。

2. 高锰酸钾标准溶液的配制和标定

1）$KMnO_4$ 标准溶液的配制

纯的 $KMnO_4$ 溶液是相当稳定的。但一般 $KMnO_4$ 试剂中常含有少量 MnO_2 和其他杂质，而且蒸馏水中也含有微量还原性物质，它们可与 MnO_4^- 反应而析出 $MnO_2 \cdot H_2O$ 沉淀，并进一步促进 $KMnO_4$ 溶液的分解。因此，$KMnO_4$ 标准溶液不能用直接法配制，通常先配成近似浓度的溶液，配好后加热微沸 1h 左右，然后需放置 2~3d，使溶液中可能存在的还原性物质完全氧化，过滤除去 MnO_2 沉淀，并保存于棕色瓶中，存放在阴暗处以待标定。

2）$KMnO_4$ 标准溶液的标定

标定 $KMnO_4$ 溶液浓度的基准物质有 $H_2C_2O_4 \cdot 2H_2O$、$Na_2C_2O_4$、$(NH_4)_2C_2O_4$、As_2O_3 和纯铁丝等，其中 $Na_2C_2O_4$ 较为常用。在 H_2SO_4 溶液中，MnO_4^- 与 $C_2O_4^{2-}$ 的反应如下：

$$2MnO_4^- + 5C_2O_4^{2-} + 16H^+ \rlap{=}{=} 2Mn^{2+} + 10CO_2\uparrow + 8H_2O$$

这一反应为自动催化反应，为了使该反应能定量地进行，应注意以下几个条件：

（1）温度。室温下该反应的速率缓慢，常将溶液加热到 75~85℃时趁热滴定。但温度也不宜过高，若高于 90℃，部分 $H_2C_2O_4$ 发生分解，使 $KMnO_4$ 用量减少，标定结果偏高。

$$H_2C_2O_4 \rlap{=}{=} CO_2\uparrow + CO\uparrow + H_2O$$

（2）酸度。为了使滴定反应能够定量地进行，溶液应保持足够的酸度。一般在开始滴定时，溶液的酸度为 0.5~1mol·L^{-1} H$^+$，滴定终了时，酸度为 0.2~0.5mol·L^{-1} H$^+$。酸度不足时，容易生成 $MnO_2 \cdot H_2O$ 沉淀；酸度过高时，又会促使 $H_2C_2O_4$ 分解。

（3）滴定速度。开始滴定时，因反应速率慢，滴定不宜太快，滴入的第一滴 $KMnO_4$ 溶液褪色后，由于生成了催化剂 Mn^{2+}，反应逐渐加快。随后滴定速度可快些，但仍需逐滴加入，否则滴入的 $KMnO_4$ 来不及与 $Na_2C_2O_4$ 发生反应，$KMnO_4$ 就分解了，从而使结果偏低。

$$4MnO_4^- + 12H^+ \rlap{=}{=} 4Mn^{2+} + 5O_2\uparrow + 6H_2O$$

（4）滴定终点。用 $KMnO_4$ 溶液滴定至终点后，溶液出现的浅红色不能持久，因为空气中的还原性气体和灰尘都能与 MnO_4^- 缓慢作用, 使 MnO_4^- 还原, 溶液的浅红色逐渐消失, 所以滴定时溶液中出现的浅红色在半分钟内不褪色, 便可认定已达滴定终点。

3. 应用示例

1) 直接滴定法测定 H_2O_2 的含量

高锰酸钾在酸性溶液中能定量地氧化过氧化氢, 其反应式为

$$2MnO_4^- + 5H_2O_2 + 6H^+ === 2Mn^{2+} + 5O_2\uparrow + 8H_2O$$

滴定开始时反应比较慢, 待有少量 Mn^{2+} 生成后, 由于 Mn^{2+} 的催化作用, 反应速率加快。

2) 间接滴定法测定 Ca^{2+} 的含量

试样中 Ca^{2+} 含量的测定, 其步骤为: 先将试样中的 Ca^{2+} 沉淀为 CaC_2O_4, 然后将沉淀过滤, 洗净, 并用稀硫酸溶解, 最后用 $KMnO_4$ 标准溶液滴定。其有关反应式如下:

$$Ca^{2+} + C_2O_4^{2-} === CaC_2O_4\downarrow$$

$$CaC_2O_4 + 2H^+ === H_2C_2O_4 + Ca^{2+}$$

$$2MnO_4^- + 5H_2C_2O_4 + 6H^+ === 2Mn^{2+} + 10CO_2\uparrow + 8H_2O$$

2.6.2　重铬酸钾法

1. 概述

重铬酸钾法是以 $K_2Cr_2O_7$ 为标准溶液的氧化还原滴定法。在酸性溶液中, $K_2Cr_2O_7$ 与还原剂作用被还原为 Cr^{3+}, 半反应为

$$Cr_2O_7^{2-} + 14H^+ + 6e^- \rightleftharpoons 2Cr^{3+} + 7H_2O \qquad E^{\ominus}(Cr_2O_7^{2-}/Cr^{3+}) = 1.33V$$

从标准电极电势来看, $K_2Cr_2O_7$ 的氧化能力不如 $KMnO_4$ 强, 应用范围也不如高锰酸钾法广泛。但与高锰酸钾法相比, 具有以下优点: ① $K_2Cr_2O_7$ 容易提纯, 可直接配制标准溶液。② $K_2Cr_2O_7$ 标准溶液非常稳定, 可以长期保存。③室温下 $K_2Cr_2O_7$ 不与 Cl^- 作用, 所以可在 HCl 溶液中滴定 Fe^{2+}。但当 HCl 浓度太大或将溶液煮沸时, $K_2Cr_2O_7$ 也能部分地被 Cl^- 还原。

在重铬酸钾法中, 虽然橙色的 $Cr_2O_7^{2-}$ 被还原后转化为绿色的 Cr^{3+}, 但由于 $Cr_2O_7^{2-}$ 的颜色不是很深, 所以不能根据自身的颜色变化来确定终点, 需另加氧化还原指示剂, 一般采用二苯胺磺酸钠作指示剂。重铬酸钾法常用于铁和土壤有机质的测定。

2. 应用示例

亚铁盐中亚铁含量的测定可用 $K_2Cr_2O_7$ 标准溶液滴定, 在酸性溶液中反应式为

$$Cr_2O_7^{2-} + 6Fe^{2+} + 14H^+ === 2Cr^{3+} + 6Fe^{3+} + 7H_2O$$

准确称取试样在酸性条件下溶解后, 加入适量的 H_3PO_4, 并加入二苯胺磺酸钠指示剂, 滴定至终点。加入 H_3PO_4 的目的是使 Fe^{3+} 生成无色而稳定的 $[Fe(PO_4)_2]^{3-}$ 配离子, 降低 Fe^{3+}/Fe^{2+} 电对的电势, 从而使指示剂的变色范围落在滴定的突跃范围内。

2.6.3　碘量法

1. 概述

碘量法是以 I_2 的氧化性和 I^- 的还原性为基础的滴定分析方法，其电极反应式为

$$I_2 + 2e^- \rightleftharpoons 2I^- \qquad E^{\ominus}(I_2 / I^-) = 0.535V$$

由标准电极电势数据可知，I_2 是较弱的氧化剂，它只能与较强的还原剂作用，而 I^- 是一种中等强度的还原剂，能与许多氧化剂作用。因此，碘量法可分为直接碘量法和间接碘量法两种。

（1）直接碘量法。直接碘量法又称碘滴定法，是用 I_2 标准溶液直接滴定还原性物质。可用于测定 $S_2O_3^{2-}$、SO_3^{2-}、Sn^{2+}、维生素 C 等还原性较强的物质的含量。

（2）间接碘量法。间接碘量法又称滴定碘法，是利用 I^- 作还原剂，在一定的条件下，与氧化性物质作用，定量地析出 I_2，然后用 $Na_2S_2O_3$ 标准溶液滴定 I_2，从而间接地测定氧化性物质的含量。如可测定 MnO_4^-、$Cr_2O_7^{2-}$、Cu^{2+}、IO_3^-、BrO_3^-、H_2O_2 等氧化性物质的含量。间接碘量法比直接碘量法应用更为广泛。

碘量法常用淀粉作指示剂，淀粉与 I_2 结合形成蓝色物质，灵敏度很高，即使在 $10^{-5} mol \cdot L^{-1}$ I_2 溶液中也能看出。实践证明，直链淀粉遇 I_2 变蓝必须有 I^- 存在，并且 I^- 浓度越高，显色越灵敏。淀粉溶液必须是新鲜配制的，否则会腐败分解，显色不敏锐。另外，在间接碘量法中，淀粉指示剂应在滴定临近终点时加入，否则大量的 I_2 与淀粉结合，不易与 $Na_2S_2O_3$ 反应，将会给滴定带来误差。

碘量法的反应条件和滴定条件非常重要，滴定时应注意以下两个问题，才能获得准确的结果。

（1）控制溶液的酸度。$Na_2S_2O_3$ 与 I_2 的反应必须在中性或弱酸性溶液中进行。这是因为在碱性溶液中，会发生如下副反应：

$$S_2O_3^{2-} + 4I_2 + 10OH^- \rightleftharpoons 2SO_4^{2-} + 8I^- + 5H_2O$$

$$3I_2 + 6OH^- \rightleftharpoons IO_3^- + 5I^- + 3H_2O$$

在强酸性溶液中，$Na_2S_2O_3$ 会分解，同时 I^- 易被空气中的 O_2 氧化：

$$S_2O_3^{2-} + 2H^+ \rightleftharpoons SO_2 + S\downarrow + H_2O$$

$$4I^- + 4H^+ + O_2 \rightleftharpoons 2I_2 + 2H_2O$$

（2）防止碘的挥发和碘离子的氧化。碘量法的误差，主要有两个来源：I_2 易挥发，I^- 容易被空气中的 O_2 氧化。所以，为了保证滴定的准确度，应采取以下措施：为防止 I_2 的挥发，应加入过量的 KI，使 I_2 形成 I_3^- 配离子，I_2 在水中的溶解度增大；反应温度不宜过高，一般在室温下进行；间接碘量法最好在碘量瓶中进行，反应完全后立即滴定，且勿剧烈振动。为了防止 I^- 被空气中的 O_2 氧化，溶液酸度不宜过高，光及 Cu^{2+}、NO_2^- 等能催化 I^- 被空气中的 O_2 氧化，应将析出 I_2 的反应瓶置于暗处并预先除去干扰离子。

2. 标准溶液的配制和标定

1）Na₂S₂O₃ 溶液的配制和标定

结晶的 $Na_2S_2O_3 \cdot 5H_2O$，一般含有少量 S、Na_2SO_3、Na_2CO_3、NaCl 等杂质，因此不能用直接法配制标准溶液。并且 $Na_2S_2O_3$ 溶液不稳定，容易与水中的 CO_2、空气中的氧气作用，以及被微生物分解而使浓度发生变化。因此，配制 $Na_2S_2O_3$ 标准溶液时应先煮沸蒸馏水，除去水中的 CO_2 及杀灭微生物，加入少量 Na_2CO_3 使溶液呈微碱性，以防止 $Na_2S_2O_3$ 分解。日光能促使 $Na_2S_2O_3$ 分解，所以 $Na_2S_2O_3$ 溶液应储存于棕色瓶中，放置暗处，经一两周后再标定。长期保存的溶液，在使用时应重新标定。

标定 $Na_2S_2O_3$ 溶液常用 $K_2Cr_2O_7$、$KBrO_3$、KIO_3 等作基准物质，用间接碘量法进行标定。如在酸性溶液中有过量 KI 存在下，一定量的 $KBrO_3$ 与 KI 反应产生相应量的 I_2。

$$BrO_3^- + 6H^+ + 6I^- \rightleftharpoons Br^- + 3I_2 + 3H_2O$$

用 $Na_2S_2O_3$ 标准溶液滴定析出的 I_2。

$$I_2 + 2S_2O_3^{2-} \rightleftharpoons 2I^- + S_4O_6^{2-}$$

根据 $KBrO_3$ 质量及 $Na_2S_2O_3$ 用量计算 $Na_2S_2O_3$ 物质的量浓度。

$$c(Na_2S_2O_3) = \frac{m(KBrO_3)}{M(1/6KBrO_3) \times V(Na_2S_2O_3) \times 10^{-3}}$$

2）I₂ 溶液的配制和标定

用升华法制得的纯 I_2，可以直接配制 I_2 的标准溶液；市售的 I_2 含有杂质，采用间接法配制 I_2 标准溶液。I_2 在水中的溶解度很小，且易挥发，通常将它溶解在较浓的 KI 溶液中，以提高其溶解度。碘见光遇热时浓度会发生变化，应装在棕色瓶中，并置于暗处保存。储存和使用 I_2 溶液时，应避免与橡皮等有机物质接触。

标定 I_2 溶液的浓度，可用升华法精制的 As_2O_3（俗称砒霜，剧毒！）作基准物质，一般用已经标定好的 $Na_2S_2O_3$ 标准溶液来标定。根据等物质的量规则，$n(1/2I_2) = n(Na_2S_2O_3)$，所以

$$c(1/2I_2) = \frac{c(Na_2S_2O_3) \cdot V(Na_2S_2O_3)}{V(I_2)}$$

3. 应用示例

1）直接碘量法测定维生素 C

维生素 C 又称抗坏血酸，其分子式（$C_6H_8O_6$）中的烯二醇基具有还原性，能被碘定量地氧化为二酮基：

$$C_6H_8O_6 + I_2 \rightleftharpoons C_6H_6O_6 + 2HI$$

$C_6H_8O_6$ 的还原能力很强，在空气中极易氧化，特别在碱性条件下尤甚。所以滴定时，应加入一定量的乙酸使溶液呈弱酸性。

2）间接碘量法测定胆矾中的铜

胆矾（$CuSO_4 \cdot 5H_2O$）是农药波尔多液的主要原料，测定铜的含量时加入过量的

KI，使 Cu^{2+} 与 KI 作用生成难溶性的 CuI，并析出单质 I_2，再用 $Na_2S_2O_3$ 标准溶液滴定析出的 I_2。

$$2Cu^{2+} + 4I^- \rule[0.5ex]{1em}{0.1ex} 2CuI\downarrow + I_2$$
$$I_2 + 2S_2O_3^{2-} \rule[0.5ex]{1em}{0.1ex} 2I^- + S_4O_6^{2-}$$

CuI 溶解度相对较大，且对 I_2 的吸附较强，使滴定终点不明显。为此，在计量点前加入 KSCN，使 CuI 转化为更难溶的 CuSCN 沉淀。

$$CuI(s) + SCN^- \rule[0.5ex]{1em}{0.1ex} CuSCN\downarrow + I^-$$

所得的 CuSCN 很难吸附碘，使反应终点变色比较明显。但 KSCN 只能在接近终点时加入，否则 SCN^- 直接还原 Cu^{2+}，而使结果偏低：

$$6Cu^{2+} + 7SCN^- + 4H_2O \rule[0.5ex]{1em}{0.1ex} 6CuSCN\downarrow + SO_4^{2-} + HCN + 7H^+$$

为了防止 Cu^{2+} 的水解，反应必须在酸性溶液（pH = 3.5～4）中进行，由于 Cu^{2+} 容易与 Cl^- 形成配离子，因此酸化时常用 H_2SO_4 或 HAc 而不用 HCl。

Fe^{3+} 容易氧化 I^- 生成 I_2，使结果偏高。若试样中含有 Fe^{3+} 时，应分离除去或加入 NaF 使 Fe^{3+} 形成配离子 $[FeF_6]^{3-}$ 而掩蔽，以消除干扰。

2.7　精选例题

例 2-1　[中国化学会第 20 届全国高中化学竞赛（决赛）试题第 6 题]

有人用酸碱滴定法测定二元弱酸的分子量，实验过程如下：

步骤一：用邻苯二甲酸氢钾标定氢氧化钠，测得氢氧化钠标准溶液的浓度为 $0.1055 mol \cdot L^{-1}$。氢氧化钠标准溶液在未密闭的情况放置两天后（溶剂挥发不计），按照下列方法测定了氢氧化钠标准溶液吸收的 CO_2 的量：移取 25.00mL 该标准碱液用 $0.1152 mol \cdot L^{-1}$ 的 HCl 滴定至酚酞变色为终点，消耗 HCl 标准溶液 22.78mL。

步骤二：称取纯的有机弱酸（H_2B）样品 0.1963g，将样品定量溶解在 50.00mL 纯水中，选择甲基橙为指示剂进行滴定。当加入新标定的 $0.0950 mol \cdot L^{-1}$ 氢氧化钠标准溶液 9.21mL 时，发现该法不当，遂停止滴定，用酸度计测量了停止滴定时的溶液的 pH = 2.87。已知 H_2B 的 $pK_{a_1} = 2.86$，$pK_{a_2} = 5.70$。

6-1　按步骤一计算放置两天后的氢氧化钠标准溶液每升吸收了多少克 CO_2？

6-2　按步骤二估算该二元弱酸的 H_2B 的分子量。

6-3　试设计一个正确的测定该弱酸分子量的滴定分析方法，指明滴定剂、指示剂，并计算化学计量点的 pH。

6-4　若使用步骤一放置两天后的氢氧化钠标准溶液用设计的正确方法测定该二元弱酸的分子量，计算由此引起的相对误差。

解析：

6-1　氢氧化钠标准溶液在未密闭的情况放置两天后，会吸收一部分 CO_2 生成

Na_2CO_3，用 HCl 滴定至酚酞变色为终点时，Na_2CO_3 生成 $NaHCO_3$，而 NaOH 不反应，所以消耗的 HCl 标准溶液的体积就是 Na_2CO_3 的量，由此可以计算出 CO_2 的量。

$$\frac{(0.1055\times25.00-0.1152\times22.78)\times1000}{25.00\times1000}\times44.0=0.023(g\cdot L^{-1})$$

6-2　采用甲基橙为指示剂进行滴定，生成的产物为 HB^-，根据消耗的 NaOH 的体积和浓度，可以算出 HB^- 的浓度，再根据此时溶液的 pH，可以算出 HB^- 的分布系数，根据分布系数的定义可以算出 H_2B 的总浓度，最后求出 H_2B 的分子量 M。

$$[HB^-]=\frac{0.0950\times9.21}{50.00+9.21}+10^{-2.87}=0.0161(mol\cdot L^{-1})$$

$$\delta_{HB^-}=\frac{[H^+]K_{a_1}}{[H^+]^2+[H^+]K_{a_1}+K_{a_1}K_{a_2}}=\frac{10^{-2.87}\times10^{-2.86}}{10^{-2.87}+10^{-2.87}\times10^{-2.86}+10^{-2.86}\times10^{-5.70}}$$

$$=0.506$$

$$c=\frac{[HB^-]}{\delta_{HB^-}}=0.0319(mol\cdot L^{-1})$$

$$\frac{0.1963}{M}\times\frac{1000}{50.00+9.21}=0.0319，求得 M=1.0\times10^2$$

6-3　正确的方法是使用酚酞作指示剂，用 NaOH 标准溶液滴定到溶液呈微红色并且半分钟不褪色为终点，即

$$H_2B+2NaOH=\!=\!=Na_2B+2H_2O$$

滴定终点时，NaOH 与 H_2B 完全反应，由此可以计算出滴定到终点所消耗的 NaOH 的体积。

$$2\times\frac{0.1963\times1000}{1.0\times10^2}=0.0950\times V_{NaOH}$$

$$V_{NaOH}=41.3mL$$

$$c_{B^{2-}}=\frac{0.0950\times41.3}{50.00+41.3}=0.0430(mol\cdot L)$$

$$[OH^-]_{sp}=\sqrt{K_{b_1}c_{B^{2-}}}=\sqrt{\frac{K_w}{K_{a_2}}c_{B^{2-}}}=\sqrt{\frac{1.0\times10^{-14}}{1.0\times10^{-5.70}}\times0.0430}=10^{-4.83}(mol\cdot L^{-1})$$

$$pH=9.17$$

6-4　使用吸收了 CO_2 的 NaOH 标准溶液测定，将引起误差

$$c_{实际}=\frac{0.1152\times22.78}{25.00}=0.1050(mol\cdot L^{-1})$$

相对误差为

$$\frac{0.1050-0.1055}{0.1055}\times100\%=-0.5\%$$

例 2-2　[第 26 届全国高中学生化学竞赛决赛试题第 2 题]

用 EDTA 标准溶液测定铅铋合金中铅、铋的含量。用 $0.02000mol\cdot L^{-1}$ EDTA 滴定 25.00mL 含有未知浓度的 Bi^{3+} 和 Pb^{2+} 的混合溶液。以二甲酚橙为指示剂，用 EDTA 滴定

Bi^{3+}，消耗 22.50mL。在滴定完 Bi^{3+}后，溶液的 pH = 1.00。加入六次甲基四胺，调节溶液的 pH 到 5.60，再用 EDTA 滴定 Pb^{2+}，消耗 22.80mL。$(CH_2)_6N_4$ 的 $pK_b = 8.85$（计算中不考虑滴定过程中所加水和指示剂所引起的体积变化）。

2-1 计算应加入多少克六次甲基四胺使溶液的 pH 从 1.00 变到 5.60。

2-2 计算未知液中 Bi^{3+}和 Pb^{2+}的浓度（$g \cdot L^{-1}$）。

解析：此题考查的是络合滴定中金属离子的分别滴定相关知识。因为滴定剂 EDTA 存在酸效应，金属离子与 OH^-会发生副反应，甚至生成沉淀，指示剂的使用也需要有合适的酸度范围，所以络合滴定中酸度的控制非常重要，每种金属离子滴定时都需要在适宜的酸度范围下进行，通常采用酸碱缓冲溶液控制络合滴定的 pH。

2-1 已知$(CH_2)_6N_4$ 的 $pK_b = 8.85$，$M[(CH_2)_6N_4] = 140.2$

$(CH_2)_6N_4H^+$ 的 $pK_a = 5.15$

滴定完 Bi^{3+}后，溶液中 H^+的物质的量为

$n(H^+) = 0.10 \times 0.04750 = 4.8 \times 10^{-3} (mol)$

pH = 5.60 时，$5.60 = 5.15 + \lg \dfrac{[(CH_2)_6N_4]}{[(CH_2)_6N_4H^+]}$

所以 $\dfrac{[(CH_2)_6N_4]}{[(CH_2)_6N_4H^+]} = 2.8$

加入的$(CH_2)_6N_4$ 与溶液中 H^+反应生成 4.8×10^{-3} mol $(CH_2)_6N_4H^+$，过量的$(CH_2)_6N_4$ 为 $2.8 \times 4.8 \times 10^{-3} = 1.3 \times 10^{-2}(mol)$

加入$(CH_2)_6N_4$ 的质量 = $(1.3 \times 10^{-2} + 4.8 \times 10^{-3}) \times 140.2 = 2.5(g)$

或 pH = 5.60 时，

$$\delta_{(CH_2)_6N_4H^+} = \frac{[H^+]}{K_a + [H^+]} = \frac{10^{-5.60}}{10^{-5.15} + 10^{-5.60}} = \frac{2.5 \times 10^{-6}}{7.1 \times 10^{-6} + 2.5 \times 10^{-6}} = 0.26$$

$n((CH_2)_6N_4 + (CH_2)_6N_4H^+) = 4.8 \times 10^{-3}/0.26 = 1.8 \times 10^{-2}(mol)$

加入$(CH_2)_6N_4$ 的质量 = $1.8 \times 10^{-2} \times 140.2 = 2.5(g)$

2-2 pH = 1 测定 Bi^{3+}，Bi^{3+}易水解，pH = 5.60 测定 Pb^{2+}

溶液中 Bi^{3+}的量为 $0.02000 \times 0.02250 = 4.500 \times 10^{-4}(mol)$。

Bi^{3+}的浓度为 $4.500 \times 10^{-4} \times 209.0/0.02500 = 3.762(g \cdot L^{-1})$。

溶液中 Pb^{2+}的量为 $0.02000 \times 0.02280 = 4.560 \times 10^{-4}(mol)$。

Pb^{2+}的浓度为 $4.560 \times 10^{-4} \times 207.2/0.02500 = 3.779(g \cdot L^{-1})$。

例 2-3 ［中国化学会第 26 届全国高中学生化学竞赛（省级赛区）试题第 3 题］

$CuSO_4$ 溶液与 $K_2C_2O_4$ 溶液反应，得到一种蓝色晶体。通过下述实验确定该晶体的组成：

（a）称取 0.2073g 样品，放入锥形瓶，加入 40mL 2mol·L^{-1} 的 H_2SO_4，微热使样品溶解，加入 30mL 水，加热近沸，用 0.02054mol·L^{-1} $KMnO_4$ 溶液滴定至终点，消耗 24.18mL。

（b）接着将溶液充分加热，使浅紫红色变为蓝色，冷却后加入 2g KI 固体和适量

Na_2CO_3，溶液变为棕色并生成沉淀。用 $0.04826mol·L^{-1}$ 的 $Na_2S_2O_3$ 溶液滴定，近终点时加入淀粉指示剂，至终点，消耗 12.69mL。

3-1　写出步骤 a 中滴定反应的方程式。

3-2　写出步骤 b 中溶液由淡紫色变为蓝色的过程中所发生反应的方程式。

3-3　用反应方程式表达 KI 在步骤 b 中的作用；写出 $Na_2S_2O_3$ 滴定反应的方程式。

3-4　通过计算写出蓝色晶体的化学式（原子数取整数）。

解析：

3-1　此题涉及氧化还原滴定中的高锰酸钾法和碘量法知识点。从步骤 a 中描述可知，加入 H_2SO_4 后，$C_2O_4^{2-}$ 变成了 $H_2C_2O_4$，所以 $KMnO_4$ 溶液滴定至终点发生的反应是 $KMnO_4$ 与 $H_2C_2O_4$ 的氧化还原反应。

$$2MnO_4^- + 5H_2C_2O_4 + 6H^+ === 2Mn^{2+} + 10CO_2\uparrow + 8H_2O$$

3-2　溶液继续加热后，因为 $4MnO_4^- + 12H^+ === Mn^{2+} + 5O_2\uparrow + 6H_2O$，所以 $KMnO_4$ 溶液的浅紫红色消失，看到的是 $CuSO_4$ 溶液的蓝色。

3-3　KI 与 Cu^{2+} 作用：$2Cu^{2+} + 5I^- === 2CuI\downarrow + I_3^-$

$$I_2 + 2S_2O_3^{2-} = 2I^- + S_4O_6^{2-}$$

3-4　根据 3-1 中的反应式和步骤 a 中的数据，得

$$n(C_2O_4^{2-}) = 0.02054 \times 24.18 \times \frac{5}{2} = 1.2416(mmol)$$

根据 3-3 中的反应式和步骤 b 中的数据，可得

$$n(Cu^{2+}) = 0.04826 \times 12.69 = 0.6124(mmol)$$

$$n(Cu^{2+}) : n(C_2O_4^{2-}) = 0.6124 : 1.2416 = 0.4933 \approx 0.5$$

配离子组成为 $[Cu(C_2O_4)_2]^{2-}$。

由电荷守恒得，晶体的化学式为 $K_2[Cu(C_2O_4)_2]·xH_2O$。结晶水的质量为

$0.2073 - 0.6124 \times 10^{-3} \times M[K_2Cu(C_2O_4)_2] = 0.2073 - 0.6124 \times 10^{-3} \times 317.8 = 0.0127(g)$

$$n(H_2O) = \frac{0.0127}{18.02} \times 1000 = 0.705(mmol)$$

$$n(H_2O) : n(Cu^{2+}) = 0.705 : 0.6124 = 1.15 \approx 1$$

或用 $n(C_2O_4^{2-})$ 和 $n(Cu^{2+})$ 实验数据的均值 0.6180mmol 计算水的质量：

$$0.2073g - 0.6180 \times 10^{-3}mol \times M[K_2Cu(C_2O_4)_2] = 0.0109g$$

$$n(H_2O) = 0.0109g/(18.02g·mol^{-1}) = 0.000605mol = 0.605mmol$$

$$n(H_2O) : n(Cu^{2+}) = 0.605 : 0.6124 = 0.989 \approx 1$$

所以，蓝色晶体的化学式为 $K_2[Cu(C_2O_4)_2]·H_2O$。

例 2-4　[第 29 届中国化学奥林匹克（初赛）试题第 4 题]

腐殖质是土壤中结构复杂的有机物，土壤肥力与腐殖质含量密切相关。可采用重铬酸钾法测定土壤中腐殖质的含量。

称取 0.1500g 风干的土样，加入 5mL 0.10mol·L^{-1} K$_2$Cr$_2$O$_7$ 的 H$_2$SO$_4$ 溶液，充分加热，氧化其中的碳（C-CO$_2$，腐殖质中含碳 58%，90% 的碳可被氧化）。以邻菲罗啉为指示剂，用 0.1221mol·L^{-1} 的 (NH$_4$)$_2$SO$_4$·FeSO$_4$ 溶液滴定，消耗 10.02mL。

空白实验如下：上述土壤样品经高温灼烧后，称取同样质量，采用相同的条件处理和滴定，消耗 (NH$_4$)$_2$SO$_4$·FeSO$_4$ 溶液 22.35mL。

4-1　写出在酸性介质中 K$_2$Cr$_2$O$_7$ 将碳氧化为 CO$_2$ 的方程式。

4-2　写出硫酸亚铁铵滴定过程的方程式。

4-3　计算土壤中腐殖质的质量分数。

解析： 此题考查的是氧化还原滴定中重铬酸钾法的返滴定知识。

4-1　$2Cr_2O_7^{2-} + 3C + 16H^+ \xlongequal{\quad} 4Cr^{3+} + 3CO_2 + 8H_2O$

或 $2K_2Cr_2O_7 + 3C + 8H_2SO_4 \xlongequal{\quad} 2K_2SO_4 + 2Cr_2(SO_4)_3 + 3CO_2 + 8H_2O$

4-2　$Cr_2O_7^{2-} + 6Fe^{2+} + 14H^+ \xlongequal{\quad} 6Fe^{3+} + 2Cr^{3+} + 7H_2O$

或 $2K_2Cr_2O_7 + 6FeSO_4 + 7H_2SO_4 \xlongequal{\quad} 3Fe_2(SO_4)_3 + K_2SO_4 + Cr_2(SO_4)_3 + 7H_2O$

4-3　土样经高温灼烧后，其中的腐殖质全部被除去，所以空白实验课测定实验结果之差，即为氧化腐殖质中的 C 所需要的 Cr$_2$O$_7^{2-}$。

土样测定中剩余的 Cr$_2$O$_7^{2-}$：0.1221mol·L^{-1}×10.02mL×1/6 = 0.2039mmol

空白样品中测得的 Cr$_2$O$_7^{2-}$：0.1221mol·L^{-1}×22.35mL×1/6 = 0.4548mmol

被氧化的 C：（0.4548-0.2039）mmol×3/2 = 0.3764mmol

腐殖质中中 C 量：0.3764mmol/0.90 = 0.418mmol

折合的腐殖质质量：0.418mmol×12.0g·mol^{-1}/58% = 8.65mg

土壤中腐殖质含量：8.65×10^{-3}g/0.1500g×100% = 5.8%

腐殖质的质量分数：1/6×3/2×（22.35-10.02）×10^{-3}×0.1221×12.01/58%÷90%÷0.1500×100% = 5.8%

例 2-5（自选题）

用作食品添加剂的 CuSO$_4$·5H$_2$O 的纯度较高，药典规定测定 CuSO$_4$·5H$_2$O 含量的方法是：取样品 0.6g，置于碘量瓶中加蒸馏水 50mL。溶解后加 HAc 4mL，KI 2g。用一定浓度的 Na$_2$S$_2$O$_3$ 标准溶液滴定，近终点时加淀粉指示剂 2mL，继续滴定至蓝色消失。已知 1mL Na$_2$S$_2$O$_3$ 溶液相当于 3.250mg 的 KIO$_3$·HIO$_3$，KIO$_3$·HIO$_3$ 的摩尔质量为 389.91g·mol^{-1}，CuSO$_4$·5H$_2$O 的摩尔质量为 249.68g·mol^{-1}。

5-1　分析试样的取样质量为什么是 0.6g 左右。

5-2　为什么将滴定到终点的溶液在空气中放置一定的时间后溶液又变为蓝色？

5-3　如果所称量试样的准确质量为 0.6000g，滴定所消耗的 Na$_2$S$_2$O$_3$ 溶液的体积为 23.67mL，计算样品中 CuSO$_4$·5H$_2$O 的质量分数。

解析： 此题考查的是间接碘量法相关知识。

5-1　有关的反应式为

$$2Cu^{2+} + 4I^- \xlongequal{\quad} 2CuI + I_2$$

$$I_2 + 2S_2O_3^{2-} \rightleftharpoons 2I^- + S_4O_6^{2-}$$

$$KIO_3 \cdot HIO_3 + 10KI + 11HCl \rightleftharpoons 6I_2 + 11KCl + 6H_2O$$

由以上的反应式有

$$1 \; KIO_3 \cdot HIO_3 \propto 6I_2 \propto 12 \; S_2O_3^{2-}$$

$Na_2S_2O_3$ 溶液的浓度为

$$c_{Na_2S_2O_3} = \frac{3.250 \times 12}{389.91 \times 1000} \times 1000 = 0.1000 (mol \cdot L^{-1})$$

在化学滴定分析中为保证滴定结果的准确度，所加滴定剂的体积应控制在 25mL 附近为宜，又

$$2CuSO_4 \cdot 5H_2O \propto 2Cu^{2+} \propto 1I_2 \propto 2S_2O_3^{2-}$$

$CuSO_4 \cdot 5H_2O$ 的称量质量大约为

$$m = 0.1000 \times 25 \times 10^{-3} \times 249.68 = 0.624 (g)$$

所以分析试样的取样质量应在 0.6g 左右。

5-2　反应后的溶液中的 I^- 被空气中的 O_2 氧化为单质 I_2，I_2 与淀粉作用变蓝色。

5-3　由以上反应已知：

$$1CuSO_4 \cdot 5H_2O \propto 1S_2O_3^{2-}$$

$$c_{Na_2S_2O_3} = \frac{3.250 \times 12}{389.91 \times 1000} \times 1000 = 0.1000 (mol \cdot L^{-1})$$

$$\omega_{CuSO_4 \cdot 4H_2O} = \frac{0.1000 \times 23.67 \times 10^{-3} \times M_{CuSO_4 \cdot 5H_2O}}{0.6000} \times 100\% = 98.625\%$$

例 2-6 　[第 30 届中国化学奥林匹克（初赛）试题第 5 题]

化学式为 MO_xCl_y 的物质有氧化性，M 为过渡金属元素，x 和 y 均为正整数。将 2.905g 样品溶于水，定容至 100mL。移取 20.00mL 溶液，加入稀硝酸和足量的 $AgNO_3$，分离得到白色沉淀 1.436g。移取溶液 20.00mL，加入适量硫酸，以 N-苯基邻氨基苯甲酸作指示剂，用标准硫酸亚铁溶液滴定至终点，消耗 3.350mmol。已知其中阳离子以 MO_x^{y+} 存在，推出该物质的化学式。指出 M 是哪种元素。写出硫酸亚铁铵溶液滴定 MO_x^{y+} 的离子反应方程式。

解析：此题考查的是氧化还原滴定的相关知识。

$$n(Cl^-) = 1.436g / (107.9 + 35.45)g/mol = 0.01002mol = 10.02mmol$$

MO_x^{y+} 与 Fe^{2+} 反应，$Fe^{2+} \longrightarrow Fe^{3+}$，$n(Fe^{2+}) = 3.350mmol$

若设反应为 $MO_x^{y+} + Fe^{2+} \longrightarrow MO_p^{q+} + Fe^{3+}$

$$n(M) = n(MO_x^{y+}) = 3.350mmol$$

$$n(Cl^-)/n(MO_x^{y+}) = 10.02mmol/3.350mmol = 2.991 \approx 3, \; y = 3$$

MO_xCl_3 的摩尔质量：$2.905/(5 \times 3.350 \times 10^{-3}) = 173.4 (g \cdot mol^{-1})$

MO_x^{3+} 的摩尔质量：$173.4-3\times35.45=67.1(g\cdot mol^{-1})$

若设 $x=1$，则 M 的原子量 $=67.1-16.00=51.1$

与钒的原子量相近，故认为 M 为 V。

化学式：$VOCl_3$。

滴定的离子反应方程式：

$$VO_3^+ + Fe^{2+} \longrightarrow VO^{2+} + Fe^{3+}$$

例 2-7　[第 28 届中国化学奥林匹克（初赛）试题第 7 题]

在 0.7520g Cu_2S、CuS 与惰性杂质的混合样品中加入 100.00mL 0.1209mol·L^{-1} KMnO$_4$ 的酸性溶液，加热，硫全部转化为 SO_4^{2-}，滤去不溶性杂质。收集滤液至 250mL 容量瓶中，定容。取 25.00mL 溶液，用 0.1000mol·L^{-1} FeSO$_4$ 溶液滴定。消耗 15.10mL。在滴定所得溶液中滴加氨水至出现沉淀，然后加入适量 NH$_4$HF$_2$ 溶液（掩蔽 Fe^{3+} 和 Mn^{2+}），至沉淀溶解后，加入约 1g KI 固体，轻摇使之溶解并反应。用 0.05000mol·L^{-1} Na$_2$S$_2$O$_3$ 溶液滴定，消耗 14.56mL。写出硫化物溶于酸性高锰酸钾溶液的方程式，计算混合样品中 Cu$_2$S 和 CuS 的含量。

解析： 此题考查的是氧化还原滴定中的 KMnO$_4$ 法和碘量法相关知识。

$$Cu_2S + 2MnO_4^- + 8H^+ = 2Cu^{2+} + 2Mn^{2+} + SO_4^{2-} + 4H_2O$$

$$5CuS + 8MnO_4^- + 24H^+ = 5Cu^{2+} + 8Mn^{2+} + 5SO_4^{2-} + 12H_2O$$

$$5Fe^{2+} + MnO_4^- + 8H^+ = 5Fe^{3+} + Mn^{2+} + 4H_2O$$

滴定 Fe^{2+} 消耗 MnO$_4^-$：$n_1 = \dfrac{0.100\times15.10}{5} = 0.3020(mmol)$

溶解样品消耗 MnO$_4^-$：$n_2 = 100.0\times0.1209 - 0.3020\times10 = 9.07(mmol)$

$$2Cu^{2+} + 5I^- = 2CuI + I_3^-$$

$$2S_2O_3^{2-} + I_2 = S_4O_6^{2-} + 2I^-$$

滴定消耗 S$_2$O$_3^{2-}$：$n_3 = 14.56\times0.0500 = 0.7280(mmol)$

则起始样品溶解所得溶液中含有 Cu^{2+}：$n_4 = 7.280(mmol)$

设样品中含有 x mmol CuS，含有 y mmol Cu$_2$S

$$x + 2y = 7.280$$

$$8x/5 + 2y = 9.07$$

$$x = 2.98, y = 2.15$$

$$m(CuS) = \frac{2.98}{1000}\times95.61 = 0.285(g) \quad \omega(CuS) = \frac{0.285}{0.7520} = 37.9\%$$

$$m(Cu_2S) = \frac{2.15}{1000}\times159.2 = 0.342(g) \quad \omega(Cu_2S) = \frac{0.342}{0.7520} = 45.5\%$$

例 2-8 [中国化学会第 22 届全国高中学生化学竞赛（省级赛区）试题第 6 题]

在 900℃的空气中合成出一种含镧、钙和锰（物质的量比 2：2：1）的复合氧化物，其中锰可能以 +2、+3、+4 或者混合价态存在。为确定该复合氧化物的化学式，进行如下分析：

6-1 准确移取 25.00mL 0.05301mol·L^{-1} 的草酸钠水溶液，放入锥形瓶中，加入 25mL 蒸馏水和 5mL 6mol·L^{-1} 的 HNO_3 溶液，微热至 60～70℃，用 $KMnO_4$ 溶液滴定，消耗 27.75mL。写出滴定过程发生的反应的方程式；计算 $KMnO_4$ 溶液的浓度。

6-2 准确称取 0.4460g 复合氧化物样品，放入锥形瓶中，加 25.00mL 上述草酸钠溶液和 30mL 6mol·L^{-1} 的 HNO_3 溶液，在 60～70℃下充分摇动，约半小时后得到无色透明溶液。用上述 $KMnO_4$ 溶液滴定，消耗 10.02mL。根据实验结果推算复合氧化物中锰的价态，给出该复合氧化物的化学式，写出样品溶解过程的反应方程式。已知 La 的原子量为 138.9。

解析：此题考查的是氧化还原滴定中的高锰酸钾滴定的相关知识。

6-1　$2MnO_4^- + 5C_2O_4^{2-} + 16H^+ === 2Mn^{2+} + 10CO_2 + 8H_2O$

$KMnO_4$ 溶液浓度：$(2/5) \times 0.05301 \times 25.00/27.75 = 0.01910(mol·L^{-1})$

6-2　根据化合物中金属离子物质的量比为 La：Ca：Mn = 2：2：1，镧和钙的氧化态分别为 +3 和 +2，锰的氧化态为 +2～+4，初步判断复合氧化物的化学式为 $La_2Ca_2MnO_{6+x}$，其中 $x = 0～1$。

样品溶解过程中所消耗的 $C_2O_4^{2-}$ 的量：$25.00 \times 0.05301 - (5/2) \times 10.02 \times 0.01910 = 8.468 \times 10^{-4}(mol)$

因为溶样过程消耗了相当量的 $C_2O_4^{2-}$（可见锰的价态肯定不会是 +2 价）。若设锰的价态为 +3 价，相应氧化物的化学式为 $La_2Ca_2MnO_{6.5}$，此化学式式量为 516.9g·mol^{-1}，称取样品的物质的量为 $\dfrac{0.4460}{516.9} = 8.628 \times 10^{-4}(mol)$

$2La_2Ca_2MnO_{6.5} + C_2O_4^{2-} + 26H^+ === 4La^{3+} + 4Ca^{2+} + 2Mn^{2+} + 2CO_2 + 13H_2O$

样品的物质的量应为消耗 $C_2O_4^{2-}$ 物质的量 2 倍，与实验结果不符。若设 Mn 为 +4 价，相应氧化物的化学式为 $La_2Ca_2MnO_7$，此化学式式量为 524.9g·mol^{-1}。

称取样品的物质的量为 $\dfrac{0.4460}{524.9} = 8.500 \times 10^{-4}(mol)$

$La_2Ca_2MnO_7 + C_2O_4^{2-} + 14H^+ === 2La^{3+} + 2Ca^{2+} + Mn^{2+} + 2CO_2 + 7H_2O$

样品的物质的量应与消耗 $C_2O_4^{2-}$ 物质的量相等，与实验结果吻合。

该复合氧化物的化学式为 $La_2Ca_2MnO_7$。

溶样过程的反应方程式为

$La_2Ca_2MnO_7 + C_2O_4^{2-} + 14H^+ === 2La^{3+} + 2Ca^{2+} + Mn^{2+} + 2CO_2 + 7H_2O$

有两种求解 x 的方法：

（1）方程法。复合氧化物（$La_2Ca_2MnO_{6+x}$）样品的物质的量为：$\dfrac{0.4460}{508.9 + 16.0x}(g·mol^{-1})$

$La_2Ca_2MnO_{6+x}$ 中，锰的价态为 $2 \times (6+x) - 2 \times 3 - 2 \times 2 = 2 + 2x$

溶样过程中锰的价态变化为 $2 + 2x - 2 = 2x$

锰的电子数与 $C_2O_4^{2-}$ 给电子数相等：

$$\frac{2x \times 0.4460}{508.9 + 16.0x} = 2 \times 0.8468 \times 10^{-3} (\text{mol})$$

$$x = 1.012 \approx 1$$

（2）尝试法。因为溶样过程消耗了相当量的 $C_2O_4^{2-}$，可见锰的价态肯定不会是 +2 价。若设锰的价态为 +3 价，相应氧化物的化学式为 $La_2Ca_2MnO_{6.5}$，此化学式式量为 $516.9g \cdot mol^{-1}$，称取样品的物质的量为 $\frac{0.4460}{516.9} = 8.628 \times 10^{-4} (\text{mol})$

在溶样过程中锰的价态变化为 $\frac{1.689 \times 10^{-3}}{8.628 \times 10^{-4}} = 1.96$

锰在复合氧化物中的价态为 $2 + 1.96 = 3.96$，3.96 与 3 差别很大，+3 价假设不成立；而结果提示 Mn 更接近于 +4 价。

若设 Mn 为 +4 价，相应氧化物的化学式为 $La_2Ca_2MnO_7$，此化学式式量为 $524.9g \cdot mol^{-1}$。

锰在复合氧化物中的价态为 $2 + \frac{2 \times 0.8468 \times 10^{-3}}{\frac{0.4460}{524.9}} = 3.99 \approx 4$

假设与结果吻合，可见在复合氧化物中，Mn 为 +4 价。

该复合氧化物的化学式为 $La_2Ca_2MnO_7$。

溶样过程的反应方程式为

$$La_2Ca_2MnO_7 + C_2O_4^{2-} + 14H^+ == 2La^{3+} + 2Ca^{2+} + Mn^{2+} + 2CO_2 + 7H_2O$$

例 2-9 ［第 25 届全国高中学生化学竞赛决赛试题第 6 题］

甲酸和乙酸都是重要的化工原料。移取 20.00mL 甲酸和乙酸的混合溶液，以 $0.1000mol \cdot L^{-1}$ NaOH 标准溶液滴定至终点，消耗 25.00mL。另取 20.00mL 上述混合溶液加入 50.00mL $0.02500mol \cdot L^{-1}$ $KMnO_4$ 强碱性溶液，反应完全后，调节至酸性，加入 40.00mL $0.2000mol \cdot L^{-1}$ Fe^{2+} 标准溶液，用上述 $KMnO_4$ 标准溶液滴定至终点，消耗 24.00mL。

6-1 计算混合溶液中甲酸和乙酸的总量。

6-2 写出氧化还原滴定反应的化学方程式。

6-3 计算混合溶液中甲酸和乙酸的浓度。

解析：此题考查的是酸碱滴定的相关知识。

6-1 由酸碱滴定求两种酸的总量

$$n(总) = n(HCOOH) + n(HAc) = c(NaOH) \times V(NaOH)$$
$$= 0.1000 \times 25.00 \times 10^{-3} = 2.500 \times 10^{-3} (\text{mol})$$

6-2 $5Fe^{2+} + MnO_4^- + 8H^+ == 5Fe^{3+} + Mn^{2+} + 4H_2O$

6-3 在强碱条件下反应为 $HCOO^- + 2MnO_4^- + 3OH^- == CO_3^{2-} + 2MnO_4^{2-} + 2H_2O$

酸化反应为 $3MnO_4^{2-} + 4H^+ == 2MnO_4^- + MnO_2 + 2H_2O$

3mol HCOOH 与 6mol MnO_4^- 作用生成 6mol MnO_4^{2-}，6mol MnO_4^{2-} 酸化后歧化为 4mol MnO_4^- 和 2mol MnO_2，此时与 3mol HCOOH 作用而消耗的 MnO_4^- 应为 2mol，即从第一个反应的反应物 MnO_4^- 扣除掉第二个反应的歧化产物 MnO_4^-。

$$3mol\ HCOOH \sim 2mol\ MnO_4^-$$

用 Fe^{2+} 回滴剩余的 MnO_4^- 反应为

$$5Fe^{2+} + MnO_4^- + 8H^+ = 5Fe^{3+} + Mn^{2+} + 4H_2O$$

由以上反应可知 5mol Fe^{2+} ～ 1mol MnO_4^-，即 $5n(MnO_4^-) = n(Fe^{2+})$。

用 Fe^{2+} 回滴剩余的 MnO_2 反应为

$$2Fe^{2+} + MnO_2 + 4H^+ = 2Fe^{3+} + Mn^{2+} + 2H_2O$$

由以上反应可知 2mol Fe^{2+} ～ 1mol MnO_2，即 $2n(MnO_2) = n(Fe^{2+})$。

则真正与 HCOOH 作用的 $KMnO_4$ 物质的量应为加入的 $KMnO_4$ 总物质的量减去与 Fe^{3+} 作用的 $KMnO_4$ 和 MnO_2 物质的量，即

$$n(Fe^{2+}) = 5n(MnO_4^-) - 2n(HCOOH)$$

$$n(HCOOH) = \frac{1}{2} \times [5 \times (0.02500 \times 50.00 + 0.02500 \times 24.00) - 0.2000 \times 40.00] \times 10^{-3}$$
$$= 6.250 \times 10^{-4}(mol)$$

混合酸溶液中 HAc 的物质的量为

$$n(HAc) = n(总) - n(HCOOH) = 2.500 \times 10^{-3} - 6.250 \times 10^{-4}$$
$$= 1.875 \times 10^{-3}(mol)$$

混合酸溶液中 HCOOH 和 HAc 的浓度分别为

$$c(HCOOH) = \frac{6.250 \times 10^{-4}}{20.00 \times 10^{-3}} = 0.03125(mol \cdot L^{-1})$$

$$c(HAc) = \frac{1.875 \times 10^{-3}}{20.00 \times 10^{-3}} = 0.09375(mol \cdot L^{-1})$$

例 2-10　[第 21 届全国高中学生化学竞赛（省级赛区）试题第 5 题]

甲苯与干燥氯气在光照下反应生成氯化苄，用下列方法分析粗产品的纯度：称取 0.255g 样品，与 25mL 4mol·L^{-1} 氢氧化钠水溶液在 100mL 圆底烧瓶中混合，加热回流 1 小时；冷至室温，加入 50mL 20% 硝酸后，用 25.00mL 0.1000mol·L^{-1} 硝酸银水溶液处理，再用 0.1000mol·L^{-1} NH_4SCN 水溶液滴定剩余的硝酸银，以硫酸铁铵为指示剂，消耗了 6.75mL。

5-1　写出分析过程的反应方程式。

5-2　计算样品中氯化苄的质量分数（%）。

5-3　上述测定结果高于样品中氯化苄的实际含量，指出原因。

5-4　上述分析方法是否适用于氯苯的纯度分析？请说明理由。

解析：此题考查的是沉淀滴定相关知识。

5-1　$C_6H_5CH_2Cl + NaOH = C_6H_5CH_2OH + NaCl$

$$NaOH + HNO_3 \xequal{} NaNO_3 + H_2O$$

$$AgNO_3 + NaCl \xequal{} AgCl + NaNO_3$$

$$NH_4SCN + AgNO_3 \xequal{} AgSCN + NH_4NO_3$$

$$Fe^{3+} + SCN^- \xequal{} [Fe(SCN)]^{2+}$$

5-2　样品中氯化苄的物质的量等于 $AgNO_3$ 溶液中 Ag^+ 的物质的量与滴定所消耗的 NH_4SCN 的物质的量的差值，因而样品中氯化苄的质量分数为

$$\omega = \frac{0.1000 \times (25.00 - 6.75) \times 10^{-3} \times M_{C_6H_5CH_2Cl}}{0.255} = 91\%$$

5-3　测定结果偏高的原因是在甲苯与 Cl_2 反应生成氯化苄的过程中，可能生成少量的多氯代物 $C_6H_5CHCl_2$ 和 $C_6H_5CCl_3$，反应物 Cl_2 及另一个产物 HCl 在氯化苄中也有一定的溶解，这些杂质在与 NaOH 反应中均可以产生氯离子，从而导致测定结果偏高。

5-4　不适用。氯苯中，Cl 原子与苯环共轭，结合紧密，难以被 OH^- 交换下来。氯苯与碱性水溶液的反应须在非常苛刻的条件下进行，而且氯苯的水解也是非定量的。

例 2-11　[中国化学会第 27 届中国化学奥林匹克（初赛）试题第 4 题]

人体中三分之二的阴离子是氯离子，主要存在于胃液和尿液中。常用汞量法测定体液中的氯离子：以硝酸汞（Ⅱ）为标准溶液，二苯卡巴腙为指示剂。滴定中 Hg^{2+} 与 Cl^- 生成电离度很小的 $HgCl_2$，过量的 Hg^{2+} 与二苯卡巴腙生成紫色螯合物。

4-1　简述配制硝酸汞溶液时必须用硝酸酸化的理由。

4-2　称取 1.713g $Hg(NO_3)_2 \cdot xH_2O$，配制成 500mL 溶液作为滴定剂。取 20.00mL 0.0100mol·L^{-1} NaCl 标准溶液注入锥形瓶，用 1mL 5% HNO_3 酸化，加入 5 滴二苯卡巴腙指示剂，用上述硝酸汞溶液滴定至紫色，消耗 10.20mL。推断该硝酸汞水合物样品的化学式。

解析：此题考查的是沉淀滴定中的汞量法相关知识。

4-1　抑制 Hg^{2+} 水解。

4-2　所配硝酸汞溶液的浓度：

$$c_{Hg(NO_3)_2} = \frac{20.00 \times 0.0100}{2 \times 10.20} = 9.80 \times 10^{-3}(mol \cdot L^{-1})$$

500mL 溶液中含硝酸汞的物质的量（即样品中硝酸汞的物质的量）：

$$n[Hg(NO_3)_2] = 9.80 \times 10^{-3} \times 0.5 = 4.90 \times 10^{-3}(mol)$$

样品中含水的物质的量：

$$n(H_2O) = \frac{1.713 - 4.90 \times 10^{-3} \times M[Hg(NO_3)_2]}{18.0} = \frac{1.713 - 4.90 \times 10^{-3} \times 324.6}{18.0}$$

$$= 6.78 \times 10^{-3}(mol)$$

$$x = \frac{n(H_2O)}{n[Hg(NO_3)_2]} = \frac{6.78 \times 10^{-3}}{4.90 \times 10^{-3}} = 1.38$$

该硝酸汞水合物样品的化学式为 $Hg(NO_3)_2 \cdot 1.38H_2O$。

参 考 文 献

李树伟, 张姝. 2011. 竞赛化学教程[M]. 成都：四川师范大学出版社.

武汉大学. 2018. 分析化学　上册[M]. 6 版. 北京：高等教育出版社.

钟国清, 朱云云. 2021. 无机及分析化学[M]. 3 版. 北京：科学出版社.

习　　题

1. EDTA 是乙二胺四乙酸的英文名称的缩写，市售试剂是其二水合二钠盐。

（1）画出 EDTA 二钠盐水溶液中浓度最高的阴离子的结构简式。

（2）Ca(EDTA)$^{2-}$ 溶液可用于静脉点滴以排除体内的铅。写出这个排铅反应的化学方程式（用 Pb^{2+} 表示铅）。

（3）能否用 EDTA 二钠盐溶液代替 Ca(EDTA)$^{2-}$ 溶液排铅？为什么？

2. 称取含锌、铝的试样 0.1200g，溶解后调至 pH 为 3.5，加入 50.00mL 0.02500mol·L^{-1} EDTA 溶液，加热煮沸，冷却后，加乙酸缓冲溶液，此时 pH 为 5.5，以二甲酚橙为指示剂，用 0.02000mol·L^{-1} 标准锌溶液滴定至红色，用去 5.08mL。加足量 NH$_4$F，煮沸，再用上述锌标准溶液滴定，用去 20.70mL。计算试样中铝的质量分数。

3. 制天南星为中药材天南星的炮制加工品。在炮制过程中会加入白矾。由于白矾中的铝不是人体需要的微量元素，过量摄入会影响人体对铁、钙等成分的吸收。采用《中国药典》规定方法对制天南星中的白矾进行测定，具体过程如下：

精密称定本品粉末 2.0047g，高温灰化 4h，放冷，加稀盐酸定容至 25mL，加甲基红指示液 1 滴，摇匀，再滴加氨试液至溶液由红色转为黄色，加乙酸-乙酸铵缓冲液（pH = 6.0）25mL，加 0.05058mol·L^{-1} EDTA 标准溶液 25.00mL，煮沸 3～5min，放冷，加二甲酚橙指示液 1mL，用 0.05125mol·L^{-1} 锌标准溶液滴定至溶液自黄色转变为橘红色用去 18.35mL。药典规定本品按干燥品计算，含白矾以含水硫酸铝钾 KAl(SO$_4$)$_2$·12H$_2$O 计，不得超过 12.0%。

（1）写出 EDTA 二钠盐在乙酸-乙酸铵缓冲溶液中的主要存在形态的结构简式。（已知 EDTA 六级解离常数 $K_{a_1} = 10^{-0.9}$，$K_{a_2} = 10^{-1.6}$，$K_{a_3} = 10^{-2.1}$，$K_{a_4} = 10^{-2.8}$，$K_{a_5} = 10^{-6.2}$，$K_{a_6} = 10^{-10.3}$）。

（2）写出滴定反应相关化学方程式。

（3）计算该样品中白矾的百分含量，并判断该药品是否合格。

4. 对于苯酚含量的测定，一般采用氧化还原滴定法。一次测定中，精确称取苯酚样品 0.2508g，用氢氧化钠溶解后，转移至 250mL 容量瓶中定容至刻度。取此试液 25.00mL，加入 KBrO$_3$ 和 KBr 混合溶液 25.00mL 及 5mL HCl 反应，稍后加入过量的 KI，后用 0.01058mol·L^{-1} Na$_2$S$_2$O$_3$ 标准溶液滴定至终点，用去 17.62mL。另取 25.00mL KBrO$_3$ 和 KBr 混合溶液，做空白试验，用去上述 Na$_2$S$_2$O$_3$ 标准溶液 29.36mL。

（1）写出反应相关的方程式。

（2）计算苯酚的百分含量。

5. 称取硼酸及硼砂样品 0.6010g，用 0.1mol·L^{-1} 标准 HCl 溶液滴定，以甲基红（pH = 5.7）为指示剂，消耗 HCl 20.00mL；再加入甘露醇强化后，以酚酞为指示剂，用 0.2000mol·L^{-1} NaOH 标准溶液滴定消耗 30.00mL。计算试样中硼酸和硼砂的质量分数。

6. 如图所示在碳酸-碳酸盐体系（CO$_3^{2-}$ 的分析浓度为 1.0×10^{-2}mol·L^{-1}）中，铀的存在物种及相关电极电势随 pH 的变化关系（E-pH 图，以标准氢电极为参比电极）。作为比较，虚线示出 H^+/H_2 和 O_2/H_2O 两电对的 E-pH 关系。

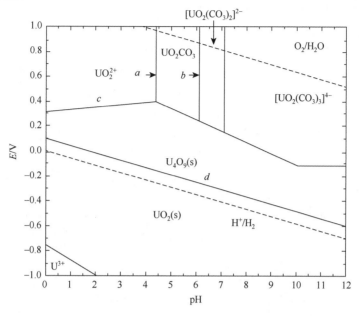

（1）计算在 pH 分别为 4.0 和 6.0 的条件下，碳酸-碳酸盐体系中主要物种的浓度。H_2CO_3 解离常数 $K_{a_1} = 4.5 \times 10^{-7}$，$K_{a_2} = 4.7 \times 10^{-11}$。

（2）图中 a 和 b 分别是 pH = 4.4 和 6.1 的两条直线。分别写出与 a 和 b 相对应的铀物种发生转化的方程式。

（3）写出与直线 c 相对应的电极反应，说明其斜率为正或负的原因。

（4）在 pH = 4.0 的缓冲体系中，加入 UCl_3，写出反应方程式。

（5）在 pH = 8.0~12 时，体系中 $[UO_2(CO_3)_3]^{4-}$ 和 $U_4O_9(s)$ 能否共存？说明理由；$[UO_2(CO_3)_3]^{4-}$ 和 $UO_2(s)$ 能否共存？说明理由。

7. 钒在生物医学、机械、催化等领域具有广泛的应用。多钒酸盐阴离子具有生物活性。溶液中五价钒的存在型体与溶液酸度和浓度有关，在弱酸性溶液中易形成多钒酸根阴离子，如十钒酸根 $V_{10}O_{28}^{6-}$、$HV_{10}O_{28}^{5-}$ 和 $H_2V_{10}O_{28}^{4-}$ 等。将 NH_4VO_3 溶于弱酸性介质中，加入乙醇可以得到橙色的十钒酸铵晶体 $(NH_4)_xH_{6-x}V_{10}O_{28} \cdot nH_2O$（用 **A** 表示）。元素分析结果表明，**A** 中氢的质量分数为 3.13%。用下述实验对该化合物进行分析，以确定其组成。

[实验 1]准确称取 0.9291g **A** 于三颈瓶中，加入 100mL 蒸馏水和 150mL 20% NaOH 溶液，加热煮沸，生成的氨气用 50.00mL 0.1000mol·L^{-1} HCl 标准溶液吸收。加入酸碱指示剂，用 0.1000mol·L^{-1} NaOH 标准溶液滴定剩余的 HCl 标准溶液，终点时消耗 19.88mL NaOH 标准溶液。

[实验 2]准确称取 0.3097g **A** 于锥形瓶中，加入 40mL 1.5mol·L^{-1} H_2SO_4，微热使之溶解。加入 50mL 蒸馏水和 1g $NaHSO_3$，搅拌 5min，使反应完全，五价钒被还原成四价。加热煮沸 15min，然后用 0.02005mol·L^{-1} $KMnO_4$ 标准溶液滴定，终点时消耗 25.10mL $KMnO_4$ 标准溶液。

（1）下图为滴定曲线图，请回答哪一个图为实验 1 的滴定曲线；请根据此滴定曲线选择一种最佳酸碱指示剂，并简述做出选择的理由。有关指示剂的变色范围如下：

甲基橙（pH 3.1～4.4），溴甲酚绿（pH 3.8～5.4），酚酞（pH 8.0～10.0）

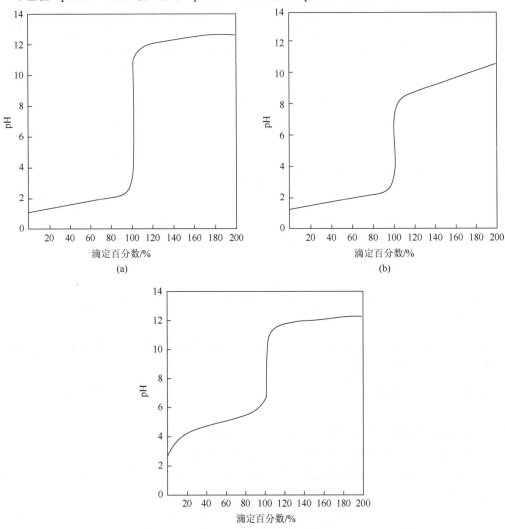

　　（2）在实验 2 中，加 $NaHSO_3$ 还原 $V_{10}O_{28}^{6-}$，反应完全后需要加热煮沸 15min。煮沸的目的是什么？写出 $KMnO_4$ 滴定反应的离子方程式。

　　（3）根据实验结果，计算试样 **A** 中 NH_4^+（和 $V_{10}O_{28}^{6-}$）的质量分数，确定 **A** 的化学式（x 和 n 取整数）。

　　8. 磷酸在肥料生产中有很重要的应用，此外，磷酸及其各种各样的盐在金属加工、食品、清洁剂和牙膏工业上也有许多应用。

　　（1）25℃时，磷酸的三级电离常数的 pK 值分别为：pK_{a_1} = 2.12，pK_{a_2} = 7.21，pK_{a_3} = 12.32。写出磷酸二氢盐离子的共轭碱并计算其 pK_b。

　　（2）在可乐这类不含酒精的饮料中加入少量磷酸使饮料具有酸味。密度为 $1.00g \cdot cm^{-3}$ 的可乐中含有质量分数为 0.050% 的磷酸。假设可乐的酸性全部来自磷酸，计算可乐的 pH（忽略磷酸的第二、三步电离）。

　　（3）磷酸被用作农业肥料。在土壤水的悬浮液中加入磷酸，使其总浓度达到 $1.00 \times 10^{-3} mol \cdot L^{-1}$，溶液 pH = 7.00。计算溶液中各种磷酸盐物种的浓度。假设所有的磷酸盐物种都不与土壤中的组分反应。

9. 测定土壤中 SO_4^{2-} 含量的主要步骤如下：称取 50g 风干土样，用水浸取、过滤、滤液移入 250mL 容量瓶中，定容。用移液管移取 25.00mL 浸取液，加入 1∶4 盐酸 8 滴，加热至沸，用吸量管缓慢地加入过量钡镁混合液（浓度各为 $0.0200mol·L^{-1}$）V_1（mL）。继续微沸 5min，冷却后，加入氨缓冲液（pH = 10）2mL，以铬黑 T 为指示剂，用 $0.0200mol·L^{-1}$ EDTA 标准溶液滴定到溶液由红色变蓝色即为终点，消耗 V_2（mL）。另取 25.00mL 蒸馏水，加入 1∶4 盐酸 8 滴，加热至沸，用吸量管缓慢地加入钡镁混合液 V_1（mL），同前述步骤处理，滴定消耗 EDTA 为 V_3（mL）。另取 25.00mL 浸出液，加入 1∶4 盐酸 8 滴，加热至沸，冷却后，加入氨缓冲溶液（pH = 10）2mL，同前述步骤处理，滴定消耗 EDTA 为 V_4（mL）。计算每 100g 干土中 SO_4^{2-} 的克数。

10. 用容量法测定磷肥含磷量的主要步骤如下：准确称取磷肥 0.385g，用硫酸和高氯酸在高温下使之分解，磷转化为磷酸。过滤，洗涤，弃去残渣。以硫酸-硝酸为介质，加入过量钼酸铵溶液生成钼磷酸铵沉淀$(NH_4)_3H_4PMo_{12}O_{42}·H_2O$。过滤，洗涤，沉淀溶于 40.00mL $1.026mol·L^{-1}$ NaOH 标准溶液中，以酚酞为指示剂，用 $0.1022mol·L^{-1}$ 盐酸标准溶液滴定至终点（MoO_4^{2-}），耗去 15.20mL。计算磷肥中磷的百分含量（以 P_2O_5 计）。

11. 一种鲜花保存剂（preservative of cut flowers）**B** 可按以下方法制备：把丙酮肟、溴乙酸、氢氧化钾混合在 1,4-二氧六环（溶剂）中反应，酸化后用乙醚提取，蒸去乙醚后经减压蒸馏析离出中间产物 **A**，**A** 用 1∶1 盐酸水溶液水解，水解液浓缩后加入异丙醇（降低溶解度），冷却，即得到晶态目标产物 **B**，**B** 的熔点 152～153℃（分解），可溶于水，与 $AgNO_3$ 溶液形成 AgCl 沉淀。

用银定量法以回滴方式（用 NH_4SCN 回滴过量的 $AgNO_3$）测定目标产物 **B** 的分子量，实验过程及实验数据如下：

①用 250mL 容量瓶配制约 $0.05mol·L^{-1}$ $AgNO_3$ 溶液，同时配制 250mL 浓度相近的 NH_4SCN 溶液。

②准确称量烘干的 NaCl 207.9mg，用 100mL 容量瓶定容。

③用 10mL 移液管移取上述 $AgNO_3$ 溶液到 50mL 锥形瓶中，加入 4mL $4mol·L^{-1}$ HNO_3 和 1mL 饱和铁铵矾溶液，用 NH_4SCN 溶液滴定，粉红色保持不褪色时为滴定终点，三次实验的平均值为 6.30mL。

④用 10mL 移液管移取 NaCl 溶液到 50mL 锥形瓶中，加入 10mL $AgNO_3$ 溶液、4mL $4mol·L^{-1}$ HNO_3 和 1mL 饱和铁铵矾溶液，用 NH_4SCN 溶液回滴过量的 $AgNO_3$，三次实验结果平均为 1.95mL。

⑤准确称量 84.0mg 产品 **B**，转移到 50mL 锥形瓶中，加适量水使其溶解，加入 10mL $AgNO_3$ 溶液、4mL $4mol·L^{-1}$ HNO_3 和 1mL 饱和铁铵矾溶液，用 NH_4SCN 溶液回滴，消耗了 1.65mL。

⑥重复操作步骤⑤，称量的 **B** 为 81.6mg，消耗的 NH_4SCN 溶液为 1.77mL；称量的 **B** 为 76.8mg，消耗的 NH_4SCN 溶液为 2.02mL。

（1）按以上实验数据计算出产物 **B** 的平均分子量。（用质谱方法测得液相中 **B** 的最大正离子的相对式量为 183。）

（2）试写出中间产物 **A** 和目标产物 **B** 的结构式。

12. 固溶体 $BaIn_xCo_{1-x}O_{3-\delta}$ 是兼具电子导电性与离子导电性的功能材料，Co 的氧化数随组成和制备条件而变化，In 则保持 + 3 价不变。为测定化合物 $BaIn_{0.55}Co_{0.45}O_{3-\delta}$ 中 Co 的氧化数，确定化合物中的氧含量，进行了如下分析：称取 0.2034g 样品，加入足量 KI 溶液和适量 HCl 溶液，与样品反应使其溶解。以淀粉作指示剂，用 $0.05000mol·L^{-1}$ $Na_2S_2O_3$ 标准溶液滴定，消耗 10.85mL。

（1）写出 $BaIn_{0.55}Co_{0.45}O_{3-\delta}$ 与 KI 和 HCl 反应的离子方程式。

（2）写出滴定反应的离子方程式。

（3）计算 $BaIn_{0.55}Co_{0.45}O_{3-\delta}$ 样品中 Co 的氧化数 S_{Co} 和氧缺陷的量 δ（保留到小数点后两位）。

13. 测定某含 I⁻ 浓度很小的碘化物溶液时，可利用化学反应进行化学放大，以求出原溶液中 I⁻ 的浓度。主要步骤如下：

①取 100.00mL 样品溶液，用溴将试样中 I⁻ 氧化成 IO_3^-，将过量的溴除去。

②再加入过量的 KI，在酸性条件下，使 IO_3^- 完全转化成 I_2。

③将②中生成的碘完全萃取后，用肼（N_2H_4）将其还原成 I⁻，肼被氧化成 N_2。

④将生成的 I⁻ 萃取到水层后用①法处理。

⑤将④得到的溶液加入适量的 KI 溶液，并用硫酸酸化。

⑥将⑤反应后的溶液以淀粉作指示剂，用 $0.1000\ mol\cdot L^{-1}$ $Na_2S_2O_3$ 标准溶液滴定，终点时消耗标准溶液 18.00mL。

（1）上述六步操作共涉及 4 个离子反应，按反应顺序写出这 4 个离子方程式。

（2）列式计算该样品中 I⁻ 的物质的量浓度。

14. 复方阿司匹林片是常用的解热镇痛药，其主要成分为乙酰水杨酸，我国药典采用酸碱滴定法对其含量进行测定。虽然乙酰水杨酸（分子量 180.2）含有羧基，但片剂中往往加入少量酒石酸或柠檬酸稳定剂，制剂工艺过程中也可能产生水解产物（水杨酸、乙酸），因此宜采用两步滴定法。即先用 NaOH 溶液滴定样品中共存的酸（此时乙酰水杨酸也生成钠盐），然后加入过量的 NaOH 溶液使乙酰水杨酸钠在碱性条件下定量水解，再用 H_2SO_4 溶液返滴定过量碱。

（1）写出定量水解和滴定过程的反应方程式。

（2）定量水解后，若水解产物和过量碱浓度为 $0.1000\ mol\cdot L^{-1}$，则第二步滴定的化学计量点 pH 是多少？应选用什么指示剂？滴定终点颜色是什么？若以甲基红为指示剂，滴定终点 pH 为 4.4，则至少会有多大滴定误差？（已知水杨酸的解离常数为 $pK_{a_1} = 3.0$，$pK_{a_2} = 13.1$；乙酸的解离常数为 $pK_{a_1} = 1.8\times10^{-5}$）。

（3）取 10 片复方阿司匹林片，质量为 $m(g)$，研细后准确称取粉末 $m_1(g)$，加 20mL 水，加少量乙醇助剂，振荡溶解，用浓度为 $c_1(mol\cdot L^{-1})$ 的 NaOH 溶液滴定，消耗 $V_1(mL)$，然后加入浓度为 c_1 的 NaOH 溶液 $V_2(mL)$；再用浓度为 $c_2(mol\cdot L^{-1})$ 的 H_2SO_4 溶液滴定，消耗 $V_3(mL)$，试计算片剂中乙酰水杨酸的含量（mg/片）。

第 3 章　结构化学基础知识

　　结构化学是研究原子、分子和晶体的微观结构，研究原子和分子的运动规律，研究物质的结构和其性能之间关系的科学，是化学的一个重要分支。这里所说的结构主要指其电子结构和几何结构。

　　本章主要介绍原子结构、分子结构和晶体结构。原子结构介绍原子中电子的运动状态和能级。分子结构回答原子为什么会结合成分子，原子怎样结合成分子，以及讨论化学键和分子的几何形状。配合物结构主要讨论配合物的形成、化学键理论及有关性质。晶体结构主要讨论各种典型晶体的结构和性能。

3.1　原　子　结　构

3.1.1　微观粒子及其共性

　　原子、分子以及电子、原子核等都是微观粒子。微观粒子的运动规律与宏观物体的运动规律是截然不同的，因此它们具有一些特殊的性质：如波粒二象性和量子效应等。

　　波粒二象性是指微观粒子既具有电磁波的性质（如波长、频率等），还具有实物微粒的性质（如质量、动量等）。

　　量子效应是指微观粒子的概率密度分布、零点能和能量量子化。微观粒子在空间不是沿一定的轨迹运动，而是以不同的概率密度出现在空间各点，这称为粒子的概率密度分布；微观粒子具有零点能，即使在势能为零、热力学零度时，体系的动能也不为零；微观体系的能量是量子化的，即能量是不连续的。这些性质是微观体系特有的，而与宏观体系完全不同。

3.1.2　原子轨道、电子云和量子数

　　正是由于微观粒子的特性，可用波函数 ψ 表示电子的运动状态。这样的波函数必须满足单值、连续和有限的条件。$|\psi|^2 = \psi^* \cdot \psi$ 代表电子出现在空间内的概率密度，即单位体积内出现的概率，又称电子云。$|\psi|^2 d\tau$ 代表电子在体积元 $d\tau$ 内出现的概率。

　　原子轨道（AO）是指原子中单个电子与核相对运动的运动状态 ψ。但是原子轨道却不是原子的运动轨迹，也不是绕核运动的电子的运动轨迹，而是原子中单电子波函数 ψ。

　　轨道波函数的具体形式由三个量子数 n、l、m 决定。

　　（1）主量子数 n 决定轨道能 E_n（电子在此状态中运动所具有的能量）及电子云的范围，取值范围：$n = 1, 2, 3, 4, \cdots$（正整数），可分别用 K、L、M、$\cdots$ 表示。

对于单电子原子：$E_n = -\dfrac{Z^2}{n^2} \times 13.6\text{eV}$

对于多电子原子：$E_n = -\dfrac{Z^{*2}}{n^2} \times 13.6\text{eV} = -\dfrac{(Z-\sigma)^2}{n^2} \times 13.6\text{eV}$

式中，σ 为屏蔽常数；Z^* 为有效电荷。

（2）角量子数 l 决定轨道角动量 M_l 的大小及电子云的对称性。

$$|\vec{M}| = \sqrt{l(l+1)}\,\dfrac{h}{2\pi}$$

取值范围：$l = 0, 1, 2, 3, \cdots$，分别用 s、p、d、f、$\cdots$表示。

（3）磁量子数 m 决定轨道的角动量在外磁场方向的分量 M_z 及电子云的空间取向。

$$M_z = m\dfrac{h}{2\pi}$$

取值范围：$m = 0, \pm1, \pm2, \pm3, \cdots, \pm l$。

一组量子数（n、l、m）确定一个原子轨道 ψ_{nlm}。

3.1.3　径向分布和角度分布

单电子波函数是空间坐标的函数，在球极坐标内表示为

$$\psi_{nlm}(r,\theta,\phi) = R_{nl}(r) \cdot Y_{lm}(\theta,\phi)$$

变量 r, θ, ϕ 是球极坐标，球极坐标与直角坐标的关系为（图 3-1）

$$x = r\sin\theta\cos\phi$$
$$y = r\sin\theta\sin\phi$$
$$z = r\cos\theta$$
$$r = \sqrt{x^2 + y^2 + z^2}$$

体积元

$$\mathrm{d}\tau = \mathrm{d}x\mathrm{d}y\mathrm{d}z = r^2\sin\theta\mathrm{d}r\mathrm{d}\theta\mathrm{d}\phi$$

$R_{nl}(r)$ 是原子轨道的径向部分，称为径向波函数；$Y_{lm}(\theta,\phi)$ 是轨道的角度部分，称为角度波函数。$R_{nl}(r)$ 只与 n、l 有关与 m 无关，$Y_{lm}(\theta,\phi)$ 与 n 无关仅与 l、m 有关。

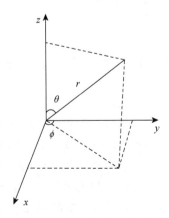

1. 径向分布

$$D(r) = r^2 R_{nl}^2(r)$$

$D(r)$ 称为径向分布波函数，表示电子在离核距离为 r 的球面上出现的概率密度。图 3-2 为 $D(r)$ 的图像表示，图像中极大值处称为峰，峰的数目为 $n-l$，两峰之间为零处称为节点，即径向分布波函数的节面，此节面为球面。节面数为 $n-l-1$。

图 3-1　直角坐标与球坐标

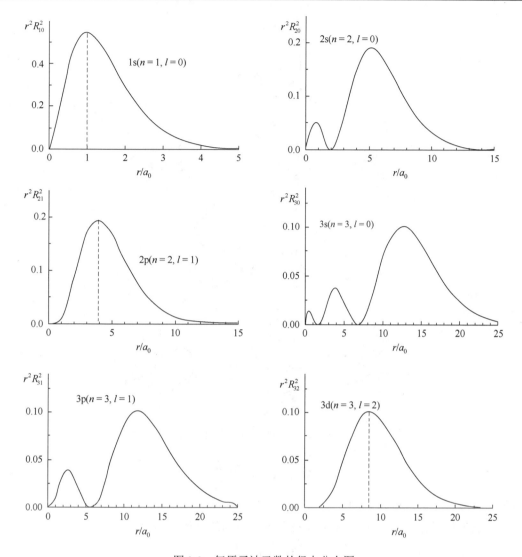

图 3-2　氢原子波函数的径向分布图

2. 角度分布

角度波函数 $Y_{lm}(\theta,\phi)$ 的示意图为图 3-3。由原点到图形的距离表示此方向的 Y 值，角度波函数 Y 值有正、负之别，Y 值为零的面称为角度节面，角度节面为平面或圆锥面，有 l 个。

3.1.4　自旋轨道、泡利不相容原理

电子除了有相对于核运动的轨道运动外，还有自旋运动。电子自旋运动是反映电子自身的一种运动状态，用自旋波函数 η 表示。表示电子自旋的量子数有 s 和 m_s。

自旋量子数 s 决定自旋角动量 M_s

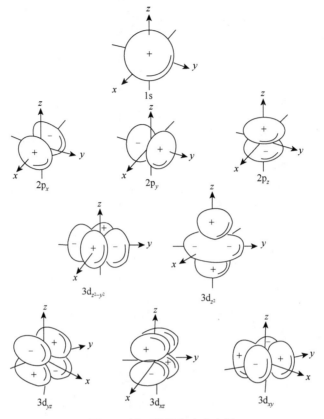

图 3-3　波函数的角度分布图

$$|\vec{M}_s| = \sqrt{s(s+1)}\,\frac{h}{2\pi}$$

电子的自旋量子数取值为 $s = 1/2$。

自旋磁量子数 m_s 决定自旋角动量在外磁场方向的分量 M_{sz}，

$$M_{sz} = m_s\,\frac{h}{2\pi}$$

电子自旋磁量子数 m_s 的取值为 $m_s = 1/2$，$-1/2$。$m_s = 1/2$ 的自旋状态称为 α 态，$m_s = -1/2$ 的自旋状态称为 β 态。两个电子同处于 α 态称为自旋平行，而分别处于 α 态和 β 态则称为自旋反平行。

若某个波函数包括轨道波函数 ψ_{nlm} 和自旋波函数 η_{m_s}，则该波函数称为完全波函数 ψ_{nlmm_s}，由四个量子数确定，$\psi_{nlmm_s} = \psi_{nlm}\eta_{m_s}$。

描述原子中单个电子运动状态的完全波函数称为自旋-轨道。

3.1.5　原子结构和元素周期律

1. 基态原子的电子排布

原子处于基态时，核外电子排布遵循以下三个电子填充原则。

（1）泡利（Pauli）不相容原理：在同一个原子中，没有两个电子有完全相同的四个量子数（n、l、m、m_s），即一个原子轨道最多只能填两个电子，而且这两个电子自旋方向必须反平行。

（2）能量最低原理：在不违反泡利不相容原理的前提下，电子优先占据能级低的原子轨道从而使整个原子的能量处于最低，这样的状态是原子的基态。

（3）洪德（Hund）规则：在能级高低相同的轨道上，电子尽可能分占不同的轨道，且自旋平行。

作为洪德规则的补充，电子在能级相等的轨道上全充满和半充满的状态比较稳定，因为此时电子云分布近于球形对称。

原子能级高低的顺序由主量子数 n 和角量子数 l 决定：

（1）对原子的外层电子，（$n+0.7l$）越大，原子能级越高。如 4s 轨道的 $n+0.7l$ 值为 4，3d 轨道的 $n+0.7l$ 值为 4.4，所以 4s 轨道的能量低于 3d 轨道。

（2）对离子的外层电子，（$n+0.4l$）越大，原子能级越高。

电子在原子轨道中填充的顺序为 1s、2s、2p、3s、3p、4s、3d、4p、5s、4d、5p、6s、4f、5d、6p、7s、5f、6d、…。其中 ns 轨道有一个；np 轨道有三个，其能量相同，称为三重简并，这些能级相同的轨道称为简并轨道；nd 轨道有五个，是五重简并；nf 轨道有七个，是七重简并。

由 n、l 表示的一种电子排布方式，称为一种电子组态。

如 25 号元素锰，核外 25 个电子的填充为 Mn：$1s^2 2s^2 2p^6 3s^2 3p^6 4s^2 3d^5$，此处 $3d^5$ 表示 5 个 d 电子分占 5 个 d 轨道且自旋平行，锰的以上填充形式是能量最低的，称为锰的基态电子组态，简称基组态。元素的化学性质是由最外层电子的组态决定的，碱金属与碱土金属的外层电子基态电子组态分别为 ns^1 与 ns^2。

原子失去电子后就成为正离子，在正离子中电子的能量由 $n+0.4l$ 值定性地确定。为使离子的能量低而稳定，原子应先失去 $n+0.4l$ 值大的电子。4s 轨道上电子的 $n+0.4l$ 为 4，而 3d 轨道上的则为 3.8，此 Mn 原子应先失去 4s 轨道上的电子。所以 Mn^{2+} 的基态电子组态为 $3d^5$。

原子体系的总能量是核对电子的吸引能减去电子之间的排斥能的总和。吸引使能量降低而排斥则使能量升高。电子填充的结果是使总能量最低，即为基组态。全体已知的元素都可由构造原理得出基态电子组态，仅有少数是例外。由于等价轨道的半满与全满具有特殊的稳定性，Cr 与 Cu 的基态电子组态不是 $4s^2 3d^4$ 与 $4s^2 3d^9$ 而是 $4s^1 3d^5$ 与 $4s^1 3d^{10}$。

例如：H 原子的基态电子组态为 H $1s^1$；

C 原子的基态电子组态为 C $1s^2 2s^2 2p^2$；

Fe 原子的基态电子组态为 Fe $1s^2 2s^2 2p^6 3s^2 3p^6 3d^6 4s^2$；

Cr 原子的基态电子组态为 Cr $1s^2 2s^2 2p^6 3s^2 3p^6 3d^5 4s^1$；

Cu 原子的基态电子组态为 Cu $1s^2 2s^2 2p^6 3s^2 3p^6 3d^{10} 4s^1$。

2. 元素周期律

1）元素周期表

元素的性质随电荷数递增呈现周期性变化，称为元素周期律。元素周期律的本质是核外电子基组态的特征随核电荷数递增呈现周期性的重复。在元素周期表中，具有相似性质的化学元素按一定的规律周期地排列，体现出元素性质和核外电子排布的周期性。

元素周期表共分 7 个周期、18 个族。元素所在周期数与基态电子组态中最外层电子的主量子数相对应。同族各元素的价电子组态相似，因而有着相类似的化学性质。

周期表根据价电子组态可分为 5 个区，如表 3-1 所示。

表 3-1　化学元素的分区

元素分区	范围	价电子组态
s 区	1~2 族	$ns^{1\sim2}$（ns^1 为碱金属，ns^2 为碱土金属）
p 区	13~18 族	$ns^2np^{1\sim6}$
d 区	3~10 族	$(n-1)d^{1\sim9}ns^{1\sim2}$
ds 区	11~12 族	$(n-1)d^{10}ns^{1\sim2}$
f 区	镧系、锕系	$(n-2)f^{0\sim14}(n-1)d^{0\sim2}ns^2$

s 区和 p 区元素只有最外一层未填满电子或全填满电子，称为主族，主族的序号又可标为 I A~VIII A，主族元素共 44 个。其余称为副族元素。d 区元素常称为过渡元素，过渡元素涉及 d 轨道未填满电子的元素。有时过渡元素的范围也扩大到包括 ds 区和 f 区的元素。

2）元素性质的周期性

原子结构参数：原子的性质常用原子结构参数表示。原子结构参数分为两类：一类是与自由原子的性质关联，如原子的第一电离能（I_1）、电子亲和能（Y）、原子光谱谱线的波长（λ）等，它们是指气态原子的性质，与其他原子无关，因而数值单一。另一类是指化合物中表征原子性质的参数，如原子半径（r）、电负性（χ）和电子结合能等。同一种原子在不同条件下有不同的数值。

3）原子的电离能

原子的电离能和原子结构密切相关，用于衡量一个原子或离子失去电子的难易程度。气态原子失去一个电子成为一价气态正离子所需的最低能量称为原子的第一电离能 I_1，它非常明显地反映出元素性质的周期性。

$$A(g) + I_1 \longrightarrow A^+(g) + Y$$

（1）同一周期的主族元素、原子的电离能基本随原子序数的增加而增加，但并非单调增加；稀有气体原子的电离能总是最大，碱金属的则总是最小。

（2）同一主族的元素随原子序数的增加电离能减小，周期表左下角的碱金属元素的 I_1 最小，周期表右上角的稀有气体元素的 I_1 最大。

（3）过渡金属元素的 I_1 变化情况比较复杂。

4）原子的电子亲和能

气态原子获得一个电子成为一价负离子时所放出的能量称为电子亲和能 Y，即

$$A(g) + e^- \longrightarrow A^-(g) + Y$$

电子亲和能 Y 的大小涉及核的吸引和核外电子排斥两因素。前者随原子半径减小而增大，后者情况比较复杂，与电子离核的距离、电子的种类等因素有关。但电子亲和能随核对电子的吸引增大而增大，随电子间排斥增大而减小。因此，电子亲和能对同一周期或同一族的元素都没有随原子序数 Z 增大而单调变化的规律。

5）原子的电负性

原子的电负性 χ 用来表示原子对成键电子的吸引能力。当 A 和 B 两种原子结合成双原子分子 AB 时，若 A 的电负性大，则生成分子的极性为 $A^{\delta-}B^{\delta+}$，即 A 原子带较多的负电荷，B 原子带较多的正电荷。分子的极性越大，离子键的成分越多。因此，电负性也可视为原子形成离子倾向相对大小的量度。

主族元素及第一过渡系列元素的电负性值变化规律如下：

（1）金属元素的电负性较小，非金属元素的较大。电负性是判断元素金属性的重要参数。$\chi = 2$ 可作为金属和非金属元素的分界点。

（2）同一周期的元素由左向右随着族数增加，电负性增加。对第二周期元素，每增加一个原子序数，电负性值约增加 0.5。同一族元素随着周期的增加，电负性减小。因此，电负性大的元素在周期表的右上角，而电负性小的元素集中在周期表的左下角。

（3）电负性差别大的元素之间主要以离子键结合；电负性相同或接近的非金属元素之间相互以共价键结合；电负性相同或相近的金属元素相互以金属键结合。离子键、共价键和金属键是三种极限键型，由于键型变异，在化合物中常出现过渡性的化学键，电负性是研究键型变异的重要参数。

稀有气体在同一周期中电负性最高，因为它们具有极强的保持电子的能力，即 I_1 特别大。Ne 的电负性比所有具有价层未充满电子结构的元素都高，不易失去电子，以至于不能形成化学键。Xe 与 F、O 相比，电负性较低，可以形成氧化物和氟化物。

3.2　共价键理论和分子结构

在分子或某些晶体中，两个或多个原子（或离子）之间的强烈相互作用，称为化学键。化学键的类型有三种，即电价键（离子键）、金属键和共价键。此外，在分子间还普遍存在着范德华力。这是一种较弱的相互作用，不能称为化学键。氢键实际上是有方向性和饱和性的范德华力。

电价键来源于电荷间的库仑力，其中最主要的就是离子键（如 NaCl 蒸气分子中和晶体中）。此外，在部分配合物中，中央离子和配体之间的化学键也主要是电价键，如在 $[Co(H_2O)_6]^{2+}$ 中，Co^{2+} 和 H_2O 间基本上是离子-偶极配位键，正电荷和电偶矩之间的库仑力所形成的电价键。

金属键是由金属中的自由电子和金属离子组成的晶格之间的相互作用所构成的。金属键实际上是包含众多原子的多原子键。

共价键由两个或多个原子共用若干个电子构成，其本质问题要比电价键复杂得多。共价键按其所涉及的原子数目来说，可分为双原子共价键和多原子共价键。共价键具有方向性和饱和性。

1914～1919 年，路易斯（Lewis）等提出并发展了原子价的电子理论。其要点是：原子价分为电价和共价两种，得失电子或共享电子，都是为了使原子的外层电子结构成为类似惰性气体的原子结构（8 电子构型）。但它不能说明"共享电子"的确切含义，更不能解释共价键的方向性、饱和性以及单电子键和三电子键等问题。

1927 年，海特勒（Heitler）和伦敦（London）首次用量子力学处理氢分子，这是现代化学键理论的开端，此时共价键的本质问题才获得了初步的解答。在现代化学键的理论中，价键理论假定形成化学键的电子只局限在相邻两原子间的小区域内运动；分子轨道理论则认为成键电子的运动应遍及整个分子范围，但每个电子的运动状态可用单电子波形函数来描述。此外，根据配合物的结构特征而发展起来的配位场理论，也是现代化学键理论的组成部分。

3.2.1 价键理论

价键理论也称电子配对理论，其要点如下：

（1）若原子 A 和 B 的外层原子轨道中各有一未成对的电子，则当 A、B 两原子接近时，这两个电子以自旋反平行配对而形成共价单键。若 A、B 外层原子轨道中各有两个或三个未成对的电子，则两两配对构成共价双键或三键。例如：

$$H—H，\quad H—Cl，\quad N≡N$$

而 He 原子没有未成对的电子，所以两个 He 原子间不能形成共价键。

（2）若 A 有两个未成对电子，B 只有一个未成对电子，则形成 AB_2 分子，其余类推。

$$H—O—H$$

（3）在形成共价键时，一个电子和另一电子配对以后，就不能再和其他原子的电子配对了，这就是共价键的饱和性。

$$H· + H· \longrightarrow H—H \quad （H_2 不能再和 H 形成 H_3 分子）$$

（4）原子形成分子时，若电子云的重叠越多，则形成的共价键也越牢固，称为电子云最大重叠原理。故据此，共价键的形成将尽可能采取电子云密度最大的方向，这就是价键理论对共价键方向性的解释。

（5）σ 键和 π 键（图 3-4）。

①用 N_2 的结构为例，说明 σ 键和 π 键：

$$N: 1s^2 2s^2 2p_x^1 2p_y^1 2p_z^1$$

②HCl 分子中的 σ 键：

$$H \quad 1s^1；\quad Cl \quad 1s^2 2s^2 2p^6 3s^2 3p_y^2 3p_z^2 3p_x^1$$

③H_2 分子中的 σ 键：

$$H \quad 1s^1$$

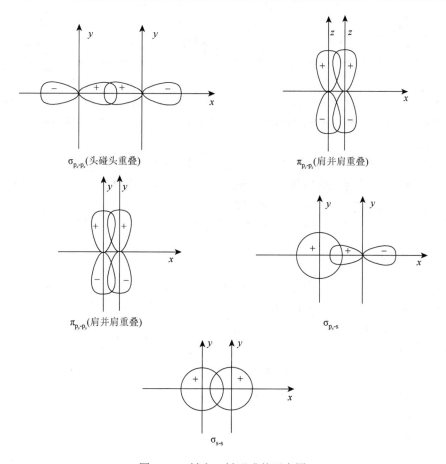

$\sigma_{p_x\text{-}p_x}$(头碰头重叠)

$\pi_{p_z\text{-}p_z}$(肩并肩重叠)

$\pi_{p_y\text{-}p_y}$(肩并肩重叠)

$\sigma_{p_x\text{-}s}$

$\sigma_{s\text{-}s}$

图 3-4　σ 键和 π 键形成的示意图

3.2.2　杂化轨道理论

当价键理论应用到多原子分子中，简单的电子配对法（价键理论）已不能满足需要，必须采用杂化轨道作为补充。

杂化轨道的概念是 1931 年由鲍林（Pauling）首先提出的。开始，此概念属于价键理论的范畴，后来分子轨道理论中的定域轨道模型也取杂化轨道为组合基础。

1. 问题的引出

为了解决价键（VB）理论所面临的困难，如 H_2O 中，两个 H—O 键的夹角不是 90° 而是 104.5°；又如，甲烷（CH_4）中有 4 个相同的 C—H 键，且为正四面体构型，鲍林提出了杂化轨道的观点。

甲烷 CH_4（正四面体）

C：$1s^2 2s^2 2p^2$

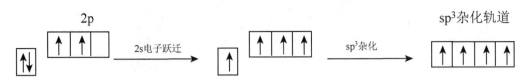

杂化：由能量相近的原子轨道组合成新的原子轨道的过程称为原子轨道的杂化。

杂化轨道：杂化过程中所得到的新的原子轨道称为杂化原子轨道，或者称为杂化轨道。

有几点说明：

（1）孤立原子本身并不会杂化，因而也不会出现杂化轨道。

（2）杂化轨道所具有的成键能力大于单纯的原子轨道的成键能力，增加了成键电子数，生成更多的化学键，总体来看，体系能量降低。

（3）杂化轨道仍然是原子轨道，而不是分子轨道。

2. 几种常见的杂化轨道

（1）sp 杂化：同一个原子的一个 ns 轨道与一个 np 轨道组合成两个 sp 杂化轨道，两个杂化轨道的键角为 180°，分子为线型。

实例：$HC\equiv CH$，$BeCl_2$，$HgCl_2$，BeH_2。

（2）sp^2 杂化：同一个原子中的一个 ns 轨道和两个 np 轨道组合成三个 sp^2 杂化轨道，两两键角为 120°，分子为平面三角形。

实例：$CH_2\!=\!CH_2$，BF_3，BCl_3，C_6H_6，石墨。

BF_3

B：$1s^2 2s^2 2p^1$

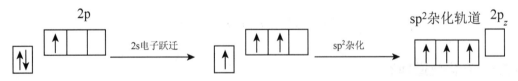

（3）sp^3 杂化：同一个原子中的一个 ns 轨道和三个 np 轨道组合成四个 sp^3 杂化轨道，键角为 109°28′，分子为正四面体构型。

实例：CH_4，SiH_4，NH_4^+。

（4）不等性 sp^3 杂化：NH_3，按照价键理论，键角为 90°，实际为 107°。

$$\begin{array}{c} H \\ | \\ H - N - H \end{array}$$

N：$1s^2 2s^2 2p^3$，N 原子采取不等性 sp^3 杂化，有一对孤对电子。

$$\underset{\substack{\\ H}}{\overset{\displaystyle \ddot{N}}{\underset{H}{\diagup\ \diagdown}}} $$

H_2O：键角 104.5°。

O：$1s^2 2s^2 2p^4$，O 原子采取不等性 sp^3 杂化，有两对孤对电子。

3.2.3　离域 π 键理论

1. 离域 π 键的形成

丁二烯分子的四个碳原子按 sp^2 杂化并分别与邻近的碳、氢原子形成 σ 键，每个碳原子尚余一个垂直于分子平面的 p 轨道和 p 电子。这四个 p 轨道组成四个 π 性质的分子轨道，有两个是成键的，另两个是反键的，4 个 p 电子填充到两个成键的分子轨道中以使能量降低而稳定。2 个以上的 p 轨道所形成的 π 键称为大 π 键，表示为 Π_n^m，n 是形成大 π 键的 p 轨道数，m 是 p 电子数。丁二烯分子中含有大 π 键 Π_4^4。这样的分子称为共轭分子，参与大 π 键的原子称为共轭原子。

大 π 键是一种离域键，其形成条件是：①参与形成离域 π 键的原子应在同一平面上，而且每个原子都能提供 1 个或 2 个互相平行的 p 轨道；②总的 π 电子数小于参与离域 π 键的 p 轨道数的 2 倍。前一个条件保证了 p 轨道与之能产生最大程度的重叠，后一个条件保证了成键电子数大于反键电子数。

由于离域键的形成，相当于电子运动的区域扩大而引起的能量降低值称为离域能或共轭能。

2. 几种离域 π 键

（1）当 $n = m$，称为正常离域 π 键。例如：

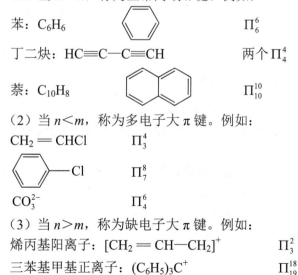

苯：C_6H_6　　　　　　　　　　　　　　　Π_6^6

丁二炔：$HC\equiv C-C\equiv CH$　　　　　两个 Π_4^4

萘：$C_{10}H_8$　　　　　　　　　　　　　　Π_{10}^{10}

（2）当 $n < m$，称为多电子大 π 键。例如：

$CH_2 = CHCl$　　　　　Π_3^4

〔苯基〕—Cl　　　　　Π_7^8

CO_3^{2-}　　　　　　　　Π_4^6

（3）当 $n > m$，称为缺电子大 π 键。例如：

烯丙基阳离子：$[CH_2 = CH-CH_2]^+$　　　　　Π_3^2

三苯基甲基正离子：$(C_6H_5)_3C^+$　　　　　　　Π_{19}^{18}

3.2.4　价层电子对互斥理论

价层电子对互斥（VSEPR）理论是一种用于确定分子或离子空间几何形状的理论。

1. 基本观点

（1）适用对象：确定无机、有机小分子几何构型（尤其是非金属元素组成的化合物）。某些ⅡA、ⅠB、ⅡB族元素作中心原子时也可以适用。

非共轭多原子的中心原子，如果不含 d 电子，或为 d^0、d^5 及 d^{10} 组态的过渡元素的原子作中心原子的化合物，一般可用 VSEPR 理论判断构型，另外，当分子的几何形状主要不是由价电子对数目决定，价电子总数为奇数时，VSEPR 判据也会失效。

这类分子一般可记为：AX_mE_n

A——中心原子；

X——配位原子；

m——配位原子数即成键电子对对数；

E——孤对电子；

n——孤对电子对对数。

（2）原因：价电子对数 = 成键电子对数（m）＋孤对电子对数（n）

VSEPR 理论认为：各个价电子对之间由于相互排斥作用（静电排斥和泡利排斥），趋向尽可能相互远离，因此由价电子对数可以确定价电子对的空间构型，进而讨论分子的空间构型。

价电子对之间成 90° 角时斥力最大（价电子对之间的夹角一般以 90° 为最小）。

（3）AX_mE_n 类型分子又分为以下两种情况。

$n = 0$：无孤对电子，则价电子对构型与分子构型一致。

$n \neq 0$：有孤对电子，则价电子对构型与分子构型不一致，需由价电子对构型进一步讨论分子构型。

可用下面经验公式确定孤对电子对数 n：

$$n = (n_v - n_s \pm Q)/2$$

式中，n_v 是中心原子 A 的价电子数（对于主族元素即其族序数）；

n_s 是中心原子 A 成键用去的电子数，也就是等于配位原子的化合价（对于 p 区元素，等于[8−族序数]）；

Q 是离子电荷的绝对值，对于负离子，应当加上该电荷的绝对值（即接受了外来电子），对于正离子，应当减去该电荷的绝对值（即失去了电子）。

当配位原子为 H 原子（非 p 区元素）时，$n_s = 1$。

双键或三键，可当作一个键看待。

2. $n = 0$ 型

$$AX_mE_n \longrightarrow AX_m$$

　　价电子对间距离越远，分子越稳定，由价电子对数可以确定价电子对构型，然后直接得到分子构型（表 3-2）。

表 3-2　价电子对数目与价电子对构型（$n \neq 0$ 型）

价电子对数目	2	3	4	5	6	7
价电子对构型	线型	平面三角形	四面体	三角双锥	正八面体	五角双锥

3. $n \neq 0$ 型

其分子构型如表 3-3 所示。

表 3-3　价电子对数目与分子构型（$n \neq 0$ 型）

分子类型	价电子对对数	孤对电子对数	价电子对构型	分子构型	实例
AX_2E	3	1	平面三角形	角形	SO_2, O_3
AX_3E	4	1	四面体	三角锥	PF_3, $AsCl_3$
AX_2E_2	4	2	四面体	角形	H_2S, SF_2, H_2O
AX_4E	5	1	三角双锥	跷跷板形	SF_4
AX_3E_2	5	2	三角双锥	T 形	ClF_3
AX_2E_3	5	3	三角双锥	线形	XeF_2, I_3^-
AX_5E	6	1	八面体	四方锥	IF_5, BrF_5
AX_4E_2	6	2	八面体	平面正方形	XeF_4, IF_4^-

　　一般而言，成键电子对受两个原子核吸引，比较紧凑，孤对电子只受中心原子核的吸引，比较"肥大"，不同价电子对之间排斥作用的大小顺序为

孤对-孤对＞孤对-键对＞键对-键对

即孤对与孤对电子间排斥作用最大。

　　甲烷分子中，碳是中心原子，以 sp^3 杂化轨道与 H 的 1s 轨道形成键，呈正四面体构型，键角恰为 109°28′。对于氨分子，可认为氮原子的 1 个 sp^3 杂化轨道上是孤对电子。孤对电子较成键电子对离中心原子要近些，故孤对电子对成键电子对的排斥大于成键电子对之间的排斥，使氨分子中的键角小于 109°28′，实验测定为 107°。

　　有时，以通式为 AX_mE_n 的分子，$n \neq 0$，X 和 E 可能有不止一种几何配置，则应取排斥最小的构型才是理想的。如 ICl_4^- 离子为 AX_4E_2，E 可取八面体的邻位和对位，显然 E 取对位排斥最小，致使离子 ICl_4^- 为平面正方形。SO_2F_2 分子中 $n = 0$，呈四面体构型，由于 S＝O 键与 S—F 键的差异，键角大小的顺序为 O＝S＝O＞O＝S—F＞F—S—F，实测得出 ∠OSO = 124°，∠FSF = 96.1°，键长也不会相同，是一种畸变了的四面体。

3.2.5　分子间作用力和氢键

1. 分子间作用力（范德华力）

对于物质间的聚集状态来说，单从化学键的性质还不能说明整个物质性质，不论是气态、液态或固态的分子型物质都是由许多分子组成的。在分子与分子之间还存着一种较弱的作用力，称为分子间作用力（或称范德华力），作用力的大小数量级约几 kJ·mol^{-1}，比化学键键能（100～600kJ·mol^{-1}）小一两个数量级。作用力的范围为 3～5Å。从气体的液化和液体的凝固现象可说明分子间作用力的存在。

范德华力有三种，即色散力、诱导力和取向力。色散力是指瞬时偶极之间的吸引力；诱导力是指分子受永久偶极的作用而产生诱导偶极与永久偶极之间的吸引力；取向力是指永久偶极之间的吸引力。非极性分子之间只有色散力；极性分子与非极性分子之间有色散力和诱导力；极性分子之间的三种力都有。除了极性大的分子如水和氨之外，色散力通常是范德华力中的最主要成分。由于氢键，HF 缔合而难于解离出 H$^+$，所以其酸性弱于其他的氢卤酸。冰中每个 O 周围有四个氢，其中有两个是极性共价键，另两个是氢键，呈四面体形，这样结合起来使冰中空隙增大，所以水成冰体积增大，称为反常膨胀。

分子间作用力较大的物质，汽化热也较大，液体的沸点就较高；一般具有较高的熔点和较大的熔化热。范德华力没有方向性和饱和性。

2. 分子间作用力与物质性质的关系

熔沸点的规律性，由于分子间作用力一般随分子量增大而增大，所以同类物质的熔沸点（都属分子型物质）随分子量增大而升高。例如，卤素的熔沸点随着分子量的增大而升高。

$$\text{分子量、熔沸点} \quad \xrightarrow{\quad F_2(\text{气}) \quad Cl_2(\text{气}) \quad Br_2(\text{液}) \quad I_2(\text{固}) \quad}$$

但离子晶体、原子晶体、金属晶体就不能仅看"分子量"来讨论熔沸点的高低。

相互溶解情况："相似相溶原则"。强极性分子间存在着强的取向力（范德华力的一种），所以可以互溶（如 NH_3 和 H_2O）。反之，非极性分子易溶于非极性溶剂。

3. 氢键

氢键可以看成是一种特殊的、有方向性和饱和性的范德华力。氢键可表示为 X—H···Y，其中 X 和 Y 是电负性较大、原子半径较小的原子，如 F、O、N。氢键的结合力介于化学键与范德华力之间。

氢键可以分为分子间氢键和分子内氢键两大类。一个分子的 X—H 键和另一个分子的 Y 相结合的氢键称为分子间氢键。一个分子的 X—H 键与它内部的 Y 相结合而成的氢键称为分子内氢键。

4. 氢键与物质性质的关系

分子间氢键的形成，使物质熔沸点升高。在极性溶剂中，溶质与溶剂间若形成分子间氢键，则会使溶质的溶解度增大。

3.3　分子轨道理论

3.3.1　概述

1932 年，美国化学家马利肯（Mulliken）和德国化学家洪德（Hund）提出了一种新的共价键理论——分子轨道（molecular orbital，MO）理论。该理论注意了分子的整体性，是处理双原子分子及多原子分子结构的一种有效的近似方法，是化学键理论的重要内容。

共价键理论从一开始就存在两种流派：价键理论和分子轨道理论。

（1）价键理论是在海特勒和伦敦用量子力学处理 H_2 分子问题的基础上发展起来的现代化学键理论。其核心思想是电子两两配对形成定域的化学键，每个分子体系可构成几种价键结构，电子可在这几种构型间共振，该流派的代表人物是鲍林，其成名之作《化学键的本质》阐述了价键理论的基本思想。

（2）分子轨道理论假设分子轨道由原子轨道线性组合而成，允许电子离域在整个分子中运动，而不是在特定的键上。这种离域轨道所具有的特征能量的数值与实验测定的电离势相当接近。

3.3.2　分子轨道理论基本观点

1. 原子轨道和分子轨道

原子轨道（AO）：原子中单电子的波函数称为原子轨道。

分子轨道（MO）：分子中单电子的波函数称为分子轨道。

原子在形成分子时，所有电子都有贡献，分子中的电子不再从属于某个原子，而是在整个分子空间范围内运动。在分子中电子的空间运动状态可用相应的分子轨道波函数 ψ（称为分子轨道）来描述。

2. 原子轨道线性组合为分子轨道法（LCAO-MO）

几个原子轨道可组合成几个分子轨道，其中有一半分子轨道分别由正负符号相同的两个原子轨道叠加而成，两核间电子的概率密度增大，其能量较原来的原子轨道能量低，有利于成键，称为成键分子轨道（bonding molecular orbital，BMO）；另一半分子轨道分别由正负符号不同的两个原子轨道叠加而成，两核间电子的概率密度很小，其能量较原来的原子轨道能量高，不利于成键，称为反键分子轨道（antibonding molecular orbital，AMO）。若组合后得到的分子轨道的能量与组合前的原子轨道能量没有明显差别，所得的分子轨道称为非键分子轨道（non-bonding molecular orbital，NMO）。

$$\psi = c_1\phi_1 + c_2\phi_2 + \cdots + c_i\phi_i + \cdots = \sum_{i=1}^{N} c_i\phi_i$$

3. 轨道数守恒

N 个原子轨道一定组合成 N 个分子轨道。

4. 成键三原则

（1）对称性匹配（或一致）原则：只有对称性匹配的原子轨道才能组合成分子轨道。该原则是原子间有效成键的根本原则。

原子轨道有 s、p、d 等各种类型，从它们的角度分布图可以看出，它们对于某些点、线、面等有着不同的空间对称性。对称性是否匹配，可根据两个原子轨道的角度分布图中图形的正负号对于键轴（设为 x 轴）或对于含键轴的某一平面的对称性是否一致决定。

（2）能量相近原则：只有能级相近的原子轨道才能有效地组成分子轨道，而且能量越相近越好。

$$A + B \longrightarrow AB$$
$$\Delta E = |E_A - E_B| < 10\sim15eV$$

仅当两个原子轨道的能级相差不大，原子轨道之间的组合才有好的效果，若原子轨道能级一样，即相同的原子形成分子时，这种组合效果是最好的（表 3-4）。

表 3-4　若干原子的原子轨道电子结合能实验值（单位：eV）

原子	1s	2s	2p	3s	3p	3d	4s
H	−13.6						
He	−24.6						
Li	−58	−5.4					
Be	−115	−9.3					
B	−192	−12.9	−8.3				
C	−288	−16.6	−11.3				
N	−403	−20.3	−14.5				
O	−538	−28.5	−13.6				
F	−694	−37.9	−17.4				
Ne	−870	−48.5	−21.6				
Na	−1075	−66	−34	−5.1			
K	−3610	−381	−298	−37	−19	−1.7	−4.3
Sc	−4494	−503	−406	−55	−33	−8.0	−6.6

（3）轨道最大重叠原则：当两个原子轨道进行线性组合时，其重叠程度越大，则组合而成的分子轨道能量越低，所形成的化学键也越稳定。

在上述三条原则中，对称性匹配原则是最重要的，它决定原子轨道组合成分子轨道的可能性。能量相近原则和轨道最大重叠原则是在符合对称性匹配原则的前提下，决定分子轨道组合效率的问题。

5. 键级

键级（bond order）的定义是：

$$键级 = （成键轨道上的电子数-反键轨道上的电子数）/2$$

在分子轨道理论中，用键级表示键的牢固程度。键级可以是整数也可以是分数。一般来说，键级越高，键能越大，键长越小，键越稳定；键级越高（反键电子数越多），键能越小，键长越大，键越不稳定；键级为零，则表明原子不可能结合成分子。

6. 分子轨道的类型、符号和能级

两个对称性相一致的原子轨道所组合而成的分子轨道也具有某种对称性，因而分子轨道按其对称性以及特定的节面加以分类，通常分为 σ、π、δ 三种类型。

1）分子轨道的类型

（1）σ 型分子轨道。这种类型的分子轨道都绕键轴呈圆柱形对称。原子轨道沿键轴以"头碰头"的方式成键。σ 轨道可以由 s 轨道组成 [图 3-5（a）]、由 p 轨道组成 [图 3-5（b）]，也可以由 s 和 p 轨道组成、由 s 和 d_{z^2} 轨道组成、由 d_{z^2} 和 d_{z^2} 轨道组成。

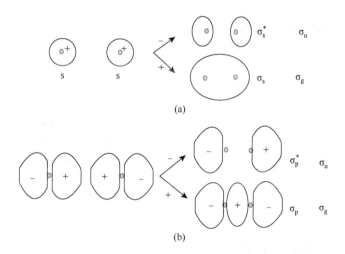

图 3-5　σ 型分子轨道形成的示意图

（2）π 型分子轨道。任何分子轨道如果具有包含键轴的节面，都称为 π 型分子轨道。原子轨道沿键轴以"肩并肩"的方式成键，π 型分子轨道对该节面的反映是反对称的。π 轨道可以由 p_x 轨道或 p_y 轨道组成（图 3-6），也可以由对称性匹配的 d 轨道组成，由对称性匹配的 p 轨道和 d 轨道组成。

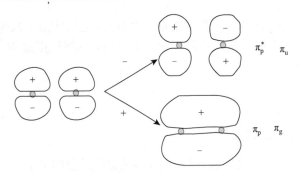

图 3-6　π 型分子轨道形成的示意图

（3）δ 型分子轨道。这种类型的分子轨道都有两个包含键轴的节面。两个 d 轨道以"面对面"的方式成键，成键分子轨道对键轴中心是对称的，反键分子轨道对键轴中心是反对称的（图 3-7）。

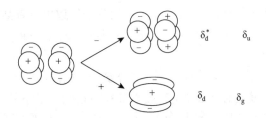

图 3-7　δ 型分子轨道形成的示意图

2）符号（标准不同，所用符号不同）

（1）同核双原子分子。

按分子轨道的来源，记为：σ_{1s}，σ_{2p_x}，π_{2p_y}，…

按成键、反键分子轨道，记为：σ_{1s}，σ_{1s}^*，σ_{2p_x}，$\sigma_{2p_x}^*$，π_{2p_y}，$\pi_{2p_y}^*$，…

按分子轨道的中心对称或中心反对称，记为：$1\sigma_g$，$1\sigma_u$，$2\sigma_g$，$1\pi_u$，$1\pi_g$，…

（2）异核双原子分子。由于组成分子轨道的原子轨道类型、能量一般不同，分子轨道不便强调其来源于哪一种原子轨道，也已经失去中心对称性，所以只能强调分子轨道的类型。

$$1\sigma,\ 2\sigma,\ 3\sigma,\ 1\pi,\ 2\pi,\ \cdots$$

3）能级顺序（近似）

（1）第二周期同核双原子分子：

$$\sigma_{1s} < \sigma_{1s}^* < \sigma_{2s} < \sigma_{2s}^* < \sigma_{2p} < \pi_{2p} < \pi_{2p}^* < \sigma_{2p}^*$$

由于 σ_{2p} 和 π_{2p} 能量相近，有时会出现能级交错。

对于 B、C：$\sigma_{2p} > \pi_{2p}$;

对于 N：$\sigma_{2p} \approx \pi_{2p}$;

对于 O、F：$\sigma_{2p} < \pi_{2p}$。

（2）第二周期异核双原子分子：（具体问题具体分析）

$$1\sigma < 2\sigma < 3\sigma < 4\sigma < 5\sigma < 1\pi < 2\pi < 6\sigma < \cdots$$

5σ 与 1π 经常发生能级交错，有时 4σ 也会与 1π 发生能级交错。

7. 电子填充原则

在分子中，电子填充分子轨道的规则和原子中填充规则相同，即遵循能量最低原则、泡利不相容原理和洪德规则。

3.3.3　同核双原子分子

电子在分子轨道上的分布称为分子轨道的电子组态。

成键电子：占据在成键轨道上的电子，它使体系能量降低，因而起着成键作用。

反键电子：占据在反键轨道上的电子，它使体系能量升高，因而起着反键作用。

1. H_2、H_2^+、He_2、He_2^+

H_2^+：$(\sigma_{1s})^1$，键级为 0.5；

H_2：$(\sigma_{1s})^2$，键级为 1（图 3-8）；

He_2^+：$(\sigma_{1s})^2(\sigma_{1s}^*)^1$，键级为 0.5；

He_2：$(\sigma_{1s})^2(\sigma_{1s}^*)^2$，键级为 0（即氦原子之间不成键，氦分子是单原子分子）。

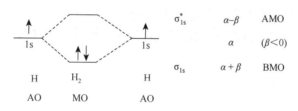

图 3-8　H_2 分子轨道及电子排布示意图

2. B_2、C_2

B、C 原子形成分子轨道时，$\sigma_{2p} > \pi_{2p}$。

（1）B_2：因 B 原子的电子组态为 $1s^2 2s^2 2p^1$，故在形成 B_2 分子时，能级最高的成键 π 轨道是两个简并轨道，因此剩下的两个电子遵循洪德规则，分别处于两个 π 轨道。其电子组态为

$$(\sigma_{1s})^2(\sigma_{1s}^*)^2(\sigma_{2s})^2(\sigma_{2s}^*)^2(\pi_{2p_y})^1(\pi_{2p_z})^1，键级：1$$

单电子 π 键（键级为 0.5），顺磁性

（2）C_2：其电子组态为

$(\sigma_{1s})^2(\sigma_{1s}^*)^2(\sigma_{2s})^2(\sigma_{2s}^*)^2(\pi_{2p_y})^2(\pi_{2p_z})^2$，键级：2，抗磁性。

3. O_2、F_2

O、F 原子形成分子轨道时，$\sigma_{2p} < \pi_{2p}$。

（1）O_2：在形成 O_2 分子，能级最高的反键 π 轨道是两个简并轨道，因此剩下的两个电子遵循洪德规则，分别处于两个反键 π 轨道，分别与两个成键 π 轨道形成三电子 π 键，每个三电子 π 键键级为 0.5。其电子组态为

$$(\sigma_{1s})^2(\sigma_{1s}^*)^2(\sigma_{2s})^2(\sigma_{2s}^*)^2(\sigma_{2p_x})^2(\pi_{2p_y})^2(\pi_{2p_z})^2(\pi_{2p_y}^*)^1(\pi_{2p_z}^*)^1$$，键级：2

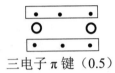

三电子 π 键（0.5）

分子轨道理论成功地解释了 O_2 的顺磁性。

（2）F_2：其电子组态为

$$(\sigma_{1s})^2(\sigma_{1s}^*)^2(\sigma_{2s})^2(\sigma_{2s}^*)^2(\sigma_{2p_x})^2(\pi_{2p_y})^2(\pi_{2p_z})^2(\pi_{2p_y}^*)^2(\pi_{2p_z}^*)^2$$，键级：1

4. N_2

N 原子形成分子轨道时，由于 σ_{2s} 和 σ_{2p} 能量相近，对称性匹配，所以可重新组合而成新的分子轨道——"s-p 混杂"，其电子组态为

$$(1\sigma_g)^2(1\sigma_u)^2(2\sigma_g)^2(2\sigma_u)^2(1\pi_u)^4(3\sigma_g)^2$$，键级：3，抗磁性。

3.3.4 异核双原子分子

由于原子间电负性不同，轨道能级也有差异，分子轨道的中心对称性消失，从而产生了共价键的极性。

1. HF：$1\sigma^2 2\sigma^2 3\sigma^2 1\pi^4$（图 3-9）

理论：$1\sigma2 < 2\sigma < 3\sigma < 4\sigma < 5\sigma < 1\pi < 2\pi < \cdots$
实际：$1\sigma < 2\sigma < 3\sigma < 4\sigma < 1\pi < 5\sigma < 2\pi < \cdots$

2. CO（图 3-10）

CO 和 N_2 是等电子体，与 N_2 有类似的电子结构（表 3-5）。
N_2：$(1\sigma_g)^2(1\sigma_u)^2(2\sigma_g)^2(2\sigma_u)^2(1\pi_u)^4(3\sigma_g)^2$
CO：$1\sigma^2 \quad 2\sigma^2 \quad 3\sigma^2 \quad 4\sigma^2 \quad 1\pi^4 \quad 5\sigma^2$

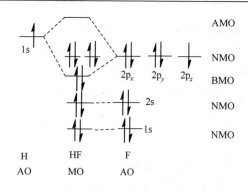

图 3-9　HF 分子轨道及电子排布示意图

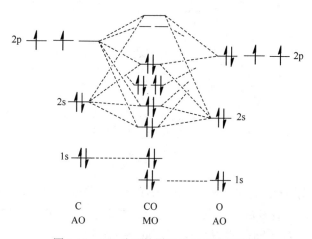

图 3-10　CO 分子轨道及电子排布示意图

表 3-5　N_2 分子及其他等电子数分子的分子轨道能（单位：eV）

中心对称 MO 符号	C_2H_2	N_2	NO^+	CO	CN^-	非中心对称 MO 符号
$2\sigma_g$	−28.34	(−38.67)	(−40.34)	(−41.75)	(−24.50)	3σ
$2\sigma_u$	−18.42	−18.78	−18.24	−19.65	−7.82	4σ
$1\pi_u$	−11.40	−16.73	−15.65	−16.58	−4.62	1π
$3\sigma_g$	−16.44	−15.59	−16.52	−14.00	−3.82	5σ
$1\pi_g$	(6.83)	(8.17)	−9.23	(6.03)	(16.29)	2π
$3\sigma_u$	(9.60)	(30.64)	29.58	(23.4)	(36.91)	6σ

注：括号内的数据为量子化学计算值。

3.4　配　合　物

3.4.1　配合物的基本概念

1. 配合物的定义

配合物又称配位化合物（或络合物），是一类组成较为复杂、种类繁多、应用广泛的化合物。其定义为，由可以给出孤对电子（或多个不定域电子）的一定数目的离子或分子（称为配体）和具有接受孤对电子（或多个不定域电子）的空轨道的原子或离子（统称中心原子），按一定组成和空间构型所形成的化合物。例如，亚铁氰化铁（普鲁士蓝）：$Fe_4[Fe(CN)_6]_3$；土伦试剂（银镜反应）：$[Ag(NH_3)_2]^+$；铜氨络离子：$[Cu(NH_3)_4]^{2+}$。

2. 配合物的组成

配合物一般可分为内界和外界两个组成部分。中心离子和配位体组成配合物的内界，在配合物的化学式中一般用方括号表示内界，括号以外的部分为外界。例如，$[Cu(NH_3)_4]^{2+}SO_4^{2-}$ 硫酸四氨合铜（Ⅱ）：

中心离子（或原子）：也称为配合物的形成体，它是配合物的核心部分。它位于配离子（或分子）中心，一般多是含 d 电子的过渡金属阳离子，但也有电中性原子甚至带负电荷的阴离子作为中心离子的：如 $Ni(CO)_4$ 中 Ni 为中心原子，I_3^-、I_5^- 中的离子则是带负电荷的中心离子。一些具有高氧化态的非金属元素，如 $[SiF_6]^{2-}$ 中 Si^{4+}、$[PF_6]^-$ 中的 P^{5+} 也是较常见的中心离子。

配位体：在配离子中同中心离子络合的离子（或分子）称为配位体，简称配体。在每一个配体中，直接同中心离子络合的原子称为配位原子。配体的分类如下。

（1）按配位原子的种类。

含氮配体：NH_3、NO（亚硝基）、NO_2（硝基）、NCS^-（异硫氰根）、NO（亚硝酰基）。

含氧配体：H_2O、OH（羟基）、ONO^-（亚硝酸根）。

含碳配体：CN^-、CO（羰基）。

含硫配体：S^{2-}、SCN^-（硫氰根）。

含磷配体：PH_3(膦)。

卤素配体：F^-、Cl^-、Br^-、I^-。

（2）按配位原子的数目。

单齿配体：配体中只有一个配位原子。

多齿配体：具有两个或多个配位原子的配体。

例如：

乙二胺（en）：$H_2\ddot{N}—CH_2—CH_2—\ddot{N}H_2$。

乙二酸根（草酸根）：$C_2O_4^{2-}$。

乙二胺四乙酸根：$EDTA^{4-}$（Y^{4-}）。

配位数：直接同中心离子（或原子）络合的配体（或配位原子）的数目，称为该中心离子（或原子）的配位数，一般中心离子（原子）的配位数为 2、4、6 等。配体的配位数的计算如下：

（1）单齿配体：配体的配位数等于配体的数目；金属配位化合物的配位数常见的有 2、4、6、8，最常见是 4 和 6 两种。

（2）多齿配体：配体的配位数等于配体的数目与基数的乘积。

例如：

$[Cu(en)_2]^{2+}$：Cu^{2+}的配位数等于 4。

$[Ca(EDTA)]^{2-}$或 CaY^{2-}：Ca^{2+}的配位数为 6，配位原子分别是 4 个 O、2 个 N。

3. 配合物的命名

（1）配合物的命名法服从一般无机化合物的命名原则。

如果配合物中的酸根是一个简单的阴离子，则称"某化某"。例如：

$$[Co(NH_3)_4Cl_2]Cl，氯化二氯四氨合钴（Ⅲ）$$

如果配合物中的酸根是一个复杂的阴离子，则称"某酸某"。例如：

$$[Cu(NH_3)_4]SO_4，硫酸四氨合铜（Ⅱ）$$

若外界为氢离子，络阴离子的名称之后用"酸"字结尾。例如：

$$H[PtCl_3(NH_3)]，三氯一氨合铂（Ⅱ）酸$$

（2）配合物内界的络离子的命名：（顺序）

配体数→配体的名称→"合"字→中心离子名称→中心离子氧化态（加括号：用罗马数字注明）

例如：

$[Cu(NH_3)_4]^{2+}$	四氨合铜（Ⅱ）离子
$[Fe(CN)_6]^{4-}$	六氰合铁（Ⅱ）离子
$[Cr(en)_3]^{3+}$	三（乙二胺）合铬（Ⅲ）离子
$[Co(NH_3)_5H_2O]^{3+}$	五氨·一水合钴（Ⅲ）

（3）配体的次序：

①无机物配体在前，有机物配体在后。例如：

$$cis\text{-}[PtCl_2(PPh_3)_2]　顺-二氯·二（三苯基膦）合铂（Ⅱ）$$

②同为无机配体或有机配体，其顺序为先阴离子，后阳离子，再中性分子。例如：

$$[Co(NH_3)_4Cl_2]Cl　氯化二氯·四氨合钴（Ⅲ）$$

$$K[PtCl_3NH_3]　三氯·氨合铂（Ⅲ）酸钾$$

③同类配体按配位原子元素符号的英文字母顺序排列。

$$[Co(NH_3)_5H_2O]Cl_3　三氯化五氨·一水合钴（Ⅲ）$$

④同类配体同一配位原子时，将含较少原子数的配体排在前面。例如：

$$[Co(NO)_3(NH_3)_3] \quad 三亚硝基·三氨合钴（Ⅲ）$$

（4）实例：氢络酸和氢络酸盐。

氢络酸的命名次序是：酸性原子团→中性原子团→中心原子→词尾用氢酸（"氢"字也可略去）。

氢络酸盐的命名顺序同上，只是词尾用酸而不用氢酸，酸字后面再附上金属名称。例如：

$$H_2SiF_6 \quad 六氟合硅（Ⅳ）（氢）酸$$
$$Cu_2SiF_6 \quad 六氯合硅（Ⅳ）酸亚铜$$
$$K_2[Co(SO_4)]_2 \quad 二硫酸根合钴（Ⅱ）酸钾$$

络阳离子化合物的命名顺序是：外界阴离子→酸性原子团→中心原子。例如：

$$[Pt(NH_3)_6]Cl_4 \quad 四氯化六氨合铂（Ⅳ）$$
$$[Co(NH_3)_5(H_2O)]Cl_3 \quad 三氯化一水五氨合钴（Ⅲ）$$

中性配合物的命名次序是：酸性原子团→中性原子团→中心原子。例如：

$$[Pt(NH_3)_2Cl_2] \quad 二氯二氨合铂（Ⅱ）$$

若络离子的配体不止一种，则命名顺序如下：

阴性原子及原子团的顺序为：氧（O），氯（Cl），亚硝基（NO），氰根（CN^-），异氰酸根（NCO^-），异硫氰根（NCS^-），硫氰根（SCN^-），硫酸根（SO_4^{2-}），硝基（NO_2），亚硝酸根（ONO^-），草酸根（$C_2O_4^{2-}$）和羰基（CO）。

中性原子团的顺序为：氧氮（NO），水（H_2O），取代胺（如乙二胺 en、丙二胺等），最后是氨（NH_3）等。

3.4.2　配合物的价键理论

鲍林首先利用量子力学的结果，将价键理论应用于配合物中，后经别人的修正和补充，逐渐形成近代的价键理论。

1. 配键

配合物的中心离子 M 同配体 L 之间的结合，一般是靠着配体单方面提供的孤对电子同 M 共用形成配键 L→M。例如，$[Ni(CN)_4]^{2-}$：

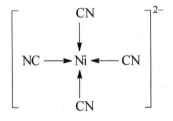

2. 形成配键的条件

配体 L 至少含有一对孤对电子，而中心离子 M 必须有空的价电子轨道。

1）电价配键

带正电荷的中心离子和带负电或有偶极矩的配体之间靠静电引力结合在一起,称为电价配键（类似于离子键）。并认为静电引力的作用不会影响中心离子的电子层结构,所以中心离子的电子层结构基本上和自由离子一样,服从洪德规则。例如,$[FeF_6]^{3-}$:

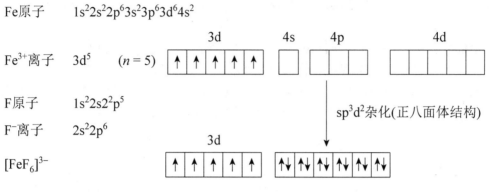

配合物磁矩 μ 的计算如下

$$\mu = \sqrt{n(n+2)}\mu_B$$

式中,n 为未成对的电子数,可见,电价配合物中往往含有较多的自旋平行的电子,已为磁性测量实验证明,所以很多电价配合物是高自旋配合物。

一般来说,当中心原子和配位原子的电负性相差较大时,则容易形成电价配键,所以卤素离子和水作为配体时,常与金属离子形成电价配合物。

2）共价配键

中心离子以空的价电子轨道接受配体的孤对电子所形成的键称为共价配键（本质上是共价性质的）,但中心离子提供的空轨道不是单纯的原子轨道而是杂化轨道,其中以含 d 轨道的杂化轨道尤为重要。例如,$[Fe(CN)_6]^{3-}$:

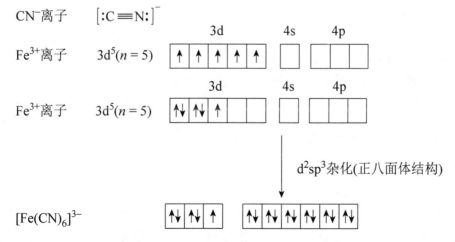

由于 CN^- 离子不同于 F^- 离子,它对 Fe^{3+} 离子的价电子层结构有较强烈的影响,因而使 Fe^{3+} 的 3d 轨道上的电子发生重排。这种违背洪德规则的电子重排,会使体系的能量升高一些,但由于组成了六个 d^2sp^3 杂化的空轨道,可以形成六个共价配键,致使体系的能

量大大降低了。一般来讲，对中心离子影响较大的配体有 CN^-、CO 和 NH_3，而 X^- 和 H_2O 对中心离子的影响较小。

通过测定配合物的磁性，可知中心离子的未成对电子数 n，依次判别是电价配合物或共价配合物。凡在形成配合物前后电子结构不变即未成对电子数不变的，应属电价配合物；而中心离子的电子结构发生了变化，未成对电子数减少的，应属共价配合物（低自旋配合物）。

电价配合物：L 和 M 电负性相差较大，M 电子结构不变（洪德规则，高自旋态），μ 值较大（一般 $n>1$），外轨型配合物，稳定性较差，配键接近离子键性质。

共价配合物：L 和 M 电负性相差较小，M 电子结构重排（违背洪德规则，低自旋态），μ 值较小（$n=0,1$），内轨型配合物，稳定性较好，配键主要是共价键性质。

3. 中心离子的杂化轨道与络离子的空间结构

1）杂化轨道的形成

在形成络离子时，中心离子所提供的空轨道（s、p、d 或 s、p），必须首先进行杂化，形成数目相同的新的杂化轨道。这些杂化轨道的能量相同，而且有一定的方向性。每一个杂化轨道接受配体原子的一对孤对电子而形成配位键。

2）杂化轨道类型与空间结构

sp^3d^2 杂化：外轨型，八面体构型，ns，np，nd。如 $[FeF_6]^{3-}$，$[Fe(H_2O)_6]^{3+}$，$[Co(NH_3)_6]^{2+}$，$[Ni(NH_3)_6]^{2+}$。

d^2sp^3 杂化：内轨型，八面体构型，$(n-1)$ d，ns，np。如 $[Fe(CN)_6]^{3-}$，$[Cr(CN)_6]^{4-}$，$[Co(NH_3)_6]^{3+}$，$[Co(CN)_6]^{3-}$。

（含有 d^4、d^6、d^7 的 $2+$、$3+$ 离子常采用 sp^3d^2 或 d^2sp^3 杂化）

dsp^2 杂化：平面正方形。

具有 d^8 结构的 Ni^{2+}、Pd^{2+}、Pt^{2+}、Au^{3+} 等离子生成配合物时，需要四个非键 d 轨道容纳原有的 8 个 d 电子，因此在络合过程中，中心离子只能以一个 d 轨道与 s 和 p 轨道杂化，组成平面正方形的 4 个 dsp^2 杂化轨道（内轨型），接受配体的孤对电子生成四个配键，如 $[Ni(CN)_4]^{2-}$、$[PtCl_4]^{2-}$ 等。

具有 d^9 结构的 $[Cu(NH_3)_4]^{2+}$、$[CuCl_4]^{2-}$、$[Cu(CN)_4]^{2-}$ 等共价络离子中，中心离子将一个 d 电子激发到 4p 轨道上，并用空下来的 d 轨道与 s、p 轨道组成 dsp^2 杂化轨道，所以也具有平面正方形构型。在 $[Cu(CN)_4]^{2-}$ 中，未参与杂化的 4p 轨道（其中有 1 个电子）还可以和 CN 中的 π 键作用形成离域 $\Pi_9^?$，这也增加了 $[Cu(CN)_4]^{2-}$ 的稳定性。

其他杂化类型：

sp 杂化	线形	d^{10} 构型	$[Ag(CN)_2]^-$	$[Ag(NH_3)_2]^+$
sp^2 杂化	平面三角形	d^9 构型	$[CuCl_3]^{2-}$	$[Cu(CN)_3]^{2-}$
sp^3 杂化	正四面体	d^{10} 构型	$[ZnCl_4]^{2-}$	$[Cd(CN)_4]^{2-}$
dsp^3 杂化	三角双锥	d^6、d^7 构型	$[Ni(CN)_5]^{3-}$	$Fe(CO)_5$
d^4sp^3 杂化	正十二面体	d^5 构型	$[Mo(CN)_8]^{4-}$	

4. 价键理论的局限性

价键理论将配合物划分为电价和共价两类，并且把高自旋配合物看成是电价的，低自旋配合物看成是共价的，这种分法与实验事实并不完全符合。例如，Fe^{3+}的乙酰丙酮配合物$[Fe(C_5H_7O_2)_3]^{3+}$，测得其 $\mu = 5.8\mu_B$，$n = 5$，应与络离子$[Fe(H_2O)_6]^{3+}$一样，为高自旋电价配合物，但它的性质却表现为共价化合物，如它易挥发，易溶于非极性的有机溶剂等。

对于中心离子具有 d^3 结构的正八面体配合物（d^2sp^3 杂化）及具有 d^9 结构的正方平面配合物（3d 轨道上有一个 d 电子被激发到 4p 轨道上，再进行 dsp^2 杂化），电价和共价配合物都具有相同的未成对电子数（即 n 相等），这时利用测得磁矩的方法进行判别就无效了。

过渡金属配合物所表现的各种颜色,配合物的稳定性随中心离子 d 电子数变化的一系列现象，以及配合物的几何构型发生变形等现象，价键理论也都不能解释。价键理论已逐渐被晶体场理论、配位场理论所取代。

3.4.3　配合物的异构现象

化学组成完全相同的一些配合物,由于配体在中心离子周围的排列情况或配位方式不同，而引起的结构和性质不同的现象，称为配合物的异构现象。一般分为化学结构异构和立体异构两大类。化学结构异构是由配合物中金属-配体（M-L）的成键方式不同所引起的，包括键合异构、配位异构、电离异构、水合异构等；立体异构仅仅是由于配合物中各个原子在空间的排列不同所形成的，包括几何异构、光学异构、配体异构、配位位置异构等。

一般来说，只有惰性配合物才表现出异构现象，因为不稳定的配合物常常会发生分子内重排，最后得到一种最稳定的异构体。

1. 立体异构

1）几何异构

由于中心离子和配体的相对位置不同所引起的异构现象，称为几何异构现象。这类异构现象对于配位数为 2（线型）、3（平面三角形）或 4（正四面体）的配合物是不存在的，因为它们的配体都彼此相邻，具有相同的配位位置。但是平面正方形和八面体构型的配合物中，通常会有顺式和反式两种异构体存在。顺式是指相同的配体彼此处于相邻的位置，反式是指相同的配体彼此处于相对位置。

（1）平面正方形配合物的几何异构现象。

MA_4，MA_3B：不存在几何异构体；

MA_2B_2，$MABX_2$，MA_2XY：存在顺反异构体（A 和 B 代表中性配体，X 和 Y 代表阴离子配体）；

MA_2B_2 型平面四边形配合物有顺式和反式两种异构体。

A —— A　　　　　A —— B
｜ M ｜　　　　｜ M ｜
B —— B　　　　　B —— A
顺式　　　　　　　　反式

最典型的是二氯二氨合铂(Ⅱ)（$Pt(NH_3)_2Cl_2$），其中顺式结构的溶解度较大，为 $0.25g \cdot (100g\ 水)^{-1}$，偶极矩较大，为橙黄色粉末，有抗癌作用；反式结构难溶，为 $0.0366g \cdot (100g\ 水)^{-1}$，呈亮黄色，偶极矩为 0，无抗癌活性。

Cl　　　　NH₃　　　　　　　Cl　　　　NH₃
＼　　　／　　　　　　　　　＼　　　／
Pt　　　　　　　　　　　　　Pt
／　　　＼　　　　　　　　　／　　　＼
Cl　　　　NH₃　　　　　H₃N　　　　Cl
顺式(*cis-*)　　　　　　　　反式(*trans-*)

若$[MA_2X_2]$型配合物是中性分子，其顺反异构体可以通过偶极矩 μ 的测定加以区别。顺式异构体 $\mu \neq 0$，反式异构体 $\mu = 0$。

（2）八面体配合物的几何异构现象。配合物 ML_6（八面体），当其中的 A 被其他单齿配体 B 依次取代时，所生成的配合物，其异构体的种类如图 3-11 所示。

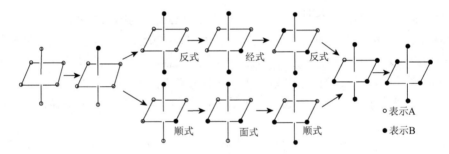

图 3-11　$MA_6 \rightarrow MB_6$ 型配合物的几何异构现象

由图 3-11 可知，在$[MA_4B_2]$、$[MA_3B_3]$和$[MA_2B_4]$中，各有两种几何异构体。$[MA_4B_2]$和$[MA_2B_4]$实际上是同样的情形，都只是顺、反两种异构体。

例如，八面体型的$[Pt(NH_3)_4Cl_2]$：

Cl　　　　　　　　　　　　　Cl
｜　　　　　　　　　　　　　｜
H₃N —— ┬ —— Cl　　　　H₃N —— ┬ —— NH₃
╱│　　╱　　　　　　　　　╱│　　╱
H₃N —— ┴ —— NH₃　　　H₃N —— ┴ —— NH₃
｜　　　　　　　　　　　　　｜
NH₃　　　　　　　　　　　　Cl

顺-二氯·四氨合铂（Ⅱ）（紫色）　　　　反-二氯·四氨合铂（Ⅱ）（红色）

在$[MA_3B_3]$的两种异构体中，当 3 个 A 和 3 个 B 各占据八面体的同一个三角面的顶点时，则称为面式（facial 或 *fac-*）异构体；当 3 个 A 和 3 个 B 各位于八面体外接球的子午线上时，则称为经式（meridinal 或 *mer-*）异构体。

例如，八面体型的[Pt(NH₃)₃(NO₂)₃]：

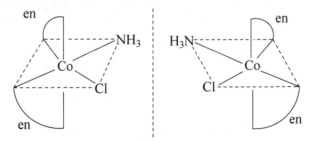

面式（*fac-*）　　　　　经式（*mer-*）

2）旋光异构

若两个分子相当于实物与镜像的关系且互相不能重叠时，就会产生旋光异构现象，构成具有光学活性的两种异构体（或称对映异构体）。一般来说，它们具有相同的物理性质和化学性质，但对偏振光的旋转方向不同，我们把这一对映异构体称为旋光异构体。这样的分子称为手性（chiral）分子。

例如，[Co(en)₂(NH₃)Cl]²⁺，其对映形式如下：

顺式[Co(en)₂(NH₃)Cl]²⁺不具有非真轴 S_n，是手性分子，有旋光活性。

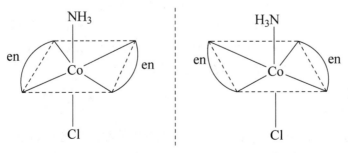

具有非真轴 S_n 的分子是非手性分子，其实物与镜像能够重合，无旋光活性。例如，反式[Co(en)₂(NH₃)Cl]²⁺：

　　分子的对称中心和对称面实际上相当于非真轴 S_2 和 S_1，所以具有对称中心或对称面的分子一定是非手性分子。但只用分子有无对称中心和对称面来判断其有无旋光性是不够严格的，因为只是 S_n 的两个特例。

　　一般来说，凡是有对称中心或对称面或非真轴 S_n 的分子，必能与其镜像叠合，则无旋光性；否则，有旋光性。

　　2. 化学结构异构（构造异构）

　　1）电离异构

　　两个或两个以上的配合物，当其化学组成相同时，但在溶液中能电离出不同的离子时，则这些配合物互为电离异构体。这种类型的异构现象是由于配合物内界的配体与它的外界离子之间彼此交换位置造成的。例如：

　　[Co(NH₃)₅Br]SO₄　紫红色　加 BaCl₂，生成 BaSO₄ 沉淀

　　[Co(NH₃)₅SO₄]Br　红色　加 AgNO₃，生成 AgBr 沉淀

$$[Co(NH_3)_5Br]SO_4 = [Co(NH_3)_5Br]^{2+} + SO_4^{2-}$$

$$[Co(NH_3)_5SO_4]Br = [Co(NH_3)_5SO_4]^+ + Br^-$$

　　2）水合异构

　　水合异构是一种与电离异构极为相似的异构现象。它是由水合物中的水分子取代不同数目的内界配体而产生的。例如，已知 $CrCl_3 \cdot 6H_2O$ 有三种异构体，通过电导的测量以及对电离出来的 Cl⁻ 进行定量测定，结果见表 3-6。

表 3-6　$CrCl_3 \cdot 6H_2O$ 异构体的一些性质

颜色	溶液中离子的总数	AgCl 沉淀的物质的量/mol	分子式
紫色	4	3	$[Cr(H_2O)_6]Cl_3$
浅绿	3	2	$[Cr(H_2O)_5Cl]Cl_2 \cdot H_2O$
深绿	2	1	$[Cr(H_2O)_4Cl_2]Cl \cdot 2H_2O$

　　3）键合异构

　　有些配体可以通过不同的配位原子与金属离子络合，得到不同键合方式的异构体，而且可以分离出来。例如：

　　[Co(NO₂)(NH₃)₅]²⁺ 硝基配合物，NO_2^- 以 N 配位

　　[Co(ONO)(NH₃)₅]²⁺ 亚硝酸根配合物，ONO^- 以 O 配位

　　类似的例子还有 SCN⁻ 和 CN⁻，前者可用 S 或 N 进行配位，后者可用 C 和 N 进行配位。从理论上说，发生键合异构的必要条件是配体的两个不同原子都含有孤对电子。例如：$:N{\equiv}C{-}S:^-$，它的 N 和 S 上都有孤对电子，以致它既可以通过 N 原子又可以通过 S 原子同金属相连接。

　　4）配位异构

　　配合物中的阳离子和阴离子都是配离子，但其中的配体分配可以改变，这样产生的异构体称为配位异构，如[Co(NH₃)₆][Cr(CN)₆]和[Cr(NH₃)₆][Co(CN)₆]。

3.4.4 几种特殊类型的配合物

1. 羰基配合物

金属基配合物是由低价的(包括零价)过渡金属与一氧化碳配体所生成的一类配合物。能形成碳基配合物的金属元素，主要为ⅥB、ⅦB 及Ⅷ族，如 Cr、Mo、W，Mn、Tc、Re，Fe、Co、Ni、Ru、Rh、Os、Ir 等。

羰基配合物的熔点、沸点一般都比较低，除 $Ni(CO)_4$、$Fe(CO)_5$ 和 $Os(CO)_5$ 在常温下为液体，其余的均为固体。它们都是典型的共价化合物，易挥发，易溶于非极性溶剂中 [$Fe(CO)_5$ 除外]，受热后极易分解为金属和一氧化碳。羰基化合物有剧毒，制备和使用时需十分小心。绝大多数羰基化合物遵循有效原子序数（EAN）规则。例如

Cr	$24e^-$		Fe	$26e^-$
6CO	$12e^-$		5CO	$10e^-$
$Cr(CO)_6$	$36e^-$		$Fe(CO)_5$	$36e^-$

但是，原子序数为奇数的金属元素，加上 CO 配体不能满足 EAN 规则（因无论加多少个 CO，产物仍具有奇数个电子），因此它们往往生成双核羰基配合物，形成双聚体，达到奇数电子成对的目的。例如

Mn	$25e^-$		Co	$27e^-$
5CO	$12e^-$		4CO	$10e^-$
$Mn(CO)_5$	$35e^-$		$Co(CO)_4$	$35e^-$

[$Mn_2(CO)_{10}$]（双聚体）　　　　　　　　[$Co_2(CO)_8$]（双聚体）

在双聚体中，每个金属原子各提供一个电子，形成金属-金属共价键，使每个金属原子周围的电子总数和它后面的惰性原子的电子数相等。当然也有少数羰基配合物不服从 EAN 规则，如 $V(CO)_6$（电子数 $= 23 + 6 \times 2 = 35$），又未形成双聚体。

除 CO 外，在羰基配合物中还可以有其他的配体存在，如 H、X（卤素）。

金属羰基配合物的制备：金属粉末直接与 CO 作用：

$$M + nCO = M(CO)_n$$

如 $Ni(CO)_4$，$Fe(CO)_5$，$Co_2(CO)_8$，$Mo(CO)_6$，$Ru(CO)_5$，$Rh(CO)_5$。

金属的其他化合物在高压下与 CO 反应：

$$2CoS + 8CO + 4Cu \xrightarrow[2 \times 10^7 Pa]{200℃} Co_2(CO)_8 + 2Cu_2S$$

利用歧化反应，用 CO 与氰化镍（Ⅰ）反应，可生成羰基镍和氰化镍：

$$2NiCN + 4CO = Ni(CN)_2 + Ni(CO)_4$$

18 电子规则：大多数过渡金属羰基配合物的价电子总数均是 18，常称为"18 电子规则"。如 $Ni(CO)_4$、$Fe(CO)_5$、$Co_2(CO)_8$、$Cr(CO)_6$、$Mn_2(CO)_{10}$ 等。

在多核配合物中，为了满足"18 电子规则"，往往有金属原子与金属原子直接以共

价键结合而成为簇合物，有的还有桥基（一个羰基同时与两个金属原子形成共价键），但 $V(CO)_6$ 是例外，价电子总数为 17。

2. π 配合物

π 配合物的配体是含 π 键的分子（烯烃、炔烃、芳烃或环戊二烯等），如 $Pt(C_2H_4)Cl_3^-$（Zeise 盐阴离子）、$Cr(C_6H_6)_2$、$Fe(C_5H_5)_2$ 等。

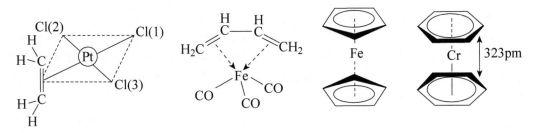

1）二茂铁

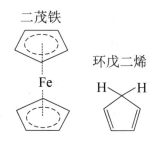

环戊二烯 4 个 C 采取 sp^2 杂化，1 个 C 采取 sp^3 杂化。

环戊二烯基负离子（$C_5H_5^-$）

5 个 C 原子都采用 sp^2 杂化。

Fe：$3d^6 4s^2$（价电子数为 8）。Fe^{2+} 离子（价电子数为 6），上下两个戊环，两个 Π_5^6，共 10 个配位原子（即有 12 个价电子），满足 18 电子规则：6 + 12 = 18。或者，中间为 Fe 原子，价电子数为 8，上下两个环成二烯基，两个 Π_5^5，仍满足"18 电子规则"。

2）二苯铬：Cr $3d^5 4s^1$（6 个价电子）

上下两个苯环，两个 Π_6^6，12 个电子，价电子总数共 6 + 12 = 18（满足"18 电子规则"）。

π 键配体形成的配合物的书写：乙烯、丁二烯、一氧化碳、苯、环戊二烯基等都是 π 键配体。在由多个金属原子组成分子骨干的配合物中，一个配体同时和 n 个金属原子 M 配位结合时，常在配体前加 μ_n-记号，例如，$Fe_3(CO)_{10}(\mu_2\text{-}CO)_2$，表示有 2 个 CO 分别同时和 2 个 Fe 原子结合成桥式结构，而其余 10 个 CO 都分别只和 1 个 Fe 原子结合。

若一个配体有 n 个配位点与同一金属原子结合，则在配体前标上 η^n-记号，例如，$(\eta^5\text{-}C_5H_5)_2Fe$ 表示每个 C_5H_5 都有 5 个配位点和同一个 Fe 原子结合。

3. 原子簇化合物

原子簇（cluster）是金属原子簇化合物的简称，也可称之为簇合物、簇状配合物。原子簇配合物是指配合物分子中含有金属-金属键，并且金属原子之间以多面体或多角形的形式构成金属原子基团（金属簇）的一类化合物。这种金属-金属键与普通金属单质的所谓金属键有所不同，它具有共价键的性质。原子簇化合物的构型可以是两个金属原子直接相连的线型，也可以是多个金属原子互相成键，形成 M_3、M_4、M_6 及 M_8 等原子基团，这些原子基团可构成平面三角形、四面体、八面体和立方体型的原子簇。原子簇化合物的分类方法很多。例如，按成簇原子类型可分为同原子簇、异原子簇、金属-非金属杂原子簇等，按结构类型可分为开式结构多核簇及闭式结构多核簇等，也可按配体的类型进行分类，下面按原子簇中心原子数进行分类。

（1）双核原子簇配合物。

$[Re_2Cl_8]^{2-}Re^{3+}$

$$2[ReO_4]^- \xrightarrow[\text{HCl}]{\text{H}_3\text{PO}_2} [Re_2Cl_8]^{2-} \qquad Re^{7+} \to Re^{3+}$$

$[ReCl_4]^-$ 单元呈平面正方形结构，$[Re_2Cl_8]^{2-}$ 则是四方柱结构，即八个配体 Cl^- 为四个一组，两组 Cl^- 之间是重叠式构型。一般情况下，由于配体之间的排斥作用，两组应呈交错式构型。而在 $[Re_2Cl_8]^{2-}$ 这个原子簇配合物中，由于 Re—Re 之间存在 δ 键，若 $[ReCl_4]^-$ 单元绕 Re—Re 键的转动会使 Re—Re 之间的 δ 键被破坏，即 Re—Re 之间的四重键限制了 $[ReCl_4]^-$ 的旋转。

每个 Re^{3+} 的组态均为 $5d^4$，分别以 $5d_{x^2-y^2}$、$6s$、$6p_x$ 及 $6p_y$ 组成四个 dsp^2 杂化轨道，呈平面正方形几何构型，每个 dsp^2 杂化轨道接受 Cl^- 的一对 p 电子形成 σ 配键；两个 Re^{3+} 以 $5d_{z^2}$ "头碰头"重叠形成 σ 键，两个 $5d_{xz}$ 及 $5d_{yz}$ "肩并肩"重叠形成二重简并的 π 键，两个 $5d_{xy}$ "面对面"重叠形成 δ 键。两个 Re^{3+} 之间以四重键结合，电子组态为 $\sigma^2\pi^4\delta^2$。这就是 Re—Re 键长（224pm）比金属铼 Re 中 Re—Re 键长（275pm）短得多的原因。

必须指出，在原子簇配合物中，绝非所有的 M—M 键都是四重键，它们也可以是单键、双键或三键等，如 $Mn_2(CO)_{10}$。

（2）三原子族配合物。过渡元素可以形成 M_3 三角形骨架的金属原子簇配合物，如 $[Re_3Cl_{12}]^{3-}$、$Fe_3(CO)_{12}$。

$[Re_3Cl_{12}]^{3-}$ 的结构：三个 Re 原子以三角形排列，Re 原子之间以 M—M 键直接相连，与 Re 处在同一平面上的一个 Cl^- 再以桥基形式把 Re 原子间接地联系起来，在每个 Re 原子的上下方以及和 Cl^- 桥基相邻的位置各连接一个 Cl^-，共同组成 $[Re_3Cl_{12}]^{3-}$ 簇状配合物。

$Fe_3(CO)_{12}$ 的结构：$Fe_3(CO)_{12}$ 中也含有三角形的 Fe 原子簇。在三个铁原子之间含有两个 CO 组成的桥键。

（3）四原子族配合物。其金属骨架常为四面体或变形四面体。

（4）五原子族配合物。M_5 的结构主要有三角双锥和四方锥两种形式。

$[Ni_5(CO)_{12}]^{2-}$，Ni_5 为三角双锥结构

$Fe_3(CO)_{12}$，Fe_5 为四方锥结构

（5）六原子簇配合物。M_6 原子簇排列成规则的八面体或变形的八面体，如$[Nb_6Cl_{12}]^{2+}$、$[Ta_6Cl_{12}]^{2+}$、$[Ta_6Cl_{14}]$、$[Mo_6Cl_{14}]^{2-}$、$[W_6Cl_{18}]$、$Rh_6(CO)_{16}$ 等；还可形成三方棱柱形、加帽四方锥形等。

此外，还有金属-非金属原子簇化合物、异核三金属簇化合物等。

簇合物的成键理论，主要解决簇合物中特别是金属骨架中的价电子分布情况，即簇价电子总数、电子结构和几何构型的关系，以及由此而决定的簇合物的物理化学性质（主要是"18 电子规则"）。"18 电子规则"也称有效原子序数（EAN）规则，由西奇维克提出来的，他认为：低氧化态（一般为 0 或–1）过渡金属配合物的稳定性，是由于中心原子的价壳层轨道：5 个 nd、1 个 $(n+1)$ s 和 3 个 $(n+1)$ p，共 9 个全被填满（18 电子），使之具有惰性气体的电子构型。若配合物中有 $N_{金}$ 个金属原子，每个金属原子有 n_e 个价电子，如无金属-金属键生成，应有 $N_{配}$ 个配体供给 $2\times N_{配}$ 个价电子，所以有 $18\times N_{金}=2\times N_{配}+n_e\times N_{金}$。

例如，$Fe(CO)_5$，$18\times N_{金}=18\times 1=18$

$$2\times N_{配}+n_e\times N_{金}=2\times 5+1\times 8=18$$

但每生成一个金属-金属单键就已为每个有关金属原子提供两个为达到惰性气体结构所需电子（可认为"互相提供"），因此若用 $N_{总}$ 表示价电子总数，则应有下式

$$N_{总}=18\times N_{金}-2\times N_{M-M}$$

式中，N_{M-M} 表示金属原子间单键总数。

对一个确定的簇合物，其簇价电子总数 $N_{总}$ 是知道的，所以可利用该式求出簇中 M—M 单键的数目 N_{M-M}，进而判断出簇合物的骨架结构。例如，$Co_4(CO)_{12}$

$$N_{总}=4\times 9+12\times 2=60$$

$$18\times N_{金}=18\times 4=72$$

$$N_{M-M}=(72-60)/2=6$$

表明簇合物的金属骨架应有 6 条边，即形成 6 个单键，应为四面体形。四核簇大多数都具有四面体形，但也有少数例外。例如：$[Re_4Cl_{16}]^{2-}$

$$N_{总}=4\times 7+16\times 2+2=62$$

$$18\times N_{金}=18\times 4=72$$

$$N_{M-M}=(72-62)/2=5$$

所以$[Re_4Cl_{16}]^{2-}$的骨架结构是有五个单键的菱形。

4. 螯合物

具有环状配位结构的配合物称为螯合物。通常把能形成螯合物的配体称为螯合剂。

在螯合物中，一个螯合剂分子（或离子）以两个或两个以上的配位原子同时与一个中心离子（或原子）配位，形成一个或多个包含中心离子（或原子）在内的环状结构（俗称螯环）。

$$\left[\begin{array}{c} H_2C-N^{H_2}\quad N^{H_2}-CH_2 \\ \quad\quad Cu \\ H_2C-N\quad\quad N-CH_2 \\ \quad H_2\quad H_2 \end{array}\right]^{2+}$$

二(乙二胺)合铜(Ⅱ)

如果螯合剂是带负电荷的离子，则这种螯合剂不仅可以满足中心离子的配位数，而且有时也可满足中心离子的氧化数。

二(氨基乙酸根)合铜(Ⅱ)

如果该类螯合剂与中心离子直接生成，则这样的螯合剂通常称为配盐。一般来说，螯合物尤其是内配盐，除了具有配合物的一般特征外，还有一些特殊性质。例如，它们大多数具有特殊颜色，难溶于水，易溶于有机溶剂，通常比一般简单的配合物稳定等。

螯合剂一般是含有 N、O、S、P 及 As 等配位原子的较复杂的有机化合物。在结构上通常满足以下要求：

螯合剂必须含有两个或两个以上能给出孤对电子的配位原子。在形成螯合剂时，如果一个配体提供两个或两个以上的配位原子，这样的配体称为多齿配体。

二齿配体：如乙二胺，氨基乙酸根。

三齿配体：如二乙烯三氨（dien），亚氨二乙酸根。

六齿配体：如乙二胺四乙酸根（EDTA^{4-}）。

螯合剂中的配位原子必须处于适当的位置，即配位原子之间最好要间隔着两个或三个其他的非配位原子，以便与中心离子形成稳定的五元环或六元环，形成稳定的螯合物。多于或少于五元环或六元环的螯合物都不稳定，且少见。

在螯合剂的分子中，配位原子的附近最好不存在空间位置上有碍于中心离子与配体配位的其他基团，这样才有利于生成较为稳定的螯合物。

例如，Ca^{2+} 与 EDTA（简化式 H$_4$Y）作用（图 3-12）：

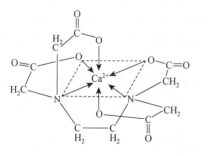

图 3-12 EDTA 与 Ca^{2+}形成螯合物的立体结构

$$Ca^{2+} + Y^{4-} \longrightarrow [CaY]^{2-}$$

3.4.5 配合物的晶体场理论

晶体场理论（CFT）是一种静电理论，它把配合物中中心原子与配体之间的相互作用，看作类似于离子晶体中正负离子间的相互作用。但配体的加入，使得中心原子五重简并的 d 轨道（图 3-13）失去了简并性。在一定对称性的配体静电场作用下，五重简并的 d 轨道将解除简并，分裂为两组或更多的能级组，这种分裂将对配合物的性质产生重要影响。

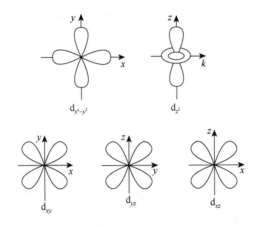

图 3-13 正八面体六配位配合物中中心原子的 d 轨道

1929 年由贝特（Bethe）提出，30 年代中期为范弗莱克（van Vleck）等所发展，与鲍林的价键理论处于同一时代，但当时并未引起重视，到 50 年代以后又重新兴起并得到进一步发展，广泛用于处理配合物的化学键问题。

1. 晶体场理论的基本观点

（1）晶体场理论的概念：配合物中中心离子和配体之间的相互作用是静电作用，这种静电作用类似于离子晶体中正负离子间的静电作用，所以称为晶体场理论。

如果配体是阴离子，看作点电荷；如果配体是极性分子，看作点偶极。中心离子由原子核、内层电子和 d 电子组成，将原子核和内层电子抽象为原子实，主要考虑配体的点电荷对 d 电子的作用。

自由的过渡金属离子中，5d 轨道是简并的，但五个 d 轨道的空间取向不同。点电荷对不同取向的 d 轨道上的电子的作用不同，使原来简并的 5 个 d 轨道产生能级分裂，这也称配位场效应。

（2）晶体场理论的核心：在具有不同对称性的配体静电场的作用下，中心离子简并的 d 轨道发生能级分裂，称为配位场效应。

（3）根据分裂能 Δ 的强弱，讨论 d 电子在分裂后的 d 轨道中的排布。

（4）利用 d-d 跃迁的原理解释配合物（或配离子）的颜色。

（5）根据晶体场稳定化能（CFSE），讨论配合物的稳定性，解释二价金属离子水化热的"双峰"曲线。

2. d 轨道的分裂

1）八面体场（O_h 场）中 d 轨道的分裂

假定有一个 d^1 构型的正离子，当它处于一个球壳的中心，球壳表面上均匀分布着 6 个单位的负电荷，由于负电荷的分布是球形对称的，因而不管这个电子处在哪条 d 轨道上，它所受到的负电荷的排斥作用都是相同的，即 d 轨道能量虽然升高，但仍保持五重简并。

若改变负电荷在球壳上的分布，把它们集中在球的内接正八面体的六个顶点上，且这六个顶点均在 x、y、z 轴上，每个顶点的电量为 1 个单位的负电荷，由于球壳上的总电量仍为 6 个单位的负电荷，因而不会改变对 d 电子的总排斥力，即不会改变 d 轨道的总能量，但是那个单电子处在不同的 d 轨道上时所受到的排斥作用不再完全相同。

从 d 轨道的示意图（图 3-13）和 d 轨道在八面体场中的指向可以发现，其中 d_{z^2} 和 $d_{x^2-y^2}$ 轨道的极大值正好指向八面体的顶点，处于迎头相撞的状态，因而单电子在这类轨道上所受到的排斥较球形场大，轨道能量有所升高，这组轨道称为 e_g 轨道。相反，d_{xy}、d_{xz}、d_{yz} 轨道的极大值指向八面体顶点的间隙，单电子所受到的排斥较小，与球形对称场相比，这三条轨道的能量有所降低，这组轨道称为 t_{2g} 轨道。由于电子的总能量，亦即各轨道总能量保持不变，e_g 能量升高的总值必然等于 t_{2g} 轨道能量下降的总值，这就是所谓的能量重心守恒原理（如果原来简并的轨道在外电场作用下发生分裂，则分裂后所有轨道的能量改变值的代数和为零）。晶体场理论认为，若自由金属离子处于配体形成的球形场，则其 5 个 d 轨道的能量等同升高，升至图 3-14~图 3-16 中 Es 处。但通常情况下，配体形成的都是非球形场（如 O_h 场、T_d 场、D_{4h} 场等），故 d 轨道所受的作用力不同，便分裂成能量不同的几组轨道。

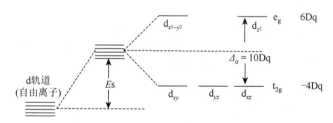

图 3-14　d 轨道能级在 O_h 场中的分裂

$$2E(e_g) + 3E(t_{2g}) = 0$$
$$E(e_g) - E(t_{2g}) = \Delta_o = 10Dq$$
由此解得
$$E(e_g) = +0.6\Delta_o = +6Dq$$
$$E(t_{2g}) = -0.4\Delta_o = -4Dq$$

分裂能 Δ：当一个电子由低能的 d 轨道（t_{2g}）进入高能的 d 轨道（e_g）所需的能量称为分裂能（Δ）。在不同的八面体配合物中，分裂能 Δ 各不相同。

大多数的 Δ 值在 $10000~30000cm^{-1}$ 区间，即在 $1~40eV$ 范围。

2）四面体场（T_d 场）中 d 轨道的分裂（图 3-15）

在正四面体场中，过渡金属离子的五条 d 轨道同样分裂为两组，一组包括 d_{xy}、d_{xz}、d_{yz} 三条轨道用 t_2 表示，这三条轨道的极大值分别指向立方体棱边的中点。距配体较近，受到的排斥作用较强，能级升高，另一组包括 d_{z^2} 和 $d_{x^2-y^2}$，以 e 表示，这两条轨道的极大值分别指向立方体的面心，距配体较远，受到的排斥作用较弱，能级下降。

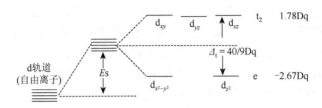

图 3-15　d 轨道能级在 T_d 场中的分裂

$2E(e) + 3E(t_2) = 0$

$E(t_2) - E(e) = \Delta_t = 40/9Dq$

由此解得

$E(e) = -2.67Dq$

$E(t_2) = + 1.78Dq$

3）正方形场（D_{4h} 场）中 d 轨道的分裂（图 3-16）

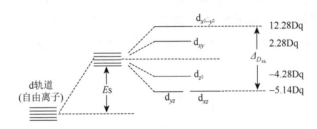

图 3-16　d 轨道能级在 D_{4h} 场中的分裂

$\Delta_{D_{4h}} = 17.42Dq$，显然，　$\Delta_{D_{4h}} > \Delta_o > \Delta_t$。

3. d 轨道中电子的排布——高自旋态和低自旋态

1）影响分裂能（Δ）的因素

当中心离子固定时，Δ 值随配体而改变：

$$I^- < Br^- < Cl^- < SCN^- < F^- < OH^- \sim ONO^- < C_2O_4^{2-} < H_2O < EDTA < 吡啶 \sim NH_3 < 乙二胺 \sim$$
$$二乙三胺 < SO_3^{2-} < 联吡啶 < 邻噁菲 < NO_2^- < CN^- < CO$$

由于 Δ 通常由光谱确定，所以称为光谱化学序列，这个次序几乎和中心离子完全无关。

当配体固定时，Δ 值随中心离子而改变，中心离子的电荷越高时，Δ 值越大；含 d 电子轨道壳层的主量子数越大，Δ 值也越大。

当周期数增大时，同族同价的第二系列过渡金属离子比第一系列的 Δ 值增大 40%～50%，第三系列比第二系列增大 20%～25%。

Δ 值随电子给体的原子半径的减小而增大：

$$I<Br<Cl<S<F<O-N<C$$

当同时考虑中心离子（M）和配体（L）的因素时，分裂能可由下式计算：

$$\Delta = f(配体) \times g(中心离子)$$

g 值和 f 值参考表 3-7。

表 3-7　常见配体的 f 值与中心离子的 g 值

配体	f	中心离子	g
Br^-	0.72	Mn(Ⅱ)	8.0
Cl^-	1.78	Co(Ⅱ)	9.0
H_2O	1.00	Fe(Ⅲ)	14.0
NC^-	1.15	Co(Ⅲ)	18.2
NH_3	1.25	Rh(Ⅲ)	27.0
CN^-	1.7	Ir(Ⅲ)	32.0

注：配体的 f 值，以 $f_{H_2O}=1.00$ 为标准；中心离子的 g 值的单位为 $1000cm^{-1}$。

2）成对能

定义：如果迫使本来是自旋平行分占两个轨道的电子挤到同一轨道上，则能量必会升高，升高的能量称为电子的成对能，并用 P 表示。

3）高自旋态和低自旋态

电子在 d 轨道中排布情况是与 Δ 与 P 的相对大小有关。例如，d^2 组态：

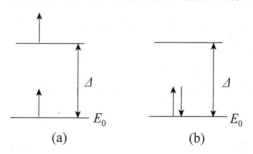

(a)　　　　　　　(b)

$E_a = E_0 + (E_0 + \Delta) = 2E_0 + \Delta$

$E_b = E_0 + E_0 + P = 2E_0 + P$

①若 $\Delta > P$，则状态（b）能量低，稳定，即强场时低自旋态；

②若 $\Delta < P$，则状态（a）能量低，稳定，即弱场时高自旋态。

可由磁矩验证高自旋态或低自旋态：

$$\mu = \sqrt{n(n+2)}\mu_B$$

4. 配合物的紫外及可见光谱

1）d-d 跃迁

在 ML_6 中，d 轨道产生分裂，d 电子吸收一定频率的光，则可由低能 d 轨道跃迁至高能 d 轨道（d-d 跃迁），配合物反射或透射其补色光，因而配合物一般有颜色。

2）光的互补色光原理

物质颜色和吸收光颜色之间的关系见表 3-8。

表 3-8　物质颜色与吸收光颜色之间的关系

物质颜色	吸收光颜色	吸收光波长/nm
黄绿	紫	400～450
黄	蓝	450～480
橙	绿蓝	480～490
红	蓝绿	490～500
紫红	绿	500～560
紫	黄绿	560～580
蓝	黄	580～600
绿蓝	橙	600～650
蓝绿	红	650～750

一般物质呈现的颜色与吸收光的颜色互为补色。例如，$[Fe(SCN)_3]$ 吸收蓝青色光，呈现橙红色。有些过渡元素化合物（如 ZnO、TiO_2、$CuCl$）呈现白色，这是因为它们的中心离子的 d 轨道已全充满或没有 d 电子，不会发生 d-d 跃迁，而对可见光全反射，呈现白色。

5. 晶体场稳定化能

1）定义

我们将 d 电子从未分裂的 d 轨道进入分裂的 d 轨道时，所产生的总能量下降值称为晶体场稳定化能，并用 CFSE 表示。

$$CFSE = E_{前} - E_{后}$$

例如，$[Ti(H_2O)_6]^{3+}$ 离子（八面体构型），其 CFSE 讨论如下：

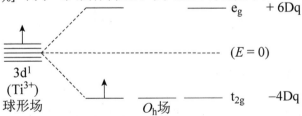

$CFSE = (-4Dq) - 0 = -4Dq$。

2）影响 CFSE 的因素

主要有三个因素：配体的空间构型（四面体、八面体、正方形等），中心离子 M^{n+} 的电子组态（d^1，d^2，d^3，…），配体 L 形成的是强场或弱场。

3）CFSE 的计算实例

下面以八面体配体（ML_6）为例，中心离子 M 的电子组态由 d^1 递变为 d^{10}，强场、弱场均考虑，且加上成对能的影响，可得到下面计算结果：

	弱场（高自旋）	CFSE	强场（低自旋）	CFSE
d^1	$(t_{2g})^1$	$-4Dq$	$(t_{2g})^1$	$-4Dq$
d^2	$(t_{2g})^2$	$-8Dq$	$(t_{2g})^2$	$-8Dq$
d^3	$(t_{2g})^3$	$-12Dq$	$(t_{2g})^3$	$-12Dq$
d^4	$(t_{2g})^3(e_g)^1$	$-6Dq$	$(t_{2g})^4$	$-16Dq+P$
d^5	$(t_{2g})^3(e_g)^2$	$0Dq$	$(t_{2g})^5$	$-20Dq+2P$
d^6	$(t_{2g})^4(e_g)^2$	$-4Dq$	$(t_{2g})^6$	$-24Dq+2P$
d^7	$(t_{2g})^5(e_g)^2$	$-8Dq$	$(t_{2g})^6(e_g)^1$	$-18Dq+P$
d^8	$(t_{2g})^6(e_g)^2$	$-12Dq$	$(t_{2g})^6(e_g)^2$	$-12Dq$
d^9	$(t_{2g})^6(e_g)^3$	$-6Dq$	$(t_{2g})^6(e_g)^3$	$-6Dq$
d^{10}	$(t_{2g})^6(e_g)^4$	$0Dq$	$(t_{2g})^6(e_g)^4$	$0Dq$

注意：组态 $d^1 \sim d^3$，$d^8 \sim d^{10}$ 只有一种电子排布方式；而 $d^4 \sim d^7$ 组态，因强弱场不同，有两种排布方式。

3.5　晶　体　结　构

3.5.1　晶胞

晶体是由构成晶体的原子、离子或分子在三维空间中整齐排列构成的。晶体中最小的周期性重复单元称为结构单元，所以晶体便是结构单元在三维空间中周期性重复出现所形成的固态物质。如二维空间的花布一样，周期地重复的同一"花样"，即结构单元。晶体中的结构单元少则只有一个原子，多则成千上万个原子。对于结构单元中不只含一个原子的晶体，晶体结构有两层意思：①结构单元中有哪些原子（离子或分子），彼此之间以什么几何式样分布着，恰如花布具有什么样的"花样"一样；②结构单元在三维空间中如何周期性地重复出现。我们首先研究第二层意思，为此把结构单元抽象成数学上的点，阐明这些点之间的几何关系。这些点的阵列便是晶体的点阵，点阵中的点称为点阵点。点阵中点阵点周期性重复出现的意义是指以一点阵点为原点向三个不共面的最邻近的阵点作连线，其线段长度为 a、b、c，则在 $2a$、$3a$、$\cdots$、$2b$、$3b$、$\cdots$、$2c$、$3c$、$\cdots$ 以及 $(na+mb+pc)$（n、m、$p=0, \pm1, \pm2, \pm3, \cdots$）等的矢量端点都必然可以找到一个点阵点。

根据点阵的对称性和晶体结构的对称性，可以把所有的晶体划归为十四种晶胞。晶胞是一个平行六面体。晶体可看成是由晶胞在三维空间中共面堆积而成，在堆积时，所有晶胞的取向是相同的，所以晶胞是晶体的最小单位，是晶体的代表。

晶胞的特征是用晶胞参数来表征，即 a、b、c 和 α、β、γ。α 是 b 和 c 的夹角，β 是 a

与 c 的夹角，γ 是 a 和 b 的夹角。晶胞的顶点为 8 个晶胞所共有，所以一个顶点属于一个晶胞的点阵点为 1/8；棱为 4 个晶胞所共有，所以棱心属于一个晶胞的点阵点为 1/4；面为 2 个晶胞所共有，所以面心属于一个晶胞的点阵点为 1/2。只含一个点阵点的晶胞称为简单晶胞或素晶胞，含多个点阵点的晶胞称为复晶胞。晶胞是尽可能规整的（或称对称性高的）、小的（或称含阵点少的）平行六面体。有此条件的限制，每种点阵只能选一种晶胞为代表，所以 14 种晶胞代表 14 种空间点阵型式，称为 14 种布拉维格子（图 3-17、图 3-18 和表 3-9）。图 3-17 所示为传统观点，图 3-18 所示为现在的新观点，现在很多新教材采用新观点。新观点中把传统观点的三方晶系中的三方 R 即菱方晶胞划为六方 R 心。通过实验可以确定晶体结构，即确定晶胞所代表的空间点阵型式以及抽象的数学点所代表的结构单元——晶体中能够重复出现的最小单元。14 种晶胞中，素晶胞与复晶胞各占 7 种。

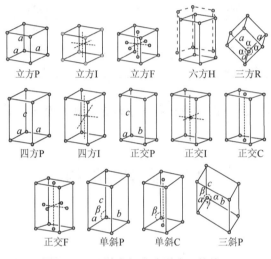

图 3-17　14 种空间点阵型式（传统）

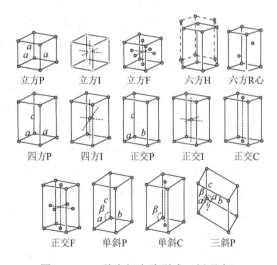

图 3-18　14 种空间点阵型式（新观点）

表 3-9 14 种晶格型式

晶胞名称	晶胞特征	点阵点的位置	晶胞中的点阵点数
简单立方晶胞 （立方 P）	$a=b=c$ $\alpha=\beta=\gamma=90°$	晶胞的顶点	1
体心立方晶胞 （立方 I）	$a=b=c$ $\alpha=\beta=\gamma=90°$	晶胞的顶点和体心	2
面心立方晶胞 （立方 F）	$a=b=c$ $\alpha=\beta=\gamma=90°$	晶胞的顶点 和六个面心	4
六方晶胞 （六方 H）	$a=b\neq c$ $\alpha=\beta=90°$ $\gamma\neq120°$	晶胞顶点	1
简单四方晶胞 （四方 P）	$a=b\neq c$ $\alpha=\beta=\gamma=90°$	晶胞的顶点	1
体心四方晶胞 （四方 I）	$a=b\neq c$ $\alpha=\beta=\gamma=90°$	晶胞的顶点和体心	2
菱方晶胞 （三方 R）	$a=b=c$ $\alpha\neq\beta\neq\gamma$	晶胞顶点	1
简单正交晶胞 （正交 P）	$a\neq b\neq c$ $\alpha=\beta=\gamma=90°$	晶胞的顶点	1
体心正交晶胞 （正交 I）	$a\neq b\neq c$ $\alpha=\beta=\gamma=90°$	晶胞的顶点和体心	2
面心正交晶胞 （正交 F）	$a\neq b\neq c$ $\alpha=\beta=\gamma=90°$	晶胞的顶点和底面的面心	4
底心正交晶胞 （正交 C）	$a\neq b\neq c$ $\alpha=\beta=\gamma=90°$	晶胞的顶点和底面的面心	2
简单单斜晶胞 （单斜 P）	$a\neq b\neq c$ $\alpha=\gamma=90°$ $\beta\neq90°$	晶胞顶角	1
底心单斜晶胞 （单斜 C）	$a\neq b\neq c$ $\alpha=\gamma=90°$ $\beta\neq90°$	晶胞顶角和上下底面的面心	2
三斜晶胞 （三斜 P）	$a\neq b\neq c$ $\alpha\neq\beta\neq\gamma$	晶胞顶点	1

3.5.2 晶体类型

可以按晶体中，原子（离子或分子）之间的作用力的类型把晶体分成以下四种基本类型。

（1）金属晶体——晶体中金属原子紧密而规则地排列在一起，其间的化学键称为金属键。金属键是由无限多的金属原子或离子和无限多的电子所形成的离域化学作用力。常见的理论是电子气模型和能带理论。前者设想金属原子或离子浸泡在自由电子的气氛中；后者是形成离域的 σ 型分子轨道，而参与组合的原子轨道数 n 趋于∞，则有 $(1/2)n$ 个能级极其接近的成键 σ 型分子轨道，形成的能带称为价带，另有 $(1/2)n$ 个能级形成的 σ* 型能带称为空带。空带与价带之间的能隙称为禁带。禁带为零的是导体，禁带 >5eV 的是绝缘体，禁带 ≤3eV 的是半导体。

（2）原子晶体——晶体中的原子以共价键结合而成。如金刚石中每个碳原子采取 sp³ 杂化，碳与碳之间形成 σ 键，晶体中无有限的原子集团——分子存在。

（3）离子晶体——典型的离子晶体由正离子与负离子通过离子键结合而成。正、负离子可以是简单离子如 Na^+、Cl^-，也可以是复杂离子如 NH_4^+、SO_4^{2-} 等。离子键无方向性和饱和性，一个正离子周围可以有几个负离子与它成键，这由正、负离子间的吸引和离子之间的静电排斥来决定。

（4）分子晶体——晶体中原子以共价键结合成分子，分子间以范德华力（分子间作用力）结合成晶体。范德华力弱，比化学键小数十至上百倍，所以分子晶体皆为低熔点、低强度。

以上是四种基本类型，实际晶体常有混合型，如铁是金属晶体，而铁中渗碳成钢，碳原子放入铁原子中堆积的空隙中，Fe—C 之间却是共价键。石墨中每个碳原子采取 sp^2 杂化，形成有 $\prod_\infty^\infty$ 的平面结构，而平面之间却以范德华力相结合。

3.5.3　晶体的紧密堆积与填隙模型

大量的晶体结构可以通过大原子球体的密堆积和小原子填入其空隙的模型来描述。金属晶体可看成等径圆球的密堆积。将等径圆球在二维平面上紧密地放置在一起成为二维密置层。可见每个球在同层中周围有六个球和六个空隙，若令其相间三个为上三角形空隙（组成这个空隙的小球形成三角形，称之为三角形空隙，若三角形有一个角向上，则可称之为上三角形空隙，若有一个角向下，称之为下三角形空隙），则另相间三个为下三角形空隙。在此密置层的上方与下方各放一个同样的密置层时，有两种不同的方式：若上、下两密置层均位于上三角形空隙处，称为 AB 型堆积；若一层在上三角形空隙处，另一层在下三角形空隙处，称为 ABC 型堆积。这两种堆积都是最密堆积，每个球周围有 12 个球，则配位数为 12。晶胞中所有球的体积占晶胞体积的百分率称为空间利用率，以上两种最密堆积的空间利用率为 74.05%，并且都有八面体空隙和四面体空隙（球数：正八面体空隙数：正四面体空隙数 = 1∶1∶2）。还有一种次密堆积称为立方密堆积（A_2 型），配位数为 8，空间利用率为 68.02%。A_1、A_2、A_3 型可概括大多数金属的晶体结构（表 3-10）。

ABC 堆积每三层重复一次，从中可以取出立方面心晶胞，称为面心立方最密堆积（A_1 型），立方面心晶胞中含有四个球，其分数坐标为（0，0，0）、（1/2，1/2，0）、（1/2，0，1/2）、（0，1/2，1/2），球的半径 r 与晶胞参数 a 的关系为

$$4r = \sqrt{2}a$$

AB 型堆积每两层重复一次，从中可取出六方晶胞，称为六方最密堆积（A_3 型），晶胞中两个球的分数坐标为（0，0，0）、（2/3，1/3，1/2）。

表 3-10　一些金属的晶体的结构

结构形式	金属
面心立方	Ca, Sr, Al, Cu, Ag, Au, Pt, Ir, Pd, Pb, Co, Ni, γ-Fe, Ce, Pr, Yb, Th
体心立方	Li, Na, K, Rb, Cs, Ba, Ti, Zr, V, Nb, Ta, Cr, Mo, W, α-Fe
六方	Be, Mg, Ca, Sc, Y, La, Ce, Pr, Nb, Ee, Gd, Tb, Dy, Ho, Er, Tu, Lu, Te, Zr, Hf, Te, Re, Co, Ni, Ru, Os, Zn, Cd, Tl

离子晶体中，负离子较大，正离子较小，所以离子晶体可认为是将正离子填入负离子堆积的空隙中形成的。例如 CsCl，Cl⁻ 取立方 P 堆积，立方体空隙中填入 C^+s。

NaCl 型，Cl⁻ 作立方 F 的 A_1 型最密堆积，八面体空隙中填入 Na^+；立方 ZnS 型，S^{2-} 取立方 F 堆积，四个四面体空隙中嵌入 Zn^{2+}，使四个 Zn^{2+} 构成四面体。六方 ZnS 型中 S^{2-}、Zn^{2+} 分别作 A_3 型密堆积，仅在 c 轴上相差 $\frac{3}{8}c$，结果使每种离子位于异号离子的四面体空隙中，见图 3-19。一些典型离子晶体的结构情况见表 3-11。

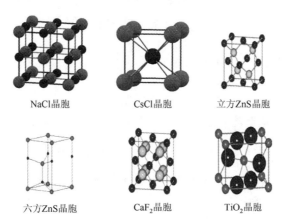

NaCl晶胞　　　　CsCl晶胞　　　　立方ZnS晶胞

六方ZnS晶胞　　　　CaF₂晶胞　　　　TiO₂晶胞

图 3-19　典型离子晶体的结构

表 3-11　典型离子晶体的结构情况

结构型式	点阵型式	负离子堆积型式	正离子配位数	负离子配位多面体	结构基元
NaCl 型	面心立方	立方最密堆积	6	正八面体	NaCl
CsCl 型	简单立方	简单立方堆积	8	立方体	CsCl
立方 ZnS 型	面心立方	立方最密堆积	4	正四面体	ZnS
六方 ZnS 型	简单六方	六方最密堆积	4	正四面体	2 个 ZnS
CaF₂ 型	面心立方	简单立方堆积	8	立方体	CaF₂
TiO₂ 型	简单四方	假六方密堆积	6	八面体	2 个 TiO₂

以上前四种属 AB 型晶体，A、B 位置可以互换。AB_2 常见有 CaF_2 型，F⁻ 取简单立方堆积，1/2 的立方体空隙中填入 Ca^{2+}。TiO_2 型，负离子构成变形八面体，正离子的配位数为 6，负离子的配位数为 3。正离子的配位数或正离子所填空隙类型，主要与正负离子半径比值有关（表 3-12）。正离子周围要尽可能多地配位负离子，形成的离子键多而稳定，但若空隙大而正离子较小，则排斥大于吸引而不稳定。

表 3-12　半径比和配位数关系（AB 型）

半径比 R^+/R^-	正离子配位数	负离子配位多面体
1～0.732	8	立方体
0.732～0.414	6	正八面体
0.414～0.225	4	正四面体
0.225～0.155	3	正三角形

离子极化使刚球模型偏离实际,特别是 d^{10} 正离子（Ag^+、Zn^{2+}、Hg^{2+}）与容易变形的负离子（S^{2-}、I^-、Br^-）之间产生较大的相互极化,使键长小于离子半径之和,键性由离子键向共价键过渡。AgF 是配位数为 6 的 NaCl 型晶体,AgI 是配位数为 4 的立方 ZnS 型晶体,ZnS 的共价半径之和为 2.37Å,实测键长为 2.35Å。所以 ZnS 不是离子晶体,而是共价键型晶体。"离子晶体结构类型取决于组成者的数量关系、大小关系及极化性能",这一概括是哥希密特晶体化学定律。

3.6　精 选 例 题

例 3-1　（自选题）

试比较 Li^{2+} 离子的 2s 和 2p 轨道能量的高低。

解析与答案：Li^{2+} 离子是单电子体系,是类氢离子,其能量公式为

$$E_n = -2.179 \times 10^{-18} \frac{Z^2}{n^2} \text{J}, \quad n \text{ 是主量子数}$$

其轨道能量只与核电荷数和主量子数有关,而 Li^{2+} 离子的 2s 和 2p 轨道主量子数均为 2,所以 2s 和 2p 轨道能量相等。

例 3-2　（第 23 届国际化学奥林匹克竞赛试题第 4 题）

氢原子的稳定能量由下式给出：

$$E_n = -2.18 \times 10^{-18} \cdot \frac{1}{n^2} \text{J}, \quad n \text{ 是主量子数}$$

4-1　计算（所有计算结果都要带单位）

（a）第 1 激发态（$n=2$）和基态（$n=1$）之间的能量差;

（b）第 6 激发态（$n=7$）和基态（$n=1$）之间的能量差。

4-2　上述莱曼（Lyman）系跃迁处于什么光谱范围?

4-3　解释：由 Lyman 系光谱的第 1 条谱线及第 6 条谱线产生的光子能否使

（a）处于基态的另外的氢原子电离?

（b）晶体中的铜原子电离?（铜的电子功函数为 $\Phi = 7.44 \times 10^{-19} \text{J}$）（$\Phi$ 也称金属的逸出功）

4-4　若用 Lyman 系光谱的第 1 条谱线及第 6 条谱线产生的光子使铜晶体电离,计算在这两种情况下从铜晶体发射出的电子的德布罗意（de Broglie）波长。有关常数：

普朗克常量 $h = 6.626 \times 10^{-34} \text{J} \cdot \text{s}$

电子质量 $m_e = 9.1091 \times 10^{-31} \text{kg}$,光速：$c = 2.99792 \times 10^8 \text{m} \cdot \text{s}^{-1}$

解析与答案：$E_n = -2.18 \times 10^{-18} \cdot \dfrac{1}{n^2} \text{(J)}$

4-1　$\Delta E_{2 \to 1} = E_2 - E_1 = -2.18 \times 10^{-18} \left(\dfrac{1}{2^2} - \dfrac{1}{1^2} \right) = 1.635 \times 10^{-18} \text{(J)}$

$$\Delta E_{7\to 1} = E_7 - E_1 = -2.18\times 10^{-18}\left(\frac{1}{7^2} - \frac{1}{1^2}\right) = 2.136\times 10^{-18}\,(\text{J})$$

4-2　$\Delta E = h\nu$，而 $\nu = \dfrac{1}{T} = \dfrac{c}{\lambda}$，故 $\lambda = hc/\Delta E$

$$\lambda_1 = \frac{6.626\times 10^{-34}\times 2.99792\times 10^8}{1.635\times 10^{-18}} = 1.215\times 10^{-7}\,(\text{m})$$

$$\lambda_2 = \frac{6.626\times 10^{-34}\times 2.99792\times 10^8}{2.136\times 10^{-18}} = 9.300\times 10^{-8}\,(\text{m})$$

可知 Lyman 系跃迁处在紫外光区和远紫外区。

4-3　（a）处于基态的氢原子的第一电离能为

$$I_1 = -E_1 = 2.18\times 10^{-18}\,\text{J}$$

而 $\Delta E_{2\to 1} < I_1$，$\Delta E_{7\to 1} < I_1$，所以两条谱线产生的光子均不能使另外的氢原子电离。

（b）晶体中的铜原子电离，可归因于光电效应，光电方程为

$$1/2mv^2 = h\nu - w_0，\text{而}\ \Delta E = h\nu$$

所以　$1/2mv^2 = 1.635\times 10^{-18} - 7.44\times 10^{-19} = 8.91\times 10^{-19}\,(\text{J}) > 0$

$$1/2mv^2 = 2.136\times 10^{-18} - 7.44\times 10^{-19} = 13.92\times 10^{-19}\,(\text{J}) > 0$$

光电子的动能 $1/2mv^2 > 0$，说明上述 Lyman 系跃迁均能产生光电子，即能使晶体中的铜原子电离。

4-4　德布罗意关系式：$\lambda = h/p = h/mv$ 而 $E_K = 1/2mv^2$，故

$$v = (2E_K/m)^{1/2} = \sqrt{\frac{2\times 8.91\times 10^{-19}}{9.1091\times 10^{-31}}} = 1.399\times 10^6\,(\text{m}\cdot\text{s}^{-1})$$

$$\lambda_1 = \frac{h}{mv_1} = \frac{6.626\times 10^{-34}}{9.1091\times 10^{-31}\times 1.399\times 10^6} = 5.199\times 10^{-10}\,(\text{m})$$

$$v_2 = \sqrt{\frac{2\times 13.92\times 10^{-19}}{9.1091\times 10^{-31}}} = 1.748\times 10^6\,(\text{m}\cdot\text{s}^{-1})$$

$$\lambda_2 = \frac{h}{mv_1} = \frac{6.626\times 10^{-34}}{9.1091\times 10^{-31}\times 1.748\times 10^6} = 4.161\times 10^{-10}\,(\text{m})$$

例 3-3　（自选题）

讨论题：

（1）试用 VSEPR 判断 $XeOF_3^+$ 的立体构型。

（2）用 VSEPR 判断 N_3^-（叠氮酸根离子）的立体构型。

（3）用杂化理论和大 π 键解释 N_3^- 的结构。

（4）用 VSEPR、杂化理论、大 π 键解释 O_3 的结构，并说明 O_3 在水中的溶解度比 O_2 大。

（5）试解释 HNO_3 的稳定性比 NO_3^- 离子差。

（6）水具有较大的比热容（在液体物质中），水的汽化热大于其他液体。

（7）铼的氧化物的晶体结构可描述如下：以铼原子为中心的 ReO_6 八面体与周围的六

个八面体相连，如此绵延不断。问铼的氧化物的化学式。

解析与答案：

（1）

F、$\overset{..}{Xe}$—F "跷跷板" 形。
O、|
F

（2）中间 N 为中心原子：$n = (n_v - n_s \pm Q) / 2 = (5 - 3 \times 2 + 1) / 2 = 0$，属线形。

（3）中间的 N 采取 sp 杂化，分别与两边 N 形成两个 σ 键；在 y、z 方向各形成一个 π_3^4 大 π 键。

（4）中间 O 视为中心原子，$n = (n_v - n_s \pm Q) / 2 = (6 - 2 \times 2) / 2 = 1$，属于 AX_2E 型，分子构型为角形（V 形）；中间 O 采取不等性 sp^2 杂化，与两边 O 形成 σ 键，在 z 方向上形成 π_3^4 大 π 键；O_3 为极性分子，O_2 为非极性分子，所以 O_3 在水中溶解度比 O_2 的大。

（5）HNO_3：N 采取 sp^2 杂化，π_3^4 大 π 键；还有观点认为体系有四个 p 轨道、六个 π 电子，形成 π_4^6 大 π 键。

NO_3^-：N 采取 sp^2 杂化，形成 π_4^6 大 π 键。

但是 NO_3^- 的对称性高于 HNO_3，所以前者比后者稳定。

（6）与一般液体物质相比较，水能形成氢键，所以汽化热较大。

（7）每个 O 为两个八面体所共有，所以一个八面体中 O 原子的个数为 $6 \times 1/2 = 3$，化学式为 ReO_3。

例 3-4　[中国化学会第 21 届全国高中学生化学竞赛（初赛）试题第 1 题]

通常，硅不与水反应，然而，弱碱性水溶液能使一定量的硅溶解，生成 $Si(OH)_4$。

1-1　已知反应分两步进行，试用化学方程式表示上述溶解过程。

早在上世纪 50 年代就发现了 CH_5^+ 的存在，人们曾提出该离子结构的种种假设，然而，直至 1999 年才在低温下获得该离子的振动-转动光谱，并由此提出该离子的如下结构模型：氢原子围绕着碳原子快速转动；所有 C—H 键的键长相等。

1-2　该离子的结构能否用经典的共价键理论说明？简述理由。

1-3　该离子是（　）。（多选或错选均不得分）

A. 质子酸　　B. 路易斯酸　　C. 自由基　　D. 亲核试剂

2003 年 5 月报道，在石油中发现一种新的烷烃分子，因其结构类似于金刚石，被称为"分子钻石"，若能合成，有可能用作合成纳米材料的理想模板。该分子的结构简图如下：

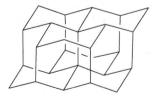

1-4　该分子的分子式为_____。

1-5　该分子有无对称中心？ _____。

1-6　该分子有几种不同级的碳原子？ _____。

1-7　该分子有无手性碳原子？ _____。

1-8　该分子有无手性？ _____。

解析与答案：

1-1　$Si + 4OH^- \Longrightarrow SiO_4^{4-} + 2H_2$（1 分）

$SiO_4^{4-} + 4H_2O \Longrightarrow Si(OH)_4 + 4OH^-$（1 分）

1-2　不能。经典共价键理论认为原子之间通过共享电子对而成键。C 为第二周期元素，只有 4 个价层轨道，最多形成 4 个共价键。

1-3　该离子是（A 或质子酸）。

1-4　该分子的分子式为 $C_{26}H_{30}$。

1-5　该分子有无对称中心？ 有。

1-6　该分子有几种不同级的碳原子？ 3 种。

1-7　该分子有无手性碳原子？ 有。

1-8　该分子有无手性？ 无。

例 3-5 ［2000 年全国高中学生化学竞赛（初赛）试题第 11 题］

已经探明，我国南海跟世界上许多海域一样，海底有极其丰富的甲烷资源。其总量超过已知蕴藏在我国陆地下的天然气总量的一半。据报道这些蕴藏在海底的甲烷是在高压下形成的固体，是外观像冰的甲烷水合物。

11-1　试设想，若把它从海底取出，拿到地面上，它将发生什么变化？为什么？它的晶体是分子晶体、离子晶体还是原子晶体？你作出判断的根据是什么？

11-2　已知每 1 立方米这种晶体能释放出 164 立方米的甲烷气体，试计算晶体中水与甲烷的分子比（不足的数据由自己假设，只要假设得合理均按正确论）。

解析与答案：

11-1　拿到地面上，该晶体将熔化，并释放出甲烷气体。因为压力减小，温度升高，则"固→液→气"。该晶体为分子晶体，因甲烷和水都是小分子组成的物质。不过微粒间既有分子间作用力，也有氢键（水分子间）。

从海底取出的甲烷水合物将融化并放出甲烷气体。因为该晶体是分子晶体，甲烷分子和水分子都是由有限数目的原子以共价键结合的小分子，水分子和甲烷分子之间是范德华力，而水分子之间是范德华力和氢键。

11-2　假设甲烷气体体积是折合成标准状态下的数据，则

$$164 \div 22.4 = 7.32(kmol)$$

设甲烷水合物固体中水的密度为 $1 \ g \cdot cm^{-3}$，则其中的水有

$$1m^3 \times 1000kg \cdot m^{-3} \div 18kg \cdot kmol^{-1} = 55.56kmol$$

因此，$n_水 : n_{CH_4} = 55.6 : 7.32 = 7.6 : 1$。甲烷水合物的组成可能是 $6CH_4 \cdot 46H_2O$。

例 3-6 （自选题）

$[Fe(H_2O)_6]^{2+}$ 是一种高自旋态配位化合物，该化合物的吸收光大约是 1000nm，相当于 t_{2g} 和 e_g 能级之间跃迁。试求 t_{2g} 和 e_g 之间的能量差，并预测该离子的颜色。

解析与答案： 根据光谱学习惯，以波数表示能量，已知

$$\lambda = 1000nm = 1000 \times 10^{-9}m = 1000 \times 10^{-7}cm$$

$$\bar{\nu} = \frac{1}{\lambda} = \frac{1}{1000 \times 10^{-7}cm} = 10000cm^{-1}$$

吸收最大值 10000nm 在近红外范围内，而部分吸收峰落入可见红光区域，这样离子吸收一些红光显示出淡蓝绿色。

例 3-7 （自选题）

$[Cu(NH_3)_4 \cdot 2H_2O]^{2+}$ 吸收波长为 600nm（橙黄色）和 $[Cu(H_2O)_4 \cdot 2H_2O]^{2+}$ 吸收波长为 800nm（红色），试比较配体的强度关系和预测含有这些离子的溶液呈什么颜色。

解析与答案： 能量和波长呈反比关系。

已知 $[Cu(H_2O)_4 \cdot 2H_2O]^{2+}$ 吸收光的波长比 $[Cu(NH_3)_4 \cdot 2H_2O]^{2+}$ 长，说明前者吸收能量比后者小，亦即前者的 Δ 值比后者小，所以 H_2O 配体相比于 NH_3 配体强度为弱。

$[Cu(NH_3)_4 \cdot 2H_2O]^{2+}$ 吸收橙色光后，呈蓝紫色。

$[Cu(H_2O)_4 \cdot 2H_2O]^{2+}$ 吸收红光后，呈蓝色。

例 3-8 （自选题）

文献报道：1,2-二羟基环丁烯二酮是一个强酸。

（1）写出它的结构式和电离方程式。

（2）为什么它有这么强的酸性？

（3）它的酸根 $C_4O_4^{2-}$ 是何种几何构型的离子？四个氧原子是否在一个平面上？简述理由。

（4）1,2-二氨基环丁烯二酮是由氨基取代上述化合物中两个羟基形成的。它的碱性比乙二胺强还是弱？简述理由。

（5）二氯二氨合铂有两个几何异构体，一个是顺式，另一个是反式，分别简称顺铂和反铂。顺铂是一种常用的抗癌药，而反铂没有抗癌作用。

顺式(cis-)　　　　反式(trans-)

如果用 1,2-二氨基环丁烯二酮代替两个 NH_3 与铂配位，生成什么结构的化合物？有无顺反异构体？

（6）若把 1,2-二氨基环丁烯二酮上的双键加氢，然后再代替两个 NH_3 与铂配位，生成什么结构的化合物？（写出化合物的结构式即可）

解析与答案：

（1）结构式为

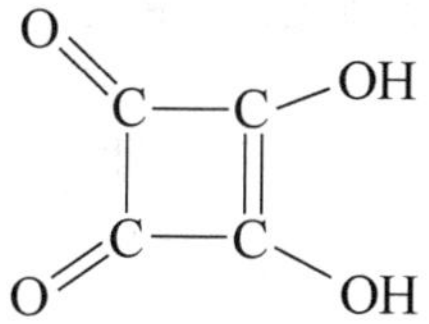

电离方程式为

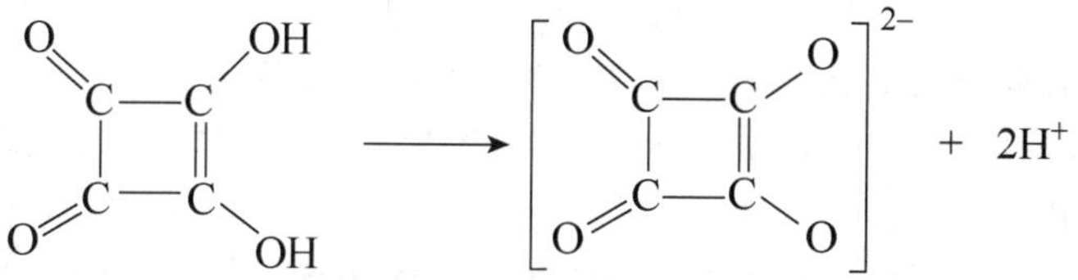

（2）酸中含有共轭 π 键，OH 是烯醇 OH 基，C=O 中氧拉电子使烯醇的 OH 极易失去 H^+ 而显强酸性。

（3）酸根 $C_4O_4^{2-}$ 是平面四边形，四个氧原子与四个碳原子共平面。原子共面或基本共面是形成离域大 π 键的条件。

（4）当上述化合物中羟基被氨基取代即为 1,2-二氨基环丁烯二酮，其结构相当于芳香胺。由于 N 原子参与形成大 π 键，降低了电荷密度，从而降低了吸引质子的能力，所以碱性弱。

（5）二齿配体只在邻位配合，所以无反式。

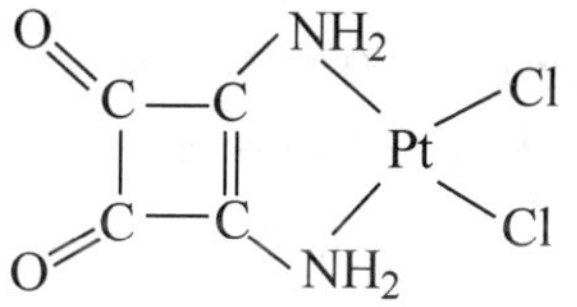

（6）

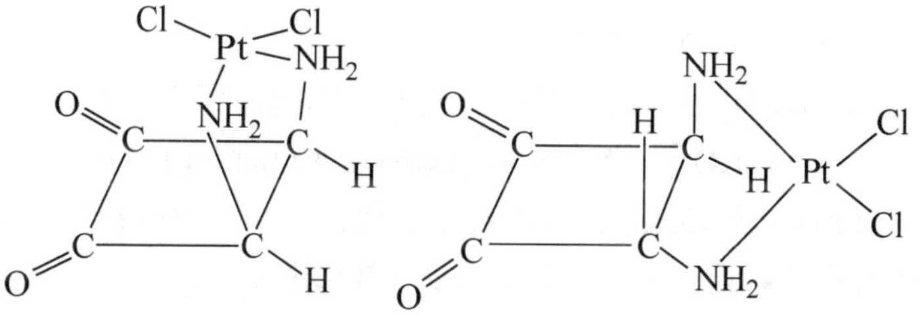

例 3-9　（自选题）

根据磁性测定结果可知 $[NiCl_4]^{2-}$ 为顺磁性，而 $[Ni(CN)_4]^{2-}$ 为抗磁性，试推测它们的几何构型。

解析与答案： Ni^{2+} 为 $3d^8$ 组态，半径较小，其四配位化合物既可呈四面体构型，也可呈平面正方形构型，决定因素是配体间排斥作用的大小。若 Ni^{2+} 的四配位化合物呈四面体构型，则 d 电子的排布方式如下图所示。

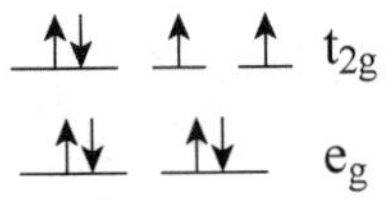

$$\underline{\uparrow\downarrow}\quad\underline{\uparrow}\quad\underline{\uparrow}\quad t_{2g}$$

$$\underline{\uparrow\downarrow}\quad\underline{\uparrow\downarrow}\quad e_g$$

配合物因有未成对的 d 电子而显顺磁性。若呈平面正方形，则 d 电子的排布方式如下图所示。

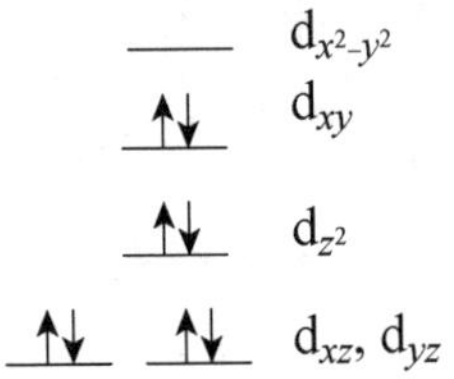

$$\underline{\quad\quad}\quad d_{x^2-y^2}$$

$$\underline{\uparrow\downarrow}\quad d_{xy}$$

$$\underline{\uparrow\downarrow}\quad d_{z^2}$$

$$\underline{\uparrow\downarrow}\quad\underline{\uparrow\downarrow}\quad d_{xz},d_{yz}$$

配合物因无不成对电子而显抗磁性。反之，若 Ni^{2+} 的四配位化合物显顺磁性，则它呈四面体构型；若显抗磁性，则它呈平面正方形。此推论可推广到其他具有 d^8 组态过渡金属离子的四配位化合物。

$[NiCl_4]^{2-}$ 为顺磁性离子，因而呈四面体构型。$[Ni(CN)_4]^{2-}$ 为抗磁性离子，因而呈平面正方形。

例 3-10　[第 30 届中国奥林匹克竞赛（初赛）试题第 2 题]

鉴定 NO_3^- 离子的方法之一是利用"棕色环"现象：将含有 NO_3^- 的溶液放入试管，加入 $FeSO_4$，混匀，然后顺管壁加入浓 H_2SO_4，在溶液的界面上出现"棕色环"，分离出棕色物质，研究发现其化学式为 $[Fe(NO)(H_2O)_5]SO_4$。该物质显顺磁性，磁矩为 $3.8\mu_B$（玻尔磁子），未成对电子分布在中心离子周围。

2-1　写出形成"棕色环"的反应方程式。

2-2　推出中心离子的价电子组态、自旋态（高或低）和氧化态。

2-3　棕色物质中 NO 的键长与自由 NO 分子中 N—O 键长相比，变长还是变短？简述理由。

解析与答案：

2-1　形成"棕色环"的反应方程式：

$$3Fe(H_2O)_6^{2+} + NO_3^- + 4H^+ = 3Fe(H_2O)_6^{3+} + NO + 2H_2O$$

$$Fe(H_2O)_6^{2+} + NO = [Fe(NO)(H_2O)_5]^{2+} + H_2O$$

2-2　$\mu_{eff} = [n(n+2)]^{1/2} = 3.8\mu_B$；未成对电子数：$n=3$；中心铁离子的价电子组态为 $t_{2g}^5 e_g^2$，在八面体场中呈高自旋状态；中心离子的氧化态为 +1。

2-3　N—O 键长变短。

NO 利用一对电子与中心离子配位之外，还将一个排在反键轨道上的电子转移给了金属离子，变为 NO^+，N—O 键级变为 3，故变短。

▲编者按：以上是中国化学会给出的答案，我们认为其中 2-3 题，"N—O 键是变长还是变短？"的解答值得商榷，理由如下：

1. 与此题讨论的相关内容可查阅以下文献：

①徐光宪等，《物质结构》（第二版），科学出版社，2010 年，P364-368

②章慧等，《配位化学——原理与应用》，化学工业出版社，2008 年，P14-18

③潘道皑等，《物质结构》（第二版），高等教育出版社，1989 年，P345-352

④周公度等，《结构化学基础》（第四版），北京大学出版社，2008 年，P203-205

2. 我们的观点如下：

①N_2、NO^+、CN^- 等和 CO 是等电子分子，故在常见的羰基配合物、亚硝酰基配合物、分子氮配合物等中都含有 σ-π 配键。

②在"棕色环"物质 $[Fe(NO)(H_2O)_5]^{2+}$ 中，NO 失去 1 个反键电子变为 NO^+ 离子，N—O 键级变为 3，故 N—O 键长变短。但这只是问题的一方面，在 NO^+ 与中心铁离子形成配合物时，还有两个拉长 N—O 键的效应，一个是 NO^+ 与 Fe 之间形成的 σ 配键。另一个是 Fe 与 NO^+ 之间形成的反馈 π 键。这种 σ-π 配键的协同作用，拉长了 N—O 键的长度。例如在 $Ni(CO)_4$ 中，CO 的键长为 1.15Å，而自由状态的 CO 键长却为 1.129Å（文献③）。

③既然存在两种相反的效应，要定性地讨论 N—O 键键长是变长还是变短，显然是有困难的。

④要想获得较为准确的答案，不外乎是做实验测定，或进行理论化学的计算。该实验难度较大，故我们采用了量子化学的计算方法，我们用 Gaussian09 程序，在 B3LYP/6-31G+ 水平上计算了棕色物质中的 N—O 键长与自由 NO 分子中 N—O 键长，两者仅仅相差 0.009Å。从某种意义上说，这点差别可以忽略不计，或视为在误差许可的范围内，这也说明这两种相反效应有点势均力敌。

例 3-11　（自选题）

NaCl 属立方 F 晶胞，试问晶胞里含 Na^+、Cl^- 各多少？结构单元是什么？

解析与答案：每个晶胞中的 Na^+ 离子数 = 8×1/8 + 6×1/2 = 4

Cl^- 离子数 = 12×1/4 + 1（体心）= 4

立方 F 含四个点阵点，故知阵点由 Na^+ 和 Cl^- 各一个抽象出来的。结构单元为 NaCl。

例 3-12　（自选题）

碱金属皆为 A_2 型立方 I 堆积，已知原子量和密度，求原子半径。

解析与答案：设晶胞参数为 a，则立方体的面对角线为 $\sqrt{2}a$，体对角线为 $\sqrt{3}a$，立方 I 含两个原子。故有 $r=\dfrac{\sqrt{3}}{4}a$，$\rho=\dfrac{2\times M}{a^3 N}$。所算结果列于下表中。可见随周期数递增，$M$ 和 r 也递增，但 ρ 不是单调变化。

碱金属	Li	Na	K	Rb	Ca
原子量	6.94	23.0	39.1	85.47	132.91
密度/(g·cm⁻³)	0.534	0.97	0.86	1.532	1.879
原子半径/Å	1.52	1.86	2.31	2.47	2.67

例 3-13 （自选题）

钙钛矿是简单立方晶体，Ca^{2+}占体心位置，O^{2-}占晶胞棱心位置，钛位于O^{2-}构成的八面体中心。绘出晶胞图，若沿$1/2(a+b+c)$移动，使Ca^{2+}位于晶胞的顶点，绘出此晶胞图。求钙钛矿的化学式、结构单元、钙与钛的配位数。

解析与答案：据题意，晶胞中Ca^{2+}占体心位置，数量为 1，O^{2-}占晶胞棱心位置，数量为 3，钛位于O^{2-}构成的八面体中心，相当于相交于顶点的三条棱心及其延长线上下一个晶胞的棱心处离子O^{2-}形成一个八面体空隙，数量为 1，则Ca^{2+}、Ti^{4+}、O^{2-}的数量比为 1：1：3，钙钛矿的化学式为$CaTiO_3$，结构单元为 1 个Ca^{2+}、1 个Ti^{4+}、3 个O^{2-}（即为$CaTiO_3$），Ti 的氧配位数为 6，Ca^{2+}的氧配位数为 12。将晶胞绘于图 a，若沿$1/2(a+b+c)$移动，使Ca^{2+}位于晶胞的顶点，将晶胞绘于图 b。

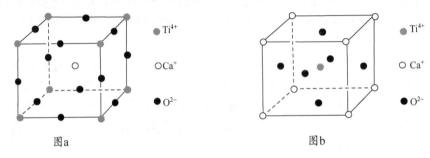

图a　　　　　　　　　　　　　　　图b

例 3-14 （自选题）

某黄铜中 Cu 和 Zn 的摩尔分数分别是 0.75 和 0.25，该合金的结构与纯铜相同（立方最密堆积），只是 Zn 原子统计的无序取代了 Cu 原子。在每个原子的位置上，Cu 和 Zn 的占有率正比于合金的组成，即合金可以看作是由$Cu_{0.75}Zn_{0.25}$组成的。已知合金的密度为$8.51g \cdot cm^{-3}$，计算合金的统计原子半径。（原子量：Cu 63.5，Zn 65.4）

解析与答案：由合金组成$Cu_{0.75}Zn_{0.25}$及取代的统计规律可知，每个晶胞中平均有 3 个 Cu 原子，一个 Zn 原子。

$$Z \cdot \frac{M}{N_0} = \rho V, \quad V = a^3, \quad \rho\ 为密度$$

$$\frac{63.5 \times 3 + 65.4 \times 1}{6.022 \times 10^{23}} = 8.51 a^3$$

$$a = 3.682 \text{Å}$$

而

$$\sqrt{2}a = 4r$$

故

$$r = 1.30 \text{Å}$$

例 3-15 （自选题）

把等物质的量的NH_4Cl和$HgCl_2$在密封管中一起加热时，生成NH_4HgCl_3晶体。用 X 射线衍射法测得该晶体的晶胞为长方体：$a = b = 4.19 \times 10^{-8}cm$，$c = 7.94 \times 10^{-8}cm$；用比重瓶法测得它的密度$\rho = 3.87g \cdot cm^{-3}$。已知$NH_4^+$（视为球形离子）占据晶胞的顶角，并尽可

能远离 Hg^{2+}；每个 NH_4^+ 被 8 个 Cl^- 围绕，距离为 3.35×10^{-8}cm（与 NH_4Cl 晶体中离子间距离一样）；Cl^- 与 Cl^- 尽可能远离。据此，回答下列问题：

（1）计算晶胞中含几个 NH_4HgCl_3 结构单元。（已知原子量：N 14.01，H 1.008，Cl 35.45，Hg 200.6）

（2）绘出晶胞的结构图。（以 NH_4^+、Cl^-、Hg 分别用●、○、◎表示）

（3）晶体中 Cl^- 的空间环境是否相同？说明理由。

（4）计算晶体中 Cl^- 与 Cl^- 之间的最短距离。

（5）晶体中 Hg^{2+} 的配位数为多少？绘出它的配位多面体构型。

解析与答案：（1）设晶胞中有 Z 个结构单元：

$$\rho = \frac{Z\times M}{N_A\times V} = \frac{Z\times325.0}{(6.02\times10^{23})(4.19^2\times7.94)\times10^{-24}} = 3.87$$

所以 $Z=1$，即晶胞中有 1 个 NH_4HgCl_3 分子。

（2）已知为四方晶系（长方体），且晶胞中只有 1 个 NH_4^+、1 个 Hg^{2+}，故晶格型式为四方 P（简单四方）。晶体中有 5 套等同点：NH_4^+ 1 套，Hg^{2+} 1 套，Cl^- 3 套。

已知 NH_4^+ 占据顶点，并尽可能远离 Hg^{2+}，所以 Hg^{2+} 占据体心。

已知每个 NH_4^+ 被 8 个 Cl^- 围绕，所以有 2 个 Cl^- 应在体内，且与上、下底面的距离为

$$\sqrt{3.35^2-\left(\frac{\sqrt{2}}{2}a\right)^2}=1.564(\text{Å})$$；4 条 c 轴的中心处各有一个 Cl^-，而不是在两相对面的面心处有一个 Cl^-，因为棱心处的 Cl^- 与上下 Cl^- 的距离大于面心处的 Cl^- 与上下 Cl^- 的距离，满足 Cl^- 与 Cl^- 尽可能远离。所以绘出晶胞，如下图所示：

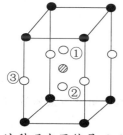

（3）Cl^- 的空间环境不同，按等同点来划分，Cl^- 有 3 套等同点，则晶胞内的 Cl^- 可分为三类：体内的体心位置上方的一个 Cl^- 为一类；体内的体心位置下方的一个 Cl^- 为一类；棱边中点的 4 个 Cl^- 为另一类。前二者距 NH_4^+ 较近（3.35×10^{-8}cm），距 Hg^{2+} 也较近（2.41×10^{-8}cm）；第三类距 NH_4^+ 3.97×10^{-8}cm，距 Hg^{2+} 2.96×10^{-8}cm。

▲编者按：有几位作者在其书中，把晶胞中的 Cl^- 描述成两类，这种观点显然是不正确的。

（4）Cl^-①与 Cl^-①之间距离为 4.19Å，Cl^-②与 Cl^-②之间距离为 4.19Å，Cl^-③与 Cl^-③之间距离为 4.19Å；Cl^-①与 Cl^-②之间距离分别为 3.128Å（上）和 4.812Å（下）（$1.564\text{Å}\times2=3.128\text{Å}$，$7.94\text{Å}-3.128\text{Å}=4.812\text{Å}$）；$Cl^-$①与 Cl^-③之间距离为 $\sqrt{2.036^2+2.963^2}=3.595\text{Å}$。因此，晶体中 Cl^- 与 Cl^- 之间的最短距离为 3.128Å。

（5）Hg^{2+} 的配位数是 6，配位多面体是一个压缩的八面体。

例 3-16　[中国化学会第 21 届全国高中学生化学竞赛（初赛）试题第 3 题]

X 射线衍射实验表明，某无水 $MgCl_2$ 晶体属三方晶系，呈层型结构，氯离子采取立方最密堆积（ccp），镁离子填满同层的八面体空隙；晶体沿垂直于氯离子密置层的投影图如

下。该晶体的六方晶胞的参数：$a = 363.63$pm，$c = 1766.63$pm；晶体密度 $\rho = 2.35$g·cm^{-3}。

3-1 以"□"表示空层，A、B、C 表示 Cl$^-$ 离子层，a、b、c 表示 Mg^{2+} 离子层，给出该三方层型结构的堆积方式。

3-2 计算一个六方晶胞中 "MgCl$_2$" 的单元数。

3-3 假定将该晶体中所有八面体空隙都填满 Mg^{2+} 离子，将是哪种晶体结构类型？

解析与答案： 3-1 $\cdots$AcB□CbA□BaC□A$\cdots$。

3-2 计算一个六方晶胞中 "MgCl$_2$" 的单元数。

$$\rho = \frac{m}{v} = \frac{ZM_{\mathrm{MgCl_2}}}{VN_{\mathrm{A}}} = \frac{ZM_{\mathrm{MgCl_2}}}{a^2 c \sin 120° N_{\mathrm{A}}}$$

$$Z = \frac{\rho a^2 c \sin 120° N_{\mathrm{A}}}{M_{\mathrm{MgCl_2}}}$$

$$= \frac{2.35 \times 10^3 \times (363.63 \times 10^{-12})^2 \times (1766.63) \times 10^{-12} \times 0.866 \times 6.022 \times 10^{23}}{95.21 \times 10^{-3}}$$

$$= 3.01$$

每个晶胞含有 3 个 "MgCl$_2$" 单元。

3-3 岩盐型。

例 3-17 （自选题）

金属单质的结构可用等径圆球的密堆积模拟。常见的最紧密堆积型式有立方最密堆积和六方最密堆积。这两种堆积型式的空间利用率都是 74.06%。

（1）立方最密堆积的晶胞如图 1 所示，图中 "X" 表示其中一个正四面体空隙中心的位置。请在图中用符号 "△" 标出正八面体空隙中心的位置，并分别计算晶体中的球数和四面体空隙数之比以及球数和八面体空隙数之比。

（2）六方最密堆积如图 2 所示，请用 "X" 和 "△" 分别标出其中的正四面体空隙的中心和正八面体空隙中心的位置。并计算晶体中，球数：四面体空隙数：八面体空隙数 = ？

（3）已知离子半径数据：$R_{\mathrm{Ti^{3+}}} = 77$pm，$R_{\mathrm{Cl^-}} = 181$pm；在 β-TiCl$_3$ 晶体中，Cl$^-$ 离子取六方最密堆积的排列，Ti^{3+} 则是空隙离子。

问：Ti^{3+} 填入由 Cl$^-$ 围成的哪种多面体空隙？它占据该种空隙的百分率为多少？它填入空隙的可能方式有几种（即有几种可能的结构）？

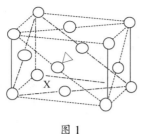
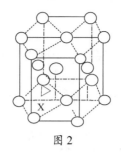

图 1　　　　　　　　　图 2

解析与答案:

（1）四面体空隙的中心"X"，在每个小立方体的中心。正八面体空隙的中心"△"在整个立方体的中心，也可在棱心处。球数：四面体空隙数：八面体空隙数 = 1 : 2 : 1。

（2）中间一层的一个小球与上面一层的三个小球构成四面体空隙，可确定其中心；中间一层三个小球与上面一层三个小球构成八面体空隙，可确定中心。球数：四面体空隙数：八面体空隙数 = 1 : 2 : 1。

（3）$R_{Ti^{3+}}$: R_{Cl^-} = 77 : 181 = 0.425，则 Ti^{3+} 填入八面体空隙；

占据该种空隙的百分率为 33.33%；其填入空隙的可能方式有 3 种。

例 3-18　（自选题）

碳化硅（SiC）俗称"金刚砂"，有类似金刚石的结构和性质。其空间结构中碳硅原子相间排列，右图所示为晶胞（●为碳原子，○为硅原子）。已知：碳原子半径为 7.7×10^{-11} m，硅原子半径为 1.17×10^{-10} m，SiC 晶体密度为 3.217 g·cm^{-3}。

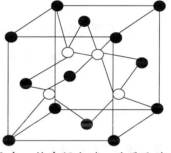

（1）SiC 是_____晶体，碳、硅原子杂化轨道类型都是_____，键角都是_____；三个碳原子和三个硅原子构成一个_____式（船、椅）六元环。

（2）如图所示 SiC 晶胞，从立方体对角线的视角观察，画出一维空间上碳、硅原子的分布规律（注意原子的比例大小和相对位置，至少画两个周期）。

（3）与体对角线垂直的平面上观察一层碳原子的分布，请在二维平面上画出碳原子的分布规律（用○表示，至少画 15 个原子，假设片层碳原子间分别相切）；计算二维平面上原子数、切点数和空隙数的比例关系_____。再考虑该片层结构的上下各与其相邻的两个碳原子片层，这两个碳原子的片层将投影在所画片层的_____（原子、切点、空隙）上，且这两个片层的碳原子_____（相对、相错）。

（4）如果以一个硅原子为中心考虑，设 SiC 晶体中硅原子与其最近的碳原子的距离为 d，则与硅原子次近的第二层有_____个原子，离中心原子的距离是_____，它们都是_____原子。

（5）如果假设碳、硅原子是刚性小球，在晶体中彼此相切，试计算 SiC 的密度，再根据理论值计算偏差，并对产生偏差的原因作一个合理解释。

（6）估算 SiC 晶体的原子占据整个空间的百分率，只需给出一个在 5% 以内的区间。

解析与答案：

（1）原子晶体；sp^3杂化；$109°28'$，椅式。

（2）

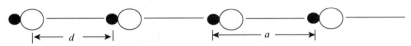

$$d = 3R_C + 3R_{Si} \qquad a = 4R_C + 4R_{Si}$$

（3）$1:3:2$，投影在空隙上，相错：

（4）12，$1.633d$，硅。

（5）$\rho = \dfrac{4 \times (12 + 28)}{(6.02 \times 10^{23}) \times (4.480 \times 10^{-8})^3} = 2.96(\mathrm{g \cdot cm^{-3}})$

ρ的相对误差 $= \dfrac{2.96 - 3.217}{3.217} \times 100\% = -7.99\%$

密度偏小。在实际晶胞中，C、Si原子实际不能视为刚性小球，原子之间不是相切，而是相交（共价键），因此实际晶胞体积比计算值小，实际密度也就比计算值偏大。

（6）从理论上，空间占有率 $= \dfrac{4 \times \frac{4}{3}\pi r^3 + 4 \times \frac{4}{3}\pi r'^3}{a^3} \times 100\% = 38.4\%$；而实际晶胞密度比理论计算值大，则其实际的空间占有率也会比计算值大，实际空间占有率：

$$\frac{3.217}{2.96} \times 38.4\% = 41.7\%$$

则估算值在$38.4\% \sim 41.7\%$。

例 3-19 （自选题）

近来，碳的多晶体（特别是富勒烯，当然也包括石墨）的性质再次引起研究者的关注，因为它们在金属原子配合物中可以作为大配体，并使金属原子配合物具有不同寻常的电物理性能。石墨与碱金属蒸气在高压下相互作用，形成了分子式为MC_8的化合物。这些化合物具有层状结构，层与层之间原子排列的方式是：一层中的碳原子恰好位于另一层中的碳原子上；而金属原子位于层之间六棱柱中心处（配位数为12）。金属原子为钾时，层间距为540pm；金属原子为铷时，层间距为560pm；金属原子为铯时，层间距为590pm。已知纯净石墨的层间距是334pm，而在同一层中的碳原子间的距离很短，等于141pm。

碱金属	原子半径/pm	M^+离子半径/pm
钾	235	133
铷	248	148
铯	268	169

（1）在这些化合物中，碱金属的状态是_____（阳离子还是中性原子）通过计算说明。

（2）假定钡原子半径为 221pm，钡离子的半径是 135pm。金属原子为钡时，这类化合物的层间距可能是_____。

（3）钡原子所占据的碳原子构建的六棱柱的数目是六棱柱总数的_____。

（4）这些化合物的导电性属于_____（金属、半导体或绝缘体）。

解析与答案：

（1）阳离子。理由如下：

石墨层间距应理解为上下两层 C 原子质心间距离，故层间真正的空间高度应小于 334pm。同理，金属原子为钾时，层间距离为 540pm，而层间真正的空间高度应小于 540pm。

钾原子（离子）位于上下 12 个碳原子组成的正六棱柱的中心，钾原子上下两端分别嵌入 6 个碳原子围成的正六边形（其实是正六棱柱）中，所嵌入部分相当于是一个球冠。关键就是要计算球冠的高 h，已知 $r=\sqrt{R^2-(R-h)^2}$，$AB=141\text{pm}$，$OA=AB=141\text{pm}$，$OC=OA/2=141/2=70.5(\text{pm})$，$OC$ 是球冠的地面半径 r，钾原子的原子半径即是球体半径 R，故有 $70.5=\sqrt{235^2-(235-h)^2}$，$h=10.8\text{pm}$。

若为钾原子，则所需层间距为 $(235\times2)-(10.8\times2)=448.4(\text{pm})$

而层间实际距离只有：$540-\left(2\times\dfrac{141}{2}\right)+(2\times10.8)=407.6(\text{m})$

因 407.6pm＜448.4pm，故钾原子填不进去。

若为钾离子，则需层间距为：$(133\times2)-(10.8\times2)=244.4(\text{pm})$

因 407.6pm＞244.4pm，故钾离子填得进去。

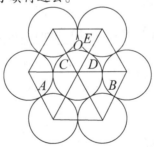

（2）钡离子与钾离子的半径接近，故金属原子为钡时，估计层间距为 530~540pm。

（3）金属原子为钡时，若分子式为 MC_8，则为 1/4；若分子式为 MC_4，则为 1/8。

（4）金属。

例 3-20　（自选题）

金属镍为 A_1 型结构，原子间最近接触间距为 $2.482\times10^{-10}\,\text{m}$，计算它的晶胞参数和理论密度。

解析与答案：

$$4r=\sqrt{2}a, r=2.482\times10^{-10}\div2\text{m}, a=3.524\times10^{-10}\,\text{m}$$

$$\rho = \frac{NM}{a^3 N_A} = \frac{4 \times 58.71 \times 10^{-3}}{a^3 \times 6.02 \times 10^{23}} = 8.95 \times 10^3 (\text{kg} \cdot \text{m}^{-3})$$

例 3-21　（自选题）

灰锡为立方面心金刚石型结构，晶胞参数 $a = 648.9$cm。

（1）写出晶胞中 8 个 Sn 原子的分数坐标；

（2）算出 Sn 的原子半径；

（3）灰锡的密度为 5.77g·cm^{-3}，求 Sn 的原子量；

（4）白锡为四方晶系，$a = 583.1$pm，$c = 318.2$pm，晶胞中含 4 个锡原子，请通过计算说明由白锡变为灰锡，体积是膨胀还是收缩？

解析与答案：（1）晶胞中 8 个 Sn 原子的分数坐标分别为

$(0, 0, 0)$ $(1/2, 1/2, 0)$ $(1/2, 0, 1/2)$ $(0, 1/2, 1/2)$

$(1/4, 1/4, 3/4)$ $(1/4, 3/4, 1/4)$ $(3/4, 1/4, 1/4)$ $(3/4, 3/4, 3/4)$

后四组坐标或者为

$(1/4, 3/4, 3/4)$ $(3/4, 3/4, 1/4)$ $(3/4, 1/4, 3/4)$ $(1/4, 1/4, 1/4)$

（2）灰锡半径为立方体对角线的 1/8，即

$$r_{\text{Sn(灰)}} = \frac{\sqrt{3}}{8} a = \frac{\sqrt{3}}{8} \times 648.9\text{pm} = 140.5\text{pm}$$

（3）晶胞中含有 8 个原子，设锡的摩尔质量为 M，灰锡的密度为 $\rho_{\text{Sn(灰)}}$，晶胞中原子数为 Z，则

$$M = \frac{\rho_{\text{Sn(灰)}} a^3 N_A}{Z}$$

$$= \frac{5.77\text{g} \cdot \text{cm}^{-3} \times (648.9 \times 10^{-10}\text{cm})^3 \times 6.022 \times 10^{23}\text{mol}^{-1}}{8}$$

$$= 118.68\text{g} \cdot \text{mol}^{-1}$$

即锡的原子量为 118.68。

（4）白锡密度为

$$\rho_{\text{Sn(白)}} = \frac{MZ}{a^2 c N_A}$$

$$= \frac{4 \times 118.7}{(5.831 \times 10^{-8})^2 \times 3.182 \times 10^{-8} \times 6.022 \times 10^{23}}$$

$$= 7.288(\text{g} \cdot \text{cm}^{-3})$$

可见，$\rho_{\text{Sn(白)}} > \rho_{\text{Sn(灰)}}$，则由白锡变为灰锡，体积膨胀。

例 3-22　（自选题）

碳是最重要的元素之一，其化合物数目最多，结构形式最丰富。碳单质有三类异构体：骨架型的金刚石、层型的石墨及球形的球碳分子（Fullerene）。相应地，有机化合物可大

致分为三类：脂肪族（链形、环形和多面体形）、芳香族（多为平面形）和球碳族（环形分子如 C_{18}、圆球形分子如 C_{60}、椭球形分子如 C_{70} 等）。

（1）金刚石的立方晶胞如图 1 所示。

晶胞边长 $a = 356.6\text{pm}$，碳原子 P 的坐标参数为（1/4, 1/4, 1/4）。

a）列式计算 C—C 键键长；

b）列式计算碳原子的空间占有率；

c）计算金刚石的晶体密度；

d）说明金刚石硬度大的原因。

（2）球碳分子 C_{60}，又称为足球烯（图 2），它的晶体结构和分子结构数据如下：

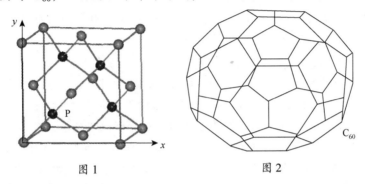

图 1　　　　　　　　　　　　图 2

立方晶胞：$a = 1420\text{pm}$

六方晶胞：$a = 1002\text{pm}$，$c = 2639\text{pm}$

C—C 平均键长 = 141pm

每个 C 原子键角和 = 348°

球心到 C 原子距离 = 351pm，核磁共振测定证明，在化合物 $C_{60}K_3$、$C_{60}Rb_xCs_{3-x}$ 中 C_{60}^{3-} 不停地转动，C_{60} 的 ^{13}C 核磁共振谱中只出现一个峰：

a）怎样证明 C_{60} 分子是球形的？

b）计算 C_{60} 分子的直径；

c）推测 C_{60} 分子中 C 原子的成键方式；

d）由 C_{60} 分子能否制成超导材料？试举一例。

（3）

a）金刚石、石墨、足球烯三种异构体中何者能溶于有机溶剂？为什么？

b）猜想三种异构体中可能有一种在星际空间存在。发现一种异构体在死火山口存在。请确定各是什么异构体，解释它们为什么会在这些地方存在。

c）推测双原子分子 C_2 在星际空间、火山口及地球表面是否存在，用分子轨道理论预测它的键级。

解析与答案：

（1）　a）　$l_{C-C} \times 4 = \sqrt{3}a$　得 $l_{C-C} = 154.4\text{pm}$

b）空间利用率 $\eta = \dfrac{8 \times \frac{4}{3}\pi r^3}{a^3} = \dfrac{8 \times \frac{4}{3}\pi \times \left(\frac{\sqrt{3}a}{8}\right)^3}{a^3} = 34.0\%$

c）密度 $\rho = \dfrac{ZM}{a^3 N_A} = \dfrac{8 \times 12}{(356.6 \times 10^{-10})^3 \times 6.023 \times 10^{23}} = 3.514(\text{g} \cdot \text{cm}^{-3})$

d）每个碳原子取 sp^3 杂化轨道形成 σ 键。

（2）a）因 ^{13}C 的 NMR 谱仅出现了 1 个峰，表明碳原子具有相同的周围环境，只有将 60 个 C 原子均匀分布在球面上才可能，再则六方晶胞 $c/a = 1.63$ 进一步说明 C_{60} 分子呈圆球形。

b）$d_{C_{60}} = 2 \times 351\text{pm} = 702\text{pm}$。若以六方晶胞计算其接触半径则为 1002pm。

c）每个碳原子取 sp^2 杂化形成 σ 键，构成分子骨架，剩余的 p 轨道相互重叠，形成离域大 π 键，此 $\prod_{60}^{60}$ 分布于球壳的内层与外层。

d）可以。如 $C_{60}K_3$（$T_C = 18\text{K}$），$C_{60}Rb_xCs_{3-x}$（$T_C = 33\text{K}$）。

（3）a）足球烯分子可溶入溶剂而不破坏共价键。因为它是唯一无需破坏共价键而彼此分离为适当大小的单元进入溶液的。如 C_{60} 溶于甲苯成绛红色溶液。

b）足球烯可在星际空间存在，因为它是唯一由能够彼此分离并成为气体的相当小的分子组成的异构体；足球烯分子之间依靠范德华力相结合，当为气态时，密度很小，低压条件有利于它的形成，足球烯密度最小，故它可在星际空间存在。金刚石在火山口被发现，因为此处温度很高，有利于破坏石墨中的化学键，又因压力很高，有条件形成金刚石。金刚石是三者中密度最大的异构体，原因在于由共价键连接的碳原子在三维空间尽量堆积。碳的三种异构体中，金刚石的密度最大，在火山口高温高压下形成。

c）作为一个小分子，它在星际空间最稳定，其键级（键序）为 2～3。其基组态 $(1\sigma_R)^2(1\sigma_u)^2(1\pi_u)^4$，键级为 2。由于 s-p 混杂，$1\sigma_u$ 为弱反键（C_2 分子键长为 124pm，而 C 原子共价双键半径之和为 134pm），说明 C_2 键级大于 2。

参 考 文 献

鲍林（Pauling L）. 1981. 化学键的本质[M]. 3 版. 卢嘉锡，黄耀曾，曾广植，等译. 上海：上海科学技术出版社.

李炳瑞. 2011. 结构化学[M]. 2 版. 北京：高等教育出版社.

徐光宪，王祥云. 1987. 物质结构[M]. 2 版. 北京：高等教育出版社.

周公度，段连云. 2014. 结构化学基础[M]. 4 版. 北京：北京大学出版社.

习　　题

1. 某物质的实验式为 $PtCl_4 \cdot 2NH_3$，其水溶液不导电，加入 $AgNO_3$ 也不产生沉淀，以强碱处理并没有 NH_3 放出。据此写出它的配位化学式及名称。

2. 下列化合物中，哪些是配合物？哪些是螯合物？哪些是复盐？哪些是简单盐？

（1）$CuSO_4 \cdot 5H_2O$　（2）K_2PtCl_6　（3）$Co(NH_3)_6Cl_3$　（4）$Ni(en)_2Cl_2$

（5）$(NH_4)_2SO_4 \cdot FeSO_4 \cdot 6H_2O$　（6）$Ca(EDTA)^{2-}$

（7）$Cr(H_2O)_5Cl_3$　（8）$KCl \cdot MgCl_2 \cdot 6H_2O$

3. $_{78}Pt^{2+}$ 基组态中未成对电子数为多少？

4. 实验测得$[Co(NH_3)_6]^{3+}$配离子是反磁性的。

（1）写出它的几何构型。根据价键理论，Co^{3+}用什么样的原子轨道与配体NH_3分子形成配位键？

（2）根据晶体场理论，绘出此配离子可能的两种 d 电子构型，标明它是高自旋还是低自旋，以及它的磁矩大小，并指出哪个正确。

（3）当$[Co(NH_3)_6]^{3+}$被还原为$[Co(NH_3)_6]^{2+}$时磁矩为 4～5μ_B，绘出可能的 d 电子构型，说明它的磁性。

5. 解释为什么大多数Zn^{2+}的配合物都是无色的。

6. OH 分子于 1964 年在星际空间被发现。

（1）试按分子轨道理论只用 O 原子的 2p 轨道和 H 原子的 1s 轨道叠加，写出其电子组态。

（2）在哪个原子轨道中有不成对电子？

（3）此轨道是由 O 和 H 的原子轨道叠加形成，还是基本上定域于某个原子上？

（4）已知 OH 的第一电离能为 13.2eV，HF 的第一电离能为 16.05eV，它们的差值几乎和 O 原子与 F 原子的第一电离能（15.8eV 和 18.6eV）的差值相同，为什么？

7. 写出C_2、CO、NO 分子的分子轨道基组态。

8. （1）在下列分子中偶极矩最大的是①CH_3CH_2Cl；②$CH_2{=}CHCl$；③$CH{\equiv}CCl$。

（2）在下列分子中 Cl 最活泼的是①C_6H_5Cl；②$C_6H_5CH_2Cl$；③$(C_6H_5)_2CHCl$；④$(C_6H_5)_3CCl$。

9. 写出下列分子的大 π 键类型。

（1）BCl_3；（2）$[Ni(CN)_4]^{2-}$；（3）$[Cu(CN)_4]^{2-}$；（4）四苯乙烯；（5）丁二炔；（6）对硝基苯胺。

10. 给出SO_2、OF_2和N_3^-的空间构型与大 π 键。

11. 给出$[ICl_4]^-$与$[XeOF_3]^+$的空间构型。

12. 下列分子中 X 各为多少？

（1）$Mo(CO)_x$；（2）$Fe(CO)_x$；（3）$Mn_2(CO)_x$；（4）$Co_2(CO)_x$

13. 正八面体型的$Cr(CO)_6$磁矩等于多少？

14. $[M(H_2O)_6]^{2+}$水合离子中 M^{2+}为（1）Cr^{2+}；（2）Mn^{2+}；（3）Fe^{2+}。问水合热最小的是哪种？离子半径最小的是哪种？

15. 含单齿配体的八面体配合物 Mabc2d2 有多少种可能存在的几何异构体？有几种异构体可能具有光学活性？

16. 以铼原子为中心的ReO_6八面体与周围六个相同的八面体共顶相连，绵延不断。求铼的氧化物的化学式。

17. Cr、Mo、W 的密度为 7.19g·cm^{-3}、10.2g·cm^{-3}、19.3g·cm^{-3}，均为A_2型次密堆积，求原子半径。

18. NaCl 晶体的密度为 2.165g·cm^{-3}，晶胞常数 $a = 5.628$Å。求晶胞中有Na^+、Cl^-多少个。

19. 将立方 ZnS 晶胞的 Zn 和 S 都换成 C 即得金刚石的晶胞。已知 $a = 3.556$Å，求键长、密度。

20. 已知离子半径为O^{2-} 1.40Å，Mg^{2+} 0.65Å，指出晶体 MgO、CaO 中的阳离子的配位数。

21. KnC_{60}是碱金属的球碳盐，具有超导性，属立方晶系。C_{60}^{n-}位于晶胞的顶点和面心，K^+则位于晶胞的棱心、体心，将立方晶胞均分为八个小立方体的体心，试确定：

（1）晶胞中K^+和C_{60}^{n-}的数目；

（2）确定 n 值；

（3）确定结构基元的化学式；

（4）确定晶体的晶格型式。

22. ［2003 年全国高中学生化学竞赛（省级赛区）试题第 6 题］2003 年 3 月日本筑波材料科学国家实验室一个研究小组发现首例结晶水的晶体在 5K 下呈现超导性。据报道，该晶体的化学式为 $Na_{0.35}CoO_2·1.3H_2O$，具有……-CoO_2-H_2O-Na-H_2O-CoO_2-H_2O-Na-H_2O……层状结构；在以 "CoO_2" 为最简式表示的二维结构中，钴原子和氧原子呈周期性排列，钴原子被 4 个氧原子包围，Co—O 键等长。

（1）钴原子的平均氧化态为多少？

（2）以 ◐ 代表氧原子，以 ○ 代表钴原子，画出 CoO_2 层的结构，用粗线画出两种二维晶胞。可资参考的范例是：石墨的二维晶胞是下图中用粗线围拢的平行四边形。

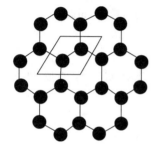

（3）据报道，该晶体是以 $Na_{0.7}CoO_2$ 为起始物，先与溴反应，然后用水洗涤而得的。写出起始物和溴的反应方程式。

23. 已知 LiI 晶体和 KI 晶体均属 NaCl 型结构。X 射线衍射法测得 LiI 的晶胞参数 $a = 604pm$，KI 的晶胞参数 $a = 706pm$，据此，推求 K^+ 离子的离子半径 $R_{K^+} = ?$

24. 黄铁矿（FeS_2）和陨硫铁（FeS）都是二价铁的硫化物，它们的晶体结构类型相同。Fe(II)的配位数均为 6。但由于阴离子不同，配体强弱不同，使两者性质差异很大。如 FeS 是强磁性的，而 FeS_2 是抗磁性的。

试问：（1）在两种矿物中，何者的 Fe—S 键较短？

（2）何者的密度较大？

25. 钼属于体心立方晶格型式，20℃时，密度 $\rho = 10.3g·cm^{-3}$，试计算最邻近的两个钼原子中心间的距离。（已知钼原子的原子量为 95.94）

26. 金属铜属于立方晶系，晶胞参数 $a = 3.588Å$，铜的密度为 $8.92g·cm^{-3}$，计算晶胞中所含铜原子数，并指出铜原子在晶胞中的分布（用分数坐标表示）。（已知 Cu 的原子量为 63.55）

27. 金属钋晶体是简单立方晶体结构，按紧密堆积原理，计算晶体中空隙体积的百分数。

28. 由表查得金属 Ni 为 A_1 型结构，原子间最近接触距离为 2.492Å，试计算该立方晶胞的边长及金属 Ni 的密度。（已知 Ni 的原子量为 58.69）

29. 设有一 AB_4 型晶体，属立方晶系，每个晶胞中有一个 A 和四个 B，一个 A 的坐标是 $\left(\dfrac{1}{2}, \dfrac{1}{2}, \dfrac{1}{2}\right)$，四个 B 原子的坐标是 $(0,0,0), \left(\dfrac{1}{2}, \dfrac{1}{2}, 0\right), \left(\dfrac{1}{2}, 0, \dfrac{1}{2}\right), \left(0, \dfrac{1}{2}, \dfrac{1}{2}\right)$，此晶体的晶格型式为何？

30. 某一立方晶体，晶胞参数的顶点位置全为 A 占据，面心为 B 占据，体心为原子 C 占据。

（1）写出此晶体的化学组成；

（2）用分数坐标写出诸原子在晶胞中的位置；

（3）给出晶体的晶格型式。

31. 设有一 AB 型晶体，属于正交底心，每个晶胞中有两个 A 原子和两个 B 原子，已知一个 B 原子的坐标是 $\left(\dfrac{1}{4}, \dfrac{1}{4}, \dfrac{1}{2}\right)$，求另外两个 A 原子和一个 B 原子的坐标。

32. 钨酸钠（Na_2WO_4）和金属钨在隔绝空气的条件下加热得到一种具有金属光泽的、深色的、有导电性的固体，化学式为 Na_xWO_3，用 X 射线衍射法测得这种固体的立方晶胞的边长 $a = 3.80×10^{-10}m$，用比重瓶法测得它的密度为 $\rho = 7.36\text{g}\cdot\text{cm}^{-3}$。已知原子量：W 183.85，Na 22.99，O 16.00，阿伏伽德罗常数 $N_A = 6.022\times10^{23}\text{mol}^{-1}$。求这种固体的组成中的 x 值（2 位有效数字），给出计算过程。

33. [2003 年全国高中学生化学竞赛（省级赛区）试题第 9 题] 钒是我国丰产元素，储量占全球 11%，居第四位。在光纤通信系统中，光纤将信息导入离光源 1km 外的用户就需用 5 片钒酸钇晶体（钇是第 39 号元素）。我国福州是全球钒酸钇晶体主要供应地，每年出口几十万片钒酸钇晶体，年创汇近千万美元（1999 年）。钒酸钇是四方晶体，晶胞参数 $a = 712\text{pm}$，$c = 629\text{pm}$，密度 $\rho = 4.22\text{g}\cdot\text{cm}^{-3}$，含钒 25%，求钒酸钇的化学式以及在一个晶胞中有几个原子。给出计算过程。

（原子量：Y 88.91，O 16，V 50.94）

34. 铜有一种氧化物，其晶胞结构可描述如下：A 原子占据立方体的顶点及体心，而在每间隔一个小立方体的中心处放上一个 B 原子。

（1）说明 A 与 B 各代表什么原子，并写出该氧化物的分子式。

（2）该晶体的晶格型式为何？结构基元是什么？一个晶胞中有几个结构基元？

（3）Cu 原子和 O 原子的配位数各是多少？

（4）已知晶胞参数 $a = 4.26\text{Å}$，计算 Cu 原子间、O 原子间及铜氧原子间的最近距离。

35. 在 CaF_2 和六方 ZnS 晶体中，正离子占据什么空隙？正离子占据空隙的百分率为多少？

36. 最近发现，只含镁、镍和碳三种元素的晶体竟然也具有超导性。鉴于这三种元素都是常见元素，从而引起广泛关注。该晶体结构可看作由镁原子和镍原子在一起进行（面心）立方最密堆积（ccp），它们的排列有序，没有相互转换的现象（即没有平均原子或统计原子），它们构成两种八面体空隙，一种由镍原子构成，另一种由镍原子和镁原子一起构成，两种八面体的数量比是 1∶3，碳原子只填充在镍原子构成的八面体空隙。

（1）画出该新型超导材料的一个晶胞（碳原子用 ● 小球，镍原子用 ○ 大球，镁原子用 ◍ 大球）；

（2）写出该新型超导材料的化学式。

37. $CaCu_x$ 合金可看作由下图所示的 ab 两种原子层交替堆积排列而成：a 是由 Cu 和 Ca 共同组成的层，层中 Cu—Cu 之间由实线相连；b 是完全由 Cu 原子组成的层，Cu—Cu 之间也由实线相连。图中由虚线勾出的六角形，表示由两种层平行堆积时垂直于层的相对位置。c 是由 a 和 b 两种原子层交替堆积成 $CaCu_x$ 的晶体结构图。在这一结构中，同一层的 Ca—Cu 为 294pm，相邻两层的 Ca—Cu 为 327pm。

（1）确定该合金的化学式；

（2）Ca 有_____个 Cu 原子配位（Ca 周围的 Cu 原子数，不一定要等距最近），Ca 的配位情况如何，列式计算 Cu 的平均配位数；

（3）计算该合金的密度（原子量：Ca 40.1，Cu 63.5）；

（4）计算 Cu、Ca 原子半径。

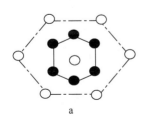

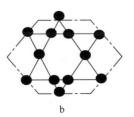

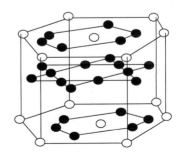

a   b

38. 一晶体，原子 B 按 A_1 方式堆积，其全部正八面体空隙被 A 占据，请给出该晶体的：

（1）化学式；

（2）所属晶系；

（3）结构基元；

（4）所属点阵类型；

（5）晶胞中原子 A 和原子 B 的个数分别是多少？

（6）晶胞中各原子的分数坐标。

39. ［中国化学会第 20 届全国高中学生化学竞赛（省级赛区）试题第 8 题］超硬材料氮化铂是近年来的一个研究热点。它是在高温、超高压条件下合成的（50GPa、2000K）。由于相对于铂，氮原子的电子太少，衍射强度太弱，单靠 X 射线衍射实验难以确定氮化铂晶体中氮原子数和原子坐标，2004 年以来，先后提出过氮化铂的晶体结构有闪锌矿型、岩盐型（NaCl）和萤石型，2006 年 4 月 11 日又有人认为氮化铂的晶胞如下图所示（图中的白球表示氮原子，为便于观察，该图省略了一些氮原子）。结构分析证实，氮是四配位的，而铂是六配位的；Pt—N 键长均为 209.6pm，N—N 键长均为 142.0pm（对比：N_2 分子的键长为 110.0pm）。

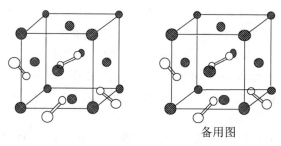

备用图

（1）氮化铂的上述四种立方晶体在结构上有什么共同点？

（2）分别给出上述四种氮化铂结构的化学式。

（3）试在图上挑选一个氮原子，不添加原子，用粗线画出所选氮原子的配位多面体。

（4）请在本题的附图上添加六个氮原子（添加的氮请尽可能靠近前面）。

第4章　物理化学基础知识

物理化学是从物质的物理现象和化学现象的联系入手来探求化学变化及相关的物理变化基本规律的一门科学，如反应物能否自发转化为产物、变化中伴有怎样的能量变化、反应将进行到什么程度、反应的机理与速率如何等。物理化学的主要内容包括：化学热力学、化学动力学、电化学和界面现象及胶体化学。化学热力学是根据化学系统的能量转换关系，研究化学变化过程及相应物理过程的热效应和变化的方向性、可能性及限度。化学动力学研究化学反应的速率、影响速率快慢的因素和化学反应的微观机理。电化学主要研究电能与化学能之间进行转换时的热力学问题和动力学问题。界面现象及胶体化学突出研究的是界面现象与胶体分散系统的热力学性质。学习物理化学的任务在于对各种化学现象的一般规律提出更深刻、更本质的探索，对化工、冶金以及其他有关工业部门的生产提供有价值的指导性理论。

对于中学生来说，学习和了解一些物理化学知识有重要意义。它不仅能帮助学生对中学化学的知识有更深刻的理解，而且对于训练逻辑思维能力、分析和解决问题的能力有很大的帮助。全国高中学生化学（奥林匹克）竞赛基本要求中提到的："理想气体标准状况（态）；理想气体状态方程；气体常量 R；体系标准压力；分压定律；气体分子量测定原理；气体溶解度（亨利定律），化学平衡、平衡常数与转化率；弱酸、弱碱的电离常数；溶度积；利用平衡常数的计算；熵（混乱度）的初步概念及与自发反应方向的关系；电化学、氧化态；氧化还原的基本概念和反应式的书写与配平；原电池；电极符号；电极反应、原电池符号、原电池反应；标准电极电势；用标准电极电势判断反应的方向及氧化剂与还原剂的强弱；电解池的电极符号与电极反应；电解与电镀；电化学腐蚀；常见化学电源；pH、络合剂、沉淀剂对氧化还原反应影响的说明"等内容均涉及物理化学的范畴。

4.1　热力学第一定律与化学反应的热效应

人类认识热和功相互转换关系经历了漫长的过程。古人"钻木取火"是人类不自觉地实践热功转换的例子。瓦特发明蒸汽机使我们拥有了可使热连续转变为功的机器。热机在工业上的广泛应用，促使人们为提高热机效率而进行了有关热功转换和能量守恒的科学探索与实验。用热力学的基本原理研究化学现象以及与化学过程有关的物理现象，称为化学热力学。

4.1.1　热力学第一定律

焦耳（Joule）和迈耶（Mayer）自 1840 年起，历经 20 多年，用各种实验求证热和功的转换关系，得到的结果是一致的，即 1cal = 4.1840J。到 1850 年，科学界公认能量守恒与转化定律是自然界的普遍规律之一。能量守恒与转化定律可表述为：自然界的一切物质都具有能量，能量有各种不同形式，能够从一种形式转化为另一种形式，但在转化过程中，能量的总值不变。

1. 热力学第一定律及含义

热力学第一定律即宏观领域中的能量守恒与转换定律。对于封闭体系，数学表达式为 $\Delta U = Q + W$，式中 $\Delta U = U_2 - U_1$，U 称为热力学能（thermodynamic energy），以前称为内能（internal energy），它是指体系内部能量的总和，包括分子运动的平动能、分子内的转动能、振动能、电子能、核能以及各种粒子之间的相互作用位能等。它是体系的状态函数。热力学能的数值只与体系当时所处的状态有关，其改变值 ΔU 仅与始、终态有关，即体系由不同途径从始至终，其热力学能改变值相同。由于体系内部质点运动及相互作用的复杂性，热力学能的绝对值是无法确定的。热力学能是体系的广度性质，其数值与体系所含物质的数量有关。

Q 为体系所吸收或放出的热。由于体系和环境温度不同而在体系与环境间传递的能量称为热，如相变热、溶解热、化学反应热等。热是一过程量，是传递中的能量，而不是体系的性质，不是体系的状态函数，也就是说，体系处于某一状态不能说热为多少。规定：体系吸热，Q 为正值，$Q > 0$；反之，体系放热，Q 为负值，$Q < 0$。

W 为体系所做或接收的功，在体系与环境间除热外以其他各种形式传递的能量，通称为功，在化学中常遇到的有体积功、电功、表面功。功也是一过程量，它不是体系的状态函数（即体系并不包含功），对始、终态相同的变化过程，途径不同，功值不同。因此，功不是体系能量的形式，而是能量传递或转化的一种宏观表现方式。功可分为膨胀功 W_e 和非膨胀功 W_f 两大类。规定：体系对环境做功（体系发生膨胀），W_e 为负值，$W_e < 0$；环境对体系做功（体系发生压缩），W_e 为正值，$W_e > 0$。膨胀功（体积功）与体系的体积改变有关，$W_e = -p_e \cdot \Delta V$，$p_e$ 为外压，$\Delta V = V_2 - V_1$。常把膨胀功以外其他各种形式的功如电功、表面功等统称为"非膨胀功"或"其他功"。

2. 焓

等容过程中的热效应 Q_V 的计算：由热力学第一定律封闭体系进行的过程：$\Delta U = Q + W$；如果体系仅有膨胀功（体积功），$\Delta U = Q - p_e \cdot \Delta V$；如果为一个等容过程（$V_1 = V_2$，$\Delta V = 0$），则 $\Delta U = Q - 0$，即

$$\Delta U = Q_V$$

等压过程中的热效应 Q_p 的计算：由热力学第一定律封闭体系进行的过程：$\Delta U = Q + W$；如果体系仅有膨胀功（体积功），$\Delta U = Q - p_e \cdot \Delta V$；如果为一个等压过程（$p_1 = p_2 = p_e$），则 $\Delta U = Q - p \cdot \Delta V$，其中 $\Delta U = U_2 - U_1$，$\Delta V = V_2 - V_1$，即 $Q_p = (U_2 - U_1) + p \cdot (V_2 - V_1) = (U_2 - U_1) + (p_2 V_2 - p_1 V_1)$。

定义：

$$H = U + pV$$

H 称为焓，它也是体系的一个状态函数。上式可写成 $Q_p = H_2 - H_1$，即

$$\Delta H = Q_p$$

为了使用方便，因为在等压、不做非膨胀功的条件下，焓变等于等压热效应 Q_p。Q_p 容易测定，从而可求其他热力学函数的变化值。

焓 H 是状态函数，有状态就有焓，是广度性质，与体系所含物质的多少有关，焓的绝对值不能测量，但其改变量 ΔH 可由 Q_p 决定。焓不是能量，虽然具有能量的单位，但不遵守能量守恒定律。焓只是一个热力学函数，无确定的意义，是一个数学符号。

4.1.2　化学反应的热效应

热化学是研究化学反应热效应的一门学科。大量热化学数据的测定为化学热力学的建立奠定了基础，还为有关化学反应的研究及冶金、能源、化工生产等提供了必需的理论依据。

1. 化学反应的热效应的概念

在化学反应中反应物全部变成产物，且 $T_{反} = T_{产}$，反应过程中只做体积功（W_e），则体系与环境交换的热量，称为这个反应的热效应（单位：$kJ \cdot mol^{-1}$）。若化学反应体系在不做其他功的等压（或等容）过程中所产生的热效应，则分别称为等压（或等容）热效应，分别表示为：$Q_p = \Delta_r H$，$Q_V = \Delta_r U$（r 表示化学反应）。从此关系可看出，虽然热是过程的属性，而化学反应热效应 Q_V、Q_p 的数值正好分别等于 U、H 这两个状态函数的改变量。因此，Q_V、Q_p 表现了只由始、终态决定而与具体途径无关的性质，这为讨论化学反应热效应带来了极大方便。Q_p 与 Q_V 的关系为

$$Q_p = Q_V + p\Delta V$$

对于有气体参与的反应，若气体可视为理想气体，则可写为

$$Q_p = Q_V + \Delta nRT$$

式中，Δn 为反应中气体产物与气体反应物的物质的量之差。

2. 热化学方程式

热化学方程式是表示化学反应与热效应关系的方程式，写法规定一般是：写出该反应的计量方程式，注明各反应物、产物的聚集态（g、l、s），固体还应标明晶型；常以 $\Delta_r H$ 表示反应的等压热效应，在其右边用括号标明反应温度；由于反应压力对热效应影响很小，所以一般不注明反应压力。如果反应是由标准态的反应物生成标准态的产物，则在 H 的右上角加 $\ominus$。例如：

$$H_2(g, p^\ominus) + I_2(g, p^\ominus) \Longrightarrow 2HI(g, p^\ominus) \quad \Delta_r H_m^\ominus (298.15K) = -51.8kJ \cdot mol^{-1}$$

式中，$\Delta_r H_m^\ominus (298.15K)$ 表示反应物和生成物都处于标准态，在 298.15K，反应进度为 1mol 时的焓变；$p^\ominus$ 代表气体的压力处于标准态，压力为 100kPa。

3. 赫斯定律

1840 年, 赫斯（Hess）从大量实验中总结出一条规律, 它是在热力学第一定律之前提出的。其基本内容为: 在等压或等容条件下, 任意反应不管是一步完成还是分几步完成, 其热效应总是相同。热力学第一定律成立之后, 给赫斯定律作出了圆满的理论解释。因为赫斯所作测定反应热的实验, 不是在等压无其他功就是在等容无其他功下进行的。由热力学第一定律知, $Q_p = \Delta H$, $Q_V = \Delta U$。虽然热效应是一过程量, 但在上述条件下 Q_p、Q_V 就成了只由始、终态决定, 满足指定条件下的与各个不同途径无关的量。因此, 一个反应不论是一步完成还是几步完成, 其热效应均为定值。此定律是热力学第一定律的必然结果, 其作用和意义: 能使热化学方程式像普通代数一样运算, 即可以相加减; 可根据已经准确测定的反应热效应来计算另一难于测量的反应热效应; 还能预言尚不能实现的反应热效应。所以, 赫斯定律是热化学运算的根据。

例如, 需要计算反应 C(石墨)+ 1/2O$_2$(g) $\longrightarrow$ CO(g)的反应热（$\Delta_r H_m$）。

反应（1）C(石墨) + O$_2$(g) $\longrightarrow$ CO$_2$(g)　　　$\Delta_r H_m(1) = -393.5 \text{kJ·mol}^{-1}$

反应（2）CO(g) + 1/2O$_2$(g) $\longrightarrow$ CO$_2$(g)　　　$\Delta_r H_m(2) = -282.8 \text{kJ·mol}^{-1}$

由（1）-（2）得

C(石墨) + 1/2O$_2$(g) $\longrightarrow$ CO(g)

$$\Delta_r H_m = \Delta_r H_m(1) - \Delta_r H_m(2) = (-393.5) - (-282.8) = -110.7 (\text{kJ·mol}^{-1})$$

4. 化学反应热效应的计算

由于焓的绝对值无法测定, 化学反应热效应的计算一般由标准生成热（$\Delta_f H_m^\ominus$）与标准燃烧热（$\Delta_c H_m^\ominus$）来完成。

标准生成热: 在标准压力 $p^\ominus$ 和 T 下, 由稳定单质生成 1mol 化合物的等压热效应, 称为该化合物的标准生成热（$\Delta_f H_m^\ominus$, 单位为 kJ·mol^{-1}）。从定义可知, 各种稳定单质在任意温度下的生成热等于 0, 这里注意是稳定单质。生成热仅是一个相对值, 相对于稳定单质的焓值等于零。应用标准生成热时, 反应的热效应等于产物的生成热之和减去反应物的生成热之和:

$$\Delta_f H_m^\ominus = \sum \nu_B \Delta_f H_m^\ominus (B)$$

ν_B 为各物质的计量系数, 对反应物为负, 产物为正。

标准燃烧热: 在标准压力 $p^\ominus$ 和 T 下, 1mol 物质完全氧化, 使所含元素生成指定的稳定产物时的等压热效应, 称为该物质的标准燃烧热（$\Delta_c H_m^\ominus$, 单位为 kJ·mol^{-1}）。从定义知, 标准燃烧热也是一个相对值。常见元素的指定产物为: C $\longrightarrow$ CO$_2$(g); C $\longrightarrow$ H$_2$O(l); S $\longrightarrow$ SO$_2$(g); N $\longrightarrow$ N$_2$(g); Cl $\longrightarrow$ HCl(aq)。显然, 规定的指定产物不同, 焓变值也不同。应用标准燃烧热时, 反应的热效应等于反应物的燃烧热之和减去产物的燃烧热之和:

$$\Delta_r H_m^\ominus = -\sum \nu_B \Delta_c H_m^\ominus (B)$$

4.2　热力学第二定律与化学反应的方向

自然界的变化总有一定的方向性,变化一经发生,其痕迹是不能消除的,不可能自动回复原状。那么在一定的条件下,一个化学变化或者物理变化能不能自动发生? 能够进行到什么程度? 这就是一个涉及变化的"方向"和"限度"的问题。

4.2.1　自发变化

1. 自发变化的概念

所谓"自发变化"是指能够自动发生的变化,即无需外力,任其自然,即可发生的变化。而自发变化的逆过程则不能自动进行,如气体向真空膨胀(自发进行),它的逆过程即气体的压缩过程不会自动进行;热由高温物体传入低温物体(自发进行),它的逆过程是热从低温物体传入高温物体;各部分浓度不同的溶液,自动扩散,最后浓度均匀(自发进行),而浓度已经均匀的溶液,不会自动变成浓度不均匀的溶液;锌片投入 $CuSO_4$ 溶液引起置换反应,它的逆过程也是不会自动发生的。

2. 自发变化的单向性

一切自发变化都有一定的变化方向,而且都是不会自动逆向进行的。这就是自发变化的共同特征。"自发变化是热力学的不可逆过程。"这个结论是经验的总结,也是热力学第二定律的基础。单向趋于平衡,不能自动逆转,并不是说自发过程无法逆转,借助外力可以使一个自发过程逆向进行。例如,气体向真空膨胀后,借助外力压缩活塞,能够使气体回复到始态,实现逆向变化;借助电功,冰箱能够把热从低温热源传到高温热源。

3. 自发变化具有做功的本领

一般来说,自发变化可以获得可利用的功,而非自发变化必须依靠环境对体系做功,这也是自发变化与非自发变化的区别,例如,热由高温物体传到低温物体,可以带动热机做功;一个自发的化学反应可以设计为电池做电功。由于从自发变化中可以获得功,体系发生自发变化时将失去一些做功的能力;而体系发生非自发变化时需要消耗环境的功,能够获得一定的做功能力。

4.2.2　热力学第二定律

热力学第二定律的基本任务是要解决判断一个变化方向性的依据。"变化"是指体系状态的改变,即体系在不同时刻存在不同的状态。"变化的方向性"指的是在始态与终态之间,变化向哪个方向自动进行,这个方向性取决于体系的始态与终态。自然界中存在许许多多的自发变化,这些自发变化看似不相干,但实际上却相互关联,从某个自发变化的逆向变化不能自动推断出另一个自发变化也不能自动逆转。人们根据长期积累的经验总结出反映同一客观规律的几种简便说法，即用某种自发变化的不能自动逆转来概括其他自发变化的不能自动逆转。

热力学第二定律具有两种经典的说法：克劳修斯的说法，"不可能把热从低温物体传到高温物体，而不引起其他变化"；开尔文的说法，"不可能从单一热源取出热使之完全变为功，而不引起其他变化"。克劳修斯说法指出了热传导的方向性；开尔文说法指出了热功转化的方向性。从理论上可以证明这两种说法的一致性。

4.2.3　熵

1. 熵的引入

为研究热机的效率，法国工程师卡诺于 1824 年设计了以理想气体为工作介质的卡诺循环：理想气体经下列四个可逆过程构成一个循环过程：等温膨胀、绝热膨胀、等温压缩和绝热压缩。由卡诺循环，克劳修斯发现：可逆过程中的热温商$(Q/T)_R$的总和，与始、终态之间的可逆途径无关，而仅由始、终状态所决定。显然这一函数具有状态函数变化的特点，克劳修斯据此定义了一个热力学状态函数称为熵，用符号 S 表示，单位为 $J \cdot K^{-1}$。通过对比可逆过程与不可逆过程的热温商，克劳修斯进一步提出了热力学第二定律的表达式：

$$\Delta S_{A \to B} - \sum_i \left(\frac{Q_i}{T_i} \right)_{A \to B} \geqslant 0$$

式中，$\Delta S_{A \to B}$ 表示由始态 A 变化到终态 B 的熵变；$\sum_i \left(\dfrac{Q_i}{T_i} \right)_{A \to B}$　表示由始态 A 变化到终态 B 整个过程的热温商；"＝"表示为可逆过程，"＞"表示为不可逆过程。

2. 熵增原理

应用上式可知，在绝热过程（$Q = 0$）中，$\Delta S \geqslant 0$，"＝"表示为绝热可逆过程，"＞"表示为绝热不可逆过程，这是判断过程可逆与不可逆的依据。在孤立体系（$Q = 0$，$W = 0$：体系与环境之间既没有物质交换也没有能量交换）中，仍然是 $\Delta S \geqslant 0$。但由于没有外力做功，"＝"表示为可逆过程或平衡状态，"＞"表示为不可逆的自发过程，这是判断过程自发与不自发的依据。这就是"熵增原理"：任何自发过程都是由非平衡态趋向平衡态，平衡态时熵函数达到最大值。因此，自发的不可逆过程进行的限度以熵函数达到最大值为准则。

3. 熵的意义与计算

物理学家玻尔兹曼指出，熵是体系混乱度的标志，$S = k\ln\Omega$，其中"k"为玻尔兹曼常量，数值上等于 N_A/R；Ω 为某一宏观状态的微观状态数。通过玻尔兹曼公式，可以定性地判断熵的相对大小，如对某一物质而言：$S_气 > S_液 > S_固$，对某一聚集态而言：$S_{高温} > S_{低温}$，由此可知体系的熵既与体系的结构有关，也与温度的高低有关，即由构型熵和热熵两部分组成。热力学第三定律指出："在 0K 时任何完美晶体的熵为零"，即 $T \to 0K$，S(完美晶体) = 0。纯物质 B 在状态（T, p）的规定熵即为下述过程的熵变：B(0K) $\longrightarrow$ B(T, p)，$\Delta S = S_B(T, p)$。若物质处于标准状态，则规定熵称为标准熵，其值可查阅物理化学手册。化学反应的标准熵变 $\Delta_r S_m^\ominus$ 等于产物的标准熵之和减去反应物的标准熵之和：

$$\Delta_r S_m^\ominus = \sum \nu_B S_m^\ominus(B)$$

4.2.4　吉布斯自由能

应用熵函数来判断变化的方向性和限度，必须限于孤立体系，否则就会得出不合理的结论。但很多物理或化学变化通常是在等温等容或者等温等压条件下进行的。

1. 吉布斯自由能的定义

美国化学家吉布斯定义了一个状态函数：

$$G = H - TS$$

G 称为吉布斯自由能，单位为 J 或 kJ。G 是状态性质，有状态就有吉布斯自由能，是广度性质，与体系所含物质的多少有关。吉布斯自由能的绝对值不能测量，但其改变量 ΔG 具有明确的物理意义。等温等压可逆过程中，体系对外所做的最大非膨胀功 W_f 等于体系吉布斯自由能的减少值（ΔG）。若是等温等压不可逆过程，体系所做的非膨胀功小于吉布斯自由能的减少值，即 $\Delta G \leqslant W_f$，其中"<"表示不可逆过程，" = "表示可逆过程。若体系无非膨胀功，$W_f = 0$，则 $\Delta G \leqslant 0$，其中"<"表示不可逆的自发过程，" = "表示可逆过程或者平衡状态。由此化学体系在等温等压下，有了一个过程自发性的判据。

2. 化学反应吉布斯自由能变化的计算

与焓类似，化学工作者定义了标准摩尔生成吉布斯自由能 $\Delta_f G_m^\ominus$（单位为 kJ·mol^{-1}）。在反应温度、标准压力下，由稳定单质生成 1mol 化合物时反应的标准吉布斯自由能的变化值，称为该化合物的标准摩尔生成吉布斯自由能。标准摩尔生成吉布斯自由能也是个相对值，相对于稳定单质的吉布斯自由能等于零。应用标准生成吉布斯自由能时，一个化学反应的摩尔吉布斯自由能的变化 $\Delta_r G_m^\ominus$ 等于产物的标准摩尔生成吉布斯自由能之和减去反应物的标准摩尔生成吉布斯自由能之和：

$$\Delta_r G_m^\ominus = \sum \nu_B \Delta_f G_m^\ominus(B)$$

4.3　化　学　平　衡

已知几乎所有的化学反应既可以正向进行，也可以逆向进行，只不过有些化学反应逆向反应的程度很小，以致可以忽略不计，这种反应称为"单向反应"。在通常情况下，大多数的反应正向进行和逆向进行的程度在数量级上是相当的，两者均不能忽略，故称为"可逆反应"或"对峙反应"。所有的对峙反应在进行到一定时间后均会达到平衡状态，此时的化学反应达到了极限。若温度、压力保持不变，混合物的组成不随时间而改变，这就是化学反应的限度。总体来看，达到化学平衡的反应已经停止，但此时对于反应而言，正向反应和逆向反应的速率相等。

4.3.1　化学反应的 $\Delta_r G_m$ 和 $\Delta_r G_m^\ominus$

1. 标准平衡常数

等温等压条件下，化学反应 $a\mathrm{A(g)} + b\mathrm{B(g)} \rightleftharpoons d\mathrm{D(g)} + h\mathrm{H(g)}$ 达到平衡：

$$K^\ominus = \frac{(p_D / p^\ominus)^d (p_H / p^\ominus)^h}{(p_A / p^\ominus)^a (p_B / p^\ominus)^b}$$

式中，p_D、p_H、p_A、p_B 分别表示产物 D、H 和反应物 A、B 达到平衡时的分压。

（1）参与反应的物质在平衡时的分压，可能由于起始的组成不同而出现差异，但平衡时的比例关系在一定温度下却是定值。

（2）$K^\ominus$：化学反应的标准平衡常数，无量纲，其中 $p^\ominus = 100\mathrm{kPa}$。

（3）$\Delta_r G_m^\ominus = -RT \ln K^\ominus$，称为反应的标准摩尔吉布斯自由能的变化。

2. 范特霍夫等温方程式

等温等压条件下，化学反应 $a\mathrm{A(g)} + b\mathrm{B(g)} \rightleftharpoons d\mathrm{D(g)} + h\mathrm{H(g)}$ 的任意时刻：

$$Q_p = \frac{(p_D' / p^\ominus)^d (p_H' / p^\ominus)^h}{(p_A' / p^\ominus)^a (p_B' / p^\ominus)^b}$$

式中，p_D'、p_H'、p_A'、p_B' 分别表示产物 D、H 和反应物 A、B 任意时刻的分压。化学家范特霍夫指出：化学反应的摩尔吉布斯自由能的变化 $\Delta_r G_m$ 与标准摩尔吉布斯自由能的变化 $\Delta_r G_m^\ominus$ 的关系为

$$\Delta_r G_m = \Delta_r G_m^\ominus + RT \ln Q_p$$

或

$$\Delta_r G_m = -RT \ln K^\ominus + RT \ln Q_p$$

这两个方程式均称为：范特霍夫等温方程，故：

$Q_p < K^\ominus$，$\Delta_r G_m < 0$，反应正向自发进行；

$Q_p > K^\ominus$，$\Delta_r G_m > 0$，反应逆向自发进行；

$Q_p = K^\ominus$，$\Delta_r G_m = 0$，反应达到平衡。

由此可见，化学反应的 $\Delta_r G_m$ 用于判断反应的方向，$\Delta_r G_m^\ominus$ 用以表示反应的限度，计算平衡常数。

4.3.2　化学反应的标准摩尔吉布斯自由能的变化 $\Delta_r G_m^\ominus$

化学反应的标准摩尔吉布斯自由能变化指的是在温度 T 时，当反应物和生成物都处于标准状态，发生 1mol 的化学反应时吉布斯自由能的变化值。

1. $\Delta_r G_m^{\ominus}$ 的用途

（1）计算热力学平衡常数。

$$\Delta_r G_m^{\ominus}(T) = -RT \ln K^{\ominus}$$
$$K^{\ominus} = \exp(-\Delta_r G_m^{\ominus}(T) / RT)$$

（2）计算实验不易测定的平衡常数。

如求解碳（C, s）不完全燃烧，生成 CO(g)反应的平衡常数：

反应 a　$C(s) + 1/2O_2(g) \longrightarrow CO(g)$　　　$\Delta_r G_m^{\ominus}$ (a)

反应 b　$C(s) + O_2(g) \longrightarrow CO_2(g)$　　　$\Delta_r G_m^{\ominus}$ (b)

反应 c　$CO(g) + 1/2O_2(g) \rightarrow CO_2(g)$　　　$\Delta_r G_m^{\ominus}$ (c)

反应 a = 反应 b–反应 c

$\Delta_r G_m^{\ominus}$ (a) = $\Delta_r G_m^{\ominus}$ (b)– $\Delta_r G_m^{\ominus}$ (c)

$K^{\ominus}$ (a) = $K^{\ominus}$ (b)/$K^{\ominus}$ (c)

（3）近似估计反应的可能性。

$\Delta_r G_m^{\ominus}$ 只能表示反应的限度。但由方程式 $\Delta_r G_m = \Delta_r G_m^{\ominus} + RT\ln Q_p$，当 $\Delta_r G_m^{\ominus}$ 的绝对值很大时，基本上决定了 $\Delta_r G_m$ 的值，所以可以用来近似地估计反应的可能性，一般以 40kJ·mol^{-1} 为界限。

2. 化学反应中 $\Delta_r G_m^{\ominus}$ 计算

（1）通过化学反应中各物质的标准生成摩尔吉布斯自由能来计算。

$$\Delta_r G_m^{\ominus} = \sum v_i \Delta_f G_m^{\ominus}(i)$$

（2）通过测定反应的平衡常数来计算。

$$\Delta_r G_m^{\ominus} = -RT \ln K^{\ominus}$$

（3）通过已知反应的 $\Delta_r G_m^{\ominus}$ 来计算未知反应的 $\Delta_r G_m^{\ominus}$。

（4）通过反应的 $\Delta_r H_m^{\ominus}$、$\Delta_r S_m^{\ominus}$ 来推算。

$$\Delta_r G_m^{\ominus} = \Delta_r H_m^{\ominus} - T\Delta_r S_m^{\ominus}$$

（5）通过电池的标准电动势 $E^{\ominus}$ 计算。

$$\Delta_r G_m^{\ominus} = -nE^{\ominus} F$$

n 为电池反应转移电子的物质的量；$E^{\ominus}$ 为标准电池电动势。

4.3.3　化学平衡常数

1. 平衡常数与化学方程式的关系

$$\Delta_r G_m^{\ominus} = -RT \ln K^{\ominus}$$

$\Delta_r G_m^{\ominus}$ 中的下标 m 表示反应进度为 1mol 时的标准吉布斯自由能的变化值。显然，化学反应方程中计量系数呈倍数关系，$\Delta_r G_m^{\ominus}$ 的值也呈倍数关系，而 $K^{\ominus}$ 值则呈指数的关系。例如：

反应 a
$$\frac{1}{2}H_2(g) + \frac{1}{2}I_2(g) \longrightarrow HI(g) \quad \Delta_r G_m^{\ominus}(a), K^{\ominus}(a)$$

反应 b
$$H_2(g) + I_2(g) \longrightarrow 2HI(g) \quad \Delta_r G_m^{\ominus}(b), K^{\ominus}(b)$$

$$\Delta_r G_m^{\ominus}(b) = 2\Delta_r G_m^{\ominus}(a), \quad K^{\ominus}(b) = [K^{\ominus}(a)]^2$$

2. 平衡常数的表达

反应达平衡时，将反应物和生成物的实际压力、摩尔分数或浓度代入计算，得到的平衡常数称为经验平衡常数，一般具有量纲。例如，对任意反应

$$aA(g) + bB(g) \rightleftharpoons dD(g) + hH(g)$$

（1）用压力表示的经验平衡常数 K_p

$$K_p = \frac{p_D^d \cdot p_H^h \cdots}{p_A^a \cdot p_B^b \cdots} = \prod_i p_i^{\nu_i}$$

$$K^{\ominus} = \prod_i (p_i / p^{\ominus})^{\nu_i}$$

$$K^{\ominus} = K_p \cdot (p^{\ominus})^{-\sum \nu_i}$$

（2）用摩尔分数表示的平衡常数 K_x

$$K_x = \frac{x_D^d \cdot x_H^h \cdots}{x_A^a \cdot x_B^b \cdots} = \prod_i x_i^{\nu_i}$$

$$K^{\ominus} = K_p \cdot (p^{\ominus})^{-\sum \nu_i}$$

$$x_i = \frac{p_i}{p}$$

$$K_x = \frac{(p_D / p)^d \cdot (p_H / p)^h \cdots}{(p_A / p)^a \cdot (p_B / p)^b \cdots} = K_p \cdot (p)^{-\sum \nu_B}$$

$$K_p = K_x \cdot (p)^{\sum \nu_B}$$

$$K^{\ominus} = K_p \cdot (p^{\ominus})^{-\sum \nu_B} = K_x \cdot (p)^{\sum \nu_i} \cdot (p^{\ominus})^{-\sum \nu_i}$$

$$K^{\ominus} = K_x \cdot (p / p^{\ominus})^{\sum \nu_i}$$

（3）用物质的量浓度表示的平衡常数 K_c

$$K_c = \frac{c_D^d \cdot c_H^h \cdots}{c_A^a \cdot c_B^b \cdots} = \prod_i c_i^{\nu_i}$$

（4）用物质的量表示的平衡常数 K_n

$$K_n = \frac{n_D^d \cdot n_H^h \cdots}{n_A^a \cdot n_B^b \cdots} = \prod_i n_i^{\nu_i}$$

$$x_B = n_B / n_{\text{总}} \rightarrow K_n = K_x \cdot n_{\text{总}}^{\Delta\nu}$$

$$K^{\ominus} = K_n \cdot \left(\frac{p}{p^{\ominus} \cdot n_{\text{总}}}\right)^{\Delta\nu}$$

4.3.4　温度、压力及惰性气体对化学平衡的影响

当化学反应达到平衡时，系统的组成不随时间而改变，此时采用物理法或化学法可以测定各物质的平衡组成，获得平衡常数。但温度、压力的改变或充入惰性气体，已达到的化学平衡可能会发生移动。

1. 温度的影响

化学反应的标准平衡常数与温度有关。对于吸热反应，$\Delta_r H_m^\ominus > 0$，升高温度，$K^\ominus$增加，对正反应有利，平衡向产物方向移动。对于放热反应，$\Delta_r H_m^\ominus < 0$，升高温度，$K^\ominus$降低，对正反应不利。

$$\ln\frac{K^\ominus(2)}{K^\ominus(1)} = \frac{\Delta_r H_m^\ominus}{R}\left(\frac{1}{T_1} - \frac{1}{T_2}\right)$$

已知反应的$\Delta_r H_m^\ominus$、温度（T_1）的平衡常数 $K^\ominus(1)$，可以求解另一个温度（T_2）的平衡常数 $K^\ominus(2)$。

2. 压力的影响

对理想气体反应，标准平衡常数只是温度的函数，与压力无关。对液相和复相反应，虽然标准平衡常数与压力有关，但一般情况下压力的影响很小。压力不能改变标准平衡常数，但对气相反应来说能够影响平衡组成，这是压力影响与温度影响不一致的地方。

$$K_p = \frac{p_D^d \cdot p_H^h \cdots}{p_A^a \cdot p_B^b \cdots} = \prod_i p_i^{v_i}, K_x = \frac{x_D^d \cdot x_H^h \cdots}{x_A^a \cdot x_B^b \cdots} = \prod_i x_i^{v_i}$$

$$K^\ominus = K_p \cdot (p^\ominus)^{-\sum v_i}, x_i = \frac{p_i}{p}$$

$$K_x = \frac{(p_D/p)^d \cdot (p_H/p)^h \cdots}{(p_A/p)^a \cdot (p_B/p)^b \cdots} = K_p \cdot (p)^{-\sum v_i}$$

$$K_p = K_x \cdot (p)^{\sum v_i}$$

$$K^\ominus = K_p \cdot (p^\ominus)^{-\sum v_i} = K_x \cdot (p)^{\sum v_i} \cdot (p^\ominus)^{-\sum v_i}$$

$$K^\ominus = K_x \cdot (p/p^\ominus)^{\sum v_i}$$

（1）$\Delta v = 0$，$K^\ominus = K_x$，p改变对平衡组成无影响。

（2）$\Delta v > 0$，分子数随反应增加，p增大时，K_x减小，系统向产物减少、反应物增多的方向变化。

（3）$\Delta v < 0$，分子数随反应减少，p增大时，K_x增大，系统向产物增多、反应物减少的方向变化。

3. 惰性气体的影响

$$K_x = \frac{x_D^d \cdot x_H^h \cdots}{x_A^a \cdot x_B^b \cdots} = \prod_i x_i^{\nu_i}$$

$$K_n = \frac{n_D^d \cdot n_H^h \cdots}{n_A^a \cdot n_B^b \cdots} = \prod_i n_i^{\nu_i}$$

$$x_i = n_i / n_{总}$$

$$K_n = K_x \cdot n_{总}^{\Delta\nu} \longrightarrow K^\ominus = K_n \cdot \left(\frac{p}{p^\ominus \cdot n_{总}}\right)^{\Delta\nu}$$

（1）$\Delta\nu = 0$，$n_{总}$ 对平衡组成无影响。

（2）$\Delta\nu > 0$，$n_{总}$ 增大时，K_n 增大，即系统向产物增多、反应物减少的方向变化。

（3）$\Delta\nu < 0$，$n_{总}$ 增大时，K_n 减小，即系统向产物减少、反应物增多的方向变化。

4.4 电 化 学

4.4.1 基本概念

1. 两类导体

能导电的物质称为导电体（简称导体）。

第一类导体：电子导体（如金属、石墨及某些金属的化合物等）。

导电机理：靠自由电子的定向运动而导电，在导电过程中本身可能发热，但不发生化学变化。

（1）自由电子做定向移动而导电；

（2）导电过程中导体本身不发生变化；

（3）温度升高，电阻也升高；

（4）导电总量全部由电子承担。

第二类导体：离子导体（如电解质溶液或熔融的电解质等）。

导电机理：靠离子的定向运动而导电，即依赖正、负两种离子各向反方向迁移以运输电量，当插入电解质溶液中的两电极间存在电位差时，正离子移向阴极，负离子移向阳极，同时在电极上有化学变化发生。

（1）正、负离子做反向移动而导电；

（2）导电过程中有化学反应发生；

（3）温度升高，电阻下降；

（4）导电总量分别由正、负离子分担。

2. 电极

正极：电势高的极称为正极，电流从正极流向负极。在原电池中正极是阴极；在电解池中正极是阳极。

负极：电势低的极称为负极，电子从负极流向正极。在原电池中负极是阳极；在电解池中负极是阴极。

3. 原电池——化学能转化为电能

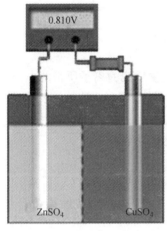

由第一类导体连接两个电极并使电流在两极间通过，构成外电路的装置称为原电池，常简称电池。电池能自发地在两极发生化学反应，将化学能转化为电能，如右图为 Cu-Zn 电池（丹聂尔电池，Daniell cell）。

Zn 电极：$Zn(s) \longrightarrow Zn^{2+} + 2e^-$，发生氧化作用，是阳极，电势低，是负极。

Cu 电极：$Cu^{2+} + 2e^- \longrightarrow Cu(s)$，发生还原作用，是阴极，电势高，是正极。

在原电池中，发生氧化反应的电极是阳极，同时它输出多余的电子，电势较低，所以该电极是阳极也是负极；发生还原反应的电极是阴极，它接受电子，电势较高，所以该电极是阴极也是正极。

4. 电解池——电能转化为化学能

在外电路中并联一个有一定电压的外加电源，则将有电流从外加电源流入电池，迫使电池中发生化学变化，这种将电能转变为化学能的电池称为电解池。

电极 1：$Cu^{2+} + 2e^- \longrightarrow Cu(s)$，负极，发生还原反应，是阴极。

电极 2：$Cu(s) \longrightarrow Cu^{2+} + 2e^-$，正极。发生氧化反应，是阳极。

在电解池中，与外电源负极相连的电极接受电子，电势较低，发生还原反应，所以该电极是负极也是阴极；与外加电源正极相连的电极，电势较高，发生氧化反应，所以该电极是正极也是阳极。

4.4.2 法拉第定律

1883 年，法拉第在研究电解作用时，归纳实验结果得出法拉第定律。实际上，该定律不论对电解反应或电池反应都是适用的。

1. 法拉第定律的文字表述

（1）在电极界面上发生化学变化的物质的质量与通入的电量成正比。

（2）通电于若干个电解池串联的线路中，当所取的基本粒子的荷电数相同时，在各个电极上发生反应的物质，其物质的量相同，析出物质的质量与其摩尔质量成正比。

如果电极上只有电化学反应，法拉第定律是必然的结果。电流通过电极是由于电化学反应而实现的。通过的电量越多，表明电极与溶液间得失电子的数目越多，发生反应的物质的量必然会越多，因为电子的电量是一定的。

2. 法拉第定律的数学表达

$$Q = nzF$$

Q 是通过电极的电量；n 是电极上发生反应的物质的量；z 是发生反应的离子所带的电荷；F 是法拉第常数，即 1mol 电子的电量，$F = 96500 C \cdot mol^{-1}$。应用法拉第定律的数学表达式，人们常常从电解过程中电极上析出或溶解的物质的量来精确推算所通过的电量，所用装置称为电量计或库仑计。常用的有铜电量计、银电量计和气体电量计等。

3. 电流效率

实际电解时电极上常发生副反应。因此析出一定量的某一物质时，实际上所消耗的电量要比法拉第定律计算所需要的理论电量多一些。

$$电流效率 = \frac{按法拉第定律计算所需理论用量}{实际所消耗的电量} \times 100\%$$

$$电流效率 = \frac{电极上产物的实际质量}{按法拉第定律计算应获得的产物质量} \times 100\%$$

4.4.3 可逆电池

将化学能转化为电能的装置称为电池，若此转化是以热力学可逆方式进行的，则称为"可逆电池"，此时电池两个电极间的电势差可达到最大值，称为该电池的电动势。可逆电池需要具备两个条件：可逆电池放电时的反应与充电时的反应必须互为逆反应；可逆电池所通过的电流必须无限小。即可逆电池在充、放电时，不仅物质的转变是可逆的，而且能量的转变也是可逆的。一个电池至少包含两个电极。构成可逆电池的电极，其本身必须是可逆的。

1. 可逆电极的类型

（1）第一类电极：金属电极和气体电极等。

金属电极是将金属浸在含有该种金属离子的溶液中所构成的，以符号 $M^{z+} | M$ 表示。

$$M^{z+} + ze^- \longrightarrow M(s)$$

一些活泼的金属可以制成汞齐电极，例如

电极 $Li^+ \mid Li(Hg)$：$Li^+ + e^- \longrightarrow Li(Hg)$

电极 $Na^+ \mid Na(Hg)$：$Na^+ + e^- \longrightarrow Na(Hg)$

氢电极、氧电极和氯电极，分别是将 H_2、O_2 和 Cl_2 气体冲击着的铂片浸入含有 H^+、OH^- 和 Cl^- 的溶液而构成，用符号 $(Pt)H_2 \mid H^+$ 或 $(Pt)H_2 \mid OH^-$、$(Pt)O_2 \mid H^+$ 或 $(Pt)O_2 \mid OH^-$ 以及 $(Pt)Cl_2 \mid Cl^-$ 表示，气体电极通常要用惰性金属如 Pt、Au 或石墨依附起导电作用。电极反应分别为

$$2H^+ + 2e^- \longrightarrow H_2(g)$$

$$2H_2O + 2e^- \longrightarrow H_2(g) + 2OH^-$$

$$O_2(g) + 4H^+ + 4e^- \longrightarrow 2H_2O$$

$$O_2(g) + 2H_2O + 4e^- \longrightarrow 4OH^-$$

$$Cl_2(g) + 2e^- \longrightarrow 2Cl^-$$

（2）第二类电极：微溶盐电极和微溶氧化物电极。

微溶盐电极是在金属电极表面覆盖一薄层该金属的一种微溶盐，然后浸入含有该微溶盐阴离子的溶液中构成。该类电极有"金属 | 微溶盐"和"微溶盐 | 电解质溶液"两个界面，界面处不仅有电子转移而且有阴离子的转移。如实验室常用的甘汞电极属于此类电极：

电极 $Hg\text{-}Hg_2Cl_2(s) \mid Cl^-$：$Hg_2Cl_2(s) + 2e^- \longrightarrow 2Hg(l) + 2Cl^-$

又如，银-氯化银电极 $AgCl(s)\text{-}Ag(s) \mid Cl^-$：

$$AgCl(s) + e^- \longrightarrow Ag(s) + Cl^-$$

微溶氧化物电极是将金属覆盖一薄层该金属的氧化物，然后浸在含有 H^+、OH^- 和 Cl^- 的溶液而构成。例如

电极 $OH^- \mid Ag_2O \mid Ag(s)$：$Ag_2O(s) + H_2O + 2e^- \longrightarrow 2Ag(s) + 2OH^-$

电极 $H^+ \mid Ag_2O(s) \mid Ag(s)$：$Ag_2O(s) + 2H^+ + 2e^- \longrightarrow 2Ag(s) + H_2O$

（3）第三类电极：氧化还原电极。

第三类电极又称氧化还原电极：这类电极是由惰性金属如 Pt 插入含有同一元素的两种不同价态离子的溶液中构成的。在电极上两种不同价态的离子间发生氧化还原反应，例如

电极 $Pt \mid Sn^{4+}(aq), Sn^{2+}(aq)$：$Sn^{4+}(aq) + 2e^- \longrightarrow Sn^{2+}(aq)$

电极 $Pt \mid Fe^{3+}(aq), Fe^{2+}(aq)$：$Fe^{3+}(aq) + e^- \longrightarrow Fe^{2+}(aq)$

2. 可逆电池的书写方法

当书写电池时，就有一个把什么电极写在左边，什么电极写在右边的问题，还有界面和盐桥的表示方法等。可逆电池书写方法的一般惯例如下：

（1）左边为负极，起氧化作用，是阳极；右边为正极，起还原作用，是阴极。

（2）"|"表示相界面，有电势差存在。"⋮"表示半透膜。

（3）"‖"表示盐桥，使液接电势降到忽略不计。

（4）要注明温度，不注明就是 298.15K；要注明物态；气体要注明压力和依附的惰性金属；溶液要注明浓度或活度。

3. 电池电动势

可逆电池的电动势不能直接用伏特计测量。这是因为：把伏特计与电池接通后，只有适量的电流通过时，伏特计才能显示，这样电池中就发生化学变化，致使溶液浓度发生变化，因而电动势也不断变化，这样就不符合可逆电池的工作条件。另外，电池本身有内阻，用伏特计所量出的只是两电极间的电势差而不是可逆电池的电动势。因此，一定要在没有电流通过的条件下测定可逆电池的电动势。电池电动势：可逆电池无电流通过时两极间的电势差称为该电池的电动势。电势差 U（伏特计读数）和电动势 E 不仅概念不同，数值也不相等。电势差的数值比电动势要低。

（1）电池的电动势等于电池表达式右边正极的电极电势减去左边负极的电极电势。

（2）电动势产生的机理：

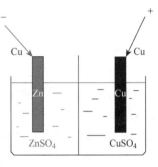

电极与电解质溶液界面间的电势差：$Zn|Zn^{2+}(aq)$，$Cu|Cu^{2+}(aq)$；

接触电势：$Cu(s)\text{-}Zn(s)$；

液体接界电势：$Zn^{2+}(aq)\,|\,Cu^{2+}(aq)$；

$$E = \varphi(+) - \varphi(-) = \varphi(Cu) - \varphi(Zn)$$

根据吉布斯自由能与电功的关系 $\Delta_r G_m = -nEF$，$\Delta_r G_m$ 的正负决定了化学反应的方向性。因此，若按电池表示式所写出的电池反应在热力学上是自发的，即 $\Delta_r G_m < 0$，$E > 0$，则该电池表示式确实代表一个电池，此时电池能做有用功；若反应非自发，$\Delta_r G_m > 0$，$E < 0$，电池为非自发电池，当然不能对外做电功。若要正确表示成电池，需将表示式中左右两极互换位置。

4. 电池与化学反应的"互译"

欲写出一个电池表达式所对应的化学反应，只需要分别写出左侧电极发生氧化作用，右侧电极发生还原作用的电极反应，然后将两者相加即成。例如

电池：$(Pt)H_2(g)\,|\,H_2SO_4(m)\,|\,Hg_2SO_4(s)\text{-}Hg(l)$

左侧负极：$H_2 - 2e^- \longrightarrow 2H^+$；

右侧正极：$Hg_2SO_4 + 2e^- \longrightarrow 2Hg + SO_4^{2-}$；

电池反应：$H_2(g) + Hg_2SO_4(s) \longrightarrow 2Hg(l) + H_2SO_4(m)$

电池：$(Pt)\,|\,Sn^{4+}(aq),\ Sn^{2+}(aq)\,\|\,Tl^{3+}(aq),\ Tl^+(aq)\,|\,(Pt)$

左侧负极：$Sn^{2+} - 2e^- \longrightarrow Sn^{4+}$；

右侧正极：$Tl^{3+} + 2e^- \longrightarrow Tl^+$；

电池反应：$Sn^{2+}(aq) + Tl^{3+}(aq) \longrightarrow Sn^{4+}(aq) + Tl^+(aq)$

电池：$(Pt)H_2(g)\,|\,NaOH(m)\,|\,O_2(g)(Pt)$

左侧负极：$H_2 + 2OH^- - 2e^- \longrightarrow 2H_2O$；

右侧正极：$1/2O_2 + H_2O + 2e^- \longrightarrow 2OH^-$；

电池反应：$H_2(g) + 1/2O_2(g) \longrightarrow H_2O(l)$

欲将一个化学反应设计成电池,有时并不那么直观,一般来说需要抓住以下三个环节。

（1）确定电解质溶液。这对有离子参与的反应比较直观,对总反应中没有离子出现的反应,需依据参与反应的物质找到相应的离子。

（2）确定电极。电极的范围按照三类电极的范围进行选择,电极以及电极反应需要熟悉。

（3）复核反应。在确定电池后,需要写出该电池所对应的电极反应及电池反应。电池反应与该化学反应必须一致。

例如，将反应 $Zn(s) + CuSO_4(aq) \longrightarrow ZnSO_4(aq) + Cu(s)$ 设计为电池。

分析：此反应的实质是 Zn 被氧化为 Zn^{2+}，Cu^{2+}还原为 Cu。

负极：$Zn(s) \longrightarrow Zn^{2+}(aq) + 2e^-$

正极：$Cu^{2+}(aq) + 2e^- \longrightarrow Cu(s)$

电池反应：$Zn(s) + Cu^{2+}(a_{Cu^{2+}}) \longrightarrow Zn^{2+}(a_{Zn^{2+}}) + Cu(s)$

电池表达式：$Zn(s) \mid ZnSO_4(aq) \parallel CuSO_4(aq) \mid Cu(s)$

将反应 $AgCl(s) + 1/2H_2(g) \longrightarrow HCl(aq) + Ag(s)$ 设计为电池。

分析：此反应的实质是 H_2 被氧化为 H^+，Ag^+还原为 Ag。

负极：$1/2H_2(g) \longrightarrow H^+(aq) + e^-$

正极：$AgCl(s) + e^- \longrightarrow Ag(s) + Cl^-(aq)$

电池反应：$AgCl(s) + 1/2H_2(g) \longrightarrow Ag(s) + H^+(aq) + Cl^-(aq)$

电池表达式：$(Pt) \mid H_2(g) \mid HCl(aq) \mid AgCl(s) \mid Ag(s)$

将反应 $AgCl(s) + NaBr(aq) \longrightarrow AgBr(s) + NaCl(aq)$ 设计为电池。

分析：这是一个非氧化还原反应,可在方程式的两边加上 Ag(s)，即

$$AgCl(s) + Ag(s) + NaBr(aq) \longrightarrow AgBr(s) + Ag(s) + NaCl(aq)$$

负极：$Ag(s) + Br^-(aq) \longrightarrow AgBr(s) + e^-$

正极：$AgCl(s) + e^- \longrightarrow Ag(s) + Cl^-(aq)$

电池反应：$AgCl(s) + Br^-(aq) \longrightarrow AgBr(s) + Cl^-(aq)$

电池表达式：$Ag(s) \mid AgBr(s) \mid NaBr(aq) \parallel NaCl(aq) \mid AgCl(s) \mid Ag(s)$

5. 电极电势

1）标准氢电极

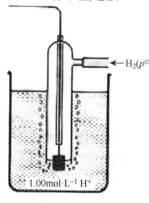

原电池可看作由两个相对独立的"半电池"组成,即每个半电池相当于一个电极。这样由不同的半电池可组成各式各样的原电池。只要知道与任意一个选定的作为标准的电极相比较时的相对电动势,就可求出由它们所组成电池的电动势。

氢电极的结构是：将镀铂黑的铂片插入含 H^+ 的溶液中,并不断用 H_2 冲打铂片。当氢电极在一定的温度下作用时,若 H_2 在气相中的分压为 $p^{\ominus}$,$a(H^+) = 1$（$m_{H^+} = 1.0\,mol\cdot kg^{-1}$,$\gamma_m = 1$）,则这样的氢电极就作为标准氢电极,由此得出的标准氢电极的电极电势为零。

2）电极电势

将标准氢电极作为发生氧化作用的负极，而将待定电极作为发生还原作用的正极，组成如下电池：Pt, H₂(p) | H⁺(a = 1)||待定电极。该电池电动势的数值和符号，就是待定电极电势的数值和符号。例如，要确定铜电极的电势，可组成如下电池：

$$\text{Pt, H}_2(p^\ominus) \mid \text{H}^+(a_{\text{H}^+}=1) \parallel \text{Cu}^{2+}(a_{\text{Cu}^{2+}}) \mid \text{Cu(s)}$$

正极反应：$\text{Cu}^{2+}(a_{\text{Cu}^{2+}}) + 2\text{e}^- \longrightarrow \text{Cu(s)}$

负极反应：$\text{H}_2(p^\ominus) - 2\text{e}^- \longrightarrow 2\text{H}^+(a_{\text{H}^+}=1)$

电池反应：$\text{H}_2(p^\ominus) + \text{Cu}^{2+}(a_{\text{Cu}^{2+}}) \longrightarrow \text{Cu(s)} + 2\text{H}^+(a_{\text{H}^+}=1)$

$E = \varphi(+) - \varphi(-)$，$E$ 为该电池的电动势，$\varphi(-)^\ominus$ 为氢电极的标准电极电势，为零。因此 $E = \varphi(+)$，通过电池电动势的测定可以求得正极的电极电势，$\varphi(+)$ 称为铜电极的电极电势，记为 $\varphi(\text{Cu}^{2+} \mid \text{Cu})$。若 $a_{\text{Cu}^{2+}} = 1$，则该电极电势称为标准电极电势，记为 $\varphi^\ominus(\text{Cu}^{2+} \mid \text{Cu})$。

这里 $\varphi^\ominus$ 称为氢标还原电极电势，当 $\varphi^\ominus$ 为正值时，表示该电极的还原倾向大于标准氢电极。若给定电极实际上进行的反应是还原反应，则 $\varphi^\ominus$ 为正值；若该电极实际上进行的是氧化反应，则 $\varphi^\ominus$ 为负值。如 $\varphi^\ominus(\text{Cu}^{2+} \mid \text{Cu}) = 0.34\text{V}$，$\varphi^\ominus(\text{Zn}^{2+} \mid \text{Zn}) = -0.76\text{V}$。

3）电极电势的能斯特方程

对于任意给定的一个作为正极的电极，其电极反应可写成如下的通式：

氧化态 $+ z\text{e}^- \longrightarrow$ 还原态，$a_{(\text{Ox})} + z\text{e}^- \longrightarrow a_{(\text{Red})}$

$$\varphi_{(\text{Ox/Red})} = \varphi^\ominus_{(\text{Ox/Red})} - \frac{RT}{zF} \ln \frac{a_{(\text{Red})}}{a_{(\text{Ox})}}$$

$$\varphi_{(\text{Ox/Red})} = \varphi^\ominus_{(\text{Ox/Red})} - \frac{RT}{zF} \ln \prod_B a_B^{\nu_B}$$

式中，$\varphi^\ominus$ 为各个电极的标准电极电势；φ 为各个电极的电极电势，a 为各物质的活度（浓度），能斯特方程表示电极的电极电势与物质的活度（浓度）之间的关系。由能斯特方程可见，影响电极电势的因素有：电极的本性、温度、浓度（或分压）等。使用该能斯特方程需注意：

（1）电极反应要配平；

（2）电极反应中的纯固体、纯液体及稀溶液中的溶剂，它们的活度 $a = 1$；

（3）电极反应中的气体物质，用 p 代替其活度 a；

（4）电极反应中，若有其他物质，也须将它们列入能斯特方程的表达式。

6. 电极电势的应用

在电化学中，标准电极电势是重要物理量，有关手册中已收集许多数据。运用这些数据和测定电池电动势的方法，可以解决许多化学中的实际问题，例如测定 E、$E^\ominus$，求算电池反应的各种热力学参数（如 $\Delta_r G_m$ 和平衡常数 $K^\ominus$ 等），借助能斯特方程所计算的电极电势和电池电动势还可以判别氧化还原反应可能进行的方向。总之，电极电势的应用是极其广泛的。

1）判断氧化还原的方向

电极电势的高低，反映了电极中反应物质得到或失去电子能力的大小。电势越低，越易失去电子，其还原态越容易氧化；电势越高，越易得到电子，其氧化态越容易还原。因此，可依据有关电极电势数据判断反应进行的趋势。例如，F_2/F^-、Cl_2/Cl^-、Br_2/Br^-、I_2/I^- 的标准电极电势分别为 2.866V、1.358V、1.066V、0.536V，则在标准状态下，氧化剂 F_2、Cl_2、Br_2、I_2 的氧化能力由强到弱为 $F_2 > Cl_2 > Br_2 > I_2$；还原剂的还原能力由弱到强为 $F^- < Cl^- < Br^- < I^-$。

2）计算相应电极的电极电势

例如，试根据下列电极反应的 $\varphi^{\ominus}$（电极）值：

$$Fe^{2+}(a = 1) + 2e^- \longrightarrow Fe(s) \qquad \varphi_1^{\ominus} = -0.440V$$

$$Fe^{3+}(a = 1) + e^- \longrightarrow Fe^{2+}(a = 1) \qquad \varphi_2^{\ominus} = 0.771V$$

计算电极反应 $Fe^{3+}(a = 1) + 3e^- \longrightarrow Fe(s)$ 的 $\varphi^{\ominus}$ 值。

解： 电极反应（1）：$Fe^{2+}(a = 1) + 2e^- \longrightarrow Fe(s)$，$\Delta_r G_m^{\ominus}(1) = n_1 \varphi_1^{\ominus} F = -0.440 \times 2F$

电极反应（2）：$Fe^{3+}(a = 1) + e^- \longrightarrow Fe^{2+}(a = 1)$，$\Delta_r G_m^{\ominus}(2) = n_2 \varphi_2^{\ominus} F = 0.771 \times 1F$

电极反应（3）：$Fe^{3+}(a = 1) + 3e^- \longrightarrow Fe(s)$，$\Delta_r G_m^{\ominus}(3) = n_3 \varphi_3^{\ominus} F = 3 \varphi_3^{\ominus} F$

$$\Delta_r G_m^{\ominus}(3) = \Delta_r G_m^{\ominus}(1) + \Delta_r G_m^{\ominus}(2)$$

$$3 \varphi_3^{\ominus} F = (-0.440 \times 2F) + (0.771 \times 1F)$$

$$\varphi_3^{\ominus} = -0.036V$$

3）确定第一类电极电势与第二类电极电势的关系

例如，已知电极 $\varphi^{\ominus}(Ag^+ | Ag)$ 和 AgCl 的溶度积常数，求 $\varphi^{\ominus}(AgCl(s)\text{-}Ag(s) | Cl^-)$。

根据已知条件，可确定电池反应为 $AgCl(s) \longrightarrow Ag^+ + Cl^-$，由此设计电池为

$$Ag(s) | Ag^+(aq) \| Cl^-(aq) | AgCl(s) | Ag(s)$$

$$\Delta_r G_m^{\ominus} = -nE^{\ominus}F = -RT\ln K^{\ominus}, \quad K^{\ominus} = K_{sp}$$

$$E^{\ominus} = \varphi^{\ominus}(+) - \varphi^{\ominus}(-) = \varphi^{\ominus}(AgCl(s)\text{-}Ag(s) | Cl^-) - \varphi^{\ominus}(Ag^+ | Ag)$$

$$\varphi^{\ominus}(Cl^- | Ag,AgCl) = \varphi^{\ominus}(Ag^+ | Ag) + \frac{RT}{F}\ln K_{sp}(AgCl)$$

7. 可逆电池的热力学

可逆电池的电动势是原电池热力学的一个重要的物理量，它是一个可以精确测定的量。通过测得不同温度下的可逆电动势，便可求得相应电池反应的热力学函数的变化值、非体积功（电功）以及过程的热效应。

1）可逆电池电动势与参加反应各组分活度（浓度）的关系

$$aA + bB \Longleftrightarrow gG + hH$$

由范特霍夫等温式可得 $\Delta_r G_m = \Delta_r G_m^{\ominus} + RT \ln Q_a$

$$\Delta_r G_m = -nEF, \quad E = -\frac{\Delta_r G_m}{nF}$$

$$\Delta_r G_m^\ominus = -nFE^\ominus, \quad E^\ominus = \frac{-\Delta_r G_m^\ominus}{nF}$$

$$E = E^\ominus - \frac{RT}{nF}\ln Q_a = E^\ominus - \frac{RT}{nF}\ln\frac{a_G^g \cdot a_H^h}{a_A^a \cdot a_B^b}$$

2）平衡常数与电池电动势

$$E^\ominus = \frac{-\Delta_r G_m^\ominus}{nF}, \quad \Delta_r G_m^\ominus = -RT\ln K_a^\ominus$$

$$K^\ominus = \exp\left(\frac{nFE^\ominus}{RT}\right)$$

3）熵函数与电池温度系数

$$\Delta_r G_m = -nEF \rightarrow \Delta_r S_m = nF\left(\frac{\partial E}{\partial T}\right)_p$$

$$\Delta_r G_m^\ominus = -nE^\ominus F \rightarrow \Delta_r S_m^\ominus = nF\left(\frac{\partial E^\ominus}{\partial T}\right)_p$$

4）焓函数与电池电动势

$$\Delta_r G_m = nEF, \Delta S = nF\left(\frac{\partial E}{\partial T}\right)_p \begin{cases} \Delta H = -nFT + nFT\left(\frac{\partial E}{\partial T}\right)_p \\ \Delta H^\ominus = -nFT + nFT\left(\frac{\partial E^\ominus}{\partial T}\right)_p \end{cases}$$

5）电池的热效应与电池温度系数

$$Q_R = T\cdot\Delta S \rightarrow Q_R = nFT\left(\frac{\partial E}{\partial T}\right)_p$$

8. 电池的分类

按照电池中物质所发生的变化，可将电池分为两类，即化学电池和浓差电池。化学电池：凡电池中物质的变化（即电池总反应）为化学反应者称为化学电池。浓差电池：凡电池中物质的变化（或总的变化）仅是一种物质由高浓度（或高压力）状态向低浓度（或低压力）状态转移者称为浓差电池。若按照电池结构可将电池分为单液电池、双液电池和复合电池。

1）化学电池

单液化学电池：$(Pt)\mid H_2(g, p^\ominus)\mid HCl(m)\mid AgCl(s) + Ag(s)$

(+)：$AgCl(s) + e^- \longrightarrow Ag(s) + Cl^-(m)$

(−)：$1/2H_2(g, p^\ominus)-e^- \longrightarrow H^+(m)$

电池反应：$1/2H_2(g, p^\ominus) + AgCl(s) \longrightarrow Ag(s) + HCl(a)$

双液化学电池：$Zn(s) | Zn^{2+}(aq) \| Cu^{2+}(aq) | Cu(s)$

(+)：$Cu^{2+} + 2e^- \longrightarrow Cu(s)$

(−)：$Zn(s) - 2e^- \longrightarrow Zn^{2+}$

电池反应：$Zn(s) + Cu^{2+} \longrightarrow Cu(s) + Zn^{2+}$

2）浓差电池

单液浓差电池（电极浓差）：$(Pt) | H_2(g, p_1) | HCl(aq, m) | H_2(g, p_2) | (Pt)$

(+)：$2H^+(aq) + 2e^- \longrightarrow H_2(g, p_2)$

(−)：$H_2(g, p_1) - 2e^- \longrightarrow 2H^+(aq)$

电池反应：$H_2(g, p_1) \longrightarrow H_2(g, p_2)$

双液浓差电池（溶液浓差）：$Ag | AgCl(s) | HCl(m_1) \| HCl(m_2) | AgCl(s) | Ag$

(+)：$AgCl(s) + e^- \longrightarrow Cl^-(m_2) + Ag(s)$

(−)：$Ag(s) + Cl^-(m_1) - e^- \longrightarrow AgCl(s)$

电池反应：$Cl^-(m_1) \longrightarrow Cl^-(m_2)$。

4.5　化学动力学

4.5.1　基本概念

1. 化学反应速率的表示

化学反应的速率表示参与反应的某种物质的浓度随时间的变化率，即化学反应进行的快慢程度。速度，是矢量，有方向性。速率，是标量，无方向性，都是正值。

$$R \longrightarrow P$$

$$速度：\frac{d[R]}{dt} < 0, \quad \frac{d[P]}{dt} > 0; \quad 速率：\frac{-d[R]}{dt} = \frac{d[P]}{dt} > 0$$

$$aA + bB \longrightarrow dD + eE$$

$$r_A = \frac{-dc_A}{dt}, \quad r_D = \frac{dc_D}{dt}$$

$$\frac{1}{a}r_A = \frac{1}{b}r_B = \frac{1}{d}r_D = \frac{1}{e}r_E$$

$$r = \frac{1}{v_i} \cdot \frac{dc_i}{dt} = \frac{1}{v_i} \cdot \frac{d[i]}{dt}$$

注意以下几个方面：

（1）具有正负；

（2）r 与具体选取哪种物质无关，但与化学方程式的写法有关；

（3）对于气相反应，压力比较容易测定，可以用参与反应各物质的分压代替浓度。

2. 基元反应

（1）基元反应简称元反应，如果一个化学反应，反应物分子在碰撞中相互作用直接转化为生成物分子，这种反应称为基元反应。

$$Cl_2 + M \xrightleftharpoons{\quad} 2Cl\cdot + M \qquad r = k_1[Cl_2][M]$$

$$Cl\cdot + H_2 \xrightleftharpoons{\quad} HCl + H\cdot \qquad r = k_2[Cl\cdot][H_2]$$

$$H\cdot + Cl_2 \xrightleftharpoons{\quad} HCl + Cl\cdot \qquad r = k_3[H\cdot][Cl_2]$$

$$2Cl\cdot + M \xrightleftharpoons{\quad} Cl_2 + M \qquad r = k_4[Cl\cdot]^2[M]$$

（2）质量作用定律。对于基元反应，反应速率与反应物浓度的幂乘积成正比。幂指数就是基元反应方程中各反应物的系数。这就是质量作用定律，它只适用于基元反应。

（3）总包反应。我们通常所写的化学方程式只代表反应的化学计量式，而并不代表反应的真正历程。如果一个化学计量式代表若干个基元反应的总结果，这种反应称为总包反应或总反应。

（4）反应分子数。在基元反应中，实际参与反应的分子数目称为反应分子数。反应分子数可区分为单分子反应、双分子反应和三分子反应，四分子反应目前尚未发现。反应分子数只可能是简单的正整数1、2或3。

（5）反应级数。速率方程中各反应物浓度项上的指数称为该反应物的级数。所有浓度项指数的代数和称为该反应的总级数，用 n 表示。n 的大小表明浓度对反应速率影响的大小。反应级数可以是正数、负数、整数、分数或零，有的反应无法用简单的数字来表示级数。反应级数是由实验测定的。

（6）反应的速率系数。速率方程中的比例系数 k 称为反应的速率系数，以前称为速率常数，现改为速率系数更确切。k 的物理意义是当反应物的浓度均为单位浓度时 k 等于反应速率，因此它的数值与反应物的浓度无关。在催化剂等其他条件确定时，k 的数值仅是温度的函数。k 的单位随着反应级数的不同而不同。

注意：反应的速率系数 k 的大小首先取决于内在因素，即参与反应的物质的结构和性质，以及反应的类型和性质。同一条件下，不同反应的 k 值可能差别很大。

4.5.2 具有简单级数的反应

1. 一级反应

反应速率只与反应物浓度的一次方成正比的反应称为一级反应。常见的一级反应有放射性元素的蜕变、分子重排、五氧化二氮的分解等。

$$^{226}_{88}Ra \longrightarrow {}^{222}_{86}Rn + {}^{4}_{2}He \qquad r = k[{}^{226}_{88}Ra]$$

$$N_2O_5 \longrightarrow N_2O_4 + \frac{1}{2}O_2 \qquad r = k[N_2O_5]$$

1）一级反应的速率方程

$$反应:\qquad A \longrightarrow P$$

$$t = 0 \quad c_{A,0} = a \quad\ 0$$

$$t = t \quad c_A = a - x \quad x$$

$$r = k_1 c_A \text{ 或 } r = k_1(a - x)$$

$$\ln(a - x) = -k_1 t + 常数$$

$$\ln \frac{c_{A,0}}{c_A} = k_1 t, \quad \ln \frac{a}{a - x} = k_1 t$$

$$t_{1/2} = \frac{\ln 2}{k_1}$$

2）一级反应的特点

k 的单位为[时间]$^{-1}$，时间 t 可以是秒(s)、分(min)、小时(h)、天（d）和年（a）等。

半衰期（half-life）$t_{1/2}$ 是一个与反应物起始浓度无关的常数。

$\ln c_A$ 与 t 呈线性关系，c_A 与 t 呈指数关系。

2. 二级反应

反应速率方程中，浓度项的指数和等于 2 的反应称为二级反应。常见的二级反应有乙烯、丙烯的二聚作用，乙酸乙酯的皂化，碘化氢的热分解反应等。

1）二级反应的速率方程

$$A + B \longrightarrow P$$

$$t = 0 \quad a \quad\ b \quad\ 0$$

$$t = t \quad a - x \quad b - x \quad x$$

$$若 a = b \quad r = k_2 \cdot (a - x)^2$$

$$\frac{1}{a - x} = k_2 t + 常数$$

$$\frac{1}{a - x} - \frac{1}{a} = k_2 t$$

$$t_{1/2} = \frac{1}{k_2 \cdot a}$$

2）二级反应（$a = b$）的特点

速率系数 k_2 的单位为[浓度]$^{-1}$[时间]$^{-1}$；

半衰期与起始物浓度成反比：$t_{1/2} = 1/k_2 a$；

$1/c$ 与 t 呈线性关系。

3. 零级反应

反应速率方程中，反应物浓度项不出现，即反应速率与反应物浓度无关，这种反应称为零级反应。常见的零级反应有表面催化反应和酶催化反应，这时反应物总是过量的，反应速率取决于固体催化剂的有效表面活性位或酶的浓度。

1）零级反应的速率方程

$$A \longrightarrow P \quad r = k_0$$

$$r = -\frac{\mathrm{d}c_A}{\mathrm{d}t} = \frac{\mathrm{d}x}{\mathrm{d}t} = k_0$$

不定积分 $\int \mathrm{d}x = \int k_0 \cdot \mathrm{d}t \rightarrow x = k_0 \cdot t + 常数$

定积分 $\int_0^x \mathrm{d}x = \int_0^t k_0 \cdot \mathrm{d}t \rightarrow \begin{cases} x = k_0 \cdot t \\ c = -k_0 \cdot t + c_0 \end{cases}$

2）零级反应的特点

速率系数 k 的单位为[浓度][时间]$^{-1}$；

半衰期与反应物起始浓度成正比：$t_{1/2} = a/2k_0$；

$x(c)$ 与 t 呈线性关系。

4.5.3　温度对反应速率的影响

1. 阿伦尼乌斯公式

$$k = A\exp\left(-\frac{E_a}{RT}\right), \quad \ln k = -\frac{E_a}{RT} + B$$

$$\frac{\mathrm{d}\ln k}{\mathrm{d}T} = \frac{E_a}{RT^2}, \quad \ln\frac{k_2}{k_1} = -\frac{E_a}{R}\left(\frac{1}{T_2} - \frac{1}{T_1}\right)$$

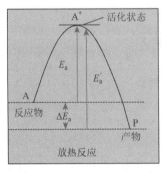 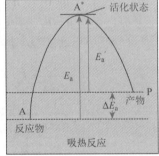

2. 活化能的概念

1）活化能

不是反应物分子之间的任何一次直接作用都能发生反应,只有那些能量相当高的分子的直接作用能发生反应。在直接作用中能发生反应的、能量高的分子称为"活化分子",活化能是活化分子的平均能量与所有分子平均能量之差。

2）活化能的表示

（1）基元反应（如上图）。

$$E_a - E_a' = \Delta H$$

（2）复杂反应。复杂反应的活化能无法用简单的图形表示，它只是组成复杂反应的各个基元反应活化能的数字组合。组合的方式决定基元反应的速率系数与总反应速度率系数之间的关系。

4.6　精　选　例　题

例 4-1　[中国化学会第 22 届全国高中学生化学竞赛（省级赛区）试题第 3 题]

甲醛是一种重要的化工产品，可以利用甲醇脱氢制备，反应式如下：

$$CH_3OH(g) \xrightarrow{\text{催化剂，700℃}} CH_2O(g) + H_2(g) \qquad \Delta_r H_m^{\ominus} = 84.2 kJ \cdot mol^{-1} \qquad （1）$$

向反应体系中通入空气，通过以下反应提供反应①所需的热量：

$$H_2(g) + 1/2 O_2(g) \longrightarrow 2H_2O(g) \qquad \Delta_r H_m^{\ominus} = -241.8 kJ \cdot mol^{-1} \qquad （2）$$

要使反应温度维持在 700℃，计算进料中甲醇与空气的物质的量比。已知空气中氧气的体积分数为 0.2。

解析与答案：要使反应维持在一定温度持续进行，应保证反应（2）放出的热量恰好被反应（1）全部利用，则

甲醇与氧气的物质的量比为：$n(CH_3OH) : n(O_2) = (2 \times 241.8)/84.2 = 5.74$；

甲醇与空气的物质的量比为：$n(CH_3OH) : n(空气) = 5.74/5 = 1.1$。

例 4-2　[中国化学会第 22 届全国高中学生化学竞赛（省级赛区）试题第 4-4 题]

298K 下，$(CN)_2(g)$ 的标准摩尔燃烧热为 $-1095 kJ \cdot mol^{-1}$，$C_2H_2(g)$ 的标准摩尔燃烧热为 $-1300 kJ \cdot mol^{-1}$，$C_2H_2(g)$ 的标准摩尔生成焓为 $227 kJ \cdot mol^{-1}$，$H_2O(l)$ 的标准摩尔生成焓为 $-286 kJ \cdot mol^{-1}$，计算 $(CN)_2(g)$ 的标准摩尔生成焓。

解析与答案：本题中涉及两个主要的化学反应：

$$(CN)_2(g) + 2O_2(g) =\!=\!= 2CO_2(g) + N_2(g) \qquad （1）$$

$$C_2H_2(g) + 2.5O_2(g) =\!=\!= 2CO_2(g) + H_2O(l) \qquad （2）$$

反应（2）-反应（1）得到：

$$C_2H_2(g) + 0.5O_2(g) + N_2(g) =\!=\!= (CN)_2(g) + H_2O(l) \qquad （3）$$

$$\Delta_r H_m(3) = \Delta_r H_m(2) - \Delta_r H_m(1) = (-1300) - (-1095) = -205 （kJ \cdot mol^{-1}）$$

同时 $\Delta_r H_m(3) = \Delta_f H_m((CN)_2) + \Delta_f H_m(H_2O(l)) - \Delta_f H_m(C_2H_2)$

$$\Delta_f H_m((CN)_2) = \Delta_r H_m(3) + \Delta_f H_m(C_2H_2) - \Delta_f H_m(H_2O(l))$$
$$= (-205) + 227 - (-286) = 308(kJ \cdot mol^{-1})$$

例 4-3　[第 31 届中国化学奥林匹克（初赛）试题第 2-3 题]

水煤气转化反应$[CO(g) + H_2O(g) \longrightarrow H_2(g) + CO_2(g)]$是一个重要的化工过程，已知如下键能(BE)数据：$BE(C≡O) = 1072 kJ \cdot mol^{-1}$，$BE(O—H) = 463 kJ \cdot mol^{-1}$，$BE(C=O) = 799 kJ \cdot mol^{-1}$，$BE(H—H) = 436 kJ \cdot mol^{-1}$，估算反应热，该反应是低温还是高温有利？简述理由。

解析与答案： $\Delta_r H = [BE(C\equiv O) + 2BE(O—H)] - [2BE(C=O) + BE(H—H)]$

$$= (1072 + 2\times 463) - (2\times 799 + 436) = -36(kJ\cdot mol^{-1})$$

由反应热可见，该反应为放热反应，因此低温有利。

例 4-4　[中国化学会第 25 届全国高中学生化学竞赛（省级赛区）试题第 6 题]

NO_2 和 N_2O_4 混合气体的针管实验是高中化学的经典素材。理论估算和实测发现，混合气体体积由 V 压缩为 $V/2$，温度由 298K 升至 311K。已知这两个温度下 $N_2O_4(g) \rightleftharpoons 2NO_2(g)$ 的压力平衡常数 K_p 分别为 0.141 和 0.363。

6-1　通过计算回答，混合气体经上述压缩后，NO_2 的浓度比压缩前增加了多少倍。

6-2　动力学实验证明，上述混合气体几微秒内即可达成化学平衡。压缩后的混合气体在室温下放置，颜色如何变化？为什么？

解析与答案：

6-1　在 298K、V 下，$N_2O_4 \rightleftharpoons 2NO_2$

$\qquad\qquad\qquad\qquad\qquad p_{11} \qquad\quad p_{21}$

设 $p_{11} + p_{21} = p_1$　　$p_1 = 1p^{\ominus}$

$K_p(298K) = p_{21}^2/p_{11} = 0.141$

$p_{11} = 0.688p^{\ominus}$，$p_{21} = 0.312p^{\ominus}$

在 311K、$V/2$ 下，$N_2O_4 \rightleftharpoons 2NO_2$

$\qquad\qquad\qquad\qquad\qquad p_{12} \qquad\quad p_{22}$

设 $p_{12} + p_{22} = p_2$　$p_2 = ?$

$K_p(311K) = p_{22}^2/p_{12} = 0.363$

$p_{12} = ?$　　$p_{22} = ?$

不论针管体积如何变化，N、O 元素个数守恒（质量守恒）。

由理想气体状态方程

$p_1 V_1 = n_1 R T_1$，$p_2 V_2 = n_2 R T_2$

$N_1 = N_1(N_2O_4) + N_1(NO_2)$

$N_1(N_2O_4) = A\times 2\times n_1(N_2O_4) = 2A(p_{11}V/298R)$

$N_1(NO_2) = A\times n_1(NO_2) = A(p_{12}V/298R)$

$N_1 = 2A(p_{11}V/298R) + A(p_{12}V/298R)$

同理

$N_2 = 2A(p_{21}V/2\times 311R) + A(p_{22}V/2\times 311R)$

$(2p_{11}/298) + (p_{12}/298) = (p_{21}/311) + (p_{22}/622)$

$p_{21} = 1.404p^{\ominus}$，$p_{22} = 0.714p^{\ominus}$。

由理想气体状态方程

$pV = nRT \rightarrow c = p/RT$

$c_1(NO_2) = p_{21}/298R$

$c_2(NO_2) = p_{22}/311R$

$c_2(NO_2)/c_1(NO_2) = 298p_{22}/311p_{21} = 2.193$

所以 NO_2 的浓度比压缩前增加了 1.193 倍。

6-2　由 6-1 可知高温下 NO_2 的浓度较大，降温后，浓度变小。混合后，温度在 311K，放置在室温下(298K)，则温度降低，NO_2 浓度减小，颜色变浅。

例 4-5　[第 30 届中国化学奥林匹克（初赛）试题第 6 题]

N_2O_4 和 NO_2 的相互转化 $N_2O_4(g) \rightleftharpoons 2NO_2(g)$ 是讨论化学平衡问题的常用体系。已知该反应在 295K 和 315K 温度下的平衡常数 K_p 分别为 0.100 和 0.400。将一定量的气体充入一个带活塞的特制容器，通过活塞移动使体系总压恒为 1bar(1bar = 100kPa)。

6-1　计算 295K 下体系达到平衡时 N_2O_4 和 NO_2 的分压。

6-2　将上述体系温度升至 315K，计算达平衡时 N_2O_4 和 NO_2 的分压。

6-3　计算恒压下体系分别在 315K 和 295K 达平衡时的体积比及物质的量之比。

6-4　保持恒压条件下，不断升高温度，体系中 NO_2 分压最大值的理论趋近值是多少（不考虑其他反应）？根据平衡关系式给出证明。

6-5　上述体系在保持外压的条件下，温度从 295K 升至 315K，下列说法正确的是：

（a）平衡向左移动　（b）平衡不移动　（c）平衡向右移动　（d）三者均有可能

6-6　与体系在恒容条件下温度 295K 升至 315K 的变化相比，恒压下体系温度升高，下列说法正确的是（简述理由，不要求计算）：

（a）平衡移动程度更大　（b）平衡移动程度更小

（c）平衡移动程度不变　（d）三者均有可能

解析与答案： 6-1 注意题中 K_p 没有给出单位，故应该是指 $K^\ominus$。

设 NO_2 的分压为 x kPa，则 N_2O_4 的分压为 $(100-x)$ kPa。

$$K^\ominus = \frac{\left(\dfrac{x}{p^\ominus}\right)^2}{\dfrac{100-x}{p^\ominus}} = 0.100 \quad p^\ominus = 100\text{kPa}$$

$$x = 27.0\text{kPa} \quad 100-x = 73.0\text{kPa}$$

NO_2 的分压 27.0kPa，N_2O_4 的分压 73.0kPa

6-2　$K^\ominus = \dfrac{\left(\dfrac{x}{p^\ominus}\right)^2}{\dfrac{100-x}{p^\ominus}} = 0.400 \quad x = 46.3\text{kPa} \quad 100-x = 53.7\text{kPa}$

NO_2 的分压 46.3kPa，N_2O_4 的分压 53.7kPa。

6-3　此题中的恒量是氮元素的物质的量，设 295K 时 NO_2 有 27.0$q$mol，则 N_2O_4 有 73.0$q$mol，故氮元素的总量为 $(27.0q + 2\times73.0q)$mol = 173.0q mol。

设 315K 时 N_2O 有 x mol，N_2O_4 有 y mol，可以列出方程组：

$$\begin{cases} x + 2y = 173.0q \\ \dfrac{x}{y} = \dfrac{46.3}{53.7} \end{cases} \qquad \begin{cases} x = 52.1q \\ y = 60.4q \end{cases}$$

因此物质的量之比为 $\dfrac{n_2}{n_1} = \dfrac{52.1q + 60.4q}{27.0q + 73.0q} = 1.12$

体积比为 $\dfrac{V_2}{V_1} = \dfrac{n_2 T_2}{n_1 T_1} = 1.20$

6-4　设 NO_2 分压为 z bar，则 N_2O_4 分压为 $(1-z)$bar，根据平衡关系式

$$K^{\ominus} = \frac{z^2}{1-z} \qquad z^2 + K^{\ominus} z - K^{\ominus} = 0$$

$$z = \frac{-K^{\ominus} + \sqrt{(K^{\ominus})^2 + 4K^{\ominus}}}{2}$$

根据 $\Delta_r H_m^{\ominus} - T\Delta_r S_m^{\ominus} = -RT \ln K_m^{\ominus}$，分别将 295 K 和 315 K 下的平衡常数代入，可得

$$\begin{cases} \Delta_r H_m^{\ominus} = 53.6 \text{kJ} \cdot \text{mol}^{-1} \\ \Delta_r S_m^{\ominus} = 143.2 \text{J} \cdot \text{mol}^{-1} \cdot \text{K}^{-1} \end{cases}$$

根据 $\dfrac{\Delta_r H_m^{\ominus}}{T} - \Delta_r S_m^{\ominus} = -R\ln K_m^{\ominus}$ 可得，当 T 不断升高，$\dfrac{\Delta_r H_m^{\ominus}}{T}$ 趋于零，因此有 $\Delta_r S_m^{\ominus} \to R\ln K^{\ominus}$，$R\ln K^{\ominus} \to e^{\Delta_r S_m^{\ominus}/T} = 3.02 \times 10^7$。

$$z = \frac{-K^{\ominus} + \sqrt{(K^{\ominus})^2 + 4K^{\ominus}}}{2} = \frac{-K^{\ominus} + \sqrt{(K^{\ominus} + 2)^2 - 4}}{2} \to \frac{-K^{\ominus} + \sqrt{(K^{\ominus} + 2)^2}}{2} = 1$$

所以理论趋近值为 1bar，即 100kPa。

6-5　由 6-1、6-2 间的计算可知，NO_2 分压增大，平衡向右移动。

6-6　在恒容体系中，温度升高，由于平衡常数增大，平衡要向右移动，即 NO_2 浓度增加，此时体系中分子数增加，压强增大，但是压强增大不利于反应向分子数多的方向移动，即在一定程度上抑制了平衡的右移。

在恒压体系中，温度升高，平衡右移，体系分子数增加，由于压强不变，体积增大，而体积增大利于反应向分子数增加的方向移动，即在一定程度上促进了平衡的右移。

不论如何考虑，都可以得到结论，即恒压体系下温度升高，平衡右移程度更大。

例 4-6　[第 32 届中国化学奥林匹克（初赛）试题第 6 题]

将 0.0167mol I_2 和 0.0167mol H_2 置于预先抽真空的特制 1L 密闭容器中，加热到 1500K，体系达平衡，总压强为 4.56bar(1bar = 100kPa)。体系中存在如下反应关系：

（1）$I_2(g) \rightleftharpoons 2I(g)$　$K_{p1} = 2.00$

（2）$I_2(g) + H_2(g) \rightleftharpoons 2HI(g)$　K_{p2}

（3）$HI(g) \rightleftharpoons I(g) + H(g)$　$K_{p3} = 8.0 \times 10^{-6}$

（4）$H_2(g) \rightleftharpoons 2H(g)$　K_{p4}

6-1　计算 1500K 体系中 $I_2(g)$ 和 $H_2(g)$ 未分解时的分压。（$R = 8.314J \cdot mol^{-1} \cdot K^{-1}$）

6-2　计算 1500K 平衡体系中除 $H_2(g)$ 之外所有物种的分压。

6-3　计算 K_{p2}。

6-4　计算 K_{p4}。（若未算出 K_{p2}，可设 $K_{p2} = 10.0$）

为使处理过程简洁方便，计算中务必使用如下约定符号。在平衡表达式中默认各分压项均除以标准分压。

体系总压	$I_2(g)$ 起始分压	$I_2(g)$ 平衡分压	$I(g)$ 平衡分压	$H_2(g)$ 起始分压	$H_2(g)$ 平衡分压	$H(g)$ 平衡分压	$HI(g)$ 平衡分压
p_t	x_0	x_1	x_2	y_0	y_1	y_2	z

解析与答案： 6-1 $x_0 = y_0 = 0.0167mol \times 8.314J \cdot mol^{-1} \cdot K^{-1} \times 1500K / 1L = 2.08bar$

6-2　根据所给反应的平衡常数 $K_{p3} \ll K_{p1}$，可以估计 $K_{p4} \ll K_{p1}$，故只需考虑反应（1）和反应（2）。

$K_{p1} = x_2^2 / x_1 = 2.00$

$p_t = x_1 + x_2 + y_1 + z = 4.56bar$

$x_0 = x_1 + x_2 / 2 + z = 2.08bar$

$y_0 = y_1 + z / 2 = 2.08bar$

有 $p_t = x_0 + x_2 / 2 + y_0$

解得 $x_1 = 0.32bar$，$x_2 = 0.80bar$，$y_1 = 0.72bar$，$z = 2.72bar$

6-3　$K_{p2} = z^2 / (x_1 y_1)$

$$K_{p2} = 2.72^2 / (0.32 \times 0.72) = 32.11$$

6-4　$K_{p4} = K_{p2} / K_{p1} \times (K_{p3})^2 = 32.11 / 2.00 \times (8.0 \times 10^{-6})^2 = 1.0 \times 10^{-9}$

若采用 $K_{p2} = 10.0$，则 $K_{p4} = 3.2 \times 10^{-10}$。

例 4-7　［第 28 届中国化学奥林匹克竞赛（初赛）试题第 6 题］

肌红蛋白（Mb）是由肽链和血红素辅基组成的可结合氧的蛋白，广泛存在于肌肉中。

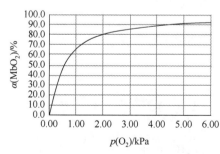

肌红蛋白与氧气的结合度（α）与氧分压 $p(O_2)$ 密切相关，存在如下平衡：

$$Mb(aq) + O_2 \underset{k_D}{\overset{k_A}{\rightleftharpoons}} MbO_2(aq) \qquad （a）$$

其中，k_A 和 k_D 分别是正向和逆向反应的速率常数。37℃，反应达平衡时测得的一组实验数据如下图所示：

6-1　计算 37℃ 下反应（a）的平衡常数 K。

6-2　导出平衡时结合度（α）随氧分压变化的表达式。若空气中氧分压为 20.0kPa，计算人正常呼吸时 Mb 与氧气的最大结合度。

6-3　研究发现，正向反应速率 $v_{正}=k_A[\text{Mb}]p(O_2)$，逆向反应速率 $v_{逆}=k_D[\text{MbO}_2]$。已知 $k_D=60s^{-1}$，计算速率常数 k_A。当保持氧的分压为 20.0kPa，计算结合度达 50% 所需时间。（提示：对于 $v_{逆}=k_D[\text{MbO}_2]$，MbO_2 分解 50% 所需时间为 $t=0.693/k_D$）

解析与答案： 6-1 由读图可知，$p(O_2)=2.00\text{kPa}$ 时 $\alpha=80.0\%$，因此

$$K=\frac{[\text{MbO}_2]}{[\text{Mb}]p(O_2)}=\frac{0.8}{0.2\times2.00\text{kPa}}=2.00\text{kPa}^{-1}$$

6-2　$K=\dfrac{[\text{MbO}_2]}{[\text{Mb}]p(O_2)}=\dfrac{\alpha}{(1-\alpha)p(O_2)}$

整理得 $\alpha=\dfrac{Kp(O_2)}{1+Kp(O_2)}$

将 $p(O_2)=2.00\text{kPa}$ 代入，$\alpha=97.6\%$。

6-3　血红素结合氧为可逆反应，达平衡时

$$v_{正}=k_A[\text{Mb}]p(O_2)=v_{逆}=k_D[\text{MbO}_2]$$

$$K=\frac{[\text{MbO}_2]}{[\text{Mb}]p(O_2)}=\frac{k_A}{k_D}$$

$$k_A=Kk_D=2.00\text{kPa}^{-1}\times60s^{-1}=1.2\times10^2s^{-1}\cdot\text{kPa}^{-1}$$

保持氧的分压为 20.0kPa，计算结合度达 50% 所需时间。首先假设氧的结合速率仅等于正反应速率，在氧分压为 20.0kPa 时，此反应相当于 Mb(aq) 的一级反应

$$t_{1/2}=\frac{\ln2}{k_Ap(O_2)}=\frac{0.693}{1.2\times10^2s^{-1}\cdot\text{kPa}^{-1}\times20.0\text{kPa}}=2.9\times10^{-4}s$$

例 4-8　[中国化学会第 24 届全国高中学生化学竞赛（省级赛区）试题第 8 题]

在 25℃ 和 101.325kPa 下，向电解池通入 0.04193A 的恒定电流，阴极（Pt，0.1mol·L^{-1} HNO$_3$）放出氢气，阳极（Cu，0.1mol·L^{-1} NaCl）得到 Cu^{2+}。用 0.05115mol·L^{-1} 的 EDTA 标准溶液滴定产生的 Cu^{2+}，消耗了 53.12mL。

8-1　计算从阴极放出的氢气的体积。

8-2　计算电解所需的时间（以小时为单位）。

解析与答案： 8-1　a. 根据配合物知识：Cu^{2+} 与 EDTA 1:1 配位，乙二胺四乙酸。

$$\begin{array}{ccc}\text{HOOCCH}_2\diagdown & & \diagup\text{CH}_2\text{COOH}\\ & \text{NCH}_2\text{CH}_2\text{N} & \\ \text{HOOCCH}_2\diagup & & \diagdown\text{CH}_2\text{COOH}\end{array}$$

b. 根据阴阳极的定义

阴极：$2\text{H}^++2e^-\!=\!=\!=\text{H}_2\uparrow$

阳极：$\text{Cu}-2e^-\!=\!=\!=\text{Cu}^{2+}$

由法拉第定律，得如下关系：

$$n(\text{H}_2)=n(\text{Cu}^{2+})=0.05115\text{mol·L}^{-1}\times0.05312\text{L}=2.7171\times10^{-3}\text{mol}$$

c. 气体视为理想气体，由状态方程 $pV=nRT$ 得

$V(H_2) = n(H_2)RT/p = 0.027171mol \times 8.31447J \cdot mol^{-1} \cdot K^{-1} \times 298.15K/101325Pa = 66.48mL$

8-2　　$Q = It = nzF \rightarrow t = nzF/I = 2 \times 2.7171 \times 10^{-3} \times 96500/0.04193 = 12507s = 3.474h$

例 4-9　[中国化学会 2002 年全国高中学生化学竞赛（省级赛区）试题第 10 题]

某远洋船只的船壳浸水面积为 4500m²，与锌块相连来保护，额定电流密度为 150mA·m⁻²，预定保护期限 2 年，可选择的锌块有两种，每块的质量分别为 15.7kg 和 25.9kg，通过每块锌块的电流强度分别为 0.92A 和 1.2A。计算说明，为达到上述保护船体的目的，最少各需几块锌块？用哪种锌块更合理？为什么？

解析与答案：首先算出通过体系的总电量：$2 \times 365d \times 24h/d \times 60min/h \times 60s/min = 6.307 \times 10^7s$

$0.0150A \cdot m^{-2} \times 4500m^2 = 67.5A$

$67.5A \times 6.307 \times 10^7s = 4.257 \times 10^9C$

其次计算总共需要多少锌。

电子的量为：$4.257 \times 10^9C/9.65 \times 10^4C \cdot mol^{-1} = 4.411 \times 10^4mol$

锌量：$4.411 \times 10^4mol \times 65.4g \cdot mol^{-1}/2 \times 10^{-3}kg \cdot g^{-1} = 1443kg = 1.44 \times 10^3kg$

需质量为 15.7kg·块⁻¹ 的锌块数为：$1.44 \times 10^3kg/15.7kg \cdot 块^{-1} = 91.7$ 块≈92 块

92 块×0.92A·块⁻¹ = 85A＞67.5A，电流强度可以达到要求。

需质量为 25.9kg·块⁻¹ 的锌块数为：$1.44 \times 10^3kg/25.9kg \cdot 块^{-1} = 55.6$ 块≈56 块

56 块×1.2A·块⁻¹ = 67.2A＜67.5A，电流强度达不到要求，应当加 1 块，则 57 块×1.2A·块⁻¹ = 68.4A，电流强度才能达到要求。选用较重的锌块更合理，因其电流强度较小，理论上可以保证 2 年保护期限，而用较轻的锌块因其电流强度太大，不到 2 年就会消耗完。

例 4-10　[中国化学会 2002 年全国高中学生化学竞赛（省级赛区）试题第 11 题]

镅（Am）是一种用途广泛的锕系元素。²⁴¹Am 的放射性强度是镭的 3 倍，在我国各地商场里常常可见到 ²⁴¹Am 骨密度测定仪，检测人体是否缺钙；用 ²⁴¹Am 制作的烟雾监测元件已广泛用于我国各地建筑物的火警报警器（制作火警报警器的 1 片 ²⁴¹Am 我国批发价仅 10 元左右）。镅在酸性水溶液里的氧化态和标准电极电势（$E^{\ominus}/V$）如下，图中 2.62 是 Am^{4+}/Am^{3+} 的标准电极电势，–2.07 是 Am^{3+}/Am 的标准电极电势，等等。一般而言，发生自发的氧化还原反应的条件是氧化剂的标准电极电势大于还原剂的标准电极电势。

$$AmO_2^{2+} \xrightarrow{1.59} AmO_2^{+} \xrightarrow{0.82} Am^{4+} \xrightarrow{2.62} Am^{3+} \xrightarrow{-2.3} Am^{2+} \xrightarrow{-1.55} Am$$

（上方：1.68，1.72，–2.07；AmO₂²⁺—1.20—Am⁴⁺；下方 –0.90）

试判断金属镅溶于过量稀盐酸溶液后将以什么离子形态存在。简述理由。

附：$E^{\ominus}(H^+/H_2) = 0V$；$E^{\ominus}(Cl_2/Cl^-) = 1.36V$；$E^{\ominus}(O_2/H_2O) = 1.23V$。

解析：本题考查如何运用电极电势及电池电动势来判断反应的方向。

答案：要点 1：$E^{\ominus}(Am^{n+}/Am) < 0$，因此 Am 可与稀盐酸反应放出氢气转化为 Am^{n+}，

$n=2,3,4$；但 $E^{\ominus}(\mathrm{Am}^{3+}/\mathrm{Am}^{2+})<0$，$\mathrm{Am}^{2+}$ 一旦生成可继续与 H^{+} 反应转化为 Am^{3+}。

（或答：$E^{\ominus}(\mathrm{Am}^{3+}/\mathrm{Am})<0$，$n=3$）

要点 2：$E^{\ominus}(\mathrm{Am}^{4+}/\mathrm{Am}^{3+})>E^{\ominus}(\mathrm{AmO}_2^{+}/\mathrm{Am}^{4+})$，因此一旦生成的 Am^{4+} 会自发歧化为 AmO_2^{+} 和 Am^{3+}。

要点 3：AmO_2^{+} 是强氧化剂，一旦生成足以将水氧化为 O_2，或将 Cl^{-} 氧化为 Cl_2，转化为 Am^{3+}，也不能稳定存在。

相反，AmO_2^{+} 是弱还原剂，在此条件下不能被氧化为 AmO_2^{2+}。

要点 4：Am^{3+} 不会发生歧化（原理同上），可稳定存在。

结论：镅溶于稀盐酸得到的稳定形态为 Am^{3+}。

例 4-11 ［中国化学会第 24 届全国高中学生化学竞赛（省级赛区）试题第 2 题］

最近我国有人报道，将 $0.1\mathrm{mol}\cdot\mathrm{L}^{-1}$ 的硫化钠溶液装进一只掏空洗净的鸡蛋壳里，将蛋壳开口朝上，部分浸入盛有 $0.1\mathrm{mol}\cdot\mathrm{L}^{-1}$ 的氯化铜溶液的烧杯中，在静置一周的过程中，蛋壳外表面逐渐出现金属铜，同时烧杯中的溶液渐渐褪色，并变得混浊。设此装置中发生的是铜离子和硫离子直接相遇的反应，已知 $\varphi^{\ominus}(\mathrm{Cu}^{2+}/\mathrm{Cu})$ 和 $\varphi^{\ominus}(\mathrm{S}/\mathrm{S}^{2-})$ 分别为 0.345V 和 −0.476V，$nFE^{\ominus}=RT\ln K$，$E^{\ominus}$ 表示反应的标准电动势，n 为该反应得失电子数。计算 25℃ 下硫离子和铜离子反应得到铜的反应平衡常数，写出平衡常数表达式。

解析与答案：根据已知 $\varphi^{\ominus}(\mathrm{Cu}^{2+}/\mathrm{Cu})$ 和 $\varphi^{\ominus}(\mathrm{S}/\mathrm{S}^{2-})$ 的数值可以判断电极 $(\mathrm{S}/\mathrm{S}^{2-})$ 为负极发生氧化反应 $\mathrm{S}^{2-}\longrightarrow\mathrm{S}$，电极 $(\mathrm{Cu}^{2+}/\mathrm{Cu})$ 为正极发生还原反应 $\mathrm{Cu}^{2+}\longrightarrow\mathrm{Cu}$。因此电极反应为：$\mathrm{Cu}^{2+}+\mathrm{S}^{2-}\longrightarrow\mathrm{Cu}+\mathrm{S}$，反应的平衡常数表达式为 $K=1/[\mathrm{Cu}^{2+}][\mathrm{S}^{2-}]$。

根据已知所给 $nFE^{\ominus}=RT\ln K$

$$\ln K=nFE^{\ominus}=2\times96485\times[0.345-(-0.476)]/(8.314\times298.15)=63.913$$

$$K=5.752\times10^{27}$$

例 4-12 ［中国化学会第 23 届全国高中学生化学竞赛（省级赛区）试题第 4 题］

我国石油工业一般采用恒电流库仑分析法测定汽油的溴指数。溴指数是指每 100 克试样消耗溴的毫克数，它反映了试样中 C=C 的数目。测定时将 V（毫升）试样加入库仑分析池中，利用电解产生的溴与不饱和烃反应。当反应完全后，过量溴在指示电极上还原而指示终点。支持电解质为 LiBr，溶剂系统仅含 5% 水，其余为甲醇、苯与醋酸。设 d 为汽油试样密度，Q 为终点时库仑计指示的溴化反应消耗的电量（库仑）。

4-1　导出溴指数与 V、d 和 Q 的关系式（注：关系式中只允许有一个具体的数值）。

4-2　若在溶剂体系中增加苯的比例，说明其优缺点。

解析与答案：

4-1　依据题意，测试溴指数的原理为

$$\mathrm{R-CH=CH_2+Br_2\longrightarrow R-CHBr-CH_2Br}$$

Br_2 与 C=C 的反应比为 1∶1；Br_2 的补充由电解产生，支持电解质为 LiBr，电极反应为

$$2Br^- - 2e^- \longrightarrow Br_2$$

对于 Br 而言，法拉第定律的表达为

$$Q = nzF = (m/M)zF$$
$$m = QM/zF = 2 \times 79.9Q/2F = 79.9Q/F$$

式中：Q 为通过的电量；2×79.9 为 Br 的摩尔质量；$2F$ 为电极反应中 1mol Br_2 对应 2mol 电子。

按照题意溴指数的定义：

$$溴指数 = \frac{79.9Q \times 1000}{VdF} \times 100 = \frac{79.9Q \times 1000}{96500Vd} \times 100 = \frac{Q}{Vd} \times 82.8 \, mg \cdot C^{-1}$$

4-2 溶剂体系中增加苯后，增加了汽油的溶解度，有利于烯烃的加成反应；但苯属于非极性溶剂，苯增加后，会降低溶液的导电性。

例 4-13 ［第 29 届中国化学奥林匹克（初赛）试题第 6 题］

最近报道了一种新型可逆电池。该电池的负极为金属铝，正极为（$C_n[AlCl_4]$），式中 C_n 表示石墨；电解质为烃基取代咪唑阳离子（R^+）和 $AlCl_4^-$ 阴离子组成的离子液体。电池放电时，在负极附近形成双核配合物。充放电过程中离子液体中的阳离子始终不变。

6-1 写出电池放电时，正极、负极以及电池的反应方程式。

6-2 该电池所用石墨按如下方法制得：甲烷在大量氢气存在下热解，所得碳沉积在泡沫状镍模板表面。写出甲烷热解反应的方程式。采用泡沫状镍的作用何在？简述理由。

6-3 写出除去制得石墨后的镍的反应方程式。

6-4 该电池的电解质是将无水三氧化铝溶入烃代咪唑氯化物离子液体中制得，写出反应方程式。

解析与答案： 6-1 负极为金属 Al，正极为 $C_n[AlCl_4]$，放电时前者形成 Al(Ⅲ)化合物，后者 C_n^+ 被还原为 C_n 石墨（不用形成配合物，能够稳定），故正极反应方程式

$$C_n[AlCl_4] + e^- \longrightarrow [AlCl_4]^- + C_n$$

生成的 $AlCl_4^-$ 进入液体，定向移动形成内电流。

对于负极，$AlCl_4^-$ 需要形成电流，因此它必然在负极被消耗，即与"Al^{3+}"反应。"电池放电时，在负极附近形成双核配合物"，结合配位化学知识可知产物为 Al-Cl-Al 桥连配合物 $[Al_2Cl_7]^-$。负极反应方程式为

$$Al + 7[AlCl_4]^- \longrightarrow 4[Al_2Cl_7]^- + 3e^-$$

总反应方程式为

$$Al + 3C_n[AlCl_4] + 4[AlCl_4]^- \longrightarrow 4[Al_2Cl_7]^- + 3C_n$$

6-2 $CH_4 \longrightarrow C + 2H_2$

底物镍具有高比表面（或所得产物石墨具有高比表面）。

6-3 用酸溶去镍，即得石墨电极

$$Ni + 2H^+ \longrightarrow Ni^{2+} + 2H_2$$

6-4 $AlCl_3 + R^+Cl^- \longrightarrow R^+[AlCl_4]^-$

例 4-14（自选题）

澳大利亚莫道克大学的科研人员研发了一种锌/溴电池，其示意图如下：

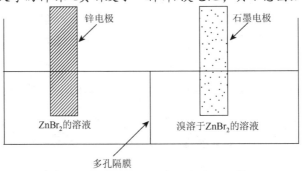

（1）指出该电池的正负极或阴阳极；

（2）写出该电池的电极反应式和电池反应式；

（3）写出该电池的电池表达式；

（4）该电池放电 1h 后，两电极的质量有无变化？若有变化，其改变量为多少克？（假设放电时，外电路中的电流强度为 0.1A）[提示：1mol 电子电量=1 法拉第电量(F)=96500 库仑]

解析与答案：

（1）在电池中，正极就是阴极，负极就是阳极。故答案为：锌电极为负极或阳极；石墨电极为正极或阴极。

（2）无论在电池或电解池中，阳极上总是发生氧化反应，阴极上总是发生还原反应。在电极反应式中，一定要表示出明显的电子得失关系；而在电池反应式中，虽然没有明显的电子得失（隐含在各物种的氧化态上），但一定要满足物料平衡和电荷平衡。故：

电极反应式：$(-)$（阳）极：$Zn - 2e^- \Longrightarrow Zn^{2+}$

$\qquad\qquad\quad(+)$（阴）极：$Br_2 + 2e^- \Longrightarrow 2Br^-$

电池反应式：$Zn + Br_2 \Longrightarrow Zn^{2+} + 2Br^-$

（3）$Zn(s)\big|Zn^{2+}(aq), Br^-(aq), Br_2(aq)\big|C(s)$

或：$Zn(s)\big|Zn^{2+}(aq), Br^-(aq)\vdots Zn^{2+}(aq), Br^-(aq), Br_2(aq)\big|C(s)$

（4）锌电极质量减小（因发生氧化反应，固态 Zn 变为 Zn^{2+}，进入溶液）；石墨电极质量不变（惰性电极）。锌电极质量减少量为 0.122g。

$$Q = It = 0.1 \times 3600 = 360(C) = 0.00373(mol 电子) = 0.00187(mol\ Zn^{2+})$$

$$W_{Zn} = 65.4 \times 0.00187 = 0.122(g)$$

例 4-15　[第 32 届中国化学奥林匹克（初赛）试题第 8 题]

利用双离子交换膜电解法可以从含硝酸铵的工业废水中生产硝酸和氨。

8-1　阳极室得到的是哪种物质？写出阳极半反应方程式。

8-2　阴极室得到的是哪种物质？写出阴极半反应及获得相应物质的方程式。

解析与答案：

8-1   得到硝酸，阳极半反应：$H_2O - 2e^- \longrightarrow 2H^+ + 1/2O_2$

8-2   得到氨，阴极半反应：$2H_2O + 2e^- \longrightarrow H_2 + 2OH^-$

氨的生成：$NH_4^+ + OH^- \longrightarrow NH_3 + H_2O$

例 4-16   [2003 年全国高中学生化学竞赛（省级赛区）试题第 5 题]

下图是一种正在投入生产的大型蓄电系统。左右两侧为电解质储罐，中央为电池，电解质通过泵不断在储罐和电池间循环；电池中的左右两侧为电极，中间为离子选择性膜，在电池放电和充电时该膜可允许钠离子通过；放电前，被膜隔开的电解质为 Na_2S_2 和 $NaBr_3$，放电后，分别变为 Na_2S_4 和 $NaBr$。

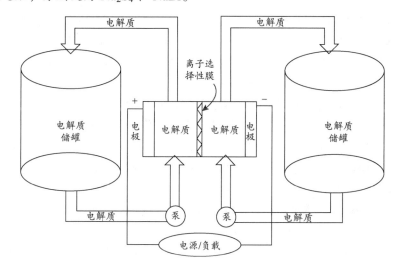

5-1   左、右储罐中的电解质分别为____。

5-2   写出电池充电时，阳极和阴极的电极反应。

5-3   写出电池充、放电的反应方程式。

5-4   指出在充电过程中钠离子通过膜的流向。

解析与答案：

5-1   左边的电解质是 $NaBr_3$ 和 $NaBr$，右边的电解质是 Na_2S_2 和 Na_2S_4。

5-2   阳极反应：$3NaBr - 2e^- =\!=\!= NaBr_3 + 2Na^+$

阴极反应：$Na_2S_4 + 2Na^+ + 2e^- =\!=\!= 2Na_2S_2$

5-3 $2Na_2S_2 + NaBr_3 \underset{\text{充电}}{\overset{\text{放电}}{\rightleftharpoons}} Na_2S_4 + 3NaBr$

5-4 Na^+ 的流动方向是从离子选择性膜的左边流向右边。

参 考 文 献

陈六平，童叶翔. 2019. 物理化学[M]. 北京：科学出版社.

范康年，周鸣飞. 2021. 物理化学[M]. 3 版. 北京：高等教育出版社.

傅献彩，沈文霞，姚天扬. 1990. 物理化学[M]. 4 版. 北京：高等教育出版社.

傅献彩，沈文霞，姚天扬，等. 2005. 物理化学[M]. 5 版. 北京：高等教育出版社.

胡英. 2014. 物理化学[M]. 6 版. 北京：高等教育出版社.

刘俊吉，周亚平，李松林，等. 2017. 物理化学[M]. 6 版. 北京：高等教育出版社.

彭笑刚. 2012. 物理化学讲义[M]. 北京：高等教育出版社.

印永嘉，奚正楷，李大珍. 1992. 物理化学简明教程[M]. 3 版. 北京：高等教育出版社.

印永嘉，奚正楷，张树永. 2007. 物理化学简明教程[M]. 4 版. 北京：高等教育出版社.

周鲁. 2017. 物理化学教程[M]. 4 版. 北京：科学出版社.

朱传征，褚莹，许海涵. 2008. 物理化学[M]. 2 版. 北京：科学出版社.

朱志昂，阮文娟. 2018. 物理化学[M]. 6 版. 北京：科学出版社.

习　题

1. 已知 $\Delta_f H_m^\ominus$ (H$_2$O, g) = –241.82kJ·mol^{-1}，$\Delta_f H_m^\ominus$ (H$_2$O, l) = –285.83kJ·mol^{-1}。计算水蒸发成水蒸气，H$_2$O(l) ⟶ H$_2$O(g)的标准摩尔焓变$\Delta H^\ominus$ (298.15K) = ？298.15K、2.000mol 的 H$_2$O(l)蒸发成同温、同压的水蒸气，焓变$\Delta H^\ominus$ (298.15K) = ？吸热多少？做功 W = ？热力学能的增量ΔU = ？（水的体积比水蒸气小得多，计算时可忽略不计）

2. 根据 Cu$_2$O(s) + 1/2O$_2$(g) === 2CuO(s) $\Delta_f H_m^\ominus$(298.15K) = –145kJ·mol^{-1}；CuO(s) + Cu(s) === Cu$_2$O(s) $\Delta_f H_m^\ominus$(298.15K) = –12kJ·mol^{-1}。计算 CuO(s)的标准生成焓 $\Delta_f H_m^\ominus$(298.15K)。

3. 为测定燃料完全燃烧时所放出的热量，可使用弹式量热计。将 1.000g 火箭燃料二甲基肼[(CH$_3$)$_2$N$_2$H$_2$]置于盛有 5.000kg 水的弹式量热计的钢弹内完全燃尽，体系温度上升了 1.39℃。已知钢弹的热容为 1840J·K^{-1}，水的比热容为 4.184J·g^{-1}·K^{-1}。试计算：

（1）此燃烧反应实验中总放热多少？

（2）此条件下，1mol 二甲基肼完全燃烧放热多少？

4. 碳化钨（WC）在弹式刚性量热计中燃烧，反应式为 WC(s) + 2.5O$_2$(g) ⟶ WO$_3$(g) + CO$_2$(g)，在 300K 时测得 Q_V = –1192J。已知 C 和 W 的标准摩尔燃烧焓分别为–393.5kJ·mol^{-1} 和–837.5kJ·mol^{-1}，求该反应的ΔH 和 WC 的标准摩尔生成焓。

5. 在 25℃、$p^\ominus$ 时，丙烯腈（CH$_2$=CHCN）、石墨和氢气的燃烧焓分别为–1761kJ·mol^{-1}、–393.5kJ·mol^{-1} 和–285.9kJ·mol^{-1}。在相同条件下，从元素生成气态的氰化氢及乙炔的 ΔH 分别为 129.7kJ·mol^{-1} 和 226.7kJ·mol^{-1}。在 $p^\ominus$ 时，丙烯腈的凝固点为–82℃，沸点为 78.5℃，25℃时的蒸发焓为 32.84kJ·mol^{-1}，试计算25℃、$p^\ominus$ 时，从 HCN(g)及 C$_2$H$_2$(g)生成 CH$_2$=CHCN(g)的标准摩尔反应热 $\Delta_r H_m^\ominus$。

6. 如右图所示，一系统从状态 1 沿途径 1-a-2 变到状态 2 时，从环境吸收了 314.0J 的热，同时对环境做了 117.0J 的功。试问：

（1）当系统沿途径 1-b-2 变化时，系统对环境做了 44.0J 的功，这时系统将吸收多少热？

（2）如果系统沿途径 c 由状态 2 回到状态 1，环境对系统做了 79.5J 的功，则系统将吸收或放出多少热？

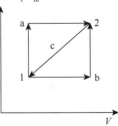

7. 298K 时，在一弹式量热计中完全燃烧 0.3mol H$_2$(g)生成 H$_2$O(l)，量热计中的水温升高 5.212K；将 2.345g 正癸烷（C$_{10}$H$_{22}$，l）完全燃烧，使量热计中的水温升高 6.862K。已知 H$_2$O(l)的标准生成热为

-285.8kJ·mol^{-1}，试求正癸烷的燃烧热。

8. 已知在 373K 和 $p^{\ominus}$ 下，1kg 液体水的体积为 1.043L，1kg 水蒸气的体积为 1677L，水的 $\Delta_{\text{vap}}H_m^{\ominus} = 40.65\text{kJ·mol}^{-1}$。当 1mol 液体水在 373K 和外压为 $p^{\ominus}$ 时完全蒸发成水蒸气时，试求：

（1）蒸发过程中体系对环境所做的功；

（2）假定把蒸汽看作理想气体，且略去液体水的体积，求体系所做的功；

（3）求（1）中的 ΔU；

（4）解释为什么蒸发热大于体系所做的功。

9. 一电热丝浸于容器内的已沸腾苯中，此电热丝的电阻为 50Ω，通以 1.34A 电流，经 5min 37s 后，液态苯气化掉 78g。试求气化 1mol 液态苯所需吸收的热量。

10. 在 298K，液态水的生成热为 -285.8kJ·mol^{-1}。已知在 298～373K 温度区间内，$H_2(g)$、$O_2(g)$、$H_2O(g)$ 的平均摩尔热容分别为 28.83J·K^{-1}·mol^{-1}、29.16J·K^{-1}·mol^{-1}、75.31J·K^{-1}·mol^{-1}，试计算 373K 时液态水的生成热。

11. 电子工业中清洗硅片上 $SiO_2(s)$ 的反应是 $SiO_2(s) + 4HF(g) \Longrightarrow SiF_4(g) + 2H_2O(g)$ 　$\Delta_r H_m^{\ominus}(298K) = -94.0\text{kJ·mol}^{-1}$；$\Delta_r S_m^{\ominus}(298K) = -75.8\text{J·K}^{-1}\text{·mol}^{-1}$。设 $\Delta_r H_m^{\ominus}$ 和 $\Delta_r S_m^{\ominus}$ 不随温度而变化，试求此反应自发进行的温度条件。有人提出用 $HCl(g)$ 代替 $HF(g)$，请根据下表数据，通过计算判定此建议可行否。

	$SiO_2(s)$	$HCl(g)$	$SiCl_4(g)$	$H_2O(g)$
$\Delta_f H_m^{\ominus}$ /(kJ·mol^{-1})	-903.49	-92.307	-657.01	-241.82
$S_m^{\ominus}$ /(J·K^{-1}·mol^{-1})	46.9	186.91	330.7	188.83

12. 制取半导体材料硅可用下列反应 $SiO_2(s,\text{石英}) + 2C(s,\text{石墨}) \Longrightarrow Si(s) + 2CO(g)$。

（1）计算上述反应的 $\Delta_r H_m^{\ominus}(298K)$ 及 $\Delta_r S_m^{\ominus}(298K)$；

（2）计算上述反应的 $\Delta_r G_m^{\ominus}(298K)$，判断此反应在标准状态，298K 下可否自发进行？

（3）计算上述反应的 $\Delta_r G_m^{\ominus}(1000K)$，在标准状态，1000K 下，正反应可否自发进行？

（4）计算用上述反应制取硅时，该反应自发进行的温度条件。

已知下列数据：

	$SiO_2(s,\text{石英})$	$C(s,\text{石墨})$	$Si(s)$	$CO(g)$
$\Delta_f H_m^{\ominus}$ /(kJ·mol^{-1})	-910.94	0	0	-110.52
$S_m^{\ominus}$ /(J·K^{-1}·mol^{-1})	41.84	5.740	18.8	197.67

13. 已知反应 $1/2H_2(g) + 1/2Cl_2(g) \longrightarrow HCl(g)$，在 298.15K 时，$K^{\ominus} = 4.97 \times 10^{16}$，$\Delta_r H_m^{\ominus}(298.15K) = -92.307\text{kJ·mol}^{-1}$，求 500K 时，反应的平衡常数 $K^{\ominus}(500K)$。

14. $PCl_5(g)$ 加热分解成 $PCl_3(g)$ 和 $Cl_2(g)$，将 2.659g $PCl_5(g)$ 装入体积为 1.0dm^3 的密闭容器中，在 523K 达到平衡时系统总压力为 100kPa。求 $PCl_5(g)$ 的分解率及平衡常数 $K^{\ominus}$。

15. 有理想气体反应 $2H_2(g) + O_2(g) \longrightarrow 2H_2O(g)$，在 2000K 时，已知 $K^{\ominus} = 1.55 \times 10^7$。

（1）计算 H_2 和 O_2 分压为 1.00×10^4Pa，水蒸气分压为 1.00×10^5Pa 的混合气中，进行上述反应的 $\Delta_r G_m$，并判断反应自发进行的方向。

（2）当 H_2 和 O_2 的分压仍然分别为 1.00×10^4Pa 时，欲使反应不能正向自发进行，水蒸气的分压最少需要多大？

16. 在 903K 时反应 $SO_3(g) \longrightarrow SO_2(g) + 1/2O_2(g)$ 达平衡时，测得平衡物的密度为 $9.30 \times 10^{-4}kg \cdot dm^{-3}$。设反应在 $p^{\ominus}$ 下进行，试求：

（1）SO_3 在 903K 时的解离度；

（2）平衡常数 $K^{\ominus}$、K_p、K_x。

17. 某温度下降将一定量固体 NH_4HS 置于一真空容器中，它将按下式分解：$NH_4HS(s) \longrightarrow H_2S(g) + NH_3(g)$，平衡时系统总压力为 68.0kPa。

（1）计算该分解反应的 $K^{\ominus}$；

（2）保持温度不变，缓缓加入 NH_3 直到 NH_3 的平衡分压为 93.0kPa，试求此时 H_2S 分压是多少？体系的总压是多少？

18. 乙苯脱氢生产苯乙烯的化学反应为：$C_6H_5C_2H_5(g) \longrightarrow C_6H_5C_2H_3(g) + H_2(g)$。900K 时的 $K_p = 273.5kPa$，若起始时只有反应物 $C_6H_5C_2H_5(g)1mol$，计算平衡时：

（1）在 101.3kPa 下所得 $C_6H_5C_2H_3$ 的物质的量；

（2）在 10.13kPa 下所得 $C_6H_5C_2H_3$ 的物质的量；

（3）在 101.3kPa 下，加入 10mol 水作为惰性物质所得苯乙烯的物质的量。

19. 化学家设想由 Zn^{2+}/Zn 和 H^+/O_2, Pt 两电极构成一“生物电池”，人体体液含有一定浓度的溶解氧。若该“生物电池”在低功率下工作，人体就易于适应 Zn^{2+} 的增加、H^+ 的迁出。请回答下列问题：

（1）写出该生物电池电极反应和电池反应；

（2）如果上述电池在 0.80V 和 $4.0 \times 10^{-5}W$ 的功率下工作，该“生物电池”的锌电极的质量为 5.0g，试问该电池理论上可以连续工作多长时间才需要更换？（已知锌的原子量为 65.39）

20. 100g 无水氢氧化钾溶于 100.0g 水，在 TK 温度下电解溶液，电流强度 $I = 6.00A$，电解时间 10.00h，电解结束温度重新调到 TK，分离析出的 $KOH \cdot 2H_2O$ 固体后，测得剩余溶液总质量为 164.8g，已知不同温度下每 100g 溶液中无水氢氧化钾的质量如下：

$t/℃$	0	10	20	30
KOH/g	49.2	50.8	52.8	55.8

求温度 T，给出计算过程。（原子量：K 39.1，O 16.0，H 1.01）

21. 已知碳-14（^{14}C）的半衰期为 5730 年。现有一出土的古代织物残片待鉴定，经测定其 ^{14}C 的量为 72%，试问该织物为多少年前所造？

22. 某物质按一级反应进行分解。已知反应完成 40% 时 50min。试求：

（1）以 s 为单位的速率常数；

（2）完成 80% 反应所需要的时间。

23. 某溶液中反应 $A + B \longrightarrow C$。设开始时 A 与 B 物质的量相等，没有 C。1.0h 后 A 的转化率为 75%，则 2.0h 后 A 还剩多少未反应？

（1）对 A 为 1 级，对 B 为 0 级；

（2）对 A、B 均为 1 级；

（3）对 A、B 均为 0 级。

24. 农药的水解速率系数及半衰期是考察其杀虫效果的重要指标。常用农药敌敌畏的水解为一级反应，当 20℃时它在酸性介质中的半衰期为 61.5d，试求 20℃时敌敌畏在酸性介质中的水解速率系数。若在 70℃时，水解速率系数为 $0.173h^{-1}$，求水解反应的活化能。

第5章　有机化学基础知识

有机化学是研究碳氢化合物及其衍生物的化学，是研究有机化合物的结构、性质、反应机理及其有机合成的科学。有机化学教材通常是按官能团分类来编排基础有机化学知识的，顺序为：烷、烯、炔、二烯烃、脂环烃、芳香烃、卤代烃、含氧衍生物（醇、酚、醚、醛、酮、羧酸及衍生物）、含氮化合物、杂环化合物、天然有机化合物、合成高分子化合物等，有机反应机理穿插于各类化合物中。每一类化合物因其官能团不同、结构不同，表现出不同的理化性质和特征反应。这部分内容量大面广，也是有机化学的核心组成部分。在学习这部分内容时，一是要从官能团入手，抓住官能团的结构特点，该官能团对反应活性的影响，理解这类化合物的主要反应类型；二是要从反应机理入手，理解这类化合物的典型反应，反应条件对产物的影响，以及反应中的立体化学；三是在学习中注意归纳总结该类化合物的特征反应，如鉴定反应、推证结构的反应、用于分离提纯的反应等；四是在学习中要注意不同类型化合物之间性质与制备的相互转变，特别要注意反应中能引起碳骨架改变如成环、增碳（或减碳）的反应。此外，在学习化合物的共性时，也应留意该类化合物中个别化合物的某些特殊性质（个性），以及该化合物在有机合成或生产、生活中的重要用途。

5.1　有机化合物的构造异构

5.1.1　异构现象

有机化合物的特点之一是种类多，数量大。其原因之一是有机化合物的同分异构现象十分普遍。同分异构是指分子中具有相同的元素组成和原子个数，即分子式相同，分子中原子间的连接顺序和方式不同，或在空间上的排列不同出现的不同结构的化合物。前者称为构造异构（成键次序），后者称为立体异构（空间形象）。

构造异构：分子中原子间的连接顺序和方式不同产生的异构。

根据分子中原子（或基团）的连接顺序和方式，构造异构可分为四种类型。

（1）碳架异构：如 C_4H_{10}，有直链的丁烷和支链的 2-甲基丙烷。

（2）官能团异构：如 C_2H_6O，乙醇（$CH_3CH_2—O—H$）和甲醚（$CH_3—O—CH_3$）。

（3）官能团位置异构：如 C_3H_7OH，1-丙醇（$CH_3CH_2CH_2OH$）和 2-丙醇[$(CH_3)_2CHOH$]。

（4）互变异构：相互间可以转变，同存在于平衡体系中的异构。如：

根据分子式书写异构体时，可先求解不饱和度，确定该分子式所代表的化合物类型。

不饱和度求解方法：$\Omega = 1 + n_4 + 1/2(n_3 - n_1)$

其中，n_4 代表四价原子（如 C 原子），n_3 代表三价原子（如 N 原子），n_1 代表一价原子（如 H、X 等原子）。一个双键或一个环的 Ω 等于 1。如苯 C_6H_6，$\Omega = 1 + 6 + 1/2(0-6) = 4$，相当于一个环和三个双键。

5.1.2　构造式书写

有机分子中的原子大多以共价键的方式结合，用"—"表示共价键，例如：

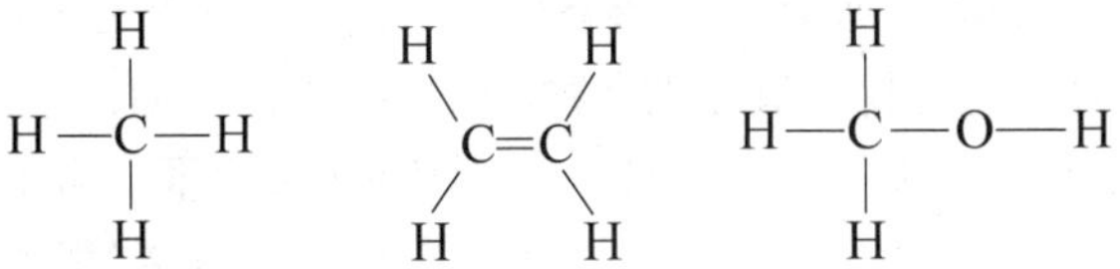

为了简化书写，可采用以下方式。

1. 结构简式

在不违背原子（或基团）的连接顺序的前提下，尽可能省去"—"不写的形式。例如：

将 $CH_3-\underset{\underset{CH_3}{|}}{\overset{\overset{CH_3}{|}}{C}}-CH_2-CH_2-CH_2-\underset{}{\overset{\overset{CH_2CH_3}{|}}{CH}}-CH_2CH_3$ 写成 $(CH_3)_3C(CH_2)_3CH(CH_2CH_3)_2$；

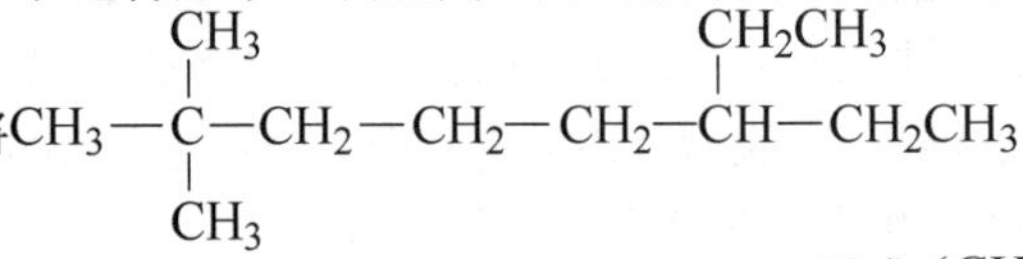

将 $-CH=CH-CH=CH-CH=CH-$ 写成 $(CH=CH)_3$。

2. 键线式

用"$\wedge$"代表有机分子中的碳链（或碳环），折线的端点代表碳原子，省去 C 和 H 的元素符号的书写形式。书写中，官能团的元素符号必须写出。例如：

将 $CH_3-CH-CH_2-CH_2-\overset{\overset{CH_3}{|}}{\underset{\underset{CH_3}{|}}{C}}-CH_3$ 写成 ;

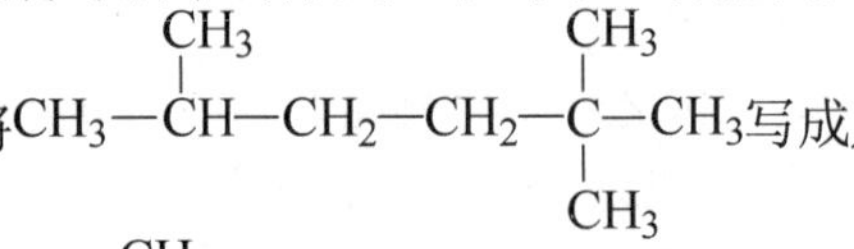

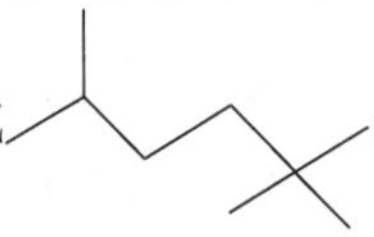

将 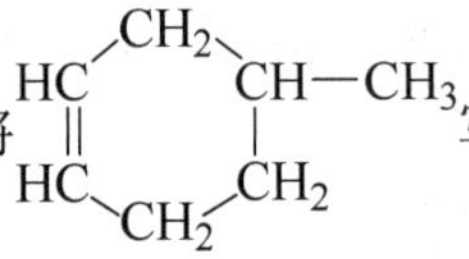 写成 ;

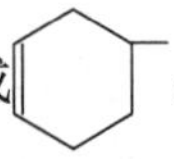

将 $CH_3-CH_2-\underset{\underset{OH}{|}}{CH}-CH_2-\overset{\overset{O}{||}}{C}-OH$ 写成 。

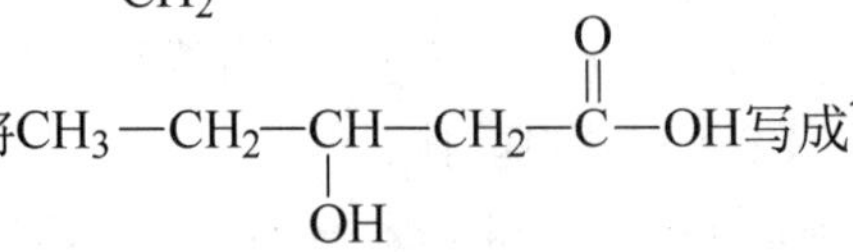

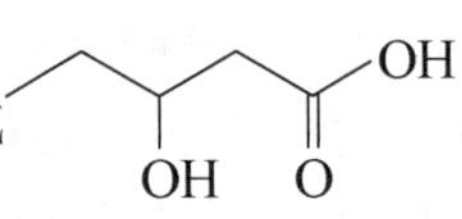

例 5-1　[2000 年全国高中学生化学竞赛（初赛）试题第 3 题]

1999 年合成了一种新化合物，本题用 X 为代号。用现代物理方法测得 X 的分子量为 64；X 含碳 93.8%，含氢 6.2%；X 分子中有 3 种化学环境不同的氢原子和 4 种化学环境不同的碳原子；X 分子中同时存在碳碳单键、碳碳双键、碳碳三键三种键，并发现其碳碳双键键长比寻常的碳碳双键短。

3-1　写出 X 的分子式。

3-2　画出 X 的可能结构式。

3-3　X 的同分异构体 Y，分子中有两种化学环境不同的碳原子、一种化学环境不同的氢原子；Y 分子中存在碳碳单键、碳碳双键。画出 Y 的结构式。

解析与答案：

3-1　分子式 C_5H_4。

3-2　不饱和度 $\Omega = 1 + 5 + 1/2(0-4) = 4$，分子中含碳碳三键、双键，可能的结构为炔二烯、环炔烯，可能结构式为：

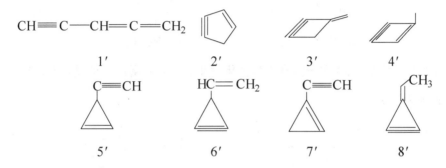

依题有四种化学环境不同的碳原子和三种化学环境不同的氢原子，1′、2′、3′、4′、7′、8′结构不符合；5′、6′中，6′的双键键长与普通双键键长一致，而 5′的双键处于三元环中，受角平面的限制，键长比普通双键键长短。答案为结构 5′。本题求 X 的可能结构式，应画出相应结构式逐一分析。

3-3　▷◁

5.2　有机化合物的命名

有机化合物的种类多，数量大，对每一个化合物给出一个统一的、能正确反映其结构的名称是很重要的。有机化合物的命名是有机化学的重要组成部分。

有机化合物的命名方法有：普通命名法、衍生物命名法、系统命名法（IUPAC 法）以及音译法、俗名、一些具有特殊结构化合物的命名等。这里着重讨论系统命名法。

5.2.1　烷烃为基础的系统命名

1. 烷烃中的碳原子类型

伯碳（1°C）：只与一个碳原子相连接的碳。碳上的氢原子称为伯氢（1°H），如 $\overset{1°}{CH_3}—\overset{1°}{CH_3}$。

仲碳（2°C）：与两个碳原子相连接的碳。碳上的氢原子称为仲氢（2°H），如 $CH_3—\overset{2°}{CH_2}—CH_3$。

叔碳（3°C）：与三个碳原子相连接的碳。碳上的氢原子称为叔氢（3°H），如 $CH_3-\overset{\overset{CH_3}{|}}{\underset{\underset{CH_3}{|}}{C}}-H$ 。

季碳（4°C）：与四个碳原子相连接的碳，如 $CH_3-\overset{\overset{CH_3}{|}}{\underset{\underset{CH_3}{|}}{C}}-CH_3$ 。

当烷烃中的氢原子被其他原子或基团取代，成为其他类型的化合物时，也可以根据这些原子或基团直接相连的碳原子进行分类，如

$$CH_3CH_2\overset{1°}{C}H_2-X \qquad\qquad CH_3-\overset{\overset{CH_3}{|}}{\underset{\underset{CH_3}{|}}{\overset{3°}{C}}}-OH$$

伯卤代烃（1°RX）　　　　　叔醇（3°ROH）

例 5-2 [中国化学会第 23 届全国高中学生化学竞赛（省级赛区）试题第 9 题]

请根据以下转换填空：

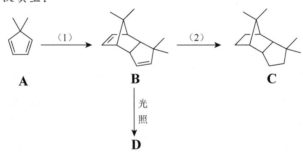

9-1

（1）的反应条件	（1）的反应类别	（2）的反应类别

9-2　分子 **A** 中有___个一级碳原子，有___个二级碳原子，有___个三级碳原子，有_____个四级碳原子，至少有___个氢原子共平面。

9-3　**B** 的同分异构体 **D** 的结构简式是_____。

9-4　**E** 是 **A** 的一种同分异构体，**E** 含有 sp、sp^2、sp^3 杂化的碳原子，分子中没有甲基，**E** 的结构简式是_____。

解析与答案：本题所列反应式是典型的周环反应。

9-1　加热；第尔斯-阿尔德（Diels-Alder）反应，环加成反应或二聚反应；还原反应，催化氢化或加成反应。

9-2　2，0，4，1，4。

9-3　**D** 是光照条件下的 2+2 环加成反应（两条双键加成成四元环）：

9-4 **A** 的不饱和度 $\Omega = 1 + 7 + 1/2(0-10) = 3$，**E** 含有 sp、$sp^2$、$sp^3$ 杂化的碳原子，可能为炔烯、三烯、环二烯（二烯中需有丙二烯型，满足有 sp 杂化的碳原子）。如下符合条件无甲基的均可：

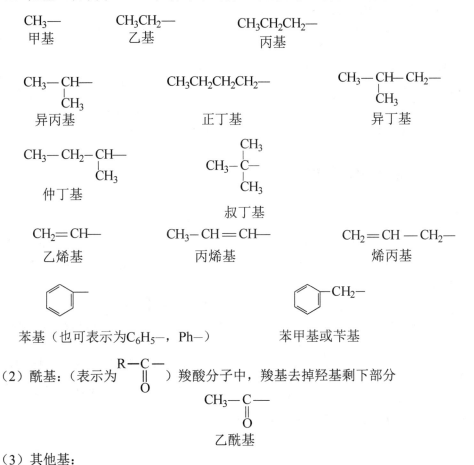

2. 基的概念

（1）烃基（表示为 R—）：烃分子中去掉一个氢原子，剩下的部分称为烃基。

CH₃—
甲基

CH₃CH₂—
乙基

CH₃CH₂CH₂—
丙基

CH_3-CH-
     |
    CH₃
异丙基

CH₃CH₂CH₂CH₂—
正丁基

$CH_3-CH-CH_2-$
       |
      CH₃
异丁基

CH_3-CH_2-CH-
         |
        CH₃
仲丁基

      CH₃
      |
CH_3-C-
      |
      CH₃
叔丁基

CH₂=CH—
乙烯基

CH₃—CH=CH—
丙烯基

CH₂=CH—CH₂—
烯丙基

苯基（也可表示为C₆H₅—，Ph—）

—CH₂—
苯甲基或苄基

（2）酰基：（表示为 $\overset{R-C-}{\underset{\parallel}{O}}$ ）羧酸分子中，羧基去掉羟基剩下部分

$\overset{CH_3-C-}{\underset{\parallel}{O}}$
乙酰基

（3）其他基：

$CH_3-CH-CH_2-CH_2-$
     |
    CH₃
3-甲基丁基

CH₃—NH—
甲氨基

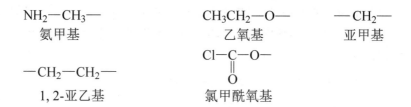

3. 烷烃的命名

（1）选主链：选碳原子数多的最长碳链为主链，命名为"某烷"。"某"是指主链的碳原子数（十碳以下用甲、乙、丙、丁、戊、己、庚、辛、壬、癸表示；十碳以上用十一、十二、十三等表示）。

当分子中有等长的碳链时，应选取代基多的链为主链。

（2）编号：从靠近支链的一端起，用阿拉伯数字编号，使第一个取代基位序号最小。当链的两端等序号位置都有取代基时，先考虑从简单的取代基一端编号，其次考虑编号应使依次出现的取代基位序号最小。

（3）书写格式：

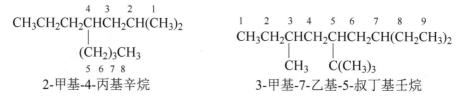

5.2.2　其他类型化合物的命名

1. 方法

（1）选链：选取含官能团在内的最长碳链为主链（除—X、—NO$_2$、—OR 一般作为取代基外），按官能团所代表的化合物的类型命名为"某烯""某醇""某酸"。"某"为主链碳原子数。

（2）编号：应从靠近官能团一端编号，使官能团位序号最小。

（3）书写格式：应注意标明官能团所在的位置（官能团在 1 位时可省略）。例如：

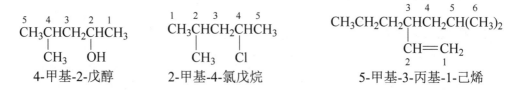

2. 多官能团化合物

IUPAC 规定官能团的优先顺序为：—COOH，—SO$_3$H（磺酸），—COOR（酯），—COX（酰卤），—CONH$_2$（酰胺），—CN（腈），—CHO，—CO—（酮），—OH（包括酚），—NH$_2$

（胺），炔，烯，烷，—OR（烷氧基，或醚），—X，—NO$_2$。排在前的优先作为该类化合物的命名（母体）。例如：

$$CH_3—CH—CH—CH_3$$

（下标 NH$_2$、OH）

3-氨基-2-丁醇　　　　　　　4-氨基-2-甲氧基苯磺酸

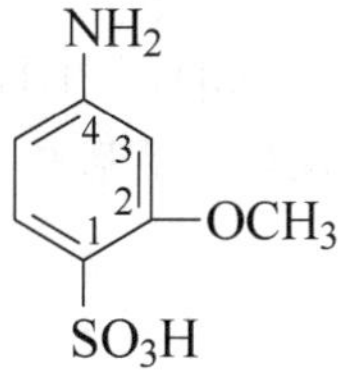

（苯环：NH$_2$ 在 4 位，OCH$_3$ 在 2 位，SO$_3$H 在 1 位）

3. 多主官能团化合物

命名为"某几醇""某几酸"的形式。例如：

$$CH_2CH_2CH_2CH_2$$

（下标 OH　　OH）　　　　　HOOC—(CH$_2$)$_4$—COOH

1,4-丁二醇　　　　　　　　　己二酸

4. 含不饱和键非主官能团化合物

命名为"x-某烯（炔）-y-醇""x-某酮酸（羧基在 1-位省去不写）"等。例如：

CH$_3$—CH—CH$_2$CH=CHCH$_2$—CH—CH$_3$　　　CH$_3$CH$_2$—C—CH$_2$CH$_2$COOH

（下标 CH$_3$　　　　　　　　OH）　　　　　　　　（下标 O）

甲基-4-辛烯-2-醇　　　　　　　　　　　　4-己酮酸

5. 羧酸衍生物

R—C(—O)—Z

- —X 某酰卤,如　（苯基）COBr　（苯甲酰溴）
- —OCOR′ 某酸酐,如 (CH$_3$CO)$_2$O、（乙酸酐）　CH$_2$CO—O—CH$_2$CO（丁二酸酐）
- —OR′ 某酸某酯,如　（苯基）COOCH$_2$（苯基）（苯甲酸苄酯）、（4-丁内酯）
- —NH— 某酰胺,如　CH$_3$CH$_2$CONH$_2$,N 上有取代基用"N"字头:HCON(CH$_3$)$_2$
  （丙酰胺）　　　　　　　　　　　（N,N-二甲基甲酰胺）

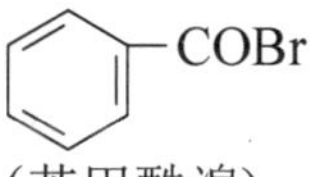

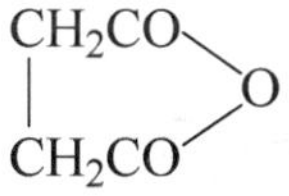

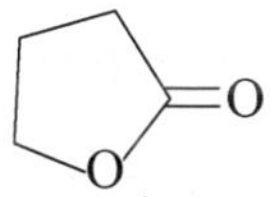

6. 胺

（1）伯、仲、叔胺和季铵，按氨或铵盐氮原子上的氢原子被取代的数目分类。例如：

CH$_3$CH$_2$CHCH$_3$　　　(CH$_3$)$_3$N　　　　(CH$_3$)$_4$NCl

（下标 NH$_2$）

2-丁胺(1°)　　　三甲胺(3°)　　　氯化四甲胺(4°)

（2）N 字头：

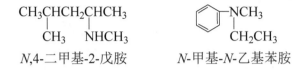

　　　　N,4-二甲基-2-戊胺　　　　　　　　N-甲基-N-乙基苯胺

7. 含硫化合物

类比含氧化合物：

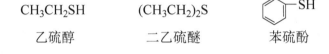

　　　　乙硫醇　　　　　　二乙硫醚　　　　　　苯硫酚

含氧酸类：

H$_2$SO$_3$	SOCl$_2$	CH$_3$CH$_2$SO$_2$H	CH$_3$SOCH$_3$
亚硫酸	亚硫酰氯	乙亚磺酸	二甲亚砜

H$_2$SO$_4$	(CH$_3$O)$_2$SO$_2$	—SO$_3$H	SO$_2$
硫酸	硫酸二甲酯	苯磺酸	环丁砜

8. 环烃

（1）螺环：螺指环烃间共用一个碳原子。按 x-取代基几螺[$x. y. \cdots$]某烷（或某-z-烯，某酸）命名，方括号中填除共用碳原子外每一环上剩下的碳原子数（从小到大），某烷指环碳原子总数，取代基编号从小环开始，经螺原子到大环。例如：

　　　　8-甲基螺[4.5]-癸烷　　　　　　　2,2-二甲基螺[3.5]-5-壬烯

　　（2）桥环：桥指环烃间共用两个或两个以上的碳原子（共用碳原子间称为"桥"）。按 x-取代基几环[$x.y. \cdots$]某烷（或某-y-烯，某酸）命名，方括号中填除桥头碳原子外每一桥上剩下的碳原子数，先长桥，后短桥，（从大到小），某烷指环碳原子总数，取代基编号从桥头碳开始，先经最长桥，再次长桥，最后经最短桥。例如：

8-甲基-二环[4.3.0]壬烷　　　7,7-二甲基二环[2.2.1]-5-庚烯-2-酮

　　（3）稠芳烃：萘、蒽，编号如下：

例如:

8-硝基-萘-2-甲酸   9,10-蒽醌

9. 杂环

成环原子含有非碳的其他元素如氧、氮、硫。命名通常采用"音译法",编号杂原子优先。

（1）五元杂环

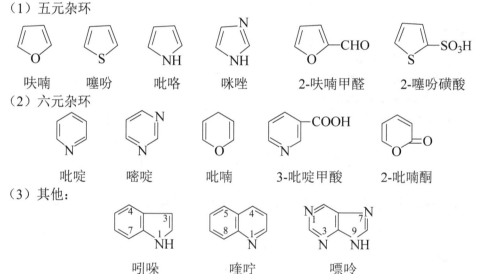

呋喃   噻吩   吡咯   咪唑   2-呋喃甲醛   2-噻吩磺酸

（2）六元杂环

吡啶   嘧啶   吡喃   3-吡啶甲酸   2-吡喃酮

（3）其他：

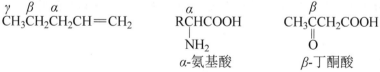

吲哚   喹啉   嘌呤

10. 其他

（1）希腊字母编号：通常表明其他原子或基团与主官能团的位置关系。例如：

$$\overset{\gamma}{C}H_3\overset{\beta}{C}H_2\overset{\alpha}{C}H_2CH=CH_2 \qquad R\overset{\alpha}{C}HCOOH \qquad CH_3\overset{\beta}{C}CH_2COOH$$

NH$_2$

α-氨基酸   β-丁酮酸

（2）羧酸：

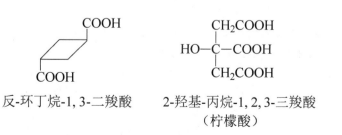

反-环丁烷-1,3-二羧酸   2-羟基-丙烷-1,2,3-三羧酸
（柠檬酸）

例 5-3　[自选题，2001、2005 年全国高中学生化学竞赛（省级赛区）试题]

命名下列有机化合物：

（1）布洛芬：

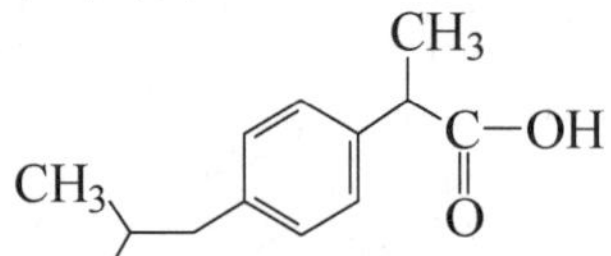

（2）

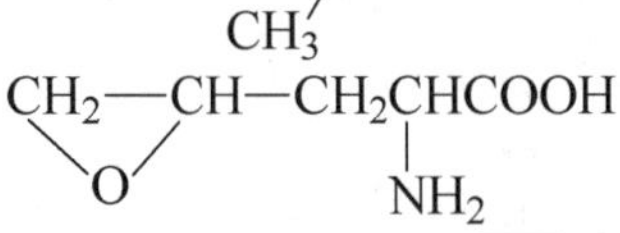

（3）

（4）$CH_3OCH_2CH_2OCH_3$，

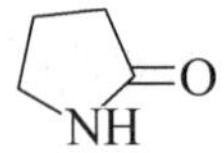

解析与答案：

（1）2-(4-异丁基)苯基丙酸；

（2）4,5-环氧-2-氨基戊酸；

（3）对苯二甲酸二乙二醇酯；

（4）1,2-二甲氧基乙烷或乙二醇二甲醚，2-四氢吡咯烷酮或 4-丁内酰胺。

5.3　有机化合物的立体异构

具有相同构造式的有机分子，可因分子中的原子或基团在空间的排列不同，或相对位置不同而出现不同结构的化合物，这样的异构现象称为立体异构。

立体异构分为构型异构和构象异构两大类。构型异构又可分为几何异构和对映异构两种类型。

5.3.1　几何异构（顺反异构）

在有机分子中，因 π 键或环平面的固定，而出现的原子或基团在平面上的空间排列不同的异构现象，称为几何异构。

1. 烯烃的几何异构

1）双键结构

在烯烃中，双键碳和双键碳所连的原子处于同一平面内。双键由一个 σ 键和一个 π 键组成。由于 π 键不能旋转，双键碳上直接相连的原子在空间上有两种排列方式。例如 2-丁烯：

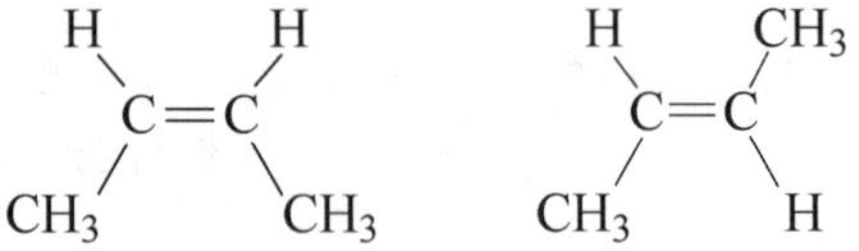

两个甲基在双键同侧的称为顺式异构体（沸点 3.3℃），异侧的为反式异构体（沸点 0.9℃）。

2）形成顺反异构的条件

并不是所有的烯烃都具有顺反异构体。只有当每个双键碳所连的原子或基团不相同时，才会出现顺反异构。即

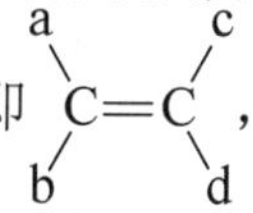

$$\underset{b}{\overset{a}{C}}=\underset{d}{\overset{c}{C}}，\ a\neq b，c\neq d\ 时，才有顺反异构。$$

任意一个双键碳连有两个相同的原子或基团时，没有顺反异构。

例 5-4　（自选题）

羰基化合物可与格氏试剂（RMgX）反应，再经酸性水解制备醇：

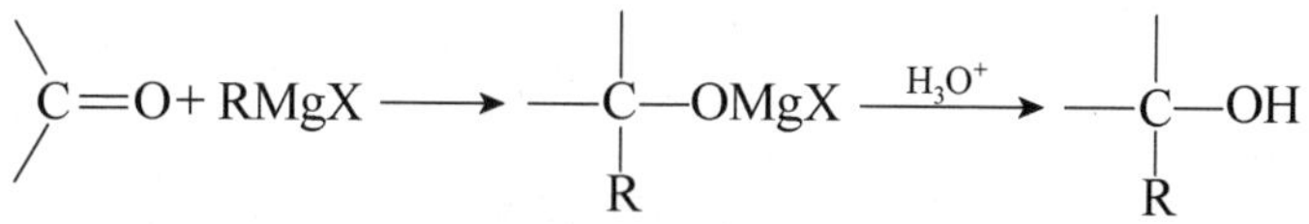

$$\underset{}{C}=O+ RMgX \longrightarrow \underset{R}{-C-OMgX} \xrightarrow{H_3O^+} \underset{R}{-C-OH}$$

某羰基化合物 **A**（$C_6H_{10}O$）能使溴水褪色，但不能使[Ag(NH$_3$)$_2$]$^+$发生银镜反应。**A** 具有两种几何异构体。**A** 与 CH_3MgBr 作用，经酸性水解得到的产物中的一种，再用热的浓硫酸处理，生成化合物 **B**（C_7H_{12}），**B** 具有四种几何异构体。写出 **A** 的两种几何异构体和 **B** 的四种几何异构体。

解析与答案：

A 能使溴水褪色，有双键；不能发生银镜反应，羰基为酮基。**A** 有两种几何异构体，按形成几何异构体的条件，可能的结构为

Ⅰ.$CH_3CH=CH-CO-CH_2CH_3$　　　Ⅱ.$CH_3CH=CHCH_2-CO-CH_3$

Ⅲ.$CH_3CH_2CH=CH-CO-CH_3$　　　Ⅳ.$CH_3CH=\underset{CH_3}{C}-CO-CH_3$

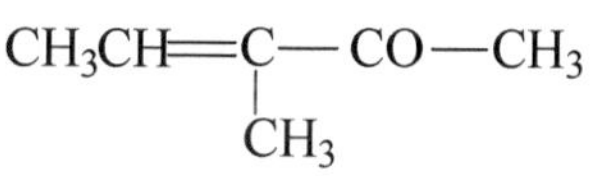

A 与 CH_3MgBr 反应，水解生成相应的醇（羰基成为羟基）：

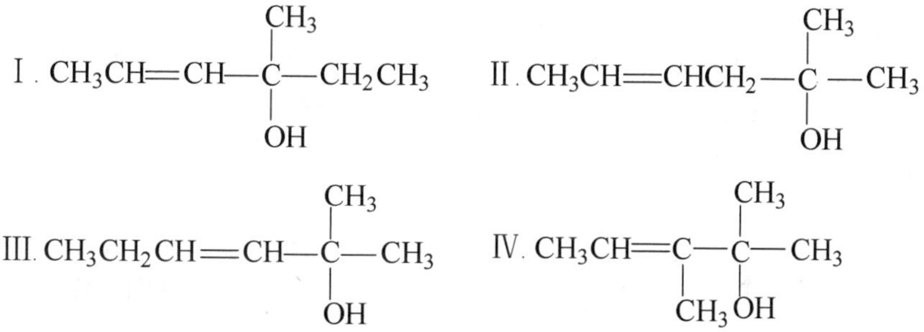

Ⅰ.$CH_3CH=CH-\underset{OH}{\overset{CH_3}{C}}-CH_2CH_3$　　　Ⅱ.$CH_3CH=CHCH_2-\underset{OH}{\overset{CH_3}{C}}-CH_3$

Ⅲ.$CH_3CH_2CH=CH-\underset{OH}{\overset{CH_3}{C}}-CH_3$　　　Ⅳ.$CH_3CH=\underset{CH_3}{\overset{CH_3}{C}}-\underset{OH}{C}-CH_3$

醇与浓硫酸共热，脱水生成 **B**（C_7H_{12}），C_7H_{12} 具有两个双键。上面的 4 个醇，只有Ⅰ脱水形成的二烯烃（$CH_3CH=CH-\underset{CH_3}{C}=CHCH_3$）才具有四个几何异构，故 **A** 为Ⅰ式。

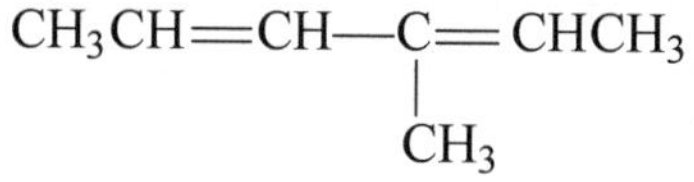

A:

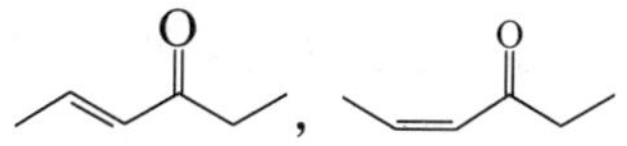

B： (结构式图), (结构式图), (结构式图), (结构式图)

2. 命名

1）顺、反标记

当双键碳上连有相同的原子或基团时，同侧为顺，异侧为反。例如：

$$CH_3CH_2—CH_3 \quad (结构式)$$

顺-2-戊烯　　　　　　　反-3-甲基-4-乙基-3-庚烯

2）Z、E标记

Z、*E* 法是采用位序规则，对每个双键碳所连的两个原子进行排序，再比较每个双键碳上所连原子的位序先后，顺序为 *Z*，反序为 *E*。位序规则主要有三条：

（1）比较与双键碳直接相连的原子的原子序数，原子序数大的优先，原子序数小的次后。下面原子的位序先后为：I，Br，Cl，S，P，F，O，N，C，D，H。

（2）与双键碳直接相连的原子相同时（原子序数相同），则依次比较该原子后面直接相连的原子，仍按原子序数大小排出位序先后。

例如，$=C\overset{CH_3}{\underset{CH_2CH_3}{<}}$ 与双键碳相连的第一个原子为 $\overset{C}{\triangle}$，则应比较该 $\overset{C}{\triangle}$ 后面直接相连的原子。上面的 $\overset{C}{\triangle}$ 后面所连的原子是 H、H、H；下面的 $\overset{C}{\triangle}$ 后面所连的原子是 C、H、H。故 —CH$_2$CH$_3$ 优于 —CH$_3$。

又如，$=C\overset{CH(CH_3)_2}{\underset{CH_2CH_2CH_3}{<}}$，上面的 $\overset{C}{\triangle}$ 后面连的原子是 H、C、C；下面的 $\overset{C}{\triangle}$ 所连的原子是 H、H、C。故 (CH$_3$)$_2$CH— 优于 CH$_3$CH$_2$CH$_2$—。

注意：位序的先后是按原子序数大小确定的，与该原子所连原子多少或体积大小无关。

（3）当待比较的原子以双键或三键与其他原子相连时，按 —CH=A，相当于连有两个 A 处理，—C≡B 相当于连有三个 B 处理。例如：（箭头代表位序先后）

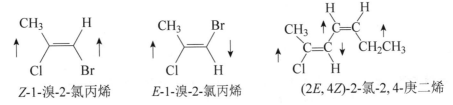

　　Z-1-溴-2-氯丙烯　　　　　*E*-1-溴-2-氯丙烯　　　　(2*E*, 4*Z*)-2-氯-2, 4-庚二烯

3. 环烃的几何异构

在环烃中，由于环平面的固定，当环上有多个取代基时，这些取代基可处于环平面的同侧或异侧，而出现不同空间排布，出现几何异构体。

例如，1, 3-二甲基环丁烷

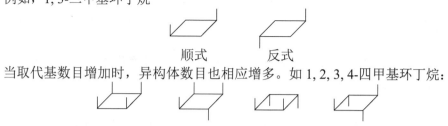

　　　　　　顺式　　　　反式

当取代基数目增加时，异构体数目也相应增多。如 1, 2, 3, 4-四甲基环丁烷：

5.3.2　对映异构（旋光异构）

1. 手性与对映异构

1）手性

仔细观察左右手，可发现它们具有两个重要特征：①互为镜像关系；②不能完全重合。这种具有实物与镜像关系，但不能完全重合的现象称为"手征性"，简称"手性"。

手征性在微观分子中也存在，如乳酸（2-羟基丙酸）$CH_3—CH—COOH$（OH），C2 为饱和碳，用楔型式表示它的镜像关系，如下图的 I 和 II 式：

（COOH / C / H₃C / OH / H — I）　　镜面　　（HOOC / H / C / HO / CH₃ — II）　　（HOOC / HO / C / H / CH₃ — III）

把 I 式离开纸平面翻转 180°，得 III 式（与 I 为同一化合物）。可以看出，III 式与 II 式不能完全重合，且 I 式不论怎样翻转，始终不能与 II 式完全重合。因此，乳酸具有手征性，称为手性分子。乳酸分子中互为镜像关系的两个式子是两个异构体，称为对映异构。

2）对映异构

互为镜像关系，但不能完全重合的两个结构互称为对映异构体。

（1）一个分子具有手性，则该分子存在对映异构体；

（2）分子具有手性的条件是：互为镜像关系，不能完全重合。例如：

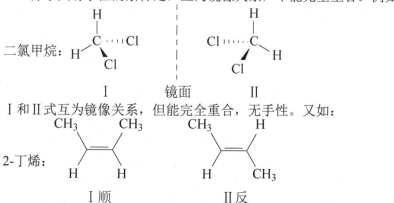

I 和 II 式互为镜像关系，但能完全重合，无手性。又如：

二氯甲烷、2-丁烷。

Ⅰ和Ⅱ式不能完全重合，但无镜像关系，无手性。

2. 物质的旋光性

通常条件下一对对映异构体在物理和化学性质上几乎没有区别，是难以识别和区分的。它们之间的显著差异是具有不同的旋光性。

1）平面偏振光

光是一种电磁波，光的振动方向与光前进的方向相垂直。不论普通光还是单色光（如钠光，$\lambda = 589.3\text{nm}$），光波都是由无数个与光路相垂直的振动平面组成的。

如果将一种特殊的棱镜（如尼科耳棱镜——一种结晶很好的方解石，晶体内部有无数相互平行的晶轴）放置在光路上，结果该棱镜只允许与晶轴平行的光通过，如图中的 AA′，这样得到的光只在与光路相垂直的一个振动平面上振动，称为平面偏振光。

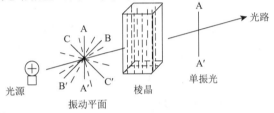

2）物质的旋光性

将不同的物质配制成溶液，装入特别的盛液管中，让平面偏振光通过，以检测不同物质对偏振光的影响，如下图所示：

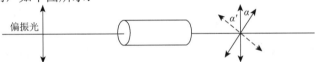

某一些物质，如水、乙醇等，对偏振光的通过没有影响，偏振光仍在原来振动方向上振动。这类物质称为无旋光性物质，又称非光学活性物质。另一些物质，如乳酸、葡萄糖等，当偏振光通过时，振动平面会发生改变，从原来的位置旋转一定的角度 α。这类物质称为旋光性物质，又称光学活性物质。

3）右旋体和左旋体

进一步的研究发现，具手性分子的物质具旋光性，其对映体中的一个使偏振光顺时针旋转一定角度，这样的异构体称为右旋体，用（+）表示；另一个使偏振光反时针旋转一定角度，这样的异构体称为左旋体，用（-）表示。因此，对映异构体的特征是具有旋光性，一对对映异构体的差异是旋光方向相反，大小相等。对映异构又称旋光异构。

4）比旋光度

物质的旋光性大小可用旋光度（偏振光偏转角度）表示。测定物质的旋光度用旋光仪。旋光度大小既与物质本性（结构）有关，也与偏振光的波长（λ）、盛液管长度（L）、溶液的浓度（c）和测定时的温度（t）有关。为比较不同物质的旋光性大小，测定时统一采用钠光源（$\lambda = 589.3\text{nm}$）作为偏振光光源，盛液管长度 $L = 10\text{cm}$，溶液浓度 $c = 1\text{g·mL}^{-1}$，温度为室温。这样测出的旋光度称为比旋光度，用 $[\alpha]_t^\lambda$ 表示。比旋光度只与物质本性（结构）有关，是旋光化合物的特有物理常数，可从理化手册查到。如乳酸，从肌肉中产生的为右旋体，$[\alpha]_{25}^{D} = +3.8℃$；从发酵中产生的为左旋体，$[\alpha]_{25}^{D} = -3.8℃$。

5）外消旋体

等量的左、右旋体的混合物称为外消旋体，外消旋体无旋光性。

外消旋体无旋光性是由于左、右旋体的旋光方向相反，大小相等，相互抵消的结果。外消旋体是混合物，可以分离（拆分）。

在化学反应中，生成物为手性分子时，常因生成等量的左、右旋体（外消旋体）而使产物无旋光性，这样的反应称为产物外消旋化。

3. 分子手性的判断

1）分子的对称性判断手性

分子具有手性，是因为分子的结构上不具有对称性；反之，如果一个分子结构上具有对称性，则该分子无手性。判断分子的对称性，可通过分子中的对称因素来确定。有机分子中通常运用对称面、对称中心、对称轴等。这里只讨论对称面、对称中心与分子对称性的关系。

（1）对称面：如果分子中的所有原子都在一个平面内，或分子中能找到一个平面，该平面使分子分成两部分，这两部分互为镜像关系。这样的平面就是对称面。例如，乙烯、苯，所有的原子都在一个平面上，这个平面就是对称面。又如：

三氯甲烷 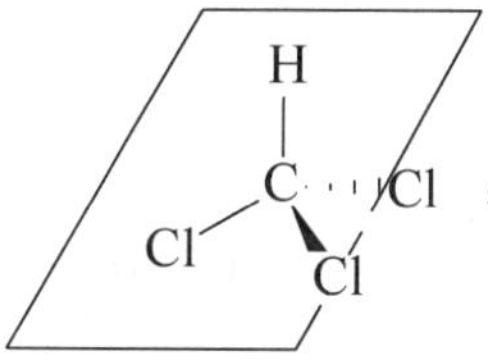 ，顺 1,2-二甲基环丙烷 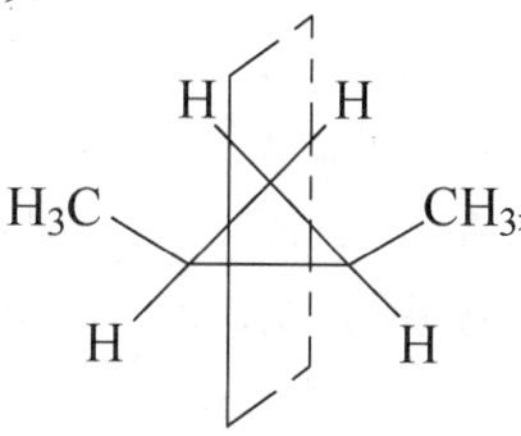 都存在

对称面。

有对称面的分子具有对称性，无手性。

（2）对称中心：如果分子中有一点，从该点作到分子上的任意一个原子的连线，若该连线的反向延长线上等距离的位置也有一相同的原子，则该点为对称中心。如苯、乙烯存在对称中心，又如下图取代环丁烷中的 O 点为对称中心：

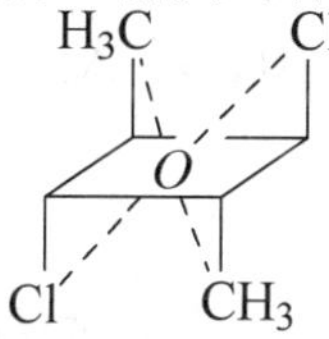

有对称中心的分子具有对称性，无手性。

例 5-5 **[本题根据 1997 年全国高中学生化学竞赛（初赛）试题第五题改编]**

立方烷 **A**，分子式为 C_8H_8。

（1）若用 4 个硝基取代 **A** 中的氢原子，可产生多少个构造异构体？

（2）**B** 是四硝基立方烷构造异构体中最稳定的一个，画出 **B** 的结构示意图；

（3）**B** 是一种烈性炸药，写出 **B** 的爆炸方程式；

（4）若用 5 种氨基酸取代 **B** 中的四个硝基，成为四酰胺基立方烷 **C**，则 **C** 共有多少种产物？

（5）**C** 中有多少对对映异构体？

立方烷是一个全对称结构分子——正方体，分子中的碳碳键等长，碳原子、氢原子都无区别。

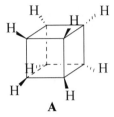 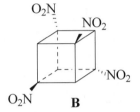

解析与答案：

（1）6 种。

（2）因对角线上硝基间排斥力最小，所以最稳定的四硝基立方烷 **B** 的结构示意图如上所示。

（3）$C_8H_4N_4O_8 \xrightarrow{\text{爆炸}} 2H_2O + 2N_2 + 3CO_2 + 5C$（本题不能写成与 O_2 反应的燃烧方程式）

（4）分别用 A、B、C、D 和 E 代表 5 种氨基酸，其组合方式为

A_4，B_4，C_4 … 共 5 种；

A_3B，A_3C，A_3D，A_3E … 共 $5 \times 4 = 20$ 种；

A_2BC，A_2BD，A_2BE，A_2CD，A_2CE，A_2DE … 共 $5 \times 6 = 30$ 种；

A_2B_2，A_2C_2，A_2D_2，A_2E_2
B_2C_2，B_2D_2，B_2E_2 ⎫
C_2D_2，C_2E_2 ⎬ 共 $4 + 3 + 2 + 1 = 10$ 种；
D_2E_2 ⎭

ABCD，ABCE，BCDE，ACDE，ABDE 共 5 种。

C 共有 $5 + 20 + 30 + 10 + 5 = 70$ 种异构体。

（5）考虑立方烷中对角线上的对称面，则 A_4、A_3B、A_2B_2 系列均有对称因素，而无

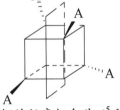

手性；只有 ABCD 系列无对称性，故 **C** 中有五对对映异构体。

本题求 **C** 的产物，不能简单地用排列组合：5 个数 4 个一组的任意组合共 4^5 种，因 A_2B_2 系列中，B_2A_2 与 A_2B_2 属同一种物质。

全国高中学生化学竞赛（初赛）试题中，以 19 种氨基酸取代 **B** 中的 4 个硝基，答案中 A_2B_2 系列共 19×18 种也是错的，应为 $18 + 17 + \cdots + 2 + 1$ 种。

2）分子中的手性碳判断手性

（1）手性碳：饱和碳原子（sp^3 杂化）连有 4 个不同的原子或基团时，这样的碳称为"手性碳"，又称"不对称碳"，通常用*表示。

例如：乳酸

$$\overset{\displaystyle *}{CH_3-CH-COOH} \qquad C2:\ -CH_3,\ -H,\ -OH,\ -COOH$$
$$\underset{\displaystyle OH}{|}$$

又如：丁醛糖，2,3,4-三羟基丁醛：

$$HOCH_2-\overset{*}{CH}-\overset{*}{CH}-CHO \quad C2:-H,-OH,-CHOHCH_2OH,-CHO$$
$$\qquad\quad \underset{OH}{|}\ \underset{OH}{|} \qquad\qquad C3:-H,-OH,-CH_2OH,-CHOHCHO$$

酒石酸，2,3-二羟基丁二酸：

$$HOOC-\overset{*}{CH}-\overset{*}{CH}-COOH \quad C2:-H,-OH,-CHOHCOOH,-COOH$$
$$\qquad\quad \underset{OH}{|}\ \underset{OH}{|} \qquad\qquad C3:-H,-OH,-CHOHCOOH,-COOH$$

例 5-6　[中国化学会第 25 届全国高中学生化学竞赛（省级赛区）试题第 9 题]

化合物 A、B、C 的分子式均为 $C_7H_8O_2$。它们分别在催化剂作用下和一定条件下加足量的氢，均可生成化合物 D（$C_7H_{12}O_2$）。D 在氢氧化钠溶液中加热后再酸化生成 E（$C_6H_{10}O_2$）和 F（CH_4O）。

A 能发生如下转化：

$$A\ +\ CH_3MgI \xrightarrow{\quad} \xrightarrow{H_2O} M(C_8H_{12}O) \xrightarrow[\triangle]{浓H_2SO_4} N(C_8H_{10})$$

生成物 N 中只有三种化学环境不同的氢原子，它们的数目比为 1∶1∶3。

9-1　画出化合物 A、B、C、D、E、M 和 N 的结构式。

9-2　A、B 和 C 互为哪种异构体？（在正确的标号前打钩）

①碳架异构体　　②位置异构体　　③官能团异构体　　④顺反异构体

9-3　A 能自发转变为 B 和 C，为什么？

9-4　B 和 C 在室温下反应可得到一组旋光化合物 L，每个旋光异构体有_____个不对称碳原子。

解析与答案：

9-1　A、B 和 C 的不饱和度都是 4，F 是 CH_3OH，是 D 水解产物，则 D 是酯，E 是酸；A 能催化加氢，物质的量之比为 1∶2（D 的分子式中增加 4 个氢），A 中有两条双键；A 能与格氏试剂反应，也是酯（不能考虑成苯甲酸），剩下 1 个不饱和度应考虑有五元环，具有环戊二烯结构。转化第一步是酯与格氏试剂反应，产物 M 为醇，N 为醇消去成烯的产物。

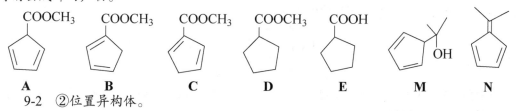

9-2　②位置异构体。

9-3 **B**、**C** 中的两个双键能与酯基形成大的共轭体系，分子的稳定性更高。

9-4 **B** 和 **C** 室温下反应是双烯合成，可以是 **B** 作双烯体，**C** 为亲双烯体；也可以是 **C** 作双烯体，**B** 为亲双烯体，故可形成几种产物。下面写出一种：

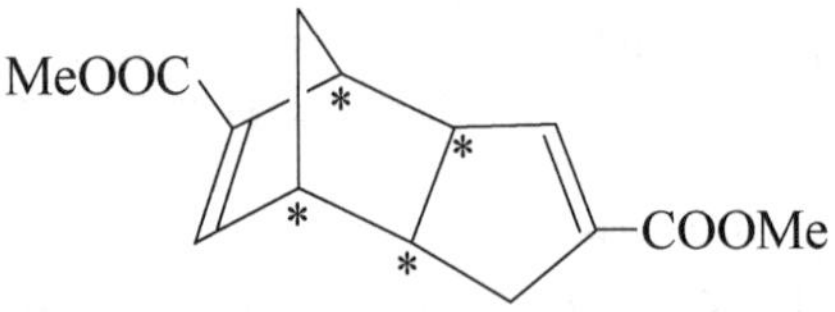

都有 4 个不对称碳原子。

（2）只含一个手性碳的分子必具手性，存在一对对映异构体。

前面提到的乳酸、丙氨酸都是只含一个手性碳的化合物，有手性，其镜像关系的两个结构式为一对对映异构体。

4. 对映异构体的书写

有机分子的立体结构，通常采用楔型式、锯架式、费歇尔式表示。

1）楔型式

用 "—" 表示在纸平面上，／（实型线）表示在纸平面前，ıllıı（虚线）表示在纸平面后。例如，乳酸的两个异构体表示为

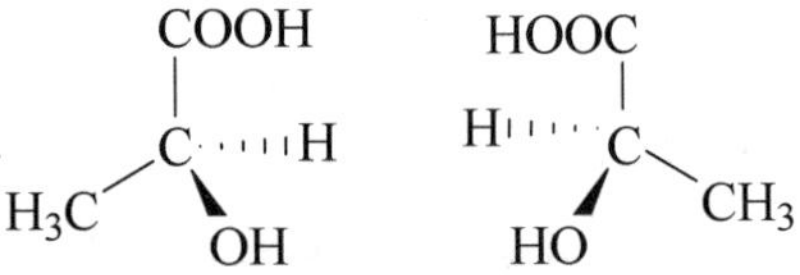

2）锯架式

将分子中某两个碳原子相连的键斜放，投影到纸平面上。例如，丁醛糖中的一对对映异构体的锯架透视式：

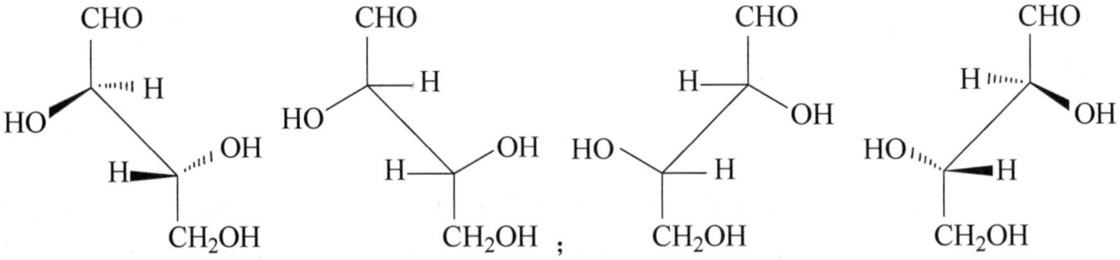

3）费歇尔式

将分子模型按一定的投影规则投影在纸平面上，用 "十" 表示，十字的交叉点为手性碳，端点为手性碳所连的原子或基团。投影规定为：费歇尔式中，横线上的两个基团指向纸平面前，竖线上的两个基团指向纸平面后。

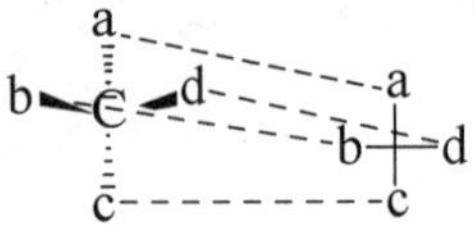

书写费歇尔式上的原子或基团时，通常是将碳链竖放，命名编号小的基团放在上面，如乳酸的一对对映异构体：

$$\begin{array}{c} COOH \\ H \longrightarrow OH \\ CH_3 \end{array} \qquad \begin{array}{c} COOH \\ HO \longrightarrow H \\ CH_3 \end{array}$$

含多个手性碳的化合物也可用费歇尔式表示，如丁醛糖中的一对对映异构体：

$$\begin{array}{c} CHO \\ H \longrightarrow OH \\ HO \longrightarrow H \\ CH_2OH \end{array} \qquad \begin{array}{c} CHO \\ HO \longrightarrow H \\ H \longrightarrow OH \\ CH_2OH \end{array}$$

因费歇尔式的横线和竖线是代表一定空间指向的，因此使用费歇尔式时应遵循以下规定：

（1）费歇尔式不允许离开纸平面翻转 180°。例如：

$$\begin{array}{c} COOH \\ H \longrightarrow OH \\ CH_3 \\ I \end{array} \xrightarrow{\text{翻转}180°} \begin{array}{c} HOOC \\ HO \longrightarrow H \\ CH_3 \\ II \end{array}$$

II 是 I 的对映异构体。

（2）费歇尔式允许在纸平面上旋转 180°，不允许旋转 90°。例如：

$$\begin{array}{c} COOH \\ H \longrightarrow OH \\ CH_3 \\ I \end{array}$$

$$\xrightarrow{\text{旋转}180°} \begin{array}{c} CH_3 \\ HO \longrightarrow H \\ COOH \end{array} \text{（仍为 I 式）}$$

$$\xrightarrow{\text{旋转}90°} \begin{array}{c} OH \\ HOOC \longrightarrow CH_3 \\ H \end{array} \text{（I 的对映异构体）}$$

（3）允许将费歇尔式中的原子（或基团）交换偶数次，不允许交换奇数次。例如：

$$\begin{array}{c} COOH \\ H \longrightarrow OH \\ CH_3 \\ I \end{array}$$

$$\xrightarrow{\text{交换两次}} \begin{array}{c} OH \\ H_3C \longrightarrow COOH \\ H \end{array} \text{（仍为 I 式）}$$

$$\xrightarrow{\text{交换一次}} \begin{array}{c} CH_3 \\ H \longrightarrow OH \\ COOH \end{array} \text{（I 的对映异构体）}$$

允许，是因为这样做，所得的构型与原来的构型相同；不允许，是因为这样做，所得的构型已不是原来的构型，而是它的立体异构体。

5. 对映异构体的命名

1）D、L 标记法（相对构型法）

规定右旋甘油醛 (CH_2—CH—CHO) 的下面两个式子中，Ⅰ式为 D 构型，Ⅱ式为 L 构型：

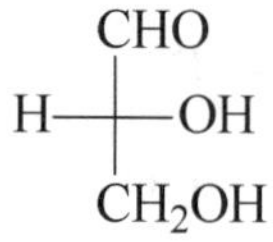

CHO　　　　　　　　　　CHO
H——OH　　　　　　　HO——H
CH_2OH　　　　　　　　CH_2OH
Ⅰ 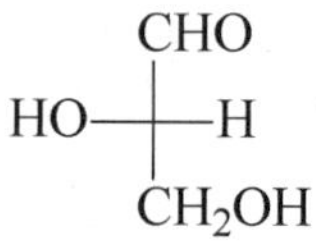　　　　　　　　　　　Ⅱ

其他对映异构的化合物，通过一定的化学转变与规定的甘油醛的构型相联系，确定其构型是 D 还是 L。

例如，与 D-甘油醛相联系，其下面的投影式的化合物都是 D 构型：

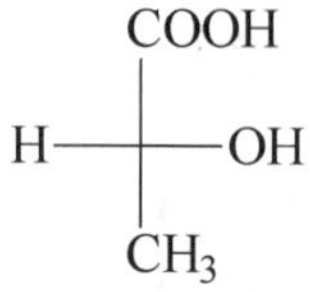

COOH　　　　　　　COOH　　　　　　　COOH
H——OH　　　　　H——OH　　　　　H——NH_2
CH_3　　　　　　　CH_2OH　　　　　　CH_3
D-乳酸 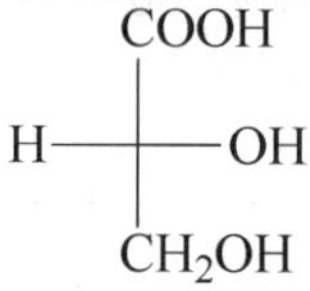　　　　　　D-甘油酸 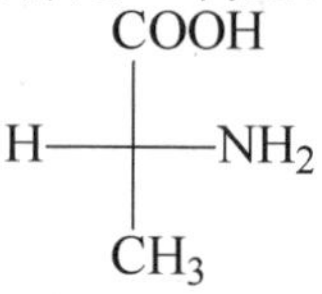　　　　　　D-丙氨酸

D、L 命名法常用于天然产物中旋光异构体的命名。

2）R、S 标记法（绝对构型法）

（1）按位序规则（参见烯烃命名），将手性碳上所连的四个原子或基团排序。例如，甘油醛，*C 上的原子（基团）的位序为：—OH＞—CHO＞—CH_2OH＞—H。

（2）将位序最低的原子（或基团）摆放在远离视线的位置，然后看离视线近的三个原子（或基团）的先后顺序，顺时针旋转，定为 R 构型；反时针旋转，定为 S 构型。例如，下面所示的甘油醛的命名：

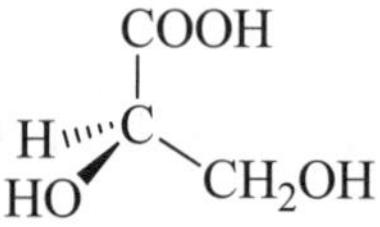

COOH　　　　　　　位序最小的H指向纸平面后　　　　　COOH
H——C——CH_2OH　　　　　　　　　　　　　　HOH_2C——C——H
HO　　　　　　　　　　　　　　　　　　　　　　　　OH
（顺旋）　R-(+)-甘油醛　　　　　　　　　（反旋）　S-(−)-甘油醛

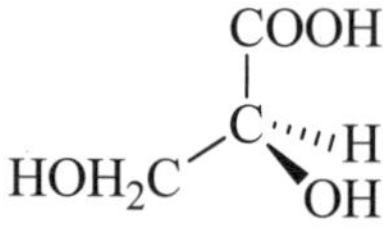

如果分子中位序最低的原子（或基团）摆放在离视线近的位置，如下面的式子，命名时应从纸平面后往前看，如果直接从纸平面前往后看，则顺时针旋转为 S 构型，反时针旋转为 R 构型。

如下命名：

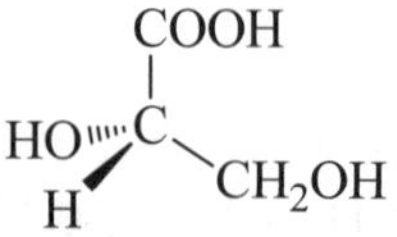

COOH
HO——C——CH_2OH　　　（从纸平面前往后看）　　　　S 构型
H

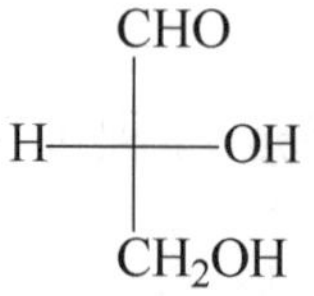

CHO　　　　　　　　　　CHO
H——OH　　　　　　　HO——H
CH_2OH　（R）　　　　　CH_2OH　（S）

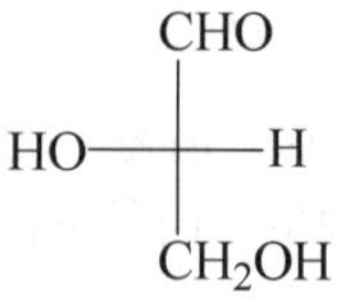

对多个手性碳的命名，也可以按上述原则进行。例如：

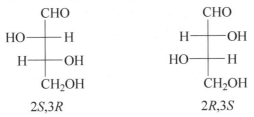

$$2S,3R \qquad\qquad\qquad 2R,3S$$

值得注意的是，D、L 命名或 R、S 命名都是按人为规定的原则，对对映异构体构型的标记，它与分子本身的旋光方向和大小无关。

6. 含多个手性碳分子的异构

1）含不相同手性碳的分子

在丁醛糖（如上所示）中，C2 和 C3 为手性碳，各自所连的 4 个基团不完全相同，称为不相同手性碳。可以写出它的四个立体异构体如下：

　I　和 II 式；III 和 IV 式是互为镜像关系的立体异构，因此 I 和 II、III 和 IV 是两对对映异构体。I 或 II 与 III 或 IV 式是非镜像关系的立体异构体，这样的立体异构称为非对映异构体。

（1）非对映异构体：不具有镜像关系的立体异构体。前面烯烃、环烃的几何异构，也可以看作是非对映异构体。非对映异构体在理化性质上有较大差异。

在戊醛糖中，$CH_2-C^*H-C^*H-C^*H-CHO$ 有 3 个不相同手性碳，8 个立体异构体，共 4 对对映异构体，对映体之间为非对映异构体。

（2）含不相同手性碳立体异构体数目为：

立体异构数目 $= 2^n$（n 代表不相同 $^*C$ 数目）。如己醛糖：

在己醛糖中，$CH_2-C^*H-C^*H-C^*H-C^*H-CHO$ 有 4 个不相同手性碳，16 个立体异构体，共 8 对对映异构体，对映体之间为非对映异构体。

葡萄糖为其中的一个立体异构体，其费歇尔式为

2）含相同手性碳的分子

在酒石酸（如上所示）中，C2 和 C3 为手性碳，各自所连的 4 个基团完全相同，称为相同手性碳。下面也写出它的四个立体异构体：

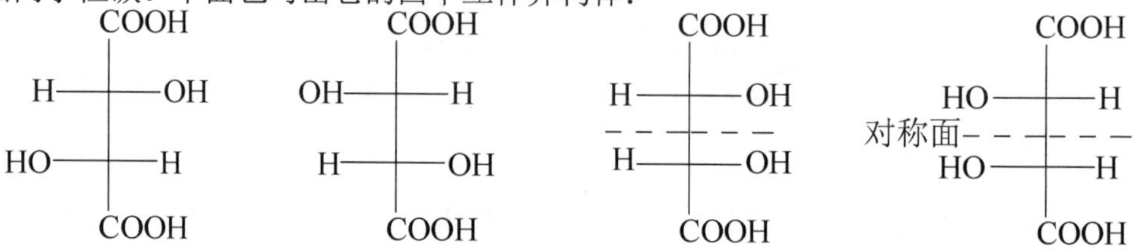

Ⅰ   Ⅱ   Ⅲ   Ⅳ

Ⅰ和Ⅱ式互为镜像关系且不能完全重合，是一对对映异构体；Ⅲ和Ⅳ式虽互为镜像关系，但若将Ⅲ式在纸平面上旋转 180°（允许），即得Ⅳ式，是完全重合的，不是对映异构体。事实上，Ⅲ或Ⅳ式中存在如图所示的对称面，是无手性的。Ⅳ称为内消旋体。

（1）内消旋体：分子中含相同手性碳时，因存在对称因素而不具有手性的立体异构体称为内消旋体。

（2）内消旋体Ⅲ与Ⅰ和Ⅱ仍为非对映异构体。

（3）用手性碳判断分子的手性是简便实用的方法，但不是完全可靠的方法。

当分子中有相同手性碳时，会出现无手性的立体异构体（内消旋体）。此外，有些分子虽无手性碳，但因分子无对称性而有手性。如下面联苯型取代化合物就是一例。

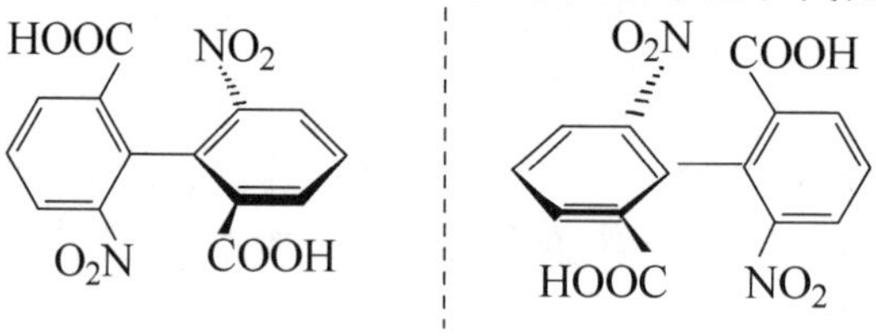

例 5-7 [中国化学会第 20 届全国高中学生化学竞赛（省级赛区）试题第 2 题]

下面反应在 100℃时能顺利进行：

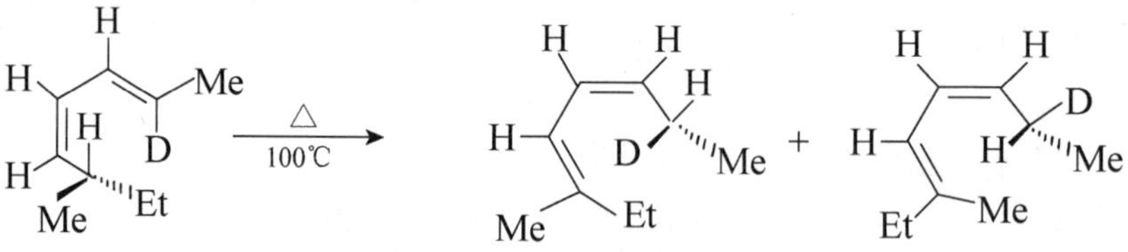

Ⅰ   Ⅱ

（1）给出两种产物的系统命名；

（2）这两种产物互为下列哪一种异构体？

A. 旋光异构体   B. 立体异构体   C. 非对映异构体   D. 几何异构体

解析与答案：

（1）按次序规则，氘作取代基优先于氢。

Ⅰ：(2*S*, 3*Z*, 5*Z*)-2-氘代-6-甲基-3, 5-辛二烯

Ⅱ：(2*R*, 3*Z*, 5*E*)-2-氘代-6-甲基-3, 5-辛二烯

（2）B 或 C。

本题（1）另列出氘不作取代基，甲基优先的命名也为正确答案；（2）原题答案中未给出 C 作答案，按非对映异构体的概念，C 应为正确答案。

5.3.3　构象异构

1. 什么是构象异构

考察乙烷分子，碳碳单键为 σ 键，碳原子可绕键轴旋转而不会破裂，但碳原子上所连的氢原子间的相对位置会发生改变，如下图所示（C1 固定不动，C2 绕键轴旋转 60°和 120°）：

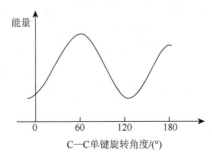

比较上面的式子，Ⅰ和Ⅲ式相同，氢原子彼此间的距离较远，斥力较小，分子内能较低；Ⅱ式氢原子间距离较近，斥力较大，分子内能较高。Ⅰ和Ⅱ式间有能量差异，就是两个异构体，这样的异构现象称为构象异构。

构象异构：分子中因单键旋转，出现分子中的原子或基团在空间上的相对位置不同而产生的异构现象。

构象异构与单键旋转有关，是一种"动态"异构。从理论上讲，乙烷中 C—C 单键只要旋转任意一个角度，就会出现碳原子上的氢原子间的相对位置不同，就有能量差异，产生构象异构，从这点上看，构象异构体应有无限多个。

上面乙烷的Ⅰ和Ⅱ式就是两个极限式构象异构体。Ⅰ式是能量低的一个，称为交叉式构象；Ⅱ式是能量高的一个，称为重叠式构象，Ⅰ式是优势构象。

乙烷的两种极限式构象的能量差为 $12.5kJ \cdot mol^{-1}$。能量差很小，室温下分子热运动即可克服。室温下，C—C 单键可快速旋转，两种构象交替出现，不能分离。能量图示为

2. 构象异构的书写（纽曼投影式）

构象异构体常用纽曼投影式表示。投影时，将旋转的 C—C 单键垂直于纸平面，用圆圈表示，再在圆圈上表示碳上所连的原子和基团的相对位置。例如，乙烷的两种极限构象式为

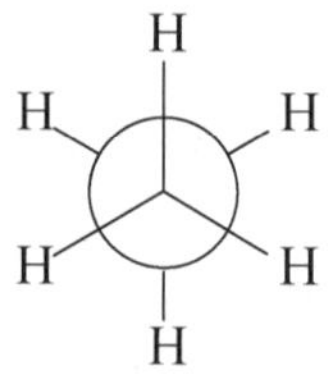

交叉式 Ⅰ 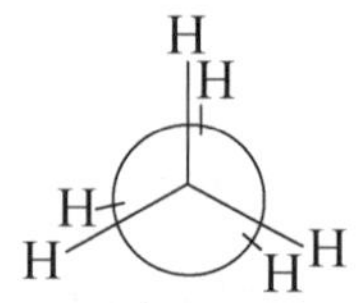　　　　　　　重叠式 Ⅱ

3. 丁烷的构象

丁烷（CH_3—CH_2—CH_2—CH_3）分子中有 3 个 C—C 单键，为了简化起见，我们只考虑 C2—C3 单键旋转的极限式构象情况（此时将 C1 和 C4 看作 C2 和 C3 上的取代基），下图是丁烷 C2—C3 单键旋转 360° 出现的极限式构象：

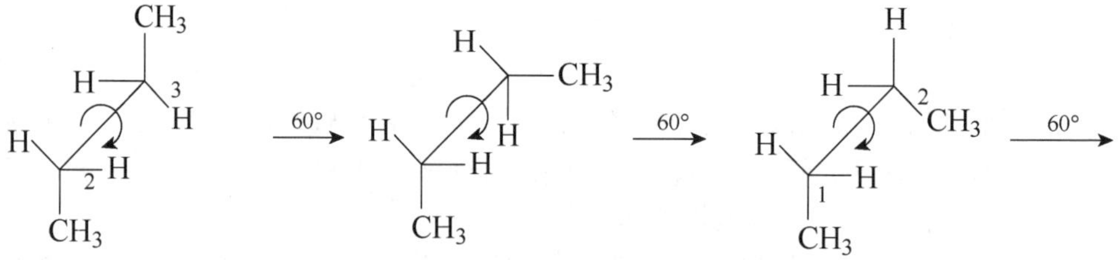

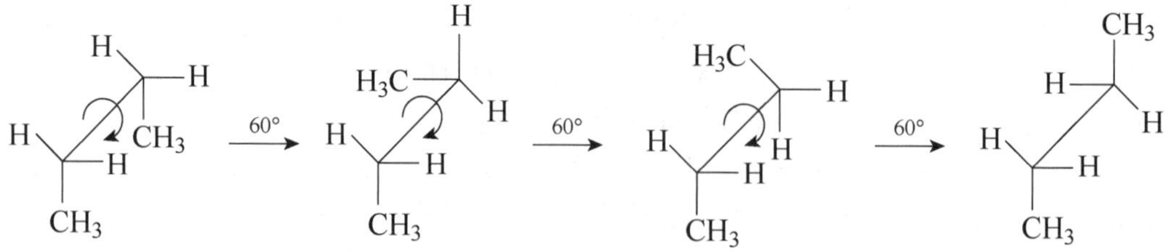

从能量上看，**1** 式与 **7** 式相同，称为对位交叉式；**2** 式与 **6** 式相同，称为部分重叠式；**3** 式与 **5** 式相同，称为邻位交叉式；**4** 式称为全重叠式。即丁烷 C2—C3 单键旋转一周，产生 4 个极限构象式。这 4 个极限构象式的能量差异为：全重叠式 $_4$＞部分重叠式 $_2$＞邻位交叉式 $_3$＞对位交叉式 $_1$。对位交叉式能量最低（优势构象），比全重叠式构象低 $25kJ \cdot mol^{-1}$。室温下，丁烷主要以对位交叉式构象（70%）和邻位交叉式构象（30%）存在。能量图示为

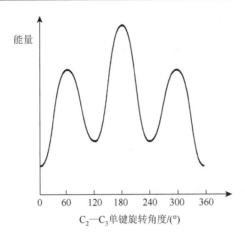

5.3.4　环烷烃的稳定性及构象

环烷烃是碳原子彼此连接成环的饱和烃。根据成环碳原子数可分为小环（三元环、四元环）、普通环（五元环、六元环）、中环和大环。环的大小不同，稳定性也不同。

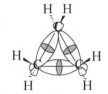

1. 小环

1）环丙烷

三个碳原子围成的碳环为平面正三角形，碳碳键键角为 60°，而饱和碳原子为 sp^3 杂化，轨道间的夹角为 109°28′，与正三角形夹角相差 49°。因此，轨道只能向环内"压缩"重叠成键，电子云不能有效重叠，相邻键间电子云的排斥力增加，键能降低，引起分子产生高的张力——称为角张力。此外，环丙烷的氢原子间也处于重叠式构象，此构象因单键完全不能旋转发生改变，也是一种不稳定的因素——称为扭转张力。如图所示：环丙烷的角张力和扭转张力，使分子的稳定性降低，易发生开环反应，生成更稳定的开链化合物。例如：

$$\triangle \quad \begin{cases} \xrightarrow{N_2/Ni} CH_3CH_2CH_3 \\[1em] \xrightarrow[\text{室温}]{Br_2} CH_2\!-\!CH_2\!-\!CH_2 \\ \qquad\quad\ \ \,|\qquad\qquad\ \ | \\ \qquad\quad\ \ Br\qquad\qquad Br \\[1em] \xrightarrow{HBr} CH_3CH_2CH_2Br \end{cases}$$

例 5-8　**[中国化学会 2002 年全国高中学生化学竞赛（省级赛区）试题第 8 题]**

化合物 **A** 和 **B** 的元素分析数据均为 C 85.71%，H 14.29%。质谱数据表明 **A** 和 **B** 的分子量均为 84。室温下 **A** 和 **B** 均能使溴水褪色，但均不能使高锰酸钾溶液褪色。**A** 与 HCl 反应得 2,3-二甲基-2-氯丁烷，**A** 催化加氢得 2,3-二甲基丁烷；**B** 与 HCl 反应得 2-甲基-3-氯戊烷，**B** 催化加氢得 2,3-二甲基丁烷。

8-1 写出 **A** 和 **B** 的结构简式。

8-2 写出所有与 **A**、**B** 具有相同碳环骨架的同分异构体，并写出其中一种异构体与 HCl 反应的产物。

解析与答案：

8-1 根据 **A** 和 **B** 的碳氢元素含量和分子量，求出化学式为 C_6H_{12}，不饱和度为 1；室温下 **A** 和 **B** 均能使溴水褪色，但均不能使高锰酸钾溶液褪色，推断 **A** 和 **B** 均为取代环丙烷；再根据 **A** 和 **B** 与 HCl 反应（加成取向符合马氏规则）的产物，催化加氢反应（催化加氢从位阻小的位置开环）的产物确定其结构式：

8-2 结构简式：

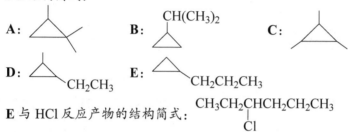

E 与 HCl 反应产物的结构简式：

$$CH_3CH_2CHCH_2CH_2CH_3$$
$$\qquad\qquad |$$
$$\qquad\quad Cl$$

2）环丁烷

四个碳原子若围成一个正方形的环，夹角为 90°，则与 sp^3 杂化轨道间的夹角 109°28′ 相比，相差 19°，很显然，环丁烷中的角张力比环丙烷小，但正四边形排列仍存在高的扭转张力。因而，环丁烷分子的真实形象不是正四边形排列，而是单键稍有旋转，形成摆动的"蝶式"构象，以减小扭转张力。如下图所示：

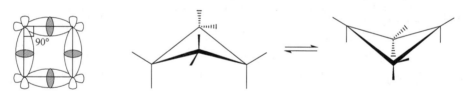

2. 普通环

1）环戊烷

五个碳原子若围成一个正五边形的环，夹角为 108°，则与 sp^3 杂化轨道间的夹角相差无几，所以环戊烷无角张力，为减小扭转张力，环戊烷碳原子的排列也不是正五边形，而是通过单键旋转形成如下图所示的"信封式"构象：

五元环无角张力，扭转张力也比较小，分子的稳定性增加。如下面的反应，都因能形成五元环状化合物而容易进行。例如：

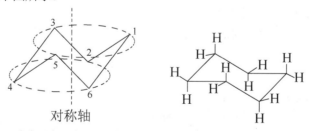

丁二酸酐

γ-丁内酯

2）环己烷

（1）环己烷的椅式构象和船式构象。环己烷六个碳原子若围成一个平行六边形的环，夹角为120°，这与 sp³ 杂化轨道间的夹角又有较大差异，产生角张力。但事实上，环己烷相当稳定，不存在角张力，说明环己烷分子的构象，并不是通常所采用的平行六边形表示。环己环通过单键旋转形成不同的折叠形式的构象，以满足键角和轨道最大重叠的需要，同时也将扭转张力降低到最低。在环己烷的极限式构象中，有两种构象式最为重要：一种是椅式构象，另一种是船式构象，如下图所示。

两种构象可以相互转变，但椅式构象能量最低（比船式构象低 $34\text{kJ}\cdot\text{mol}^{-1}$），室温下，环己烷分子主要以椅式构象（优势构象）存在。

（2）椅式构象上的氢原子。仔细观察环己烷的椅式构象模型，可以看出，环上的六个碳原子是分布在相互平行的两个平面上的。其中 C1、C3、C5 在一个平面上，C2、C4、C6 在一个平面上，如下图所示。

对称轴

六个碳上的十二个氢原子也可以分成两组（如下图所示）。其中六个 C—H 键与对称轴平行，三个向上，三个向下——称为直立键（a 键）和直立氢（aH）；另外六个 C—H 键与对称轴大致垂直，分别指向纸平面的前、后、左、右——称为平伏键（e 键）和平伏氢（eH）。a 键和 e 键在能量上是有差异的。a 键上的氢原子比 e 键上的氢原子相互间的拥挤程度大一些，能量要高一些，即 a 键比 e 键能量高，稳定性差。不过，氢原子的体积小，这两种键的能量差异很小,室温下,环己烷很容易从一种椅式构象转变为另一种椅式构象。如图的 I 式和 II 式,这时 I 式中的 aH 转变成 II 式中的 eH,而 eH 转变成 aH:

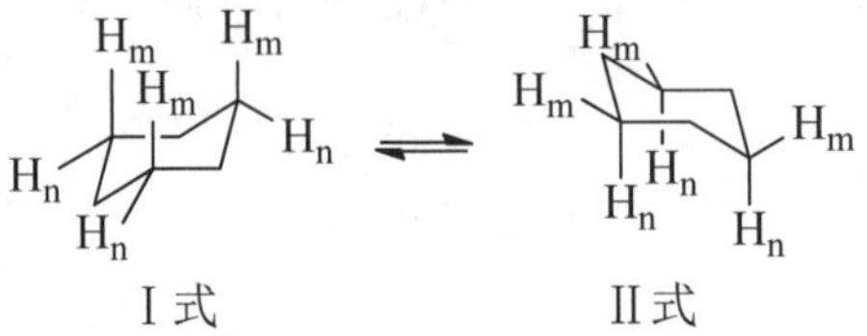

I 式　　　　　　　　　　　　　II 式

（图中只画出了 C1、C3、C5 上 H 的转变情况）

（3）取代环己烷的优势构象。当环己烷分子中的氢原子被其他原子或基团取代时,取代基的体积比氢原子大得多,显然,取代在 a 键上会使原子间的拥挤程度大为增加,使分子内能升高,而取代在 e 键上,影响较小,所以取代基处在 e 键上比 a 键上稳定。此外,从相邻两个碳上的构象上考虑,取代在 a 键上为邻位交叉式构象,取代在 e 键上为对位交叉式构象,也是后者能量低,稳定性高。因此有:①在一取代环己烷中,取代基（特别是体积大的基团）占据平伏键为优势构象。例如,甲基环己烷优势构象

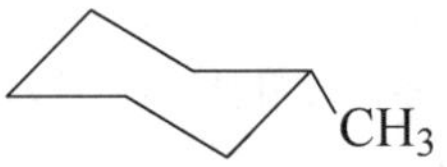

②在多取代环己烷中,取代基尽可能多占据平伏键为优势构象。例如,六氯环己烷（六六六）优势构象

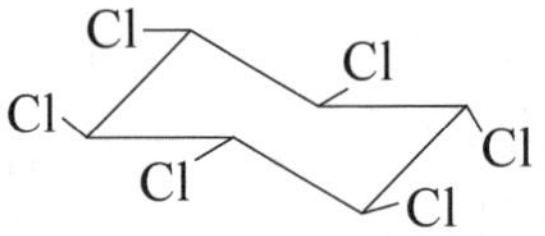

例 5-9　[2000 年全国高中学生化学竞赛（初赛）试题第 9 题]

最近,我国一留美化学家参与合成了一种新型炸药,它跟三硝基甘油一样抗打击、抗震,但一经引爆就发生强烈爆炸,据信是迄今最强烈的非核爆炸品。该炸药的化学式为 $C_8N_8O_{16}$,同种元素的原子在分子中是毫无区别的。

9-1　写出它的结构式;

9-2　写出它的爆炸反应方程式;

9-3　简述它具有强烈爆炸性的原因。

解析与答案:

9-1　八硝基立方烷:

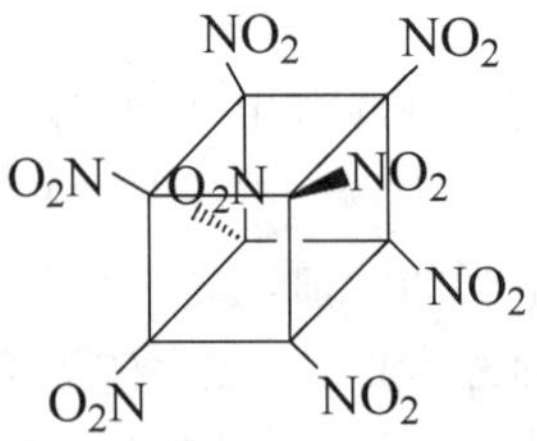

9-2　$C_8(NO_2)_8 = 8CO_2 + 4N_2$

9-3　（1）八硝基立方烷分解得到的两种气体都是最稳定的化合物。

（2）立方烷的碳架键角只有 90°，大大小于 109°28′（或答：是张力很大的环），因而八硝基立方烷是一种高能化合物，分解时将释放大量能量。

（3）八硝基立方烷分解产物完全是气体，体积膨胀将引起激烈爆炸。

本题 9-1 依题给条件还可以写出八硝基环辛四烯结构，也为不稳定化合物，9-3 的（2）解中应强调立方烷的碳架键为 90°，且有三面均为正方形，受正方体空间结构的限制，有很大的角张力（单个的环丁烷角张力并不是很大）。

5.4　电子效应、共振论

有机反应理论主要包括有机分子的化学键理论、结构理论、有机反应中的电子效应、反应历程、反应中的活性中间体以及分子轨道对称守恒原理、聚合物聚合机理等。有机反应机理来源于实验事实、现代物理方法的测定，现代化学理论的发展，反过来又指导有机反应产物的预测、条件控制，指导有机合成的设计。有机反应理论的学习，有助于对有机化合物的性质及相互区别和联系的理解，本节讨论电子效应及其应用、共振论。

5.4.1　电子效应

化学反应是旧键的断裂、新键的生成，是原子间的重新组合。有机分子中的原子主要以共价键结合，即成键原子间以共用电子对结合。"共用"是指原子轨道的重叠，电子云围绕成键原子的核运动。在共价键中，因成键原子的电负性不同，吸引电子的能力不同；或因分子的结构和成键方式的影响，电子云往往不是均匀地分布在成键原子周围，会出现电子云偏向某个原子，或发生电子云"离域"（绕多个原子核运动）的现象。这种电子的偏向或离域，称为电子效应。电子效应主要有诱导效应和共轭效应。

1. 诱导效应

（1）诱导效应：分子因成键原子的电负性不同，电子云偏向电负性大的元素，出现正负电荷中心不重合的现象，称为诱导电子效应。例如：

$$\overset{\delta^+}{CH_3} \rightarrow \overset{\delta^-}{Cl} \qquad\qquad CH_3 \overset{\delta^+}{-} CH_2 \rightarrow \overset{\delta^-}{OH}$$
$$\quad +I \quad\ -I \qquad\qquad\qquad\quad +I \quad\ -I$$

（2）诱导效应的表示：诱导效应用 I 表示。

①吸电子诱导效应：电子云偏向电负性大的元素，用直箭头指向该元素，表示为–I；

②给电子诱导效应：电子云偏离电负性小的元素，表示为 +I。

如上的—Cl 和—OH 是吸电子诱导效应，甲基、乙基是给电子诱导效应。

（3）诱导效应的传递特点：诱导效应可沿碳链的 σ 键依次传递，强度迅速减弱。例如：

$$\underset{\gamma}{\overset{\delta\delta\delta^+}{CH_3}}—\underset{\beta}{\overset{\delta\delta^+}{CH_2}}—\underset{\alpha}{\overset{\delta^+}{CH_2}}\xrightarrow{} \overset{\delta^-}{Cl} \qquad \overset{\delta\delta\delta^+}{CH_3}—\overset{\delta\delta^+}{CH_2}—\overset{\delta^+}{CH_2}\xrightarrow{} \overset{\delta^-}{OH}$$

δ^+ 表示部分正电荷，$\delta\delta^+$ 表示更微弱的正电荷。

通常，只考虑与官能团直接相连的第一个碳原子所受的影响（即 α-C 的影响）。

2. 共轭效应

1）共轭体系

有机分子中，多个相互连接的原子，各提供一条 p 轨道，两两间彼此平行重叠形成的 π 键称为共轭 π 键（大 π 键）。具有共轭 π 键的分子，其共轭部分又称共轭体系。

例如，$\underset{1}{CH_2}=\underset{2}{CH}—\underset{3}{CH}=\underset{4}{CH_2}$（1, 3-丁二烯），实测分子在同一个平面上，4 个碳原子都采取 sp^2 杂化，每个 C 上未杂化的 p 轨道与该平面垂直，彼此间平行重叠成 π 键。不但在 C1 和 C2，C3 和 C4 间有 π 键，在 C2 和 C3 间也有 p 轨道的重叠，也有 π 键性质，如下图所示。

分子中 4 个碳原子提供 4 条 p 轨道，4 个电子，形成共轭体系，表示为 π_4^4，下标为原子数，上标为电子数。

又如苯：⬡，整个分子在同一个平面上，每个 C 也采取 sp^2 杂化，未杂化的 p 轨道垂直于该平面，彼此平行重叠成共轭 π 键——π_6^6。

因此，苯分子具共轭体系。苯中的碳原子连接成环，这样的共轭体系，称为闭合共轭体系。

2）共轭效应

有共轭体系的分子，π 电子云分布在参与共轭的原子上，围绕参与共轭原子的核运动，称为 π 电子的离域。π 电子的离域，使电子云有平均化趋势；碳碳键键长也有平均化趋势。

电子云的离域和键长的平均化，使共轭体系的分子内能降低，稳定性增加。

3）其他共轭体系

（1）氯乙烯。在 $CH_2=CH—\overset{..}{\underset{..}{Cl}}:$ 中，氯原子（卤素）为ⅦA 元素，价电子的轨道式

为 $\underset{3s}{\boxed{\uparrow\downarrow}}\ \underset{3p}{\boxed{\uparrow\downarrow}\,\boxed{\uparrow\downarrow}\,\boxed{\uparrow}}$，其中，3p 轨道中的成单电子可与双键碳上的 sp^2 杂化轨道形成 C—Cl σ 键外，剩下的含一对电子的 p 轨道中的一条，可与双键平面垂直，与双键碳上的 p 轨道平行重叠，形成共轭 π 键——π_3^4，如图 1 所示。

图1

这是一个富电子共轭体系，电子云平均化的结果是氯原子上一对电子向双键碳上转移。

（2）烯丙基碳正离子。在 $CH_2{=}CH{-}\overset{\oplus}{CH_2}$ 中，碳正离子是有机反应中的活性中间体。带正电荷的碳原子采取 sp^2 杂化，为平面结构（图 2）。未杂化的 p 轨道垂直于该平面，是一条空轨道。当碳正离子与双键碳相连时，空 p 轨道可与双键碳的 p 轨道平行重叠成共轭 π 键——π_3^2，如图 3 所示。

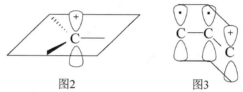

图2　　　　　　　　　　　图3

这是一个缺电子共轭体系，电子云平均化的结果是双键碳上的 π 电子向碳正离子转移。

判断分子是否具共轭体系，是看分子中是否有多个原子（3 个以上）各提供一条 p 轨道彼此平行重叠成 π 键。如下面的分子，都具共轭体系：

共轭多烯：⌒⌒⌒⌒⌒　（1，3，5，7-辛四烯）π_8^8

苯酚：⬡—OH　π_7^8

丙烯醛：$CH_2{=}CH{-}\overset{\displaystyle O}{\underset{\displaystyle H}{C}}$　π_4^4

分子中的饱和碳原子（sp^3 杂化），不能提供 p 轨道参与共轭（超共轭效应除外），例如：

$$CH_3{-}CH{=}CH{-}CH{=}CH{-}CH_3 \quad \pi_4^4$$
$$CH_2{=}CH{-}CH_2{-}CH{=}CH_2 \quad 无共轭效应$$

4）共轭效应传递的特点

当有共轭体系的分子发生极化时，π 电子可沿共轭链传递，强度不变，并出现极性交替的现象。例如

$$\overset{\delta^+}{CH_2}{\curvearrowright}\overset{\delta^-}{=}CH{-}\overset{\delta^+}{CH}{\curvearrowright}\overset{\delta^-}{=}CH_2 \ + \ \overset{\delta^+}{Br}{-}\overset{\delta^-}{Br}$$

$$CH_3{\rightarrow}\overset{\delta^+}{CH_2}{=}\overset{\delta^-}{CH}{-}\overset{\delta^+}{CH}{=}\overset{\delta^-}{CH_2}$$

甲基给电子效应(+I)

5）共轭效应的表示

共轭效应用 C 表示。

（1）吸电子共轭效应：离域电子云偏向该元素，用弯箭头指向该元素，表示为-C；

（2）给电子共轭效应：离域电子云偏离该元素，用弯箭头偏离该元素，表示为 +C；

例如 $\overset{\curvearrowleft}{CH_2=CH\rightarrow\ddot{\ddot{C}}l}$，氯原子提供一对电子参与共轭（$\pi_3^4$），其共轭效应是给电子效应（氯原子上的一对电子向双键转移）。

又如 $\overset{\curvearrowright}{CH_2=CH-\overset{\oplus}{CH_2}}$，碳正离子提供一条空 p 轨道参与共轭（$\pi_3^2$），共轭效应是吸电子效应（双键上的一对电子向正碳离子转移）。

3. 超共轭效应

饱和碳原子上的碳氢 σ 键的电子云,可与邻位的 π 键的 π 电子云发生微弱的重叠形成的共轭体系，称为 σ-π 超共轭效应，如下所示：

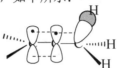

σ-π 超共轭效应对 π 键总是给电子的 +C 效应。

5.4.2　电子效应应用举例

1. 有机物的酸碱性

按酸碱质子理论，能给出质子的化合物是酸，能接受质子的化合物是碱。酸给出质子得碱，这个碱为该酸的共轭碱；碱得到质子成酸，这个酸为该碱的共轭酸。强酸对应的共轭碱是弱碱，弱酸对应的共轭碱是强碱。例如，CH_3CH_2OH 酸性比 H_2O 弱，对应的 $CH_3CH_2O^-$ 碱性比 OH^- 强。

$$CH_3CH_2O^- + H_2O \longrightarrow CH_3CH_2OH + OH^-$$

1）酸性

在有机分子中，酸性强弱与 H 原子所连原子的键的极性有关。例如，在 —O—H 中，O—H 键的极性增强，有利于 H 的解离，酸性增强，反之则酸性减弱。

电子效应对 O—H 键的极性有较大影响。凡能使氧原子电子云密度减小的吸电子效应，使 O—H 键的极性升高，酸性增强；反之，使氧原子电子云密度增加的给电子效应，使 O—H 键的极性降低，酸性减弱。例如：

CH_3CH_2-O-H	$H-\overset{..}{\overset{..}{O}}-H$	⟨苯环⟩$\overset{..}{\overset{..}{O}}H$	$CH_3-\overset{O}{\overset{\parallel}{C}}-\overset{..}{\overset{..}{O}}-H$
pK_a　　19	14	10	4.7

CH_3COOH	$\underset{Cl}{\overset{\mid}{CH_2COOH}}$	$Cl-\underset{Cl}{\overset{\mid}{CHCOOH}}$	$Cl-\underset{Cl}{\overset{\overset{Cl}{\mid}}{\overset{\mid}{C}COOH}}$
pK_a　　4.76	2.81	1.29	0.08

2）碱性

在有机分子中，碱性强弱与带负电荷或带未用电子对的原子（基团）接受质子的能力有关。这些原子（基团）的电子云密度越大，接受质子的能力越强，则碱性越强；反之则碱性越弱。

电子效应对碱性也有较大影响。凡能增大带负电荷或带未用电子对的原子（基团）电子云密度（给电子）的电子效应，则使碱性增强；反之，减小电子云密度（吸电子）的电子效应，则使碱性减弱。例如：

$$CH_3-NH-CH_3 \qquad CH_3-NH_2 \qquad NH_3 \qquad$$

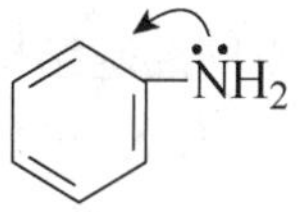

pK_b 　　　3.25　　　　　　3.35　　　　4.75　　　　9.28

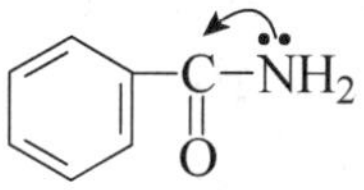

呈中性 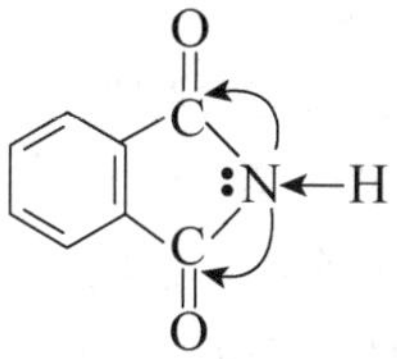　　　　　　　　　呈弱酸性

2. 碳正离子的相对稳定性

碳正离子是碳上带有单位正电荷的离子，是许多有机反应中的活性中间体。通常带正电荷的碳采取 sp^2 杂化，为平面结构，未杂化的 p 轨道为空轨道，如下图所示：

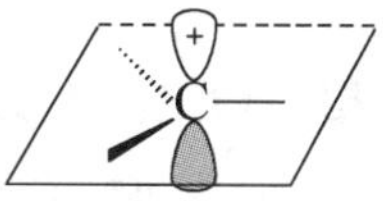

当带正电荷的碳连有给电子基时，给电子效应使碳上的正电荷得到分散，相对稳定性增加；反之，连有吸电子基时，吸电子效应使碳上的正电性增加，稳定性降低。如下面碳正离子，由于甲基的给电子（诱导和超共轭）效应，其相对稳定性为

$$(CH_3)_3\overset{+}{C}(叔 C^+) > (CH_3)_2\overset{+}{C}H(仲 C^+) > CH_3\overset{+}{C}H_2(伯 C^+) > CH_3^+$$

烯丙基式碳正离子如 $CH_2=CH-\underset{\oplus}{CH_2}$（或 $\overset{+}{CH_2}$），因 p-π 共轭，π 电子可流向空的 p 轨道而使正电荷分散，相对稳定性大大增加，稳定性与叔 C^+ 相当。

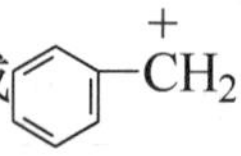

在有机反应中，若反应是经历碳正离子中间体过程，则生成碳正离子的相对稳定性越高，反应物的反应活性越高，反应也越易向生成较稳定碳正离子的方向进行。

3. 对化学反应活性的影响

1）烯烃的亲电加成

反应中第一步限速反应是生成碳正离子。双键碳上所连的烷基越多，生成的碳正离子的相对稳定性越高，则烯烃的反应活性越高，例如：

$$(CH_3)_2C=C(CH_3)_2 > CH_3CH=CHCH_3 > CH_2=CH_2$$

2）卤代烃的亲核取代反应

按 S_N1 历程，反应第一步生成碳正离子。碳正离子的相对稳定性为

$$(CH_3)_3\overset{\oplus}{C}\,(叔,3°)>CH_3\overset{\oplus}{C}HCH_3(仲,2°)>CH_3CH_2\overset{\oplus}{C}H_2(仲,1°)>\overset{\oplus}{C}H_3$$

因此，不同烃基结构卤代烃按 S_N1 历程反应活性为

$$(CH_3)_3CX(叔卤)>(CH_3)_2CHX(仲卤)>CH_3CH_2X(伯卤)>CH_3X$$

按 S_N2 历程，亲核试剂（带负电性或孤对电子的试剂）首先进攻正电性的 $\alpha\text{-}C$。当 $\alpha\text{-}C$ 上连有给电子基时，给电子效应使 $\alpha\text{-}C$ 正电性降低，反应活性降低。

因此，不同烃基结构卤代烃按 S_N2 历程反应的活性为

$$CH_3X>CH_3CH_2X(伯卤)>(CH_3)_2CHX(仲卤)>(CH_3)_3CX(叔卤)$$

当然，除电子效应对 S_N1 和 S_N2 反应活性有影响外，空间因素对反应活性也有影响。

3）卤代烯烃的反应活性

分子中既含双键，又含卤原子的化合物称为卤代烯烃。根据卤原子和双键碳的位置，可分为乙烯式卤代烃，如 $CH_2{=}CH{-}X$、⟨苯⟩$-X$；烯丙式卤代烃，如 $CH_2{=}CHCH_2{-}X$、⟨苯⟩$-CH_2X$；隔立式（孤立式）卤代烃：$CH_2{=}CH{-}(CH_2)_n{-}X(n{\geqslant}2)$。

（1）乙烯式卤代烃的反应活性：在 $CH_2{=}CH{-}Cl$ 中，氯原子上有未共用电子对的 p 轨道与双键发生 p-π 共轭（π_3^4），使 C—Cl 键也具双键性质。给电子的 +C 效应使 C—Cl 键的极性减小，键长缩短，键能增加。例如：

	$CH_3{-}CH_2{-}Cl$	$CH_2{=}CH{-}Cl$
μ（偶极矩）/D	2.05	1.45
键长/nm	0.177	0.172

因此，乙烯式卤代烃中的卤原子相当稳定，不易发生亲核取代反应，例如：

$$⟨苯⟩{-}Cl + NaOH \xrightarrow{H_2O} \times$$

（2）烯丙式卤代烃的反应活性：在 $CH_2{=}CHCH_2{-}Cl$ 中，卤原子与饱和碳原子相连，不能与双键碳发生 p-π 共轭。当 C—Cl 键断裂，氯原子带着一对电子离去，生成烯丙式碳正离子 $CH_2{=}CH{-}\overset{\oplus}{C}H_2$。烯丙式碳正离子因 p-π 共轭，正电荷得到分散，具有较高的相对稳定性。因而 C—Cl 键容易断裂，反应活性高。例如：

$$⟨苯⟩{-}CH_2Br \xrightarrow[H_2O]{Na_2CO_3} ⟨苯⟩{-}CH_2OH$$

4. 苯环上取代基对亲电取代反应的影响

1）苯环上的亲电取代反应历程

第一步为限速步骤，试剂的正电性端进攻苯环的 π 电子云（亲电）形成环状正离子（σ 络合物）。

2）取代基对苯环再取代活性的影响

当取代基为给电子基时，苯环电子云密度增大，有利于亲电试剂进攻，该类取代基活化苯环（称为Ⅰ类定位基）；当取代基为吸电子基时，苯环的电子云密度减小，不利于亲电试剂进攻，该类取代基钝化苯环（称为Ⅱ类定位基）。

例如，⬡—CH$_3$（甲苯），甲基碳为 sp^3 杂化，苯环碳为 sp^2 杂化，电负性：sp^2>sp^3，诱导效应甲基是给电子的 +I 效应。此外，甲基上的氢原子可与苯环发生超共轭效应，也是给电子的 +C 效应。因此，甲基是给电子基，为Ⅰ类定位基。

又如，⬡→:ÖH，氧原子价电子轨道如下：

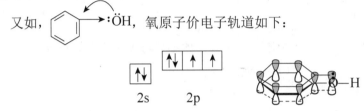

苯酚羟基中氧原子上 2p 轨道的一对电子，可与苯环上的 π 键发生共轭(p-π 共轭，π_7^8)，一对 p 电子向苯环转移，是给电子的 +C 效应。诱导效应（电负性：O>C）是–I 效应，总结果是 +C 效应≫–I 效应，羟基使苯环电子云密度大大增大，是强的Ⅰ类定位基。

而⬡—NO$_2$（硝基苯）、硝基—N（$\overset{\text{O}}{\underset{\text{O}}{}}$）中，N 原子为 sp^2 杂化

未杂化的 p 轨道可与氧原子上的 p 轨道形成共轭 π 键（π_3^4）。因氧的电负性大于氮，共轭效应和诱导效应都使电子云偏向氧，氮原子上显较高的正电性，是强的吸电子基。硝基与苯环相连时，可发生共轭（π_9^{10}）。从诱导效应看，电负性：N>C，是–I 效应；从共轭效应看，N 上带正电荷是吸电子，是–C 效应。总结果是硝基使苯环的电子云密度大大减小，是强的Ⅱ类定位基。

5.4.3　共振论

1. 概念

当一个分子或离子（自由基）按价键规则可以写出一个以上经典结构式时，该分子或离子（自由基）的真实结构可能是这些经典结构式叠加而成，这些经典结构称为共振式或极限式。分子或离子（自由基）是这些极限式的杂化体，杂化体不是混合物，也不是互变异构体，分子或离子（自由基）不能用任何一个极限式表示（目前还没有找出一种好的表现形式来表达这个杂化体）。例如，1,3-丁二烯的真实结构由下面的极限式表示：

$$CH_2=CH-CH=CH_2 \overset{+}{\leftrightarrow} \overset{+}{CH_2}-CH=CH-\overset{-}{CH_2} \overset{-}{\leftrightarrow} \overset{-}{CH_2}-CH=CH-\overset{+}{CH_2} \leftrightarrow \overset{+}{CH_2}-\overset{-}{CH}-CH=CH_2$$

（式中 1、2、3、4）

$$\overset{-}{CH_2}-\overset{+}{CH}-CH=CH_2 \leftrightarrow CH_2=CH-\overset{+}{CH}-\overset{-}{CH_2} \leftrightarrow CH_2=CH-\overset{-}{CH}-\overset{+}{CH_2}$$

（式中 5、6、7）

由极限式 2、3 可看出，1,3-丁二烯的 C2—C3 间有双键的性质。

2. 极限式的书写

（1）必须符合经典价键规则，即碳-4 价，氢-1 价，氧-2 价，氮-3 价…。如不能将 1,3-丁二烯写成：

$$CH_2=CH=CH-CH_2$$

（2）书写中不能改变分子或离子中原子的位置，如不能将 1,3-丁二烯写成：

$$CH_2=\overset{+}{C}-\overset{-}{CH_2}$$
$$\quad\quad |$$
$$\quad CH_2$$

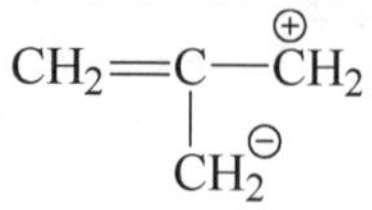

（3）书写中各极限式必须具有相同数目的未共用电子数，如不能将 1,3-丁二烯写成：

$$\overset{\bullet}{CH_2}-CH=CH-\overset{\bullet}{CH_2}$$

3. 各极限式的稳定性——对杂化体的贡献

（1）中性的分子，共价键数目多的极限式稳定，贡献大。如苯的下面两个极限式贡献大。

苯的性质主要由这两种极限式结构决定：

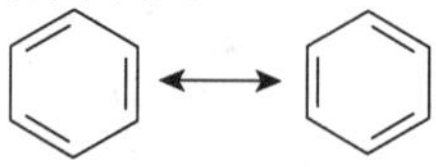

（2）各原子具有完整的价电子层结构（8 电子结构）贡献大。

（3）电荷分离的，正、负电荷靠得近的贡献大，远的贡献小，如以上 1,3-丁二烯 4、5、6、7 式的贡献比 2、3 式贡献大；负电荷在电负性大的元素上贡献大。例如：

$$CH_2=CH-\overset{-}{O} \leftrightarrow \overset{-}{CH_2}-CH=O$$

前者比后者的贡献大。

（4）键长、键角有改变的极限式贡献小。例如，苯的下面的极限式贡献很小：

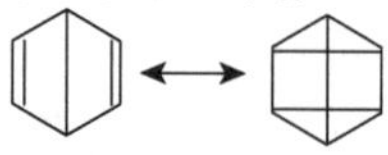

（5）等价共振式：具有相同价键数的分子，或同电荷数，且电荷在同一元素上的离子，其共振式为等价共振式。例如，（1）中苯的两个极限式；又如，下面的三个酚氧基负离子：

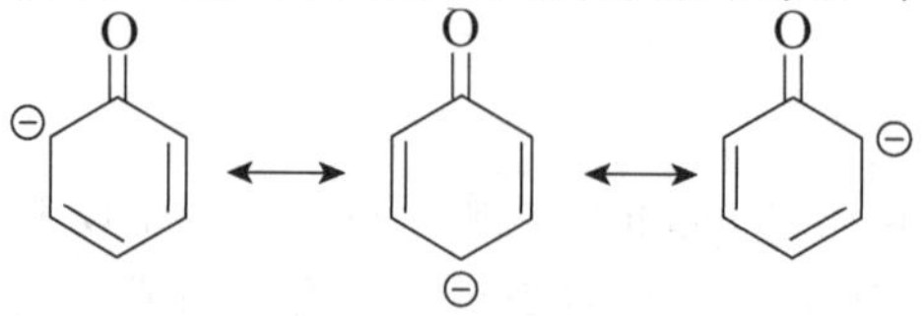

例 5-10 [第 29 届中国化学奥林匹克（初赛）试题第 11-2 题]

高效绿色合成一直是有机化学家追求的目标,用有机化合物代替金属氧化物是重要的研究方向之一。硝基甲烷负离子是一种温和的有机氧化剂，画出硝基甲烷负离子的共振式（氮原子的形式电荷为正），并完成下面反应（写出所有产物）：

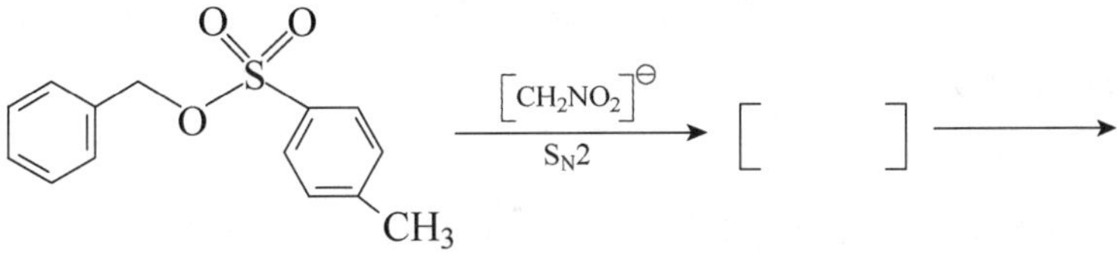

解析与答案：

（1）硝基甲烷因硝基的强吸电子作用，甲基上的氢具酸性，存在如下互变异构体：

$$CH_3-N \cdots \rightleftharpoons CH_2=N-OH$$

酸式　　　　　　　　假酸式

成盐后有共振式：

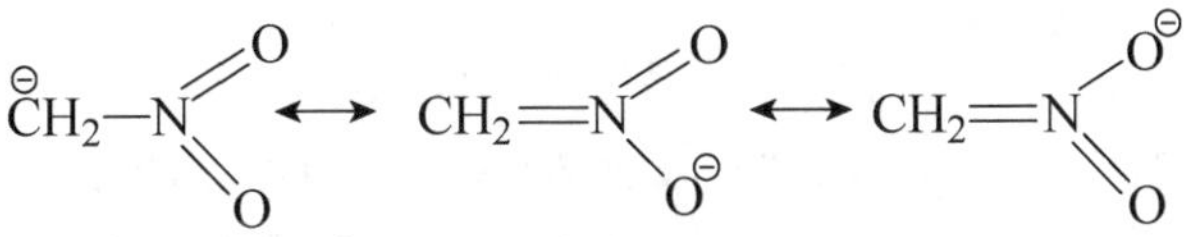

但本题给定氮原子的形式电荷为正，则为

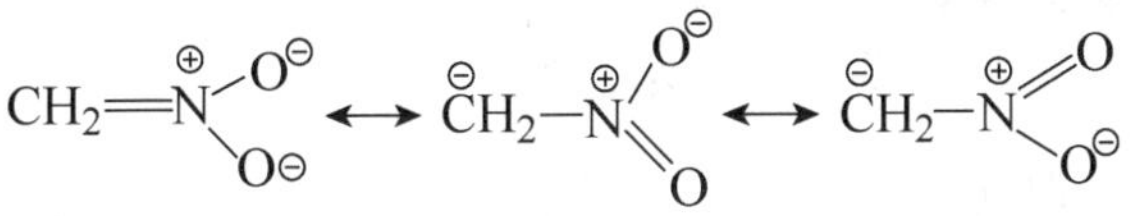

（2）反应物为对甲苯磺酸苄酯，题中条件指明为 S_N2 反应，应是硝基甲烷负离子中的氧负离子对亚甲基正电性碳进行亲核取代形成的中间产物，依题结果为氧化、还原产物：

$CH_3-N=O$ 或 $CH_2=N-OH$

5.5　有机化合物——脂肪烃

5.5.1　烷烃

1. 烷烃的结构

烷烃中碳原子的空间构型为正四面体，碳原子处于四面体的中心，四个单键指向四面体的四个顶角。碳原子成键时采取 sp^3 杂化，碳原子间分别以 sp^3 杂化轨道"头碰头"重叠形成碳碳 σ 键，与氢原子 1s 轨道"头碰头"形成碳氢 σ 键。

2. 烷烃的物理性质

烷烃的状态随碳原子数增加依次为气体、液体、固体；熔点、沸点、密度随碳原子数（直链烷烃）增加依次升高；在同碳原子数的烷烃中，直链的沸点比支链高，支链越多，沸点越低，而熔点则是对称性高的熔点高；烷烃都难溶于水，易溶于有机溶剂。其他烃类化合物也具有类似烷烃的物理性质。

3. 烷烃的化学性质

1）烷烃的化学稳定性

烷烃的结构中碳碳键、碳氢键都是 σ 键，σ 电子云集中在成键原子间，受核的吸引力强，键能高，且碳碳键、碳氢键分别是非极性、弱极性键，难极化，因此烷烃具有高的化学稳定性。在通常条件下，氧化剂、还原剂、强酸、强碱难与烷烃反应。

2）烷烃的卤代反应

在光照或高温条件下，烷烃可与卤素单质反应，烷烃上的氢原子被卤原子替代：

$$R-H + X_2 \longrightarrow R-X + HX$$

（1）产物可以为烷烃的一卤代、二卤代、…、多卤代的混合物；

（2）卤素反应活性为：氟（剧烈）＞氯＞溴＞碘（慢，不易生成），通常只用于氯代和溴代；

（3）不同类型氢原子活性：叔氢＞仲氢＞伯氢，例如：

$$(CH_3)_3C-H + Br_2 \xrightarrow{\text{光}} (CH_3)_3C-Br(主) + (CH_3)_2CHCH_2-Br(极少)$$

（4）反应历程：自由基取代，主要步骤如下（以乙烷氯代为例）

①链引发（自由基产生）：

$$Cl-Cl \xrightarrow[\text{或高温}]{\text{光}} 2Cl\cdot$$

②链转移（自由基取代）：

$$CH_3CH_3 + Cl\cdot \longrightarrow CH_3CH_2\cdot + HCl$$
$$CH_3CH_2\cdot + Cl_2 \longrightarrow CH_3CH_2Cl + Cl\cdot$$
$$CH_3CH_2Cl + Cl\cdot \longrightarrow CH_3\dot{C}HCl + HCl$$
$$CH_3\dot{C}HCl + Cl_2 \longrightarrow CH_3CHCl_2 + Cl\cdot$$
$$\cdots$$

③链终止（自由基消失）：

$$Cl\cdot + Cl\cdot \longrightarrow Cl_2$$
$$CH_3CH_2\cdot + Cl\cdot \longrightarrow CH_3CH_2Cl$$
$$\cdots$$

3）其他

烷烃的燃烧、催化氧化、裂解等。

5.5.2　烯烃

1. 烯烃中碳碳双键结构

在烯烃中，官能团为碳碳双键，空间构型为平面结构，双键碳和碳上所连的原子在同一个平面上，键角为 120°。碳原子成键时采取 sp^2 杂化，双键中的一条为 sp^2 杂化轨道"头碰头"重叠形成的 σ 键，另一条为垂直于该平面的 p 轨道"肩并肩"形成的 π 键：

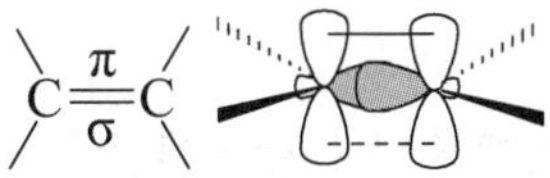

π 键为 p 轨道侧面平行重叠形成的键，电子云分布在键轴的上下，离核较远，受核的吸引力较小，键能小于 σ 键，易极化，表现出较高的反应活性。此外，与双键碳相连的原子如果是饱和碳原子（sp³ 杂化）时，受双键碳的影响，也表现出一定的活性（α-H 的酸性）。

2. 烯烃的化学性质

烯烃的主要反应为：双键的加成反应、双键的断裂（氧化反应）、α-H 的卤代反应、催化加氢和聚合反应（自身加成）。

1）双键的加成反应

由亲电试剂（缺电子或带有正电性的试剂）进攻烯烃 π 电子云，使 π 键破裂，生成饱和化合物的反应。

（1）反应历程（两步）。

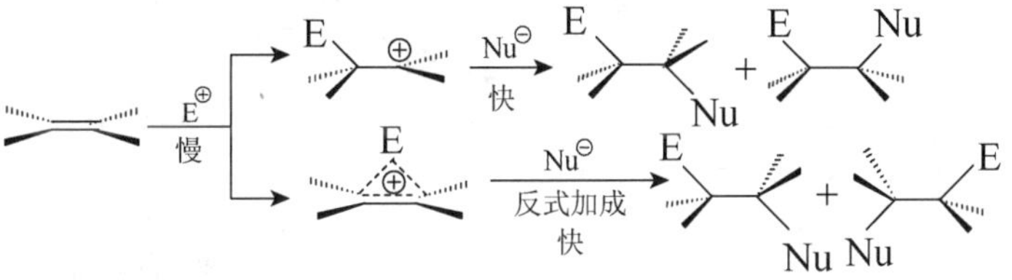

其中，第一步为限速步骤。

一般地，有使碳正离子稳定的因素（如共轭或溶剂极性大），亲电试剂电负性大、体积小（如 Cl、H），易生成简单碳正离子；电负性小、体积大的试剂（如溴、碘）易生成环状正离子。对于生成简单碳正离子过程，亲电试剂对双键平面既有顺式加成，也有反式加成；对于环状正离子过程，亲电试剂对双键平面反式加成。

（2）实例。

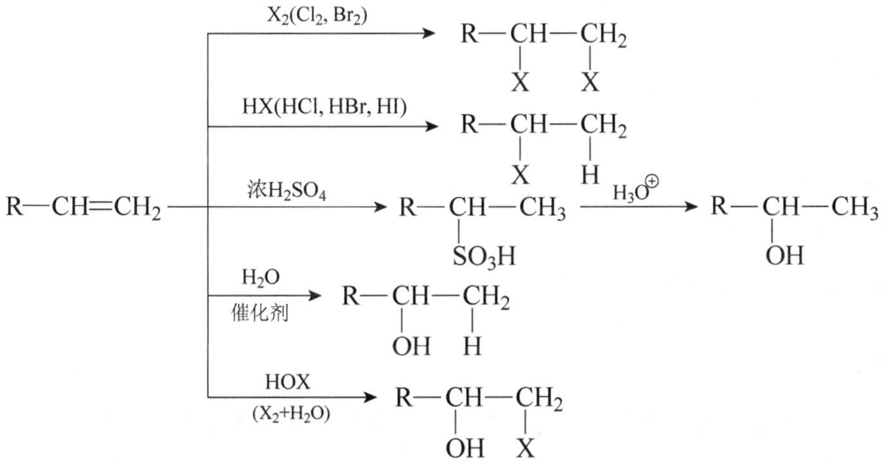

注意：上面的烯烃为不对称烯烃，当与不对称试剂如 HX、H₂SO₄、H₂O 等加成时，可生成两种产物。按马氏规则："氢加在含氢多的双键碳上为主产物"，上例中只列出了主产物。

下面的反应可生成反马氏规则产物：

$$R-CH=CH_2 \xrightarrow[H_2O_2]{HBr} R-CH_2-CH_2-Br$$

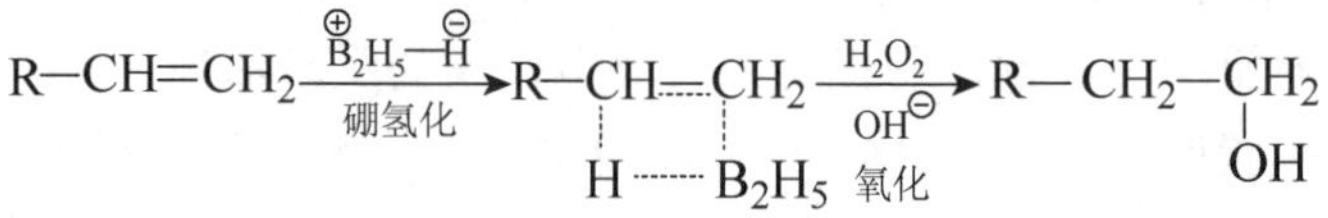

$$R-CH=CH_2 \xrightarrow[\text{硼氢化}]{\overset{\oplus}{B_2H_5}-\overset{\ominus}{H}} R-CH-CH_2 \xrightarrow[OH^{\ominus}]{H_2O_2} R-CH_2-CH_2$$

（3）亲电加成的立体化学。当具有几何异构的烯烃与溴（或其他试剂）加成产生手性产物时，可具有立体选择性，以立体异构体中的某个异构体为主。例如，反-2-丁烯与溴加成

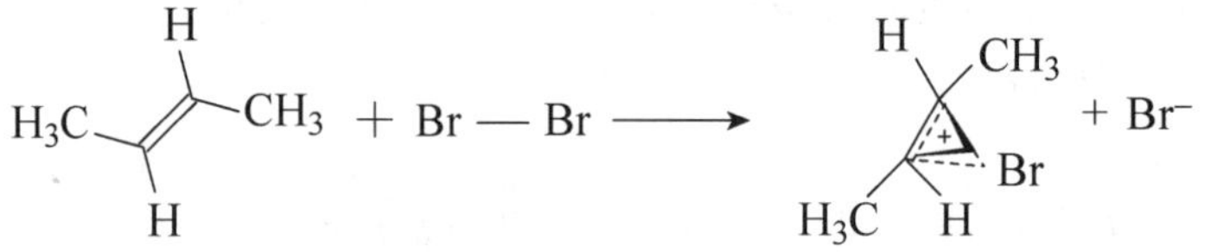

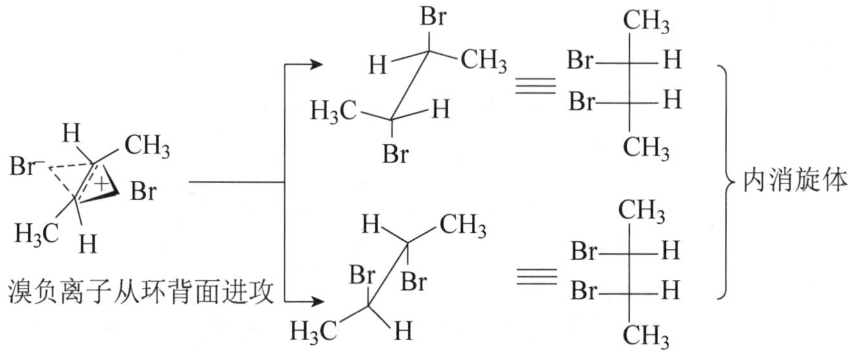

同理，顺-2-丁烯与溴加成，得到外消旋 2,3-二溴丁烷。

例 5-11　[中国化学会第 27 届中国化学奥林匹克（初赛）试题第 8 题]

画出下列反应中合理的、带电荷中间体 **1**、**3**、**5**、**7** 和 **8** 以及产物 **2**、**4**、**6**、**9** 和 **10** 的结构简式。

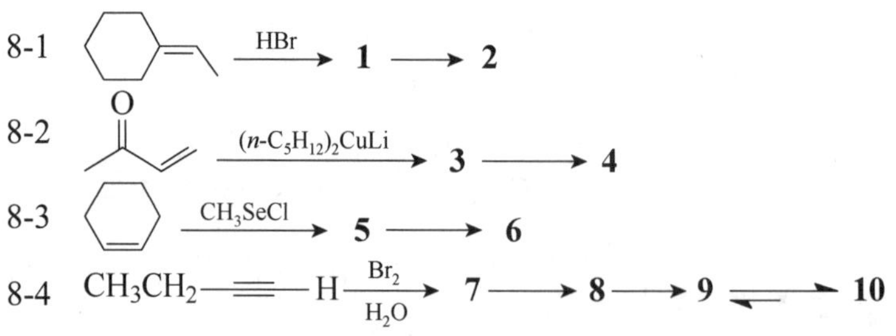

8-1

8-2 $\xrightarrow{(n-C_5H_{12})_2CuLi}$ **3** $\longrightarrow$ **4**

8-3 $\xrightarrow{CH_3SeCl}$ **5** $\longrightarrow$ **6**

8-4 $CH_3CH_2-\!\!\!\equiv\!\!\!-H \xrightarrow[H_2O]{Br_2}$ **7** $\longrightarrow$ **8** $\longrightarrow$ **9** $\rightleftharpoons$ **10**

解析与答案：

8-1　烯烃的亲电加成，亲电试剂是氢离子，中间体是简单碳正离子。

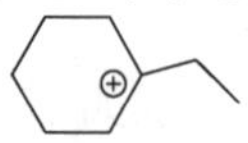

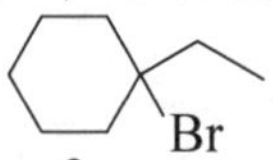

8-2　有机金属试剂对不饱和共轭酮的亲核加成(迈克尔加成)，中间体为烯醇负离子。

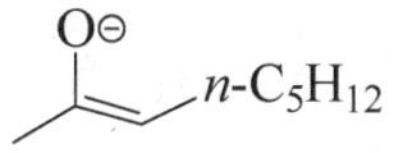

3

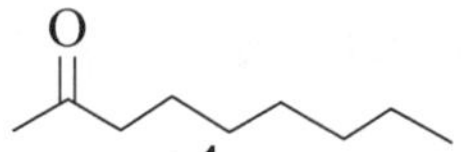

4

8-3　烯烃的亲电加成，亲电试剂是甲基硒正离子，体积较大，中间体是环状碳正离子；产物为反式加成产物。

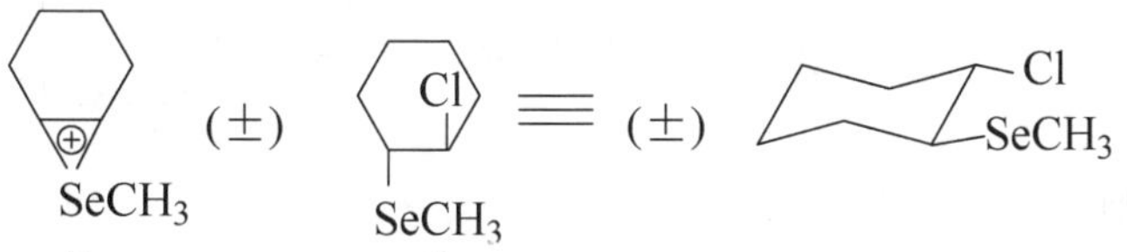

5　　6

8-4　炔与溴水的加成，第一步是溴正离子亲电加成，生成环状碳正离子中间体；第二步溴负离子和水都可以对碳正离子加成，考虑 **8** 是带电荷中间体，产物 **9** 能迅速转变成 **10**，应是水加成，**9** 是烯醇体。

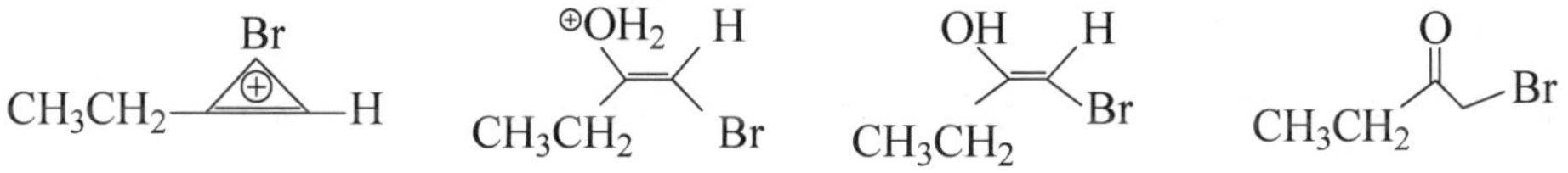

7　　8　　9　　10

2）氧化反应

（1）$KMnO_4$ 氧化。

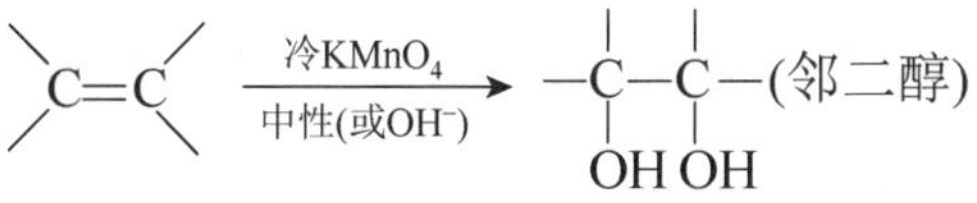

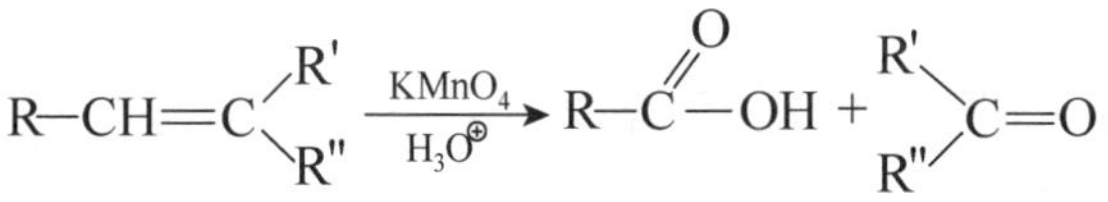

酸性条件氧化规律：双键碳上的氢被氧化成羟基，碳碳双键被氧化成碳氧双键。例如：

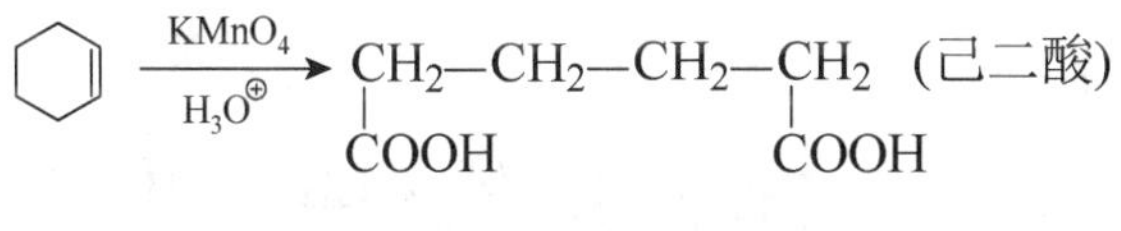

例 5-12　[2000 年全国高中学生化学竞赛（初赛）试题第 13 题]

某烃 **A**，分子式为 C_7H_{10}，经催化氢化，产物为 **B**（C_7H_{14}）。**A** 在 H_2SO_4 催化下与水反应生成醇，但不能生成烯醇式结构（该结构进一步转化为酮）。**A** 与 $KMnO_4$ 剧烈反应生成化合物 **C**，结构如下：

$$HOOC—CH_2—CH_2—\underset{\underset{O}{\|}}{C}—CH_2—COOH$$

试写出 **A** 的可能结构式。

解析与答案：

由 **A** 的分子式，可得不饱和度 $\Omega = 7 + 1 + \dfrac{1}{2}(0-10) = 3$；催化氢化产物 **B**，不饱和度为 1，**B** 含有一个环，则 **A** 可能为环炔或环二烯，因与水反应不生成烯醇结构，排除环炔类型；**A** 与 $KMnO_4$ 反应产物含有 6 个碳，其中一个碳生成 CO_2，根据 $KMnO_4$ 氧化烯烃的规律，可得出 **A** 的可能结构

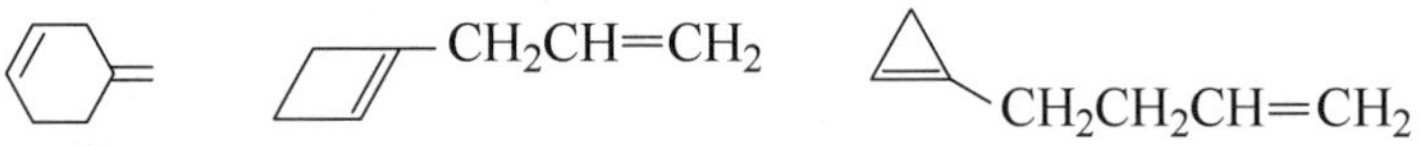

（2）臭氧氧化-还原水解。

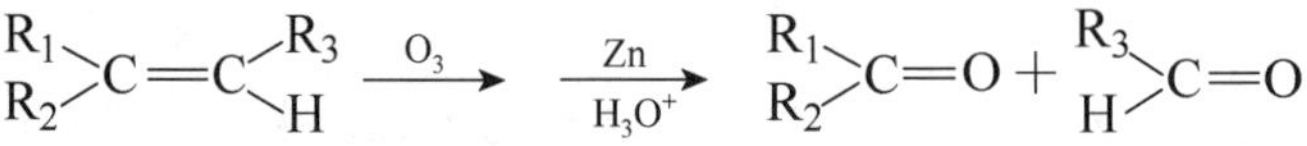

氧化规律：碳碳双键被氧化成碳氧双键。例如：

该反应常用于根据产物的结构推断反应物烯烃的结构。

（3）催化氧化。

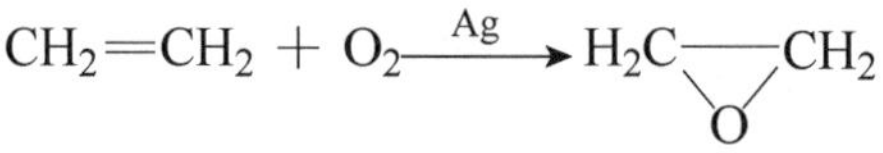

$$CH_2{=}CH_2 + O_2 \xrightarrow{\text{Ag}} H_2C\overset{\displaystyle}{\underset{O}{\diagup\!\!\diagdown}}CH_2$$
环氧乙烷

$$CH_2{=}CH_2 + O_2 \xrightarrow{\text{Pd/CuCl}} CH_3{-}CHO$$

（4）过氧酸（RCOOOH）氧化。

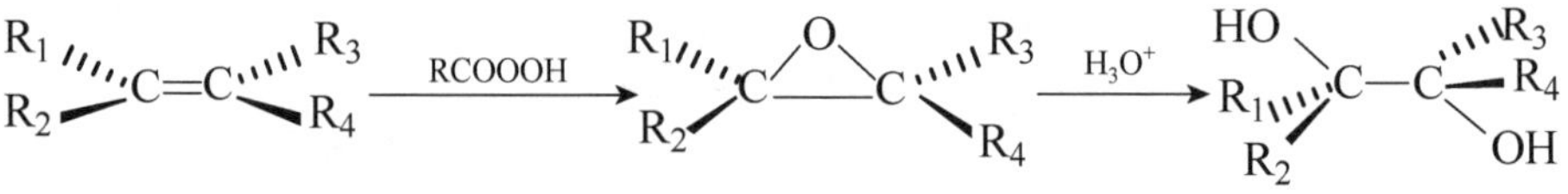

环氧化合物　　　　　　反式邻二醇

3）α-H 的卤代反应

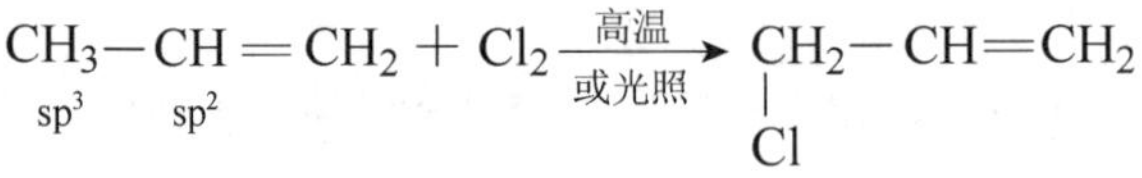

$$\underset{sp^3}{CH_3}{-}\underset{sp^2}{CH}{=}CH_2 + Cl_2 \xrightarrow[\text{或光照}]{\text{高温}} \underset{|}{CH_2}{-}CH{=}CH_2$$
$$Cl$$

试剂 N-溴代丁二烯酰亚胺 N–Br（NBS）是常用于 α-H 溴代试剂。

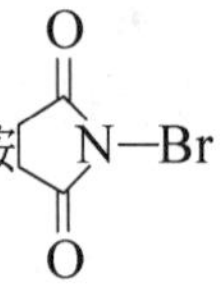

4）催化加氢

$$R{-}CH{=}CH{-}R' + H_2 \xrightarrow{\text{Pt或Ni}} RCH_2CH_2R'$$

5）聚合反应

$$nCH_2=CH_2 \xrightarrow{\text{催化剂}} -\!\!\left[CH_2-CH_2\right]_n$$

5.5.3 炔烃

1. 炔烃中碳碳三键结构

在炔烃中，官能团为碳碳三键，空间构型为线形。以乙炔为例，碳氢原子在同一条直线上。键角为 180°。碳原子成键时采取 sp 杂化，三键中的一条为碳原子 sp 杂化轨道"头碰头"重叠形成的 σ 键，另两条为垂直于该平面的 p 轨道"肩并肩"重叠形成的两条 π 键，且两条 π 键相互垂直。

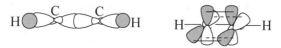

C—C σ 键，C—H σ 键　　　　$p_z\text{-}p_z$ π 键，$p_y\text{-}p_y$ π 键

相互垂直 π 键的电子云呈圆柱形对称包围在 σ 键轴周围，增大了核间的电子云密度，受核的吸引力增大，键长缩短，键能较高，π 键的亲电加成活性不如烯烃。此外，与三键碳相连的原子是氢原子时，受三键碳 sp 杂化的影响，碳氢键极性增加，氢表现出一定的活性（酸性）。

2. 炔烃的化学性质

炔烃的主要反应与烯烃类似，有三键的加成反应、三键的断裂（氧化反应），此外还有三键碳上氢的反应和聚合反应。

1）加成反应

（1）加卤素：

$$R-C\equiv C-H + X_2 \longrightarrow R-\underset{\displaystyle X}{\overset{\displaystyle\;}{C}}=\underset{\displaystyle X}{\overset{\displaystyle\;}{C}}-H \xrightarrow{X_2} R-CX_2-CX_2-H$$

（2）加氢卤酸：

$$R-C\equiv C-H + HX \longrightarrow R-\underset{\displaystyle X}{C}=\underset{\displaystyle H}{C}-H \xrightarrow{HX} R-CX_2-CX_2-H \text{ (符合马氏规则)}$$

（3）加水：

$$R-C\equiv C-H + H_2O \xrightarrow[H_2SO_4]{Hg^{2+}} R-\underset{\displaystyle HOH}{C}=C-H \longrightarrow R-\underset{\displaystyle O}{C}-CX_2-H \text{ (符合马氏规则)}$$

（4）硼氢化-氧化反应：

$$R-C\equiv C-H \xrightarrow{B_2H_6} \xrightarrow[OH^-]{H_2O_2} R-CH_2-CHO$$

（5）加氢氰酸：

$$H-C\equiv C-H + HCN \longrightarrow H_2C=CH-CN \text{ (丙烯腈)}$$

（6）加乙酸：

$$H-C\equiv C-H + CH_3COOH \xrightarrow{\text{催化剂}} H_2C=CH-OCOCH_3 \quad \text{(乙酸乙烯醇酯)}$$

（7）催化加氢

$$R-C\equiv C-R' + \begin{cases} \xrightarrow[\text{CaCO}_3]{\text{H}_2,\text{Pd/PdO}} & \underset{H}{\overset{R}{>}}C=C\underset{H}{\overset{R'}{<}} \quad \text{顺式} \\ \\ \xrightarrow{\text{Na/液氨}} & \underset{H}{\overset{R}{>}}C=C\underset{R'}{\overset{H}{<}} \quad \text{反式} \end{cases}$$

2）氧化反应

$$R-C\equiv C-H \xrightarrow{\text{KMnO}_4} RCOOH + CO_2$$

3）三键碳上氢的反应

（1）与重金属离子反应：

$$R-C\equiv C-H \begin{cases} \xrightarrow{[\text{Ag(NH}_3)]^+} & R-C\equiv CAg\downarrow \quad \text{炔化银(灰白)} \\ \\ \xrightarrow[{[\text{Cu(NH}_3)_2]^+}]{} & R-C\equiv CCu\downarrow \quad \text{炔化亚铜(棕红)} \end{cases}$$

该反应用于三键碳上有氢原子炔烃的鉴别。

（2）与活泼金属的反应：

$$R-C\equiv C-H + Na \longrightarrow R-C\equiv CNa + \frac{1}{2}H_2$$

应用：

$$R-C\equiv CNa + R'-X \longrightarrow R-C\equiv C-R' \text{ (武慈反应)}。$$

4）乙炔的聚合

$$2CH\equiv CH \xrightarrow{\text{Cu}_2\text{Cl}_2} CH_2=CHC\equiv CH \xrightarrow[\text{Cu}_2\text{Cl}_2]{\text{CH}\equiv\text{CH}} CH_2=CH-CH=CHC\equiv CH$$

$$\qquad\qquad\qquad\qquad \text{乙烯基乙炔} \qquad\qquad\qquad\qquad \text{二乙烯基乙炔}$$

$$HC\equiv CH \begin{cases} \longrightarrow & \bigcirc \\ \\ \longrightarrow & \left[CH=CH\right]_n \end{cases}$$

5.5.4 共轭二烯烃——1,3-丁二烯

1. 1,3-丁二烯的结构

1,3-丁二烯为具有共轭大 π 键的分子（π_4^4，参见 5.4.1 节），共轭结果是，分子中的碳碳键键长和 π 电子云密度有平均化趋势，体系的能量降低，分子的稳定性增加。

2. 1, 3-丁二烯的反应

（1）加成反应：

$$CH_2=CHCH=CH_2 \begin{cases} \xrightarrow{X_2} \underset{X}{CH_2}CH=CH\underset{X}{CH_2} + \underset{X}{CH_2}=CHCH\underset{X}{-CH_2} \\ \xrightarrow{HX} \underset{H}{CH_2}CH=CH\underset{X}{CH_2} + \underset{X}{CH_2}=CHCH\underset{H}{-CH_2} \end{cases}$$

1, 4-加成产物　　　　1, 2-加成产物

室温下以 1, 4-加成为主产物，又称首尾加成。其他共轭多烯烃与 1mol 试剂加成，也以首尾加成为主产物。

（2）双烯合成（Diels-Alder 反应）：

$$CH_2=CHCH=CH_2 + CH_2=CH_2 \xrightarrow{\triangle} \bigcirc$$

双烯合成是合成六元环的重要方法。当单烯烃上有吸电子基时，反应更易进行。例如：

（3）1, 3-丁二烯的聚合：

$$CH_2=CH-CH=CH_2 \xrightarrow{催化剂} \left[\underset{}{CH_2}-\underset{H}{C}=\underset{H}{C}-CH_2 \right]_n$$

顺丁橡胶

共轭二烯的聚合是合成橡胶的基础。

5.5.5　脂环烃

脂环烃指碳原子连接成环，性质与链状脂肪烃类似的烃。

脂环烃中，除小环（三元、四元环）性质特殊外，其他脂环烃与官能团相同的链烃性质类似。例如：

顺丁烯二酸酐

5.6　有机化合物——芳香烃

5.6.1　芳香性

芳香性是指组成上高度不饱和（如苯）；性质上难发生加成、氧化反应，易发生取代反应；结构上具平面闭合（环状）共轭体系，且 π 电子数等于 $4n+2$（$n=0,1,2,\cdots$正整数）的一类化合物——休克尔规则。苯是其中的典型代表。

5.6.2　苯

1. 苯的结构

苯分子式为 C_6H_6，具有高度不饱和性，性质上难加成，难氧化，易取代。历史上，对其结构经历了长时间的研究和争论。

早期的苯被看作环己三烯⬡（凯库勒式）。

现代苯分子的结构观点：根据苯分子为平面结构，碳原子及氢原子同在一个平面上，键角相等（120°），键长相等（0.139nm）。提出苯的结构为：碳原子采取 sp^2 杂化，碳环为碳原子 sp^2 轨道重叠形成的 σ 键组成，为正六边形；碳上 6 条未杂化的 p 轨道垂直于碳环平面，彼此平行重叠形成闭合共轭 π 键（π_6^6，参见 5.4.1 节）。苯分子中，π 电子完全离域，分布在环平面上下，每个碳上电子云密度相等，键长也相等，如图所示。苯分子的闭合共轭体系使分子内能降低，表现出高度的稳定性。

表示苯分子习惯上仍用 ⬡ 形式，或采用 ⬡ 形式。

2. 苯的化学性质

（1）亲电取代反应：亲电试剂进攻苯环 π 电子云，进而取代苯环上氢原子的反应。

①历程（两步）：

第一步：

$$\text{苯} + \overset{\oplus}{E}-\overset{\ominus}{Nu} \xrightarrow[-Nu^{\ominus}]{\text{慢}} \text{σ-络合物（碳正离子）}$$

σ-络合物（碳正离子）

第二步：

$$\underset{\underset{E}{\overset{H}{\oplus}}}{\bigcirc} + Nu^{\ominus} \xrightarrow{\text{快}} \underset{}{\bigcirc}{-}E + HNu$$

②实例：

$$\xrightarrow{X_2/Fe(\text{或}FeX_3)} \bigcirc{-}X + HX$$
卤苯（氯或溴）

$$\xrightarrow[\text{浓}H_2SO_4,\ \text{加热}]{\text{浓}HNO_3} \bigcirc{-}NO_2 \xrightarrow{\text{还原}} \bigcirc{-}NH_2$$
硝基苯　　　　　　　苯胺

$$\underset{\longleftarrow}{\xrightarrow{\text{浓}H_2SO_4,\ \text{加热}}} \bigcirc{-}SO_3H + H_2O$$
苯磺酸　　　　（可逆反应，通过热水汽可去磺酸基）

$$\xrightarrow[AlCl_3]{R{-}X(\text{或烯烃、醇})} \bigcirc{-}R$$
烷基苯
(弗-克烷基化反应，碳链不异构化，如 $\bigcirc \xrightarrow[AlCl_3]{CH_3CH_2CH_2Cl} \bigcirc{-}CH(CH_3)_2$)
异丙苯

$$\xrightarrow[AlCl_3]{RCOX[(\text{或酸酐}(RCO)_2O]} \bigcirc{-}\underset{O}{\overset{}{C}}{-}R$$
(弗-克酰基化反应，碳链不异构化)　芳酮

③氯甲基化、甲酰化反应：

$$\xrightarrow[ZnCl_2]{HCHO/HCl} \bigcirc{-}CH_2Cl$$

$$\xrightarrow[AlCl_3]{CO/HCl} \bigcirc{-}CHO$$

（2）氧化与还原反应：

$$\bigcirc + 3H_2 \xrightarrow[\triangle]{Ni} \bigcirc$$

$$\bigcirc \xrightarrow[500℃]{V_2O_5} \underset{COOH}{\overset{COOH}{|}} \xrightarrow{-H_2O} \underset{O}{\overset{O}{\bigcirc}}$$

（3）甲苯的反应：

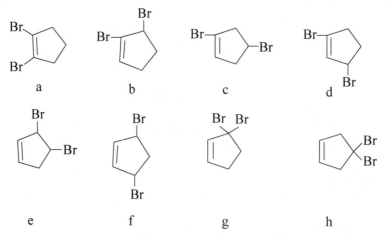

烷基苯氧化规律：只要有 α-H 的烷基，均氧化成—COOH，无 α-H 的烷基不被氧化。例如：

例 5-13　[1999 年全国高中学生化学竞赛（初赛）试题第六题]

曾有人用金属 Na 处理化合物 **A**（$C_5H_6Br_2$，含有五元环），欲得产物 **B**。而事实上得到芳香化合物 **C**（$C_{15}H_{18}$）。

6-1　请画出 **A**、**B** 和 **C** 的结构式；

6-2　为什么反应得不到 **B**，却得到 **C**？

6-3　用过量高锰酸钾溶液处理 **C**，得到产物 **D**，写出 **D** 的结构式。

解析与答案：

6-1　本题给出的信息条件少，文字简练，思维难度大。根据 **A** 的化学式并含有五元环，可能结构为

A 与金属钠作用，可能发生消去反应或取代反应，但不能确定 A 或 B。C 有芳香性，考虑含有苯环。从 C 的分子式分析，C 的碳原子数为 A 的三倍，不饱和度为 7，苯环的不饱和度为 4，则可构思出 C 与三个含五元环的 A 相关（每个五元环的不饱和度为 1），C 的结构为

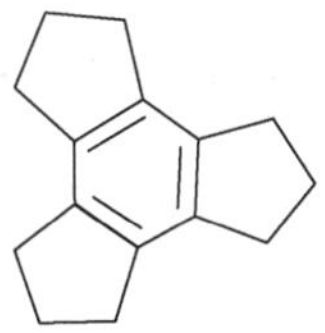

考虑乙炔可以三聚成苯，则 C 由 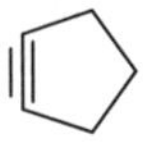 聚合而成。该化合物就是 B。B 由 A 经消去反应得到，A 应为结构中的 a，即 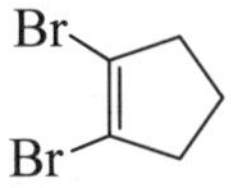 。

（本题若根据 C 的芳香性和分子式，考虑休克尔规则（π 电子数 $4n+2$）求解，则很难构思出 C 的结构。）

6-2　五元环中含碳碳三键，极不稳定，一旦生成立即聚合。

6-3　过量高锰酸钾处理，苯上的取代烷基被氧化（α-氢氧化），D 的结构式为

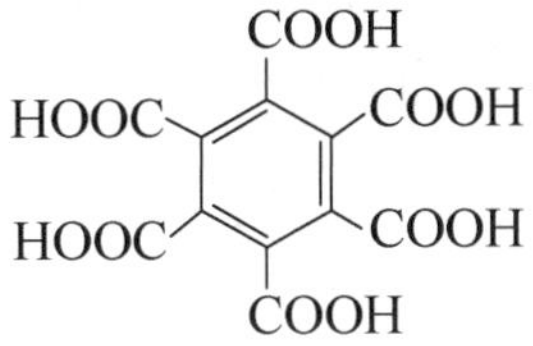

或苯六甲酸酐。

3. 亲电取代反应的定位效应

1）定位效应

定位效应指苯环已有的取代基对苯环再进行亲电取代反应的影响：①对反应活性影响：活化（比苯更易取代）或钝化（比苯更难取代）；②第二个取代基进入的位置（邻、对位或间位）。

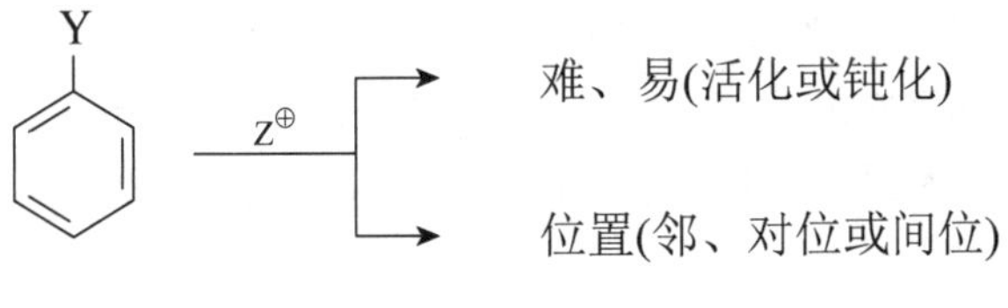

2）定位基分类

Ⅰ类定位基：活化苯环，第 2 个取代基进入邻位和对位，又称邻、对位基。有 —O$^{\ominus}$，—N̈H$_2$（包括取代氨基 —NHR、—NR$_2$），–Ö̈H（酚羟基），–Ö̈R（烷氧基），–N̈HCO—R（酰氨基），—R（烷、烯、炔、苯），—X（卤素，邻、对位基，但对苯环的取代活性是钝化作用）。

Ⅰ类定位基对苯环的影响是"给电子"的，使苯环电子云密度增大（—X 除外），亲

电取代更易进行（参见 5.4.2 节），且邻位和对位电子云密度增大的程度比间位大。

此外，Ⅰ类定位基的定位效应有强弱之分，按上面的排列，前面的是强Ⅰ类定位基，后面的是弱Ⅰ类定位基。例如：

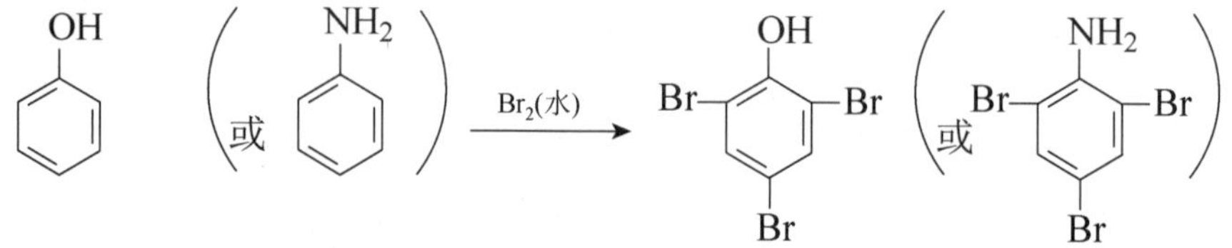

Ⅱ类定位基：钝化苯环，第 2 个取代基进入间位，又称间位定位基，有 —$\overset{+}{N}H_3$（或 —$\overset{+}{N}R_3$ 氨基正离子——铵根），—NO_2，—$C\equiv N$（氰基），—SO_3H（磺酸基），—CO—R（羰基），—COOH，—CX_3。

Ⅱ类定位基对苯环的影响是"吸电子"的，使苯环电子云密度减小，亲电取代难以进行（参见 5.4.2 节），且邻位和对位电子云密度减小的程度比间位大。

此外，Ⅱ类定位基也有强弱之分，按上面的排列，前面的是强Ⅱ类定位基，后面的是弱Ⅱ类定位基。

3）定位效应的运用

预测亲电取代反应的主产物，合理设计合成路线。

例如，下面取代苯的硝化，主产物为箭头所示位置。

(邻位有空间位阻)

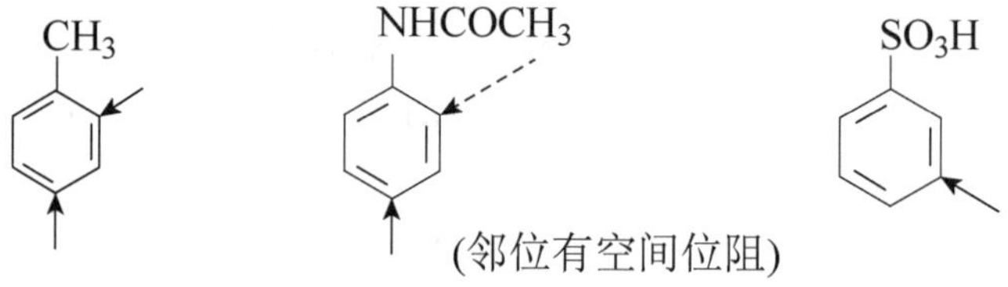

又如，设计以甲苯为原料合成①对硝基苯甲酸、②间硝基苯甲酸的合成路线。

产物中硝基由硝化反应引入，羧基由甲基氧化而得。两种产物硝基位置不同，则应考虑定位效应，是先硝化还是后硝化的问题。

对于①，应先甲苯硝化，生成邻和对硝基甲苯，分离出对硝基甲苯，再进行氧化；对于②，应先甲苯氧化成苯甲酸后，再进行硝化。

当苯环上有两个取代基时，再取代的定位效应是：①两个取代基的定位效应一致时，第三个取代基进入共同影响的位置；②两个取代基的定位效应不一致时，如果为同一类定位基，第三个取代基进入强定位基影响的位置；如果不为同一类定位基，第三个取代基进入Ⅰ类定位基影响的位置。

例如，下面取代苯的硝化，主产物为箭头所示位置。

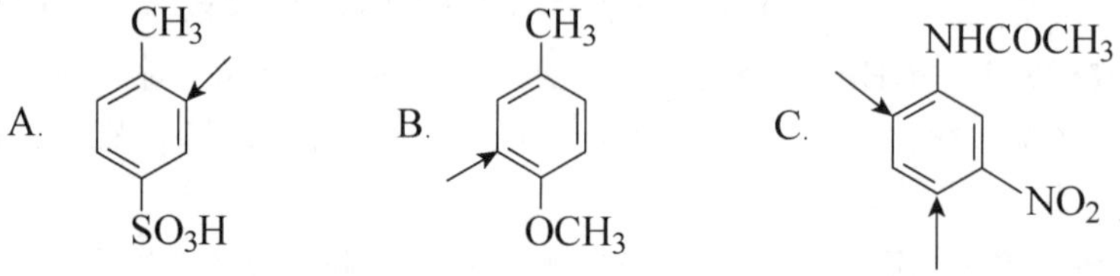

例 5-14　**[中国化学会第 23 届全国高中学生化学竞赛（省级赛区）试题第 7 题]**

1964 年，合成大师 Woodward 提出了利用化合物 **A**（$C_{10}H_{10}$）作为前体合成一种特殊的化合物 **B**（$C_{10}H_6$）。化合物 **A** 有三种不同化学环境的氢，其数目比为 6 : 3 : 1；化合物 **B** 分子中所有氢的化学环境相同，**B** 在质谱仪中的自由区场中寿命约为 1 微秒，在常温下不能分离得到。三十年后化学家们终于由 **A** 合成了第一个碗形芳香二价阴离子 **C**，$[C_{10}H_6]^{2-}$。化合物 **C** 中六个氢的化学环境相同，在一定条件下可以转化为 **B**。化合物 **A** 转化为 **C** 的过程如下所示：

$$\underset{\mathbf{A}}{C_{10}H_{10}} \xrightarrow[\text{(CH}_3)_2\text{NCH}_2\text{CH}_2\text{N(CH}_3)_2]{n\text{-BuLi},t\text{-BuOK},n\text{-C}_6\text{H}_{14}} [C_{10}H_6]^{2-}\cdot 2K^+ \xrightarrow[\substack{\text{C}_2\text{H}_5\text{OC}_2\text{H}_5 \\ n\text{-C}_6\text{H}_6}]{Me_3SnX} \xrightarrow[\substack{\text{CH}_3\text{OCH}_2\text{CH}_2\text{OCH}_3 \\ -78℃}]{MeLi} \underset{\mathbf{C}\cdot 2Li^+}{[C_{10}H_6]^{2-}\cdot 2Li^+}$$

7-1　**A** 的结构简式：

7-2　**B** 的结构简式：

7-3　**C** 的结构简式：

7-4　**B** 是否具有芳香性？为什么？

解析与答案：

7-1　构思 **A** 是本题的关键，具高度思维难度。**A** 为分子式 $C_{10}H_{10}$ 的烃，不饱和度 $\Omega = 1 + 10 + 1/2(0-10) = 6$，应考虑有环和不饱和键；**A** 有三种不同化学环境的氢原子（6 : 3 : 1），六个氢原子可在三条等同双键上，且双键处在三个等同环上（不饱和度为 6）；**A** 也可能有三个等同 CH_2 基团，剩下 C_7H_4，不饱和度为 6，有三条等同三键；**A** 中必有一个叔碳原子，分别与三个等同碳原子相连。则 **A** 的结构简式可能为

（1）　　　　　（2）　　　　　（3）

7-2　**B**（$C_{10}H_6$），**A** 作为前体生成 **B**，共脱掉四个氢原子形成两条双键。**B** 的结构简式：

7-3　考虑 **C** 是 **A** 脱四个氢后形成的产物 $[C_{10}H_6]^{2-}$，脱掉两个氢原子形成一条双键，脱掉两个氢离子形成二价阴离子，具有芳香性。因环戊二烯负离子具有芳香性，而环丙三烯正离子具有芳香性，故（2）式不可能，（3）式为链状化合物，无环，不可能具有芳香性。**A** 为（1）式。

C 的结构简式：

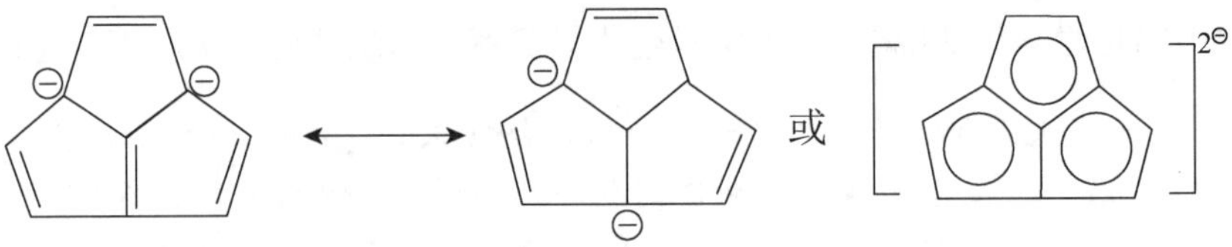

每一个五元环环为环戊二烯负离子，符合 $4n+2$ 规则。

7-4　从题给信息，**B** 极不稳定（**B** 在质谱仪中的自由区场中寿命约为 1 微秒，在常温下不能分离得到）。不具有芳香性。因为每个五元环不符合 $4n+2$ 规则。本题不能因 **B** 的总 π 电子数为 10 个，符合 $4n+2$ 规则而认为 **B** 有芳香性。

本题推断 **A** 难度过大，如果能给出 **A** 含有五元环的信息，适当降低难度更好一些。

5.6.3　萘

1. 萘的结构

萘可看成是两个苯环稠合的烃。结构上与苯环相似，具有平面闭合共轭体系，π 电子数为 10 个，有芳香性。但萘环中的碳碳键不是完全等长，π 电子云也不是完全平均化，而是 α-位电子云密度较高（如图所示）。

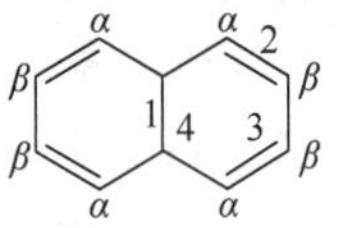

碳碳键长(nm)：1. 0.1421；2. 0.1363；3. 0.1423；4. 0.1418

因此，萘的亲电取代主要在 α-位上，氧化和还原反应也比苯容易。

2. 萘的化学性质

（1）亲电取代反应：

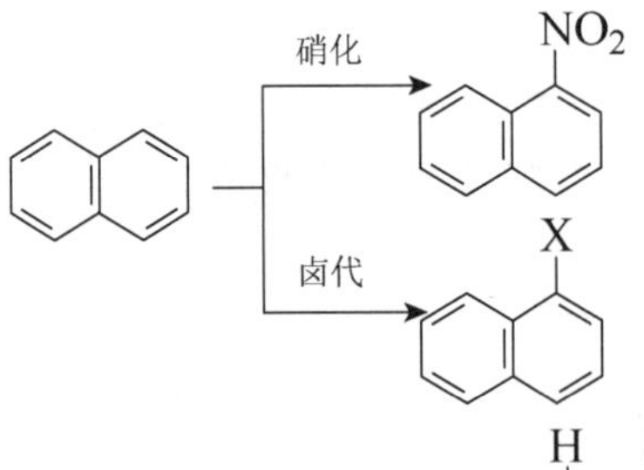

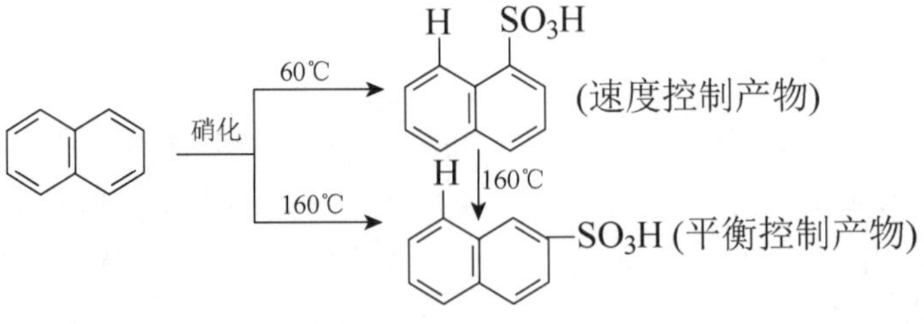

当萘环上有一个取代基时，再进行亲电取代，则第二个取代基进入的位置，既要考虑第一个取代基的定位效应，还要考虑萘环 α-位反应活性高。例如：

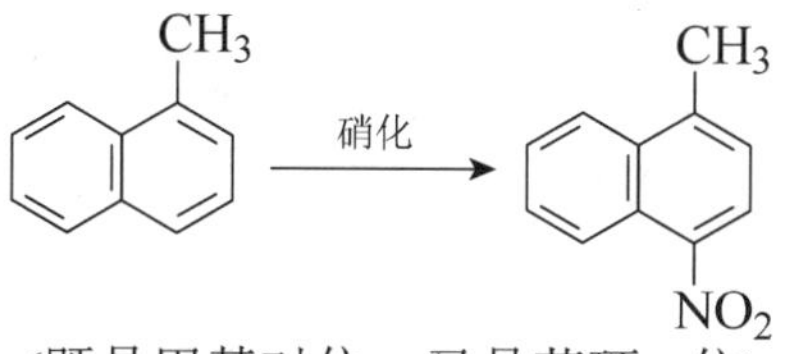

(既是甲基对位，又是萘环α-位)

(既是甲基邻位，又是萘环α-位)

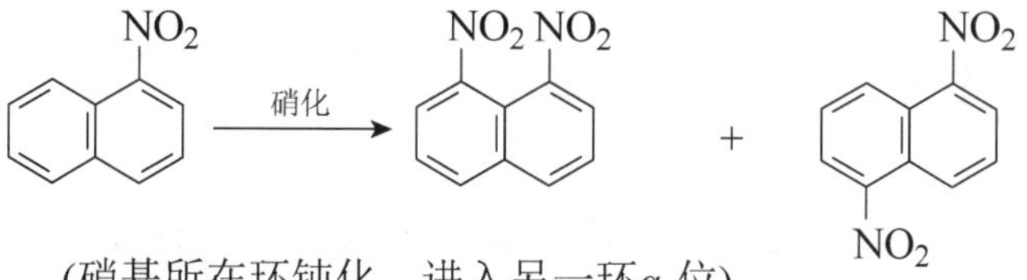

(硝基所在环钝化，进入另一环α-位)

（2）氧化和还原反应：

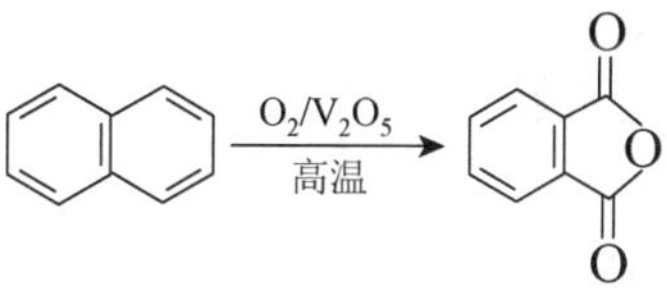

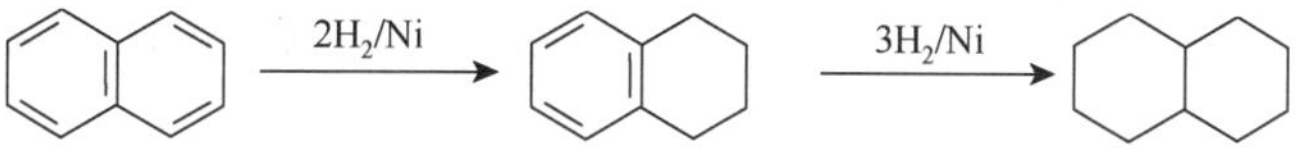

1, 2, 3, 4-四氢化萘   十氢化萘

5.7 有机化合物——卤代烃

卤代烃是烃分子中氢原子被卤素（氟、氯、溴、碘）取代的化合物。对于饱和烃卤代烃，根据卤原子所连接的碳原子类型，可分为伯卤代烃（如 CH_3CH_2—X，1°RX）、仲卤代烃[如$(CH_3)_2CH$—X，2°RX]、叔卤代烃[如$(CH_3)_3C$—X，3°RX]。

5.7.1 卤代烃的结构

在卤代烃中（指氯代、溴代、碘代烃），碳卤键的结合程度较差（第二周期碳原子的轨道与第三、四、五周期氯、溴、碘的轨道不匹配，重叠程度差），键能较低；卤原子的电负性大于碳原子，电子云的偏移使碳卤键具有较强的极性，$R\overset{\delta\delta^+}{\underset{\beta}{—CH2}}\longrightarrow\overset{\delta^+}{\underset{\alpha}{CH}}\longrightarrow\overset{\delta^-}{X}$，与卤原子相连的 α-碳显较高的正电性，易受到带负电性或带有未共用电子对试剂（又称亲核试剂）的进攻，使碳卤键断裂；而碳卤键断裂能生成较稳定卤负离子（又称离去基团），结果试剂替代了卤原子，发生亲核取代反应；此外，β-碳受 α-碳正电性影响，碳上的氢原子也具有一定活性（酸性），在强碱条件下，发生卤素与 β-氢原子脱去 HX，生成烯烃的反应，又称 α,β-消除反应。

5.7.2　卤代烃的化学性质

1. 亲核取代反应

由亲核试剂进攻卤代烃中带正电性的 α-碳，发生碳卤键断裂、亲核试剂替代卤原子的反应。

$$\overset{\delta^+}{R}\!-\!\overset{\delta^-}{X} + Nu^- \longrightarrow R\!-\!Nu + X^-$$

1）实例

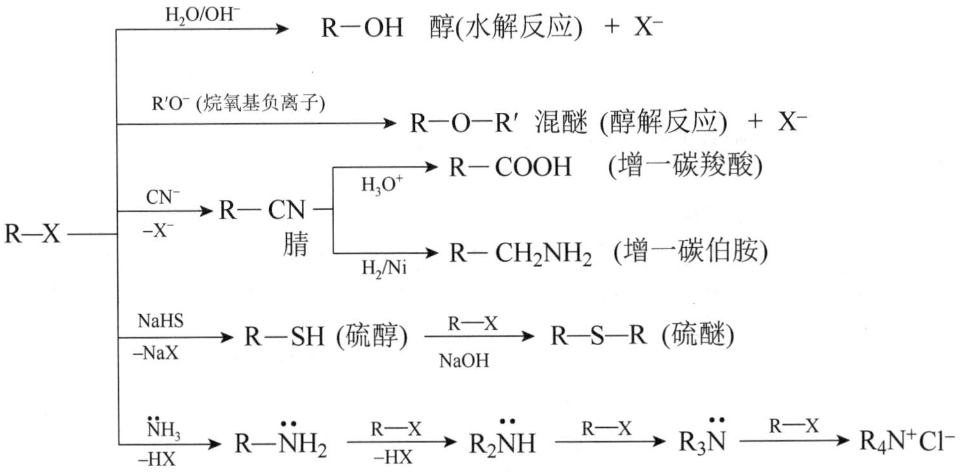

2）亲核取代反应历程（主要有两种，以水解反应为例）

（1）单分子历程（S_N1）：水解速率只与卤代烃浓度有关，与亲核试剂浓度无关，

$$V=k[R\!-\!X]（k为速度常数）$$

历程为两步：

$$(CH_3)_3C\!-\!Br \xrightarrow{\text{慢}} (CH_3)_3C^+（碳正离子）+ Br^-$$

$$(CH_3)_3C^+ + OH^- \xrightarrow{\text{快}} (CH_3)_3C\!-\!OH$$

（2）双分子历程（S_N2）：水解速率既与卤代烃浓度有关，也与亲核试剂浓度有关，

$$V=k[R\!-\!X][OH^-]（k为速度常数）$$

历程为一步：

$$OH^- + CH_3\!-\!Br \longrightarrow [\overset{\delta^-}{HO}\cdots CH_3 \cdots \overset{\delta^-}{Br}] \longrightarrow HO\!-\!CH_3 + Br^-$$
$$\text{过渡态}$$

（3）反应进程与能量变化图示：

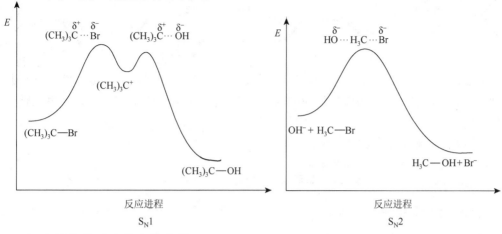

$$S_N1$$

$$S_N2$$

3）亲核取代反应的立体化学

S_N1：

（碳正离子，平面结构）

外消旋体

即 S_N1 反应的立体化学是产物外消旋化。

S_N2：

过渡态　　　　　　构型翻转

即 S_N2 反应的立体化学是产物发生构型翻转（瓦尔登转化）。

4）邻基参与

当被取代的基团邻位有带负电荷或孤对电子的基团如—O⁻、—COO⁻、—ÖR、—N̈H₂等时，这些基团可参与反应，先进行分子内的亲核取代反应形成环状中间体，进一步再由亲核试剂取代，即发生两次 S_N2 取代：

异构化　　　　　构型保持

邻基参与分子内的过程，它对反应中心的进攻比处于分子外的试剂或溶剂分子的进攻有利得多。邻基参与使亲核取代反应的速率大大加快，产物构型保持（两次构型翻转）或结构异构化。

5）影响亲核取代反应的因素

（1）底物（烃基 R—）结构影响：

对 S_N1 反应是：$3° >$ 烯丙型,苄基型，$2° > 1° > CH_3X \gg -\overset{|}{C}=\overset{|}{C}-X$；

对 S_N2 反应是：烯丙型,苄基型，$CH_3X > 1° > 2° > 3° \gg -\overset{|}{C}=\overset{|}{C}-X$。

从电子效应考虑，参见 5.4.2 节，

从空间效应考虑，S_N1 限速一步是生成碳正离子，3 级卤代烃从 sp^3 杂化碳转变成 sp^2 杂化碳，键角从 109°转变成 120°，空间拥挤程度大大减小，反应最为有利；S_N2 反应是亲核试剂进攻带正电性的中心碳原子，$CH_3—X$ 中心碳原子上连的是体积小的氢原子，空间阻碍最小，反应最为有利。

（2）离去基团（—L）影响：L 的可极化性大，L^-的碱性弱，易被溶剂化，对 S_N1 和 S_N2 都有利，常见的基团顺序如下：

$$-SO_2R > -I > -Br > -Cl > -ONO_2 > -OAc$$

（3）亲核试剂 Nu^-影响：Nu^-直接影响 S_N2 的反应速率，试剂中进攻原子（如 I^-、S^{2-}）的负电荷密度高，易极化，溶剂化能力弱，试剂浓度高的亲核能力强，有利于按 S_N2 历程进行。

（4）溶剂影响：增强溶剂的极性，有利于反应按 S_N1 历程进行；降低溶剂极性，或用强极性非质子性溶剂，有利于反应按 S_N2 历程进行。

2. 消除反应

$$R-\underset{\underset{H}{|}}{CH}-\underset{\underset{X}{|}}{\overset{\alpha}{CH}}-R' \xrightarrow[醇/\triangle]{KOH} R-CH=CH-R' + HX$$

（1）消去为 α,β-消去，无 β-氢不能消去。

（2）消去取向：

$$\overset{\beta}{CH_3}-\underset{\underset{Br}{|}}{CH}-\overset{\beta}{CH_2}-CH_3 \xrightarrow[醇/\triangle]{KOH} CH_3-CH=CH-CH_3 + CH_2=CH-CH_2CH_3$$
（主）

遵从札依采夫规则，即生成双键碳上取代基多的烯烃为主产物。

（3）消除难易：$3°RX > 2°RX > 1°RX$。

3. 与金属的反应

$$R-X + M (金属) \longrightarrow R-M + X^-$$

产物具有碳-金属键，称为有机金属化合物。

如果 M 为金属镁，为有机镁试剂，又称格氏（Grignard）试剂，例如：

$$CH_3I + Mg \xrightarrow{\text{无水醚}} CH_3MgI \text{ (甲基碘化镁)}$$

$$(CH_3)_2CHBr + Mg \xrightarrow{\text{无水醚}} (CH_3)_2CHMgBr \text{ (异丙基溴化镁)}$$

在有机金属试剂中，碳与金属直接相连的共价键为极性共价键，碳带有较高的负电荷，所以有机金属试剂常作亲核试剂，其中带负电荷的碳去进攻底物带正电荷的碳，发生增碳反应。有机金属试剂是重要的有机合成试剂。

4. 三类卤代烃的鉴别

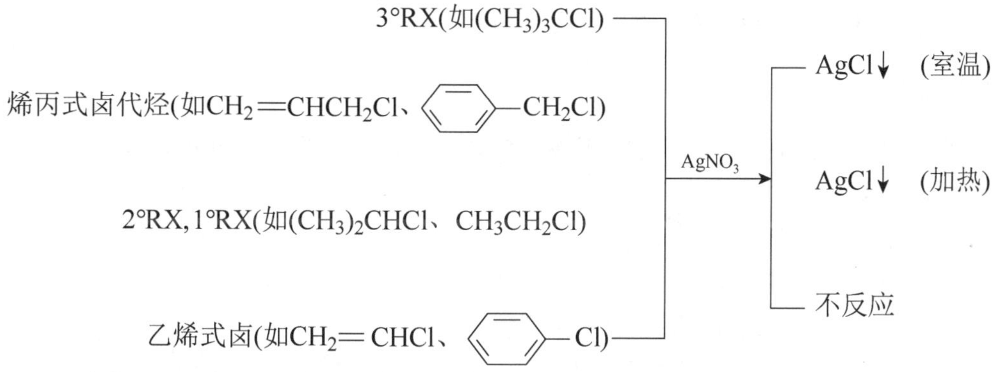

$3°RX(如(CH_3)_3CCl)$ ────┐

烯丙式卤代烃(如CH_2=$CHCH_2Cl$、〈苯〉—CH_2Cl)

$2°RX,1°RX(如(CH_3)_2CHCl、CH_3CH_2Cl)$ ──$\xrightarrow{AgNO_3}$──

乙烯式卤(如CH_2=$CHCl$、〈苯〉—Cl)

├ $AgCl\downarrow$　（室温）

├ $AgCl\downarrow$　（加热）

└ 不反应

例 5-15　**[中国化学会第 23 届全国高中学生化学竞赛（省级赛区）试题第 10 题]**

高效低毒杀虫剂氯菊酯（Ⅰ）可通过下列合成路线制备：

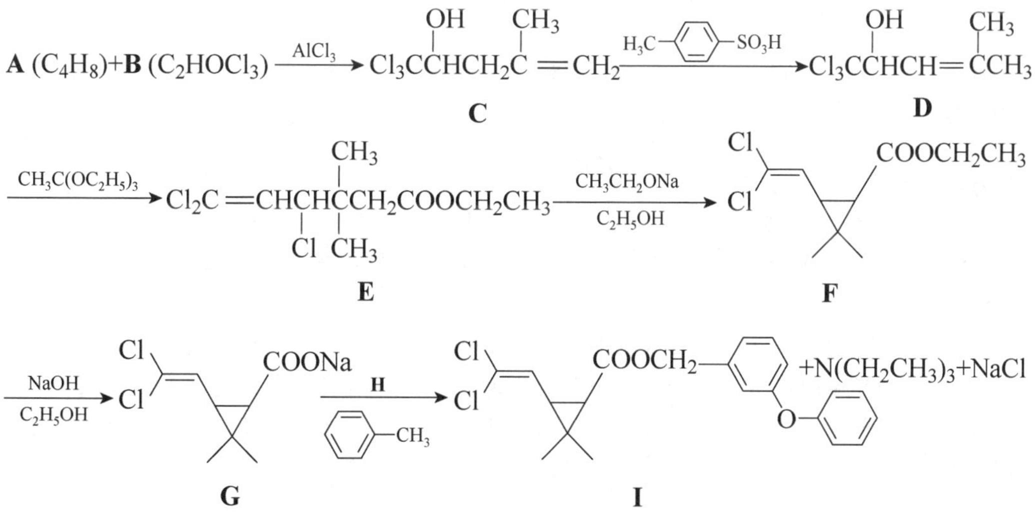

$A(C_4H_8)$+$B(C_2HOCl_3)$ $\xrightarrow{AlCl_3}$ Cl_3CCHCH_2C=CH_2 (OH, CH_3) **C** $\xrightarrow{H_3C-\langle苯\rangle-SO_3H}$ Cl_3CCHCH=CCH_3 (OH, CH_3) **D**

$\xrightarrow{CH_3C(OC_2H_5)_3}$ Cl_2C=$CHCHCH_2COOCH_2CH_3$ (CH_3, Cl CH_3) **E** $\xrightarrow[C_2H_5OH]{CH_3CH_2ONa}$ F (〈环丙烷〉 Cl_2C= , COOCH_2CH_3)

$\xrightarrow[C_2H_5OH]{NaOH}$ **G** (Cl_2C=, COONa) $\xrightarrow[\langle甲苯\rangle]{H}$ **I** (Cl_2C=, COOCH_2-〈苯环 O-苯氧基〉) +$N(CH_2CH_3)_3$+$NaCl$

10-1　化合物 **A** 能使溴的四氯化碳溶液褪色且不存在几何异构体。

A 的结构简式：

B 的结构简式:

10-2 化合物 **E** 的系统名称:

化合物 **I** 中官能团的名称:

10-3 由化合物 **E** 生成化合物 **F** 经历了____步反应,每步反应的反应类别分别是:

_____。

10-4 在化合物 **E** 转化成化合物 **F** 的反应中,能否用 $NaOH/C_2H_5OH$ 代替 C_2H_5ONa/C_2H_5OH 溶液?为什么?

10-5 (1)化合物 **G** 和 **H** 反应生成化合物 **I**、$N(CH_2CH_3)_3$ 和 $NaCl$,由此可推断 **H** 的结构简式。

(2) **H** 分子中氧原子至少与_____个原子共平面。

10-6 芳香化合物 **J** 比 **F** 少两个氢,**J** 中有三种不同化学环境的氢,它们的数目比是 $9:2:1$,则 **J** 可能的结构为(用结构简式表示):

解析与答案:

10-1 据 **A**、**B** 的分子式及相关信息、**C** 的结构,不难得出 **A** 和 **B** 的结构:

A: $\begin{matrix} H_3C \\ H_3C \end{matrix} C=CH_2$ **B:** $\begin{matrix} H \\ Cl_3C \end{matrix} C=O$

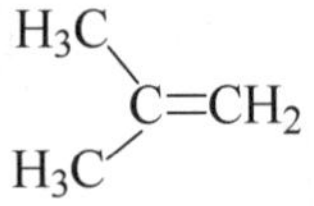

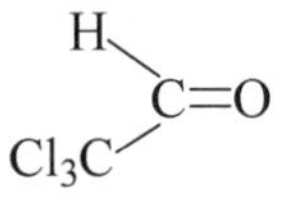

10-2 3,3-二甲基-4,6,6-三氯-5-己烯酸乙酯;

卤原子、碳碳双键、酯基、醚键。

10-3 化合物 **E** 生成化合物 **F**,两步反应;第一步乙醇钠与酯的 α-H 发生酸碱反应,生成碳负离子;第二步碳负离子对 γ-氯原子进行(亲核)取代反应形成三元环。

10-4 不能。因为氢氧化钠使酯发生皂化反应,且氢氧化钠的碱性不够强,不能在酯的 α-位生成碳负离子,此外,可能发生烯丙位的氯被羟基取代、双键可能发生重排反应等。

10-5 (1)据 **I** 的结构,**G** 与 **H** 发生亲核取代反应成酯。考虑有三乙胺生成,则 **H** 应为季铵类化合物。

H: $\left[\text{〇-O-〇-CH}_2\overset{\oplus}{N}(CH_2CH_3)_3 \right] Cl^{\ominus}$

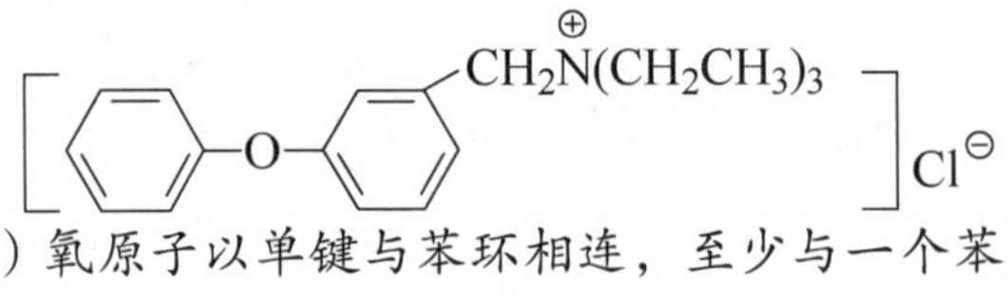

(2)氧原子以单键与苯环相连,至少与一个苯环及该环直接相连的原子共平面,11 个。

10-6 **F** 的分子式为 $C_{10}H_{14}O_2Cl_2$,则 **J** 的分子式为 $C_{10}H_{12}O_2Cl_2$。**J** 的不饱和度 $\Omega = 1 + 10 + 1/2(0-14) = 4$,正好为一个苯环;**J** 中有三种不同化学环境的氢($9:2:1$),九个等同氢原子对应三个甲基,应有一个叔丁基;两个等同氢原子可能在苯环上,也可能在两个羟基上。

5.8　有机化合物——醇、醚、酚

醇和醚可以看成是水分子中的氢原子分别被一个或两个烃基取代的产物,醇在一定条件下可脱水成醚。酚则可看成水分子中的氢原子被苯环取代的产物。

5.8.1　醇

1. 醇的结构

醇的羟基官能团与碳原子相连,因氧元素电负性大,碳氧键有极性,与氧直接相连的碳显较高的正电性,但碳氧元素在同一周期,碳氧键结合比碳卤键(氯、溴、碘)强,且碳氧键断裂生成的 OH⁻是难离去基团,所以醇的亲核取代反应比卤代烃困难;受烃基给电子影响,羟基上氢原子的酸性比水弱;此外,醇也可发生消去反应、氧化反应等。

2. 醇的物理性质

因醇中羟基官能团的影响,在物理性质上不同于烃、卤代烃的是:① 熔、沸点高(如乙醇沸点 78.5℃);②低级醇、多元醇易溶于水,但随烃基碳原子数的增加,水溶性减小。

3. 醇的化学性质

1) 醇的似水性

(1) 酸性——与活泼金属反应:

$$R\text{—}OH + Na\,(\text{或K、Al等}) \longrightarrow R\text{—}ONa + H_2 \ (\text{缓慢放出})$$

(2) 碱性——与强酸反应:

$$R\text{—}OH + H^{\oplus} \longrightarrow R\text{—}\overset{\oplus}{O}H_2 \ (\text{质子化的醇})$$

质子化削弱了碳氧键,增加了 R 的正电性,有利于亲核取代反应,且碳氧键断裂生成易离去基团水(直接取代生成强碱性的难离去基团氢氧根负离子)。

2）与氢卤酸反应

$$R-OH + HX \xrightarrow{H_2SO_4} R-X + H_2O$$

（1）氢卤酸活性：HI＞HBr＞HCl。

与盐酸反应时，需用氯化锌作催化剂，且不同类型的醇反应的快慢不同：叔醇，室温下立即反应，溶液混浊；仲醇，室温下十多分钟后发生反应，并出现混浊；伯醇，室温下不反应，需加热。因此，浓 HCl/ZnCl$_2$（又称卢卡斯试剂）可以区别三类醇。

（2）醇也可以通过下面反应制备卤代烃：

$$R-OH + PX_3（或PX5） \longrightarrow R-X \text{（溴或碘代烃，试剂可直接用X}_2\text{+P）}$$

$$R-OH + SOCl_2（亚硫酰氯） \longrightarrow R-Cl + SO_2 + HCl$$

3）成酯反应

$$CH_3OH + H_2SO_4 \xrightarrow[-H_2O]{\triangle} CH_3OSO_3H \xrightarrow[减压蒸馏]{CH_3OH} (CH_3O)_2SO_2 + H_2O$$
（硫酸二甲酯）

$$R-OH + CH_3-\langle\!\!\!\bigcirc\!\!\!\rangle-SO_2Cl \xrightarrow{-HCl} CH_3-\langle\!\!\!\bigcirc\!\!\!\rangle-SO_2-O-R$$
（对甲苯磺酸酯）

在对甲苯磺酸酯中，—O—R 键较弱，R 上带有正电性，且磺酸基负离子是易离去基团，所以该化合物亲核取代反应活性高。通常将不易进行亲核取代反应的醇，先制成苯磺酸酯，再进行亲核取代。

4）消去反应

$$\underset{\overset{|}{H}\ \ \underset{\cdot}{OH}}{R-CH-CH_2} \xrightarrow[\triangle]{浓H_2SO_4} R-CH=CH_2 + H_2O$$

与卤代烃消去相类似：消去属于 α,β-消去；消去取向遵从札依采夫规则；消去难易是三级醇（叔醇）最易，一级醇（伯醇）难。

5）氧化反应

$$\left.\begin{array}{l} 1° \\ 2° \\ 3° \end{array}\right\} 醇 \xrightarrow[H_3O^+]{K_2Cr_2O_7} \left\{\begin{array}{l} 醛 （可继续氧化成酸） \\ 酮 \\ 难氧化 \end{array}\right.$$

如果采用新制二氧化锰或三氧化铬-吡啶作氧化剂，可选择性地氧化醇而不氧化分子中的不饱和键。例如：

$$CH_3(CH_2)_4C\equiv CCH_2OH + CrO_3 \xrightarrow{\langle\!\!\!\bigcirc\!\!\!\rangle_N} CH_3(CH_2)_4C\equiv CCHO$$

醇也可通过脱氢反应被氧化。例如：

$$\text{(环己醇)} -\text{OH} \xrightarrow[300℃]{CuCrO_4} \text{(环己酮)} =\text{O}$$

4. 多元醇的反应

（1）乙二醇：

$$\begin{array}{cc} CH_2\!-\!CH_2 \\ \,|\quad\ \ | \\ OH\ \ OH \end{array} \longrightarrow \begin{array}{c} CH_2\!-\!CHO \\ \,| \\ OH \end{array} \longrightarrow OHC\!-\!CHO \longrightarrow OHC\!-\!COOH \longrightarrow HOOC\!-\!COOH$$

（2）甘油：

$$\left[\begin{array}{c} -OH \\ -OH \\ -OH \end{array}\right. + 3HONO_2 \longrightarrow \left[\begin{array}{c} -ONO_2 \\ -ONO_2 \\ -ONO_2 \end{array}\right. + 3H_2O$$

$$\left[\begin{array}{c} -OH \\ -OH \\ -OH \end{array}\right. \xrightarrow[\triangle]{浓硫酸} CH_2\!=\!CH\!-\!CHO + 2H_2O$$

（3）高碘酸(HIO₄)或四乙酸铅[Pb(OAc)₄]对邻二醇氧化：

$$\begin{array}{c} CHO \\ -OH \\ -OH \\ -OH \\ CH_2OH \end{array} \xrightarrow{\ 4HIO_4\ } 4HCOOH + HCHO$$
(即在断键的位置引入一个羟基)

$$\underset{HO\ \ OH}{\bigcirc} \xrightarrow{\ Pb(OAc)_4\ } \underset{OHC\quad CHO}{\diagup\!\diagdown} + Pb(OAc)_2 + 2AcOH$$

5. 醇（或卤代烃）消去反应的历程

1）历程：（—L 代表卤原子，质子化的羟基等）

E1 历程：

$$R\!-\!\underset{H}{\overset{\beta}{CH}}\!-\!\overset{\alpha}{C}\!-\!L \xrightarrow{-L^{\ominus}} R\!-\!\underset{H}{CH}\!-\!\overset{\oplus}{C}\ \ \underset{B^{\ominus}}{\curvearrowleft} \longrightarrow R\!-\!CH\!=\!C\diagup + HB$$

E2 历程：

$$R\!-\!\underset{H}{\overset{\beta}{CH}}\!-\!\overset{\alpha}{C}\!-\!\underset{B^{\ominus}}{L} \longrightarrow R\!-\!\underset{\substack{\vdots\\B\,\delta^-}}{\overset{H}{C}}\!=\!\overset{\delta^-}{C}\!\cdots L \longrightarrow R\!-\!CH\!=\!C\diagup + HB + L^{\ominus}$$

E1$_{CB}$ 历程：

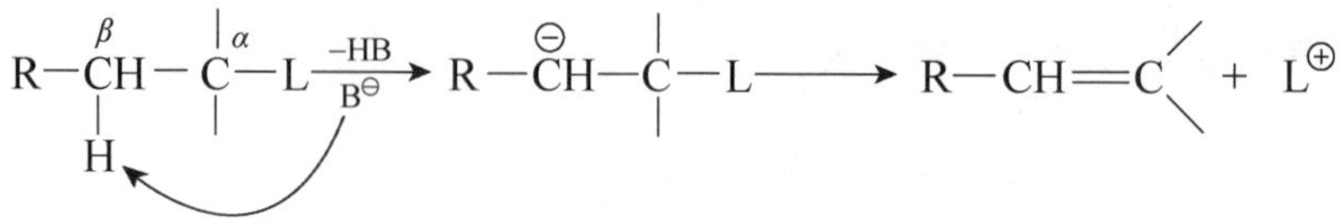

$$R-\underset{\underset{H}{|}}{\overset{\beta}{C}H}-\underset{|}{\overset{\alpha}{C}}-L \xrightarrow[B^{\ominus}]{-HB} R-\overset{\ominus}{C}H-\underset{|}{C}-L \longrightarrow R-CH=C\diagup + L^{\oplus}$$

2）烃基结构对消去反应的影响

一级卤代烃易按 E2 历程消除；三级醇（或卤代烃）易按 E1 历程消除；β-邻位有强吸电子基（如氟原子、羰基等），或有能稳定碳负离子的基团（如苯基），易按 E1$_{CB}$ 历程消除。

醇的消去反应用酸质子化，易按 E1 历程先脱水成碳正离子，产物易发生异构化（碳正离子重排）。

3）与亲核取代反应的竞争

一般地，升高反应的温度，增强亲核试剂的碱性，体积大、碱性强的试剂，三级卤代烃或 β-碳上支链多的一级卤代烃易发生消去反应。

4）E2 消除反应的立体化学

在立体化学上，消去的两个原子应处于反式共平面位置

如下面的反应：

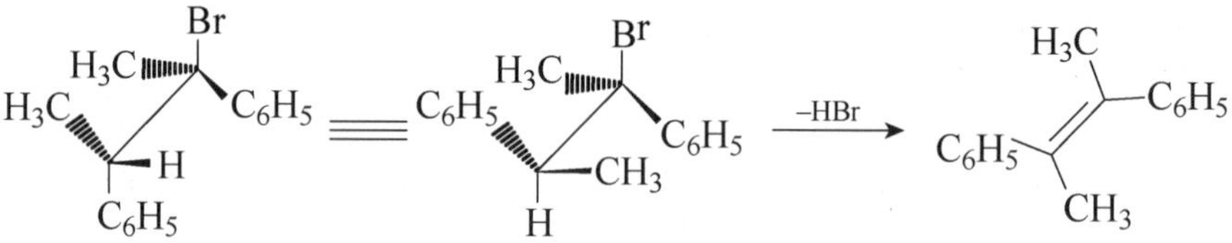

5.8.2 醚

1. 醚的反应

（1）与强酸反应：$R-O-R' + H^+ \longrightarrow R-\overset{+}{\underset{H}{O}}-R'$（质子化醚，可溶于强酸中）。

（2）醚键的断裂：$R-O-R' + HI$（或浓 HBr）$\longrightarrow R-OH + R'-I$（或 Br）。

反应历程——亲核取代：

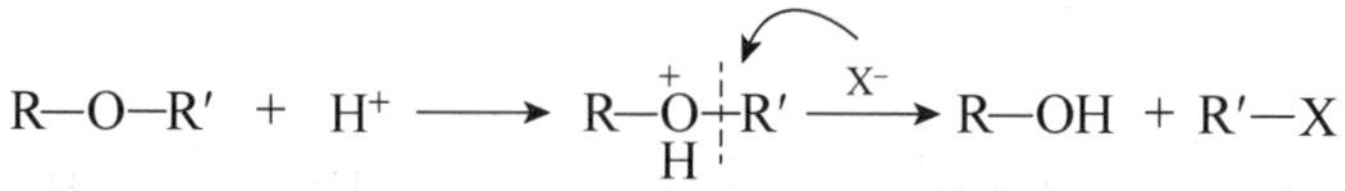

$$R-O-R' + H^+ \longrightarrow R-\overset{+}{\underset{H}{O}}\cdots R' \xrightarrow{X^-} R-OH + R'-X$$

当氢卤酸过量时，生成的醇进一步反应生成卤代烃。例如：

$$CH_3CH_2OCH_2CH_3 + 2HI\text{（过量）} \longrightarrow 2CH_3CH_2I + H_2O$$

2. 环氧乙烷的反应

$$
\begin{aligned}
&\underset{O}{\overset{\displaystyle CH_2-CH_2}{\diagdown\diagup}} \quad + \\
\end{aligned}
$$

- $\xrightarrow{H_3O^+}$ $HOCH_2-CH_2OH$
- $\xrightarrow{ROH/H^+}$ $ROCH_2-CH_2OH$
- $\xrightarrow{NH_3}$ $HOCH_2-CH_2NH_2$
- $\xrightarrow{B_2H_6}$ $\xrightarrow{H_3O^+}$ CH_3-CH_2-OH
- $\xrightarrow{R-MgX}$ $\underset{R\quad\;\;OMgX}{CH_2-CH_2}$ $\xrightarrow{H_3O^+}$ $RCH_2CH_2OH + Mg(OH)X$ （增二碳伯醇）

例 5-16　[1998 年全国高中学生化学竞赛（初赛）试题第 6 题]

化合物 **C** 是生命中广泛存在的一种物质，它的合成方法是：（1）在催化剂存在下，甲醇与氨气反应得到 **A**；（2）在催化剂存在下，乙烯跟氧气反应得到 **B**；（3）在水存在下，**A** 和 **B** 反应得到 **C**。**C** 的脱水产物的结构如下：

$$CH_2=CH-\overset{\oplus}{N}(CH_3)_3\overset{\ominus}{OH}$$

写出上面三步合成反应的化学方程式，**A**、**B**、**C** 要用结构式表示。

解析与答案：

反应（1）甲醇＋氨气 $\longrightarrow$ **A**，（2）乙烯＋氧气 $\longrightarrow$ **B**，都不能直接给出产物，只能从 **C** 的脱水产物的结构上考虑 **C**：

$$CH_2=CH-\overset{\oplus}{N}(CH_3)_3\overset{\ominus}{OH} \Rightarrow \underset{OH}{CH_2-CH_2-\overset{\oplus}{N}(CH_3)_3}\;\overset{\ominus}{OH} \quad + \quad \underset{OH}{CH_3CH-\overset{\oplus}{N}(CH_3)_3}\;\overset{\ominus}{OH}$$

$$\qquad\qquad\qquad\qquad\qquad\qquad\qquad\qquad\quad i \qquad\qquad\qquad\qquad\qquad\qquad ii$$

ii 式中，同一碳上连有羟基和氨基，不稳定，**C** 为 i 式。

考虑生成 **A** 和 **B** 的原料碳原子数与 **C** 的关系，则

（1） $3CH_3-OH + NH_3 = (CH_3)_3N + 3H_2O$

（2） $CH_2=CH_2 + O_2 = \underset{O}{\overset{\displaystyle CH_2-CH_2}{\diagdown\diagup}}$

（3） $\underset{\delta^-}{\overset{\delta^+}{\underset{O}{\overset{\displaystyle CH_2-CH_2}{\diagdown\diagup}}}} + (CH_3)_3\ddot{N} \longrightarrow \underset{\overset{\ominus}{O}\quad\overset{\oplus}{N}(CH_3)_3}{CH_2-CH_2} \xrightarrow{H_2O} \underset{OH\quad\overset{\oplus}{N}(CH_3)_3\overset{\ominus}{OH}}{CH_2-CH_2}$

本题中很多同学解题时不清楚 ii 式不稳定，按 ii 式考虑 **C**，则将 **B** 考虑为乙醛（因中学教材中有乙烯氧化成乙醛的反应）出错。

$$CH_3CHO + (CH_3)_3N \longrightarrow \underset{H}{\overset{\overset{\ominus}{O}}{CH_3-C-N(CH_3)_3}} \xrightarrow{H_2O} \underset{OH}{CH_3-CH-\overset{\oplus}{N}(CH_3)_3\overset{\ominus}{OH}}$$

5.8.3　酚

1. 苯酚的结构

苯酚中，羟基氧采取 sp^2 杂化，未杂化的 p 轨道上的一对孤对电子可与苯环的大 π 键发生侧面重叠形成 p-π 共轭体系（π_7^8，如图所示）。

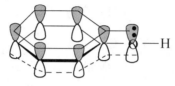

共轭效应是氧上的一对电子向苯环转移（给电子＋C 效应），苯环的电子云密度增大，使苯环上的亲电取代反应活性提高（强 I 类定位基）；碳氧键的键强度增加，极性减小，不易断裂；氧氢键极性增加，氢的酸性增大。

2. 苯酚的化学性质

（1）酸性：

$$\text{C}_6\text{H}_5\text{—OH} + \text{NaOH} \xrightarrow[-\text{H}_2\text{O}]{} \text{C}_6\text{H}_5\text{—ONa} \xrightarrow[\text{H}_2\text{O}]{\text{CO}_2} \text{C}_6\text{H}_5\text{—OH}$$

（2）成醚反应：

$$\text{C}_6\text{H}_5\text{—OH} + \text{R—X} \xrightarrow[\text{H}_2\text{O}]{\text{NaOH}} \text{C}_6\text{H}_5\text{—OR}$$

$$\text{C}_6\text{H}_5\text{—OH} + (\text{CH}_3\text{O})_2\text{SO}_2 \xrightarrow[\text{H}_2\text{O}]{\text{NaOH}} \text{C}_6\text{H}_5\text{—OCH}_3$$

（3）成酯反应：

$$\text{C}_6\text{H}_5\text{—OH} + \begin{matrix}\text{RCOCl}\\ \text{或}(\text{RCO})_2\text{O}\end{matrix} \longrightarrow \text{C}_6\text{H}_5\text{—OCOR}$$

（水杨酸）+(CH₃CO)₂ ⟶ （阿司匹林）

（4）苯环上的取代反应：

①溴代

$$\text{C}_6\text{H}_5\text{—OH} + \text{Br}_2(\text{水}) \longrightarrow \text{2,4,6-三溴苯酚}\downarrow(\text{白})$$

（控制条件：低温、非极性溶剂等可一取代）

②硝化

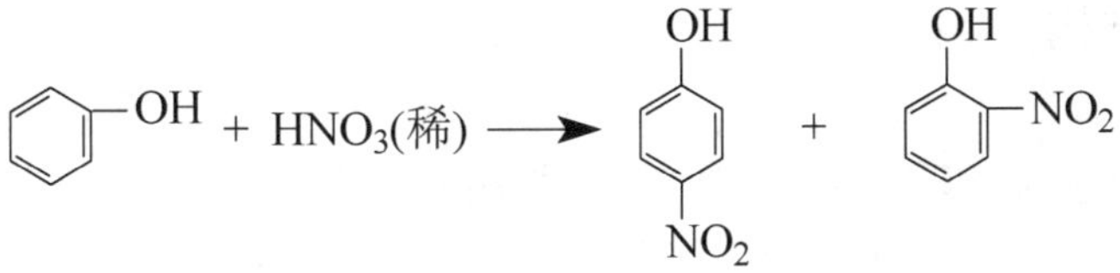

③弗-克反应

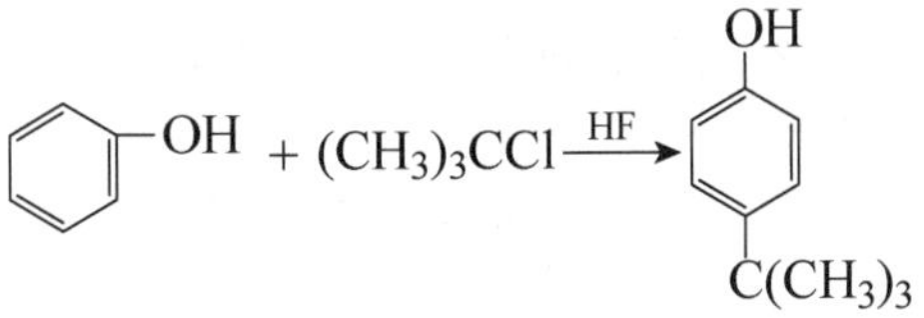

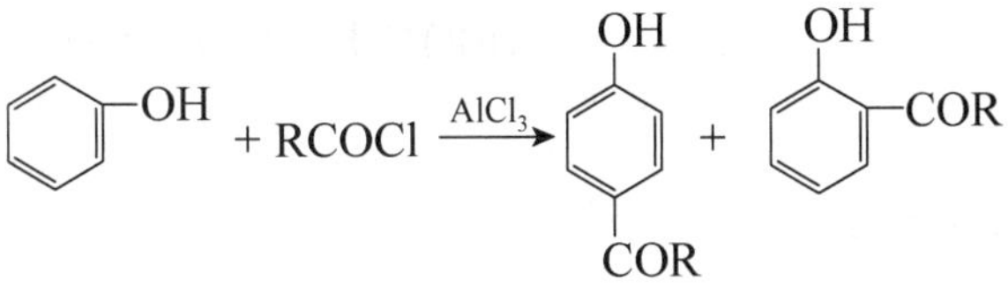

（5）其他反应：

①酚羟基与三氯化铁溶液：可发生显色反应，可用于酚类的鉴别。

②酚醚的伯奇还原：

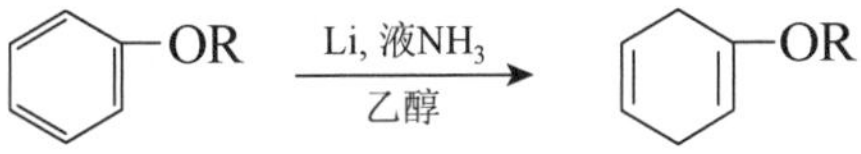

③柯尔贝反应：

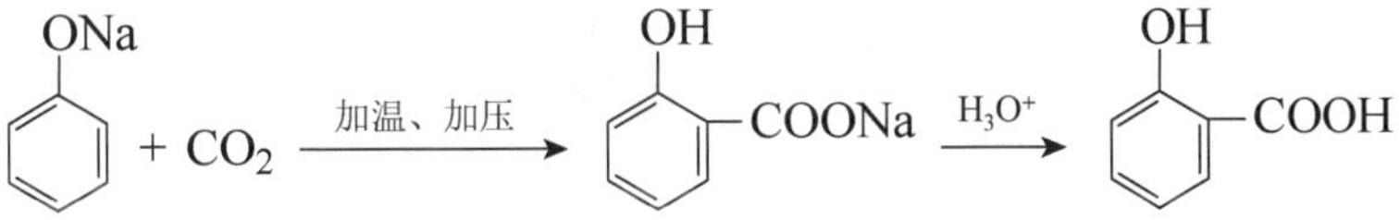

④与醛、酮反应：

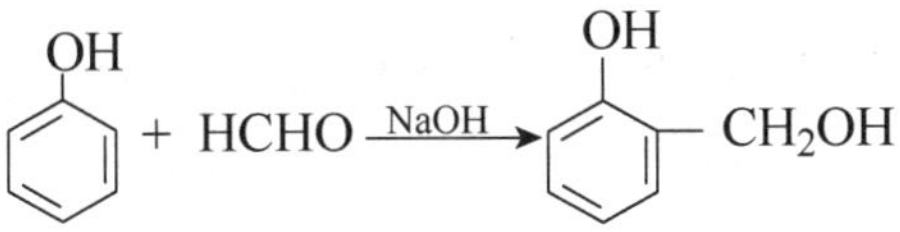

(进一步聚合成酚醛树脂)

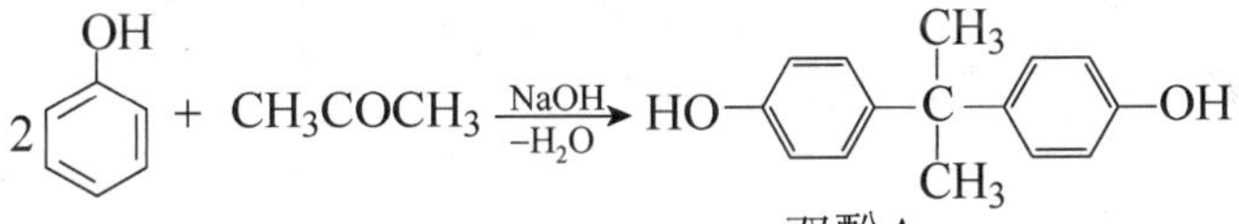

双酚A

5.9　有机化合物——醛、酮

醛、酮是分子中含有碳氧双键官能团的化合物，又称羰基化合物。

5.9.1 羰基的结构

在醛酮中，羰基为平面构型，与羰基碳直接相连的原子处于同一平面上，键角在 120° 左右，羰基碳原子采取 sp^2 杂化。碳氧双键中，一条键为 C 原子 sp^2 杂化轨道与 O 原子的 2p 轨道"头碰头"重叠成 σ 键，另一条键为 C 原子上未杂化的 p 轨道与 O 原子另一条 2p 轨道"肩并肩"侧面重叠成 π 键。因氧原子的电负性大，双键（σ 和 π）电子云偏向氧形成强极性键。

醛、酮的主要反应有：

$$R—CH \overset{\alpha}{\underset{H}{}} \overset{\delta^+}{C} \overset{\overset{\displaystyle O}{\|}}{\underset{H(R)}{}}$$

δ⁻H⁺与负电性氧的反应(质子化)

Nu⁻亲核试剂进攻正电性C的反应(亲核加成)

醛 H 的氧化，羰基的还原

α-H的反应

5.9.2 醛、酮的化学性质

1. 亲核加成反应

亲核加成反应：亲核试剂进攻正电性羰基碳，使碳氧双键破裂生成饱和键的反应。

1）历程

$$R—\overset{\delta^+}{\underset{\overset{\|}{O}_{\delta^-}}{C}}—R'\ (H) +Nu^-(\ddot{N}u) \longrightarrow R—\overset{R'(H)}{\underset{\overset{|}{O^-}}{\overset{|}{C}}}—Nu \xrightarrow{H_3O^{\oplus}} R—\overset{R'(H)}{\underset{\overset{|}{OH}}{\overset{|}{C}}}—Nu$$

氧负离子

2）实例

（1）与 HCN 加成：

$$R—\overset{\delta^+}{\underset{\overset{\|}{O}_{\delta^-}}{C}}—R'(H) +H—CN \longrightarrow R—\overset{R'(H)}{\underset{\overset{|}{OH}}{\overset{|}{C}}}—CN \xrightarrow{H_3O^+} R—\overset{R'(H)}{\underset{\overset{|}{OH}}{\overset{|}{C}}}—COOH$$

α-羟基腈   α-羟基酸

该反应为增一碳反应，产物经水解得 α-羟基酸，进一步脱水可得 α-烯酸，再经酯化或酰胺化等反应后，双键聚合，可制备各种合成有机材料。

（2）与醇加成：

$$R—\overset{\delta^+}{\underset{\overset{\|}{O}_{\delta^-}}{C}}—R'(H) + R''OH \xrightarrow{H^+} R—\overset{R'(H)}{\underset{\overset{|}{OH}}{\overset{|}{C}}}—OR'' \xrightarrow[H^+]{R''OH} R—\overset{R'(H)}{\underset{\overset{|}{OR''}}{\overset{|}{C}}}—OR''$$

半缩醛   缩醛

缩醛在结构上是同碳二醚，较稳定，不与氧化剂、还原剂、强碱反应，遇稀酸水解可生成原来的醛或酮。所以醛、酮与醇的加成，提供了保护羰基的方法（反之也可用此法保护羟基）。例如：

$$
\diagdown\!\!=\!\!O + \big\backslash\!\!\!\begin{smallmatrix}OH\\OH\end{smallmatrix} \xrightarrow{H^+} \diagdown\!\!=\!\!O \xrightarrow{H_2/Ni} \xrightarrow{H_3O^+} =\!\!O
$$

也可用原甲酸三乙酯生成缩醛：

$$
\diagup\!\!=\!\!O + HC(OC_2H_5)_3 \longrightarrow \diagup\!\!\begin{smallmatrix}OC_2H_5\\OC_2H_5\end{smallmatrix} + HCOOC_2H_5
$$

（3）与格氏试剂加成：

$$
\diagdown\!\!\!\overset{\delta^+}{C}\!\!=\!\!\overset{\delta^-}{O} + \overset{\delta^-}{R}\!-\!MgX \longrightarrow -\overset{|}{\underset{OMgX}{C}}-R \xrightarrow{H_3O^+} -\overset{|}{\underset{OH}{C}}-R + Mg(OH)X
$$

格氏试剂与醛、酮加成，产物水解后可得到不同结构的醇：

$$
\left.\begin{array}{l}HCHO\\R\!-\!CHO\\R\!-\!\underset{\underset{O}{\|}}{C}\!-\!R'\end{array}\right\} \xrightarrow{R''MgX}\xrightarrow{H_3O^+}
$$

$$
\left\{\begin{array}{ll}R''CH_2OH & \text{增一碳伯醇}\\[2mm] R''\underset{OH}{CH}\!-\!R & \text{增碳仲醇}\\[2mm] R\!-\!\underset{OH}{\overset{R'}{C}}\!-\!R'' & \text{叔醇}\end{array}\right.
$$

$$
R\!-\!MgX + \underset{\underset{O}{\|}}{\overset{\overset{O}{\|}}{C}} \longrightarrow R\!-\!\underset{\underset{O}{\|}}{C}\!-\!OMgX \xrightarrow{H_3O^\oplus} R\!-\!\underset{\underset{O}{\|}}{C}\!-\!OH
$$

增一碳羧酸

（4）与氨衍生物加成：

$$
\underset{(H)R'}{\overset{R}{\diagdown}}\!\!\overset{\delta^+}{C}\!\!=\!\!O + \ddot{N}H_2\!-\!Z \longrightarrow R'(H)\!-\!\underset{OH}{\overset{R}{C}}\!-\!NH\!-\!Z
$$

（同C醇胺）

$$
\xrightarrow{-H_2O} \underset{(H)R'}{\overset{R}{\diagdown}}C\!=\!N\!-\!Z \quad (即 \diagdown\!\!C\!\!=\!\!O 转变成 \diagdown\!\!C\!\!=\!\!N\!-\!Z)
$$

氨衍生物中—Z 可以是—OH、—NH$_2$、—NH⟨苯基⟩、—NHR、—NHCONH$_2$ 等。

例如：

$$
⟨环己酮⟩=\!\!O + NH_2\!-\!OH \longrightarrow ⟨环己⟩=\!\!N\!-\!OH
$$

羟氨　　　　　　　　　环己酮肟

$$
\diagdown\!\!=\!\!O + NH_2\!-\!NH\!-\!⟨苯基⟩ \longrightarrow \diagdown\!\!=\!\!N\!-\!NH\!-\!⟨苯基⟩
$$

苯肼　　　　　　　　　苯腙

其中生成的肟有几何异构，如苯乙酮肟：

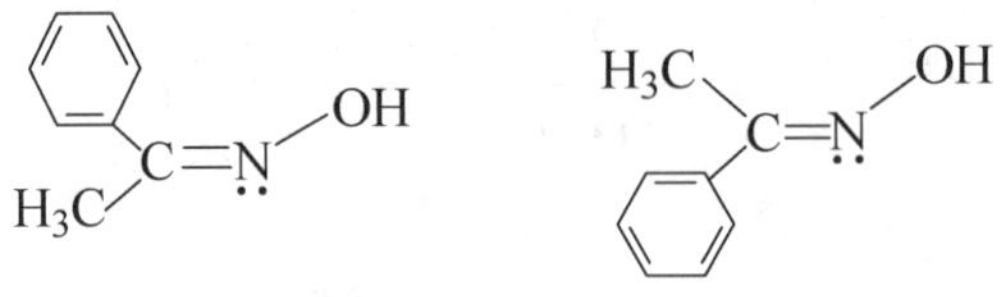

Z型　　　　　　　　　　　　E型

生成的亚胺化合物通常有很好的结晶和固定的熔点，且易水解成原来的醛、酮，因此可用该反应鉴别不同的醛、酮，或进行醛、酮的分离提纯。氨衍生物又称羰基试剂。

（5）醛、甲基酮、环酮与 $NaHSO_3$（饱和）加成：

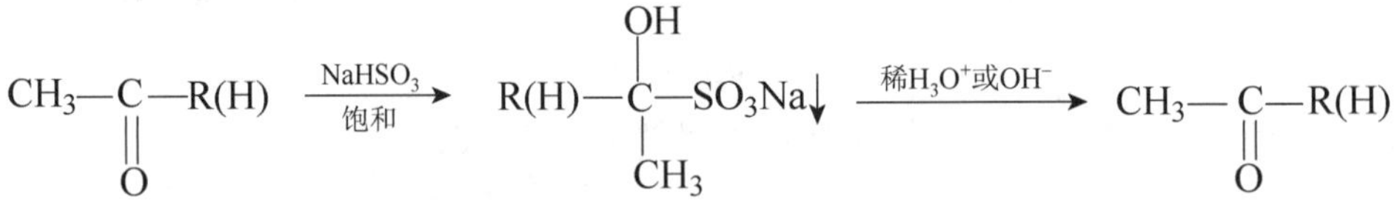

α-羟基磺酸钠(无色晶体)

该反应用于醛、酮的鉴别和分离提纯。

例 5-17　[第 13 届全国高中学生化学竞赛（初赛）试题第七题]

在星际云中发现了一种高度对称的有机分子 **Z**，该发现支持了生命来自宇宙大爆炸的学说。有人推测 **Z** 的合成方法如下：①星际分子 $CH_2=NH$ 聚合成 **X**；②**X** 与甲醛加成生成 **Y**，**Y** 的分子式为 $C_6H_{15}N_3O_3$；③**Y** 与氨脱水（物质的量之比为 $1:1$）生成 **Z**。

写出 **X**、**Y**、**Z** 的结构式。

解析与答案：

根据①加成聚合，**X** 为 $\text{—[CH}_2\text{—NH]—}_n$

根据②胺与甲醛的加成，**Y** 为 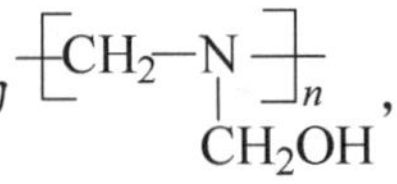 ，由 **Y** 的分子式，$n=3$，则 **X** 为

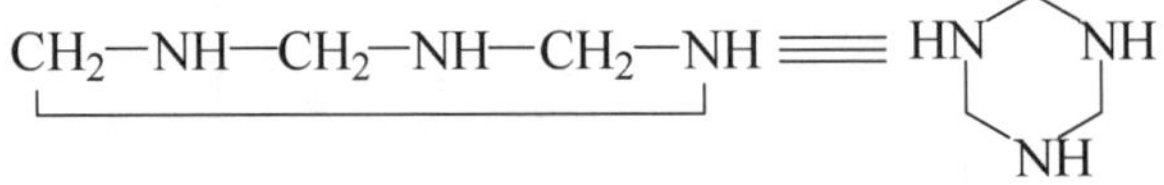

Y 为

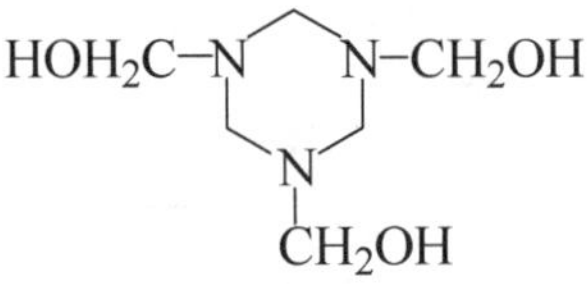

Z 是 **Y** 与氨脱水产物，**Z** 高度对称，应脱 $3mol$。**Z** 的结构为

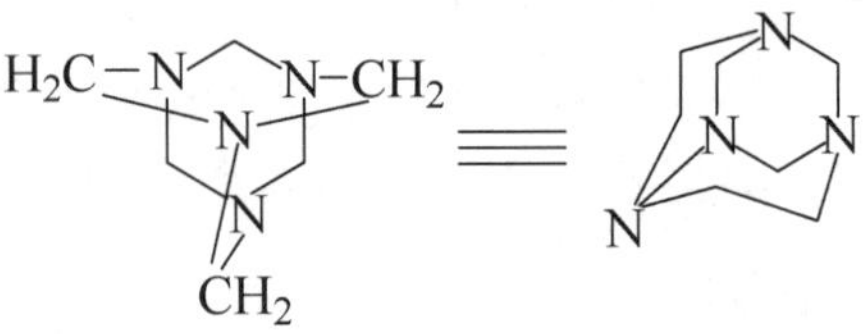

本题文字简练，思维难度大。尽管大学有机教材醛酮一章，个别有机化合物——甲醛

中，有 **Z**（四氮金刚烷）的合成方法，但中学生自学过程中，很容易忽略该内容的学习。

2. 还原反应

（1）催化加氢：

$$\diagdown\!\!=\!\!O \xrightarrow{\text{H}_2/\text{Ni}} \diagdown\!\!CHOH \quad \text{无选择性(碳碳双键、氰基等被还原)}$$

（2）金属氢化物还原（负氢离子 H⁻ 还原）：

$$\diagdown\!\!=\!\!O \xrightarrow{\text{NaBH}_4\text{或AlLiH}_4} \diagdown\!\!CHOH \quad \text{有选择性，通常只还原碳氧双键}$$

$$CH_3-CH\!=\!CH-CHO \xrightarrow{\text{LiAlH}_4} CH_3-CH\!=\!CH-CH_2OH$$

也可用异丙醇铝提供负氢离子还原羰基成醇羟基而其他基团不被还原。

（3）还原成亚甲基：

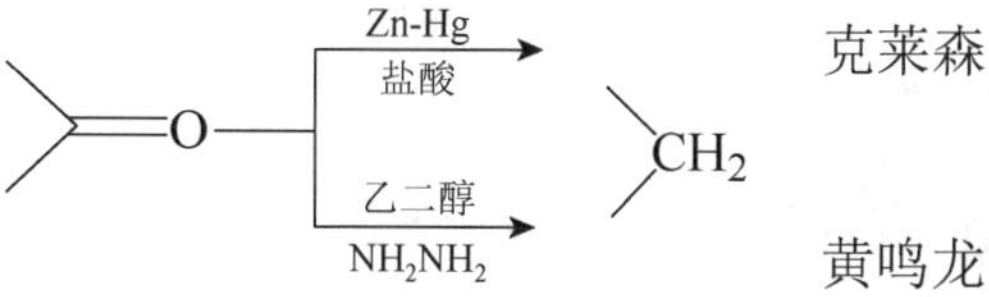

也可用乙二硫醇与醛、酮成硫缩醛（酮）$\diagdown\!\!\underset{S}{\overset{S}{\diagup}}$ 后，再在雷尼镍催化下加氢还原成亚甲基。

3. 氧化反应

（1）醛氧化：

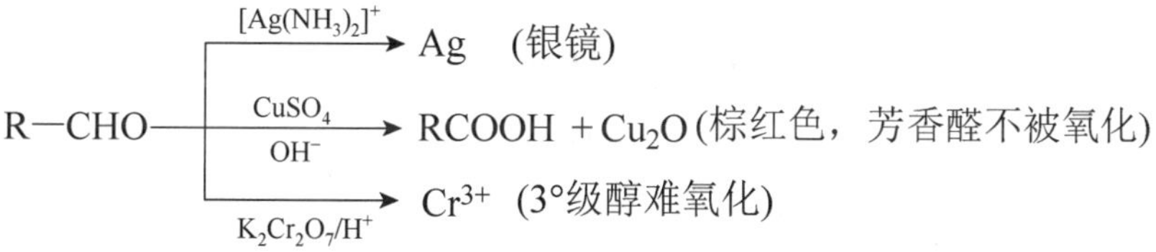

以上反应常用于醛、酮的鉴别。

（2）环酮的氧化：

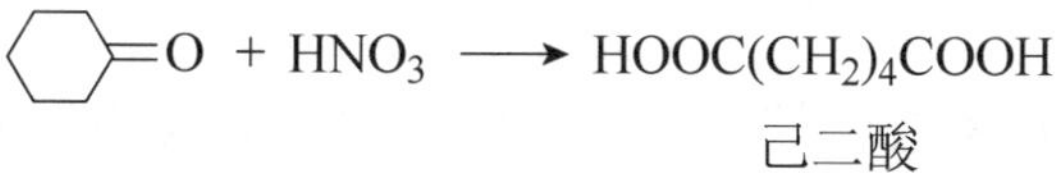

$$\bigcirc\!\!=\!\!O + HNO_3 \longrightarrow HOOC(CH_2)_4COOH$$
$$\text{己二酸}$$

4. 歧化反应（康尼查罗反应——无 α-H 醛的自氧化还原反应）

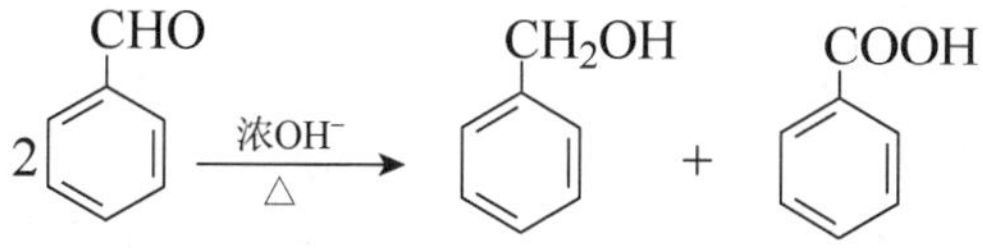

康尼查罗反应也可在不同的无 α-H 醛之间进行，分子量小的被氧化，分子量大的被还原。

5. α-H 反应

1）卤代反应

（1）酸催化：

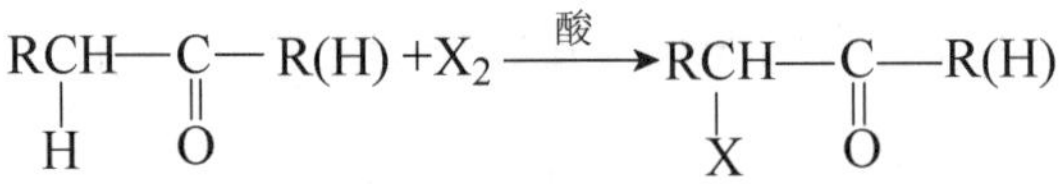

$$\underset{\underset{H}{|}}{RCH}-\underset{\underset{O}{\|}}{C}-R(H)+X_2 \xrightarrow{\text{酸}} \underset{\underset{X}{|}}{RCH}-\underset{\underset{O}{\|}}{C}-R(H)$$

酸催化是先生成烯醇体 $-\underset{}{CH}=\underset{\underset{|}{OH}}{C}-$ ，卤素取代易停留在一取代。

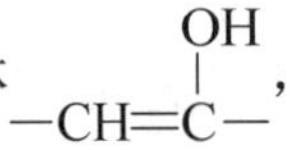

（2）碱催化：

碱催化是先生成烯醇负离子 $\overset{\ominus}{}\underset{\underset{|}{}}{CH}-\underset{\underset{O}{\|}}{C}- \longleftrightarrow \underset{}{CH}=\underset{\underset{O^{\ominus}}{|}}{C}-'$ ，卤素取代易发生多取代：

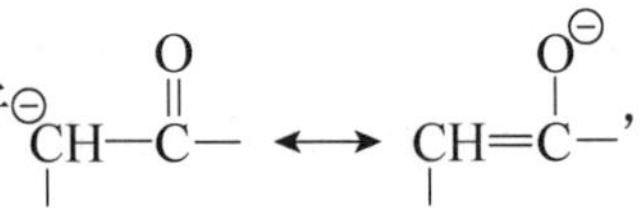

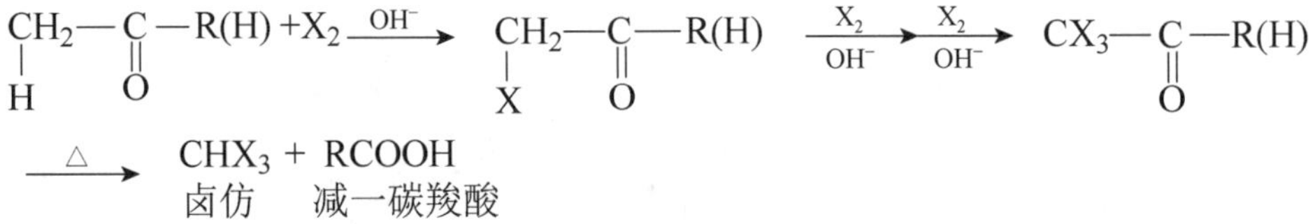

$$\underset{\underset{H}{|}}{CH_2}-\underset{\underset{O}{\|}}{C}-R(H)+X_2 \xrightarrow{OH^-} \underset{\underset{X}{|}}{CH_2}-\underset{\underset{O}{\|}}{C}-R(H) \xrightarrow[OH^-]{X_2} \xrightarrow[OH^-]{X_2} \underset{}{CX_3}-\underset{\underset{O}{\|}}{C}-R(H)$$

$$\xrightarrow{\triangle} \underset{\text{卤仿}}{CHX_3} + \underset{\text{减一碳羧酸}}{RCOOH}$$

当卤素为单质碘时，生成的碘仿是有特殊气味的黄色沉淀，称为碘仿反应。该反应能区别具有CH_3—CO—结构的醛、酮。碘仿试剂（I_2 + $NaOH$）具有氧化性（$NaOI$），能将具CH_3CHOH—结构的醇氧化成具CH_3—CO—结构的醛、酮，所以具 CH_3CHOH—结构的醇也能发生碘仿反应。

2）羟醛缩合（有 α-H 的醛、酮发生的分子间的亲核加成）

（1）乙醛缩合

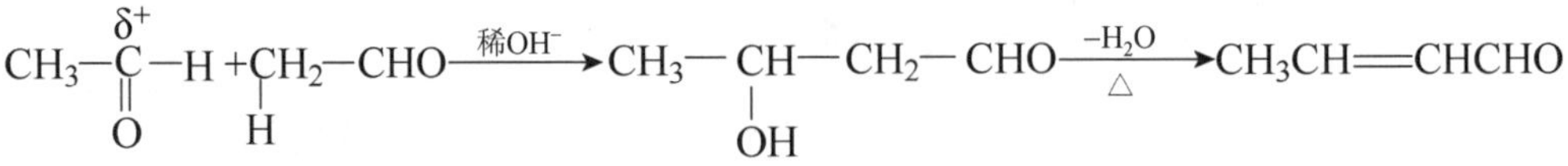

$$\underset{\underset{O}{\|}}{CH_3}-\overset{\delta^+}{C}-H+\underset{\underset{H}{|}}{CH_2}-CHO \xrightarrow{\text{稀}OH^-} CH_3-\underset{\underset{OH}{|}}{CH}-CH_2-CHO \xrightarrow[\triangle]{-H_2O} CH_3CH=CHCHO$$

（2）历程

$$\underset{\underset{H}{|}}{CH_2}-CHO \xrightarrow[-H_2O]{OH^-} \bar{C}H_2-CHO \xrightarrow{\overset{\delta^+}{CH_3CHO}} \underset{\underset{OH}{|}}{CH_3CH}CH_2CHO$$

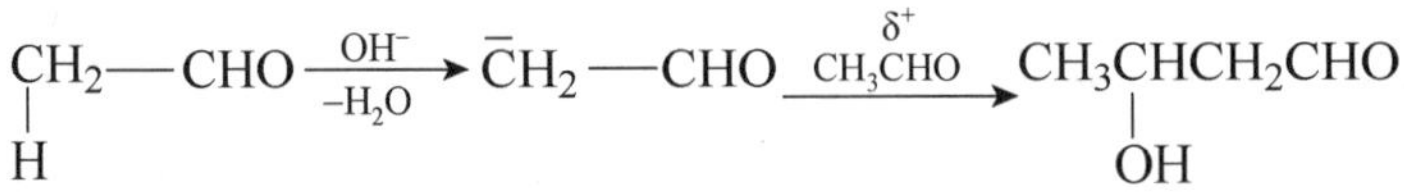

（3）丙酮缩合

$$2CH_3COCH_3 \xrightarrow[\triangle]{\text{稀}OH^-} (CH_3)_2C=CH_2COCH_3 + H_2O$$

羟醛缩合在有机合成中有重要意义。采用不同的含有 α-H 的醛、酮进行缩合，得到多种产物的混合物，没有合成价值。但采用一种含 α-H 的醛、酮，与另一种不含 α-H 的醛、酮缩合有合成价值。例如：

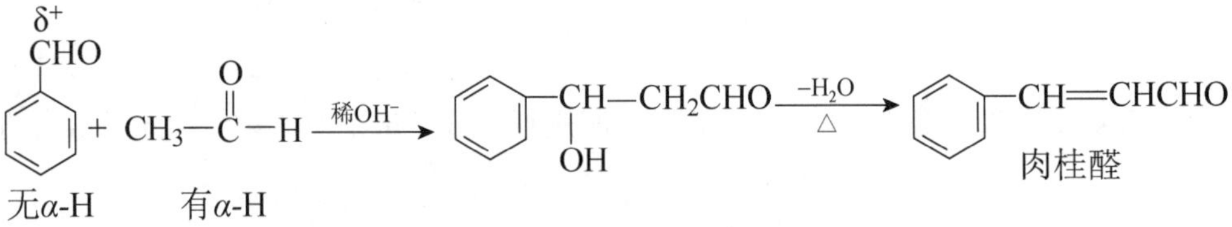

$$\underset{\text{无}\alpha\text{-H}}{\overset{\overset{\delta^+}{CHO}}{\bigcirc}} + \underset{\text{有}\alpha\text{-H}}{\underset{\underset{O}{\|}}{CH_3}-C-H} \xrightarrow{\text{稀}OH^-} \bigcirc-\underset{\underset{OH}{|}}{CH}-CH_2CHO \xrightarrow[\triangle]{-H_2O} \underset{\text{肉桂醛}}{\bigcirc-CH=CHCHO}$$

例 5-18　**[中国化学会第 24 届全国高中学生化学竞赛（省级赛区）试题第 9 题]**

9-1　画出下列转换中 **A**、**B**、**C** 和 **D** 的结构简式（不要求标出手性）：

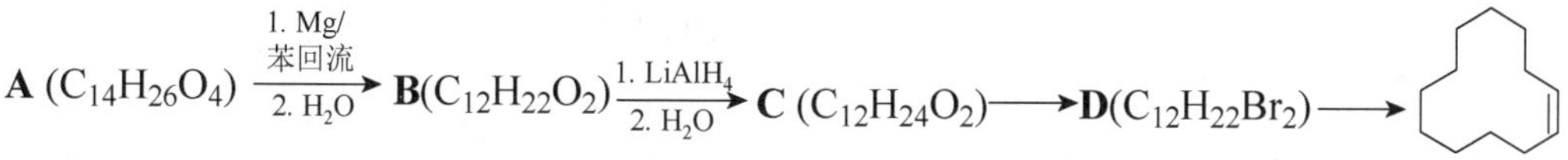

$$A (C_{14}H_{26}O_4) \xrightarrow[\text{2. H}_2\text{O}]{\substack{1.\ \text{Mg/}\\ \text{苯回流}}} B(C_{12}H_{22}O_2) \xrightarrow[\text{2. H}_2\text{O}]{1.\ \text{LiAlH}_4} C\ (C_{12}H_{24}O_2) \longrightarrow D(C_{12}H_{22}Br_2) \longrightarrow$$

9-2　画出下列两个转换中 **1**、**2** 和 **3** 的结构简式，并简述在相同条件下反应，对羟基苯甲醛只得到一种产物，而间羟基苯甲醛却得到两种产物的原因。

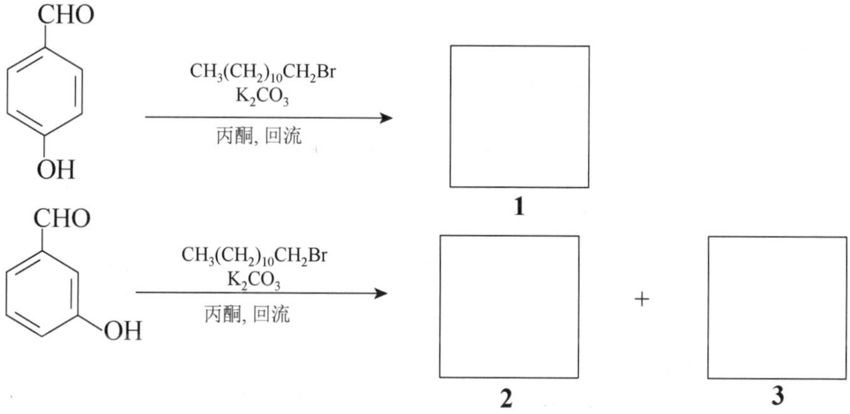

解析与答案：

9-1　**A** 生成 **B** 的反应，是酯的酮醇缩合反应，大多数学生对此反应很陌生。本题可根据 **A**、**B**、**C**、**D** 的分子式和产物的结构进行倒推。产物的分子式是 $C_{12}H_{22}$，不饱和度为 2；**D** 分子式多两个溴原子，不饱和度为 1，**D** 经消去反应生成产物，**D** 为邻二溴的十二元取代环烃；**C** 显然是邻二醇，与氢溴酸反应生成 **D**；**B** 分子式是 $C_{12}H_{22}O_2$，不饱和度为 2，经氢化铝锂还原成 **C**，**B** 为十二元环的邻羟基酮；**A** 的分子式符合开链二元酸或酯的通式，经反应生成 **B**，少两个碳，应为二元甲酯，分子内缩合成环。

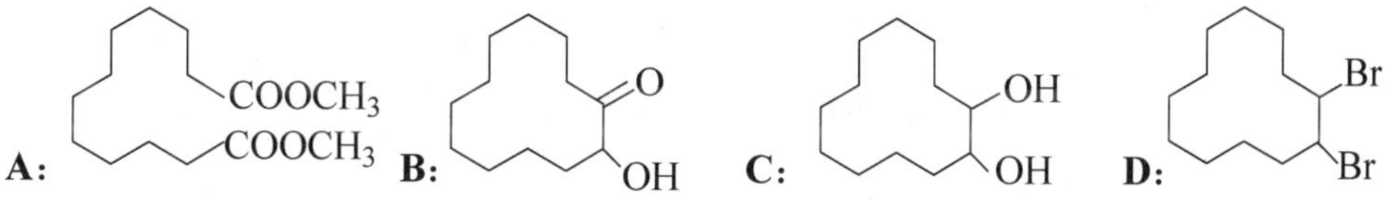

9-2　第一个反应是酚在碱性条件下与卤代烃亲核取代生成醚（威廉逊成醚）；第二个反应中一个产物同 **1** 生成醚，第二个产物为丙酮在碱性条件下对醛基的羟醛缩合，在回流条件下产物为不饱和酮。第一个反应的反应物，羟基处在醛基对位，有强的给电子共轭效应，使醛基碳正电性降低，丙酮不能与之发生羟醛缩合；第二个反应的反应物，羟基处在醛基间位，无给电子共轭效应，醛基碳的正电性较高，丙酮能与之发生羟醛缩合，因而得到两种产物。

1. 对位取代苯甲醛 OCH$_2$(CH$_2$)$_{10}$CH$_3$ **2.** 间位取代苯甲醛 OCH$_2$(CH$_2$)$_{10}$CH$_3$ **3.** CH=CHCOCH$_3$ / OH

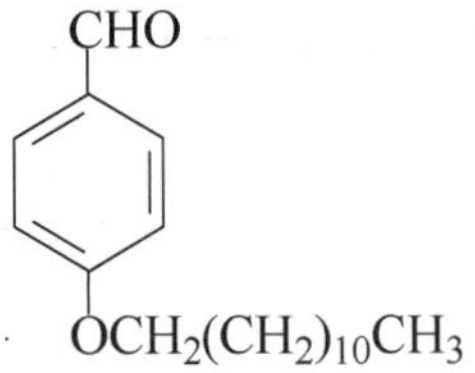

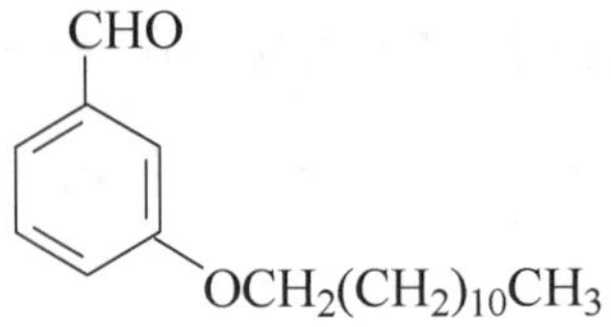

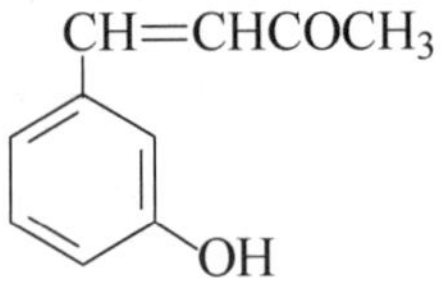

　　本题第二问有相当难度，题给出的信息少，反应条件不典型，学生不容易推断出羟醛缩合反应的产物，也很难回答出羟基处在醛基对位与处在醛基间位对反应的影响。

6. 其他反应

1）不饱和共轭醛酮的亲核加成

空间位阻较小时，主要为 1,4-加成产物。例如，

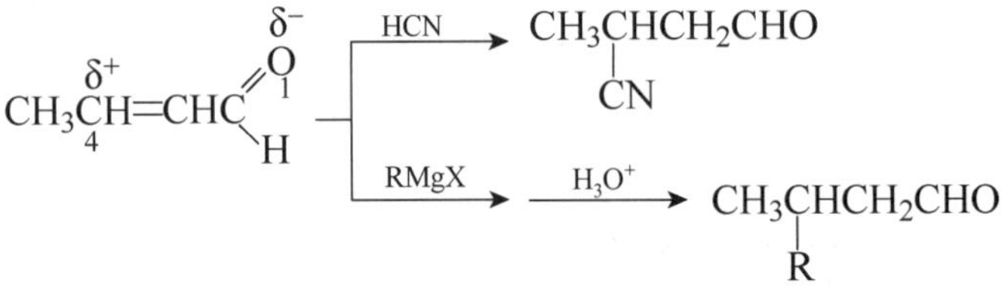

2）迈克尔（Michael）加成

α,β-不饱和醛、酮（包括羧酸酯、腈等）的 1,4-加成缩合，可表示为

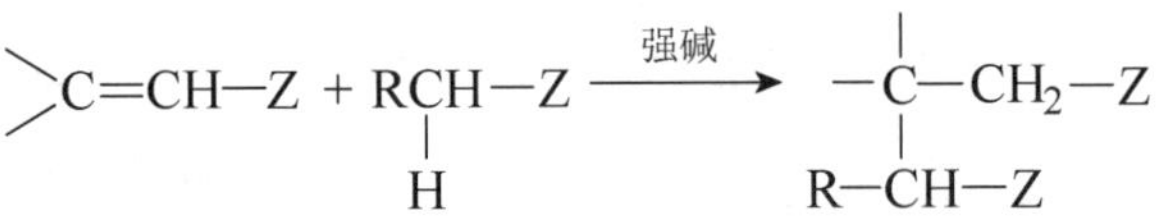

—Z 为羰基、酯基、氰基等。

　　例如：

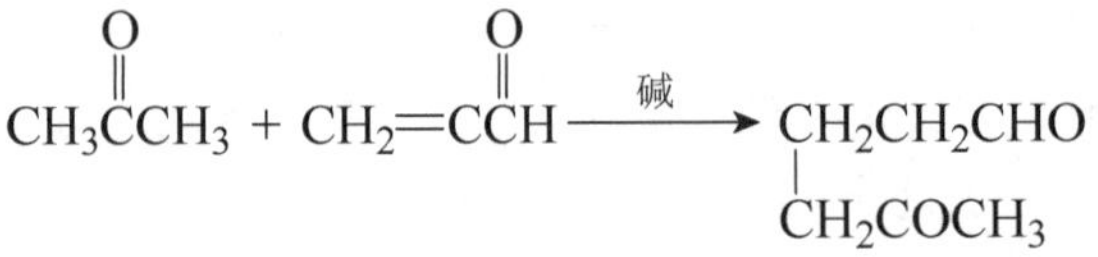

3）迈克尔缩合-鲁宾逊关环反应

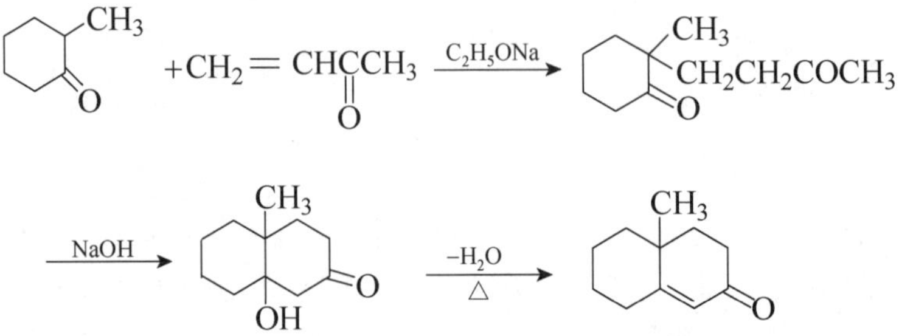

4）维蒂希（Wittig）反应：

维蒂希试剂（磷叶立德）：

$$CH_2R{-}X + Ph_3P \longrightarrow \overset{\oplus}{Ph_3P}{-}CH_2R\,X^{\ominus} \xrightarrow[-LiX]{PhLi} \overset{\oplus}{Ph_3P}{-}\overset{\ominus}{C}HR + C_6H_6$$

　　　　三苯膦　　　　　　磷盐　　　　　　　　　　　　磷叶立德

与醛或酮的加成：

$$Ph_3\overset{\oplus}{P}-\overset{\ominus}{C}HR + R_1-\underset{\underset{O}{\parallel}}{C}-R_2(H) \longrightarrow \underset{(H)R_2}{\overset{R_1}{>}}C=CHR + Ph_3P=O$$

维蒂希试剂与醛或酮的加成是制备不同结构烯烃的重要方法。例如：

$$\bigcirc=O+Ph_3\overset{\oplus}{P}-\overset{\ominus}{C}H_2 \longrightarrow \bigcirc=CH_2$$

5）曼尼希（Mannich）反应——氨甲基化反应

具活泼 α-H 的酮与甲醛、取代胺的反应，表示为

$$R'-\underset{\underset{O}{\parallel}}{C}-CH_2R + HCHO + NH(CH_3)_2 \xrightarrow{H^+} R'-\underset{\underset{O}{\parallel}}{C}-\underset{\underset{R}{|}}{\overset{\overset{H}{|}}{C}}-CH_2-N(CH_3)_2$$

甲醛与仲胺生成（i）：

$$HCHO + NH(CH_3)_2 \xrightarrow[-H_2O]{H^+} [CH_2=\overset{\oplus}{N}(CH_3)_2 \longleftrightarrow \overset{\oplus}{C}H_2-N(CH_3)_2]$$
$$\text{(i)}$$

（i）再与酮的烯醇体加成：

$$R'-\underset{\underset{OH}{|}}{C}=CHR + \overset{\oplus}{C}H_2-N(CH_3)_2 \longrightarrow R'-\underset{\underset{O}{\parallel}}{C}-\underset{\underset{R}{|}}{CH}-CH_2N(CH_3)_2$$

曼尼希反应在有机合成上有重要意义，例如：

$$\underset{CH_2-CHO}{\overset{CH_2-CHO}{|}} + NH_2CH_3 + \underset{CH_2COOH}{\overset{CH_2COOH}{\underset{|}{\overset{|}{CO}}}} \xrightarrow[-2H_2O]{H^+} \text{（双环中间体）} \xrightarrow[-CO_2]{\triangle} \text{（托品酮结构）}$$

6）硫叶立德试剂反应

硫叶立德试剂：

$$2CH_3X+Na_2S \longrightarrow CH_3SCH_3 \xrightarrow{CH_3X} (CH_3)\overset{\oplus}{S}X \xrightarrow[-RH,-LiX]{RLi} \overset{\ominus}{C}H_2-\overset{\oplus}{S}(CH_3)_2 \longleftrightarrow CH_2=S(CH_3)_2$$

　　　　　　　　硫醚　　　　　　　锍盐　　　　　　　硫叶立德

与醛、酮反应：

$$\bigcirc-CHO + \overset{\ominus}{C}H_2-\overset{\oplus}{S}(CH_3)_2 \longrightarrow \bigcirc-\underset{\underset{}{\overset{\overset{O^{\ominus}}{|}}{}}}{CH}-CH_2-\overset{\oplus}{S}(CH_3)_2 \xrightarrow{-(CH_3)_2S} \bigcirc-\overset{O}{\overset{}{CH-CH_2}}$$

7）烯胺的反应

烯胺的生成：醛、酮与仲胺加成，产物氮上无氢原子，可以脱水成烯胺，例如：

$$RCH_2-\underset{}{\overset{\overset{|}{}}{C}}=O + NHR_2 \longrightarrow RCH_2-\underset{\underset{OH}{|}}{\overset{\overset{|}{}}{C}}-NR_2 \xrightarrow{-H_2O} RCH=\overset{\overset{|}{}}{C}-NR_2$$

烯胺在结构上与烯醇负离子类似，有如下共振极限式：

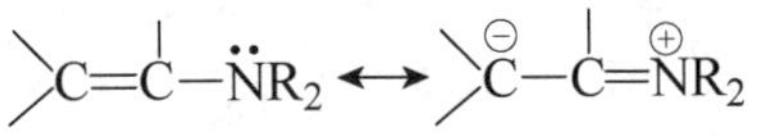

$$\text{>C=C-\ddot{N}R_2 \leftrightarrow >C^{\ominus}-C=\overset{\oplus}{N}R_2}$$

碳负离子与卤代烃、酰卤进行亲核取代或加成后，再水解，可得到取代的醛或酮。例如：

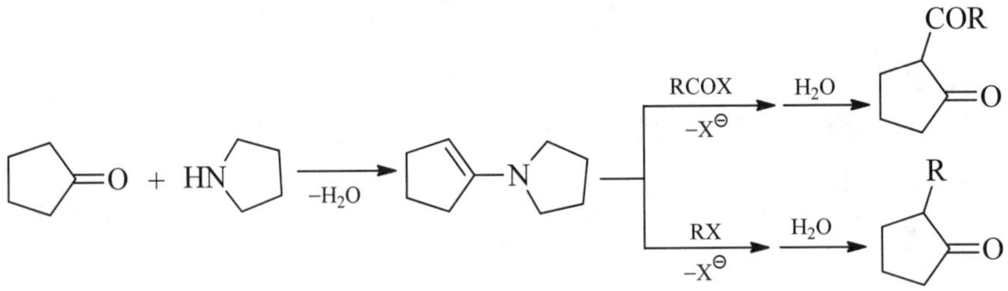

5.10　有机化合物——羧酸、羧酸衍生物

羧酸是分子中有羧基官能团（—COOH）的有机物，羧酸衍生物是羧基中的羟基被其他原子或基团取代的产物（—CO—Z），主要有酰卤、酸酐、酯、酰胺。

5.10.1　羧酸和羧酸衍生物的结构特点

$$\text{R-C-\ddot{O}H} \qquad \text{R-C-\ddot{Z}} \qquad (\text{-Z: -\ddot{X}, -\ddot{O}, -\overset{..}{C}OR, -\ddot{O}R', -\ddot{N}H或-\ddot{N}HR'})$$

结构上，与酰基相连的卤原子、氧原子和氮原子上，都有一对未共用电子处于 p 轨道中，该 p 轨道可与酰基的碳氧 π 键形成 p-π 共轭体系（π_3^4）。对酰基的电子效应是给电子 + C 效应，结果使酰基碳正电性降低，亲核加成反应活性比醛酮的羰基低，通常条件下不能与氢氰酸、羰基试剂等加成，亲核加成的产物也不是醇，而是保留酰基的产物。

5.10.2　羧酸

（1）酸性：羧酸有酸的通性，酸性强于碳酸。

$$\text{R-COOH + NaHCO}_3 \longrightarrow \text{R-COONa + CO}_2 + \text{H}_2\text{O}$$

（2）α-氢的反应：

$$\text{RCH}_2\text{COOH + X}_2(\text{Cl}_2, \text{Br}_2) \xrightarrow{\text{红磷}} \text{RCHCOOH + HX} \atop \qquad\qquad\qquad\qquad\qquad\quad |\atop\qquad\qquad\qquad\qquad\qquad X}$$

（3）生成羧酸衍生物：

$$R—COOH \begin{cases} \xrightarrow[\text{或} SOCl_2]{P+X_2(\text{溴或碘})} R—COX \text{(或酰氯)} \\ \xrightarrow{P_2O_5/\triangle} R—CO—O—CO—R+H_2O \\ \xrightarrow[H_2SO_4]{R'OH/\triangle} R—COO—R' \\ \xrightarrow{NH_3} RCOONH_4^{\oplus} \xrightarrow[-H_2O]{\triangle} R—CONH_2 \xrightarrow[-H_2O]{\triangle} R—CN \end{cases}$$

（4）脱羧反应：

①电解脱羧：

$$2R—COONa \xrightarrow{\text{电解}} (R—R + 2CO_2) + (H_2 + 2NaOH)$$
$$\qquad\qquad\qquad\qquad\quad 阳极 \qquad\qquad 阴极$$

②有吸电子基时，加热脱羧：

$$CCl_3—COOH \xrightarrow{\triangle}_{H_2O} CCl_3H + CO_2$$
$$\text{三氯乙酸}$$

$$\underset{O}{R—\overset{\|}{C}—CH_2COOH} \xrightarrow{\triangle} \underset{O}{R—\overset{\|}{C}—CH_3} + CO_2$$
$$\qquad\qquad \beta\text{-酮酸}$$

（5）二元酸受热反应：①乙二酸、丙二酸加热脱羧成酸；②丁二酸、戊二酸加热脱水成酸酐；③己二酸、庚二酸加热脱水、脱羧成环酮。

$$HOOCCH_2COOH \xrightarrow[-CO_2]{\triangle} CH_3COOH$$

$$\begin{matrix} CH_2COOH \\ | \\ CH_2COOH \end{matrix} \xrightarrow[-H_2O]{\triangle} \begin{matrix} CH_2CO \\ | \quad\quad\;\; \searrow O \\ CH_2CO \nearrow \end{matrix}$$

$$\begin{matrix} CH_2CH_2COOH \\ | \\ CH_2CH_2COOH \end{matrix} \xrightarrow[-CO_2,-H_2O]{\triangle, Ba(OH)_2} \bigcirc\!\!=\!\!O$$

5.10.3 羧酸衍生物

1. 羧酸衍生物的亲核加成反应

（1）历程：

$$R—CO—Z + Nu^- \longrightarrow R—\overset{O^-}{\underset{Z}{\overset{|}{\underset{|}{C}}}}—Nu \longrightarrow R—CO—Nu + Z^-$$

形式上是亲核取代反应，实质上是亲核加成-消去反应。亲核加成活性：

$$\text{酰卤} > \text{酸酐} > \text{酯} > \text{酰胺}$$

（2）水解反应：四种羧酸衍生物都能发生水解反应生成相应的酸。酰卤在室温下遇水即水解，放出卤化氢；酸酐需在热水中水解；酯、酰胺需在酸或碱催化下加热条件下水解。

（3）醇解反应：

$$R—CO—Z + R'—OH \longrightarrow R—COO—R' + HZ$$

其中，酰卤、酸酐的醇解是制备酯常用的方法。例如：

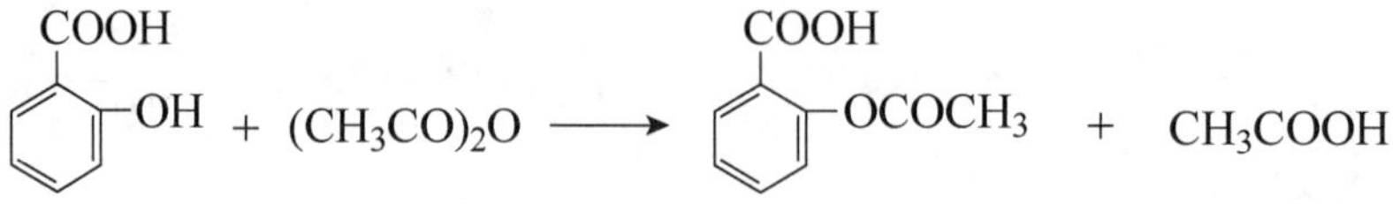

水杨酸　　　　　　　　　　　　　　阿司匹林

酯的醇解又称酯交换反应，即由一种酯和一种醇反应，生成新的酯和新的醇，需酸催化。例如：

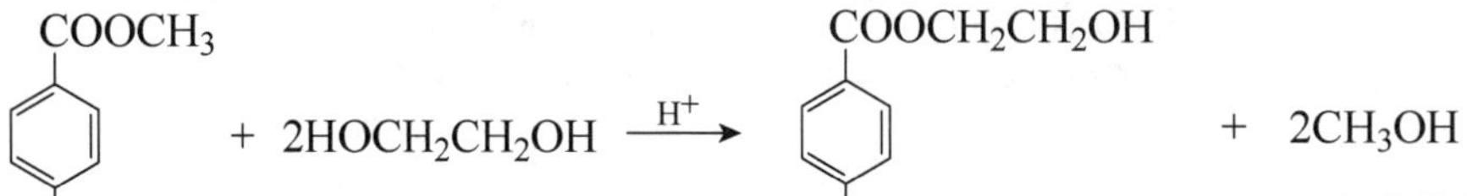

（合成涤纶单体）

酰胺不能醇解。

（4）氨解反应：酰卤、酸酐、酯与氨（或取代的烃基胺）反应，生成相应的酰胺。

$$RCO—Z + NH_2R' \longrightarrow RCONHR'$$

酰卤、酸酐的氨解是制备酰胺常用的方法。例如

酰胺的氨解又称胺交换反应。例如：

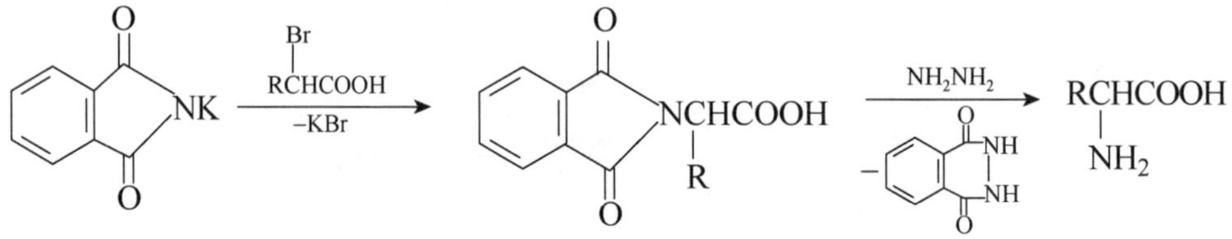

2. 酯水解的历程

酯水解的历程有多种方式，可以酸催化，也可以碱催化；可以是单分子过程，也可以是双分子过程；可以是酰氧键断裂（烷氧基负离子作离去基团），也可以是烷氧键断裂（碳正离子作离去基团）。多数情况是酸或碱催化下的酰氧键断裂，为双分子过程。

（1）碱催化：

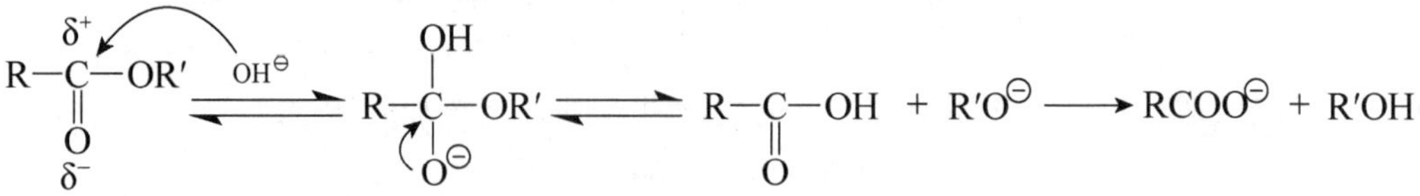

（2）酸催化：

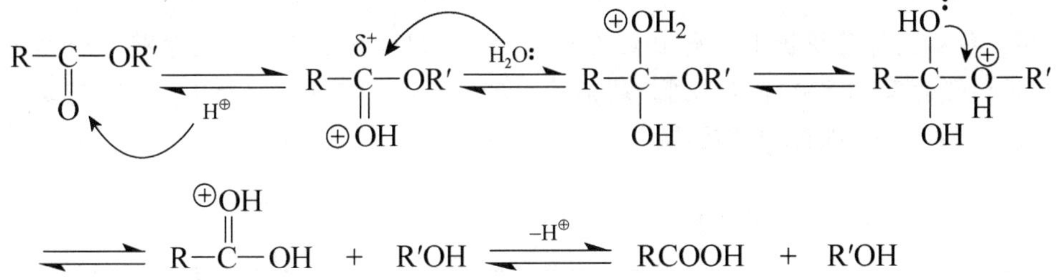

$$\xrightarrow{} \overset{\overset{\oplus OH}{\|}}{R-C-OH} + R'OH \underset{-H^{\oplus}}{\overset{}{\rightleftharpoons}} RCOOH + R'OH$$

3. 与金属有机试剂的反应

（1）酰卤、酯与有机镁试剂反应：

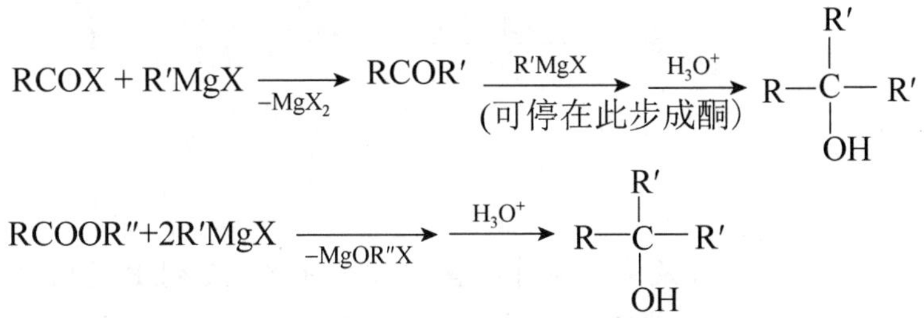

（2）酰卤、酯与有机锂的反应：

$$RCOX + R'_2CuLi \longrightarrow RCOR'$$
$$\text{二烃基铜锂}$$

例 5-19　（自选题）

用甲苯、乙烯合成：。

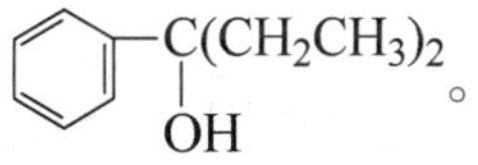

解析与答案：目标分子为叔醇，且有两个乙基，考虑格氏试剂与酯的加成。

①甲苯氧化成苯甲酸，苯甲酸与乙醇酯化成苯甲酸乙酯；

②乙烯与氯化氢加成制氯乙烷，氯乙烷与镁制乙基氯化镁；

①与②加成（1：2），再水解得目标分子。

4. 羧酸衍生物的还原

催化加氢，金属氢化物都可将羧酸衍生物还原成醇：

$$R-CO-Z \xrightarrow[\text{或 LiAlH}_4]{\text{H}_2/\text{Ni}} RCH_2OH$$

其中，酰卤在钯催化下加氢还原，若用某些含硫试剂降低催化剂活性，可被还原成醛；酯也可用 $Na-CH_3CH_2OH$ 作还原剂还原成醇。

例 5-20 [中国化学会第 22 届全国高中学生化学竞赛（省级赛区）试题第 11 题]

1941 年从猫薄荷植物中分离出来的荆芥内酯可用作安眠药、抗痉挛药、退热药等。通过荆芥内酯的氢化反应可以得到二氢荆芥内酯，后者是有效的驱虫剂。为研究二氢荆芥内酯的合成和性质，进行如下反应：

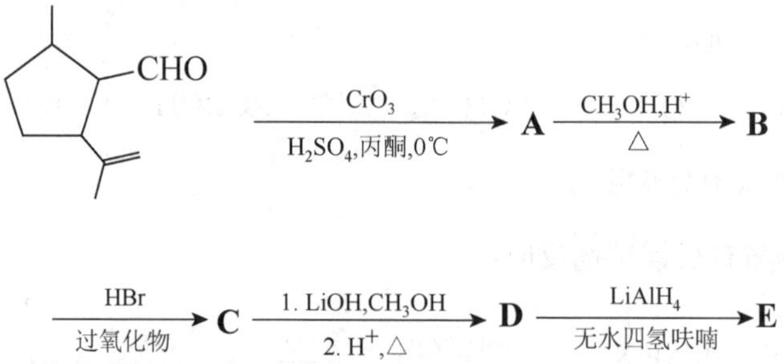

写出 **A**、**B**、**C**、**D** 和 **E** 的结构简式（不考虑立体异构体）。

解析与答案：

本题涉及基本的有机化学反应。原料到 **A** 是醛的氧化，**A** 到 **B** 是酯化反应，**B** 到 **C** 是烯烃的反马氏规则加成，**C** 到 **D** 第一步是水解反应，第二步是酯化反应，**D** 到 **E** 是酯的还原反应：

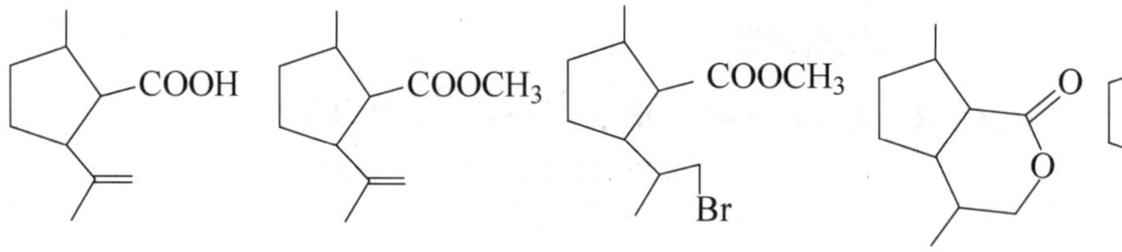

5. 酰胺的霍夫曼降级反应

$$RCH_2-CONH_2 + Br_2/OH^- \longrightarrow RCH_2-NH_2 + CO_2$$
伯胺

例 5-21 （自选题）

用甲苯合成：

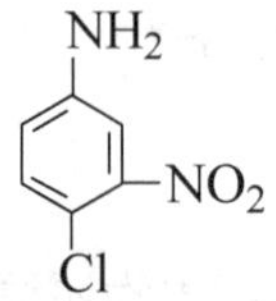

解析与答案：

考虑氨基经霍夫曼降级反应引入苯环合成。甲苯氯代制得对氯甲苯，再氧化制得对氯苯甲酸；对氯苯甲酸硝化制得对氯间硝基苯甲酸，然后将羧基酰胺化制得对氯间硝基苯甲酰胺；最后将对氯间硝基苯甲酰胺用溴的碱溶液处理，经霍夫曼降级反应得目标分子。

6. 羧酸衍生物的缩合反应

（1）克莱森（Claisen）酯缩合反应：

$$RCH_2COOEt \xrightarrow[-EtOH]{EtO^\ominus} \left[R\overset{\ominus}{C}HCOOEt \longleftrightarrow RHC=\overset{O^\ominus}{\underset{|}{C}}-OEt \right]$$

$$\xrightarrow{RCH_2COOEt} RH_2C-\overset{O^\ominus}{\underset{OEt}{\underset{|}{C}}}-\overset{R}{\underset{|}{C}}HOEt \xrightarrow{-EtO^\ominus} RH_2C-\overset{O}{\underset{}{\underset{|}{C}}}-\overset{R}{\underset{|}{C}}HCOOEt$$

产物为 β-酮酸酯。

（2）迪克曼（Dieckmann）缩合（分子内酯缩合）反应：

$$\begin{matrix} CH_2CH_2COOCH_3 \\ CH_2CH_2COOCH_3 \end{matrix} \xrightarrow{CH_3ONa} \text{[环戊酮-COOCH}_3] + CH_3OH$$

（3）克脑文盖尔（Knoevenagel）反应：含活泼亚甲基的化合物如氰乙酸酯、丙二酸二乙酯、硝基甲烷等与醛、酮的缩合

$$\text{C}_6\text{H}_5\text{CHO} + NCCH_2COOC_2H_5 \xrightarrow{\text{吡啶}} \text{C}_6\text{H}_5\text{CH}=\overset{CN}{\underset{}{C}}COOC_2H_5$$

（4）珀金（Perkin）反应：

$$(CH_3CO)_2O \xrightarrow[-CH_3COOH]{CH_3COO^\ominus} \left[\overset{\ominus}{C}H_2CO \underset{CH_3CO}{>}O \longleftrightarrow CH_2=\overset{O^\ominus}{\underset{CH_3CO}{C}}O \right] \xrightarrow{\text{C}_6\text{H}_5\text{CHO}}$$

（5）雷福尔马茨基（Reformatsky）反应：α-卤代羧酸酯在锌催化下与羰基化合物反应生成 β-羟基酸酯。

$$BrCHCOOEt + Zn \longrightarrow \left[BrZnCHCOOEt \longleftrightarrow -CH=\overset{OZnBr}{\underset{}{C}}-OEt \right]$$

$$\xrightarrow{>C=O} -\overset{OZnBr}{\underset{}{C}}-CHCOOEt \xrightarrow[-Zn(OH)Br]{H_2O} -\overset{OH}{\underset{}{C}}-CHCOOEt$$

（6）斯陶柏（Stobbe）反应：丁二酸酯与酮的加成。

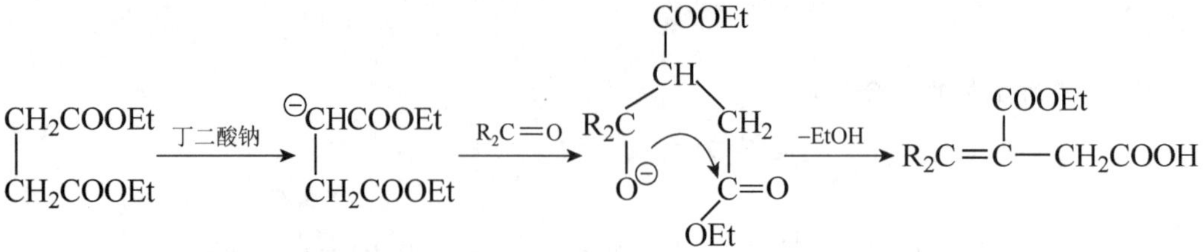

例 5-22　[中国化学会 2005 年全国高中学生化学竞赛（省级赛区）试题第 6 题]

写出下列反应的每步反应的主产物（**A**、**B**、**C**）的结构式；若涉及立体化学，请用 *Z*、*E*、*R*、*S* 等符号具体标明。

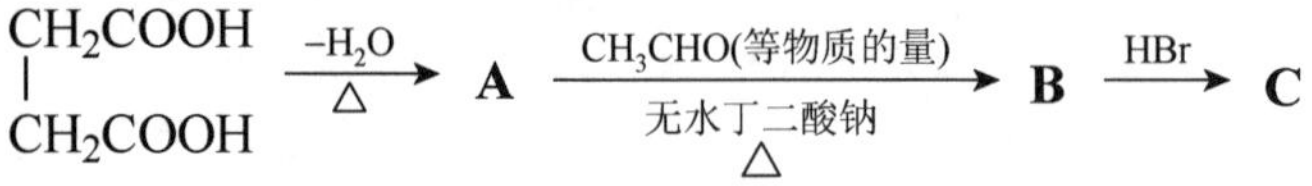

B 是两种几何异构体的混合物。

解析与答案：

第一步是丁二酸失水成酸酐；第二步是酸酐与乙醛的缩合，本题不易判断是酸酐还是乙醛提供 *α*-**H** 进行缩合。题解是丁二酸酐对乙醛的加成（乙醛羰基碳正电性高，空间位阻小），不少学生则考虑乙醛对丁二酸酐加成而出错。**B** 有几何异构，应是缩合后脱水产物（**A** 到 **B** 有加热符号）；**B** 到 **C** 是不饱和共轭酸酐的氢溴酸加成，考虑 1, 4-加成，溴应加在烯键末端，且不同几何异构烯烃加成所得产物的手性异构体的构型是不同的。

A

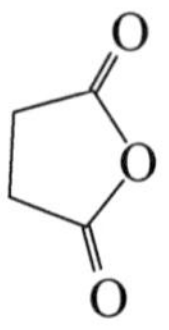

B

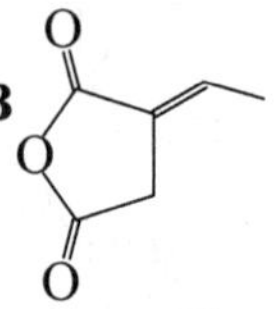

*E*型

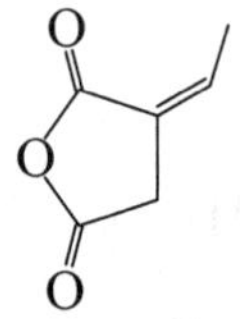

*Z*型

C

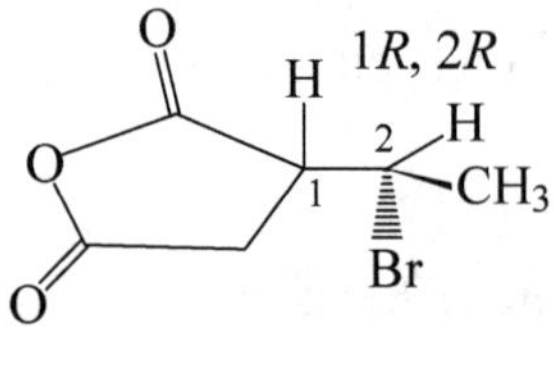

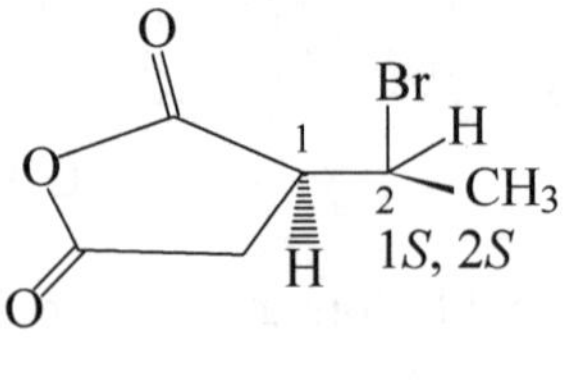

对应于*E*型

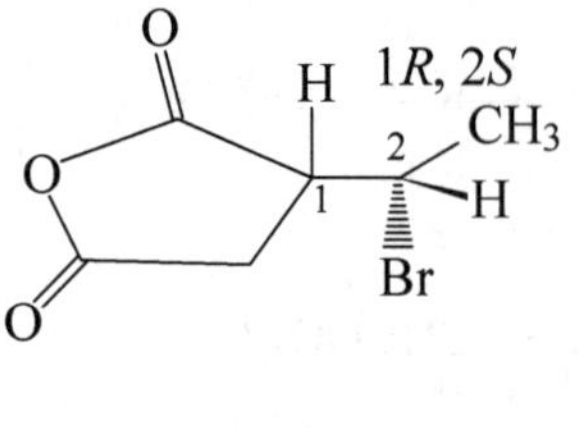

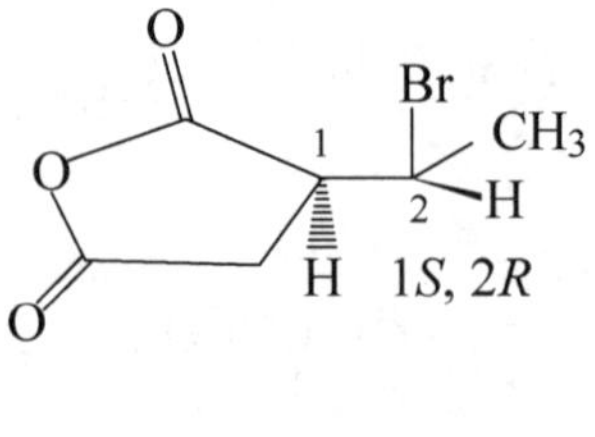

对应于*Z*型

7. 乙酰乙酸乙酯在合成上应用

（1）乙酰乙酸乙酯的制备：

$$2CH_3COOCH_2CH_3 \xrightarrow{CH_3CH_2ONa} CH_3-\overset{\underset{\displaystyle O}{\|}}{C}-CH_2COOCH_2CH_3 + CH_3CH_2OH$$

（2）结构特点——互变异构：

$$CH_3COCH_2COOCH_2CH_3 \rightleftharpoons CH_3-\overset{\underset{\displaystyle \ddot{O}-H\cdots O}{|}}{C}=CH-\overset{\|}{C}-OCH_2CH_3$$

酮式 　　　　　　　　　烯醇式

烯醇体中，羟基氧上 p 轨道中的孤对电子可与烯键发生 p-π 共轭外，羟基还可与酰基氧形成六元环分子内氢键，因而烯醇体较稳定。

（3）分解方式：

$$CH_3COCH_2COOCH_2CH_3 \begin{cases} \xrightarrow[-C_2H_5OH]{稀OH^-} \xrightarrow[\triangle]{H_3O^+} CH_3COCH_3 + CO_2 \quad 酮式分解 \\ \xrightarrow[\triangle]{浓OH^-} 2CH_3COO^- + C_2H_5OH \quad 酸式分解 \end{cases}$$

（4）亚甲基取代：

$$\overset{\delta^+}{CH_3}COCH_2\overset{\delta^+}{COOCH_2CH_3} \xrightarrow[-C_2H_5OH]{C_2H_5ONa} CH_3CO-\overset{\ominus}{CH}-COOCH_2CH_3 \xrightarrow[或RCOX]{R-X} CH_3CO-\underset{\underset{\displaystyle R或-COR}{|}}{CH}-COOCH_2CH_3$$

$$\xrightarrow[-C_2H_5OH]{C_2H_5ONa} \xrightarrow[或R'COX]{R'-X} CH_3CO-\underset{\underset{\displaystyle R或-COR}{|}}{\overset{\overset{\displaystyle R'或-COR'}{|}}{C}}-COOCH_2CH_3$$

亚甲基取代后的乙酰乙酸乙酯仍可进行酮式或酸式分解，得到不同结构的酮或酸。例如：

$$CH_3CO-\underset{\underset{\displaystyle CH_2CH_3}{|}}{\overset{\overset{\displaystyle CH_3}{|}}{C}}-COOCH_2CH_3 \xrightarrow{稀OH^-} \xrightarrow[\triangle]{H_3O^+} CH_3CO-\underset{\underset{\displaystyle CH_2CH_3}{|}}{CH}-CH_3$$

$$CH_3CO-\underset{\underset{\displaystyle COCH_3}{|}}{CH}COOCH_2CH_3 \xrightarrow{稀OH^-} \xrightarrow[\triangle]{H_3O^+} CH_3CO-CH_2-COCH_3$$

乙酰乙酸乙酯是重要的有机合成试剂。

例 5-23 [第 30 届中国化学奥林匹克（初赛）试题第 8 题]

8-1 画出以下反应过程中 **A～F** 的结构简式。

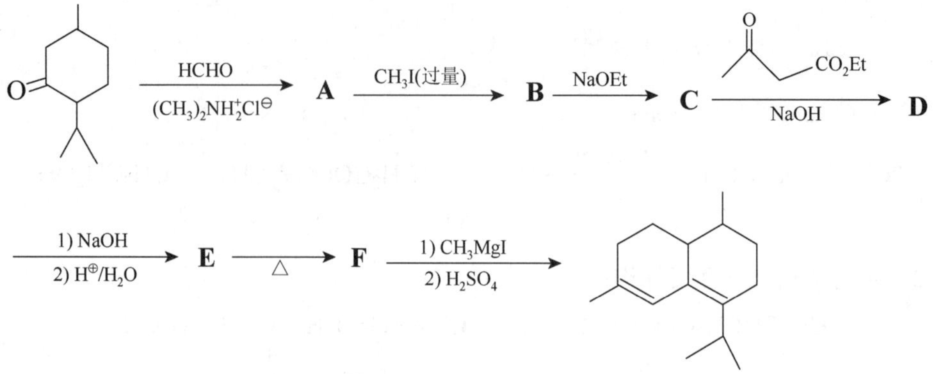

8-2　某同学设计以下反应，希望能同时保护氨基和羟基。

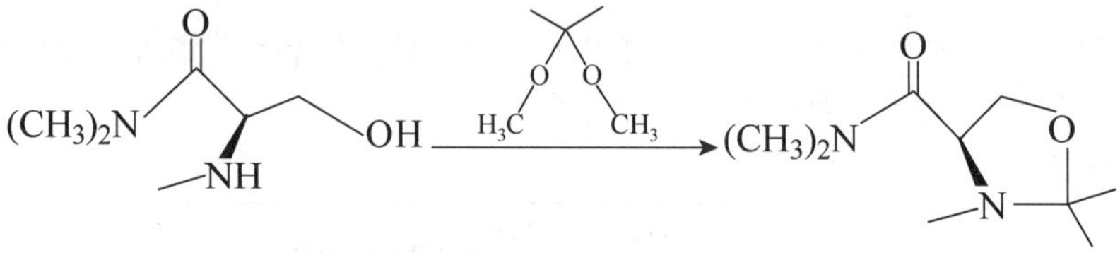

请选择最有利该反应的实验条件：

a）反应在浓盐酸与乙醇（1∶3）的溶剂中加热进行。

b）反应在过量三乙胺中加热进行。

c）催化量的三氟化硼作用下，反应在无水乙醚中进行。

d）反应在回流的甲苯中进行。

8-3　理论计算表明，甲酸的 Z-和 E-两种异构体存在一定能量差别

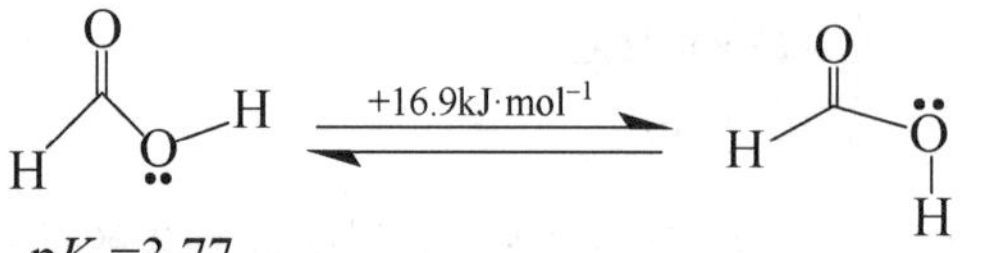

$pK_a = 3.77$

已知 Z-构型的 $pK_a = 3.77$，判断 E-构型的 pK_a：

a）> 3.77；b）< 3.77；c）$= 3.77$；d）无法判断

解析与答案：

8-1　最后一步是酮与格氏试剂作用引入甲基，羰基转变成羟基，在硫酸催化下消除成烯。比较产物与反应起始物，合成中应有迈克尔加成-鲁宾逊关环反应。第一步是曼尼希反应，第二步是胺彻底甲基化成季铵盐，第三步是季铵盐的霍夫曼消除，第四步先是乙酰乙酸乙酯的亚甲基对不饱和共轭酮的迈克尔加成缩合，紧接着是乙酰乙酸乙酯的甲基对环酮的鲁宾逊关环缩合，第五步是酯的水解、酸化，第六步是 β-酮酸加热脱羧。

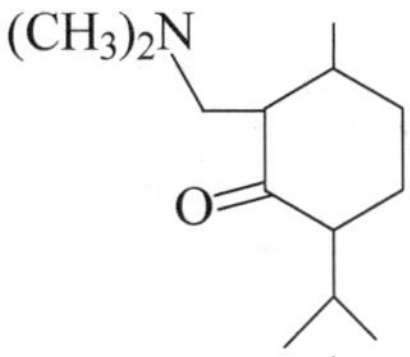

A 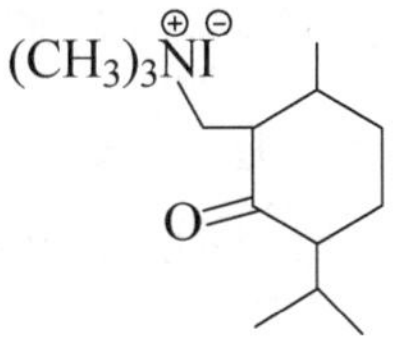　　　　　　　　**B** 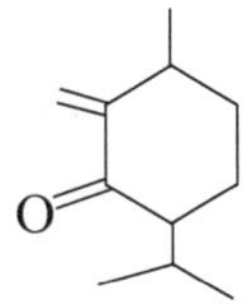　　　　　　　　**C**

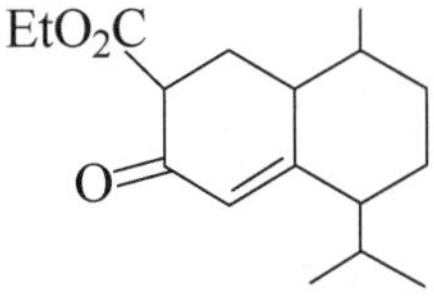

D 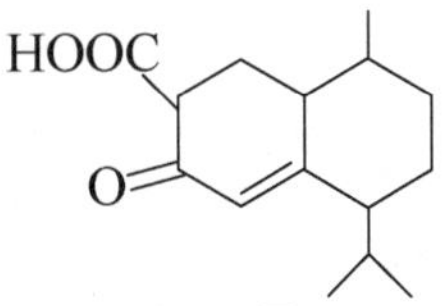　　　　　　　　**E** 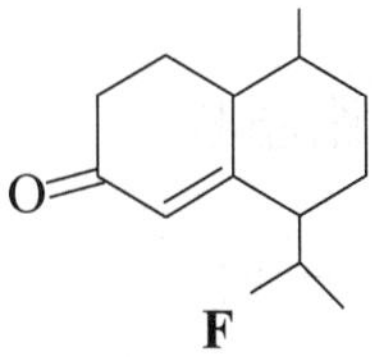　　　　　　　　**F**

8-2　选 c。a. 浓盐酸使氨基生成铵盐，失去亲核能力；b. 三乙胺为碱，对反应物二甲基缩丙酮无影响；同理 d.在苯溶液中回流，对反应无影响；c. 三氟化硼是缺电子的路易斯酸，可与丙酮的羰基氧配位，有利于氨基和羟基的亲核进攻。

8-3　选 b。Z 的能量低于 E，是因为羟基上的氢原子可与酰基氧形成分子内氢键而稳定，氢的解离比 E 困难。

8. 丙二酸酯在合成上的应用

（1）制备：

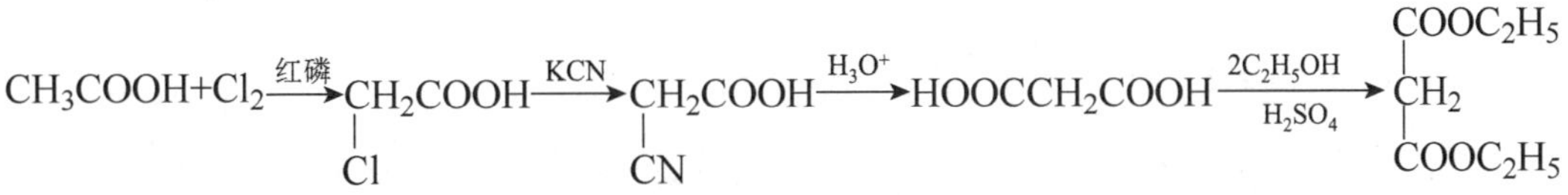

$$CH_3COOH+Cl_2 \xrightarrow{红磷} \underset{Cl}{CH_2COOH} \xrightarrow{KCN} \underset{CN}{CH_2COOH} \xrightarrow{H_3O^+} HOOCCH_2COOH \xrightarrow[H_2SO_4]{2C_2H_5OH} \underset{COOC_2H_5}{\overset{COOC_2H_5}{CH_2}}$$

（2）亚甲基取代：

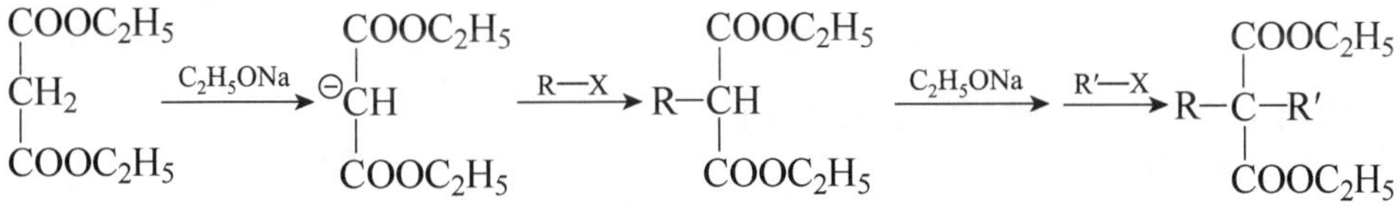

$$\underset{COOC_2H_5}{\overset{COOC_2H_5}{CH_2}} \xrightarrow{C_2H_5ONa} \underset{COOC_2H_5}{\overset{COOC_2H_5}{\overset{-}{C}H}} \xrightarrow{R-X} R-\underset{COOC_2H_5}{\overset{COOC_2H_5}{CH}} \xrightarrow[R'-X]{C_2H_5ONa} R-\underset{COOC_2H_5}{\overset{COOC_2H_5}{C}}-R'$$

（3）水解脱羧：

$$R-\underset{COOC_2H_5}{\overset{COOC_2H_5}{C}}-R \xrightarrow[-2C_2H_5OH]{OH^-} \xrightarrow[\triangle]{H_3O^+} R-\underset{H}{\overset{R'}{C}}-COOH + CO_2$$

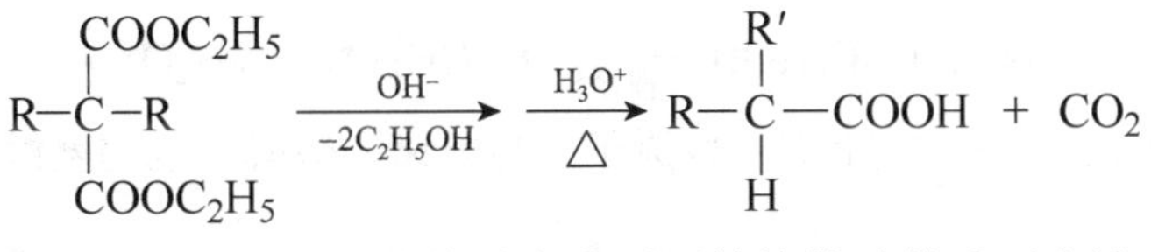

丙二酸酯经亚甲基取代，水解脱羧是合成不同结构羧酸的重要方法。

例 5-24　（自选题）

用三碳有机物合成：□—COOH

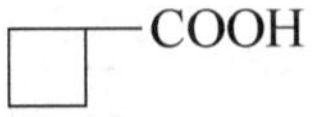

解析与答案：

目标分子为羧酸，可考虑用丙二酸酯合成：

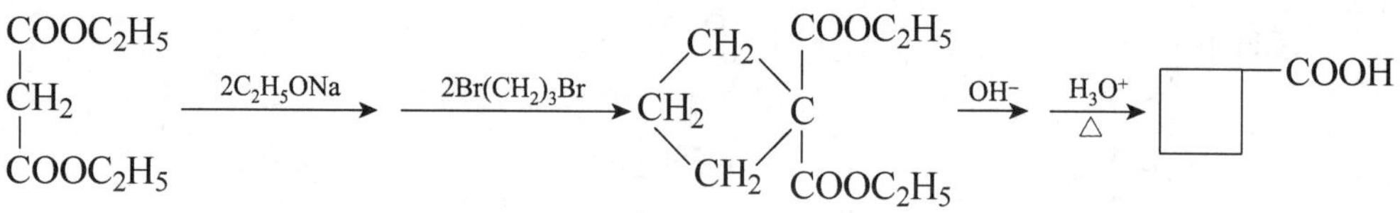

$$
\begin{array}{c}
\text{COOC}_2\text{H}_5 \\
| \\
\text{CH}_2 \\
| \\
\text{COOC}_2\text{H}_5
\end{array}
\xrightarrow{2\text{C}_2\text{H}_5\text{ONa}} \xrightarrow{2\text{Br(CH}_2)_3\text{Br}}
\begin{array}{c}
\text{CH}_2 \quad \text{COOC}_2\text{H}_5 \\
\diagdown \quad \diagup \\
\text{CH}_2 \quad \text{C} \\
\diagup \quad \diagdown \\
\text{CH}_2 \quad \text{COOC}_2\text{H}_5
\end{array}
\xrightarrow{\text{OH}^-} \xrightarrow[\triangle]{\text{H}_3\text{O}^+}
\boxed{}\!\!-\text{COOH}
$$

5.11　有机化合物——含氮化合物

5.11.1　脂肪胺

1. 胺的结构

同氨一样，胺的空间构型为三角锥形，氮原子采取 sp^3 杂化，三条 sp^3 杂化轨道分别与碳或氢原子形成 N—C 或 N—H σ 键，剩下一对孤对电子处于三角锥顶端的 sp^3 杂化轨道中。当三个取代基不同时，分子有手性，但因对映异构体之间快速翻转不能分离。而季铵的四个基团不同时，可分离出其对映异构体（如图所示）。

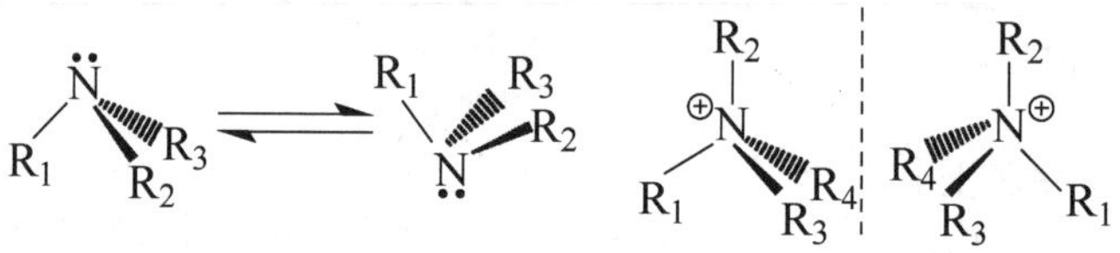

同氨一样，脂肪胺具有碱性和亲核性。

2. 胺的化学性质

（1）碱性：

$$\text{NH}_2\text{R} + \text{HCl} \longrightarrow \overset{\oplus}{\text{NH}}_3\text{R}\overset{\ominus}{\text{Cl}}$$

$$\text{NH}_3 + \text{H}^{\oplus} \longrightarrow \overset{\oplus}{\text{N}}\text{HR}_3$$

脂肪胺仍属于弱碱，其盐遇强碱重新生成胺。

（2）烃基化反应：

$$\overset{\cdot\cdot}{\text{N}}\text{H}_2\text{R} + \text{RCl} \longrightarrow \overset{\cdot\cdot}{\text{N}}\text{HR}_2 \xrightarrow{\text{RCl}} \longrightarrow \text{R}_4\text{N}^+\text{Cl}^-$$

$$\text{NH}_3 + 3\text{CH}_3\text{OH} \xrightarrow[\text{催化剂}]{\triangle} (\text{CH}_3)_3\text{N} + 3\text{H}_2\text{O}$$

（3）酰基化反应：胺（氮上需有氢原子）与酰卤、酸酐、酯的氨解反应生成相应的酰胺。

（4）三类胺与苯磺酰氯-氢氧化钠（兴斯堡试剂）的反应：

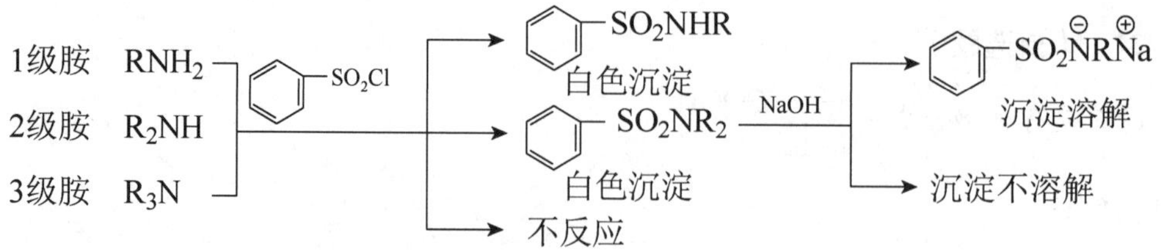

1级胺　RNH_2
2级胺　R_2NH —— 苯环—SO_2Cl ——→ 苯环—SO_2NHR　白色沉淀 ——→ 苯环—$\text{SO}_2\overset{\ominus}{\text{N}}\text{R}\overset{\oplus}{\text{Na}}$　沉淀溶解
3级胺　R_3N ——→ 苯环—SO_2NR_2　白色沉淀 $\xrightarrow{\text{NaOH}}$ 沉淀不溶解
——→ 不反应

兴斯堡试剂可用于区别、分离提纯三类胺。

（5）与亚硝酸的反应：

该反应也可用于三类胺区别。

（6）季铵碱及热消去反应：

①季铵碱的生成

$$R_4N^{\oplus}X^{\ominus} + AgOH \longrightarrow R_4N^{\oplus}OH^{\ominus} + AgI\downarrow$$

季铵碱碱性与氢氧化钠（钾）相当。

②季铵碱的热消去反应

$$(CH_3)_3N^{\oplus}CHCH_2CH_3OH^{\ominus} \xrightarrow{\triangle} CH_3CH_2CH{=\!\!=}CH_2 + CH_3CH{=\!\!=}CHCH_3 + (CH_3)_3N + H_2O$$
$$\underset{CH_3}{|}$$

（主产物）　　　　　（少量）

生成烯烃的取向遵从霍夫曼规则，即主产物为取代基少的烯烃。

该反应可用于测定胺的结构。例如：

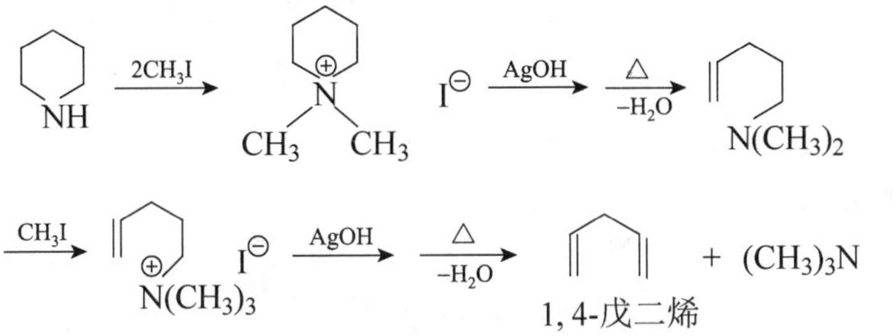

1,4-戊二烯

该过程第一次甲基化反应胺与碘甲烷的物质的量之比为 1∶2，可推测原来的胺为仲胺，经两次甲基化反应可推测原来的胺为环胺，根据终产物烯烃的结构可确定胺的结构。

（7）叔胺的氧化及热消除反应：

①叔胺的氧化

$$R_3N + H_2O_2(或过氧酸) \longrightarrow R_3\overset{\oplus}{N}{-}\overset{\ominus}{O}\ (或R_3N{\longrightarrow}O)$$

氧化胺具有四面体空间构型，当三个 R 为不同的烃基时，有手性，存在对映异构体。

②氧化胺的热消除反应（科普消去反应）

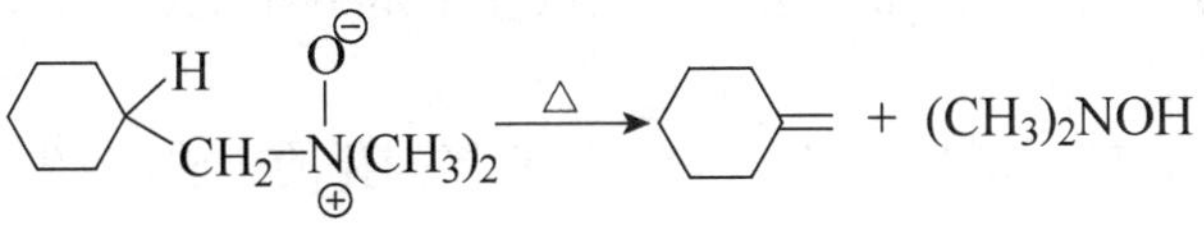

反应生成烯烃的取向遵从霍夫曼规则。

5.11.2　芳香胺

芳香胺是氨基连在芳香烃上的一类化合物，其中苯胺是典型代表。

1. 苯胺的制法

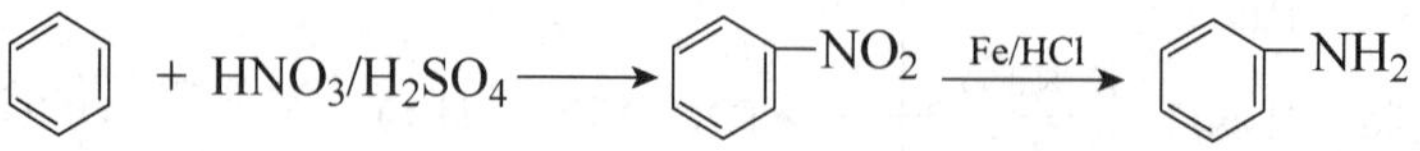

2. 苯胺的结构

实测结果，苯胺中氮原子的空间构型仍趋于三角锥形，但从氨基对苯环的强给电子效应来看，可考虑苯胺在反应中（动态过程）氮原子采取 sp^2 杂化，与苯环处于同一平面，氮上的孤对电子处于 p 轨道中，可与苯环发生 p-π 共轭，具强的给电子 +C 效应。其结果是氮上的电子云密度减小，碱性和亲核性减弱；苯环上的电子云密度增大，亲电取代活性增强。

3. 苯胺的化学性质

（1）溴代反应：

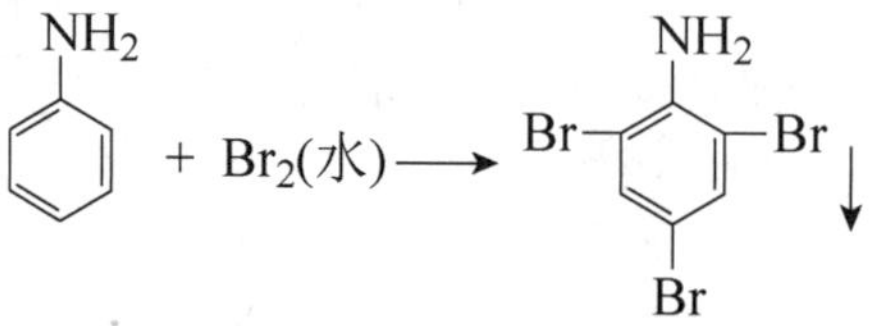

白色沉淀

该反应可用于苯胺的鉴别。

（2）磺化反应：

（3）乙酰化反应：

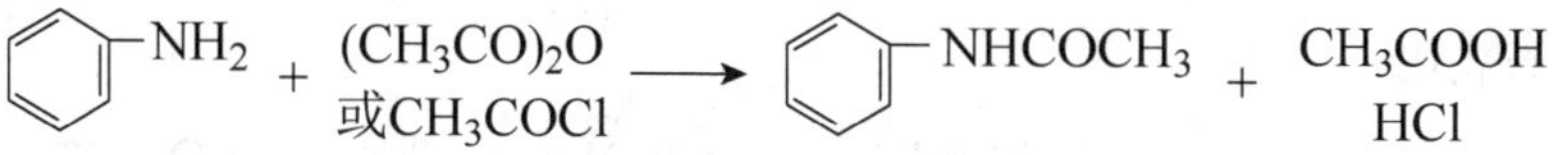

乙酰苯胺

该反应在有机合成中具有重要性：①乙酰苯胺不易被氧化，在稀酸、稀碱催化下水解，可重新生成苯胺，提供了保护氨基的方法；②乙酰氨基是中等强度的 I 类定位基，可顺利地进行苯环上的一取代。

例如，用苯胺制邻或对硝基苯胺，不能采取直接硝化的方法，应先乙酰化成乙酰苯胺，再硝化得到邻或对硝基苯胺，最后水解掉乙酰基。

（4）与亚硝酸反应：

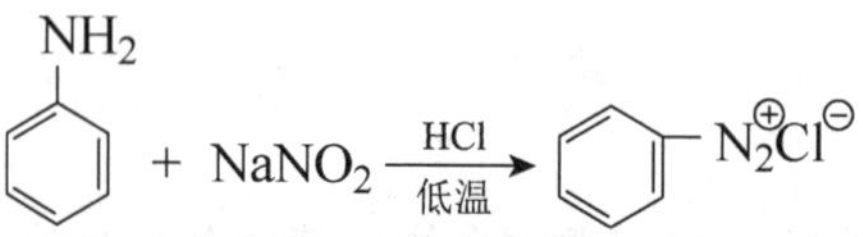

氯化重氮苯

（5）苯胺的氧化：

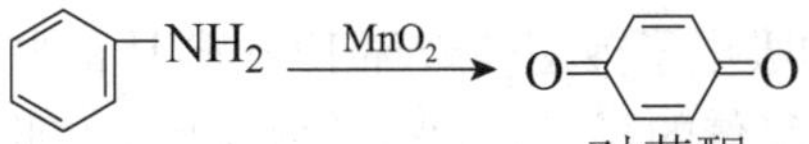

对苯醌

5.11.3　重氮化合物

重氮化合物指分子中含有氮氮双键官能团，氮的一端连有烃基的化合物，例如：

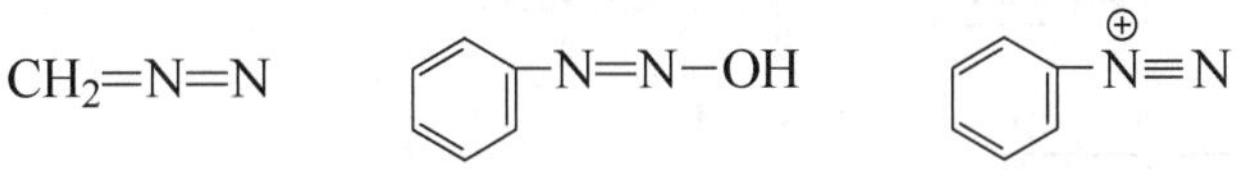

重氮甲烷　　苯基重氮酸　　苯重氮盐

1. 重氮甲烷

CH_2N_2，深黄色气体，剧毒易爆，是重要的有机合成试剂。

1）结构

线形分子，可用下面几种结构形式表示：

$$CH_2{=}\overset{+}{N}{=}\overset{-}{N} \longleftrightarrow \overset{-}{C}H_2{-}\overset{+}{N}{\equiv}N \longleftrightarrow \overset{+}{C}H_2{-}N{=}\overset{-}{N}$$

从结构上看，重氮甲烷既有亲核性质，又有亲电性质，也是一个偶极离子，能发生多种化学反应。

2）化学性质

（1）酚、羧酸、烯醇羟基的甲基化：

$$\left.\begin{array}{l} Ar{-}OH \\ R{-}COOH \\ R{-}CO{-}CH_2COOCH_3 \end{array}\right. + CH_2N_2 \longrightarrow \left\{\begin{array}{l} Ar{-}OCH_3 \\ RCOOCH_3 \\ R{-}\underset{\underset{OCH_3}{|}}{C}{=}CHCOOCH_3 \end{array}\right. + N_2$$

（2）与酰氯反应：

$$R{-}COCl + CH_2N_2 \longrightarrow R{-}COCHN_2 \xrightarrow[H_2O]{Ag_2O} RCH_2COOH \text{（增一碳羧酸）}$$

（3）1, 3-偶极加成：

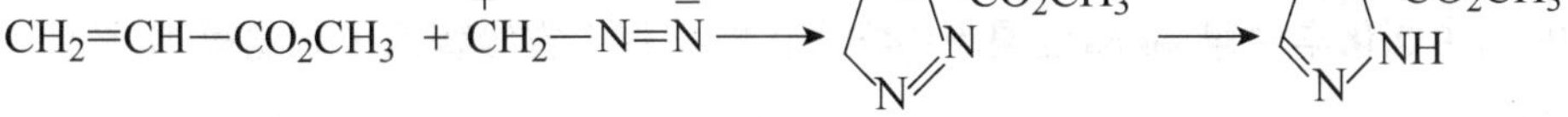

2. 苯重氮盐

$Ar{-}N_2^{\oplus}$，离子化合物（类似于铵盐），溶于水，制备参见 5.11.2 节。

1）结构

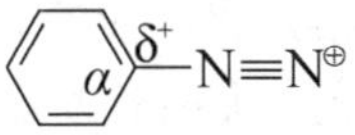

苯重氮盐氮上带有正电性，具弱亲电性，可对活化的苯环如苯酚、二甲苯胺等进行亲电取代——偶联反应；氮的吸电子效应使苯环上 α-碳具正电性，可受亲核试剂进攻，发生亲核取代反应，重氮基以氮气的形式断裂——放氮反应；此外，重氮基也可发生还原等反应。苯重氮盐在有机合成中具有重要意义。

2）放氮反应

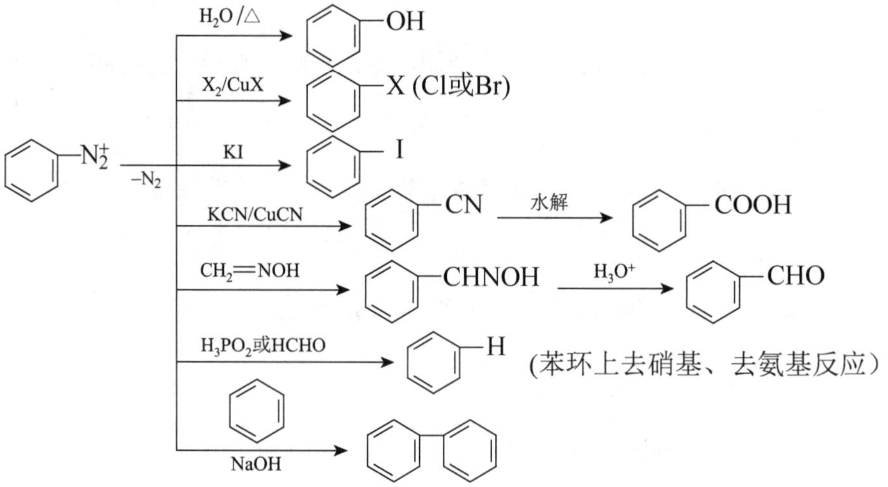

苯重氮盐的亲核取代反应，是在苯环上温和、灵活、高收率地引入各种取代基的重要方法。

例 5-25　（自选题）

用苯合成 1, 3, 5-三溴苯。

解析与答案：

三个溴原子处于间位，不能直接通过苯的溴代反应制取。考虑苯胺易三溴代，且氨基可经重氮化反应除去。合成步骤为

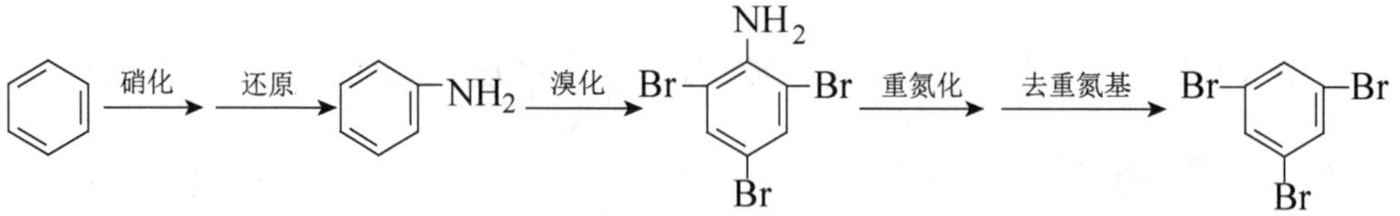

例 5-26　[中国化学会第 20 届全国高中学生化学竞赛（省级赛区）试题第 10 题]

以氯苯为起始原料，用最佳方法合成 1-溴-3-氯苯（限用具有高产率的各反应，标明合成的各个步骤）。

解析与答案：

本题氯苯中氯为 I 类定位基，直接氯代不能高产率得到间溴氯苯；同样，有学生考虑邻、对位引入三个磺酸基占位，再氯代，去磺酸基也不行，因苯环钝化和空间因素不能高

产率得到间溴氯苯。本题是典型的经重氮化反应合成取代苯。

3）偶联反应

偶联反应生成的产物称为偶氮化合物（分子中含有氮氮双键官能团，氮的两端连有芳基的化合物）。偶氮化合物大多数有鲜艳的颜色，许多都是合成染料，用于印染工业。

4）还原反应

5.11.4 含氮杂环

杂环是指成环原子中有非碳元素如氧、氮、硫等，但不包括环醚、酸酐、内酯。

1. 五元杂环——吡咯

1）结构

氮原子采取 sp^2 杂化，氮上的一对孤对电子处于 p 轨道中，与环上的 π-π 共轭形成 p-π 共轭体系，π 电子数为 6，具有芳香性（休克尔规则）。该体系为五原子六电子的富电子体系，环上的电子云密度较高，亲电取代活性高（类似于苯胺）。此外，受氮原子吸电子影响，α-位（2,5-位）电子云密度高，一取代优先发生在 α-位。其他五元杂环呋喃、噻吩有类似结构。

呋喃　　　　　噻吩

2）亲电取代反应

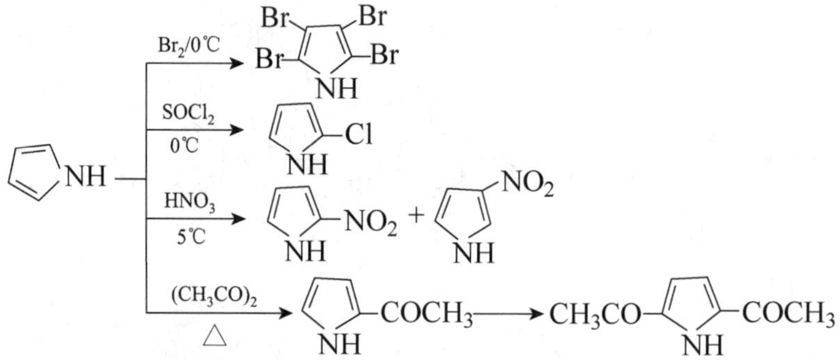

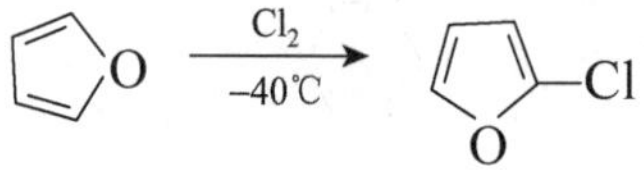

$Br_2/0℃$
$SOCl_2$ 0℃
HNO_3 5℃
$(CH_3CO)_2$ △

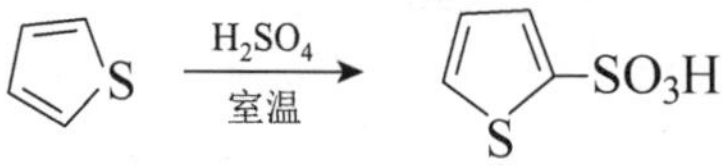

H_2SO_4 室温 —— ——SO_3H

Cl_2 −40℃ —— ——Cl

3）加成反应

$2H_2$ 催化剂 → NH(仲胺)

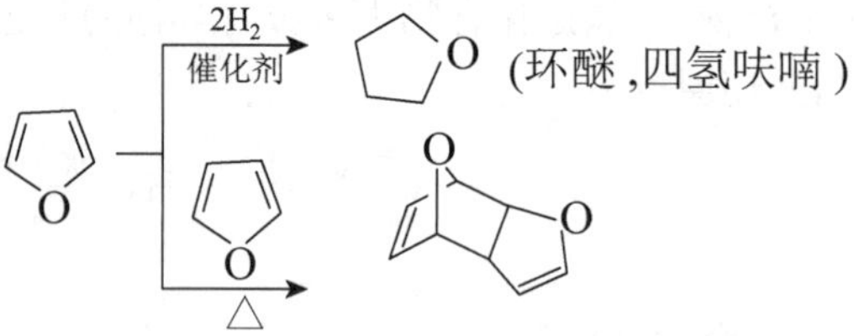

$2H_2$ 催化剂 → O　(环醚,四氢呋喃)

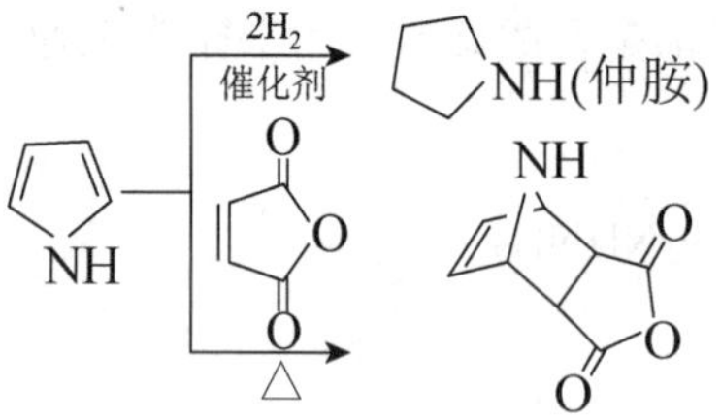

4）吡咯的酸、碱性

吡咯中氮原子上的孤对电子参与共轭形成具 $4n+2$ 的芳香体系，氮上的电子云密度大大减小，无碱性；氮原子的吸电子效应使 N—H 键极性增加，有酸性。

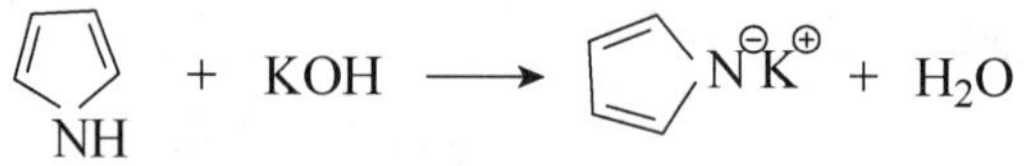

+ KOH —— N⊖K⊕ + H_2O

2. 咪唑

N:
NH

与吡咯结构类似，N1 上的孤对电子与环上 π 键形成具 $4n+2$ 的共轭体系，N3 上的孤对电子处于 sp^2 杂化轨道中。因两个氮原子影响，咪唑的芳香性不如吡咯，具酸性和碱性。

（1）互变异构：

CH_3 —— N —— NH ⇌ CH_3 —— NH —— N

（2）亲电取代：

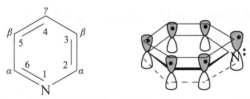

（3）烷基（酰基）化：

3. 六元杂环——吡啶

1）结构

氮原子采取 sp^2 杂化，氮上未杂化的 p 轨道与环上的 π-π 共轭形成 p-π 共轭体系，π 电子数为 6，具芳香性，孤对电子处于 sp^2 杂化轨道中。该体系为六原子六电子体系，受氮原子吸电子影响，环上的电子云密度较低，亲电取代活性低（类似于硝基苯），且 β-位（3, 5-位）电子云密度较高，一取代优先发生在 β-位；而 α-位可发生亲核取代；此外，氮上孤对电子可接受质子，显碱性。

2）化学性质

（1）亲电取代：

（2）亲核取代：

（3）氧化反应：取代烷基吡啶氧化（类似于烷基苯）：

3-吡啶甲酸

（4）氮氧化：

$$\text{吡啶} \xrightarrow[\text{HAc}]{\text{H}_2\text{O}_2} N\text{-氧化吡啶}$$

N-氧化吡啶

易发生 4-位取代，例如：

$$\xrightarrow[\text{H}_2\text{SO}_4]{\text{HNO}_3} \xrightarrow[-\text{POCl}_3]{\text{PCl}_3}$$

（5）还原反应：

$$\text{吡啶} + 3\text{H}_2 \xrightarrow{\text{Pt}} \text{六氢吡啶}$$

六氢吡啶(仲胺)

（6）碱性：与吡咯不同的是，N 原子只提供一条单电子的 p 轨道参与共轭，N 上有一条含有孤对电子的 sp² 轨道可接受 H 质子显碱性。

$$\text{吡啶} + \text{HCl} \longrightarrow \overset{+}{\text{N}}\text{H} \, \text{Cl}^{\ominus}$$

吡啶盐酸盐

4. 嘧啶

结构上与吡啶类似，因两个氮原子的吸电子效应，为缺电子芳香体系，亲电取代比吡啶更难。

（1）碱性：

$$\text{嘧啶} + \text{HCl} \longrightarrow \overset{+}{\text{N}}\text{HCl}^{\ominus}$$

另一个氮原子难质子化。

（2）烷基化：

$$\text{嘧啶} + \text{RX} \longrightarrow \overset{+}{\text{N}}\text{—R} \, \text{X}^{\ominus}$$

（3）卤代：

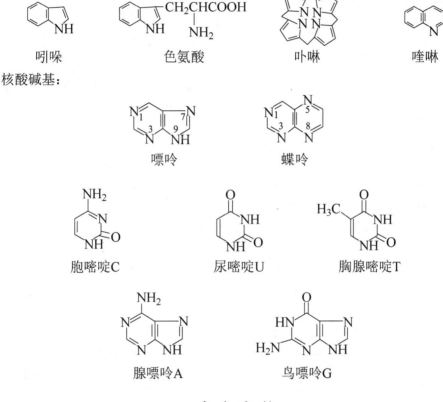

硝化、磺化很难。

（4）取代烷基嘧啶氧化（类似于取代烷基吡啶）：

5. 含氮杂环衍生物

吲哚　　　　　色氨酸　　　　　卟啉　　　　　喹啉

核酸碱基：

嘌呤　　　　　　　　蝶呤

胞嘧啶C　　　　　尿嘧啶U　　　　　胸腺嘧啶T

腺嘌呤A　　　　　鸟嘌呤G

参 考 文 献

邢其毅，裴伟伟，徐瑞秋，等. 2016. 基础有机化学[M]. 4 版. 北京：北京大学出版社.

曾绍琼. 1998. 有机化学[M]. 3 版. 北京：高等教育出版社.

Peter K，Vollhardt C，Schore N E. 2020. 有机化学：结构与功能[M]. 8 版. 戴立信，席振峰，罗三中，等译. 北京：化学工业
　　出版社.

习　　题

Ⅰ. 有机化合物的构造异构、命名

1. 写出构造式，并用 IUPAC 命名。

（1）分子式为 C_8H_{18}：①只含伯氢原子；②含有叔氢原子，且一氯取代物只有 3 种（构造异构）。

（2）分子式为 $C_5H_{12}O$：①叔醇；②含有乙基的醚。

2. 用 IUPAC 命名。

（1）

（2）O_2N—⟨⟩—CH_2CN

（3）

（4）

（5）$HOCH_2CH_2OCH_2CH_2OCH_2CH_2OH$

（6）$\left\{CH_2\underset{\underset{COOCH_3}{|}}{C}(CH_3)\right\}_n$ 和 $\left\{CH_2—O\right\}_n$

（7）Cl—⟨⟩—$\underset{\underset{CH_3}{|}}{C}HCH_2COCl$

（8）⟨⟩=O 和 ⟨⟩

（9）⟨⟩ 和 $CO(OC_2H_5)$

（10）H_2N—⟨⟩—⟨⟩—NH_2

3. 给出下面有机物的结构式。

（1）三苯基甲醇　　　　　（2）3-乙酰基-6-庚酮醛　　　　（3）4-甲基戊腈

（4）乙基溴化镁　　　　　（5）对氨基苯磺酰胺　　　　　（6）丙基烯丙基醚

（7）5-氯-1, 2, 3, 4-四氢化萘　（8）2-(1, 2-亚乙基)丙二酸二甲酯

（9）N-溴代邻苯二甲酰亚胺　（10）四苯基环戊二烯酮

4. 在高温下，甲基丁烷发生氯代时，从统计上预计生成的伯、仲、叔一氯代产物的比例是多少？（假定不同碳原子的氢被取代的反应速率相等。）

5. 已知化合物 A 的结构如右图所示。B 是 A 的同分异构体。B 属于酚类化合物，且 B 分子中无甲基（—CH_3）。

（1）写出 A 的分子式。

（2）B 有多少个同分异构体？写出推理过程。

6. 多环芳烃是尚未很好开发的领域，它来源丰富，具有理论研究价值和实际应用意义。已知 A（⬡⬡⬡⬡）是一个稠环芳烃，B、C 和 D 是以 A 为模块叠加的依次相邻的同系物，通式为 $C_{12n+6}H_{4n+8}$。

（1）A 的一氯取代物有多少种？二氯取代物有多少种？

（2）请写出符合条件的 B、C 和 D 的结构示意图。

（3）稠环芳烃 X 也可看成是以 A 为模块叠加起来的，X 分子中碳氢原子个数之比为 2∶1。写出 X 的示意图。

7. DNA 是遗传基础物质，由四种核苷酸（分别用 A、G、C、T 表示）聚合而成的高分子化合物。在 DNA 中，顺序连接的三个核苷酸组成一个密码子，代表蛋白质肽链合成的一个氨基酸。

（1）三个核苷酸组成的密码子共有多少个？

（2）组成蛋白质的氨基酸有二十种，则由二十种氨基酸组成的二十肽共有多少种？

8. 某烃分子式为 C_8H_{14}，经臭氧氧化后再还原水解，产物为甲醛、丙酮、3-丁酮醛。请写出该烃可能的结构式。

9. 烃 **A** 经完全燃烧后，所得二氧化碳与水汽的体积比为 2∶1。若 **A** 的密度是氢气的 26 倍：

（1）求 **A** 的化学式。

（2）**A** 经氯代产生一氯代、二氯代、……、多氯代物，每种氯代产物只有一种。画出 **A** 的结构式。

（3）**A** 的一种同系物 **B**，化学式 $C_{20}H_{36}$，**B** 中所有氢原子无区别，画出 **B** 的结构式。

10. "二噁英"污染事件轰动全球，其中毒性较大的一种结构如图所示（用 **A** 表示）：

（1）写出它的分子式。

（2）只改变 **A** 中氯原子的位置，能形成多少个异构体（包括 **A**）？

（3）**A** 在机体中的 _____ 中溶解度大，说明理由。

11. 葡萄糖是一种己醛糖。它的构造式有两种形式，一种是链式结构（用 **A** 表示）：

$$CH_2CHCHCHCHCHCHO$$
$$OH\ OHOHOHOH$$

另一种是环式结构（用 **B** 表示）。**B** 在结构上可看成是 **A** 中羟基与醛基加成的结果，与 **A** 互为互变异构体。

（1）画出具有六元环结构的 **B** 的构造示意图（不考虑立体构型）。

（2）**B** 与甲醇（物质的量之比 1∶1）在酸催化下反应生成 **C**，**C** 无还原性（不能发生银镜反应），写出该反应的化学方程式。

（3）果糖是 2-己酮糖，与葡萄糖互为同分异构体。果糖也有链式（用 **D** 表示）和环式（用 **E** 表示）结构，写出 **D** 的构造式，画出具有五元环结构的 **E** 的构造示意图。

（4）果糖能发生银镜反应（还原性糖），其原因是在碱性条件下，果糖转变成互变异体 **F**，**F** 再互变异构成 **A**，写出 **F** 的构造式。

（5）蔗糖（用 **G** 表示）是由 1 分子葡萄糖和 1 分子果糖脱水形成的二糖，**G** 无还原性。画出 **G** 的结构示意图。

12.（1）原碳酸极不稳定，一旦生成立即脱水成碳酸。原碳酸酰胺也不稳定，一旦生成立即脱氨成脲（用 **A** 表示）。写出 **A** 的结构式。

（2）**A** 存在于生物机体中。如精氨酸，化学名称为 2-氨基-5-胍基戊酸。精氨酸在酶催化下水解成鸟氨酸（用 **B** 表示，$C_5H_{12}O_2N_2$）和 **C**，**C** 是哺乳动物机体中氨代谢的产物。写出精氨酸水解的化学方程式。

（3）原碳酸酰卤、原碳酸酯是稳定的，分别写出一种原碳酸酰卤和原碳酸酯。

（4）碳酸也不稳定，至今也未得到纯碳酸。碳酸衍生物不能直接用碳酸制备。**M** 是制备碳酸衍生物的试剂，存在互变异构体 M_1 和 M_2。M_1 三聚生成具芳香性的杂环 **N**（$C_3H_3O_3N_3$），与氨加成生成尿素；M_2 与甲醇加成生成 **O**（**O** 又称乌利坦）。

写出 M_1 三聚、M_2 与甲醇反应的化学方程式。

13. 化合物 **A**、**B** 和 **C** 互为同分异构体。它们的元素分析数据为碳 92.3%、氢 7.7%。1mol **A** 在氧气中充分燃烧产生 179.2L 二氧化碳（标准状况）。**A** 是芳香化合物，分子中所有的原子共平面；**B** 是具有两个支链的链状化合物，分子中只有两种不同化学环境的氢原子，偶极矩等于零；**C** 是烷烃，分子中碳原子的化学环境完全相同。

（1）写出 **A**、**B** 和 **C** 的分子式。

（2）画出 **A**、**B** 和 **C** 的结构简式。

Ⅱ. 立体异构

1.（1）写出分子式为 C_5H_{10} 的有机物的所有异构体（构造异构和构型异构）；

（2）有机物 **A** 的化学式为 $C_4H_{10}O$，有手性，写出它的结构式；

（3）[1998 年全国高中学生化学竞赛（初赛）试题第 1 题]有机物 **B** 是苯的同系物，分子式 C_9H_{12}。**B** 在光照下的一溴代产物主要有两种，**C₁** 和 **C₂**，**C₁** 有光学活性；**B** 在铁催化下溴代，一溴代产物主要有两种，**D₁** 和 **D₂**，其产率 **D₁** 略多于 **D₂**。写出 **B**、**C₁**、**C₂**、**D₁**、**D₂** 的结构式。

2.（1）下面的有机分子哪些存在立体（构型）异构，存在多少个立体异构？并给出其命名。

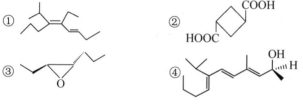

④ 1, 3-戊二烯和 2, 4-己二烯　　⑤ 2, 3, 4-三氯戊烷

⑥ 1, 2, 3-三甲基环戊烷

（2）给出下面有机物的命名（构型用 R，S 或 Z，E）或写出相应的构型式。

⑤ S-4-氯-Z-2-戊烯酸　　　⑥ E-丁酮肟　　　　　　⑦ 乙基环己烷（优势构象）

⑧ 内消旋-2, 3-丁二醇　　　⑨ 顺丁烯二酸酐

3. 画出环己六醇（）的所有几何异构体（用平面六元环表示）。其中有几个具有

手性，画出你认为最稳定的一个优势构象。

4. 环丁烯基二甲酸有多少个异构体（构造和构型），如果将它催化加氢，产物的异构体数目为多少？

5. 篮烷结构如图所示：

（1）写出篮烷的分子式；

（2）它的一氯取代物的构造异构体有多少个？二氯取代物的构造异构体有多少个？

（3）在篮烷的二氯取代物中，有一个异构体含三个立体异构体，其中一个无手性，另外两个成外消旋体。请画出这三个立体异构体的结构示意图。

6. 金刚烷结构如图所示：

（1）写出金刚烷的分子式，并说出它是由几个环组成的；

（2）四氮金刚烷（乌洛托品）是金刚烷中的四个碳原子被氮原子取代的产物，也具有高度对称性。在金刚烷图中标出氮原子的位置；

（3）四氮金刚烷合成如下：

$$A + NH_3 \longrightarrow B + H_2O$$

$$3B \longrightarrow C$$

$$C + 3A \longrightarrow D$$

$$D + NH_3 \longrightarrow 四氮金刚烷 + 3H_2O$$

写出 **A**、**B**、**C** 和 **D** 的结构式。

7. [第 21 届全国高中学生化学竞赛（省级赛区）试题第 11 题]

石竹烯（Caryophyllene，$C_{15}H_{24}$）是一种含有双键的天然产物，其中一个双键的构型是反式的，丁香花气味主要是由它引起的。可从下面的反应推断石竹烯及相关化合物的结构。

反应 1：

$$石竹烯 \xrightarrow{H_2,\ Pd/C} \underset{\mathbf{A}}{C_{15}H_{28}}$$

反应 2：

$$C\ (C_{15}H_{26}O) \xrightarrow{O_3,\ CH_2Cl_2} \xrightarrow{Zn,\ CH_3COOH}$$

反应 3：

$$石竹烯 \xrightarrow[\quad]{等摩尔BH_3,\ THF} \xrightarrow{H_2O_2,\ NaOH,\ H_2O} C\ (C_{15}H_{26}O)$$

反应 4：

$$C\ (C_{15}H_{26}O) \xrightarrow{O_3,\ CH_2Cl_2} \xrightarrow{Zn,\ CH_3COOH}$$

石竹烯的异构体——异石竹烯在反应 1 和反应 2 中也分别得到产物 **A** 和 **B**，而在经过反应 3 后却得到产物 **C** 的异构体，此异构体在经过反应 4 后仍得到了产物 **D**。

11-1　在不考虑反应生成手性中心的前提下，画出化合物 **A**、**C** 以及 **C** 的异构体的结构式；

11-2　画出石竹烯和异石竹烯的结构式；

11-3　指出石竹烯和异石竹烯的结构差别。

8. 分子式为 C_6H_6 的有机物除苯外，还可以写出许多结构。

（1）烃 **A**，C_6H_6。**A** 分子非平面构型，碳、氢原子无区别，且含有两种不等长的碳碳单键。画出 **A** 的结构式。

（2）**B** 是 **A** 的同系物，其分子量等于 106，**B** 有光学活性。画出它的一对对映异构体的结构。

9. 在生物体中酶的催化下，可将丁二酸（琥珀酸）脱氢成丁烯二酸。该酸不易失水成酸酐，写出该丁烯二酸的结构。

10. 脂肪（**FAT**）是机体中重要的脂类物质，结构上可用下列通式表示：

$$\begin{array}{l} CH_2OOCR_1 \\ | \\ CHOOCR_2 \quad \text{（三脂肪酸甘油酯）} \\ | \\ CH_2OOCR_3 \end{array}$$

组成某脂肪 **A** 的脂肪酸可能是：硬脂酸（十八碳酸）、软脂酸（十六碳酸）、油酸（Z-9-十八碳一烯酸）、亚油酸（Z, Z-9, 12-十八碳二烯酸）。

（1）写出亚油酸的结构式；

（2）若 **A** 是这四种脂肪酸中的一种或几种组成，则一共能形成多少种不同结构的 **A**？其中有多少对对映异构体？

11. 某烃 **A**，分子式 $C_{13}H_{24}$。**A** 中含有甲基环己亚基，其一氯取代物的构造异构体有 4 个。

（1）画出 **A** 的结构示意图，它有无立体异构体？

（2）考虑立体异构体，**A** 的一氯取代物有多少种？

（3）烃 **B** 的分子式为 $C_{18}H_{32}$，它可以看成是在 **A** 分子中增加了一个六元环，**B** 分子中存在对称面。画出 **B** 的结构示意图，它有无立体异构体？

12. 一类具 $(CH)_x$ 结构的非平面高张力环已经合成。

（1）画出 $x = 4, 8$ 的烃的结构示意图，说明其具高张力的理由；

（2）已合成 $x = 20$ 的烃，该烃由十二个环戊烷组成，画出它的结构示意图。

Ⅲ. 电子效应、共振论

1. 指出下面的分子（或离子）是否存在共轭体系，如有，用 π_m^n 表示。

（1）$CH_2{=}CH{-}(CH{=}CH)_3{-}CH{=}CH_2$

（2）（环戊二烯结构图）

（3）（苯胺结构图）—NH_2

（4）（环己烯结构图）

（5）$CH_3{-}CH{=}CH{-}CH{-}CH{=}CH{-}CH_3$

（6）$CH_3{-}CH{=}CH{-}\overset{\displaystyle O}{\underset{\displaystyle OH}{C}}$

（7）$\underset{Cl}{CH_2}{-}CH{=}\underset{Cl}{C}{-}CH_3$

（8）（环庚三烯正离子）　　（9）$CH_2=CH-\overset{\oplus}{C}H-CH=CH_2$

（10）$CH_3-\underset{OH}{C}=C-\overset{\overset{O}{\|}}{C}-OC_2H_5$

2. 比较酸性强弱（用"＞"号表示）。

（1）（电负性：$sp>sp^2>sp^3$）

　　　　a. CH_3CH_2-H　　b. $CH_2=CH-H$　　c. $CH\equiv C-H$

（2）

　　　a. CH_3COOH　b. $\underset{F}{CH_2COOH}$　c. $\underset{Cl}{CH_2COOH}$　d. $\underset{Br}{CH_2COOH}$　e. $\underset{I}{CH_2COOH}$

（3）

a. $\underset{Cl}{CH_2}CH_2CH_2COOH$　　b. $CH_3CH_2\underset{Cl}{CH}COOH$　　c. $CH_3\underset{Cl}{CH}CH_2COOH$　　d. $CH_3CH_2CH_2COOH$

（4）a. 苯酚 b. 对甲苯酚 c. 对甲氧基苯酚 d. 对氯苯酚 e. 对硝基苯酚 f. 2, 4, 6-三硝基苯酚

（5）　a. $\underset{H}{CH_2}CH_2CHO$　b. $CH_3\underset{H}{CH}CHO$　c. $\underset{H}{CH_2}CHO$　d. $CH_3-\underset{O}{\overset{}{C}}-\underset{H}{CH}-CHO$

3.比较碱性强弱（用"＞"号表示）。

（1）a. $(CH_3)_3CO^-$　b. CH_3O^-　c. OH^-　d. H_2O

（2）a. 苯酚 $-O^-$　　　b. CH_3COO^-　c. HCO_3^-　d. OH^-

（3）比较如图所示胺中各氮原子（分别用 a、b、c、d 表示）所具有的碱性大小：

（4）a. 苯胺 b. 对甲苯胺 c. 对甲氧基苯胺 d. 对氯苯胺 e. 苯甲酰胺 f. 邻苯二甲酰亚胺

4. 比较a. $HC\equiv C-Cl$、b. $CH_2=CH-Cl$、c. CH_3CH_2-Cl分子偶极矩的大小并说明理由。

5.

（1）解释：无色的三苯甲醇用浓硫酸处理，得到一个深红色的有机物，加水稀释后红色消失成无色；

（2）写出下面的反应机理：

$$CH_3CH_2CH=CHCH_2Cl \xrightarrow{H_2O} CH_3CH_2CH=CHCH_2-OH + CH_3CH_2\underset{OH}{CH}CH=CH_2$$

6. "芳香性"是指化合物具有类似苯的结构和性质。休克尔提出了判断分子是否具芳香性的规则："如果一个化合物具有平面闭合（成环）的共轭体系，且 **π** 电子数等于 $4n+2$（n 为 0, 1, 2, …正整数），则该化合物可能具有芳香性。"判断下面的分子是否具有芳香性。

（1）

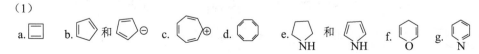

（2）a. （环丙烯-环戊二烯结构）　　b. 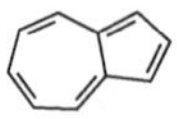 （薁结构）　　c. 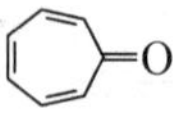 （环庚三烯酮结构）　　d. 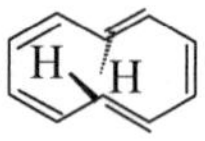 （萘的二氢结构）

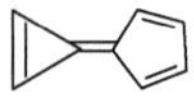

7. 回答问题：

（1）为什么在（环戊二烯 a 位）、（环戊烯 b 位）中，a 位碳原子上氢原子的酸性比 b 位碳原子上氢原子的酸性大得多？

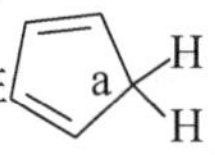

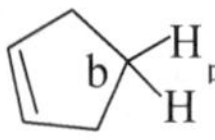

（2）羧酸、羧酸衍生物（酰卤、酸酐、酯、酰胺）在结构上有什么共同特点？为什么它们的亲核加成反应（除酰氯外）活性不如醛、酮高？

（3）混合醚（R—O—R′）可用卤代烃（R—X）和醇钠（R′ONa）经亲核取代反应制备（威廉逊制醚）。但酚醚（⟨苯环⟩—O—R）只能用 R—X 与 ⟨苯环⟩—ONa 制备，不能用 RONa 与 ⟨苯环⟩—X 制备。

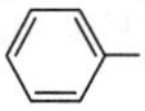

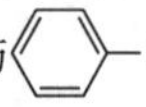

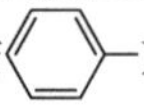

8. 醇在酸性条件下发生消去反应，多数情况下是先脱水成碳正离子，再消去氢离子。解释下面的反应：

（1）$CH_3-\underset{\underset{OH}{\overset{CH_3}{|}}}{\overset{\overset{CH_3}{|}}{C}}-CH-CH_3 \xrightarrow[\triangle]{H_2SO_4} CH_3-\underset{CH_3}{\overset{CH_3}{C}}=C-\underset{CH_3}{\overset{CH_3}{}}\ +\ H_2O$

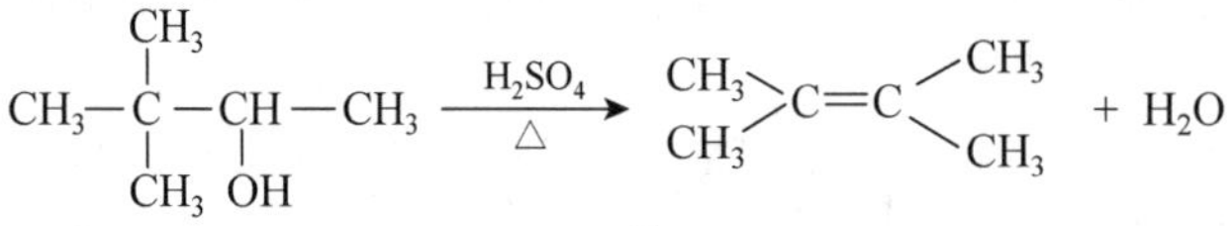

（2）（环戊基）$-CH_2OH \xrightarrow[\triangle]{H_2SO_4}$ （甲基环戊烯）$+$ （环己烯）$+\ H_2O$

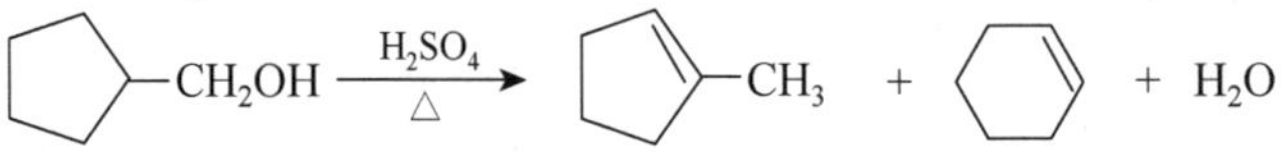

Ⅳ. 脂肪烃、芳香烃

1. 完成下面的反应：

（1）$\underset{CH_3}{\overset{CH_3}{>}}C=CHCH_3 \xrightarrow[\triangle]{浓H_2SO_4}$ （　　　）$\xrightarrow{H_3O^+}$ （　　　　　）

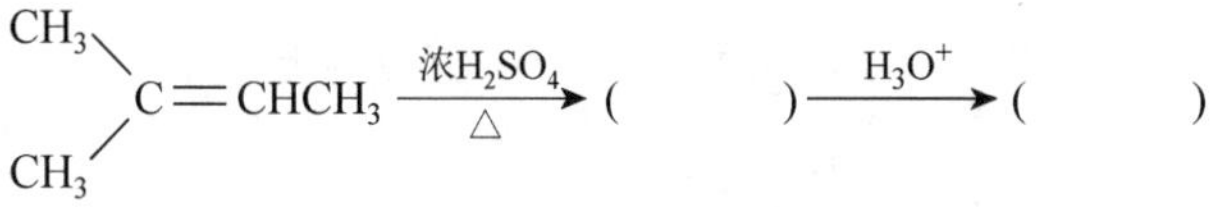

（2）（环戊二烯）$+ HBr \longrightarrow$（　　　）$\xrightarrow[\triangle]{（环戊二烯）}$（　　　）

（3）$(CH_3)_3CCH=CHCH_2CH_3 + Br_2 \xrightarrow{光}$（　　　　　）

（4）（　　　　）$+ KMnO_4/H^+ \longrightarrow HOOC(CH_2)_4COCH_3$

（5）（ 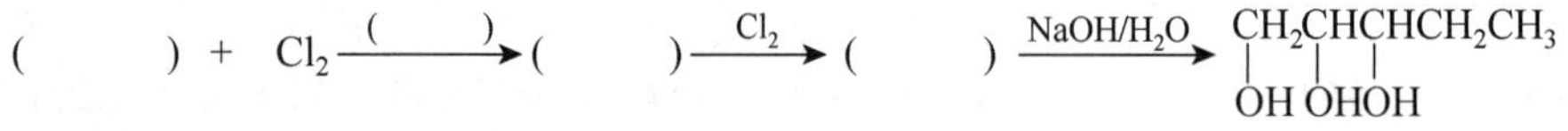　　　）$+ Cl_2 \xrightarrow{（　　）}$（　　　）$\xrightarrow{Cl_2}$（　　　）$\xrightarrow{NaOH/H_2O} \underset{\underset{OH\ OHOH}{|\ \ \ |\ \ |}}{CH_2CHCHCH_2CH_3}$

（6）（甲基氯代环己烷）$+ NaOH \xrightarrow[\triangle]{醇}$（　　　）$\xrightarrow{B_2H_6} \xrightarrow[OH^-]{H_2O_2}$（　　　　　）（标明产物立体构型）

（7）（ 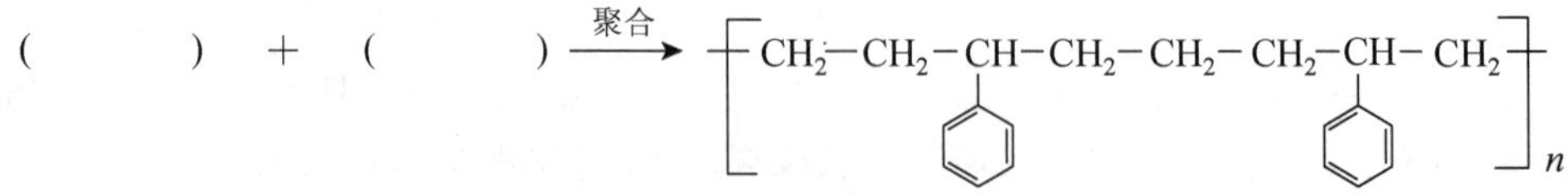　　　）$+$（　　　）$\xrightarrow{聚合}$ $\left[CH_2-CH_2-\underset{⟨苯⟩}{CH}-CH_2-CH_2-CH_2-\underset{⟨苯⟩}{CH}-CH_2\right]_n$

（8）（　　　）$+$（　　　）$\xrightarrow{\triangle}$ （环己烯二羧酸, 二甲基, 二COOH）$\xrightarrow{O_3} \xrightarrow[H_3O^+]{Zn}$（　　　　）

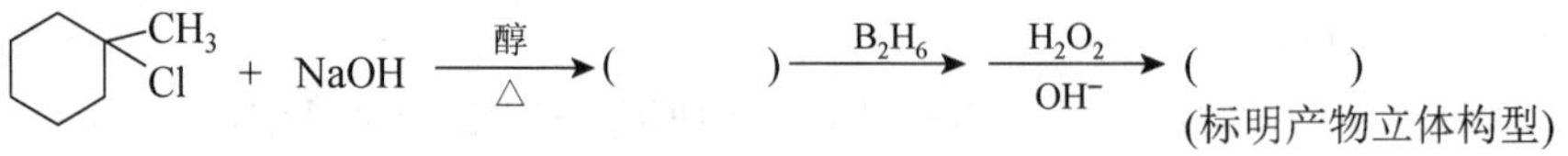

（9）（⟨苯⟩—CH_2CH_3）$+ Cl_2 \xrightarrow{高温}$（　　　）$\xrightarrow{Cl_2/Fe}$（　　　）$+$（　　　）

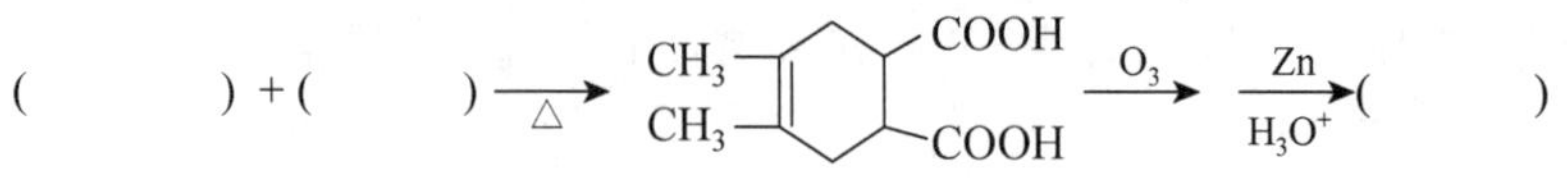

(10)

$$(11)\ (\qquad)\ +\ 2Na\ \xrightarrow{\text{液氨}}\ (\qquad)\ \xrightarrow[-2NaCl]{2(\qquad)}\ (\qquad)\ \xrightarrow[Hg^{2+}/HO_3^+]{H_2O}\ CH_3CH_2CH_2-\overset{\displaystyle O}{\underset{\displaystyle \|}{C}}-CH_2CH_3$$

$$(12)\ \underset{}{\bigcirc}\ +\ t-C_4H_9Cl\ \xrightarrow{AlCl_3}\ (\qquad)\ \xrightarrow[AlCl_3]{(\qquad)}\ \underset{C_{12}H_{18}}{(\qquad)}\ \xrightarrow[H_2SO_4]{HNO_3}\ (\qquad)$$

$$\xrightarrow{KMnO_4}\ (\qquad)\ \xrightarrow{Fe/HCl}\ \underset{C_{11}H_{15}NO_2}{(\qquad)}$$

$$(13)\ CH\equiv CH\ \xrightarrow{2(\qquad)}\ \underset{C_4H_6O_2}{(\qquad)}\ \xrightarrow[\text{一定条件}]{[O]}\ (\qquad)\ \xrightarrow{H_2\atop Lindlar\ Pd}\ (\qquad)$$

$$\xrightarrow[\triangle]{(\qquad)}\ \text{环己烯二甲酸}\ \xrightarrow[-2H_2O]{KMnO_4/\triangle}\ (\qquad)$$

2. 用化学方法区别：

① 戊烷，② 1-戊烯，③ 1-戊炔，④ 乙基环丙烷。

3. 比较下面的有机分子进行硝化反应的活性（用"＞"表示）：

（1）① 苯，② 硝基苯，③ 甲苯，④ 乙酰苯胺，⑤ 苯甲酸；

（2）① 苯酚，② 甲苯，③ 苯，④ 氯苯，⑤ 硝基苯。

4.具 CH₃—CO—结构的羰基化合物能发生碘仿反应

$$CH_3-CO-R\ +\ I_2/OH^-\ \longrightarrow\ CH_3I\ \downarrow\ +\ RCOOH$$
$$\text{（黄色）}$$

某卤烃 **A**（C₆H₁₁Cl），与 NaOH/H₂O 反应得叔醇 **B**（C₆H₁₂O），与 NaOH/醇共热，得烃 **C**（C₆H₁₀）。**C** 经臭氧化后用 Zn 粉还原水解，产物为己酮醛 **D**。**D** 能发生碘仿反应。写出 **A**、**B**、**C** 和 **D** 的结构。

5. 萜为具异戊二烯结构单元的化合物，存在于天然产物中。某萜 **A**，元素分析：C 88.33%，H 11.77%，对氢气的相对密度 $D=68$。该萜经 KMnO₄/H₃O⁺ 氧化，产物为 3-乙酰基-6-庚酮酸。

（1）求 **A** 的分子式；

（2）**A** 具六元环，求结构简式。

6. **A**、**B**、**C** 均为分子式 C₉H₁₂ 的取代苯。经氧化，**A** 得一元酸，**B** 得二元酸，**C** 得三元酸；经硝化，**A** 可得三种一硝化产物，**B** 可得两种一硝化产物，**C** 只得一种一硝化产物。**A** 在高温下氯代，可得两种一氯代产物。

写出 **A**、**B**、**C** 的结构及氧化产物、一硝化产物。

7.（1）解释　苯胺　在混酸中硝化，产率低，产物为　间硝基苯胺　的原因。

（2）如何用苯胺合成对硝基苯胺。

8. [本题为1999年全国高中学生化学竞赛（初赛）试题第八题改编]盐酸普鲁卡因是外科常用药。作为局部麻醉剂，在传导麻醉、浸润麻醉及封闭疗法中均有良好的药效。它的结构如图所示：

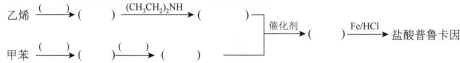

（1）写出盐酸普鲁卡因的化学名称；

（2）以甲苯、乙烯为原料合成盐酸普鲁卡因步骤如下：

乙烯 ——( )—— $\xrightarrow{(CH_3CH_2)_2NH}$ ( )

甲苯 ——( )—— ( ) ——( )—— ( )

催化剂 ——→ ( ) $\xrightarrow{Fe/HCl}$ 盐酸普鲁卡因

填写括号中有机物的结构式、试剂的化学式。

9. 三聚氰胺（用 **A** 表示）是一种化工原料。它的分子式为 $C_3H_6N_6$。**A** 在结构上含有六元环和氨基，处在六元环上的三个碳原子的化学环境相同。

（1）**A** 的结构式是_____。

（2）**A** 可用尿素经下面反应合成：

$$H_2NCONH_2 \xrightarrow{加热} A + B + C$$

（**B**、**C** 为气体，**C** 的分子量为44）

完成合成反应的化学方程（需配平）。

（3）**A** 与尿素、甲醛缩合聚合（反应中有水生成），可得一种性能好的耐热绝缘的电工材料。写出下面的化学反应方程式中产物 **D** 的结构式（**D** 可看成是聚合电工材料的单体）：

$$A + H_2NCONH_2 + 2HCHO \xrightarrow{催化剂} D + H_2O$$

（4）不法商贩将 **A** 掺入奶制品中，以提高奶制品中蛋白质的含量。已知1g氮相当于6.25g蛋白质，则1g **A** 相当于_____g蛋白质。

（5）进入人体中的 **A**，一部分水解为三聚氰酸（用 **E** 表示，分子式 $C_3H_3N_3O_3$）。**E** 与未水解的 **A** 以非化学键结合成具网状结构的聚合物（肾结石成因之一），危害健康。画出该聚合物的结构示意图（图中至少含两个 **A** 和两个 **E**。提示：**E** 用酮式结构表示）。

10. 现有 **A**、**B** 两种烷烃，它们的分子式都是 C_8H_{18}。

（1）**A** 不能由任何 C_8H_{16} 的异构体加氢得到，**A** 的结构式是_____；

（2）**B** 可以由且只能由1种 C_8H_{16} 的异构体加氢得到，**B** 的结构式是_____。

11. 烯烃是重要的有机化合物，在许多方面具有重要用途。

（1）为有效地利用太阳能，有人提出以降冰片二烯（BCD）为介质进行太阳能转换。

① BCD 的结构如下图所示，它可由一个 C_5 的烃与一个 C_2 的烃在加热条件下得到。

写出这两个烃的结构式。

②BCD 能吸收太阳能，生成 BCD 的同分异构体 QC，QC 分子中无 π 键，画出 QC 的结构。

③QC 在催化剂的作用下可重新生成 BCD，放出能量。解释 QC 易放热生成 BCD 的原因。

（2）盆烯是苯的同分异构体，是非平面分子，分子由两个环戊烯和两个环丙烷组成，其一氯取代物有三种。

①画出盆烯的结构，它的二氯取代物有多少种？

②有人将盆烯进行聚合，得到了具线形结构的共轭体系聚合物，可作分子导线使用，用于计算机中。写出它的链节式。

（3）工程塑料 ABS 的链节式为

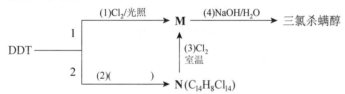

① 写出组成 ABS 的单体的结构式；

②经元素分析可知，该 ABS 样品的组成为 $C_aH_bN_c$（a、b、c 为正整数），若单体 A 是分子量最小的，单体 B 的分子量次之，则原料中 A 和 B 的物质的量之比是_____（用 a、b 和 c 表示）。

12.（1）DDT（$C_{14}H_9Cl_5$）于 1874 年合成，1944 年后广泛用作杀虫剂，后因有高残毒被禁用（DDT 核磁共振氢谱图中有 5 种质子峰）。DDT 可由下面途径合成：

$$\bigcirc + Cl_2 \xrightarrow{Fe} \mathbf{A} + HCl$$

$$CH_3CHO + 3Cl_2 \xrightarrow{NaOH} \mathbf{B} + 3NaCl + 3H_2O$$

$$2\mathbf{A} + \mathbf{B} \xrightarrow{催化剂} DDT + H_2O \ (类似于苯酚与甲醛的反应)$$

写出 **A**、**B** 和 DDT 的结构。

（2）三氯杀螨醇（$C_{14}H_9Cl_5O$）是 20 世纪 50 年代推出的杀螨农药。从结构上看，它是 DDT 的醇体，它可由 DDT 经下面两条途径合成：

$$DDT \begin{array}{l} \underset{1}{\quad} \\ \underset{2}{\quad} \end{array} \begin{array}{l} \xrightarrow{(1)Cl_2/光照} \mathbf{M} \xrightarrow{(4)NaOH/H_2O} 三氯杀螨醇 \\ \quad\quad\quad\quad\uparrow (3)Cl_2 室温 \\ \xrightarrow[(2)(\quad\quad)]{} \mathbf{N}(C_{14}H_8Cl_{14}) \end{array}$$

写出 **M**、**N** 和三氯杀螨醇的结构，写出第 2 步中（2）的反应条件。

13.

（1）以乙炔、甲醛为原料合成维尼纶的步骤如下：

$$乙炔 \xrightarrow{H_2O} (\quad) \xrightarrow{K_2Cr_2O_7} (\quad) \xrightarrow{乙炔} (\quad) \xrightarrow{聚合} (\quad) \xrightarrow[-nCH_3COOCH_3]{nCH_3OH/H^+}$$

$$\begin{bmatrix} CH_2-CH \\ \quad\quad| \\ \quad\quad OH \end{bmatrix}_n \xrightarrow[催化剂]{mHCHO} \begin{bmatrix} \quad\quad\quad \end{bmatrix}_n + mH_2O$$
$$C_5H_8O_2(维尼纶)$$

填写括号中有机物的结构式、试剂的化学式、产物的链节式。

（2）以甲苯为原料，合成对氯苯甲酸苯甲酯。

（3）以乙炔为原料，合成 Z-3-己烯。

（4）以 1,3-丁二烯为原料，合成 3-甲酰基己二醛。

14. 考虑烯烃亲电加成反应历程，回答下面的问题：

（1）写出 $\underset{H_3C}{\overset{H_3CH_2C}{>}}C=C\underset{CH_3}{\overset{CH_2CH_3}{<}}$ 与 Br_2 反应的产物，并用费歇尔式表示构型。

（2）某 C_6H_{12} 的烯烃与 Br_2 加成，产物为内消旋体。请写出该烯烃的结构，并用上面的反应历程表示内消旋体的形成。

V. 卤代烃，醇、醚、酚

1. 完成反应式：

（1）

$$CH_3-CH-CH_2-CH_3 \quad \overset{OH^-/H_2O}{\underset{OH^-/醇,\triangle}{\Big|}}$$
$$\overset{|}{Cl}$$

（2）

$$(CH_3)_2CHOH \xrightarrow{Na} \qquad \xrightarrow{CH_3CH_2CH_2Cl}$$

（3）

$$\text{苯}-OH \xrightarrow[NaOH]{(\qquad)} \text{苯}-O-CH_2-\text{苯} + NaBr$$

（4）

$$(\qquad) \xrightarrow[高温]{Cl_2} (\qquad) \xrightarrow[-NaCl]{NaCN} (\qquad) \xrightarrow{H_3O^+} CH_2=CHCH_2COOH$$

（5）

$$H\overset{CH_3}{\underset{C_2H_5}{-\!\!\overset{|}{C}\!\!-}}Cl + CH_3NH_2 \xrightarrow{S_N2}$$

（6）

$$CH_3CH_2Br + Mg \xrightarrow{乙醚} (\qquad) \xrightarrow{(\qquad)} \xrightarrow{H_3O^+} CH_3CH_2CH_2CH_2OH$$

（7）

$$R-\text{苯}-\overset{CBrCH_2CH_3}{\underset{CH_3}{|}} \xrightarrow[OH^-/H_2O]{S_N1}$$

（8）

$$\text{苯}-OH \xrightarrow{H_2/Ni} \qquad \xrightarrow[H_3O^+]{K_2Cr_2O_7}$$

（9）

$$(\underset{C_4H_8O}{\qquad}) + HI(过量) \longrightarrow ICH_2CH_2CH_2CH_2I + H_2O$$

（10）

$$\text{苯}-CH_3 + Cl_2 \xrightarrow{高温} (\qquad) \xrightarrow{(\qquad)} \text{苯}-COO-CH_2-\text{苯} + NaCl$$

2. 回答问题：

（1）解释：1-丁醇的沸点（118°）比乙醚的沸点（34°）高得多，而二者在水中的溶解度却相同（都是 8g/100g 水）。

（2）能否用溴苯与甲醇钠制取苯甲醚？为什么苯甲醚用过量的氢碘酸处理，也不能得到碘苯？

（3）为什么不用叔丁基氯与氰化钠制取 2,2-二甲基丙腈？

（4）醇与氢卤酸制卤代烃，为什么氢卤酸活性是 HI＞HBr＞HCl？

（5）已知醇脱水的主要方式是经过碳正离子中间体，再去掉 β-H 的过程。其中关键步骤是碳正离子的形成

$$R-\overset{\oplus}{O}H_2 \longrightarrow R^\oplus + H_2O$$
$$\text{(质子化醇)}$$

解释：

① $CH_3-\underset{\underset{CH_3}{|}}{CH}-CH_2-CH_2OH \xrightarrow[\triangle]{\text{浓硫酸}} (CH_3)_2C{=}CHCH_3$

② ⬠—$CH_2OH \xrightarrow[\triangle]{H^\oplus}$ ⬡ + ⬠—CH_3

（6）解释：

将左旋 2-溴辛烷 $\underset{CH_3}{\overset{C_6H_{13}}{\underset{}{C}}}\overset{H}{\underset{Br}{}}$ 与 NaBr 溶液作用，一定时间后，旋光性消失。

3. **A** 和 **B** 的分子式均为 $C_6H_{11}Cl$。经 $NaOH/H_2O$ 反应，分别得醇 **C** 和醇 **D**。**C** 和 **D** 与盐酸氯化锌试剂作用，**D** 反应的速率比 **C** 快得多。**A** 和 **B** 与 $NaOH/$醇溶液共热，分别得 **E** 和 **F**，**E** 和 **F** 的分子式均为 C_6H_{10}。**E** 和 **F** 经 $KMnO_4/H_3O^+$ 作用，**E** 得己二酸，**F** 得 5-己酮酸。写出 **A**、**B**、**C**、**D**、**E**、**F** 的结构。

4. 卤代烃 **A**，分子式 C_5H_9Cl，有光学活性（右旋体），且结构中只有一个甲基。**A** 能使高锰酸钾溶液褪色；**A** 与 $AgNO_3$ 的醇溶液作用，室温下立即生成白色沉淀；**A** 与 $NaOH/H_2O$ 作用，所得产物无旋光性。

（1）写出 **A** 的结构；

（2）解释 **A** 水解反应产物无旋光性的原因。

5. 醇 **A** 是饱和醇，工业生产中经常用作溶剂。

（1）已知 **A** 的分子量为 136，0.01mol **A** 与金属钠反应，可产生气体 0.448L（标准状况）。写出 **A** 的化学式。

（2）经光谱分析，**A** 中只有一种化学环境的氧原子。写出 **A** 的结构式。

（3）生产上合成 **A** 的方法是：**M** 和 **N**（物质的量之比为 3∶1）在一定条件下发生加成反应，生成 **P**，**P** 和 **M** 在 NaOH 浓溶液中加热，发生氧化还原反应（物质的量之比为 1∶1），生成 **A** 和 **Q**。（**Q** 与 **M** 的分子量之差为 16）

写出 **M**、**N**、**P** 和 **Q** 的结构式。

6.（1）苯酚可由下面的方法合成：

⬡—$SO_3H \xrightarrow[1']{\text{中和}}$ ⬡—$SO_3Na \xrightarrow[2']{\text{NaOH(熔融)}}$ ⬡—$ONa \xrightarrow[3']{\text{酸化}}$ ⬡—OH

该方法称为苯磺酸钠碱熔法。生产中，除采用苯磺酸、氢氧化钠为原料外，还用第 2′步反应中的产物之一 **X** 为原料。

①写出 **X** 的化学式；

②写出合成中三步反应配平的化学方程式，并说明生产上采用 **X** 为原料的理由。

（2）苯酚容易被氧化成 **A**（$C_6H_4O_2$），**A** 经还原成 **B**（$C_6H_6O_2$）。**A** 和 **B** 在电化学中组成氧化-还原电对。

①写出 **A** 和 **B** 的结构式；

②等物质的量的 **A** 和 **B** 混合，可得到难溶于水的深绿色的闪光物质 **C**（$C_{12}H_{10}O_4$），该物质溶于热水中，颜色消失。画出 **C** 的结构示意图；

③**B** 在氢氧化钠溶液中与溴化银反应被用于照相中的冲洗定影过程，写出该反应的化学方程式。

7. 有机物 **A** 分子式为 $C_6H_{12}O$，无手性。**A** 能与金属钠作用放出气体，与浓硫酸共热得 **C**，**C** 经臭氧氧化-还原水解，产物为 5-己酮醛；**B** 分子式为 $C_6H_{14}O$，有手性。**B** 与氢碘酸作用，产物为碘乙烷和 **D**（分子式 $C_4H_{10}O$），**D** 也有手性。写出 **A**、**B**、**C** 和具 R 构型 **D** 的结构式。

8.（1）完成环氧乙烷（用 **A** 表示）的反应，写出相应的结构式：

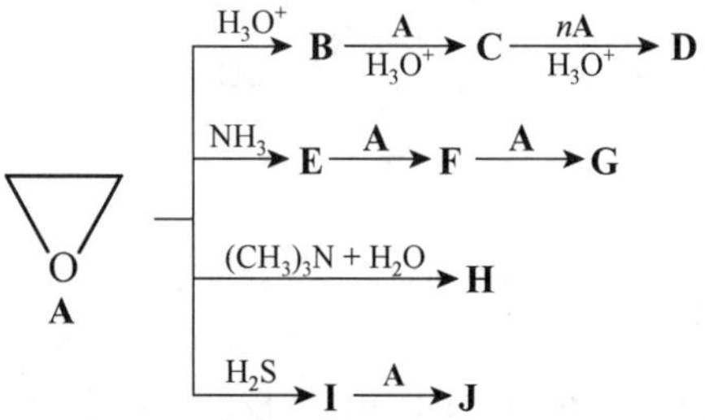

（2）磷脂广泛存在于生物体中，其中一种的结构如下所示：

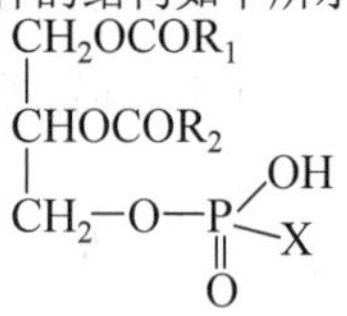

当 **X** 为（1）中的 **E** 时，即为脑磷脂。

写出脑磷脂彻底水解的化学方程式。

（3）石油化工厂用含硫石油裂解时，有硫化氢产生，通常用氨水吸收方法除去硫化氢。某工厂采用（1）中的 **G** 代替氨水吸收硫化氢。

①比较 **G** 与氨的沸点高低，碱性强弱，并简述其理由；

②写出 **G** 吸收硫化氢的化学方程式；

③**G** 能反复使用，工厂由此取得了经济效益，写出将 **G** 吸收硫化氢后的产物重新生成 **G** 的化学方程式。

9.

（1）以乙烯、丙烯为原料合成 $(CH_3)_2CHCH_2CH_2OH$；

（2）以甲苯为原料合成 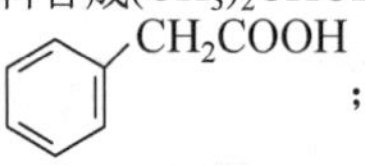 ；

（3）以 1,3-丁二烯为原料合成聚己二酸己二胺（锦纶-66）

$$\left[OC(CH_2)_4CONHCH_2(CH_2)_4CH_2NH \right]_n$$

（4）以乙烯为原料合成 　　　　（提示：考虑环氧乙烷，威廉逊制醚）；

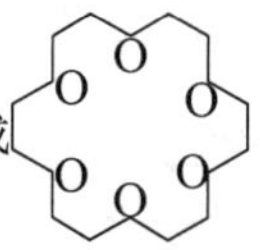

（18-冠-6）

（5）用苯酚、乙酸合成 。

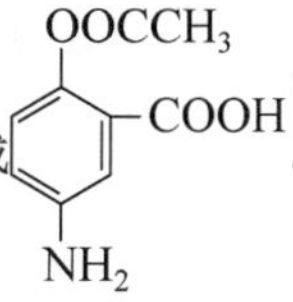

Ⅵ. 醛、酮，羧酸、羧酸衍生物

1. 完成反应式。

（1）

$$(\quad) + HCN \longrightarrow (\quad) \xrightarrow[\triangle]{H_3O^+} \text{环戊烯-COOH}$$

（2）

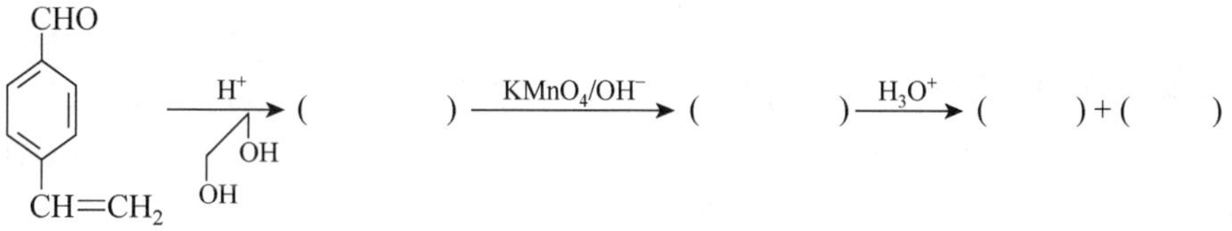

$\xrightarrow[\text{OH OH}]{H^+}$ (　　) $\xrightarrow{KMnO_4/OH^-}$ (　　) $\xrightarrow{H_3O^+}$ (　　) + (　　)

（3）

$+ NH_2NH-$ $\longrightarrow$ (　　)

（4）

$-MgBr \xrightarrow[\text{2. } H_3O^+]{\text{1. (　)}}$

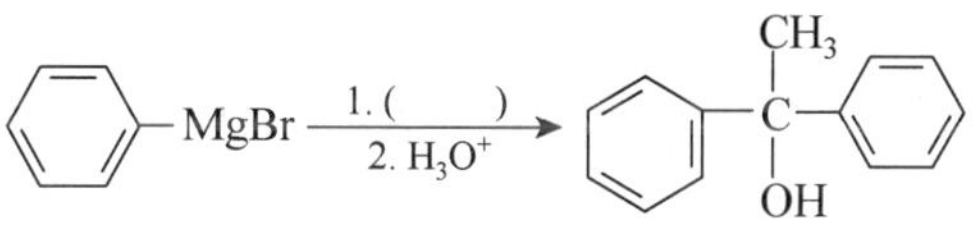

（5）

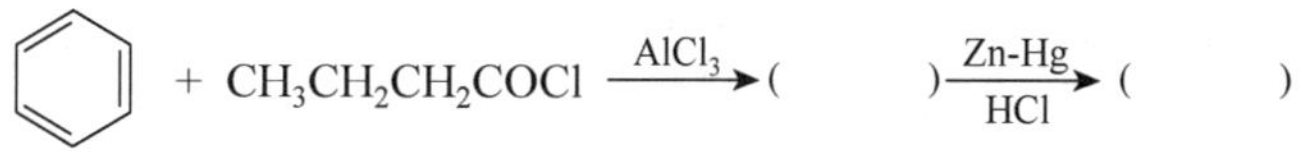

$+ CH_3CH_2CH_2COCl \xrightarrow{AlCl_3} (\quad) \xrightarrow[\text{HCl}]{Zn-Hg} (\quad)$

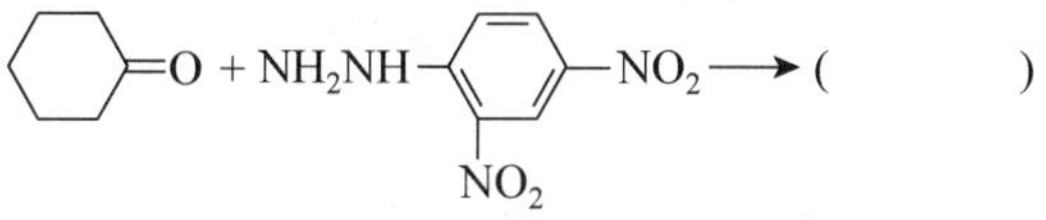

（6）

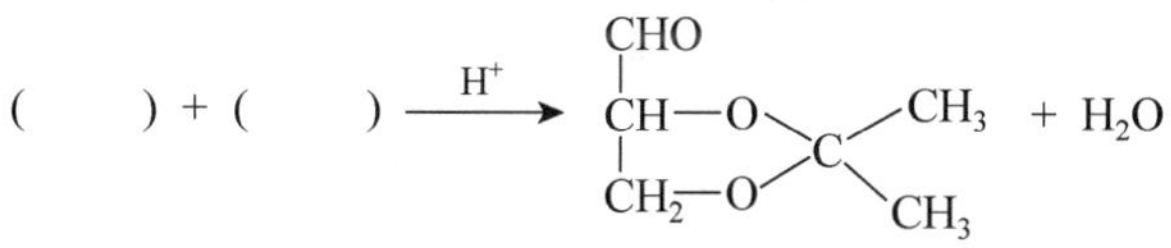

$(\quad) + (\quad) \xrightarrow{H^+}$ $+ H_2O$

（7）

$2(\quad) \xrightarrow[\triangle]{\text{浓}OH^-}$ $-CH_2OH +$ $-COO^-$

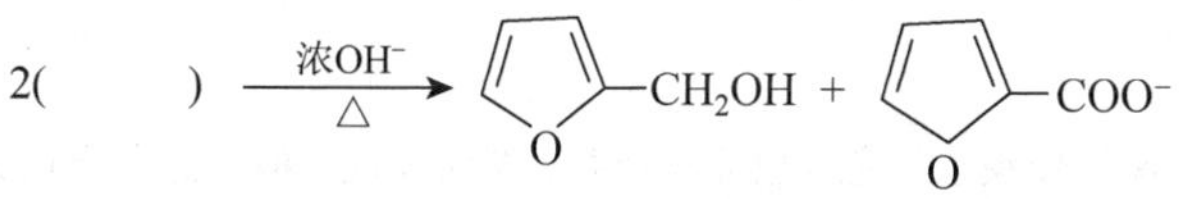

（8）

$CH_3-\underset{\underset{O}{\|}}{C}-CH_3 \xrightarrow[-H_2O]{\text{稀}OH^-/\triangle} (\quad) \xrightarrow[\triangle]{I_2/OH^-} (\quad)$

（9）

$(CH_3)_3C-CHO + CH_3CHO \xrightarrow{\text{稀}OH^-} (\quad) \xrightarrow{NaBH_4} (\quad)$

（10）

$CH_3CH_2CH_2COCl + (CH_3)_2CHOH \longrightarrow (\quad)$

（11）

$\xrightarrow{NH_3} (\quad) \xrightarrow{Br_2/OH^-} (\quad)$

（12）

$-COOCH_3 + CH_3CH_2COOCH_3 \xrightarrow{CH_3ONa} (\quad)$

（13）

$(\quad) + Ph_3\overset{\oplus}{P}-\overset{\ominus}{C}HCH_2COOC_2H_5 \longrightarrow CH_3\underset{CH_2CH_3}{C}=CHCH_2COOC_2H_5$

（14）

$CH_3OOC(CH_2)_5COOCH_3 \xrightarrow[-CH_3OH]{CH_3ONa} (\quad) \xrightarrow{CH_3ONa} (\quad) \xrightarrow[-H_2O]{OH^-/\triangle}$

（15）

$2(\quad) + HCHO \xrightarrow[-H_2O]{\text{催化剂}} (\quad) \xrightarrow{\text{互变异构}} (\quad) \xrightarrow{-H_2O}$

（16）

$(\underset{C_6H_6O}{\quad}) \xrightarrow{(\quad)} (\quad) \xrightarrow[H^{\oplus}]{K_2Cr_2O_7} (\quad) \xrightarrow{(\quad)} \xrightarrow[-Mg(OH)Br]{H_3O^+} (\quad)$

$\xrightarrow[-H_2O]{H_2SO_4/\triangle} (\quad) \xrightarrow[H_3O^+]{O_3} \xrightarrow{Zn} (\quad) \xrightarrow[2.\ H_3O^+]{1.\ Ag(NH_3)_2^+} CH_3COCH_2CH_2CH_2COOH$

（17）

$(\underset{C_8H_{10}}{\quad}) \xrightarrow[\triangle/-H_2O]{KMnO_4} (\quad) \xrightarrow[AlCl_3]{\text{}} (\quad) \xrightarrow[HCl]{Zn-Hg} (\quad) \xrightarrow{SOCl_2} (\quad)$

$\xrightarrow{AlCl_3} (\quad) \xrightarrow[HCl]{Zn-Hg} (\quad) \xrightarrow[\text{脱氢}]{Pd-C} (\underset{C_{14}H_{10}}{\quad})$

（18）

$(CH_3)_2CO + 2(\quad) \xrightarrow[-2H_2O]{OH^-} (\quad) \xrightarrow[EtONa]{(\quad)} (\quad) \xrightarrow[-2EtOH]{OH^-} \xrightarrow[-CO_2]{H_3O^+/\triangle}$

2. 化合物 **A**，分子式 $C_{10}H_{12}O_2$。**A** 能使溴水褪色，也能与羟胺、苯肼反应，但不能与土伦试剂反应，也不溶于氢氧化钠溶液；**A** 经 $LiAlH_4$ 还原得 **B**（$C_{10}H_{14}O_2$），**A** 和 **B** 都能发生碘仿反应；**A** 与 HI 作用生成 **C**（$C_9H_{12}O_2$）和 **D**，**C** 能溶于氢氧化钠溶液；**A** 经 $KMnO_4$ 氧化，生成对甲氧基苯甲酸。写出 **A**、**B**、**C**、**D** 的结构；写出 **A** 经 Zn-Hg/HCl 还原反应的化学方程式。

3. 有机物 **A**，化学式 $C_8H_{16}O_3$。**A** 能与羰基试剂作用，能发生碘仿反应，但不发生银镜反应；**A** 经稀硫酸处理后得 **B**，**B** 能发生银镜反应；**B** 经锌汞齐-盐酸作用得烃 **C**，光谱分析 **C** 中有两个甲基。写出 **A**、**B**、**C** 的结构式。

4. 有机物 **A** 的化学式为 $C_{11}H_{12}O_3$。**A** 能与羟胺作用生成结晶，能使溴的四氯化碳褪色，也能与三氯化铁溶液显色；**A** 在碱性条件下水解后，经酸化加热，有气体放出并得到 **B**；**B** 与碘的氢氧化钠溶液作用，有黄色沉淀和 **C** 生成，**C** 经酸化得苯甲酸。

（1）写出 **A** 和 **B** 的结构式；

（2）写出 **A** 与溴的四氯化碳作用的化学方程式。

5. 甲醛是重要的有机化工原料。

（1）在少量水和催化剂存在条件下，甲醛可聚合成结构单元上千的聚合物（用 **A** 表示）。**A** 用乙酐处理，可得到强度、硬度、弹性、稳定性都高的材料（用 **B** 表示），以代替钢材和有色金属。

①写出 **B** 的链节式，合成中将 **A** 用乙酐处理成 **B** 的目的是什么？

②为提高 **B** 的性能，聚合时加入少量的二氧五环（用 **C** 表示，$\overset{\displaystyle CH_2-O}{\underset{\displaystyle CH_2-O}{|}} CH_2$）进行共聚。写出有二氧五环参与共聚的甲醛聚合物的链节式；写出用基本有机原料合成 **C** 的步骤。

（2）旋风炸药 RDX 可由甲醛和氨合成：

$$HCHO + NH_3 \xrightarrow{-H_2O} M$$
$$3M \longrightarrow N$$
$$N + 3HCHO \longrightarrow O$$
$$O + NH_3 \longrightarrow P + 3H_2O$$
$$P + 3HNO_3 \longrightarrow RDX + NH_3 + 3Q$$

写出 **M**~**Q** 的结构；生成 1mol 的 RDX 需甲醛与氨的物质的量之比是多少？

6.（1）乙酸在一定条件下加热失水得到有机物 **A**。光谱分析：**A** 有两种化学环境不同的氢原子，且分子不在同一平面上；加热 **A**，1mol **A** 可得到 2mol **B**，**B** 遇水生成乙酸。

①写出乙酸生成 **A** 的化学方程式；

②**B** 与甲醛反应生成酯 **C**，写出 **C** 的结构式；

③写出 **C** 分别与水、乙醇（酸性条件）反应的化学方程式。

（2）完成下面的反应式，并写出终产物的化学名称：

7. 乳酸（2-羟基丙酸）是重要的化工原料，也是机体中糖无氧代谢的产物。

（1）写出以乙醇为原料合成乳酸的步骤。

（2）乳酸可以二聚，也可以多聚。画出 S-乳酸二聚的结构示意图，写出 R-乳酸多聚的链节式。

（3）乳酸经下面的反应合成了两种透光性好的有机玻璃：

$$乳酸 \xrightarrow[\text{加热脱水}]{\text{浓硫酸}} \mathbf{A} \begin{cases} \xrightarrow[\text{H}^+/\triangle]{\text{CH}_3\text{OH}} \mathbf{B_1} \xrightarrow{\text{加聚}} \mathbf{C_1} \\ \xrightarrow[\text{H}^+/\triangle]{\text{HOCH}_2\text{CH}_2\text{OH}} \mathbf{B_2} \xrightarrow{\text{加聚}} \mathbf{C_2} \end{cases}$$

写出 $\mathbf{A}$ 的结构式，$\mathbf{C_1}$、$\mathbf{C_2}$ 的链节式，$\mathbf{C_1}$ 和 $\mathbf{C_2}$ 哪一个更适宜作隐形眼镜材料（说明理由）。

（4）机体中糖的无氧代谢过程中，葡萄糖（为了简化问题，不考虑糖的磷酸化步骤）先异构成果糖（2-己酮糖），果糖裂解成两个丙糖 $\mathbf{D_1}$ 和 $\mathbf{D_2}$；$\mathbf{D_1}$ 经氧化反应生成 $\mathbf{E}$，$\mathbf{E}$ 脱水生成 $\mathbf{F}$，$\mathbf{F}$ 立即异构成 $\mathbf{G}$；$\mathbf{G}$ 还原生成乳酸。

写出 $\mathbf{D_1}$、$\mathbf{D_2}$、$\mathbf{E}$ 和 $\mathbf{G}$ 的结构式。

8.（1）脂肪酸与金属钠在一定条件下可发生如下反应：

$$2R-\overset{O}{\underset{}{C}}-OR' + 2Na \rightarrow 2([\quad]Na)^{\oplus}_{\mathbf{A}} \rightarrow Na(\quad)_{\mathbf{B}}Na \rightarrow R-\overset{O}{\underset{}{C}}-\overset{O}{\underset{}{C}}-R + 2R'ONa$$

$$\mathbf{C} + 2Na \rightarrow Na^{\oplus}[\quad]_{\mathbf{D}}Na^{\oplus} \rightarrow Na^{\oplus}(\quad)_{\mathbf{E}}Na^{\oplus} \xrightarrow[-2NaOH]{2H_2O} [\quad]_{\mathbf{F}} \rightarrow R-\overset{H}{\underset{OH}{C}}-\overset{}{\underset{}{C}}-R$$

其中，$\mathbf{A}$、$\mathbf{D}$、$\mathbf{F}$（用方括号表示的结构）都是极活泼的活性中间体，一旦生成，立即转变成相应的 $\mathbf{B}$、$\mathbf{E}$ 和终产物。

写出 $\mathbf{A}$、$\mathbf{B}$、$\mathbf{D}$、$\mathbf{E}$ 和 $\mathbf{F}$ 的结构。

（2）完成反应式：

① $2CH_3CH_2CH_2COOCH_3 \xrightarrow[-2CH_3ONa]{Na} \xrightarrow{H_2O} (\quad) + 2NaOH$

② $(\quad) \xrightarrow[-2CH_3ONa]{Na} \xrightarrow{H_2O} (CH_2)_{12}\begin{cases}CH_2CH_2-C=O \\ CH_2CH_2-CH-OH\end{cases} + 2NaOH$

9. 芬太尼 $\mathbf{A}$ 是一种强镇痛药。它的合成方法如下：

（1）写出 $\mathbf{B}$、$\mathbf{C}$、$\mathbf{D}$、$\mathbf{E}$、$\mathbf{F}$ 和 $\mathbf{G}$ 的结构，填写括号中反应物的结构或试剂的化学式；

（2）指出合成中发生亲核取代、亲核加成（包括加成-消去）反应的步骤。

10. 心舒宁（又称冠心平）的合成方法如下：

$$2\ \text{C}_6\text{H}_5 + \text{CCl}_4 \xrightarrow[-2\text{HCl}]{\text{催化剂}} \textbf{A} \xrightarrow[-2\text{NaCl}]{\text{NaOH/H}_2\text{O}} \textbf{B} \xrightarrow[\text{强碱}]{+\textbf{C}} (\text{C}_6\text{H}_5)_2\underset{\text{OH}}{\text{C}}-\text{CH}_2-\text{C}_5\text{H}_4\text{N}$$

$$\xrightarrow[-\text{H}_2\text{O}]{\text{H}_2\text{SO}_4/\triangle} \textbf{D} \xrightarrow[\text{催化剂}]{10\text{H}_2} \textbf{E} \xrightarrow{\text{HOOCCH}=\text{CHCOOH}} \textbf{F}\ (\text{C}_{23}\text{H}_{39}\text{NO}_4,\ \text{一种离子化合物})$$

（1）写出 **A**、**B**、**C**、**D**、**E** 和 **F** 的结构；

（2）写出 **B** 与 **C** 反应的历程。

11. 用指定的原料及必要的无机、有机试剂合成：

（1）以丙烯为原料合成有机玻璃——聚甲基丙烯酸甲酯；

（2）以乙烯为原料合成：

① $\underset{\text{OH}}{\text{CH}_3\text{CH}_2\text{CHCH}_3}$　　　　② $\text{CH}_3\text{CH}=\text{CHCH}_2\text{OH}$　　　　③ $(\text{CH}_3\text{CH}_2)_2\underset{\text{OH}}{\text{CHCH}_3}$

（3）以丙烯、甲苯为原料合成：

① $(\text{CH}_3)_2\text{CH}-\underset{\underset{\text{CH}_3}{|}}{\overset{\overset{\text{CH}_3}{|}}{\text{C}}}-\text{CH}_2\text{O}-\text{C}_6\text{H}_5$　　　　② $(\text{CH}_3)_2\text{CH}-\text{C}_6\text{H}_4-\text{CH}_2\text{CH}_2\text{CH}_3$

（4）以甲苯、乙醇为原料合成：

① $\text{C}_6\text{H}_5-\text{CH}=\text{CHCH}_2\text{OH}$　　　　② $\text{CH}_3\text{COO}-\text{C}_6\text{H}_4-\text{COOH}$

（5）以苯、甲苯和三个碳以内的有机物合成：

$$(\text{CH}_3)_2\text{NCH}_2\text{CH}-\underset{\underset{\text{C}_6\text{H}_5}{|}}{\overset{\overset{\text{OCOCH}_3}{|}}{\text{C}}}-\text{CH}_2\text{C}_6\text{H}_5$$
$$\underset{\text{CH}_3}{}$$

（6）以乙酰乙酸乙酯、丙烯酸乙酯为原料合成：

（结构图：环己烯酮带羟基，OH 和 =O）

（7）以乙烯、丙二酸酯为原料合成：

$$\text{HOOC}-\text{C}_6\text{H}_{10}-\text{COOH}$$

（8）以 $\text{NCCH}_2\text{COOC}_2\text{H}_5$ 和丙烯合成：

$$[(\text{CH}_3)_2\text{CH}]_2\text{CHCOOH}$$

（9）以甲苯为原料合成对苯二胺。

12. 用简单化学方法区别下列化合物：

乙醚，乙醇，丙醇，乙醛，丙醛，丙酮，环己酮。

13. 甲基多巴是一种中枢性降压药，它的结构式（用 **A** 表示）为

（结构式：HO、HO 取代的苯环—CH$_2$—C(CH$_3$)(NH$_2$)—COOH）

A 的合成步骤如下：

$$CH_3O-,CH_3O-苯环-CH_2CN \xrightarrow[\text{碱, } -CH_3OH]{CH_3COOCH_3} B \xrightarrow{H_3O^{\oplus}} \xrightarrow[-CO_2]{\triangle} CH_3O-,CH_3O-苯环-CH_2-CO-CH_3$$

$$\xrightarrow{HCN} \xrightarrow{H_3O^{\oplus}} C \xrightarrow[-4H_2O]{(NH_4)_2CO_3} CH_3O-,CH_3O-苯环-CH_2-C(CH_3)(NH-CO)-(NH-CO)$$

$$\xrightarrow[-CO_2, -NH_3]{水解} D \xrightarrow[-2CH_3Br]{2HBr} A$$

（1）给出 **A** 的化学名称；

（2）写出 **B**、**C**、**D** 的结构式；

（3）写出第一步生成 **B** 的反应历程。

Ⅶ. 含氮化合物

1. 完成下面的反应式：

（1）（　　　　）+ NH$_2$CH$_3$ $\xrightarrow{-H_2O}$ $\xrightarrow{H_2/Ni}$ 环己基—NHCH$_3$

（2）

邻二甲苯(CH$_3$,CH$_3$) + KMnO$_4$ $\longrightarrow$ $\xrightarrow[-H_2O]{\triangle}$ （　　　）$\xrightarrow{NH_3}$ （　　　）$\xrightarrow{（　）}$ 苯环-COOH,-NH$_2$

（3）

$$S(+)-C_6H_5CH_2\overset{CH_3}{\underset{}{CH}}COOH \xrightarrow{SOCl_2} \xrightarrow{NH_3} （　　　） \xrightarrow{Br_2/OH^-} （　）(-)-（　　　）构型$$

（4）H$_2$C=CHCH$_2$CH$_2$NHCH$_2$CH$_3$ $\xrightarrow{CH_3I(过量)}$ $\xrightarrow{Ag_2O}$ $\xrightarrow{\triangle}$ （　　　）

（5）（　　　　）$\xrightarrow{\triangle}$ CH$_2$=CHCCH$_3$(=O) + (CH$_3$CH$_2$)$_3$N + H$_2$O

（6）苯-CH$_2$NH$_2$ + 苯-SO$_2$Cl $\longrightarrow$ （　　　　）$\xrightarrow{NaOH溶液}$ （　　　）

（7）

甲苯-CH$_3$ $\xrightarrow{（　）}$ $\xrightarrow{（　）}$ （　　）$\xrightarrow[-CH_3COOH]{(CH_3CO)_2O}$ H$_3$C-苯-NHCOCH$_3$ $\xrightarrow{（　）}$ （　）

$\xrightarrow[-CH_3COOH]{H_3O^+}$ （　）$\xrightarrow{（　）}$ H$_3$C-苯(NO$_2$)-N$_2^{\oplus}$ $\xrightarrow[-N_2]{KCN/CuCN}$ （　）$\xrightarrow[C_8H_{12}N_2]{H_2/Pd}$ （　）

（8）(CH$_3$)$_2$NH + （　）$\xrightarrow{-HCl}$ （　）$\xrightarrow{H_2O_2}$ （　）$\xrightarrow{\triangle}$ 环戊酮 + (CH$_3$)$_2$NOH

（9）

2（　）$\xrightarrow{NH_3}$ （　）$\xrightarrow{2SOCl_2}$ （　）$\xrightarrow[-2HCl]{2NH_3}$ CH$_2$CH$_2$(NH$_2$)—NH—CH$_2$CH$_2$(NH$_2$) $\xrightarrow[-5HCl]{5ClCH_2COOH}$ （　　）

（10）

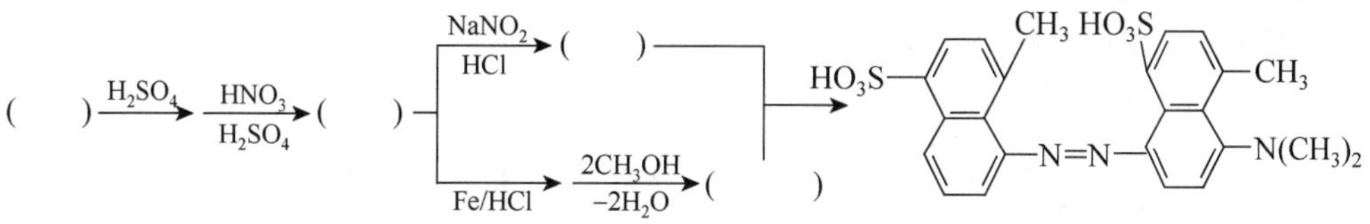

$$(\quad) \xrightarrow[H_2SO_4]{H_2SO_4} \xrightarrow{HNO_3} (\quad)$$

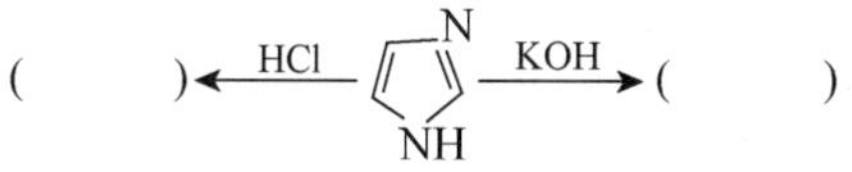

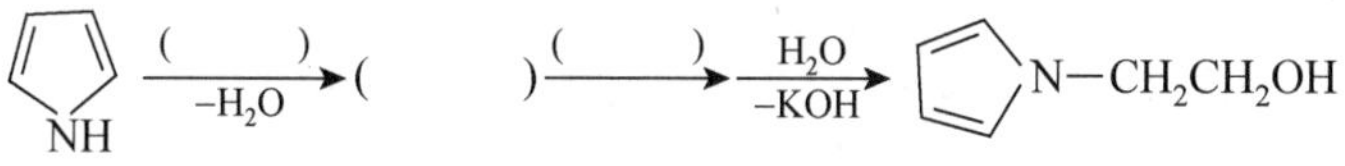

分两路：

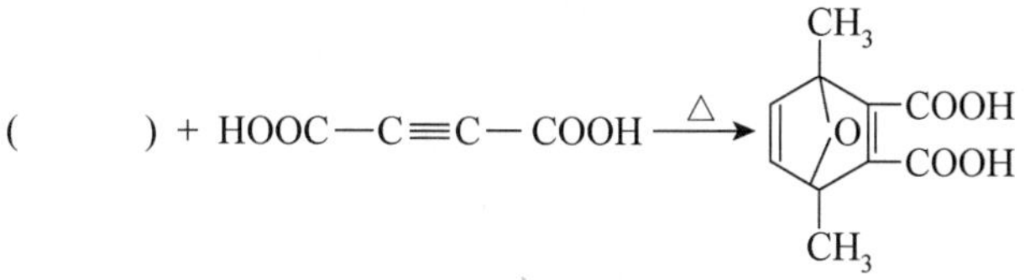

$$\xrightarrow[HCl]{NaNO_2} (\quad)$$

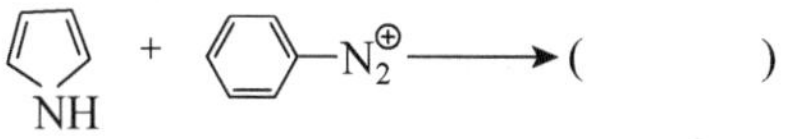

$$\xrightarrow[Fe/HCl]{} \xrightarrow[-2H_2O]{2CH_3OH} (\quad)$$

产物为偶氮染料（含 HO_3S、CH_3、HO_3S、$N=N$、$N(CH_3)_2$ 等基团的萘偶氮结构）

（11）$(\quad) \xleftarrow{HCl}$ 咪唑(N—NH) $\xrightarrow{KOH} (\quad)$

（12）吡咯(NH) $\xrightarrow[-H_2O]{(\quad)} (\quad) \xrightarrow[(\quad)]{} \xrightarrow[-KOH]{H_2O}$ 吡咯—CH_2CH_2OH（N—CH_2CH_2OH）

（13）$(\quad) + HOOC—C{\equiv}C—COOH \xrightarrow{\triangle}$ （双环氧桥产物，含 CH_3、$COOH$、$COOH$、CH_3、O 桥）

（14）吡咯(NH) $+$ 苯基—$N_2^{\oplus}$ $\longrightarrow (\quad)$

（15）2-甲基吡啶—CH_3 $\xrightarrow[强碱]{} \xrightarrow{CH_2{=}CHCN} (\quad) \xrightarrow{H_3O^+} C_9H_{11}NO_2$

（16）吡啶 $\xrightarrow{NaNH_2} \xrightarrow[HCl]{NaNO_2} (\quad) \xrightarrow[CuBr]{HBr} (\quad) \xrightarrow[CH_3CH_2ONa]{(\quad)}$

$$(\quad) \xrightarrow[-2CH_3CH_2OH]{OH^{\ominus}} \xrightarrow[-CO_2]{H_3O^+/\triangle}$$ 吡啶—CH_2COOH（N）

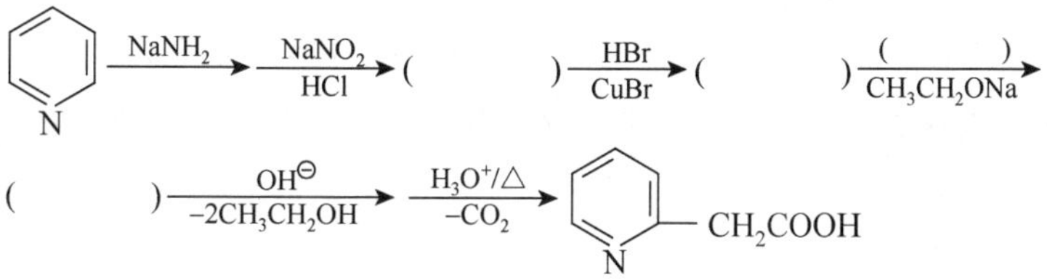

（17）

$$(\underset{C_5H_4O_2}{\quad}) + (\quad) \xrightarrow[-H_2O]{稀OH^-/\triangle} (\quad) \xrightarrow[H^+]{(\quad)} (\quad) \xrightarrow{H_2/Ni} (\quad) \xrightarrow[\underset{OH\ OH}{\quad}]{H_3O^+}$$ 呋喃—CH_2CH_2CHO

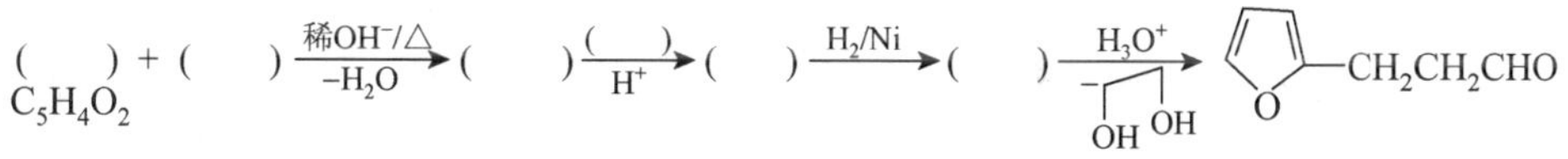

2. 将苯胺与几种混合醇的溶液在催化剂存在条件下加热，得到产物 **A**（$C_{11}H_{15}N$）。**A** 与碘甲烷作用，得手性化合物 **B**；**B** 与湿的氧化银共热，得强碱 **C** 和碘化银；**C** 加强热，得产物 **D**、乙烯和水。

（1）写出 **A** 和 **D** 的结构式；

（2）画出具 *R* 构型 **B** 的构型式；

（3）写出 **C** 在水中的电离方程式。

3. 靛蓝 **B** 结构如图所示：（靛蓝结构：含两个 NH、两个 =O 的双吲哚酮结构）

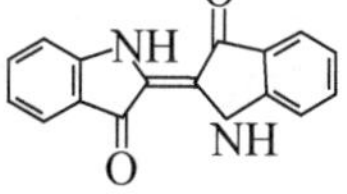

（1）写出 **B** 的分子式，**B** 有无立体异构体？

（2）**B** 可由两分子 **A** 经氧化脱氢得到，写出 **A** 的结构式。

（3）**B** 是种蓝色染料。染色时，先将 **B** 加氢还原成 **C**（$C_{16}H_{12}O_2N_2$），得到无色靛白。**C** 与棉织物在水中充分浸泡后，再转入含有氧化剂的溶液中氧化着色，称为瓮染法。

①写出 **C** 的结构式；

②瓮染过程中，为什么先将 **B** 还原成 **C**，后又氧化成 **B**？

③解释 **B** 有色而 **C** 无色的原因。

4. 孔雀绿是一种直接染料，合成方法如下：

$$\text{A} + 2\text{B} \xrightarrow[-\text{H}_2\text{O}]{\text{浓HCl}} \text{C} \xrightarrow{\text{Cl}_2} \text{D} \xrightarrow[-\text{NaCl}]{\text{NaOH/H}_2\text{O}} \text{E}$$

$$\xrightarrow[-\text{H}_2\text{O}/\triangle]{\text{H}_2\text{SO}_4} \text{F}$$

孔雀绿

（1）写出 **B**、**C**、**D** 的结构式；

（2）**F** 是活性中间体，它的稳定性如何？写出它的另一个极限性。

5. 天然蛋白质的结构单元是氨基酸，可用通式

$$\underset{\text{NH}_2}{\text{R}—\overset{|}{\text{C}}\text{HCOOH}}$$

表示。

（1）写出具 S 构型的苯丙氨酸 **A** 的构型式，**A** 在水中的电离方程式。

（2）经测定，**A** 在水中的酸解离常数 $K'_a = 1.6 \times 10^{-10}$，碱解离常数 $K'_b = 2.5 \times 10^{-12}$。这与羧酸的酸解离常数 K_a 约 10^{-5}、脂肪胺的碱解离常数 K_b 约 10^{-5} 相比，实测值小得多，说明 **A** 在水中存在另一种结构形式 A_1。写出 A_1 的结构式和它在水中的电离形式。

（3）A_1 是水中的主要存在形式，实测值 K'_a 和 K'_b 则是 A_1 解离常数，求 **A** 的 K_a 和 K_b 的值。

（4）为了用碱滴定氨基酸的羧基，滴定前在氨基酸溶液中加入一种试剂，使氨基酸成为

$$\underset{\text{N}(\text{CH}_2\text{OH})_2}{\text{R}—\overset{|}{\text{C}}\text{HCOOH}}$$

，写出该试剂的结构式。

（5）某氨基酸 **B**（$M_\text{B} = 147$），经上述方法后用碱滴定，0.294g **B** 共消耗 0.1mol·L^{-1} NaOH 40mL，写出 **B** 的结构式。

6. 脱氧核糖核酸（DNA）是遗传基础物质，它的组成结构单元是核苷酸。核苷酸由磷酸、2-脱氧核糖

糖   ，碱基 A、G、C、T（参见 5.6.8 节）组成。核苷酸中的连接是：脱氧核糖 1-位与嘌呤碱 9-位或嘧啶碱 1-位脱水连接；脱氧核糖 5-位与磷酸脱水连接。

（1）写出（脱氧）腺苷酸（AMP）和（脱氧）胞苷酸（CMP）的结构。

（2）DNA 为双链结构，两链间碱基按 A-T 和 G-C 配对，画出碱基间的氢键（用虚线表示）。

（3）DNA 自我复制中，首先 DNA 链_____，每条链按_____原则，复制出新的 DNA 链。这种复制又称_____复制。

（4）DNA 中，顺序连接的三个核苷酸（用碱基符号表示，如 ACC、TTA 等）代表蛋白质肽链中的一个氨基酸，称为三联体密码子。这样的密码子共有_____个。已知大肠杆菌的 DNA 中含有 106 个核苷酸，若一个基因的平均氨基酸数目为 350 个，则大肠杆菌的 DNA 包含了多少个基因？

（5）在蛋白质生物合成中，先由 DNA 指导 RNA 的合成，称为_____，再由 RNA 分子以此信息为模板合成蛋白质，称为_____。核糖核酸 RNA 分为三种，t-RNA 的功能是_____；m-RNA 的功能

是_____；r-RNA 的功能是_____。

（6）在 DNA 复制中，碱基发生错误对机体可引起严重后果。食物中的亚硝酸盐可导致 DNA 中的胞嘧啶 C 转变成尿嘧啶 U 从而致癌，写出该转变的化学方程式。

7. 青霉素具如图所示基本结构：

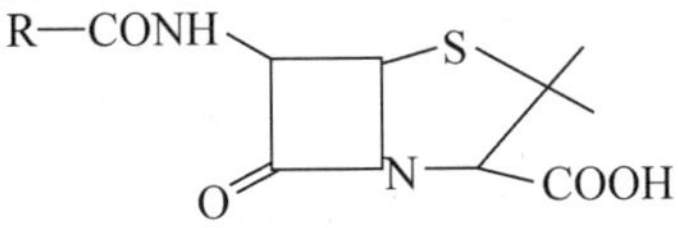

（1）在图中标出手性碳原子（用*表示）。

（2）当 R—为苯氧甲基时，称为青霉素 V，可直接口服。写出 V 的结构式。

（3）V 的合成方法如下：

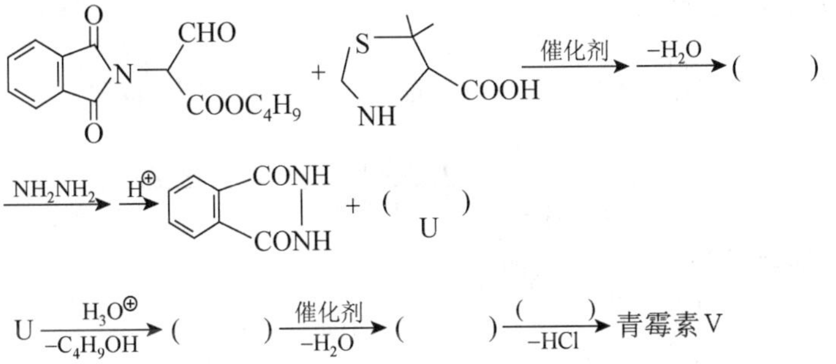

填写括号中各有机物的结构式。

8. 维生素 B_6 是转氨酶的辅酶，它的结构如下图所示：

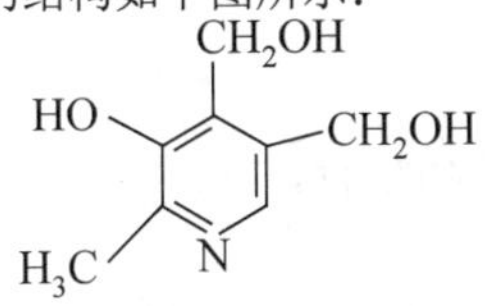

维生素 B_6

维生素 B_6 的合成方法如下：

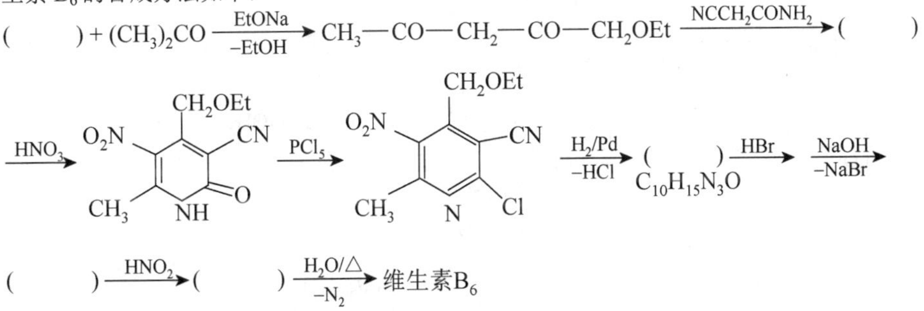

（1）填写括号中反应物或产物的结构式；

（2）写出合成中第一、第二步反应的历程；

（3）维生素 B_6 在转氨反应过程中，C_4 羟甲基氧化成醛基形式

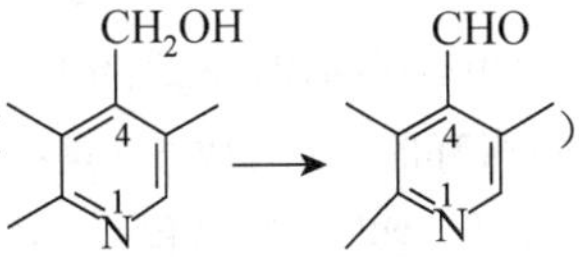

进行转

氨反应：

$$R_1\text{---}\underset{\underset{NH_2}{|}}{CH}\text{---}COOH \xrightarrow[\text{转氨酶}]{\text{维生素}B_6\text{醛式}} (\qquad) \xrightarrow{H_2O} R_1\text{---}CH\text{---}COOH$$

HO, CH_2NH_2, CH_2OH, H_3C, N （吡哆胺结构） $\xrightarrow{R_2\text{---}CO\text{---}COOH}$

$$(\qquad) \xrightarrow{H_2O} \text{维}B_6\text{醛式} + (\qquad)$$

填写括号中有机物结构式。

9. 药物舒喘灵合成方法如下：

$$HO\text{---}\bigcirc\text{---}COCH_3 \xrightarrow[HCl]{HCHO} (\qquad) \xrightarrow[-H_2O,-HCl]{(CH_3CO)_2O} (\qquad) \xrightarrow[-HBr]{Br_2} (\qquad) \xrightarrow[-HBr]{(\qquad)}$$

$$CH_3COO\text{---}\bigcirc\text{---}COCH_2\text{---}N\underset{\underset{CH_2OOCCH_3}{}}{\overset{CH_2C_6H_5}{\underset{C(CH_3)_3}{|}}} \xrightarrow[-2CH_3COOH]{H_2O/HCl} (\qquad) \xrightarrow[\text{互变异构}]{Na_2CO_3} (\qquad) \xrightarrow[-C_6H_5CH_3]{H_2/Pd\text{-}C}$$

$$(\qquad) \xrightarrow{H_2SO_4} \left[HO\text{---}\bigcirc\text{---}\underset{\underset{CH_2OH}{}}{\overset{OH}{\underset{|}{CH}}}CH_2NH_2C(CH_3)_3\right]_2^+ SO_4^{2-}$$

舒喘灵

写出括号中有机物的结构式。

10. 环丙沙星是一种广谱抗菌药物。它的合成方法如下：

$$\underset{Cl}{\overset{F}{\bigcirc}}NH_2 \xrightarrow[HCl]{NaNO_2} \xrightarrow[CuCl]{HCl} (\qquad) \xrightarrow[AlCl_3]{CH_3COCl} (\qquad)_{4'} \xrightarrow[\text{碱},-C_2H_5OH]{CO(OC_2H_5)_2\ \mathbf{d'}} (\qquad)_{5'}$$

$$\xrightarrow[\text{碱},-C_2H_5OH]{(\ \mathbf{e'}\ )} \xrightarrow{H_3O^\oplus,\triangle} \underset{Cl}{\overset{F}{\bigcirc}}\overset{O\ \ O}{\underset{}{C\text{---}C\text{---}C}}OEt \xrightarrow[-H_2O]{H_2N\text{-}\triangle} (\qquad)_{9'} \xrightarrow[-HCl]{NaH} (\qquad)_{10'}$$

$$\xrightarrow[-C_2H_5OH]{OH^\ominus} \xrightarrow{H_3O^\oplus} (\qquad) \xrightarrow[-HCl]{(\qquad)} 环丙沙星$$

环丙沙星

（1）写出括号中有机物的结构式；

（2）写出 **4′** 到 **5′**，**9′** 到 **10′** 的反应机理；

（3）写出有机物 **d′**、**e′** 的化学名称。

11. 喹啉环的一种合成方法是：将苯胺、甘油、硝基苯、浓硫酸混合，一次加热回流完成，称为斯克劳普合成法。实际反应过程如下：

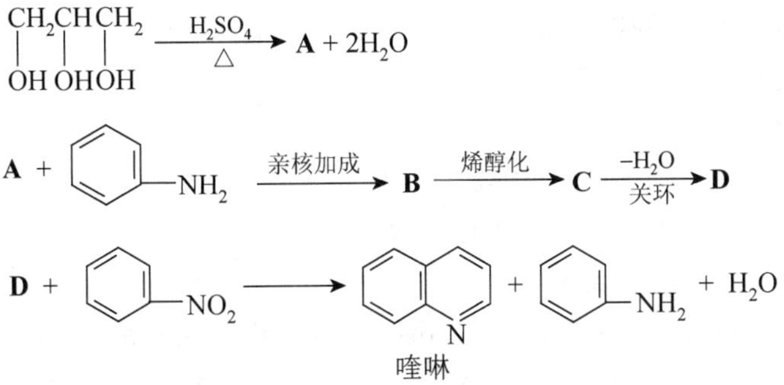

$$CH_2CHCH_2(OH)(OH)(OH) \xrightarrow[\triangle]{H_2SO_4} A + 2H_2O$$

$$A + \text{（苯胺）}NH_2 \xrightarrow{\text{亲核加成}} B \xrightarrow{\text{烯醇化}} C \xrightarrow[\text{关环}]{-H_2O} D$$

$$D + \text{（硝基苯）}NO_2 \longrightarrow \text{（喹啉）} + \text{（苯胺）}NH_2 + H_2O$$

喹啉

（1）写出 **A**、**B**、**C**、**D** 的结构式；

（2）硝基苯在反应中起何作用？

（3）若用上法合成 8-羟基喹啉，应选用什么原料？

12.（1）一种合成吲哚的方法如下：

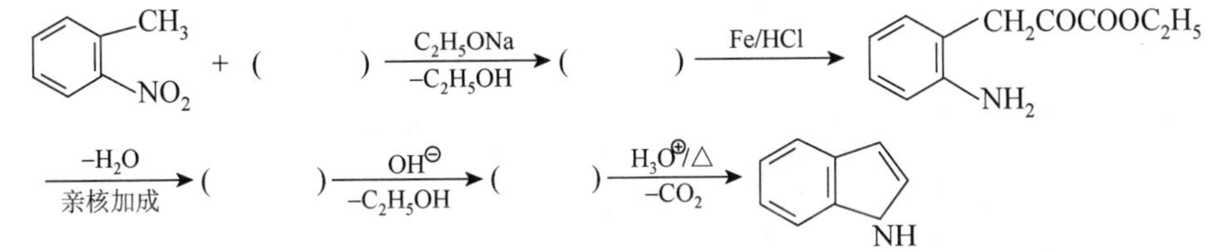

$$\text{（邻硝基甲苯）}\begin{matrix}CH_3\\NO_2\end{matrix} + (\quad) \xrightarrow[-C_2H_5OH]{C_2H_5ONa} (\quad) \xrightarrow{Fe/HCl} \begin{matrix}CH_2COCOOC_2H_5\\NH_2\end{matrix}$$

$$\xrightarrow[\text{亲核加成}]{-H_2O} (\quad) \xrightarrow[-C_2H_5OH]{OH^\ominus} (\quad) \xrightarrow[-CO_2]{H_3O^\oplus/\triangle} \text{（吲哚烯）NH}$$

填写括号中有机物的结构式；

（2）吲哚可经下面步骤合成色氨酸：

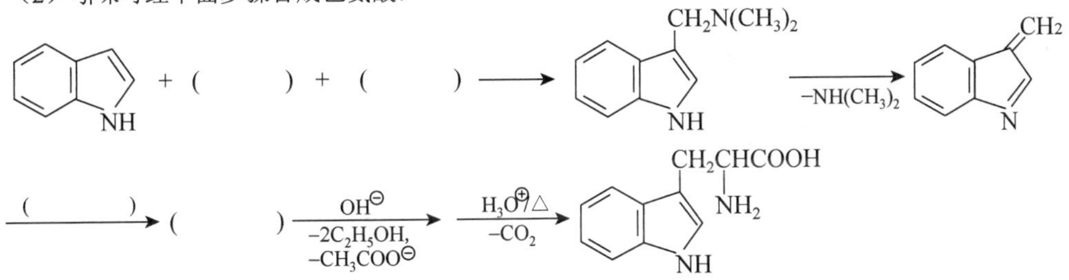

$$\text{（吲哚）NH} + (\quad) + (\quad) \longrightarrow \begin{matrix}CH_2N(CH_3)_2\\NH\end{matrix} \xrightarrow{-NH(CH_3)_2} \begin{matrix}CH_2\\N\end{matrix}$$

$$\xrightarrow{} (\quad) \xrightarrow[-CH_3COO^\ominus]{OH^\ominus \atop -2C_2H_5OH} \xrightarrow[-CO_2]{H_3O^\oplus/\triangle} \begin{matrix}CH_2CHCOOH(NH_2)\\NH\end{matrix}$$

填写括号中有机物的结构式。

13. 环状有机物 **A**，分子式 $C_9H_{15}ON$，结构如下图所示：

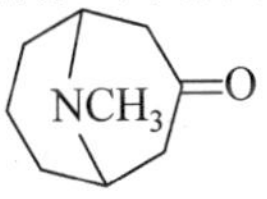

（结构图：NCH₃ 环状含 =O）

A 经加氢还原得 **B**（$C_9H_{17}ON$）；**B** 加热脱水成 **C**（$C_9H_{15}N$）；**C** 与碘甲烷作用后，再用湿氧化银处理生成 **D**（$C_{10}H_{19}ON$）；**D** 经强热生成 **E**（$C_{10}H_{17}N$）；**E** 与碘甲烷作用后，再用湿氧化银处理后加强热生成 **F**（C_8H_{10}）；**F** 与溴加成生成 **G**（$C_8H_{10}Br_2$）；**G** 与二甲胺（物质的量之比 1∶2）生成 **H**（$C_{12}H_{22}N_2$）；**H** 与碘甲烷作用后，再用湿氧化银处理后加强热生成 **I**，**I** 的结构式为（环辛四烯结构图）。

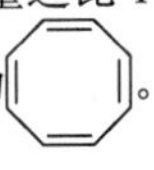

写出 **B**～**H** 的结构式。

14. 米糠等农副产品中存在木糖（2, 3, 4, 5-四羟基戊醛）。木糖经酸催化加热脱水生成 **A**（$C_5H_4O_2$），**A** 能发生银镜反应；**A** 与浓 NaOH 溶液共热生成 **B** 和 **C**，**C** 可氧化成 **B**；**A** 与乙醛在稀 NaOH 溶液中共

热可生成产物 **D**，**D** 存在几何异构体；**D** 与氢溴酸加成得手性化合物 **E**。

（1）写出木糖生成 **A** 的化学方程式；

（2）写出 **B** 和 **C** 的结构式；

（3）写出 **D** 的结构式、**E** 的立体异构体的构型式并命名；

（4）苯酚与 **A** 可发生类似苯酚与甲醛聚合成酚醛树脂的反应，写出该聚合物的链节式。

15. 古柯植物中存在古液碱，用 **A** 表示，它的化学式为 $C_8H_{15}NO$。**A** 能溶于盐酸中，能与苯肼成苯腙，能与 NaOI 反应生成黄色沉淀和羧酸，但它不能与苯磺酰氯作用生成沉淀。**A** 经 CrO_3 剧烈氧化后生成古液酸，用 **B** 表示，化学式为 $C_6H_{11}NO_2$。**A**、**B** 均含有五元环。**B** 可用下面的方法合成：

$$Br(CH_2)_3Br + \overset{\ominus}{C}H(CO_2C_2H_5)_2Na^{\oplus} \xrightarrow[-NaBr]{} C(C_{10}H_{17}O_4Br) \xrightarrow[-HBr]{Br_2} D(C_{10}H_{16}O_4Br_2)$$

$$\xrightarrow[-2HBr]{CH_3NH_2} E(C_{11}H_{19}O_4N) \xrightarrow[-2C_2H_5OH]{OH^{\ominus}} \xrightarrow[-CO_2]{H_3O^{\oplus}/\triangle} B$$

写出 **A**、**B**、**C**、**D** 和 **E** 的结构式。

16. 用指定的原料和必要的有机、无机试剂合成目标分子。

（1）以乙烯为原料合成乙酰胆碱（$CH_3COO-CH_2-CH_2-\overset{\oplus}{N}(CH_3)_3$）；

（2）以苯胺为原料合成甲基橙（$HO_3S-\!\!\!\bigcirc\!\!\!-N=N-\!\!\!\bigcirc\!\!\!-N(CH_3)_2$）；

（3）由丙烯合成 $CH_2=CHCH_2CH_2NHOCCH_2CH=CH_2$；

（4）由 ⬡—OH 合成 ⬠—NH_2；

（5）由 ⬠^{CH_3}（含N）合成 $CH_2=CCH_2CH=CH_2$（含CH_3）；

（6）由环己醇合成 1,4-丁二胺；

（7）由间氯甲苯合成 N,N-二甲基-3-氯苯胺；

（8）①由甲苯合成间甲基苯酚，

②由甲苯合成 4-羟基-3-硝基苯甲酸，

③用甲苯合成间硝基甲苯；

（9）由苯合成 （结构：3,5-二溴氯苯），由苯合成 $H_2NH_2C-\!\!\!\bigcirc\!\!\!-\!\!\!\bigcirc\!\!\!-NO_2$；

（10）

①由 ⬠（含N）合成雷米封(一种抗结核药物) ⬠（含N）$-CONHNH_2$（提示：经 N-氧化吡啶步骤）；

②由甲苯、乙酰乙酸乙酯合成心痛定（一种心脏病药物），心痛定结构：

（结构式：苯环带 NO_2，连接吡啶环，$COOC_2H_5$、CH_3、N、CH_3、$COOC_2H_5$）

参 考 答 案

第 1 章　习题参考答案

1.（1）B 原子以 sp^2 杂化和 F 形成平面正三角形结构

（2）酸；B 原子有一个空 p 轨道，能接受电子对

（3）$B(OH)_3 + H_2O \Longrightarrow [B(OH)_4]^- + H^+$；一

2.（1）**A**：$[H_3O_2]^+[SbF_6]^-$；$H_2O_2 + HF + SbF_5 \Longrightarrow [H_3O_2]^+[SbF_6]^-$。

（2）**B**：$[H_3O]^+[SbF_6]^-$；O：sp^3 杂化；Sb：sp^3d^2 杂化。

（3）**D**：NH_4OOH。

（4）说明 H_2O_2 既是一种酸，同时又是一种比水弱得多的碱。

3.（1）**A**：Si；**B**：F；**C**：SiF_4；**D**：SiO_2。

（2）用纯碱溶液吸收 SiF_4，反应式为

$$3SiF_4 + 2Na_2CO_3 + 2H_2O \Longrightarrow 2Na_2SiF_6\downarrow + H_4SiO_4 + 2CO_2\uparrow$$

（3）$SiH_4 + 8AgNO_3 + 2H_2O \Longrightarrow 8Ag + SiO_2\downarrow + 8HNO_3$

4. **A** 为 $SnCl_2$。

$$SnCl_2 + 2Cl^- \Longrightarrow [SnCl_4]^{2-}$$

$$SnCl_2 + 2HgCl_2 \Longrightarrow SnCl_4 + Hg_2Cl_2\downarrow$$

$$SnCl_2 + Hg_2Cl_2 \Longrightarrow SnCl_4 + 2Hg\downarrow$$

$$SnCl_2 + H_2S \Longrightarrow SnS\downarrow + 2HCl$$

$$SnS + S_2^{2-} \Longrightarrow [SnS_3]^{2-}$$

$$Ag^+ + Cl^- \Longrightarrow AgCl\downarrow$$

$$AgCl + 2S_2O_3^{2-} \Longrightarrow [Ag(S_2O_3)_2]^{3-} + Cl^-$$

$$[Ag(S_2O_3)_2]^{3-} + Cl^- = AgCl\downarrow + 2S_2O_3^{2-}$$

$$2AgCl + h\nu \Longrightarrow 2Ag + Cl_2\uparrow$$

5.（1）$2HNO_2 \Longrightarrow NO\uparrow + NO_2\uparrow + H_2O$

（2）$2NO_2^- + 2I^- + 4H^+ \Longrightarrow I_2\downarrow + 2NO\uparrow + 2H_2O$

（3）大于。

6. N 原子最外层无 d 轨道，不能发生 sp^3d 变化，故无 NCl_5。

7.（1）$+1$、$+5$、-1；（2）离子；（3）$Xe + PtF_6 \Longrightarrow XePtF_6$，$O_2 + PtF_6 \Longrightarrow O_2PtF_6$，A。

8. **分析**：H_2S 在空气中燃烧时可以按下两种方式进行反应：

（1）$2H_2S + O_2 \xrightarrow{\text{点燃}} 2S + 2H_2O$

（2）$2H_2S + 3O_2 \xrightarrow{\text{点燃}} 2SO_2 + 2H_2O$

当 $V_{(H_2S)}/V_{(O_2)} \geqslant 2/1$ 时，按（1）进行反应，当 $V_{(H_2S)}/V_{(O_2)} \leqslant 2/3$ 时，按（2）进行，当 $2/3 < V_{(H_2S)}/V_{(O_2)} <$

2/1 时，同时按两种方式进行反应。在此反应条件下生成物 S、H_2O 分别为固态和液态。

解：若 $1/\dfrac{a}{5} \geqslant 2/1$ 时，即 $a \leqslant 2.5$，则 $V = 1 + a - \left(\dfrac{a}{5} + \dfrac{2a}{5}\right) = 1 + \dfrac{2a}{5}$；

若 $3/2 < 1/\dfrac{a}{5} \leqslant 2/1$ 时，即 $7.5 > a \geqslant 2.5$，则 $V = 1 + a - 1.5 = a - 0.5$；

若 $1/\dfrac{a}{5} \leqslant 3/2$ 时，即 $a \geqslant 7.5$，则 $V = 1 + a - 1.5 = a - 0.5$。

所以，当 $a \leqslant 2.5$ 时，$V = 1 + \dfrac{2a}{5}$；当 $a \geqslant 2.5$ 时，$V = a - 0.5$。

9. 实验现象：（1）将白色固体溶于水得无色溶液。（2）向此溶液中加入少量稀 H_2SO_4 后，溶液变黄并有白色沉淀，遇淀粉立即变蓝。（3）向蓝色溶液中加入少量的 NaOH 溶液至呈碱性后蓝色消失，而白色沉淀并未消失。

分析：本题要求根据实验现象推断物质，可以根据这几种物质在水溶液中可能发生的化学反应以及产生的现象加以分析，并可得出结论。

根据实验现象（1）只能说明四种化合物可能存在，其根据是这些化合物均可以溶于水而成为无色溶液，且在水溶液中不能发生复分解反应产生沉淀，虽然 KI、CaI_2 与 KIO_3 之间均可以发生氧化还原反应，也在中性水溶液中难以进行。根据实验现象（2），说明有单质碘生成，即一定有 KIO_3 和 CaI_2，且在酸性条件下发生了氧化还原反应。所以 KI、$BaCl_2$ 不可能存在。其根据是 $BaCl_2$ 不能与 KIO_3 发生氧化还原反应生成 I_2。KI 不能与 H_2SO_4 反应生成沉淀，生成沉淀 $CaSO_4$。根据实验现象（3）证明（2）的判断正确。其根据是在碱性溶液中，I_2 可以发生歧化反应，转化为无色的 I^- 和 IO_3^-，而 $CaSO_4$ 不溶于碱。

解：根据实验现象可知该白色固体是 CaI_2 和 KIO_3 的混合物。有关反应的化学方程式为

$$2KIO_3 + 5CaI_2 + 6H_2SO_4 = 6I_2 + 5CaSO_4\downarrow + K_2SO_4 + 6H_2O$$

$$3I_2 + 6NaOH = 5NaI + NaIO_3 + 3H_2O$$

10. **分析**：产物中加入过量热碱溶液可放出气体者，必定是铵盐。设以 M 代表该未知金属，通过生成的物质的量推导出参与反应的 M 的物质的量，从而进一步推断 M 是什么金属。

解：设金属为 M，其原子量为 A，化合价为 x。

依题意

$$n_{(NH_3)} = \frac{560 \text{mL}}{22400 \text{mL} \cdot \text{mol}^{-1}} = 0.025 \text{mol}$$

有关反应为

$$8M + 10x\,HNO_3 = 8M(NO_3)_x + x\,NH_4NO_3 + 3x H_2O$$

$$NH_4NO_3 + NaOH = NaNO_3 + NH_3\uparrow + H_2O$$

有关系式：$8M \sim x\,NH_4NO_3 \sim x\,NH_3$

$8A$ g	x mol
6.5 g	0.025 mol

$$\frac{6.5}{8A} = \frac{0.025}{x} \qquad A = 32.5\,x$$

讨论：

当 $x = 1$ 时，$A = 32.5$，无对应金属元素；

当 $x = 2$ 时，$A = 65$，对应金属为锌；

当 $x = 3, 4, \cdots$ 时，均无对应金属元素。

故该金属为锌。

11. **分析**：本题主要掌握低价锡盐是还原剂，易水解生成碱式盐和金属硫化物沉淀，且沉淀可生成硫代酸盐而溶解。通过此题进一步掌握ⅢA、ⅣA、ⅤA族的6s惰性电子对效应，即随着周期数的增加，ⅢA、ⅣA、ⅤA族元素的族数减去2的低价化合物较稳定。所以Tl^+、Sn^{2+}、Pb^{2+}、Sn^{3+}、Bi^{3+}的化合物较稳定，其有关的盐易水解，且有SnS_3^{2-}、SbS_3^{3-}、SbS_4^{3-}、AsS_4^{3-}生成。

解：**A** 为 $SnCl_2$，**B** 为 $Sn(OH)Cl$，**C** 为 $SnCl_2$ 溶液，**D** 为 $AgCl$，**E** 为$[Ag(NH_3)_2]Cl$，**F** 为 SnS，**G** 为 SnS_3^{2-}，**H** 为 SnS_2，**I** 为 Hg_2Cl_2。

推理其反应过程（反推法）

（1）$SnCl_2 + 2HgCl_2 \longrightarrow Hg_2Cl_2\downarrow(白色) + SnCl_4$

（2）$SnS_3^{2-} + 2H^+ \longrightarrow SnS_2\downarrow + H_2S\uparrow$

（3）$SnS + S_2^{2-} \longrightarrow SnS_3^{2-}$

（4）$SnCl_2 + H_2S \longrightarrow SnS\downarrow + 2HCl$

（5）$AgCl + 2NH_3 \longrightarrow [Ag(NH_3)_2]Cl \xrightarrow{H^+} AgCl\downarrow + 2NH_3$

（6）$Ag^+ + Cl^- \longrightarrow AgCl\downarrow$

（7）$Sn(OH)Cl + HCl \longrightarrow SnCl_2 + H_2O$

（8）$SnCl_2 + H_2O \longrightarrow Sn(OH)Cl\downarrow + HCl$

12. **分析**：CO 与 $PdCl_2\cdot2H_2O$ 产物是 Pd、HCl 和 CO_2，只有 Pd 与 $CuCl_2$ 反应能复原。$CuCl_2$ 与 Pd 反应生成 Cu 还是 CuCl 呢？因为 Cu(Ⅰ) 比 Cu(0) 更易被氧化，只能是 CuCl（CuCl 可被空气中的 O_2 氧化成 $CuCl_2$）。

解：（1）$CO + PdCl_2\cdot2H_2O = CO_2 + Pd + 2HCl + H_2O$

（2）$Pd + 2CuCl_2\cdot2H_2O = PdCl_2\cdot2H_2O + 2CuCl + 2H_2O$

（3）$4CuCl + 4HCl + 6H_2O + O_2 = 4CuCl_2\cdot2H_2O$

13. **分析**：①元素分析报告表明 **A** 中 $Cr:N:H:O = \dfrac{31.1\%}{52}:\dfrac{25.1\%}{14}:\dfrac{5.4\%}{1}:\dfrac{38.4\%}{16} = 1:3:9:4$，**A** 的最简化学式为 $CrN_3H_9O_4$。

②**A** 在极性溶剂中不导电，说明 **A** 中无外界。

③红外谱图证实 **A** 中有 NH_3 参与配位。

④**A** 中有 7 个配位原子，五角双锥构型，故 **A** 中三氮四氧全配位。

解：（1）**A** 的化学式为 $Cr(NH_3)_3O_4$ 或 $Cr(NH_3)_3(O_2)_2$ 或 $CrN_3H_9O_4$，**A** 的可能结构式如下图所示：

（注：还可画出其他结构式，但本题强调的是结构中有 2 个过氧键，并不要求判断它们在结构中的正确位置。）

（2）**A** 中铬的氧化数为 +4。

（3）氧化还原性（或易分解或不稳定等类似表述均可）。

（4）$CrO_4^{2-} + 3NH_3 + 3H_2O_2 = Cr(NH_3)_3(O_2)_2 + O_2\uparrow + 2H_2O + 2OH^-$

14. **分析**：因为 **A**（MX）具有 ZnS 的结构，是 M：X = 1：1 的组成，**A** 只可能是 CuS、CuP、CuO 和 CuH 等，显然，只有 CuH 才与其他信息对应。解决了 **A** 是什么，其余问题就迎刃而解。

解：（1）CuH

（2）$4CuSO_4 + 3H_3PO_2 + 6H_2O \Longrightarrow 4CuH + 3H_3PO_4 + 4H_2SO_4$

（3）$2CuH + 3Cl_2 \xrightarrow{\text{点燃}} 2CuCl_2 + 2HCl$

（4）$CuH + HCl \Longrightarrow CuCl + H_2\uparrow$

或 $CuH + 2HCl \Longrightarrow HCuCl_2 + H_2\uparrow$

或 $CuH + 3HCl \Longrightarrow H_2CuCl_3 + H_2\uparrow$

15. **分析**：$NaBiO_3$ 固体是极强的氧化剂，在酸性介质中能将 Mn^{2+} 离子氧化为 MnO_4^-（紫色），但 MnO_4^- 离子也具有强氧化性，如溶液中存在还原剂，氧化还原反应能继续发生。Cl^- 离子具有还原性，所以 MnO_4^- 离子与 Cl^- 离子发生氧化还原反应，MnO_4^- 的紫色立即消失。当 Mn^{2+} 过多时，Mn^{2+} 也可作还原剂与 MnO_4^- 发生氧化还原反应，生成中间价态的 Mn^{4+} 的化合物，MnO_2 的存在使溶液产生棕褐色的沉淀。从上面的分析可知，还原性物质的存在与具有强氧化性的 MnO_4^- 发生氧化还原反应而使紫色消失。

解：$NaBiO_3$ 在适量的 HNO_3 溶液中，能把 Mn^{2+} 氧化为 MnO_4^-，使溶液呈紫色，即

$$2Mn^{2+} + 5NaBiO_3 + 14H^+ \Longrightarrow 2MnO_4^- + 5Bi^{3+} + 5Na^+ + 7H_2O$$

但是，当溶液中有 Cl^- 存在时，紫色出现后会立即褪去。这是由于 MnO_4^- 被 Cl^- 还原：

$$2MnO_4^- + 10Cl^- + 16H^+ \Longrightarrow 2Mn^{2+} + 5Cl_2\uparrow + 8H_2O$$

当 Mn^{2+} 过多时，也会在紫色出现后立即消失。这是因为生成的 MnO_4^- 又被过量 Mn^{2+} 的还原：

$$2MnO_4^- + 3Mn^{2+} + 2H_2O \Longrightarrow 5MnO_2\downarrow(\text{棕褐色}) + 4H^+$$

16. **分析**：M^{2+} 磁极化强度为 5.0 Wb·m，根据公式 $\mu=\sqrt{n(n+2)}$ 估算出 M^{2+} 有 4 个成单的 d 电子，符合此条件的金属可能位于ⅥB、ⅧB族，也可能是铁，Cr^{2+}、Mn^{2+} 和 Fe^{2+} 都有 4 个成单的电子。

实验操作中，**C** 经不彻底还原而生成了铁磁性的黑色物 **D**。**D** 所代表的化合物应是 Fe_3O_4，这样就确定 M 所代表的金属是铁。根据以上的两个条件，确定 M 代表的金属是铁后，将其代入实验中进行检验，证明判断是正确的。

金属元素有多种，但根据 M^{2+} 离子的磁极化强度为 5.0 Wb·m，就把金属 M 划定在一个很小的范围内，又通过生成铁磁性的黑色物就能够确定 M 所代表的金属是铁，这是解答此题的重要条件。

解：M 为 Fe，**A** 为 $Fe(OH)_2$，**B** 为 $Fe(OH)_3$，**C** 为 Fe_2O_3，**D** 为 Fe_3O_4，**E** 为 $FeCl_3$，**F** 为 FeO_4^{2-}，**G** 为 $BaFeO_4·H_2O$。

17. （1）向黄血盐溶液中滴加碘水，溶液由黄色变成红色。

$$2[Fe(CN)_6]^{4-}(\text{黄色}) + I_2 \Longrightarrow 2[Fe(CN)_6]^{3-}(\text{红色}) + 2I^-$$

（2）将 $3mol·L^{-1}$ $CoCl_2$ 溶液加热，溶液由粉红色变蓝色。

$$[Co(H_2O)_6]^{2+} + 4Cl^- \Longrightarrow [CoCl_4]^{2-}(\text{蓝色}) + 6H_2O$$

再加入 $AgNO_3$ 溶液时，溶液由蓝色变红色，并有白色沉淀生成。

$$[CoCl_4]^{2-} + 4Ag^+ + 6H_2O \Longrightarrow [Co(H_2O)_6]^{2+} + 4AgCl\downarrow(\text{白色})$$

（3）水浴加热一段时间后，有绿色沉淀生成。

$$[Ni(NH_3)_6]^{2+} + 2H_2O \xrightarrow{\triangle} Ni(OH)_2\downarrow(\text{绿色}) + 2NH_4^+ + 4NH_3\uparrow$$

再加入氨水，沉淀又溶解，得蓝色溶液。

$$Ni(OH)_2 + 2NH_4^+ + 4NH_3 = [Ni(NH_3)_6]^{2+}(蓝色) + 2H_2O$$

18.（1）$3Pt + 4HNO_3 + 18HCl = 3H_2PtCl_6 + 4NO\uparrow + 8H_2O$

$$H_2PtCl_6 + 2NH_4Cl = (NH_4)_2PtCl_6\downarrow + 2HCl$$

$$3(NH_4)_2PtCl_6 \xrightarrow{\triangle} 3Pt + 2NH_3\uparrow + 18HCl\uparrow + 2N_2\uparrow$$

（2）$H_2PtCl_6 + 2NaNO_3 \xrightarrow{\triangle} PtO_2 + 3Cl_2\uparrow + 2NO\uparrow + 2NaOH$

$$PtO_2 + 2H_2 = Pt + 2H_2O$$

实际上起催化作用的是反应中二氧化铂被氢还原而成的铂黑。

（3）d^2sp^3，八面体，四面体空隙，面心立方晶胞含四个结构基元，即有 8 个 K^+，也有 8 个四面体空隙，故占据率 100%，[1/4，1/4，1/4]。

19. 　　　　　　　　　　$HgS + O_2 = Hg + SO_2$

$$12Hg + 12NaCl + 4KAl(SO_4)_2 + 3O_2 = 6Hg_2Cl_2 + 6Na_2SO_4 + 2K_2SO_4 + 2Al_2O_3$$

$$Hg + S = HgS$$

20. $2AuS^- + 3Fe^{2+} + 4H_2O = 2Au + Fe_3O_4 + 2H_2S + 4H^+$

21. **A**：$TiCl_4$　**B**：$AgCl$　**C**：$TiCl_3$　**D**：$Ti(OH)_3$　**E**：$TiO(NO_2)$　**F**：TiO_2 或 H_2Ti_3

22.（1）A. $CaWO_4 + 2HCl = H_2WO_4 + CaCl_2$

B. $H_2WO_4 + 2NH_3\cdot H_2O = (NH_4)_2WO_4 + 2H_2O$

C. $12(NH_4)_2WO_4 + 12H_2O = (NH_4)_{10}W_{12}O_{41}\cdot 5H_2O + 14NH_3\cdot H_2O$

D. $(NH_4)_{10}W_{12}O_{41}\cdot 5H_2O \xrightarrow{\triangle} 12WO_3 + 10H_2O + 10NH_3\uparrow$

（2）$3H_2 + WO_3 = 3H_2O + W$

$$\Delta G^\ominus = 3\times(-228)-(-764.1) = 80.1 = -RT\ln K_1^\ominus \times 10^{-3}$$

$$K_1^\ominus = 9.1042\times 10^{-15}$$

$$\Delta H^\ominus = 3\times(-242)-(-842.9) = 116.9(kJ\cdot mol^{-1})$$

$$\ln(K_2^\ominus / K_1^\ominus) = \Delta H^\ominus (1/T_1 - 1/T_2)/R$$

$$K_2^\ominus = 1 \text{ 时，} T_2 = 946.64\ K$$

（3）$W(s) + I_2(g) \rightleftharpoons WI_2(g)$，当生成 $WI_2(g)$ 扩散到灯丝附近的高温区时，又会立即分解出 W 而重新沉积在灯管上。

（4）每个 W 平均键合的 Cl 原子数 $4\times 1/2 = 2$ 个，则 $18-n = 6\times 2$，得 $n = 6$ 或每个 W 原子与四个 Cl 原子相连；共 $6\times 4 = 24$ 个 Cl。而每个 Cl 与两个 W 相连。所以 Cl 原子一共有 24/2 = 12 个，因此 $n = 18-12 = 6$；或 Cl 原子只能在八面体的 12 条棱上。

第 2 章　习题参考答案

1.

（1）
$$\begin{array}{ccc} ^-OOCH_2C & & CH_2COO^- \\ & \diagup\!\!\!\!H^+ & H^+\!\!\!\!\diagup \\ & N-CH_2-CH_2-N & \\ & \diagdown & \diagdown \\ ^-OOCH_2C & & CH_2COO^- \end{array}$$

（2）$Pb^{2+} + Ca(EDTA)^{2-} \rightleftharpoons Ca^{2+} + Pb(EDTA)^{2-}$

（3）不能。若直接用 EDTA 二钠盐溶液，EDTA 阴离子不仅与 Pb^{2+} 反应，也与体内 Ca^{2+} 结合造成钙的流失。

2. 9.31%。

3.

（1）

$$^-OOCH_2C \diagdown \overset{H^+}{N} - CH_2 - CH_2 - \overset{H^+}{N} \diagup CH_2COO^-$$
$$^-OOCH_2C \diagup \qquad \qquad \qquad \diagdown CH_2COO^-$$

（2）

$$Al^{3+} + Y^{2-} \longrightarrow AlY^-$$

$$Zn^{2+} + Y^{2-} \longrightarrow ZnY$$

（3）$KAl(SO_4)_2 \cdot 12H_2O$ 百分含量为 7.66%，该药品为合格产品。

4.

（1）

$$BrO_3^- + 5Br^- + 6H^+ \rightleftharpoons 3Br_2 + 3H_2O$$

$$C_6H_5OH + 3Br_2 \rightleftharpoons C_6H_2Br_3OH + 3HBr$$

$$Br_2 + 2I^- \rightleftharpoons I_2 + 2Br^-$$

$$I_2 + 2S_2O_3^{2-} \rightleftharpoons S_4O_6^{2-} + 2I^-$$

（2）苯酚的百分含量为 77.87%。

5. 63.46%；20.58%。

6.

（1）$c(HCO_3^-) = 3.1 \times 10^{-5}$，$c(H_2CO_3) = 6.8 \times 10^{-3}$

（2）

a. $UO_2^{2+} + H_2CO_3 \longrightarrow UO_2CO_3 + 2H^+$

b. $UO_2CO_3 + 2HCO_3^- \longrightarrow [UO_2(CO_3)_2]^{2-} + H_2CO_3$

（3）

c. $4UO_2^{2+} + H_2O - 6e^- \longrightarrow U_4O_9 + 2H^+$

该半反应消耗 H^+，pH 增大，H^+ 浓度减小，不利于反应进行，故电极电势随 pH 增大而降低，即 E-pH 线的斜率为负。

（4）

$U^{3+} + 2H_2O \longrightarrow UO_2 + 1/2H_2 + 3H^+$

由图左下部分的 $E(UO_2/U^{3+})$-pH 关系推出，在 pH = 4.0 时，$E(UO_2/U^{3+})$ 远小于 $E(H^+/H_2)$，所以 UCl_3 加入水中，会发生上述氧化还原反应。

（5）

$[UO_2(CO_3)_3]^{4-}$ 和 U_4O_9 能共存。

理由：$E[UO_2(CO_3)_3]^{4-}/U_4O_9$ 低于 $E(O_2/H_2O)$ 而高于 $E(H^+/H_2)$，因此，其氧化形态 $[UO_2(CO_3)_3]^{4-}$ 不

能氧化水而生成 O_2，其还原形态 $U_4O_9(s)$ 也不能还原水产生 H_2。

$[UO_2(CO_3)_3]^{4-}$ 和 $UO_2(s)$ 不能共存。

理由：$E[UO_2(CO_3)_3]^{4-}/U_4O_9)$ 高于 $E(U_4O_9/UO_2)$，当 $[UO_2(CO_3)_3]^{4-}$ 和 $UO_2(s)$ 相遇时，会发生如下反应：

$$[UO_2(CO_3)_3]^{4-} + 3UO_2 + H_2O \xrightarrow{\quad\quad} U_4O_9 + 2HCO_3^- + CO_3^{2-}$$

7.

（1）（b）图为实验 1 的滴定曲线；应该选择溴甲酚绿为指示剂。因为计量点的组成是 NH_4Cl，溶液呈弱酸性。

（2）加热煮沸 15min 是为了除去剩余的 H_2SO_3（或 SO_2）。

$$5VO^{2+} + MnO_4^- + H_2O \xrightarrow{\quad\quad} 5VO_2^+ + Mn^{2+} + 2H^+$$

（3）NH_4^+ 的质量分数为 0.05848；$V_{10}O_{28}^{6-}$ 的质量分数为 0.7779。

A 的化学式：$(NH_4)_4H_2V_{10}O_{28}\cdot10H_2O$。

8.

（1）根据酸碱质子理论，$H_2PO_4^-$ 的共轭碱是 HPO_4^{2-}，HPO_4^{2-} 的 K_b 为 $10^{-6.79}$，$pK_b = 6.79$

（2）pH = 2.46

（3）

$$[H_2PO_4^-] = \delta_2 c = 6.18\times10^{-4}\,mol\cdot L^{-1}$$

$$[HPO_4^{2-}] = \delta_1 c = 3.82\times10^{-4}\,mol\cdot L^{-1}$$

$$[PO_4^{3-}] = \delta_0 c = 1.83\times10^{-9}\,mol\cdot L^{-1}$$

9. $(V_2 + V_3 + V_4)\times3.8\times10^{-2}g$

10. P_2O_5 的百分含量为 31.7%。

11.

（1）**B** 的分子量：220（近似值）。

（2）

12.

（1）$BaIn_{0.55}Co_{0.45}O_{3-\delta} + (1.45-2\delta)I^- + (6-2\delta)H^+ \xrightarrow{\quad} Ba^{2+} + 0.55In^{3+} + 0.45Co^{2+} + (1.45-2\delta)/2I_2 + (3-\delta)H_2O$

（2）$2S_2O_3^{2-} + I_2 \xrightarrow{\quad} S_4O_6^{2-} + 2I^-$

（3）$S_{Co} = 3.58$；$\delta = 0.37$

13.

（1）涉及反应有

①$I^- + 3Br_2 + 3H_2O \xrightarrow{\quad} 6Br^- + IO_3^- + 6H^+$

②$IO_3^- + 5I^- + 6H^+ \xrightarrow{\quad} 3I_2 + 3H_2O$

③$N_2H_4 + 2I_2 \xrightarrow{\quad} 4I^- + N_2\uparrow + 4H^+$

④$I^- + 3Br_2 + 3H_2O \xrightarrow{\quad} 6Br^- + IO_3^- + 6H^+$

⑤$IO_3^- + 5I^- + 6H^+ \xrightarrow{\quad} 3I_2 + 3H_2O$

⑥ $2Na_2S_2O_3 + I_2 =\!=\!= Na_2S_4O_6 + 2NaI$

（2）离子方程式为 $2S_2O_3^{2-} + I_2 =\!=\!= S_4O_6^{2-} + 2I^-$

原溶液中 I^- 的物质的量浓度为 $0.0040\,mol\cdot L^{-1}$。

14.

（1）略

（2）pH = 8.8，酚酞，红色刚刚消失滴定误差为 -73%。

（3）$(c_1V_2 - 2c_2V_3) \times 180.2 \times \dfrac{m}{m_1}$

第3章 习题参考答案

1. 化学式为 $[PtCl_4(NH_3)_2]$，其名称为四氯·二氨合铂（IV）。

2.（1）为简单盐，（5）、（8）为复盐，（4）、（6）为螯合物，（2）、（3）、（7）为配合物。

3. 2个。

4.（1）配位数为6，它是正八面体结构，Co^{3+} 离子的 2 个 3d 轨道和 1 个 4s 轨道、3 个 4p 轨道经 d^2sp^3 杂化后与 NH_3 成键。

（2）

低自旋，反磁性，此种正确　　　　　　　　高自旋，顺磁性

（3）

　　高自旋，顺磁性

5. 无 d-d 能级跃迁，因此其配位化合物一般是无色的。

6.（1）$1\sigma^2\,2\sigma^2\,1\pi^3$。

（2）在 1π 轨道上有不成对电子。

（3）1π 轨道基本上定域于 O 原子。

（4）OH 和 HF 的第一电离能分别是电离它们的 1π 电子所需要的最小能量，而 1π 轨道是非键轨道，即电离的电子是由 O 和 F 提供的非键电子，因此 OH 和 HF 的第一电离能差值与 O 原子和 F 原子的第一电离能差值相等。

7. C_2：$[Be_2]1\pi_u^6$；CO：$1\sigma^2 2\sigma^2 3\sigma^2 4\sigma^2 1\pi^4 5\sigma^2$；NO：$1\sigma^2 2\sigma^2 3\sigma^2 4\sigma^2 1\pi^4 5\sigma^2 2\pi^1$。

8.（1）CH_3CH_2Cl；（2）$(C_6H_5)_3CCl$。

9.（1）π_4^6；（2）π_9^8；（3）π_9^9；（4）π_{26}^{26}；（5）两个 π_4^4；（6）π_{12}^{10}。

10. 中心原子与 F 结合用去一个电子成键，而与 O、N 结合将用去 2 个和 3 个电子。故

（1）SO_2 为 AX_2E 型角形分子，含 π_3^4；（2）OF_2 为 AX_2E_2 型角形分子；（3）N_3^- 为 AX_2 型线形分子，含两个 π_3^4，与 CO_2 为等电子。

11. $[ICl_4]^-$ 为 AX_4E_2，而孤对电子可处于八面体邻位和对位两种。取对位之排斥力最小；$[XeOF_3]^+$ 为 AX_4E 型，价电子对为三角双锥，而分子构型为跷跷板形。

12.（1）6；（2）5；（3）10；（4）8。

13. $\mu = 0$，抗磁性。

14. Mn^{2+}；Fe^{2+}。

15. 共 6 种几何异构体，其中 2 种具有光学活性。

16. ReO_3。

17. $\gamma_{Cr} = 1.249\text{Å}$；$\gamma_{Mo} = 1.378\text{Å}$；$\gamma_{W} = 1.370\text{Å}$。

18. Na^+、Cl^- 各 4 个。

19. 键长 $= 1.54\text{Å}$；密度 $\rho = 3.5445\text{g·cm}^{-3}$。

20. Mg^{2+} 与 Ca^{2+} 的配位数均为 6。

21. （1）12 个 K^+，4 个 C_{60}^{n-}；（2）$n = 3$；（3）K_3C_{60}；（4）面心立方。

22. 本题是 2003 年全国化学竞赛初赛试题，当时中国化学会给出的答案如下：

（1）$+3.65$。

（2）

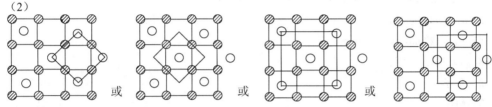

不是同一形状平行四边形的最小体积者以及不符合平移特征的图形均不得分。

（3）$Na_{0.7}CoO_2 + 0.35/2Br_2 \Longrightarrow Na_{0.35}CoO_2 + 0.35NaBr$

我们的意见是：（2）小题的答案值得商榷，前两个晶胞是正确的，后两个晶胞是不正确的，因为后者都不是正当单位，即不是面积最小者。另外应将"最小体积"改为"最小面积"。

23. $R_{K^+} = 139.5\text{pm}$。

24. （1）黄铁矿中 Fe—S 键较短；

（2）FeS_2 密度大。

25. $2.719 \times 10^{-8}\text{cm}$。

26. 4；坐标为（0, 0, 0）（1/2, 1/2, 0）（0, 1/2, 1/2）（1/2, 0, 1/2）。

27. 47.64%。

28. $a = 3.525\text{Å}$，$\rho = 8.903\text{g·cm}^{-3}$。

29. 简单立方。

30. （1）AB_3C；（2）略；（3）简单立方。

31. $B\left(\dfrac{3}{4}, \dfrac{3}{4}, \dfrac{1}{2}\right)$，$A$（0, 0, 0）$\left(\dfrac{1}{2}, \dfrac{1}{2}, 0\right)$。

32. $x = 0.49$。

33. YVO_4；24 个。

34. （1）A 为氧原子，B 为铜原子，分子式为 Cu_2O；

（2）简单立方，结构基元是"2 个 Cu_2O"或"Cu_4O_2"，1 个；

（3）Cu 原子的配位数为 2，O 原子的配位数为 4；

（4）$d_{Cu—Cu} = 3.01\text{Å}$，$d_{O—O} = 3.69\text{Å}$，$d_{Cu—O} = 1.84\text{Å}$。

35. 在 CaF_2 中，Ca^{2+} 占据立方体空隙，空隙填充率为 1/2；在六方 ZnS 中，Zn^{2+} 占据四面体空隙，空隙填充率为1/2。

36.

（1）

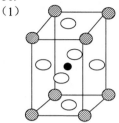

（2）$MgCNi_3$。

37.

（1）$CaCu_5$；

（2）18，Ca：Cu = 1：5，所以 x：18 = 1：5，解得 $x = 18/5$；

（3）$\rho = 6.445g \cdot cm^{-3}$；

（4）$r_{Cu} = 127pm$，$r_{Ca} = 196pm$。

38.（1）AB；

（2）立方；

（3）AB；

（4）立方F；

（5）4，4；

（6）A：（1/2, 1/2, 1/2）（0, 0, 1/2），（0, 1/2, 0），（1/2, 0, 0）

B：（0, 0, 0）（0, 1/2, 1/2），（1/2, 0, 1/2），（1/2, 1/2, 0）

39.

（1）铂原子面心立方最密堆积。

（2）依次为 PtN、PtN、PtN_2、PtN_2。

（3）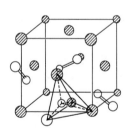　　　　　　　　（4）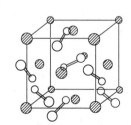

第4章　习题参考答案

1. $\Delta H^{\ominus}$ (298.15K) = 44.01kJ；$\Delta H^{\ominus}$ (298.15K) = 88.02kJ，$Q = 88.02kJ$，$W = -4957.63J$，热力学能的增量 $\Delta U = 83062.37J$。

2. $\Delta_f H_m^{\ominus}$ (298.15K) = 157kJ $\cdot$ mol^{-1}。

3. （1）$Q = 31.636kJ$；（2）$Q = 1.898 \times 10^3 kJ \cdot mol^{-1}$。

4. $\Delta H = -1195.7kJ$；$\Delta_f H_m^{\ominus}$ (WC, s) = $-35.25kJ \cdot mol^{-1}$。

5. $\Delta_r H_m^{\ominus} = -171.91\text{kJ·mol}^{-1}$。

6. （1）$Q = 241.0\text{J}$；（2）$Q = -276.5\text{J}$。

7. $Q = -6761.66\text{kJ·mol}^{-1}$。

8. （1）$W = -3016.72\text{J}$；（2）$W = -3101.12\text{J}$；（3）$\Delta U = 37613.28\text{J}$；（4）蒸发过程需要克服分子间相互作用。

9. $Q = 30.256\text{kJ}$。

10. $\Delta_f H_m^{\ominus}(\text{H}_2\text{O, l}) = -283\text{kJ·mol}^{-1}$。

11. 温度低于 1240.1K，反应可以自发；用 HCl(g)代替 HF 的建议不可行。

12. （1）$\Delta_r H_m^{\ominus} = 689.9\text{kJ·mol}^{-1}$，$\Delta_r S_m^{\ominus} = 360.82\text{J·K}^{-1}\text{·mol}^{-1}$；

（2）$\Delta_r G_m^{\ominus}(298.15\text{K}) = 582.38\text{kJ·mol}^{-1}$，不能自发；

（3）因为 $\Delta_r G_m^{\ominus} > 0$，所以 1000K 时反应不能自发；

（4）当温度高于 1912K 时可以自发。

13. $K^{\ominus}(500\text{K}) = 1.68 \times 10^{23}$。

14. $\text{PCl}_5(\text{g})$的分解率 = 80.39%，平衡常数 $K^{\ominus} = 1.8267$。

15. （1）$\Delta_r G_m = -1.6044\text{kJ·mol}^{-1}$，可以自发；（2）水蒸气的分压最少需要 $1.2449 \times 10^7\text{Pa}$。

16. （1）SO_3 在 903K 时的解离度 = 0.322；（2）平衡常数 $K^{\ominus} = 0.177$，$K_p = 1.77\text{kPa}^{-1}$，$K_x = 0.177$。

17. （1）分解反应的 $K^{\ominus} = 0.116$；（2）H_2S 分压 = 12.5kPa，体系的总压 = 105.5kPa。

18. （1）在 101.3kPa 下所得 $\text{C}_6\text{H}_5\text{C}_2\text{H}_3$ 的物质的量 = 0.85mol；（2）在 10.13kPa 下所得 $\text{C}_6\text{H}_5\text{C}_2\text{H}_3$ 的物质的量 = 0.98mol；（3）在 101.3kPa 下，加入 10mol 水作为惰性物质所得苯乙烯的物质的量 = 0.97mol。

19. （1）电极反应：

$(-)\text{Zn(s)} - 2e^- \longrightarrow \text{Zn}^{2+}\text{(aq)}$

$(+)1/2\text{O}_2\text{(g)} + 2\text{H}^+\text{(aq)} + 2e^- \longrightarrow \text{H}_2\text{O(l)}$

电池反应：$\text{Zn(s)} + 1/2\text{O}_2\text{(g)} + 2\text{H}^+\text{(aq)} \longrightarrow \text{Zn}^{2+}\text{(aq)} + \text{H}_2\text{O(l)}$

（2）电池理论上可以连续工作 9.5 年才需要更换。

20. 温度 $T = 27.2℃ \approx 28℃$。

21. 约 2714 年。

22. （1）$k = 1.7027 \times 10^{-4}\text{s}^{-1}$；（2）$t = 9.4523 \times 10^3\text{s}$。

23. （1）6.25%；（2）14.26%；（3）已反应完毕。

24. $k = 1.13 \times 10^{-2}\text{d}^{-1}$；$E_a = 98.73\text{kJ·mol}^{-1}$。

第5章 习题参考答案

Ⅰ. 有机化合物的构造异构、命名

1.（1）①
$$\begin{array}{c} \text{CH}_3 \quad \text{CH}_3 \\ | \qquad | \\ \text{CH}_3-\text{C}\!-\!\!-\!\!-\text{C}-\text{CH}_3 \\ | \qquad | \\ \text{CH}_3 \quad \text{CH}_3 \end{array}$$
②
$$\begin{array}{c} \text{CH}_3 \qquad\qquad \text{CH}_3 \\ | \qquad\qquad\qquad | \\ \text{CH}_3\text{CHCH}_2\text{CH}_2\text{CHCH}_3 \end{array}$$

(2) ① $CH_3-\underset{\underset{OH}{|}}{\overset{\overset{CH_3}{|}}{C}}-CH_2CH_3$

② $CH_3CH_2-O-CH_2CH_2CH_3$　　$CH_3CH_2-O-CH(CH_3)_2$

2. (1) (E)-7-甲基-6-甲氧基-3-辛烯　　(2) 4-硝基苯乙腈　　(3) 3-甲基环己烯　　(4) 5-氨基-2-羟甲基苯酚　　(5) 二缩三乙二醇醚　　(6) 聚甲基丙烯酸甲酯和聚甲醛　　(7) 3-(7-氯-2-萘)丁酰氯

(8) 己内酰胺和 N-甲基-3-吡咯烷酮　　(9) 乙二醇缩苯甲醛和碳酸二乙酯

(10) 4,4′-二氨基联苯

3.

(1) $(C_6H_5)_3COH$　(2) $CH_3\underset{\underset{O}{\|}}{C}CH_2CH_2\underset{\underset{COCH_3}{|}}{C}HCH_2CHO$　(3) $\underset{\underset{CH_3}{|}}{C}H_3CHCH_2CH_2CN$　(4) CH_3CH_2MgBr

(5) $H_2N-\!\!\!\bigcirc\!\!\!-SO_2NH_2$　(6) $CH_3CH_2CH_2OCH_2CH\!=\!CH_2$　(7) 带Cl的四氢萘结构

(8) 环丙烷-1,1-二甲酸二乙酯结构 $COOC_2H_5 / COOC_2H_5$　(9) N-溴代邻苯二甲酰亚胺结构 N—Br　(10) 四苯基环戊二烯酮结构

4. 伯:仲:叔 = 9:2:1。

5. (1) $C_{14}H_{20}O$; (2) 27 种。

6. (1) 4 种, 21 种; (2) B: 稠环结构, C、D 略;

(3) X: 稠环结构;

7. (1) 64 个; (2) 20^{20} 种。

8. $CH_2\!=\!CCH_2C\!=\!C(CH_3)_2$（带CH₃）, $CH_2\!=\!CHCH_2C\!=\!C(CH_3)_2$（带CH₃）。

9. (1) C_4H_4; (2) 四面体结构; (3) $(CH_3)_3C$ 取代四面体结构。

10. (1) $C_{12}H_4Cl_4O_2$; (2) 22 个; (3) 脂类,对称性好的非极性分子,难溶于水。

11. (1) B: $HOH_2CCH-(CHOH)_3-CH-OH$（带O桥）

(2) $HOCH_2CH-(CHOH)_3-CH-OH + CH_3OH \xrightarrow{H^+} HOCH_2CH-(CHOH)_3-CH-OCH_3$（B，C，带O桥）

(3) D: $HOH_2C-(CHOH)_3-\underset{\underset{OH}{|}}{\overset{\overset{O}{\|}}{C}}-CH_2$

·335·

E：$HOH_2CCH-(CHOH)_2-\overset{\overset{\displaystyle OH}{|}}{\underset{\underset{\displaystyle OH}{|}}{C}}-CH_2$

（4）F：$HOH_2CCH-(CHOH)_2-\overset{\displaystyle CH}{\underset{\underset{\displaystyle OH}{|}}{C}}$ （HO、OH下方）

（5）G：$HOH_2CCH-(CHOH)_2-\overset{\overset{\displaystyle O}{|}}{\underset{\underset{\displaystyle OH}{|}}{C}}-CH_2-CH-(CHOH)_3-CH-CH_2OH$

12.（1）A：$NH_2-\overset{\overset{\displaystyle C}{||}}{\underset{\underset{\displaystyle NH}{}}{}}-NH_2$

（2）$NH_2-\overset{\underset{\displaystyle NH}{||}}{C}-NH-CH_2CH_2CH_2\underset{\underset{\displaystyle NH_2}{|}}{CH}COOH + H_2O \longrightarrow \underset{\underset{\displaystyle NH_2}{|}}{CH_2}CH_2CH_2\underset{\underset{\displaystyle NH_2}{|}}{CH}COOH + NH_2-\overset{\overset{\displaystyle O}{||}}{C}-NH_2$

（3）$CO(OC_2H_5)_2$；CCl_4

（4）$3HO-C\equiv N \longrightarrow$ （三嗪环 HO、OH）, M_1 $\quad O=C=NH + CH_3OH \longrightarrow H_2N-\overset{\overset{\displaystyle O}{||}}{C}-OCH_3$ M_2

13.（1）A、B、C 的分子式均为：C_8H_8

（2）A. （苯乙烯结构）　B. $HC\equiv C-\overset{\overset{\displaystyle CH_3}{|}}{C}=\underset{\underset{\displaystyle CH_3}{|}}{C}-C\equiv CH$　C. （立方烷结构）

Ⅱ. 立体异构

1.（1）共 13 个，其中构型异构体：

$CH_3C=CH_2CH_3$（H、H 下）　$CH_3C=CH_2CH_3$（H 下）, （环丙烷结构三个）

（2）$CH_3\overset{*}{C}HCH_2CH_3$（OH 下）

（3）B: CH_3-（苯环）$-CH_2CH_3$　C_1: CH_3-（苯环）$-\underset{\underset{\displaystyle Br}{|}}{CH}CH_3$　C_2: $BrCH_2-$（苯环）$-CH_2CH_3$

D_1: CH_3-（苯环，Br 下）$-CH_2CH_3$　D_2: CH_3-（苯环，Br 下）$-CH_2CH_3$

2.（1）略。

（2）① 3E, 5E-5-乙基-6-异丙基-3, 5-壬二烯，② E-环丁烷-1, 3-二羧酸，

③ 3S, 4S-3, 4-环氧庚烷，④ 6-(6, 6-二甲基-1-环己烯基)-2R-3E, 5E-4-甲基-3, 5-己二烯-2-醇，

⑤ （结构式，CH_3、H、Cl、CCOOH、H、H），⑥ $CH_3CH_2\underset{\underset{\displaystyle CH_3}{|}}{C}=N-OH$，⑦ （环己烷，CH_2CH_3），⑧ （结构式 CH_3、H、OH、OH、H、CH_3），⑨ （顺丁烯二酸酐结构）。

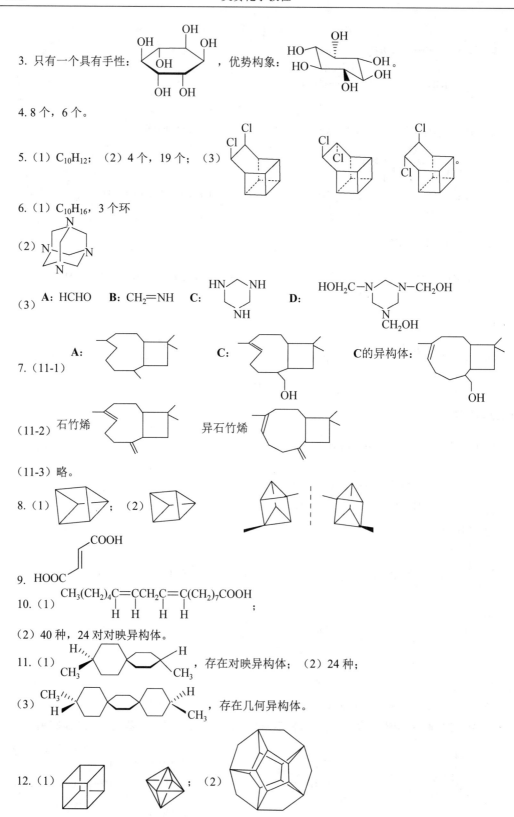

3. 只有一个具有手性：　　，优势构象：　　。

4. 8 个，6 个。

5.（1）$C_{10}H_{12}$；　（2）4 个，19 个；　（3）

6.（1）$C_{10}H_{16}$，3 个环

（2）

（3）**A**：HCHO　　**B**：CH_2=NH　　**C**：　　**D**：

7.（11-1）　**A**：　　**C**：　　**C** 的异构体：

（11-2）石竹烯　　　　异石竹烯

（11-3）略。

8.（1）　；　（2）

9. HOOC　COOH

10.（1）$CH_3(CH_2)_4C$=CCH_2C=$C(CH_2)_7COOH$　；

（2）40 种，24 对对映异构体。

11.（1）CH_3　　，存在对映异构体；　（2）24 种；

（3）CH_3　　，存在几何异构体。

12.（1）　；　（2）

Ⅲ. 电子效应、共振论

1. 略。

2. （1）c＞b＞a　（2）a＞b＞c＞d＞e　（3）c＞b＞a＞d　（4）f＞e＞d＞a＞b＞c　（5）d＞c＞b＞a

3. （1）a＞b＞c＞d　（2）d＞a＞c＞b　（3）c＞a＞b＞d　（4）c＞b＞a＞d＞e＞f

4. c＞b＞a，①氯乙炔，氯乙烯有 p-π 共轭，降低了碳氯键极性；②炔碳电负性大于烯碳。

5. （1）有色物质为三苯甲基碳正离子：

（2）$CH_3CH_2CH=CHCH_2Cl \xrightarrow{-Cl^-} [CH_3CH_2CH=CHCH_2^{\oplus} \longleftrightarrow CH_3CH_2\overset{\oplus}{C}HCH=CH_2]$

$\xrightarrow{H_2O} CH_3CH_2CH=CHCH_2\overset{\oplus}{—OH_2} + CH_3CH_2CH\underset{\overset{|}{\underset{\oplus}{OH_2}}}{CH}=CH_2 \xrightarrow{-H^+} 产物$

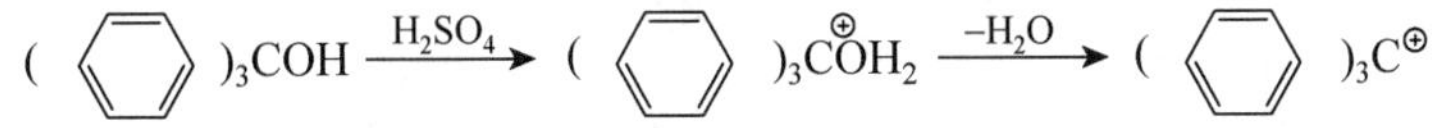

$(\bigcirc)_3COH \xrightarrow{H_2SO_4} (\bigcirc)_3\overset{\oplus}{C}OH_2 \xrightarrow{-H_2O} (\bigcirc)_3C^{\oplus}$

6. 具有芳香性的是：

（1）环戊二烯负离子、环庚三烯正离子、吡咯（NH）、吡啶（N）

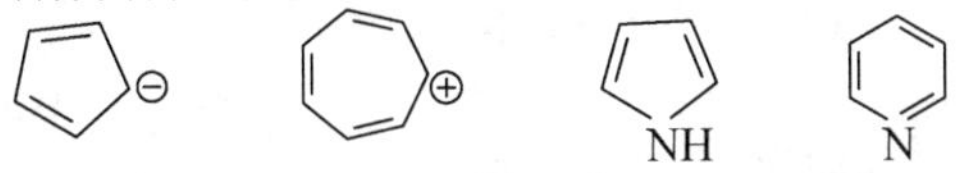

（2）

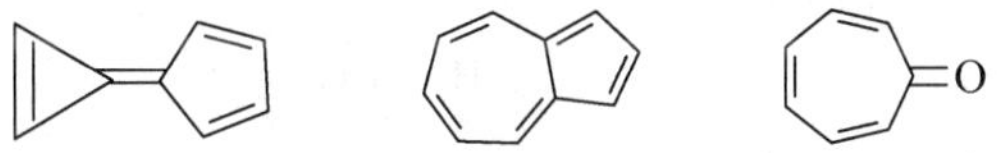

7. （1）a 失去氢离子后，形成的碳负离子具有芳香性，相对稳定性较高。

（2）羧酸衍生物中，Z 上的带孤对电子的 p 轨道与酰基上的 π 键成 p-π 共轭，给电子效应使酰基碳正电性降低，亲核加成不如醛酮。

（3）因卤苯为乙烯式卤代烃，卤原子上带孤对电子的 p 轨道与苯环形成 p-π 共轭，碳卤键增强，不易被取代。

8. （1）$(CH_3)_3C—CH—CH_3 \xrightarrow{H_2SO_4} (CH_3)_3C—CH—CH_3 \xrightarrow{-H_2O}$ ...

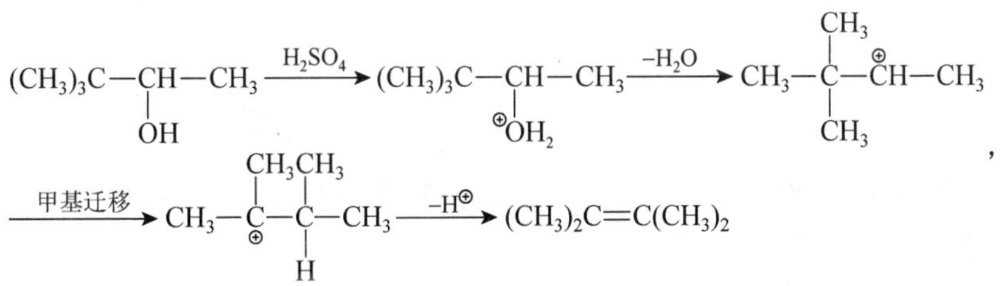

$\xrightarrow{甲基迁移} \xrightarrow{-H^{\oplus}} (CH_3)_2C=C(CH_3)_2$

（2）环戊基$-CH_2OH \xrightarrow{H^{\oplus}} 环戊基-CH_2\overset{\oplus}{O}H_2 \xrightarrow{-H_2O} 环戊基-\overset{\oplus}{C}H_2 \overset{氢迁移}{\underset{碳迁移}{\Big\{}} ... \xrightarrow{-H^{\oplus}}$ ...

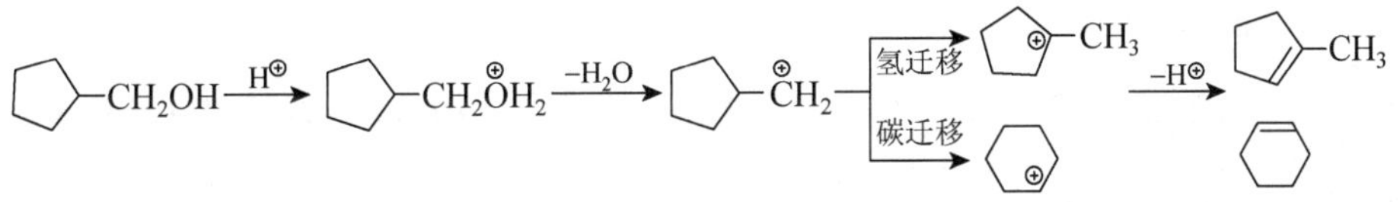

Ⅳ. 脂肪烃、芳香烃

1.
（1）$(CH_3)_2—C—CH_2CH_3$（OSO_3H）　$(CH_3)_2—C—CH_2CH_3$（OH）　（2）二溴环戊烷等　（3）$(CH_3)_3C=CHCHCH_3$（Br）

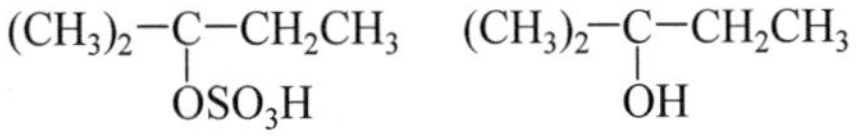

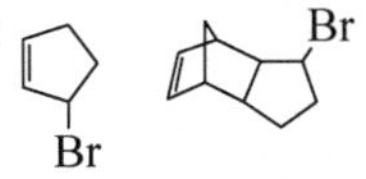

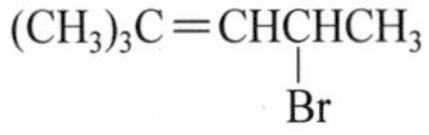

（4） 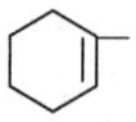　（5）$CH_2=CHCH_2CH_2CH_3$，高温，$CH_2=CH-CHCH_2CH_3$（Cl 在）

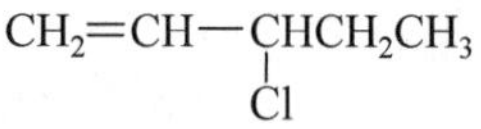

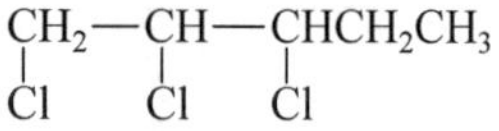

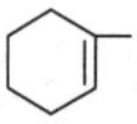

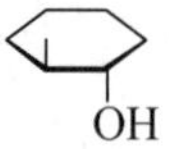

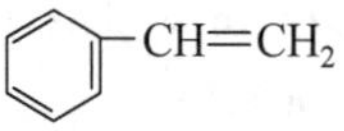

（6）　（±）

（7） $CH=CH_2$　$CH_2=CH_2$　（8）$CH_2=C-C=CH_2$（CH_3 CH_3），

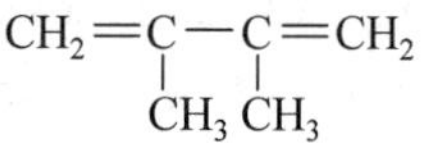

$HOOCCH=CHCOOH$，$CH_3COCH_2CH-CHCH_2COCH_3$（HOOC COOH）

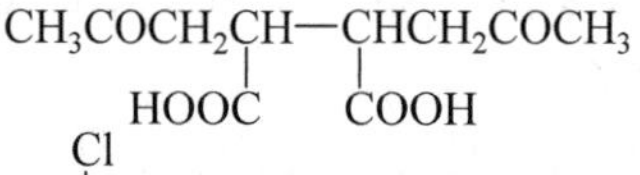

（9）

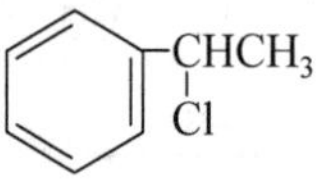

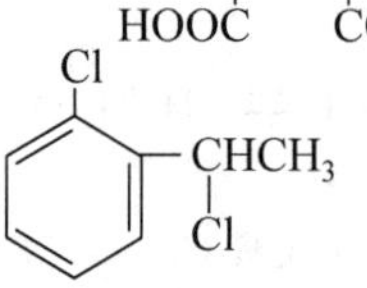

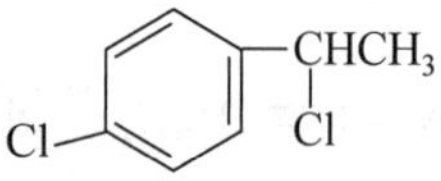

（10）

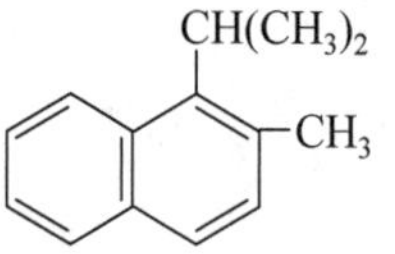

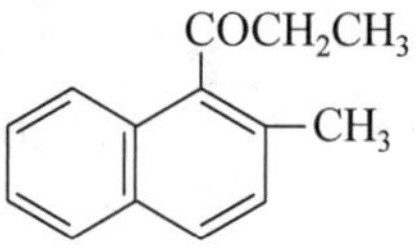

（11）$CH\equiv CH$，$NaC\equiv CNa$，CH_3CH_2Cl，$CH_3CH_2C\equiv CCH_2CH_3$

（12） 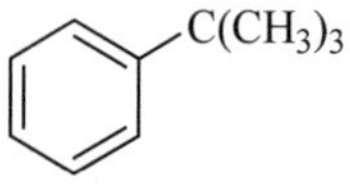　CH_3CH_2Cl

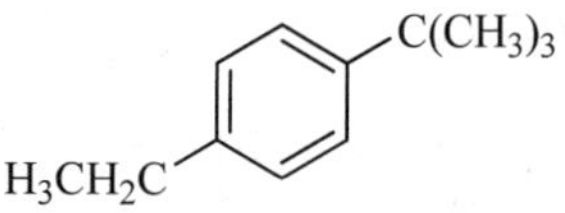

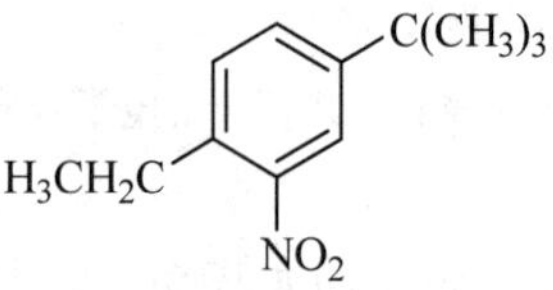

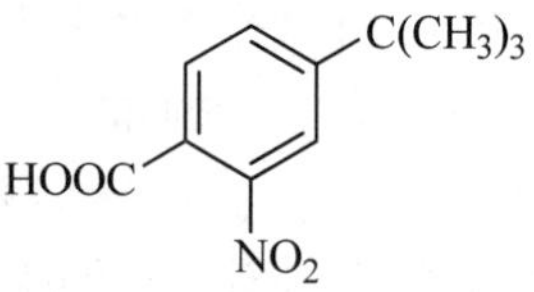

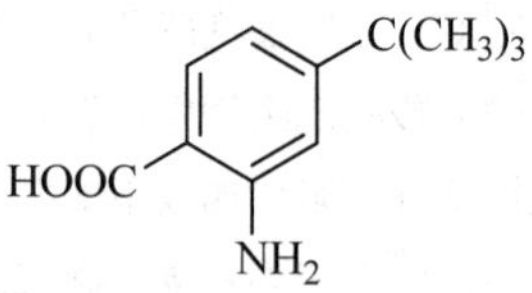

（13）$HCHO$　$HOH_2C-C\equiv C-CH_2OH$　$HOOC-C\equiv C-COOH$

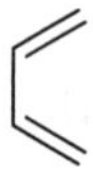

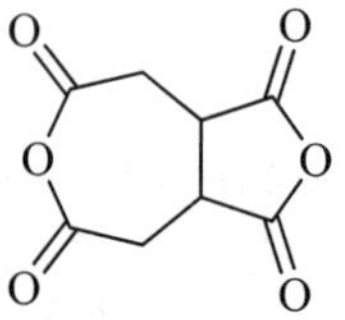

2. 用溴水区别出戊烷；用高锰酸钾溶液区别出乙基环丙烷；用银氨溶液区别出 1-戊烯。

3.（1）④＞③＞①＞⑤＞②

（2）①＞②＞③＞④＞⑤

4. **A:** 　**B:** 　**C:** 　**D:** $CH_3COCH_2CH_2CH_2CHO$

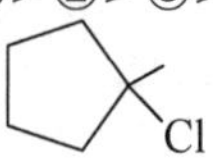

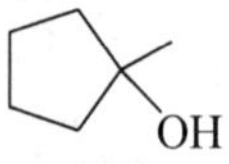

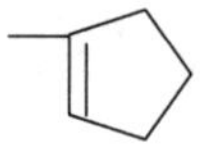

5.（1）$C_{10}H_{16}$；　（2）。

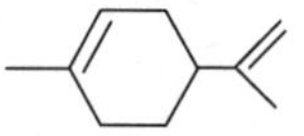

6. **A:** 　**B:** 　**C:**

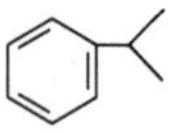

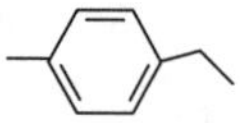

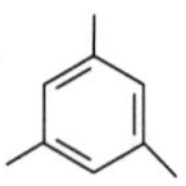

（结构图：苯甲酸、对苯二甲酸、间苯三甲酸（5-位三羧基）等芳香羧酸结构式）

（结构图：异丙基苯的各种硝基衍生物：邻硝基异丙苯、间位二硝基、对硝基、乙基-硝基、乙基-硝基、2,4-二甲基-硝基等）

7.（1）苯胺在混酸中易氧化，产率低；浓硫酸与氨基生成铵盐，铵根正离子为强Ⅱ类定位基，使硝基进入间位。

（2）使苯胺氨基乙酰化后硝化，再水解去乙酰基（乙酰氨基不被氧化，也不成盐，是中等强度的Ⅰ类定位基）。

8.（1）对氨基苯甲酸-(2-N, N-二乙氨基)乙酯盐酸盐。

（2）O_2/Ag，（环氧乙烷结构），$(CH_3CH_2)_2NCH_2CH_2OH$；HNO_3/H_2SO_4，CH_3—（苯环）—NO_2，$KMnO_4$，

$HOOC$—（苯环）—NO_2；O_2N—（苯环）—$COOCH_2CH_2N(CH_2CH_3)_2$。

9.

（1）（结构图：三聚氰胺 三氨基均三嗪 NH_2，H_2N，NH_2）

（2）$6H_2NCONH_2 =$ （三聚氰胺结构 NH_2，H_2N，NH_2）$+ 6NH_3 + 3CO_2$

（3）（结构图：三聚氰胺衍生物 H_2N，NH_2—$NHCONH$—CH_2OH）　（将—CH_2OH写在环碳的氨基上也正确）

（4）4.17g　（5）（氢键结构图：三聚氰胺、异氰尿酸、苯环胺之间的氢键作用示意图）

10. A：$(CH_3)_3C$—$C(CH_3)_3$，B：CH_3—$C(CH_2CH_3)_3$

11.（1）① （环戊二烯结构），$CH\equiv CH$；② （双环结构）；③ 环中三元环限制，有高的角张力。

（2）① （降冰片烯结构），7种；② （聚合物结构）n。

（3）① CH_2＝CH　CH_2—CH＝CH—CH_2　CH_2＝CH　；　② $\dfrac{2c}{b-a}$
　　　　　　　｜　　　　　　　　　　　　　　｜
　　　　　　　CN　　　　　　　　　　　　　（苯环）

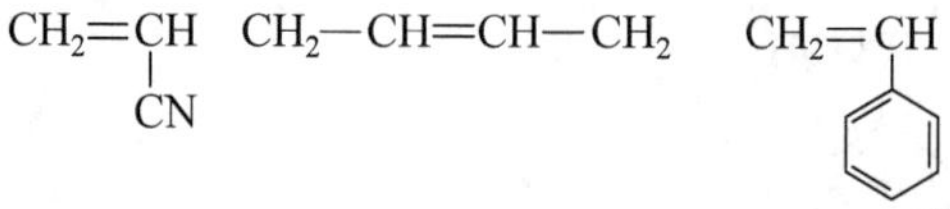

12．（1）**A**：（氯苯）　　**B**：Cl_3CCHO　　DDT：（结构式）

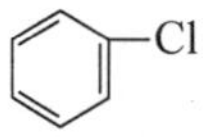

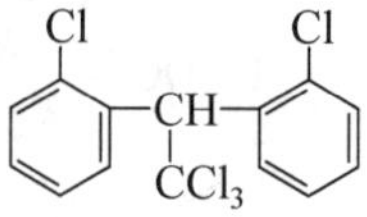

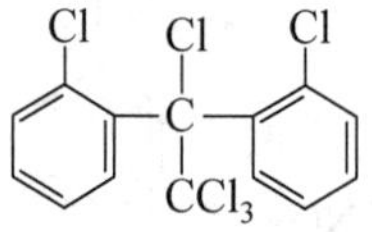

（2）**M**：（结构式）　　**N**：（结构式）

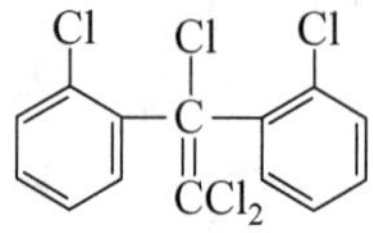

三氯杀螨醇：（结构式），　　条件：KOH/醇，△。

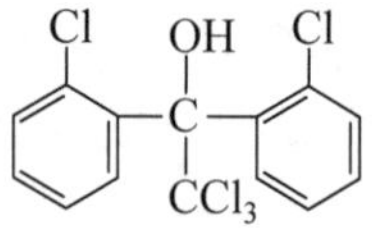

13．（1）$HgSO_4/H_2SO_4$，CH_3CHO，CH_3COOH，CH_2＝CH—$OCOCH_3$，

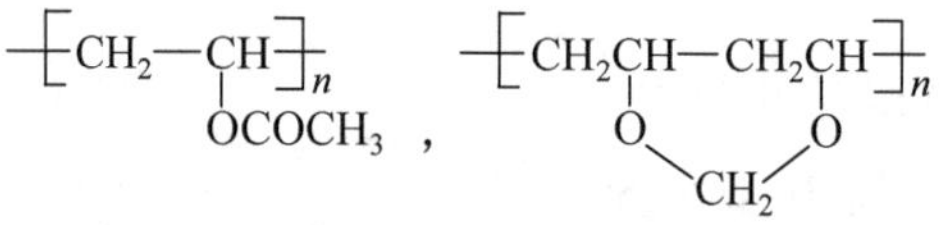

$$\left[CH_2\text{—}CH\right]_n , \quad \left[CH_2CH\text{—}CH_2CH\right]_n$$
$$\qquad\quad\ |\qquad\qquad\quad\ |\qquad\qquad\ |$$
$$\qquad OCOCH_3 \qquad\quad O\qquad\quad O$$
$$\qquad\qquad\qquad\qquad\qquad\ \ \diagdown CH_2 \diagup$$

（2）①甲苯铁催化下氯代，生成对氯甲苯，再氧化生成对氯苯甲酸；②甲苯高温氯代，生成苄氯，再碱性水解成苄醇；③对氯苯甲酸催化下成对氯苯甲酰氯，再与苄醇成目标分子。

（3）$CH\equiv CH + 2Na \longrightarrow NaC\equiv CNa \xrightarrow{2CH_3CH_2Cl}$

$CH_3CH_2C\equiv CCH_2CH_3 \xrightarrow[Pd,BaSO_4]{H_2} CH_3CH_2C\text{=}CCH_2CH_3$
　　　　　　　　　　　　　　　　　　　　　　　　　|　|
　　　　　　　　　　　　　　　　　　　　　　　　H　H

（4）（结构式反应序列）$\xrightarrow{\triangle}$（环己烯乙烯基）$\xrightarrow{O_3}\xrightarrow{Zn/H_3O^{\oplus}}$ OHC/OHC（环己烷二醛）

14．（1）（结构式反应）$\xrightarrow[-Br^-]{Br_2}$（溴鎓离子）$\xrightarrow{Br^-}$（两产物加和）

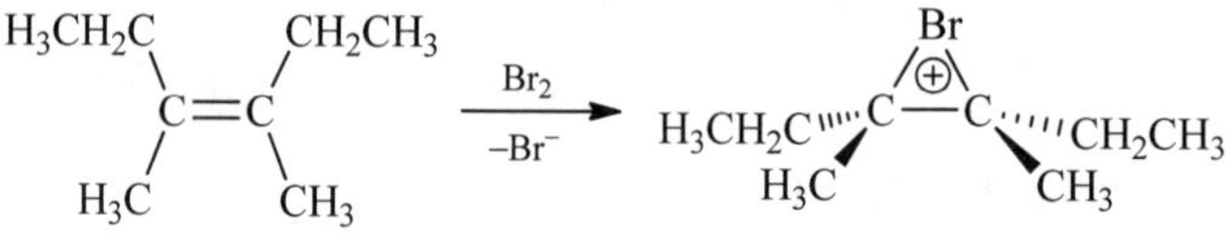

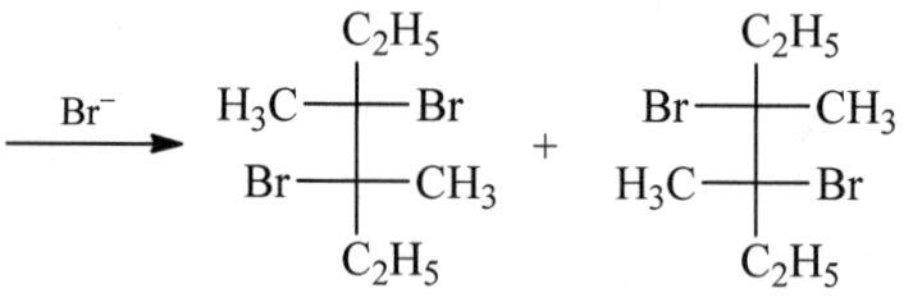

（2）该烯烃的结构为（顺式结构）

（结构式）$\xrightarrow[-Br^-]{Br_2}$（溴鎓离子）$\xrightarrow{Br^-}$（Fischer投影式）

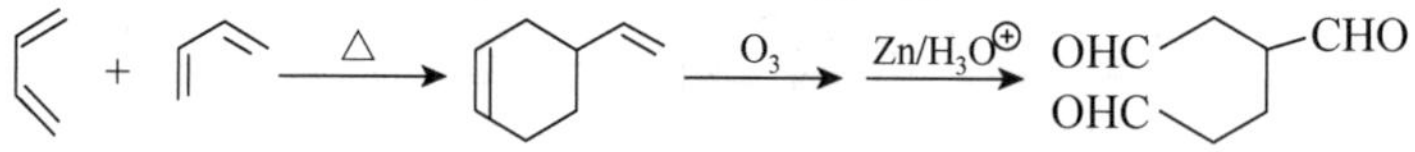

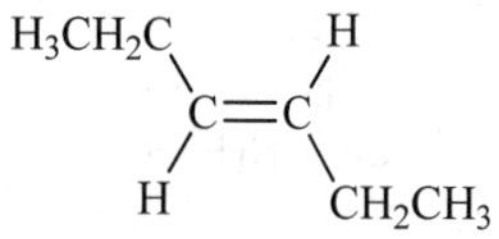

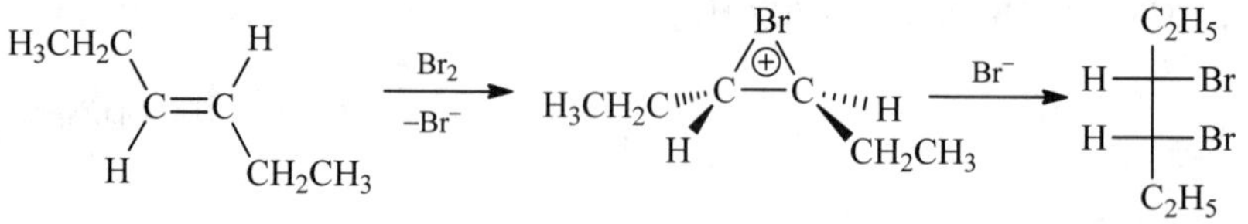

Ⅴ. 卤代烃，醇、醚、酚

1.
（1）$CH_3CHCH_2CH_3$ ，$CH_3CH=CHCH_3$ ；（2）$(CH_3)_2CHONa$ ，$(CH_3)_2CH-O-CH_2CH_2CH_3$ ；
    $\overset{|}{OH}$

（3）〔苯〕$-CH_2Br$ ；（4）$CH_3CH=CH_2$，$CH_2=CHCH_2Cl$，$CH_2=CHCH_2CN$ ；

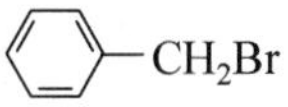

（5）$CH_3NH-\overset{CH_3}{\underset{C_2H_5}{\overset{|}{C}}}-H$ ；（6）CH_3CH_2MgBr，〔环氧乙烷〕O ；

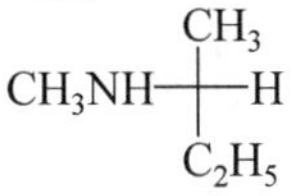

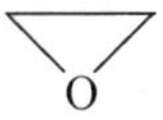

（7）(R,S)〔苯〕$-\overset{|}{\underset{CH_3}{C}}HOH-CH_2CH_2$ ；（8）〔环己〕$-OH$，〔环己〕$=O$ ；

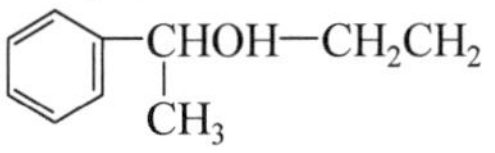

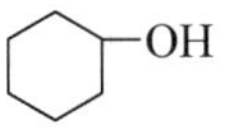

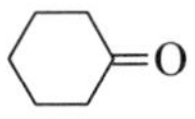

（9）〔四氢呋喃〕O ；（10）〔苯〕$-CH_2Cl$，〔苯〕$-COONa$

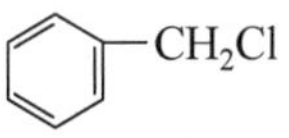

2.（1）丁醇分子间能形成氢键，沸点高，而乙醚不能；丁醇和乙醚中的氧原子都能与水分子形成氢键，故溶解度一致。

（2）不能，因溴苯中溴原子上的孤对电子 p 轨道与苯环共轭，不易被亲核取代；同理，苯甲醚中氧原子上的孤对电子 p 轨道与苯环共轭，不能被碘离子取代。

（3）叔丁基氯为三级氯代烃，氰化钠是强碱，易发生消去反应。

（4）氢碘酸酸性强，与醇的质子化能力强；碘负离子是强的亲核试剂，亲核取代能力强于溴离子、氯离子。

（5）

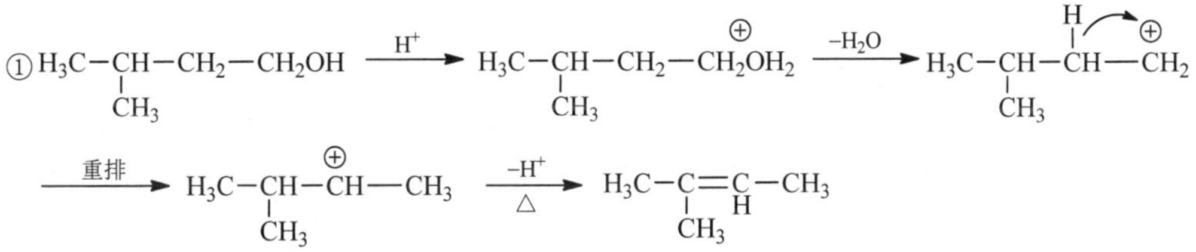

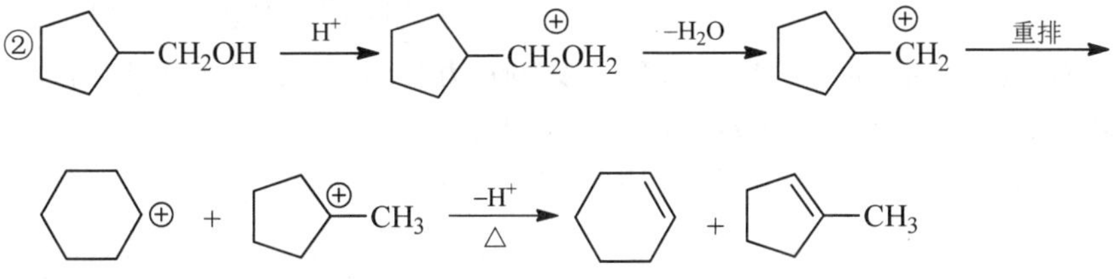

（6）溴化钠电离出的溴离子作亲核试剂，按 S_N2 历程对左旋 2-溴辛烷中的溴原子进行亲核取代，一定时间后达平衡，生成等量的左、右旋体混合物，旋光性消失。

3. **A:**〔环己基氯〕**B:**〔环戊基甲基氯〕**C:**〔环己醇〕**D:**〔环戊基甲基醇〕**E:**〔环己烯〕

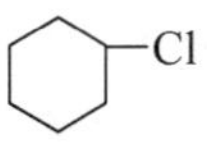

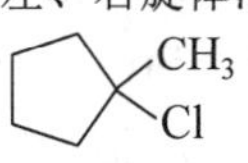

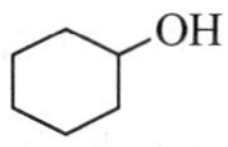

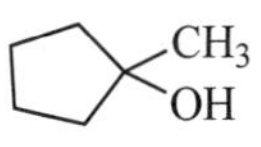

F:〔甲基环戊烯〕

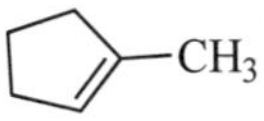

4.（1）$CH_3CH_2\overset{|}{\underset{Cl}{C}}HCH=CH_2$ （2）反应按 S_N1 历程进行，产物外消旋化。

5.（1）$C_5H_{12}O_4$；（2）$C(CH_2OH)_4$；（3）**M**：HCHO，**N**：CH_3CHO，**P**：$(HOH_2C)_3CCHO$，**Q**：$HCOO^-$

6.（1）① Na_2SO_3

②

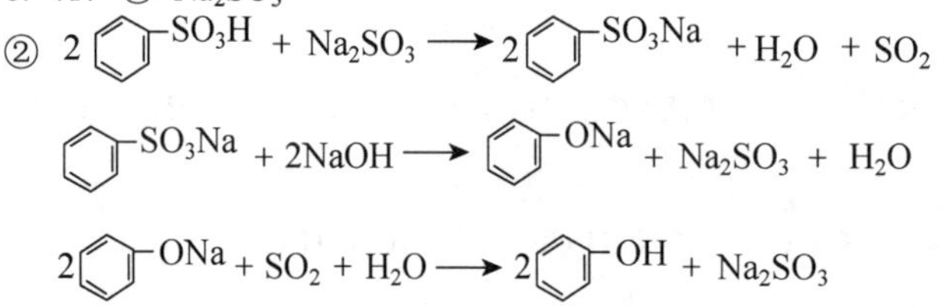

原料循环使用，利用充分，减小污染。

（2）①

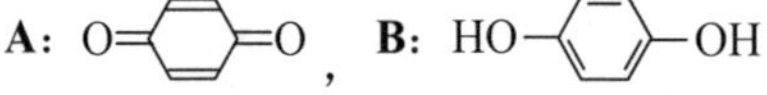

②

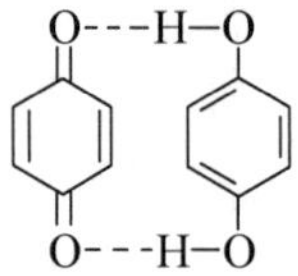

③

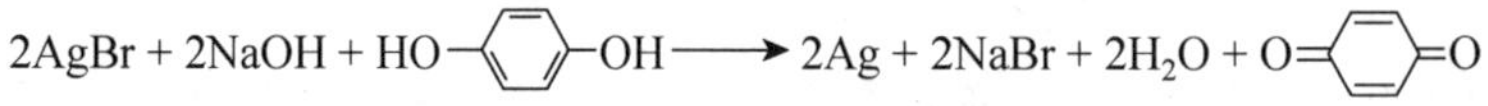

7. **A.**

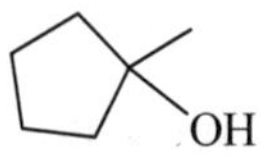

B. $CH_3CH_2OCH(CH_3)CH_2CH_3$

C.

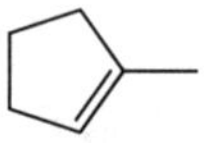

D.

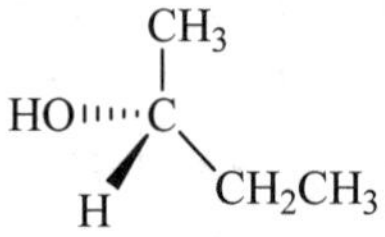

8.（1）

B：$HOCH_2-CH_2OH$　**C**：$HOCH_2CH_2-O-CH_2CH_2OH$　**D**：$HO\!+\!CH_2CH_2O\!+_{n+2}\!H$　**E**：$HOCH_2-CH_2NH_2$

F：$(HOCH_2-CH_2)_2NH$　**G**：$(HOCH_2-CH_2)_3N$　**H**：$HOCH_2-CH_2-\overset{\oplus}{N}(CH_3)_3\overset{\ominus}{O}H$　**I**：$HOCH_2-CH_2SH$

J：$(HOCH_2CH_2)_2S$

（2）

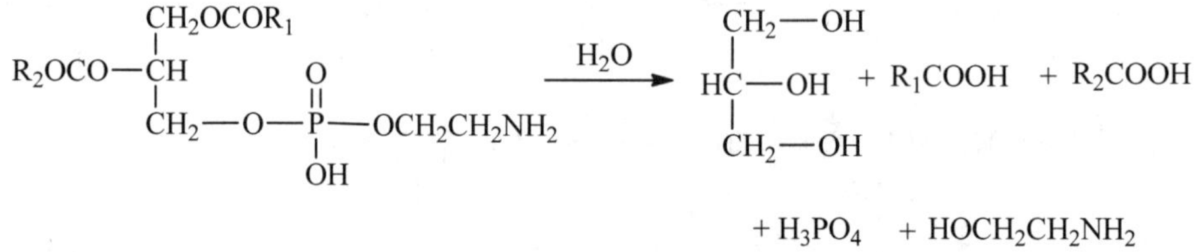

（3）① **G** 沸点比氨高（分子量大，羟基形成分子间氢键能力强）；碱性比氨低（羟基吸电子效应使氮上电子云密度降低，体积增大使氮成盐后的溶剂化稳定性减弱）。

② $2(HOCH_2CH_2)_3N + H_2S \longrightarrow [(HOCH_2CH_2)_3NH]_2S$

③ 略。

9.（1）①乙烯合成环氧乙烷；②丙烯合成2-氯丙烷，再制备成格氏试剂；①与②反应后水解得目标分子。

（2）甲苯光照下氯代制苄氯，再与氰化钠作用制苯乙腈，最后水解氰基得目标分子。

（3）$CH_2{=}CHCH{=}CH_2 \xrightarrow{Br_2} BrCH_2CH{=}CHCH_2Br \xrightarrow{H_2/Pd} BrCH_2CH_2CH_2CH_2Br$

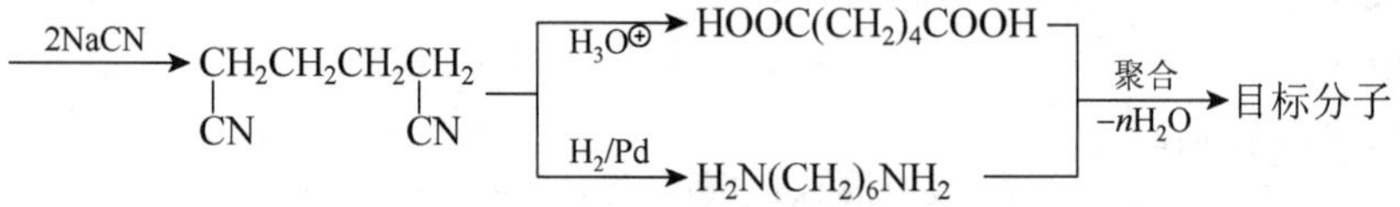

（4）$CH_2=CH_2 + O_2 \longrightarrow$ (环氧乙烷) $\xrightarrow{H_2O/H^{\oplus}}$ $\underset{OH}{CH_2}-\underset{OH}{CH_2}$

$\xrightarrow{2 \text{(环氧乙烷)}}$ $\underset{OH}{CH_2CH_2}-O-CH_2CH_2-O-\underset{OH}{CH_2CH_2}$

$\xrightarrow{Na}$ $NaOCH_2CH_2OCH_2CH_2OCH_2CH_2ONa$
$\xrightarrow{SOCl_2}$ $ClCH_2CH_2OCH_2CH_2OCH_2CH_2Cl$ → 目标分子

（5）苯酚经柯尔贝反应制水杨酸；水杨酸与乙酸酐制乙酰水杨酸，再硝化，还原得目标分子。

VI. 醛、酮，羧酸、羧酸衍生物

1.

（1）环己酮, 环己基(CN,OH) （2）缩醛-CH=CH₂, 略, OHC-苯-COOH, HOCH₂CH₂OH

（3）环己=NNH-苯(NO₂,NO₂) （4）CH₃CO-苯 （5）苯-COCH₂CH₂CH₃, 苯-CH₂CH₂CH₂CH₃

（6）$\underset{OH}{CH_2}-\underset{OH}{CH}-CHO$, CH_3COCH_3 （7）呋喃-CHO

（8）$(CH_3)_2CH=CHCOCH_3$, $(CH_3)_2CH=CHCOOH$

（9）$(CH_3)_3CCH=CHCHO$, $(CH_3)_3CCH=CHCH_2OH$ （10）$CH_3CH_2CH_2COOCH(CH_3)_2$

（11）苯(COOH,CONH₂), 苯(COOH,NH₂) （12）苯-CO-CH(CH₃)COOCH₃ （13）$CH_3COCH_2CH_3$

（14）环己酮-COOCH₃, $CH_2=CHCHO$, 环己酮(CH₂CH₂CHO, CH₃OOC)

（15）$CH_3COCH_2CO_2Et$, $CH_3COCH(EtO_2C)-CH_2-CH(CO_2Et)COCH_3$, $CH_3C=C(HO,CO_2Et)-CH=C(EtO_2C,OH)CH_3$

（16）苯酚, H₂/Ni, 环己醇, 环己酮, CH₃MgBr, 1-甲基环己醇, 1-甲基环己烯, $CH_3CO(CH_2)_4CHO$

（17）邻二甲苯, 苯酐, 苯-CO-O-苯-COOH, 苯-CH₂-苯-COOH, 苯-CH₂-苯-COCl, 呫吨酮, 蒽, 略

（18）苯-CHO, $PhCH=CHCOCH=CHPh$, $CH(COOEt)_2$, 环己酮(Ph, Ph, EtOOC, COOEt)

2. **A**: $CH_3O-\!\!\bigcirc\!\!-CH_2COCH_3$　**B**: $CH_3O-\!\!\bigcirc\!\!-CH_2\underset{OH}{CHCH_3}$　**C**: $HO-\!\!\bigcirc\!\!-CH_2\underset{OH}{CHCH_3}$

　D: CH_3OH

$$A \xrightarrow[HCl]{Zn\text{-}Hg} CH_3O-\!\!\bigcirc\!\!-CH_2CH_2CH_3$$

3. **A**: $CH_3COCH_2CH_2CH_2CH\!\!\begin{smallmatrix}O-CH_2\\|\\O-CH_2\end{smallmatrix}$　**B**: $CH_3CO(CH_2)_3CHO$　**C**: $CH_3(CH_2)_4CH_3$

4.（1）**A**: $\bigcirc\!\!-\underset{O}{\overset{||}{C}}-CH_2COOCH_2CH_3$　**B**: $\bigcirc\!\!-COCH_3$

（2）$\bigcirc\!\!-\underset{O}{\overset{||}{C}}-CH_2COOC_2H_5 \xrightarrow{Br_2} \bigcirc\!\!-\underset{OH}{\overset{Br}{\overset{|}{C}}}-\overset{Br}{\overset{|}{C}}HCOOC_2H_5$

5.（1）

① $CH_3COO-[CH_2OCH_2O-]_n OCCH_3$，封闭链端，防止解聚；

② $-[CH_2OCH_2OCH_2CH_2OCH_2O-]_n$，乙烯合成环氧乙烷，水解成乙二醇，再与甲醛脱水成二氧五环。

（2）

M: $CH_2=NH$，**N**: $\underset{NH}{\overset{HN\frown NH}{\bigtriangleup}}$，**O**: $HOH_2C-N\underset{CH_2OH}{\frown}N-CH_2OH$，**P**: $N\underset{N}{\overset{N}{\bowtie}}N$，**Q**: $HCHO$，$1:1$。

6.（1）

① $2CH_3COOH \xrightarrow{\triangle} CH_2=C-O$　② $CH_2-C=O$

③ $CH_2-C=O + H_2O \longrightarrow CH_2CH_2COOH$（OH）

$CH_2-C=O + CH_3CH_2OH \longrightarrow CH_2CH_2COOC_2H_5$（OH）

（2）

上：水杨酸$\bigcirc(OH)(COOH)$，乙酰水杨酸$\bigcirc(OCOCH_3)(COOH)$，CH_3OH 乙酰水杨酸甲酯

$(CH_3CO)_2O$，中：苯胺$\bigcirc NH_2$，乙酰苯胺$\bigcirc NHCOCH_3$，$O_2N-\bigcirc-NHCOCH_3$ 对苯二胺盐酸盐

下：$\bigcirc$，$\bigcirc COCH_3$，$\bigcirc MgBr$，$\bigcirc\underset{OH}{\overset{CH_3}{\overset{|}{C}}}\bigcirc$，1,1-二苯乙烯

7.

（1）$CH_3CH_2OH \xrightarrow{K_2Cr_2O_7} CH_3CHO \xrightarrow{HCN} CH_3\underset{OH}{CHCN} \xrightarrow{H_3O^{\oplus}} CH_3\underset{OH}{CHCOOH}$

（2）$-[O-\overset{H}{\underset{CH_3}{C}}-\overset{C}{\underset{O}{}}-]_n$

（3）**A**：$CH_2=CHCOOH$ **C$_1$**：$\left[CH_2-CH\right]_n$ $\underset{COOCH_3}{|}$ **C$_2$**：$\left[CH_2-CH\right]_n$ $\underset{COOCH_2CH_2OH}{|}$

C$_2$ 更好，未酯化的羟基具亲水性；

（4）**D$_1$**：$\underset{CH_2OH}{\overset{CHO}{\underset{|}{\overset{|}{CHOH}}}}$ **D$_2$**：$\underset{CH_2OH}{\overset{CH_2OH}{\underset{|}{\overset{|}{C=O}}}}$ **B**：$\underset{CH_2OH}{\overset{COOH}{\underset{|}{\overset{|}{CHOH}}}}$ **G**：$\underset{CH_3}{\overset{COOH}{\underset{|}{\overset{|}{C=O}}}}$

8.

（1）**A**：$R-\overset{\cdot}{\underset{\overset{\ominus}{O}}{C}}-OR'$ **B**：$R'O-\overset{\cdot}{\underset{\overset{\ominus}{O}}{C}}-\overset{\cdot}{\underset{\overset{\ominus}{O}}{C}}-OR'$ **D**：$R-\overset{\cdot}{\underset{\overset{\ominus}{O}}{C}}-\overset{\cdot}{\underset{\overset{\ominus}{O}}{C}}-R$ **E**：$R-\overset{R}{\underset{\overset{\ominus}{O}}{C}}=\overset{R}{\underset{\overset{\ominus}{O}}{C}}-R$ **F**：$R-\overset{R}{\underset{HO}{C}}=\overset{R}{\underset{OH}{C}}-R$

（2）① $CH_3CH_2CH_2\underset{\underset{O}{\|}}{C}-\underset{\underset{OH}{|}}{CH}CH_2CH_2CH_3$，② $CH_3OOC(CH_2)_{16}COOCH_3$

9.

（1）**B**：C$_6$H$_5$—CH$_2$Cl **C**：C$_6$H$_5$—CH$_2$CN **D**：C$_6$H$_5$—CH$_2$CH$_2$—N（环）=O，COOCH$_3$

E：C$_6$H$_5$—CH$_2$CH$_2$—N（环OH，NH—苯基）

F：略 **G**：C$_6$H$_5$—CH$_2$CH$_2$—N（环）—NH—C$_6$H$_5$

ClCH$_2$CH$_2$COOCH$_3$，苯基—NH$_2$

（2）略。

10.

（1）**A**：C$_6$H$_5$—CCl$_2$—C$_6$H$_5$ **B**：C$_6$H$_5$—CO—C$_6$H$_5$ **C**：吡啶-CH$_3$ **D**：略

E：（十氢萘）CHCH$_2$—NH（环） **F**：（十氢萘）CHCH$_2$—NH$_2^{\oplus}$（环），$^{\ominus}$OOCCH=CHCOOH

（2）吡啶 2-位上甲基具酸性，与碱作用成碳负离子，再与 **B** 中的羰基发生亲核加成缩合成产物。

11.

（1）丙烯水合制异丙醇，氧化成丙酮；丙酮与氢氰酸加成，加热水解成甲基丙烯酸，再与甲醇酯化成甲基丙烯酸甲酯，加成聚合成有机玻璃。

（2）①乙烯制乙基卤化镁和乙醛，二者反应后水解得产物；②乙烯制乙醛，乙醛经羟醛缩合再 NaBH$_4$ 还原得产物；③乙烯制乙酸乙酯，再与乙基卤化镁（1∶2）反应，水解产物。

（3）①丙烯水合制异丙醇，氧化成丙酮；丙酮与异丙基溴化镁作用后水解得醇，醇与金属钠作用得醇钠；甲苯高温溴代得苄溴，再与醇钠作用得产物；②苯与丙烯经弗-克反应得异丙苯，再与丙酰氯（由丙烯反马氏规则制 1-丙醇，氧化制丙酸，再制丙酰氯）经弗-克反应得 1-对异丙基苯基丙酮，最后经锌汞齐-盐酸（克莱森）还原为产物。

（4）①甲苯制苯甲醛，乙醇制乙醛，二者经羟醛缩合、脱水成肉桂醛，再经金属氢化物-氢化铝锂还原得产物；②甲苯磺化制对甲苯磺酸，氧化制对磺酸基苯甲酸，再经氢氧化钠碱熔后酸化制对羟基苯甲酸，最后与乙酸酐作用得产物。

（5）

$$\text{苯} + CH_3CH_2COCl \xrightarrow{AlCl_3} C_6H_5COCH_2CH_3 \xrightarrow[\text{曼尼希反应}]{+ HCHO + (CH_3)_2NH} (CH_3)_2NHCH-COC_6H_5 \ (\overset{|}{CH_3}) (\overset{}{O})$$

$$\xrightarrow[]{C_6H_5CH_2MgBr} \xrightarrow{H_3O^{\oplus}} (CH_3)_2NHCH-\overset{C_6H_5}{\underset{|}{C}}-CH_2-C_6H_5 \xrightarrow[-CH_3COOH]{(CH_3CO)_2O} \text{产物} \quad (\overset{|}{CH_3})(\overset{|}{OH})$$

（6）

$$CH_3COCH_2COOC_2H_5 \xrightarrow{2C_2H_5ONa} \xrightarrow[\text{迈克尔加成}]{2CH_2=CHCOOC_2H_5} CH_3CO-\overset{CH_2CH_2COOC_2H_5}{\underset{CH_2CH_2COOC_2H_5}{C}}-COOC_2H_5 \xrightarrow[\text{狄克曼缩合}]{\text{碱}}$$

$$\text{（环己酮-COOC}_2\text{H}_5, \text{-COCH}_3) \xrightarrow{OH^{\ominus}} \xrightarrow[-CO_2]{H_3O^{\oplus},\triangle} \text{（环己酮-COCH}_3) \xrightarrow[\text{羟醛缩合}]{\text{碱}} \text{产物}$$

（7）

$$2CH_2(COOC_2H_5)_2 \xrightarrow{\text{碱}} \xrightarrow{2BrCH_2CH_2Br} \text{（环己烷-1,1,4,4-四羧酸乙酯）} H_5C_2OOC, H_5C_2OOC, COOC_2H_5, COOC_2H_5$$

$$\xrightarrow{OH^{\ominus}} \xrightarrow[-2CO_2]{H_3O^{\oplus},\triangle} \text{产物}$$

（8）

$$NC-CH_2-COOC_2H_5 \xrightarrow{\text{碱}} \xrightarrow{2(CH_3)_2CHBr} (CH_3)_2CH-\overset{CH(CH_3)_2}{\underset{CN}{C}}-COOC_2H_5$$

$$\xrightarrow{OH^{\ominus}} \xrightarrow[-CO_2]{H_3O^{\oplus},\ \triangle} \text{产物}$$

（9）

$$\text{甲苯} \xrightarrow{HNO_3} CH_3-C_6H_4-NO_2 \xrightarrow{KMnO_4} O_2N-C_6H_4-COOH \xrightarrow{SOCl_2}$$

$$\xrightarrow{NH_3} O_2N-C_6H_4-CONH_2 \xrightarrow[\triangle]{Br_2/OH^{\ominus}} O_2N-C_6H_4-NH_2 \xrightarrow{Fe/HCl} \text{产物}$$

12. 考虑羰基试剂、碘仿试剂。

13.（1）2-甲基-2-氨基-3-(3,4-二羟基)苯丙氨酸

（2）

B: CH_3O, CH_3O — 苯环 — $\overset{}{CH}-\overset{}{C}-CH_3$ （CN）（O）

C: CH_3O, CH_3O — 苯环 — $CH_2-\overset{OH}{\underset{CN}{C}}-CH_3$

D: CH_3O, CH_3O — 苯环 — $CH_2-\overset{NH_2}{\underset{COOH}{C}}-CH_3$

（3）碱作用下取代苯乙腈中亚甲基失氢成碳负离子，与乙酸乙酯发生亲核加成-消除反应。

Ⅶ. 含氮化合物

1.

（1）环己酮结构 —O　（2）邻苯二甲酸酐结构（CO）₂O，邻羧基苯甲酰胺 COOH / CONH₂，Br₂/OH⁻

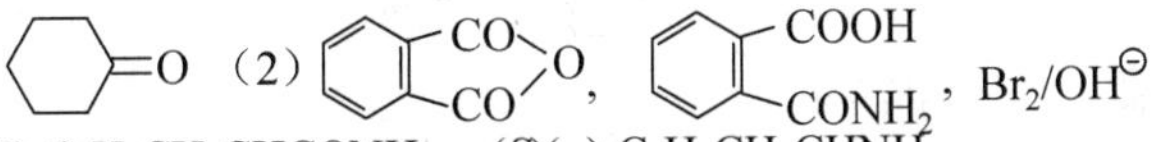

（3）(S)-C₆H₅CH₂CHCONH₂ (CH₃)，(S)(−)-C₆H₅CH₂CHNH₂ (CH₃)

（4）CH₂=CHCH=CH₂；（5）CH₃COCH₂CH₂N⁺(CH₂CH₃)₃OH⁻

（6）C₆H₅CH₂NH—SO₂—C₆H₅，C₆H₅CH₂N⁻—SO₂—C₆H₅

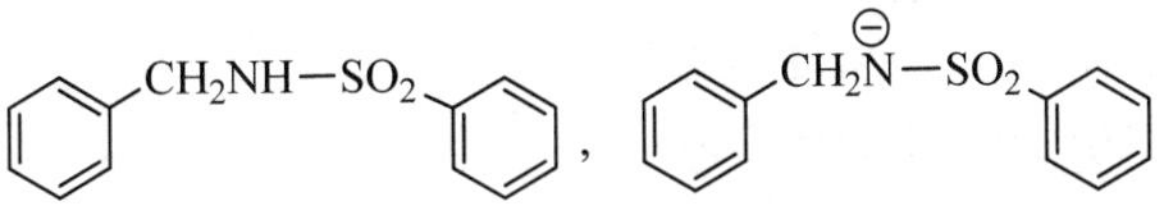

（7）浓HNO₃/浓H₂SO₄，Fe/浓HCl，对甲基苯胺（CH₃—C₆H₄—NH₂），浓HNO₃/浓H₂SO₄，2-硝基-4-甲基乙酰苯胺（CH₃ / NO₂ / NHCOCH₃）

4-甲基-2-硝基苯胺（CH₃ / NO₂ / NH₂），NaNO₂/浓HCl，4-甲基-2-硝基苯甲腈（CH₃ / NO₂ / CN），2-氨基-4-甲基苄胺（CH₃ / CH₂NH₂ / NH₂）

（8）环戊基-CH₂Cl，环戊基-CH₂N(CH₃)₂，环戊基-CH₂—N⁺(CH₃)₂(→O)

（9）环氧乙烷 O，HOCH₂CH₂—NH—CH₂CH₂OH，NH(CH₂CH₂Cl)₂，(HOOCCH₂)₂NCH₂CH₂—N(CH₂COOH)—CH₂CH₂N(CH₂COOH)₂

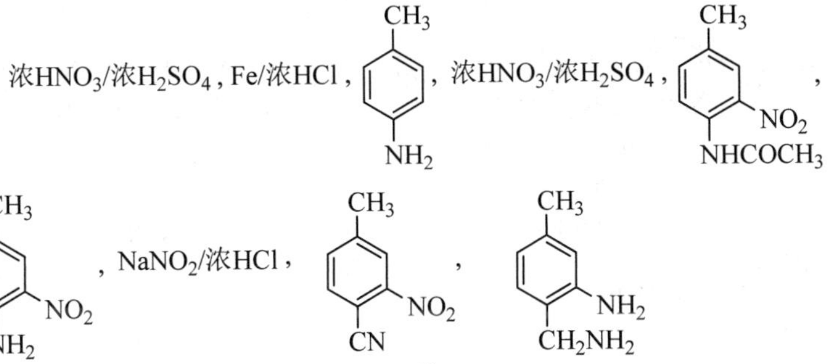

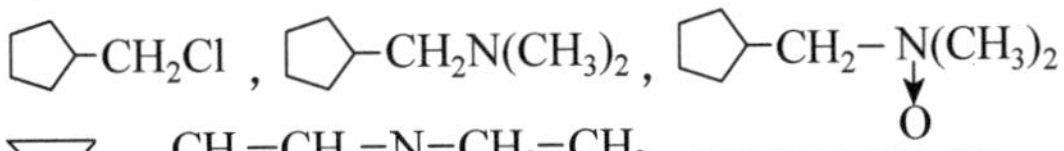

（10）1-甲基萘，4-甲基-5-硝基萘-1-磺酸（HO₃S / CH₃ / SO₃H），重氮盐（HO₃S / CH₃ / N₂⁺），HO₃S / CH₃ / N(CH₃)₂

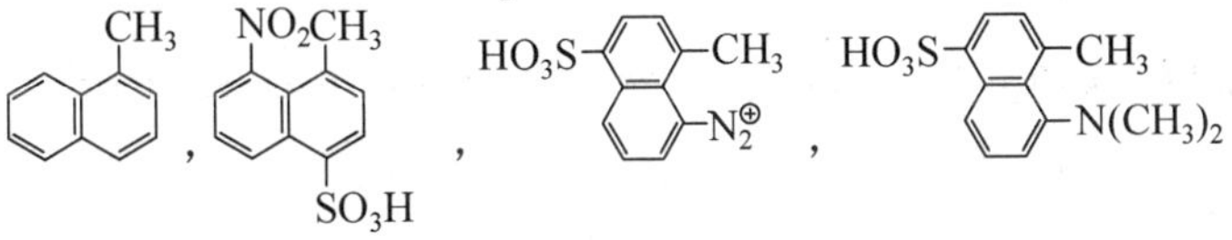

（11）咪唑盐 NH⁺Cl⁻ / NH，咪唑钾盐 N / N⁻K⁺　（12）KOH，吡咯钾盐 N⁻K⁺，环氧乙烷 O

（13）H₃C—O—CH₃（2,5-二甲基呋喃）

（14）C₆H₅—N=N—吡咯 NH

（15）吡咯啶基-CH₂CH₂CH₂CN（N），吡啶基-CH₂CH₂CH₂COOH（N）

（16）重氮盐 N₂⁺（N），2-溴吡啶 Br（N），CH₂(COOC₂H₅)₂，吡啶基-CH(COOCH₂CH₃)₂（N）

（17）呋喃-CHO（O），CH₃CHO，呋喃-CH=CHCHO（O），OH HO，呋喃-CH=CHCH(O—O)，略

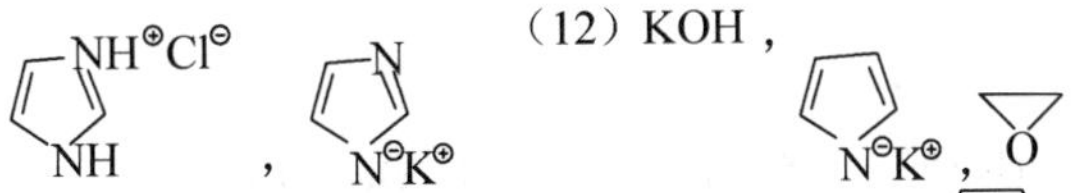

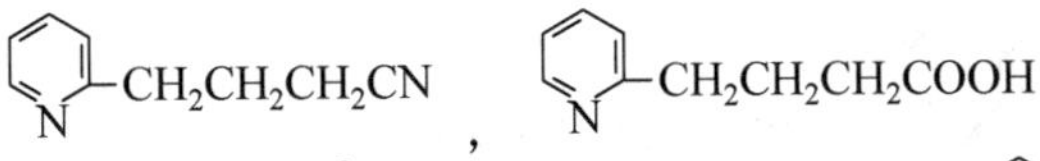

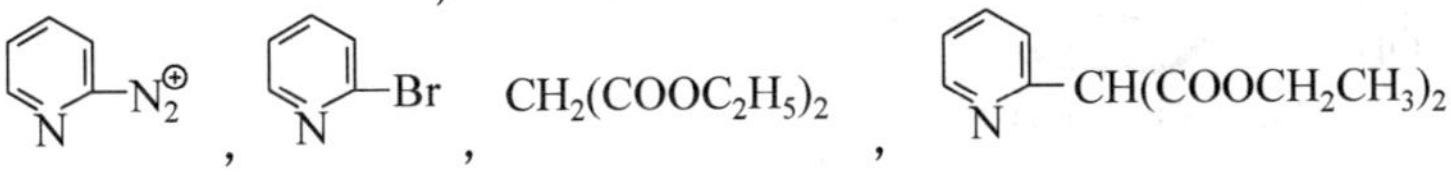

2.

（1）**A**：苯环上连 N，N 接 CH_2CH_3 和 $CH_2CH=CH_2$，**D**：略；（2）苯环上连 N^+，接 $CH_2CH=CH_2$、CH_2CH_3、CH_3（3）略

3.（1）$C_{16}H_{10}O_2N_2$，有立体异构体（几何异构）；

（2）**A**：（吲哚酮结构，含 NH、C=O）（3）① **C**：（含 OH、HO、NH 的双环结构）

②因为 **C** 有水溶性，便于织物附着，且 **C** 无色，**B** 为蓝色。

③**B** 共轭体系大，**C** 两环之间无共轭 π 键，共轭体系小。

4.

B: 苯环连 $N(CH_3)_2$　**C:** 二苯甲烷型，两个对位 $N(CH_3)_2$　**D:** 含 Cl 的三苯甲烷型，两个对位 $N(CH_3)_2$

（2）稳定（三苯甲基正碳离子，连 $NH(CH_3)_2$ 和两个 $N(CH_3)_2$）

5.

（1）$H_2N-\overset{\displaystyle COOH}{\underset{\displaystyle CH_2C_6H_5}{\underset{|}{\overset{|}{C}}}}-H$

$$C_6H_5CH_2\underset{\underset{\displaystyle NH_2}{|}}{CH}COOH + H_2O \rightleftharpoons C_6H_5CH_2\underset{\underset{\displaystyle NH_2}{|}}{CH}COO^{\ominus} + H_3O^{\oplus}$$

$$C_6H_5CH_2\underset{\underset{\displaystyle NH_2}{|}}{CH}COOH + H_2O \rightleftharpoons C_6H_5CH_2\underset{\underset{\displaystyle NH_3^{\oplus}}{|}}{CH}CH_2OOH + OH^{\ominus}$$

（2）A_1：$C_6H_5CH_2\underset{\underset{\displaystyle NH_3^{\oplus}}{|}}{CH}COO^{\ominus}$

（3）$K_a = \dfrac{K_w}{K_b}$，$K_b = \dfrac{K_w}{K_a}$；（4）$HCHO$；（5）$HOOCCH_2CH_2\underset{\underset{\displaystyle NH_2}{|}}{CH}COOH$。

6.

（1）AMP：$HO-\underset{\underset{\displaystyle OH}{|}}{\overset{\overset{\displaystyle O}{\|}}{P}}O-OH_2C$（核糖与腺嘌呤结构，含 NH_2、OH、OH），CMP：略；（2）略；

（3）解链，碱基配对，半保留；

（4）64 个；$10^6 \times 350 \times 3$ 个；（5）转录，翻译；运送氨基酸的工具，传送蛋白质合成的信息，进行蛋白质合成的场所；

（6）

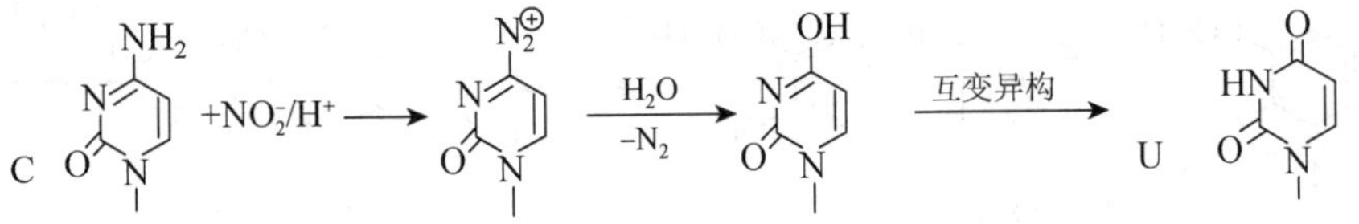

7.

（1）共3个；　（2）略；

（3）

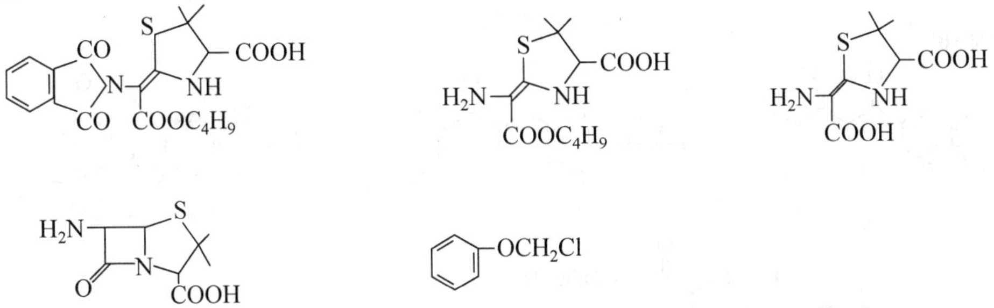

8.

（1）

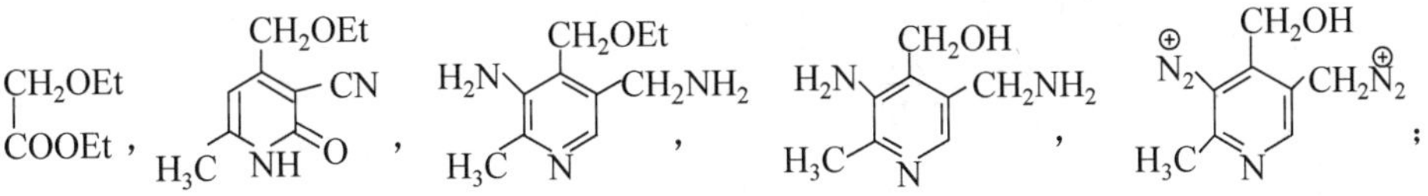

（2）略；

（3）

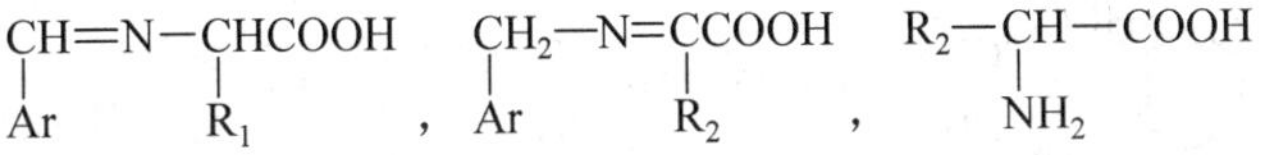

9.

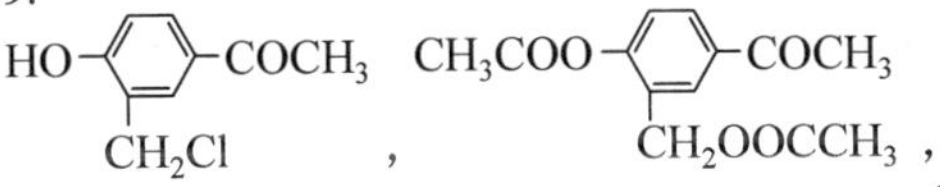

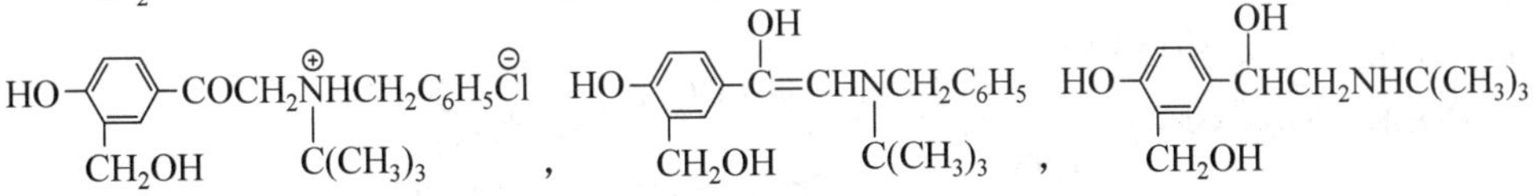

10.

（1）

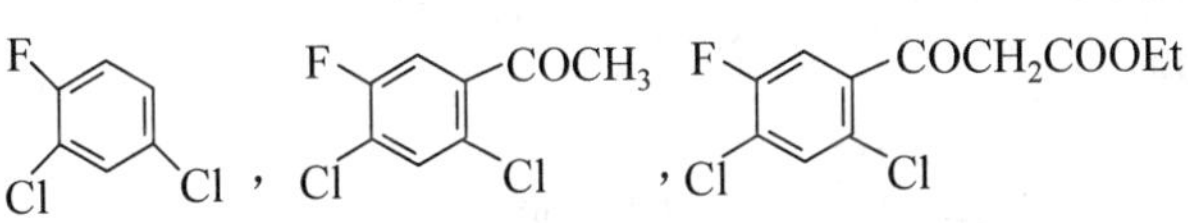

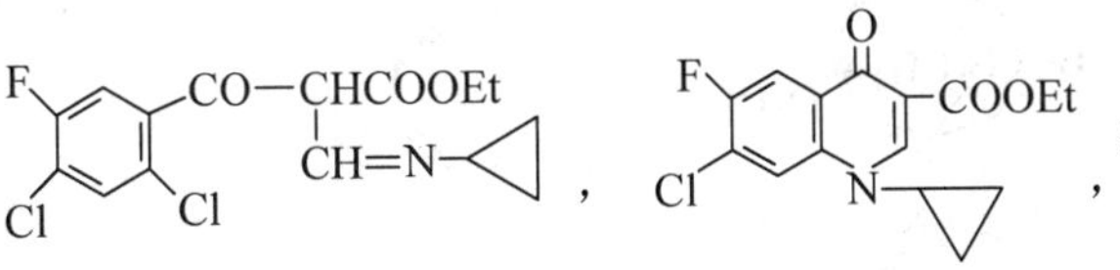

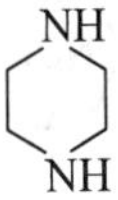

（2）**4′到5′**：

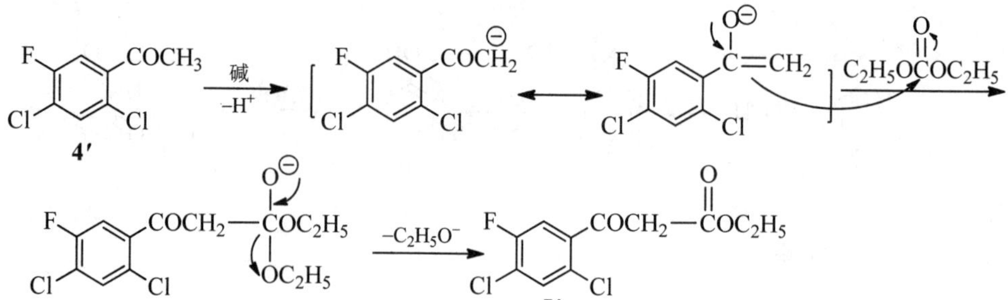

9′到 10′:

（3）略。

11.

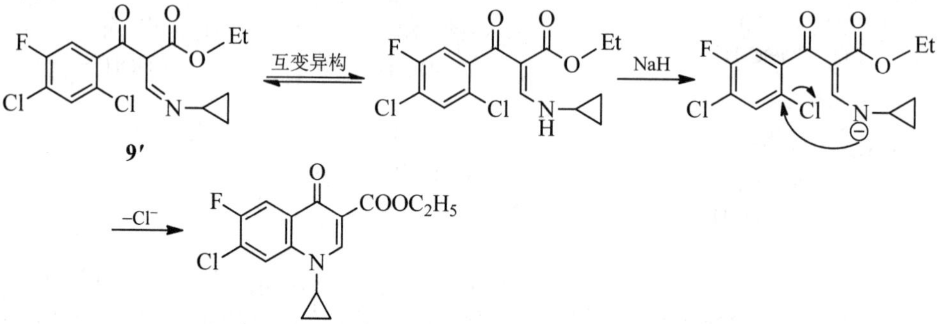

（1）**A**：$CH_2=CHCHO$　**B**：（结构）　**C**：略　**D**：（结构）　**E**：（结构）

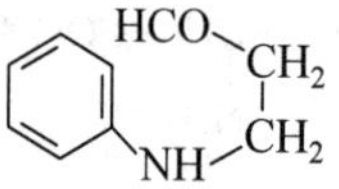

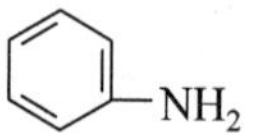

（2）氧化剂，被还原成苯胺后作原料；

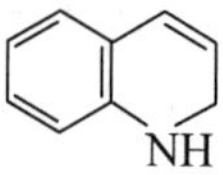

（3）应选邻氨基苯酚、甘油和邻硝基苯酚。

12.

（1）（结构）

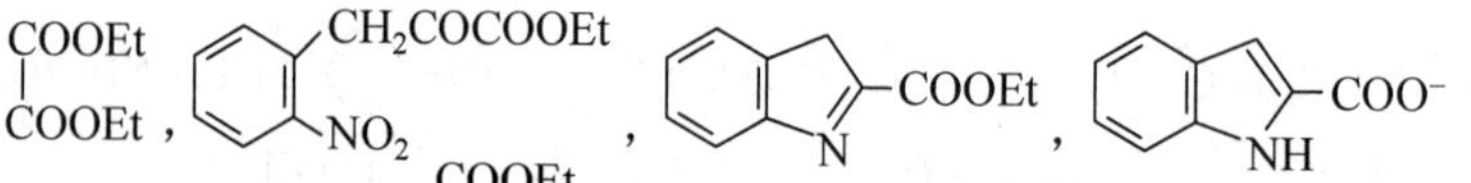

（2）$HCHO$, $(CH_3)_2NH$, （结构）

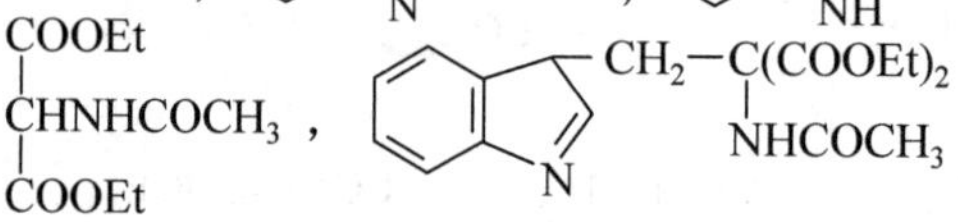

13.

B:（结构）　**C**:（结构）　**D**:（结构）　**E**:（结构）

F:（结构）　**G**:（结构）　**H**:（结构）

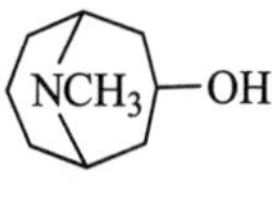

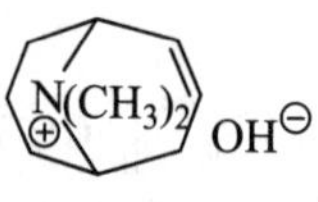

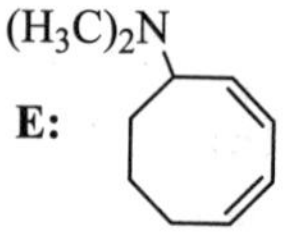

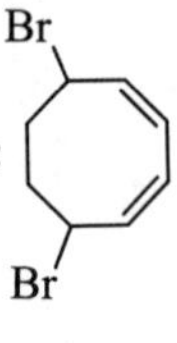

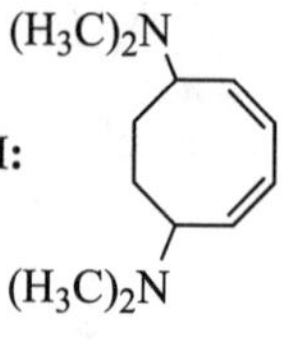

14.

（1） 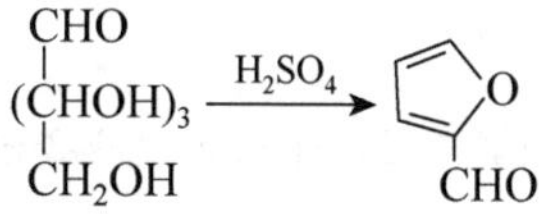 $\begin{matrix}CHO\\(CHOH)_3\\CH_2OH\end{matrix}$ $\xrightarrow{H_2SO_4}$ 　（2） **B:** 　**C:**

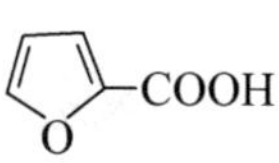

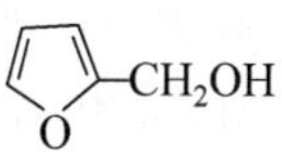

（3） (Z)-3-(2-呋喃基)丙烯醛，(E)-3-(2-呋喃基)丙烯醛；(R)-3-溴-3-(呋喃基)丙醛，(S)-3-溴-3-(呋喃基)丙醛

（4）

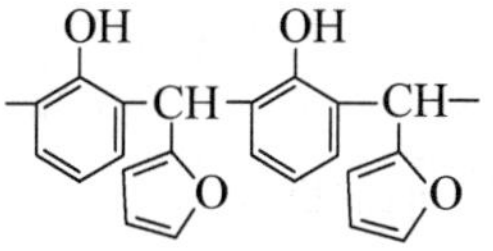

15.

A: 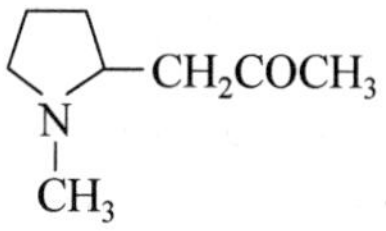 　**B:** 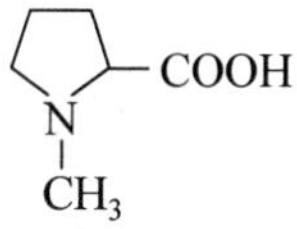 　**C:** $Br(CH_2)_3CH(COOC_2H_5)_2$

D: $Br(CH_2)_3\underset{Br}{\overset{|}{C}}(COOC_2H_5)_2$　**E:**

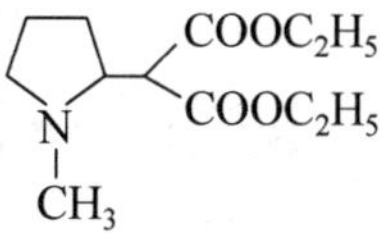

16.

（1）乙烯合成环氧乙烷，与三甲胺、水合成胆碱（2-羟乙基三甲胺），再与乙酐酯化成产物。

（2）苯胺磺化成对氨基苯磺酸，与亚硝酸作用成重氮盐，再与二甲苯胺（苯胺与甲醇脱水制得）发生偶联反应成产物。

（3）

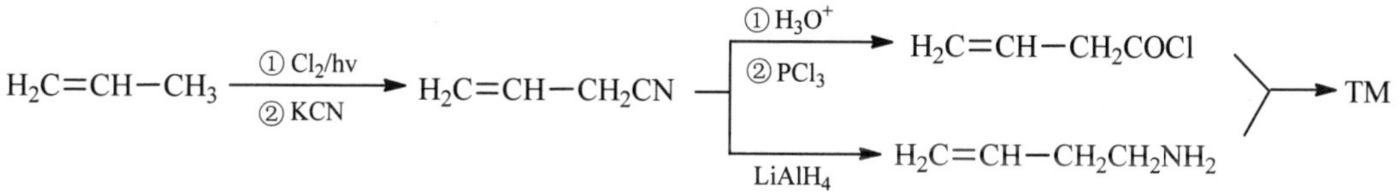

（4）

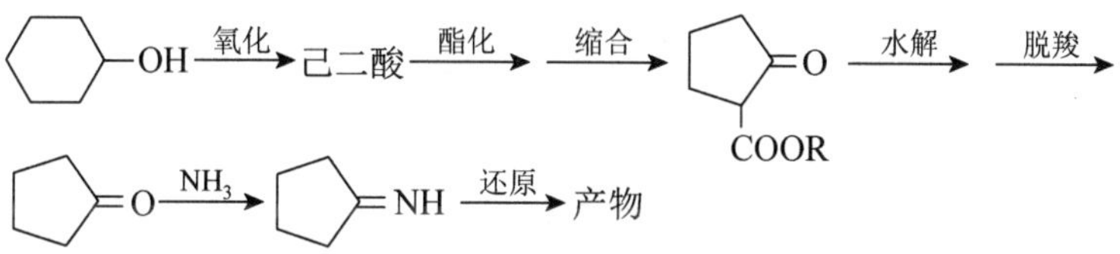

（5）

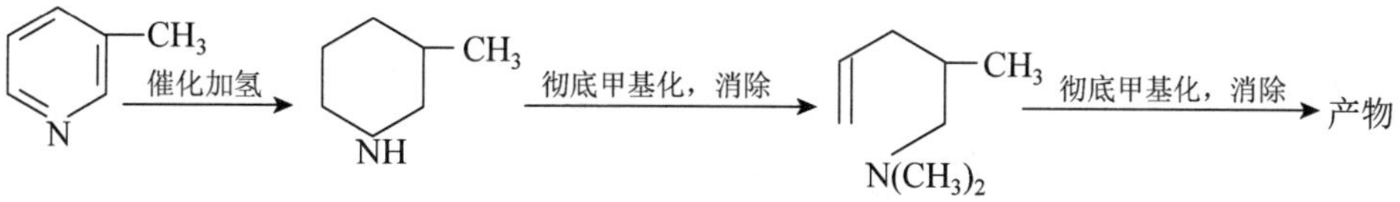

（6）环己醇氧化成己二酸，成酰氯后氨解成己二酰胺，再经霍夫曼降级（Br_2/OH^-）反应得产物。

（7）间氯甲苯氧化成间氯苯甲酸，成酰氯后氨解成间氯苯甲酰胺，再经霍夫曼降级（Br_2/OH^-）反应得间氨苯胺，最后与甲醇脱水得产物。

（8）①甲苯硝化成对硝基甲苯，还原成对甲苯胺，乙酰化后再硝化，去乙酰基得2-硝基-4-甲基苯胺；氨基经重氮化后去重氮基得间硝基甲苯；还原硝基成氨基，重氮化后水解得产物。

②甲苯硝化得对硝基甲苯，还原成对甲苯胺；乙酰化后再硝化、氧化，去乙酰基得 3-硝基-4-氨基苯甲酸；氨基重氮化后水解得产物。

③甲苯硝化得对硝基甲苯，还原成对甲苯胺；乙酰化后再硝化，去乙酰基得 4-甲基-2-硝基苯胺；氨基重氮化后还原得产物。

（9）苯经硝化、还原、乙酰化得乙酰苯胺；氯代得对氯乙酰苯胺；水解去乙酰基；再溴代得 2,6-二溴-4-氯苯胺；氨基重氮化后去重氮基得产物。

（10）

① 吡啶 $\xrightarrow{H_2O_2}$ 氧化吡啶 $\xrightarrow{HNO_3}$ O_2N-吡啶$-O$ $\xrightarrow{PCl_3}$ 4-硝基吡啶 $\xrightarrow{Fe/HCl}$

4-氨基吡啶 $\xrightarrow{HNO_2}$ 4-重氮吡啶 $\xrightarrow[CuCN]{KCN}$ 4-氰基吡啶 $\xrightarrow{H_3O^{\oplus}}$ $\xrightarrow{SOCl_2}$ 4-COCl吡啶 $\xrightarrow{NH_2NH_2}$ 产物

② 甲苯 $\xrightarrow{硝化}$ $\xrightarrow{氧化}$ 邻硝基苯甲醛 $\xrightarrow[碱,-H_2O]{2CH_3COCH_2COOEt}$ 中间体 $\rightleftharpoons$

烯醇式 $\xrightarrow[-H_2O]{NH_3}$ 二氢吡啶 $\xrightarrow[脱氢]{Pd-C}$ 产物

附　录

附表 1　298.15K 条件下一些酸碱的解离常数

弱电解质	解离常数 $K^\ominus$	
H_2CO_3	$K_1^\ominus = 4.36 \times 10^{-7}$	$K_2^\ominus = 4.68 \times 10^{-11}$
H_2S	$K_1^\ominus = 1.07 \times 10^{-7}$	$K_2^\ominus = 1.26 \times 10^{-13}$
HF	$K^\ominus = 6.61 \times 10^{-4}$	
HClO（291K）	$K^\ominus = 2.88 \times 10^{-8}$	
HBrO	$K^\ominus = 2.51 \times 10^{-9}$	
HIO	$K^\ominus = 2.29 \times 10^{-11}$	
HIO$_3$	$K^\ominus = 0.16$	
H_3PO_4	$K_1^\ominus = 7.08 \times 10^{-3}$ $K_3^\ominus = 4.17 \times 10^{-13}$	$K_2^\ominus = 6.31 \times 10^{-8}$
H_2SiO_3（291K）	$K_1^\ominus = 1.70 \times 10^{-10}$	$K_2^\ominus = 1.58 \times 10^{-12}$
H_2SO_3	$K_1^\ominus = 1.29 \times 10^{-2}$	$K_2^\ominus = 6.16 \times 10^{-8}$
HCOOH	$K^\ominus = 1.77 \times 10^{-4}$	
CH_3COOH	$K^\ominus = 1.75 \times 10^{-5}$	
$NH_3 \cdot H_2O$	$K_b^\ominus = 1.74 \times 10^{-5}$	
N_2H_4	$K_b^\ominus = 9.80 \times 10^{-7}$	
NH_2OH	$K_b^\ominus = 9.10 \times 10^{-9}$	

摘自：Wagman D D 等. NBS 化学热力学性质表. 刘天和，赵梦月，译. 北京：中国标准出版社，1998；实用化学手册编写组. 实用化学手册. 北京：科学出版社，2001。

附表 2　298.15K 条件下一些难溶化合物的溶度积

化合物	K_{sp}	pK_{sp}	化合物	K_{sp}	pK_{sp}
AgCl	1.77×10^{-10}	9.75	β-Ag$_2$S	1.09×10^{-49}	48.96
AgBr	5.35×10^{-13}	12.27	Al(OH)$_3$	1.10×10^{-33}	32.97
AgI	8.51×10^{-17}	16.07	BaCO$_3$	2.58×10^{-9}	8.59
Ag$_2$CO$_3$	8.54×10^{-12}	11.07	BaSO$_4$	1.07×10^{-10}	9.97
Ag$_2$SO$_4$	1.20×10^{-5}	4.92	Ba(OH)$_2$·H$_2$O	2.55×10^{-4}	3.59
Ag$_3$PO$_4$	8.88×10^{-17}	16.05	CaCO$_3$	4.96×10^{-9}	8.30
α-Ag$_2$S	6.69×10^{-50}	49.17	CaSO$_4$	7.10×10^{-5}	4.15

续表

化合物	K_{sp}	pK_{sp}	化合物	K_{sp}	pK_{sp}
$Ca(OH)_2$	4.68×10^{-6}	5.33	HgS（黑）	6.44×10^{-53}	52.19
CuS	1.27×10^{-36}	35.90	HgS（红）	2.00×10^{-53}	52.70
Cu_2S	2.26×10^{-48}	47.64	$Hg(OH)_2$	3.13×10^{-26}	25.50
$Cu_3(PO_4)_2$	1.39×10^{-37}	36.86	Li_2CO_3	8.15×10^{-4}	3.09
$Cu(OH)_2$	1.00×10^{-14}	14.00	$MgCO_3$	6.82×10^{-6}	5.17
$FeCO_3$	3.07×10^{-11}	10.51	$Mg(OH)_2$	5.61×10^{-12}	11.25
FeS	1.59×10^{-19}	18.80	$Mn(OH)_2$	2.06×10^{-13}	12.69
$Fe(OH)_2$	4.87×10^{-17}	16.30	MnS	4.65×10^{-14}	13.33
$Fe(OH)_3$	2.64×10^{-39}	38.58	PbS	9.04×10^{-29}	28.04
Hg_2F_2	3.10×10^{-6}	5.51	$PbSO_4$	1.82×10^{-8}	7.74
Hg_2Cl_2	1.45×10^{-18}	17.84	$SrSO_4$	3.44×10^{-7}	6.46
Hg_2Br_2	6.41×10^{-23}	22.19	ZnS	2.93×10^{-25}	24.53
Hg_2I_2	5.33×10^{-29}	28.27	$\gamma\text{-}Zn(OH)_2$	6.86×10^{-17}	16.16
HgI_2	2.82×10^{-29}	28.55	$\beta\text{-}Zn(OH)_2$	7.71×10^{-17}	16.11
Hg_2SO_4	7.99×10^{-7}	6.10	$\varepsilon\text{-}Zn(OH)_2$	4.12×10^{-17}	16.38

摘自：北京师范大学无机化学教研室等. 无机化学. 4 版. 北京：高等教育出版社，2014。

附表3　一些氨羧配位剂与金属离子配合物的稳定常数（$K_{稳}$）

MLn	$K_{稳}$	MLn	$K_{稳}$
$[Ag(CN)_2]^-$	1.3×10^{21}	$[Cu(NH_3)_4]^{2+}$	2.1×10^{13}
$[Ag(NH_3)_2]^+$	1.1×10^7	$[CuCl_4]^{2-}$	1.1×10^5
$[Ag(SCN)_2]^-$	3.7×10^7	$[Fe(CN)_6]^{4-}$	1.0×10^{35}
$[Ag(S_2O_3)_2]^{3-}$	2.9×10^{13}	$[Fe(CN)_6]^{3-}$	1.0×10^{42}
$[Al(C_2O_4)_3]^{3-}$	2.0×10^{16}	$[Fe(C_2O_4)_3]^{3-}$	2.0×10^{20}
$[AlF_6]^{3-}$	6.9×10^{19}	FeF_3	1.1×10^{12}
$[BaY]^{2-}$	7.2×10^7	$[HgCl_4]^{2-}$	1.2×10^{15}
$[CaY]^{2-}$	4.9×10^{10}	$[Hg(CN)_4]^{2-}$	2.5×10^{41}
$[Cd(CN)_4]^{2-}$	6.0×10^{18}	$[HgI_4]^{2-}$	6.8×10^{29}
$[CdCl_4]^{2-}$	6.3×10^2	$[Hg(NH_3)_4]^{2+}$	1.9×10^{19}
$[Cd(NH_3)_4]^{2+}$	1.3×10^7	$[Ni(CN)_4]^{2-}$	2.0×10^{31}
$[Co(NH_3)_6]^{2+}$	1.3×10^5	$[Ni(NH_3)_4]^{2+}$	9.1×10^7
$[Co(NH_3)_6]^{3+}$	2.0×10^{35}	$[Pb(CN)_4]^{2-}$	1.0×10^{11}
$[Co(NCS)_4]^{2-}$	1.0×10^3	$[Zn(CN)_4]^{2-}$	5.0×10^{16}

续表

MLn	$K_{稳}$	MLn	$K_{稳}$
$[Cu(CN)_2]^-$	1.0×10^{24}	$[Zn(OH)_4]^{2-}$	4.6×10^{17}
$[Cu(CN)_4]^{3-}$	2.0×10^{30}	$[Zn(NH_3)_4]^{2+}$	2.9×10^9
$[Cu(CN)_4]^{2-}$		$[PtCl_4]^{2-}$	1.0×10^{16}
$[Cu(NH_3)_2]^+$	7.2×10^{10}	[MgEDTA]$^{2-}$	4.4×10^8

摘自：张祖德. 无机化学. 2 版. 背景：中国科学技术大学出版社，2014。

武汉大学. 分析化学（上册）. 5 版. 北京：高等教育出版社，2010。

宋天佑，徐家宁，程功臻，等. 无机化学. 4 版. 北京：高等教育出版社，2019。

严宣申，王长富. 普通无机化学. 2 版. 北京：北京大学出版社，2016。

附表 4　298.15K、100kPa 条件下一些常见物质的热力学性质

物质	$\Delta_f H_m^{\ominus} / (\mathrm{kJ \cdot mol^{-1}})$	$\Delta_f G_m^{\ominus} / (\mathrm{kJ \cdot mol^{-1}})$	$S_m^{\ominus} / (\mathrm{J \cdot K^{-1} \cdot mol^{-1}})$	$C_{p,m}^{\ominus} / (\mathrm{J \cdot K^{-1} \cdot mol^{-1}})$
F_2（g）	0	0	202.8	31.3
Cl_2（g）	0	0	223.1	33.9
Br_2（l）	0	0	152.2	75.7
Br_2（g）	30.9	3.1	245.5	36.0
I_2（s）	0	0	116.1	36.9
I_2（g）	62.4	19.3	260.7	36.9
C 金刚石	1.9	2.9	2.4	6.1
C 石墨	0	0	5.7	8.5
CO（g）	−110.5	−137.2	197.7	29.1
CO_2（g）	−393.5	−394.4	213.7	37.2
$CaCO_3$（s，方解石）	−1206.9	−1128.8	92.9	81.9
CaO（s）	−635.1	−604.0	39.7	42.8
H_2（g）	0	0	130.7	28.8
H_2O（l）	−285.8	−237.1	69.9	75.2
H_2O（g）	−241.8	−228.6	188.8	33.6
HF（g）	−271.1	−273.2	173.8	29.1
HCl（g）	−92.3	−95.3	186.9	29.1
HBr（g）	−36.4	−53.4	198.7	29.1
HI（g）	26.5	1.7	206.6	29.2
H_2S（g）	−20.6	−33.6	205.8	34.2
H_2SO_4（l）	−814.0	−690.0	156.9	138,9
HNO_3（l）	−174.1	−80.7	155.6	109.9
N_2（g）	0	0	191.6	29.1
NH_3（g）	−46.1	−16.4	192.4	35.1
NH_4Cl（s）	−314.4	−202.9	94.6	84.1
$(NH_4)_2SO_4$（s）	−1180.8	−901.7	220.1	187.49
NO（g）	90.2	86.5	210.8	29.8
NO_2（g）	33.2	51.3	240.6	37.1
N_2O_4（g）	9.2	97.9	304.3	77.3
O_2（g）	0	0	205.1	29.4
O_3（g）	142.7	163.2	238.9	39.2

物质	$\Delta_f H_m^\ominus / (kJ \cdot mol^{-1})$	$\Delta_f G_m^\ominus / (kJ \cdot mol^{-1})$	$S_m^\ominus / (J \cdot K^{-1} \cdot mol^{-1})$	$C_{p,m}^\ominus / (J \cdot K^{-1} \cdot mol^{-1})$
PCl_3 （g）	−287.0	−267.8	311.8	71.8
PCl_5 （g）	−374.9	−305.0	364.6	112.8
S（s，正交）	0	0	31.8	22.6
SO_2 （g）	−296.8	−300.2	248.2	40.0
SO_3 （g）	−395.7	−371.1	256.8	50.7
KCl（s）	−436.7	−409.1	82.6	51.3
KNO_3 （s）	−494.6	−394.9	133.0	96.4
K_2SO_4 （s）	−1437.8	−1321.4	175.6	130.5
NaCl（s）	−411.1	−384.1	72.1	50.5
$NaNO_3$ （s）	−467.8	−367.0	116.5	92.8
Na_2SO_4 （s）	−1387.1	−1270.2	149.6	128.2
Na_2CO_3 （s）	−1130.7	−1044.4	135.0	112.3
$NaHCO_3$ （s）	−950.8	−851.0	101.7	87.6
NaOH（s）	−425.6	−379.5	64.4	59.5
SiO_2 （s，α-石英）	−910.9	−856.6	41.8	44.4
CH_4 （g，甲烷）	−74.8	−50.7	186.3	35.3
C_2H_4 （g，乙烯）	52.3	68.1	219.6	43.6
C_2H_2 （g，乙炔）	226.7	209.2	200.9	43.9
C_6H_6 （l，苯）	49.4	124.4	173.3	

摘自：傅献彩等. 物理化学. 5 版. 北京：高等教育出版社，2010。

附表5　298.15 K、100kPa 条件下一些常见电极的标准电极电势

	电极反应	$E^\ominus$/V
酸表	$K^+ + e^- \longrightarrow K$	−2.925
	$Ca^{2+} + 2e^- \longrightarrow Ca$	−2.869
	$Na^+ + e^- \longrightarrow Na$	−2.714
	$Mg^{2+} + 2e^- \longrightarrow Mg$	−2.360
	$Al^{3+} + 2e^- \longrightarrow Al$	−1.660
	$Zn^{2+} + 2e^- \longrightarrow Zn$	−0.763
	$Fe^{2+} + 2e^- \longrightarrow Fe$	−0.440
	$PbSO_4 + 2e^- \longrightarrow Pb + SO_4^{2-}$	−0.359
	$Sn^{2+} + 2e^- \longrightarrow Sn$	−0.136
	$Pb^{2+} + 2e^- \longrightarrow Pb$	−0.126
	$Fe^{3+} + 3e^- \longrightarrow Fe$	−0.040
	$2H^+ + 2e^- \longrightarrow H_2$	0
	$AgCl + e^- \longrightarrow Ag + Cl^-$	0.222
	$Hg_2Cl_2 + 2e^- \longrightarrow 2Hg + 2Cl^-$	0.268

续表

	电极反应	$E^{\ominus}/V$
酸表	$Cu^{2+} + 2e^- \longrightarrow Cu$	0.342
	$Fe^{3+} + e^- \longrightarrow Fe^{2+}$	0.771
	$Hg_2^{2+} + 2e^- \longrightarrow 2Hg$	0.797
	$Ag^+ + e^- \longrightarrow Ag$	0.799
	$I_2 + 2e^- \longrightarrow 2I^-$	0.535
	$Br_2(液) + 2e^- \longrightarrow 2Br^-$	1.066
	$Cl_2 + 2e^- \longrightarrow 2Cl^-$	1.358
	$Au^{3+} + 3e^- \longrightarrow Au$	1.680
	$O_2 + 4H^+ + 4e^- \longrightarrow 2H_2O$	1.230
碱表	$O_2 + 2H_2O + 4e^- \longrightarrow 4OH^-$	0.401
	$Ag_2O + H_2O + 2e^- \longrightarrow 2Ag + 2OH^-$	0.342
	$Hg_2O + H_2O + 2e^- \longrightarrow 2Hg + 2OH^-$	0.123
	$Cu(OH)_2 + 2e^- \longrightarrow Cu + 2OH^-$	−0.222
	$Cu_2O + H_2O + 2e^- \longrightarrow 2Cu + 2OH^-$	−0.360
	$Fe(OH)_3 + e^- \longrightarrow Fe(OH)_2 + OH^-$	−0.560
	$2H_2O + 2e^- \longrightarrow H_2 + 2OH^-$	−0.830
	$Zn(OH)_2 + 2e^- \longrightarrow Zn + 2OH^-$	−1.249
	$ZnO + H_2O + 2e^- \longrightarrow Zn + 2OH^-$	−1.260
	$Al(OH)_3 + 3e^- \longrightarrow Al + 3OH^-$	−2.310

摘自：傅献彩等. 物理化学. 5版. 北京：高等教育出版社，2010。

刘新锦等. 无机元素化学. 2版. 北京：科学出版社，2016。

附表6　一些常见元素的共价半径、金属半径、范氏半径和离子半径

元素	共价半径/pm	金属半径/pm	范氏半径/pm	电荷数	离子半径/pm
H	37.1		120.0	−1	154
Li	123.0	152.0		+1	68
Na	157.0	153.7	231.0	+1	97
K	202.5	227.2	231.0	+1	133
Be	89.0	(α) 111.3		+2	35
Mg	136.0	160.0		+2	66
Ca	174.0	(α) 197.3 (β) 193.9		+2	99
Sr	192.0	(α) 215.1 (β) 216.0 (γ) 210.0		+2	112

续表

元素	共价半径/pm	金属半径/pm	范氏半径/pm	电荷数	离子半径/pm
Ba	198.0	217.3		+2	134
B	(s) 88.0 (d) 76.0 (t) 68.0	83	208.0	+3	23
Al	125.0	143.1		+3	51
C	(s) 77.0 (d) 67.0 (t) 60.0		185.0	+4	16
Si	(s) 117.0 (d) 107.0 (t) 100.0		200.0	+4	42
N	(s) 70.0 (d) 60.0 (t) 50.0	[N₂ 54.9]	154.0	−3 +3 +5	171 16 13
P	(s) 110.0 (d) 100.0 (t) 93.0	墨磷 108.0 黄磷 93.0 红磷 115.0	190.0	−3 +3 +5	212 44 35
O	(s) 66.0 (d) 55.0 (t) 51.0	[O₂ 60.3]	140.0	−2	132
S	(s) 104.0 (d) 94.0 (t) 87.0	[S₂ 94.4]	185.0	−2 +2 +4 +6	184 219 37 30
F	(s) 64.0 (d) 54.0	71.7	135.0	−1 +7	133 8
Cl	(s) 99.0 (d) 89.0		181.0	−1 +7	181 27
Br	(s) 114.2 (d) 104.0		195.0	−1 +7	196 39
I	(s) 133.3 (d) 123.0		215.0	−1 +7	220 50
He			122.0		
Fe	116.5	(α) 124.1 (β) 128.9 (γ) 127.0		+2 +3	74 64
Cu	117.0	127.8		+1 +2	96 72
Zn	125.0	133.2		+2	74
Ag	134.0	144.4		+1	126
Au	134.0	144.2		+1 +3	137 85

摘自：北京师范大学无机化学教研室等. 无机化学. 3 版. 北京：高等教育出版社，1998。